Autodesk Inventor 认证工程师成长之路丛书

Autodesk Inventor 2015 产品设计实战演练与精讲

（配全程视频教程）

楚宏涛　编著

電子工業出版社
Publishing House of Electronics Industry
北京·BEIJING

内 容 简 介

本书是进一步学习Inventor产品设计的实战演练与精讲图书，选用的43个实例涉及各个行业和领域，都是生产一线实际应用中的各种产品，经典而实用。本书附带1张多媒体DVD学习光盘，包括308个Inventor产品设计技巧和具有针对性的实例教学视频并进行了详细的全程语音讲解，时长达21.4个小时（1284分钟）；光盘中还包含了本书所有的素材源文件。

本书在内容上，先针对每一个实例进行概述，说明该实例的特点，使读者对它有一个整体的认识，学习也更有针对性，接下来的操作步骤详实、透彻，图文并茂，引领读者一步一步地完成设计，这种讲解方法能使读者更快、更深入地理解Inventor产品设计中的一些抽象的概念、重要的设计技巧和复杂的命令及功能，还能使读者较快地进入产品设计实战状态。书中所选用的范例、实例或应用案例覆盖了不同行业，具有很强的实用性和广泛的适用性。

本书可作为广大工程技术人员和设计工程师学习Inventor产品设计的自学教程和参考书，也可作为大中专院校学生和各类培训学校学员的CAD/CAM课程上课及上机练习教材。

图书在版编目（CIP）数据

Autodesk Inventor 2015产品设计实战演练与精讲/楚宏涛编著. —北京：电子工业出版社，2016.3
（Autodesk Inventor认证工程师成长之路丛书）
配全程视频教程
ISBN 978-7-121-26507-5

Ⅰ. ①A… Ⅱ. ①楚… Ⅲ. ①机械设计—计算机辅助设计—应用软件—职业技能—资格认证—自学参考资料 Ⅳ. ①TH122

中国版本图书馆CIP数据核字（2015）第147215号

策划编辑：管晓伟
责任编辑：管晓伟　　特约编辑：王 欢 等
印　　刷：三河市鑫金马印装有限公司
装　　订：三河市鑫金马印装有限公司
出版发行：电子工业出版社
　　　　　北京市海淀区万寿路173信箱　　邮编：100036
开　　本：787×1092　1/16　印张：22.75　字数：546千字
版　　次：2016年3月第1版
印　　次：2016年3月第1次印刷
定　　价：59.90元（含多媒体DVD光盘1张）

前　言

Inventor 是美国 Autodesk 公司的一款三维 CAD 应用软件，是基于 Windows 平台、功能强大且易用的三维 CAD 软件。Inventor 支持自顶向下和自底向上的设计思想，其建模核心、钣金设计、大装配设计、产品制造信息管理、生产出图（工程图）、价值链协同、内嵌的有限元分析和产品数据管理等功能遥遥领先于同类软件，已经成功应用于机械、电子、航空航天、汽车、仪器仪表、模具、造船、消费品等行业。

零件建模与设计是产品设计的基础和关键，要熟练掌握应用 Inventor 设计各种零件的方法，只靠理论学习和少量的练习是远远不够的。编著本书的目的正是为了使读者通过学习书中的经典实例，迅速掌握各种零件的建模方法、技巧和构思精髓，使读者在短时间内成为一名 Inventor 产品设计高手。本书特色如下：

- **实例丰富。**与其他的同类书籍相比，包括更多的零件建模方法，尤其是书中遥控器的自顶向下设计实例，方法独特，令人耳目一新，对读者的实际产品设计具有很好的指导和借鉴作用。
- **讲解详细，条理清晰，图文并茂。**保证了自学的读者能独立学习。
- **写法独特。**采用 Inventor 软件中真实的对话框、操控板和按钮等进行讲解，使初学者能够直观、准确地操作软件，从而大大提高学习效率。
- **附加值高。**本书附带 1 张多媒体 DVD 学习光盘，包括 308 个 Inventor 产品设计技巧和具有针对性的实例教学视频并进行了详细的全程语音讲解，时长达 21.4 个小时（1284 分钟），可以帮助读者轻松、高效地学习。

本书由楚宏涛编著，参加编写的人员还有刘青、赵楠、王留刚、仝蕊蕊、崔广雷、付元灯、曹旭、吴立荣、姚阿普、李海峰、邵玉霞、石磊、吕广凤、石真真、刘华腾、张连伟、邵欠欠、邵丹丹、王展、赖明江、刘义武、刘晨。本书虽已经过多次审校，但仍难免有疏漏之处，恳请广大读者予以指正。

电子邮箱：bookwellok@163.com　　咨询电话：010-82176248，010-82176249。

编　者

本 书 导 读

为了能更好地学习本书的知识，请您仔细阅读下面的内容：

【写作软件蓝本】

本书采用的软件蓝本是 Inventor 2015 版。

【写作计算机操作系统】

本书使用的操作系统为 Windows 7 专业版，系统主题采用 Windows 经典主题。

【光盘使用说明】

为了使读者方便、高效地学习本书，特将本书中所有的练习文件、素材文件、已完成的实例、范例或案例文件、软件的相关配置文件和视频语音讲解文件等按章节顺序放入随书附带的光盘中，读者在学习过程中可以打开相应的文件进行操作、练习和查看视频。

本书附带多媒体 DVD 学习光盘 1 张，建议读者在学习本书前，先将 DVD 光盘中的所有内容复制到计算机硬盘的 D 盘中。

在光盘的 inv15.3 目录下共有 2 个子目录。

（1）work 子文件夹：包含本书全部已完成的实例、范例或案例文件。

（2）video 子文件夹：包含本书讲解中所有的视频文件（含语音讲解），学习时，直接双击某个视频文件即可播放。

光盘中带有“ok”扩展名的文件或文件夹表示已完成的实例、范例或案例。

【本书约定】

- ◆ 本书中有关鼠标操作的简略表述说明如下。
  - 单击：将鼠标指针光标移至某位置处，然后按一下鼠标的左键。
  - 双击：将鼠标指针光标移至某位置处，然后连续快速地按两次鼠标的左键。
  - 右击：将鼠标指针光标移至某位置处，然后按一下鼠标的右键。
  - 单击中键：将鼠标指针光标移至某位置处，然后按一下鼠标的中键。
  - 滚动中键：只是滚动鼠标的中键，而不是按中键。
  - 选择（选取）某对象：将鼠标指针光标移至某对象上，单击以选取该对象。
  - 拖移某对象：将鼠标指针光标移至某对象上，然后按下鼠标的左键不放，同时移动鼠标，将该对象移动到指定的位置后再松开鼠标的左键。
- ◆ 本书中的操作步骤分为“任务”和“步骤”两个级别，说明如下。

- 对于一般的软件操作，每个操作步骤以 Step 字符开始，例如，下面是草绘环境中绘制圆操作步骤的表述：

  Step1. 在 绘制 ▼ 区域中单击 圆 ▼ 中的 ▼，然后单击 圆心 按钮。

  Step2. 在某位置单击，放置圆的中心点，然后将该圆拖至所需大小并单击左键，完成该圆的创建。

  Step3. 按 Esc 键，结束圆的绘制。

- 每个 Step 操作视其复杂程度，其下面可含有多级子操作。例如 Step1 下可能包含（1）、（2）、（3）等子操作，子操作（1）下可能包含①、②、③等子操作，子操作①下可能包含 a）、b）、c）等子操作。
- 如果操作较复杂，需要几个大的操作步骤才能完成，则每个大的操作冠以 Stage1、Stage2、Stage3 等，Stage 级别的操作下再分 Step1、Step2、Step3 等操作。
- 对于多个任务的操作，则每个任务冠以 Task1、Task2、Task3 等，每个 Task 操作下则可包含 Stage 和 Step 级别的操作。

◆ 由于已建议读者将随书光盘中的所有文件复制到计算机硬盘的 D 盘中，所以书中在要求设置工作目录或打开光盘文件时，所述的路径均以“D:”开始。

目　录

实例 1　牙签瓶盖……………………………1

实例 2　蝶形螺母……………………………5

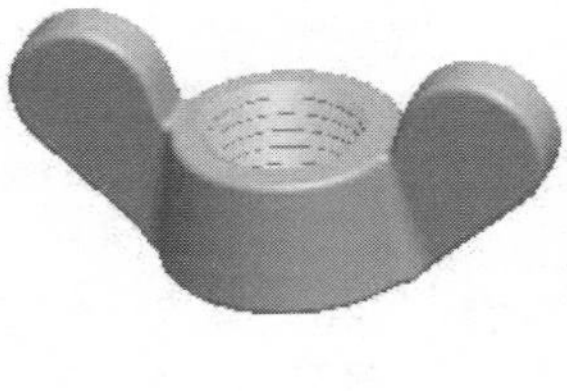

实例 3　儿童玩具勺…………………………7

实例 4　曲面上创建文字……………………12

实例 5　儿童玩具篮…………………………13

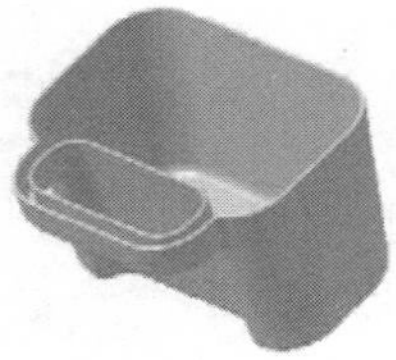

实例 6　挖掘手………………………………17

实例 7　操纵杆………………………………21

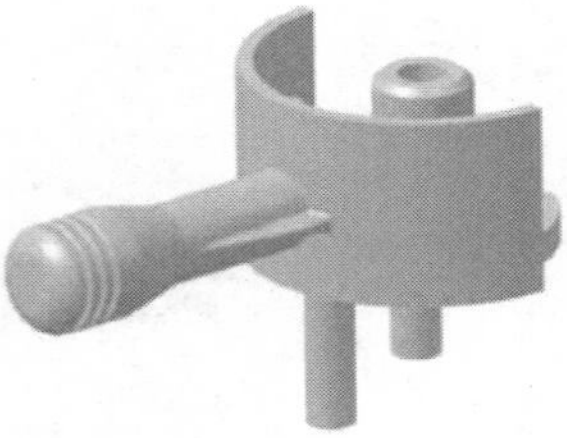

实例 8　支撑座………………………………28

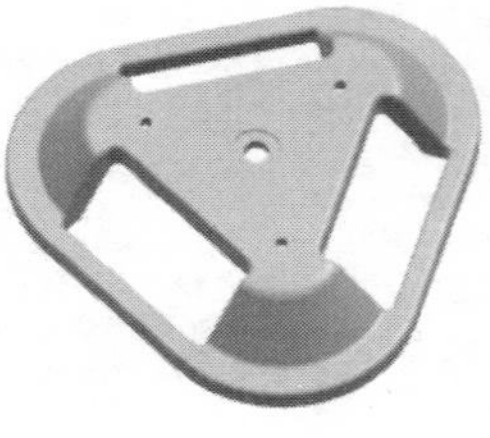

实例 9　淋浴喷头盖........................33

实例 10　修正液笔盖........................39

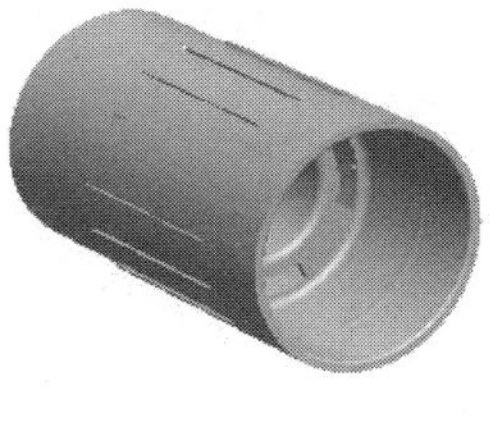

实例 11　支架................................44

实例 12　提手................................49

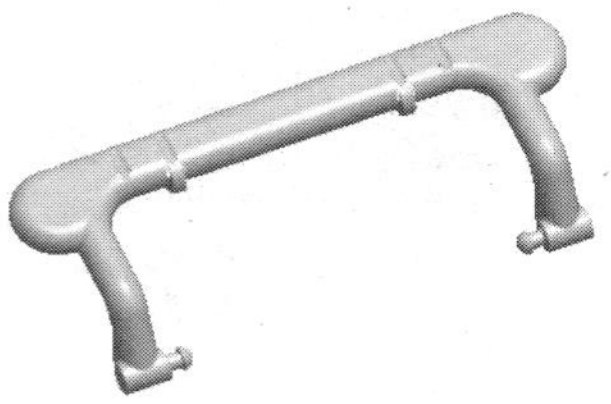

实例 13　齿轮泵体..........................55

实例 14　泵箱................................63

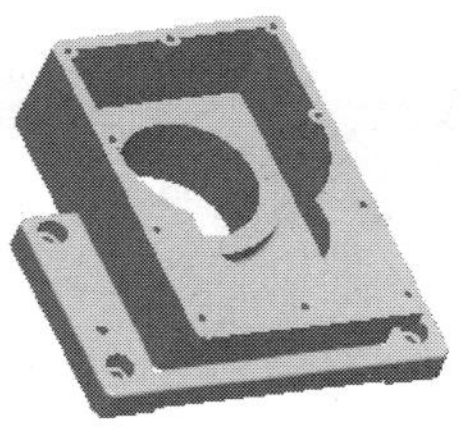

实例 15　箱壳................................71

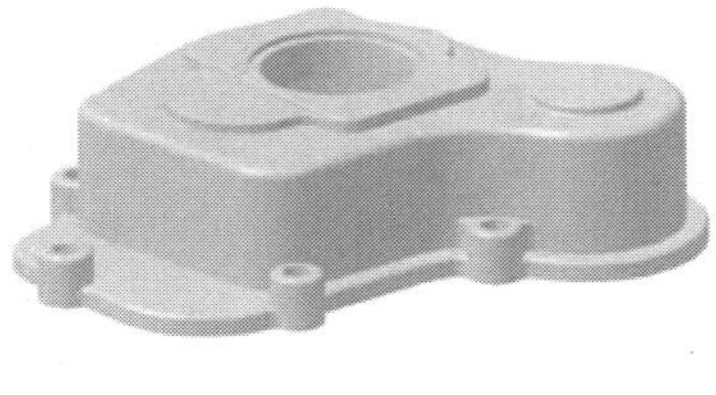

实例 16　基座................................78

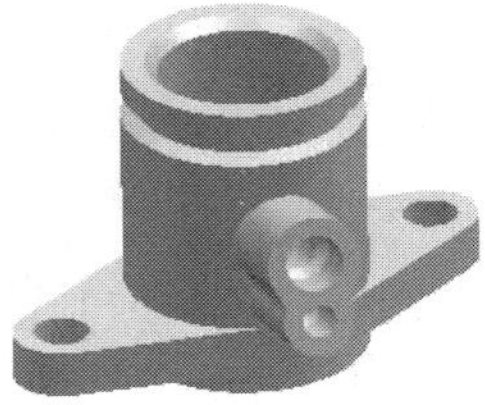

实例 17　削笔器.............................82

实例 18　插头................................89

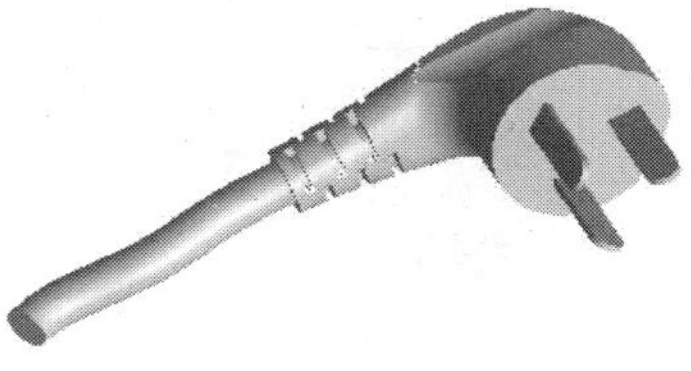

实例 19 支撑架……………………98 
实例 20 插接器……………………105 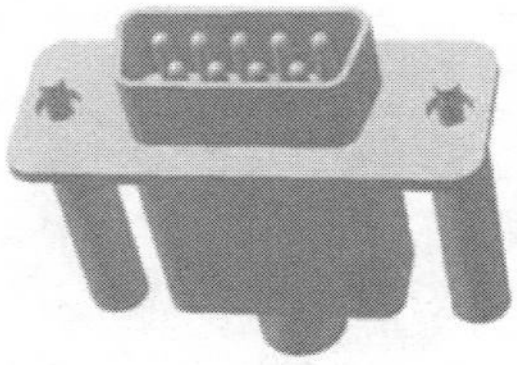
实例 21 塑料筐……………………112 
实例 22 饮水机手柄………………122 
实例 23 排气管……………………128 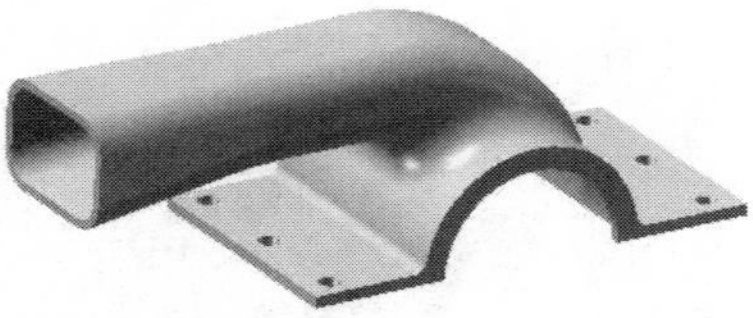
实例 24 叶轮………………………134 
实例 25 微波炉调温旋钮…………140 
实例 26 咖啡壶……………………145 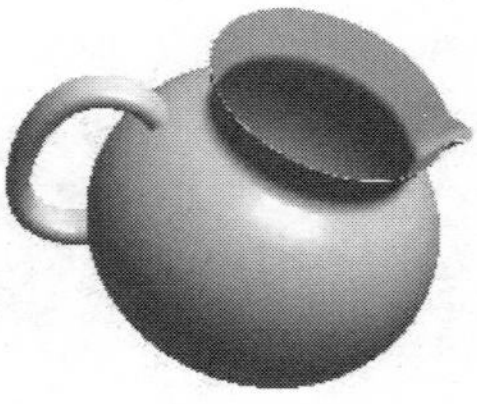
实例 27 鼠标盖……………………149 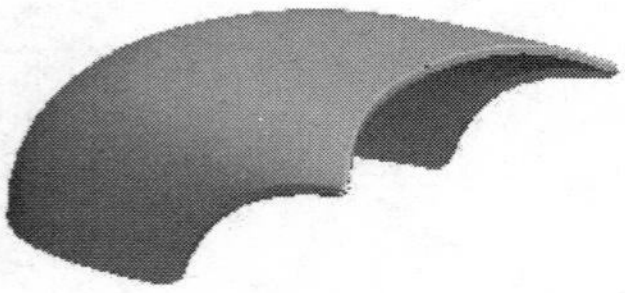
实例 28 淋浴喷头…………………155

实例 29 垃圾箱上盖....................161

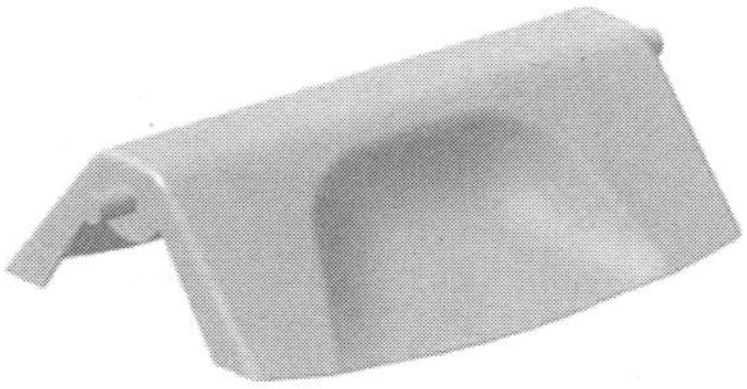

实例 30 充电器........ 164

实例 31 肥皂...............................169

实例 32 微波炉面板.........................175

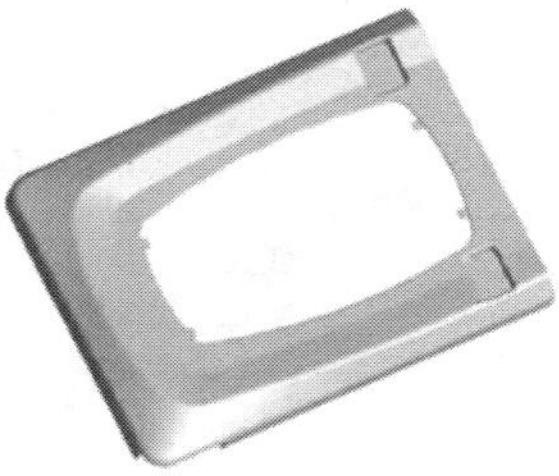

实例 33 时钟外壳..........................186

实例 34 电风扇底座.........................189

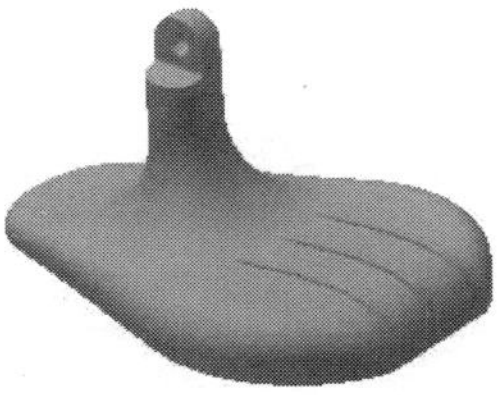

实例 35 饮水机开关........................195

实例 36 控制面板..........................200

实例 37 瓶子...............................217

实例 38 圆柱齿轮的参数化设计.......225

实例 39　球轴承..............................230

实例 40　减振器..............................237

实例 41　衣架..................................241

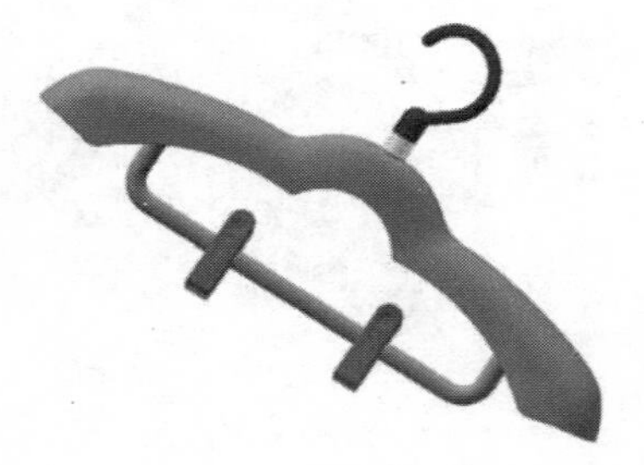

实例 42　储蓄罐..............................269

实例 43　遥控器..............................289

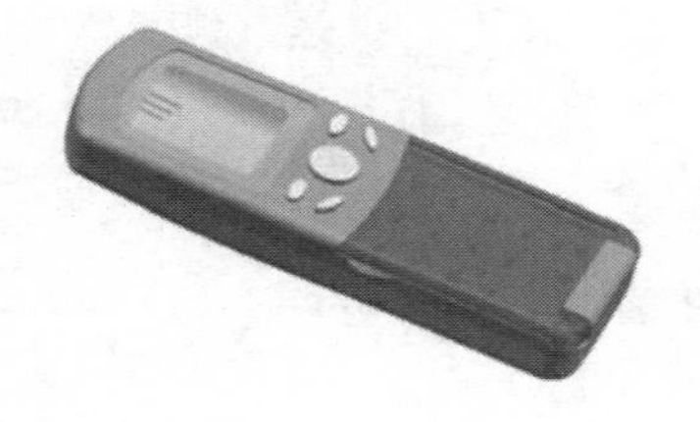

实例 1 牙签瓶盖

实例概述

本实例主要运用了如下一些特征命令：旋转、阵列和抽壳，零件模型及浏览器，如图 1.1 所示。

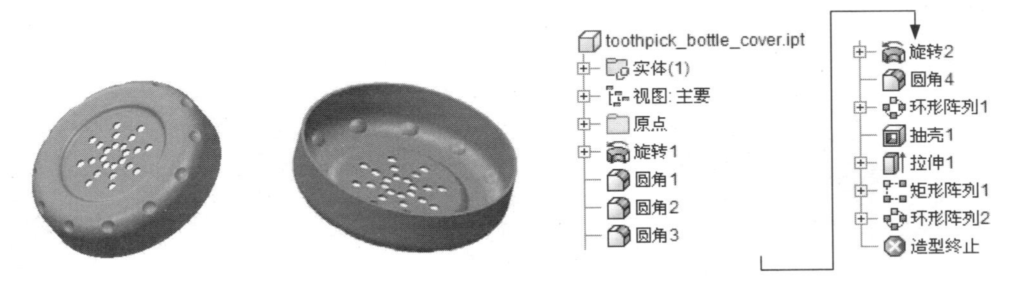

图 1.1 零件模型及浏览器

Step1. 新建一个零件模型，进入建模环境。

Step2. 创建图 1.2 所示的旋转特征 1。

（1）选择命令。在 创建 ▾ 区域中单击按钮，系统弹出“创建旋转”对话框。

（2）定义特征的截面草图。单击“创建旋转”对话框中的 创建二维草图 按钮，选取 XY 平面为草图平面，进入草绘环境，绘制图 1.3 所示的截面草图。

（3）定义旋转属性。单击 草图 选项卡 返回到三维 区域中的按钮，然后在“旋转”对话框 范围 区域的下拉列表中选中 全部 选项。

（4）单击“旋转”对话框中的 确定 按钮，完成旋转特征 1 的创建。

Step3. 创建图 1.4 所示的倒圆特征 1。选取图 1.5 所示的模型边线为倒圆的对象，输入倒圆角半径值 30.0。

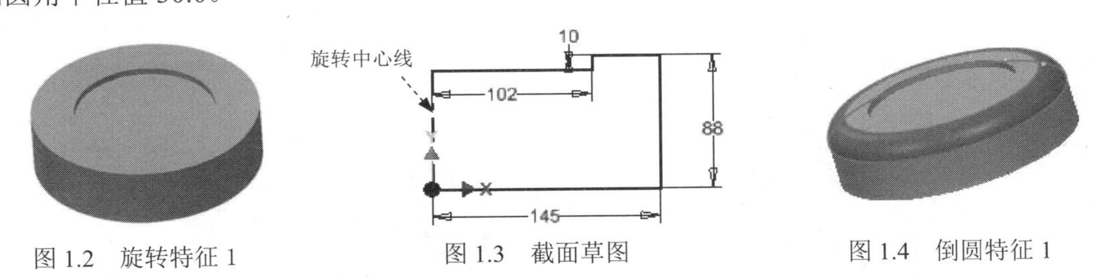

图 1.2 旋转特征 1　　图 1.3 截面草图　　图 1.4 倒圆特征 1

Step4. 创建图 1.6 所示的倒圆特征 2。选取图 1.7 所示的模型边线为倒圆的对象，输入倒圆角半径值 10.0。

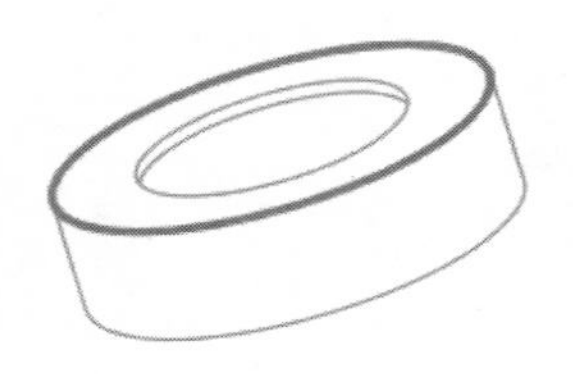
图 1.5　定义倒圆角边线

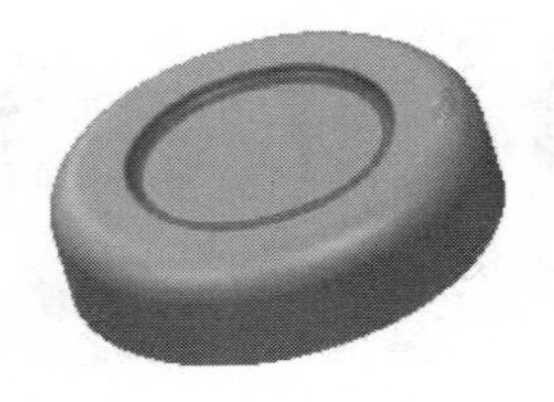
图 1.6　倒圆特征 2

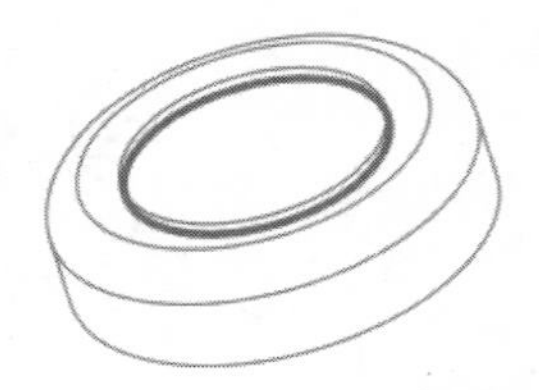
图 1.7　定义倒圆角边线

Step5. 创建图 1.8 所示的倒圆特征 3。选取图 1.9 所示的模型边线为倒圆的对象，输入倒圆角半径值 10.0。

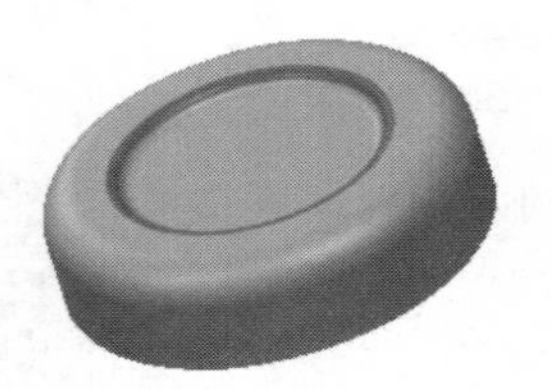
图 1.8　倒圆特征 3

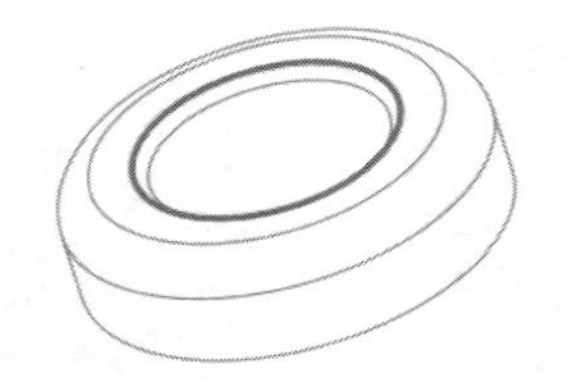
图 1.9　定义倒圆角边线

Step6. 创建图 1.10 所示的旋转特征 2。在 创建 ▾ 区域中选择命令，选取 XY 平面为草图平面，绘制图 1.11 所示的截面草图；在“旋转”对话框中将布尔运算设置为“求差”类型，在 范围 区域的下拉列表中选中 全部 选项；单击“旋转”对话框中的 确定 按钮，完成旋转特征 2 的创建。

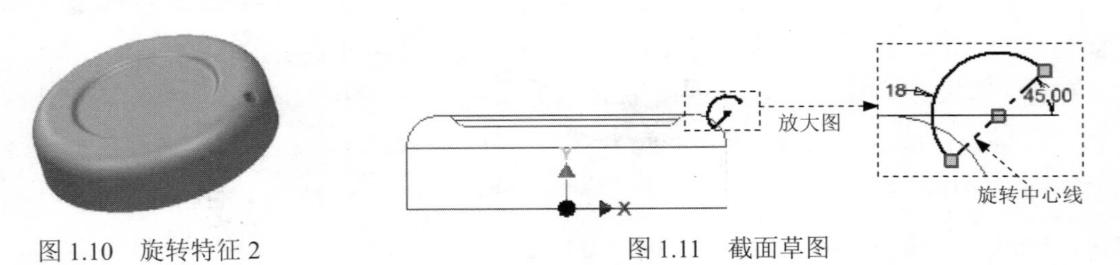

图 1.10　旋转特征 2　　　图 1.11　截面草图

Step7. 创建图 1.12 所示的倒圆特征 4。选取图 1.12a 所示的模型边线为倒圆的对象，输入倒圆角半径值 5.0。

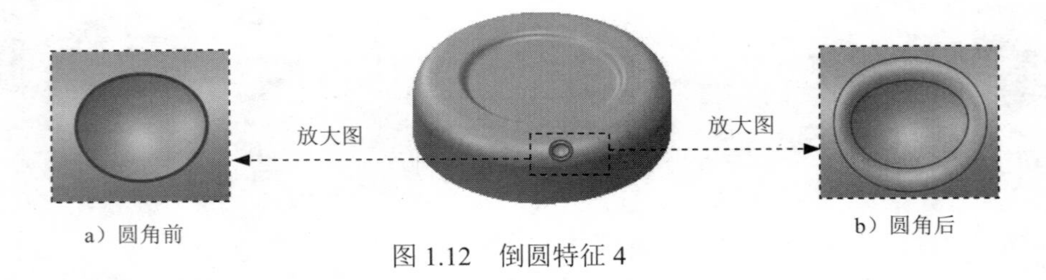

a）圆角前　　　b）圆角后

图 1.12　倒圆特征 4

Step8. 创建图 1.13 所示的环形阵列 1。在 阵列 区域中单击按钮，选取“旋转 2”与“圆角 4”为要阵列的特征，选取“Y 轴”为环形阵列轴，阵列个数为 12，阵列角度为 360°，

单击 确定 按钮，完成环形阵列的创建。

Step9. 创建图 1.14 所示的抽壳特征 1。在 修改 区域中单击 抽壳 按钮，在“抽壳”对话框 厚度 文本框中输入薄壁厚度值为 5.0；选择图 1.15 所示的模型表面为要移除的面；单击“抽壳”对话框中的 确定 按钮，完成抽壳特征 1 的创建。

图 1.13　环形阵列 1

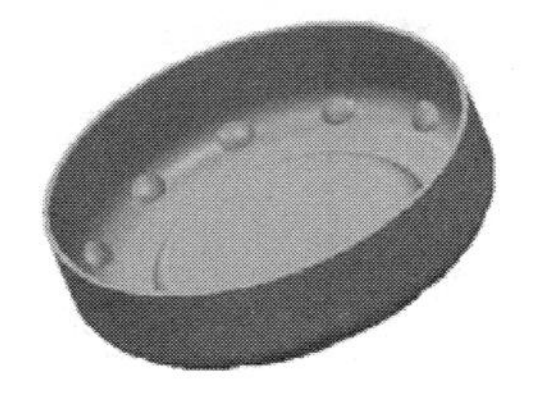
图 1.14　抽壳 1

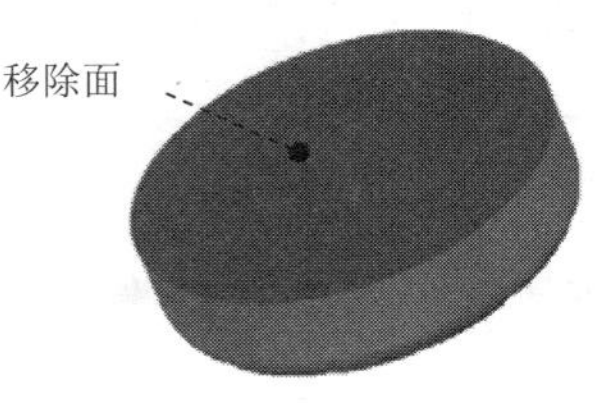

图 1.15　定义移除面

Step10. 创建图 1.16 所示的拉伸特征 1。在 创建 区域中单击 按钮，选取 XZ 平面作为草图平面，绘制图 1.17 所示的截面草图，在“拉伸”对话框将布尔运算设置为“求差”类型 ，然后在 范围 区域中的下拉列表中选择 贯通 选项，将拉伸方向设置为“方向 1”类型 。单击“拉伸”对话框中的 确定 按钮，完成拉伸特征 1 的创建。

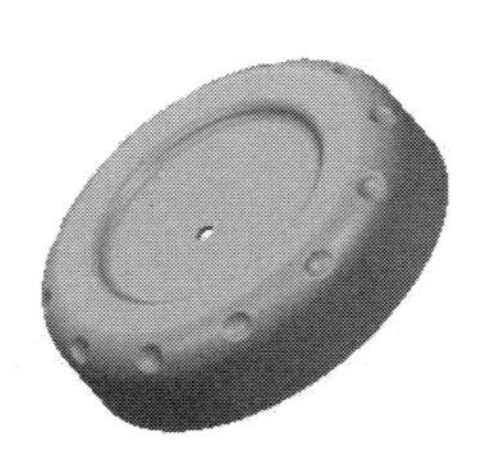
图 1.16　拉伸特征 1

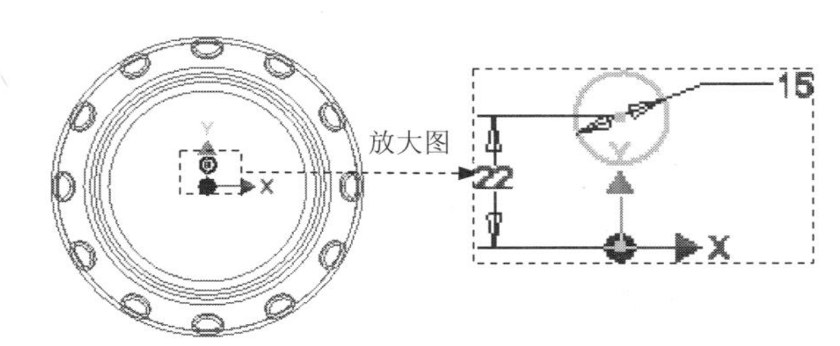

图 1.17　截图草图

Step11. 创建图 1.18 所示的矩形阵列 1。

（1）选择命令。在 阵列 区域中单击 按钮，系统弹出“矩形阵列”对话框。

（2）选择要阵列的特征。在图形区中选取拉伸 1 特征（或在浏览器中选择“拉伸 1”特征）。

（3）定义阵列参数。

① 定义方向 1 参考边线。在“矩形阵列”对话框中单击 方向 1 区域中的 按钮，然后选取 Z 轴为方向 1 的参考边线，阵列方向可参考图 1.19。

② 定义方向 1 参数。在 方向 1 区域的 文本框中输入数值 3；在 文本框中输入数值 22。

（4）单击 确定 按钮，完成矩形阵列 1 的创建。

Step12. 创建图 1.20 所示的环形阵列。在 阵列 区域中单击 按钮，选取 “拉伸 1”与“矩形阵列”为要阵列的特征，选取“Y 轴”为环形阵列轴，阵列个数为 8，阵列角度为 360°，单击 确定 按钮，完成环形阵列的创建。

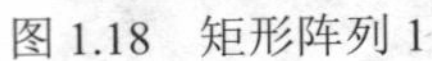

图 1.18　矩形阵列 1

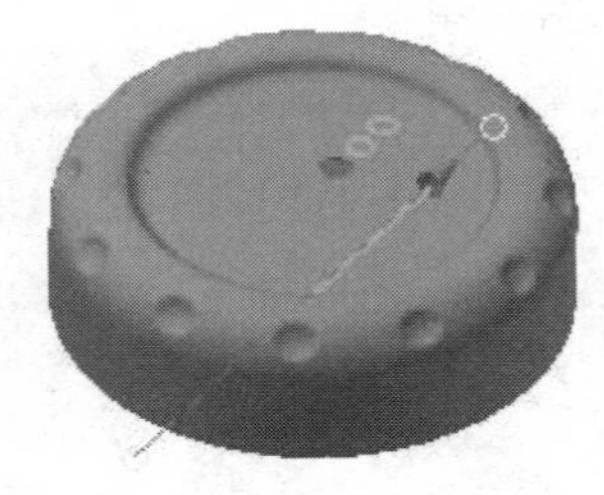

图 1.19　阵列方向

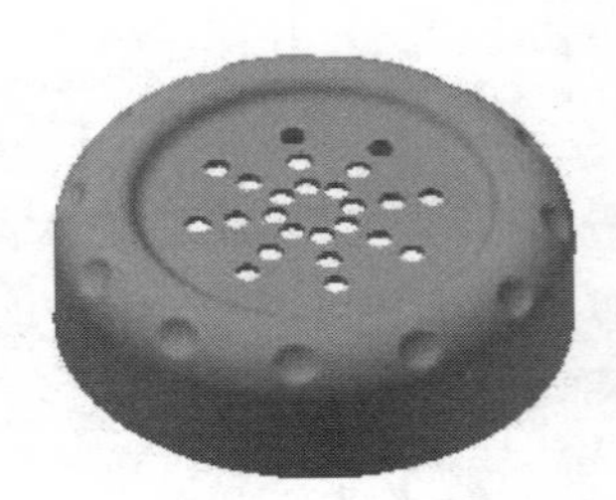

图 1.20　环形阵列

Step13. 至此，零件模型创建完毕。选择下拉菜单 → 保存命令，命名为 toothpick_bottle_cover，即可保存零件模型。

实例 2 蝶形螺母

实例概述

本实例介绍蝶形螺母的设计过程，运用了旋转、拉伸、倒圆及螺旋切削等特征命令，其中螺旋切削的创建是需要掌握的重点，另外倒圆的顺序也是需要注意的地方。零件模型及浏览器如图 2.1 所示。

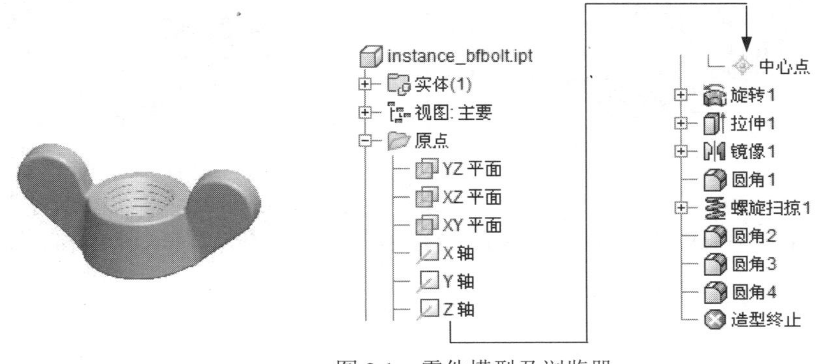

图 2.1　零件模型及浏览器

Step1. 新建一个零件模型，进入建模环境。

Step2. 创建图 2.2 所示的旋转特征 1。在 创建 ▼ 区域中选择命令，选取 XY 平面为草图平面，绘制图 2.3 所示的截面草图；在“旋转”对话框 范围 区域的下拉列表中选中 全部 选项；单击“旋转”对话框中的 确定 按钮，完成旋转特征 1 的创建。

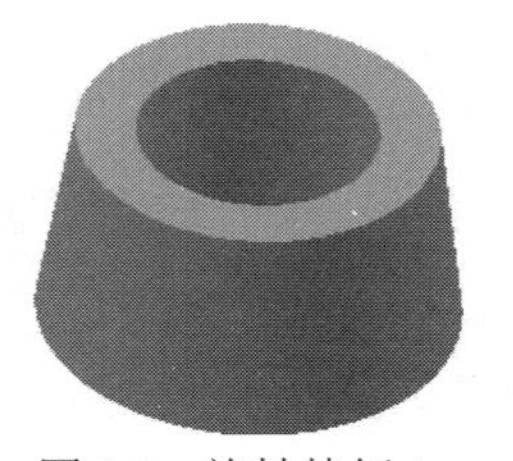

图 2.2　旋转特征 1

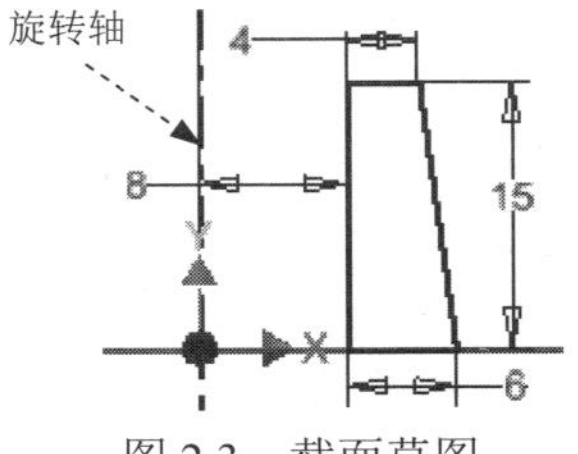

图 2.3　截面草图

Step3. 创建图 2.4 所示的拉伸特征 1。在 创建 ▼ 区域中单击按钮，选取 XY 平面作为草图平面，绘制图 2.5 所示的截面草图，在“拉伸”对话框 范围 区域中的下拉列表中选择 距离 选项，在“距离”下拉列表中输入数值 6，并将拉伸方向设置为“对称”类型；单击“拉伸”对话框中的 确定 按钮，完成拉伸特征 1 的创建。

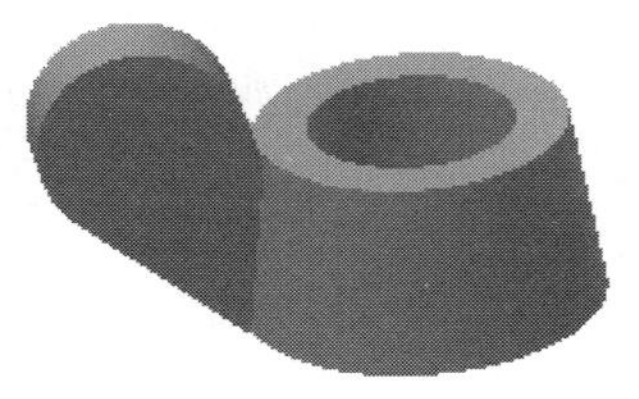

图 2.4　拉伸特征 1

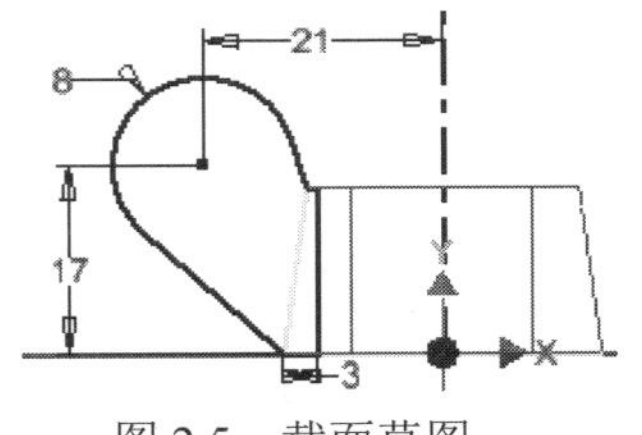

图 2.5　截面草图

Step4. 创建图 2.6 所示的镜像 1。

（1）选择命令，在 阵列 区域中单击“镜像”按钮 。

（2）选取要镜像的特征。在图形区中选取要镜像复制的拉伸特征 1（或在浏览器中选择“拉伸 1”特征）。

（3）定义镜像中心平面。单击“镜像”对话框中的 镜像平面 按钮，然后选取 YZ 平面作为镜像中心平面。

（4）单击“镜像”对话框中的 确定 按钮，完成镜像操作。

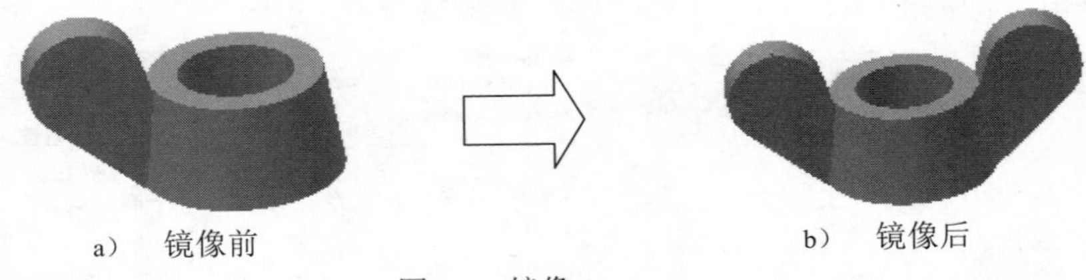

图 2.6 镜像 1

Step5. 后面的详细操作过程请参见随书光盘中 video\ch02\reference\文件下的语音视频讲解文件 instance_bfbolt-r01.exe。

实例 3 儿童玩具勺

实例概述

本实例主要运用了实体拉伸、切削、倒圆角、抽壳、旋转和加强筋等命令，其中玩具勺的手柄部造型是通过实体切削倒圆角再进行抽壳而成的，构思很巧妙。零件模型及浏览器如图 3.1 所示。

Step1. 新建零件模型，进入建模环境。

Step2. 创建图 3.2 所示的拉伸特征 1。

图 3.1　零件模型及浏览器　　图 3.2　拉伸特征 1

（1）选择命令。在 创建 ▼ 区域中单击按钮，系统弹出“创建拉伸”对话框。

（2）定义特征的截面草图。单击“创建拉伸”对话框中的 创建二维草图 按钮，选取 XZ 平面作为草图平面，进入草绘环境，绘制图 3.3 所示的截面草图。

（3）定义拉伸属性。单击 草图 选项卡 返回到三维 区域中的按钮，将拉伸方向设置为“不对称”类型；在“拉伸”对话框 范围 区域中的两个下拉列表中均选择 距离 选项，在两个“距离”下拉列表中分别输入数值 70 和 5。

（4）单击“拉伸”对话框中的 确定 按钮，完成拉伸特征 1 的创建。

Step3. 创建图 3.4 所示的拉伸特征 2。

（1）选择命令。在 创建 ▼ 区域中单击按钮，系统弹出“创建拉伸”对话框。

（2）定义特征的截面草图。单击“创建拉伸”对话框中的 创建二维草图 按钮，选取 XY 平面作为草图平面，进入草绘环境，绘制图 3.5 所示的截面草图，单击按钮。

（3）定义拉伸属性。再次单击 创建 ▼ 区域中按钮，首先将布尔运算设置为“求差”类型，在 范围 区域中的下拉列表中选择 贯通 选项，将拉伸方向设置为“对称”类型。

（4）单击“拉伸”对话框中的 确定 按钮，完成拉伸特征 2 的创建。

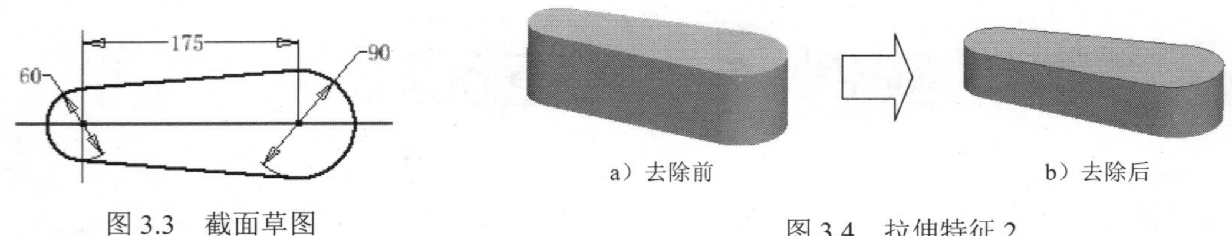

图 3.3　截面草图

图 3.4　拉伸特征 2

Step4. 创建图 3.6 所示的倒圆特征 1。

（1）选择命令。在 修改 ▼ 区域中单击按钮。

（2）选取要倒圆的对象。在系统的提示下，选取图 3.6a 所示的模型边线为倒圆的对象。

（3）定义倒圆参数。在“倒圆角”小工具栏“半径 R”文本框中输入数值 20。

（4）单击“圆角”对话框中的 确定 按钮完成圆角特征的定义。

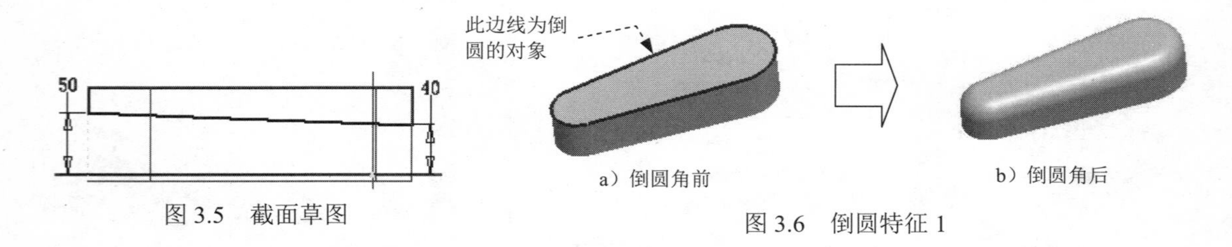

图 3.5　截面草图

图 3.6　倒圆特征 1

Step5. 创建图 3.7 所示的抽壳特征 1。

（1）选择命令。在 修改 ▼ 区域中单击 抽壳 按钮。

（2）定义薄壁厚度。在“抽壳”对话框 厚度 文本框中输入薄壁厚度值 5。

（3）选择要移除的面。在系统 选择要去除的表面 的提示下，选择图 3.7a 所示的模型表面为要移除的面。

（4）单击“抽壳”对话框中的 确定 按钮，完成抽壳特征 1 的创建。

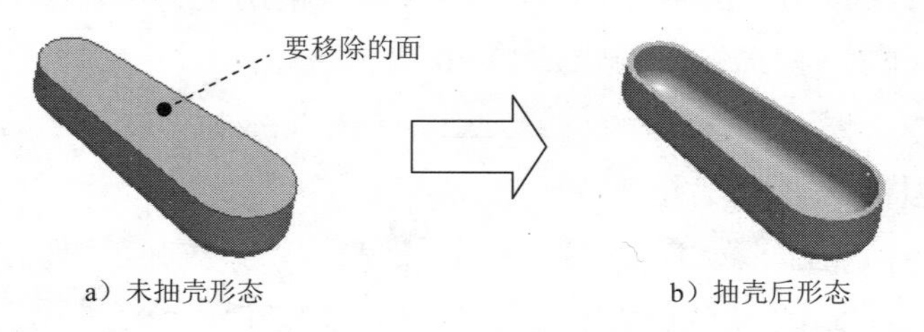

a）未抽壳形态　　b）抽壳后形态

图 3.7　抽壳特征 1

Step6. 创建图 3.8 所示的旋转特征 1。

（1）选择命令。在 创建 ▼ 区域中单击按钮，系统弹出“创建旋转”对话框。

（2）定义特征的截面草图。单击“创建旋转”对话框中的 创建二维草图 按钮，选取 XY 平面为草图平面，进入草绘环境，绘制图 3.9 所示的截面草图。

（3）定义旋转属性。单击 草图 选项卡 返回到三维 区域中的按钮，在 范围 区域的下拉列表中选中 全部 选项。

（4）单击“旋转”对话框中的 确定 按钮，完成旋转特征 1 的创建。

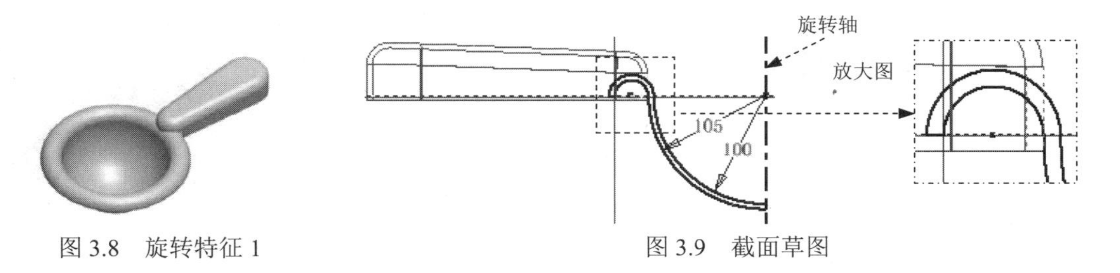

图 3.8　旋转特征 1

图 3.9　截面草图

Step7. 创建图 3.10 所示的拉伸特征 3。

（1）选择命令。在 创建 ▾ 区域中单击 按钮，系统弹出“创建拉伸”对话框。

（2）定义特征的截面草图。单击“创建拉伸”对话框中的 创建二维草图 按钮，选取 XZ 平面作为草图平面，进入草绘环境，绘制图 3.11 所示的截面草图，单击 按钮。

（3）定义拉伸属性。再次单击 创建 ▾ 区域中 按钮，首先将布尔运算设置为“求差”类型 ，在 范围 区域中的下拉列表中选择 距离 选项，在“距离”下拉列表中输入数值 20，将拉伸方向设置为“方向 1”类型 。

（4）单击“拉伸”对话框中的 确定 按钮，完成拉伸特征 3 的创建。

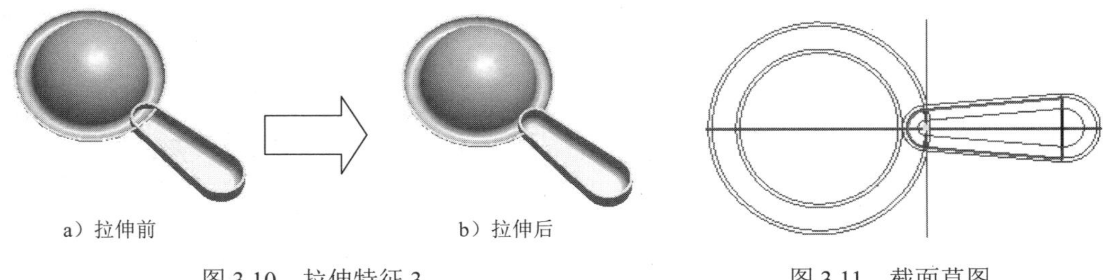

图 3.10　拉伸特征 3

图 3.11　截面草图

Step8. 创建草图 1。

（1）在 三维模型 选项卡 草图 区域单击 按钮，然后选择 XY 平面为草图平面，系统进入草绘环境。

（2）绘制图 3.12 所示的草图 1，单击 按钮，退出草绘环境。

Step9. 创建图 3.13 所示的加强筋 1。

（1）选择命令，在 创建 ▾ 区域中单击 加强筋 按钮。

（2）指定加强筋轮廓。在绘图区域选取 Step8 中创建的截面草图。

（3）指定加强筋的类型。在“加强筋”对话框单击“平行于草图平面” 按钮。

（4）定义加强筋特征的参数。

① 定义加强筋的拉伸方向。在“加强筋”对话框中将结合图元的拉伸方向设置为“方向 2”类型 。

② 定义加强筋的厚度。在 厚度 文本框中输入数值 7，将加强筋的生成方向设置为“双向” 类型 ，其余参数接受系统默认设置。

（5）单击“加强筋”对话框中的 确定 按钮，完成加强筋 1 特征的创建。

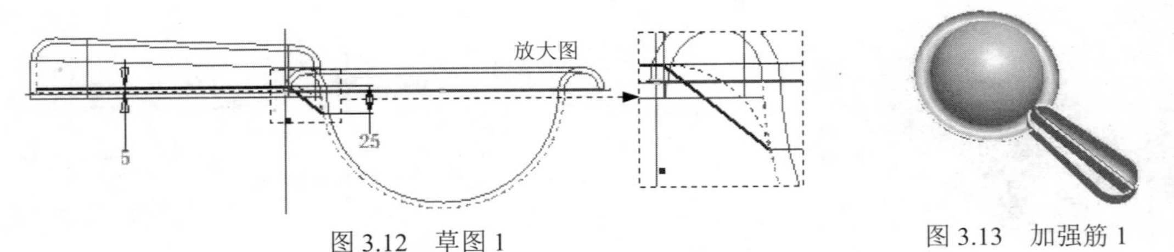

图 3.12　草图 1　　　　图 3.13　加强筋 1

Step10. 创建图 3.14 所示的拉伸特征 4。

（1）选择命令。在 创建 ▾ 区域中单击按钮，系统弹出“创建拉伸”对话框。

（2）定义特征的截面草图。单击“创建拉伸”对话框中的 创建二维草图 按钮，选取 XY 平面作为草图平面，进入草绘环境，绘制图 3.15 所示的截面草图，单击✔按钮。

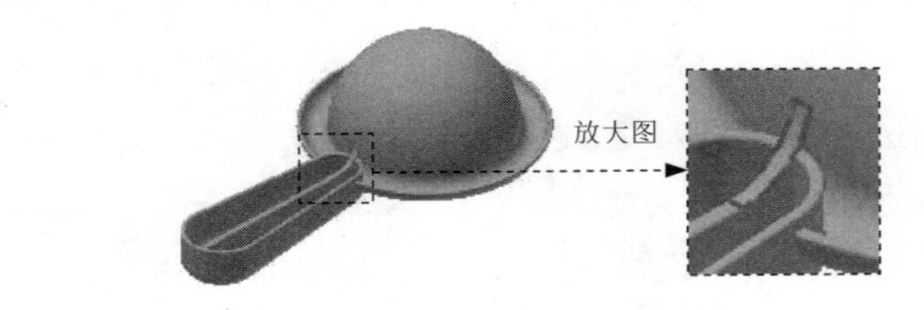

图 3.14　拉伸特征 4

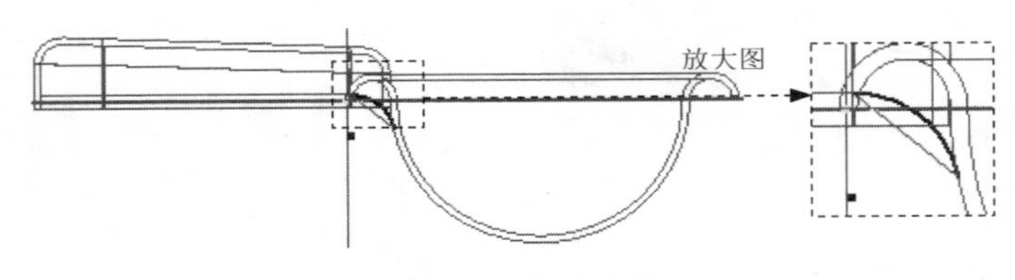

图 3.15　截面草图

（3）定义拉伸属性。再次单击 创建 ▾ 区域中按钮，首先将布尔运算设置为“求差”类型，在 范围 区域中的下拉列表中选择 介于两面之间 选项，依次选取加强筋的两个侧面（如图 3.16 所示的面 1 与面 2）。

（4）单击“拉伸”对话框中的 确定 按钮，完成拉伸特征 4 的创建。

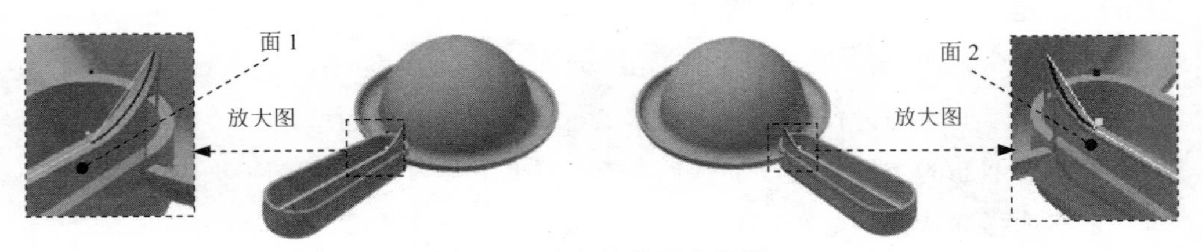

图 3.16　定义拉伸深度范围

Step11. 创建图 3.17 所示的倒圆特征 2。

（1）选择命令。在 修改 ▾ 区域中单击按钮。

（2）选取要倒圆的对象。在系统的提示下，选取图 3.17a 所示的模型边线为倒圆的对象。

（3）定义倒圆参数。在“倒圆角”小工具栏“半径 R”文本框中输入数值 1.5。

（4）单击“圆角”对话框中的 确定 按钮完成倒圆特征 2 的定义。

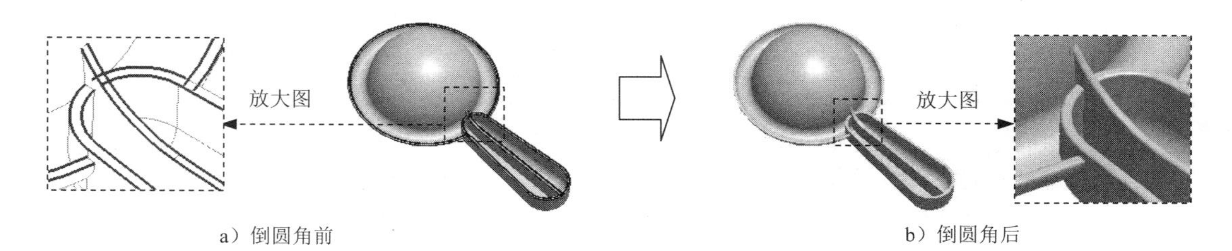

a）倒圆角前　　b）倒圆角后

图 3.17　倒圆特征 2

Step12. 保存零件模型文件，命名为 INSTANCE_TOY_SCOOP。

实例 4　曲面上创建文字

实例概述

本实例详细讲解了在曲面上添加文字的设计过程。零件实体模型及浏览器如图 4.1 所示。

text.ipt
实体(1)
视图: 主要
原点
拉伸1
工作平面1
凸雕1

图 4.1　零件模型及浏览器

Step1. 新建一个零件模型，进入建模环境。

Step2. 创建图 4.2 所示的拉伸特征 1。在 创建 ▾ 区域中单击 按钮，选取 XZ 平面作为草图平面，绘制图 4.3 所示的截面草图，在“拉伸”对话框 范围 区域中的下拉列表中选择 距离 选项，在“距离”下拉列表中输入数值 30，并将拉伸方向设置为“对称”类型 ，单击“拉伸”对话框中的 确定 按钮，完成拉伸特征 1 的创建。

Step3. 创建图 4.4 所示的工作平面 1（注：具体参数和操作参见随书光盘）。

图 4.2　拉伸特征 1

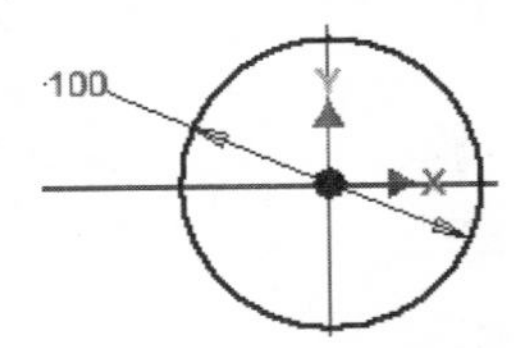

图 4.3　截面草图

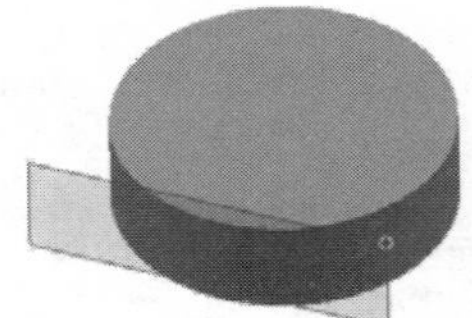

图 4.4　工作平面 1

Step4. 创建草图 1。选取工作平面 1 作为草图平面，绘制图 4.5 所示的草图 1。

说明：绘制此草图时选择 A 文本 命令，在图形区单击，在“文本格式”对话框中输入文本“INVENTOR”，设置字体为 Tahoma，大小为 10。

Step5. 创建图 4.6 所示的凸雕特征，在 创建 ▾ 区域中单击 按钮；选取草图 1 作为截面轮廓，输入深度值 3，设置方向为“方向 2”类型 ；选中 ☑ 折叠到面 选项，单击“面”按钮 ，选择图 4.6 所示的柱面；单击 确定 按钮，完成凸雕的创建。

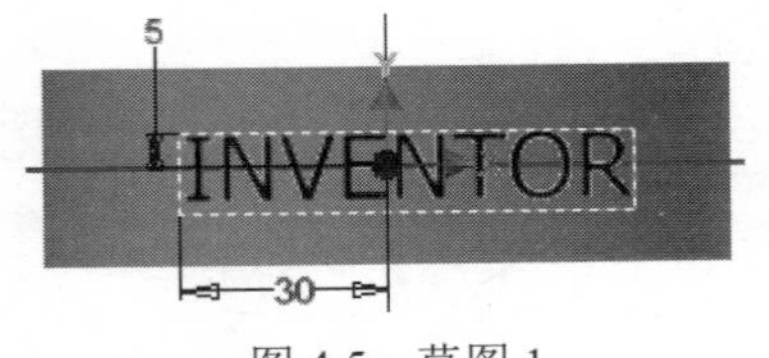

图 4.5　草图 1

图 4.6　凸雕特征

Step6. 保存模型文件，并命名为 text。

实例 5 儿童玩具蓝

实例概述

本实例是一个普通的儿童玩具篮，主要运用了实体建模的一些常用命令，包括实体拉伸、倒圆和抽壳等，其中抽壳命令运用得很巧妙。零件模型及浏览器如图 5.1 所示。

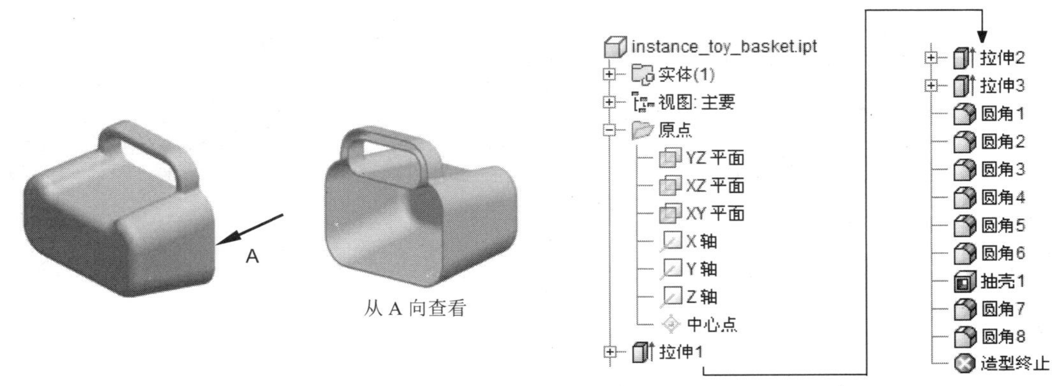

图 5.1 零件模型及浏览器

说明： 本应用前面的详细操作过程请参见随书光盘中 video\ch05\reference\文件下的语音视频讲解文件 instance_toy_basket-r01.exe。

Step1. 打开文件 D:\inv15.3\work\ch05\instance_toy_basket_ex.psm。

Step2. 添加图 5.2 所示的拉伸特征 3。

（1）选择命令。在 创建 ▾ 区域中单击 按钮，系统弹出“创建拉伸”对话框。

（2）定义特征的截面草图。单击“创建拉伸”对话框中的 创建二维草图 按钮，选取图 5.3 所示的面作为草图平面，进入草绘环境，绘制图 5.4 所示的截面草图。

（3）定义拉伸属性。单击 草图 选项卡 返回到三维 区域中的 按钮，首先将布尔运算设置为“求差” 类型 ，在 范围 区域中的下拉列表中选择 距离 选项，在“距离”下拉列表中输入数值 8，并将拉伸方向设置为“方向 2”类型 。

（4）单击“拉伸”对话框中的 确定 按钮，完成拉伸特征 3 的创建。

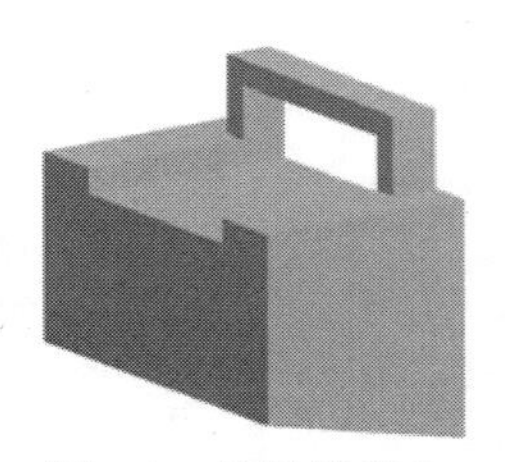

图 5.2 拉伸特征 3

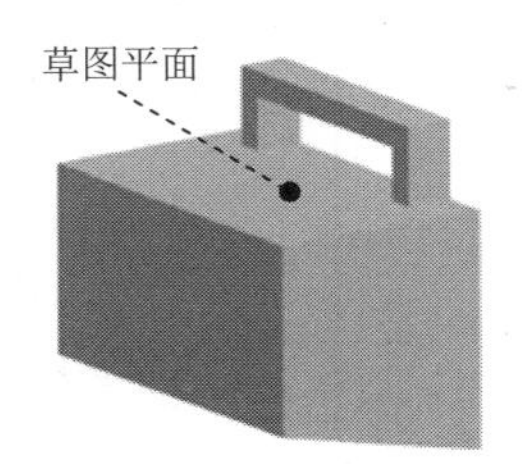

图 5.3 草图平面

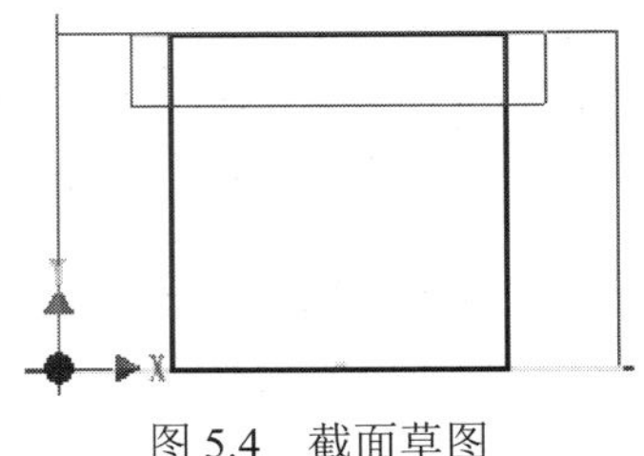

图 5.4 截面草图

Step3. 创建图 5.5 所示的倒圆特征 1。

（1）选择命令。在 修改 ▼ 区域中单击按钮。

（2）选取要倒圆的对象。在系统的提示下，选取图 5.5a 所示的 6 条模型边线为倒圆的对象。

（3）定义倒圆参数。在“倒圆”工具栏“半径 R”文本框中输入数值 20.0。

（4）单击“圆角”对话框中的 确定 按钮，完成倒圆特征 1 的创建。

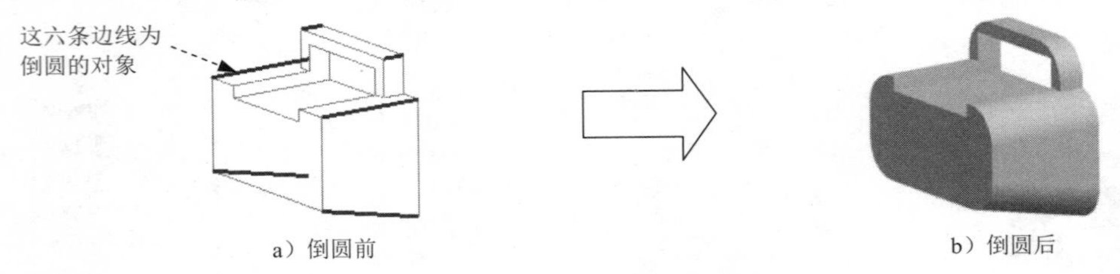

图 5.5 倒圆特征 1

Step4. 创建图 5.6 所示的倒圆特征 2。选取图 5.6 所示的 4 条模型边线为倒圆的对象，输入倒圆角半径值 10.0。

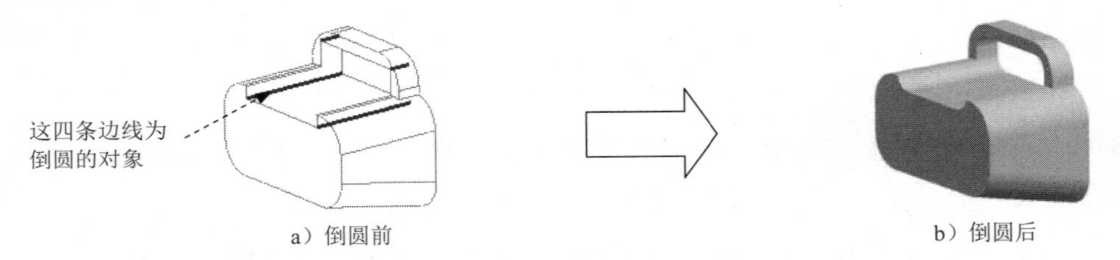

图 5.6 倒圆特征 2

Step5. 创建图 5.7 所示的倒圆特征 3。选取图 5.7 所示的模型边线为倒圆的对象，输入倒圆角半径值 6.0。

Step6. 创建图 5.8 所示的倒圆特征 4。选取图 5.8 所示的模型边线为倒圆的对象，输入倒圆角半径值 4.0。

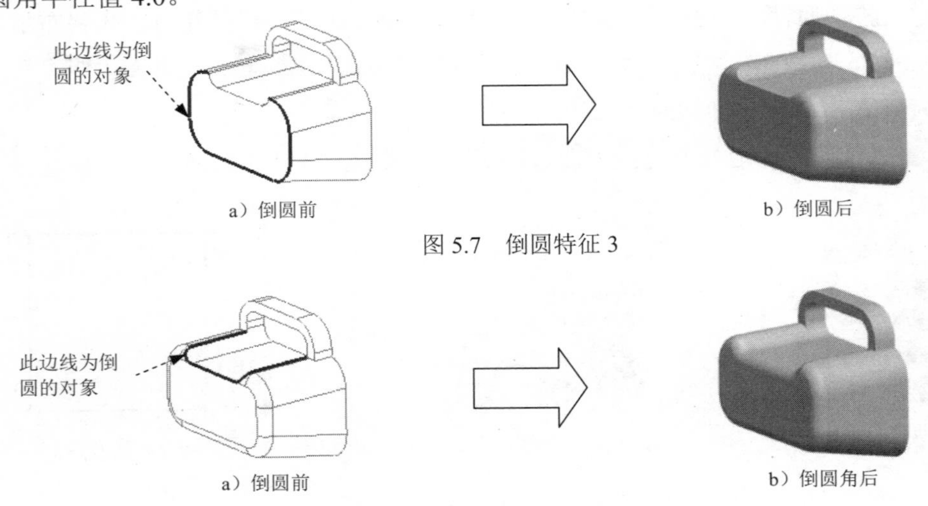

图 5.7 倒圆特征 3

图 5.8 倒圆特征 4

Step7. 创建图 5.9 所示的倒圆特征 5。选取图 5.9a 所示的 2 条模型边线为倒圆的对象，输入倒圆角半径值 3.0。

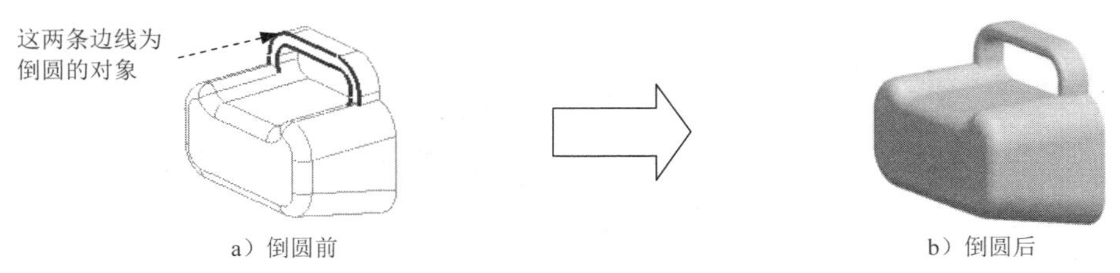

图 5.9　倒圆特征 5

Step8. 创建图 5.10 所示的倒圆特征 6。选取图 5.10a 所示的 2 条模型边线为倒圆的对象，输入倒圆角半径值 3.0。

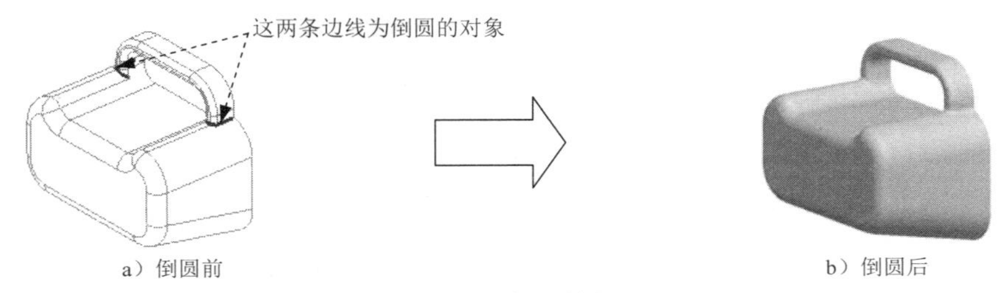

图 5.10　倒圆特征 6

Step9. 创建图 5.11 所示的抽壳特征 1。

（1）选择命令。在 修改 ▾ 区域中单击 抽壳 按钮。

（2）定义薄壁厚度。在“抽壳”对话框 厚度 文本框中输入薄壁厚度值 1.5。

（3）选择要移除的面。在系统 选择要去除的表面 的提示下，选择图 5.11a 所示的模型表面为要移除的面。

（4）单击“抽壳”对话框中的 确定 按钮，完成抽壳特征 1 的创建。

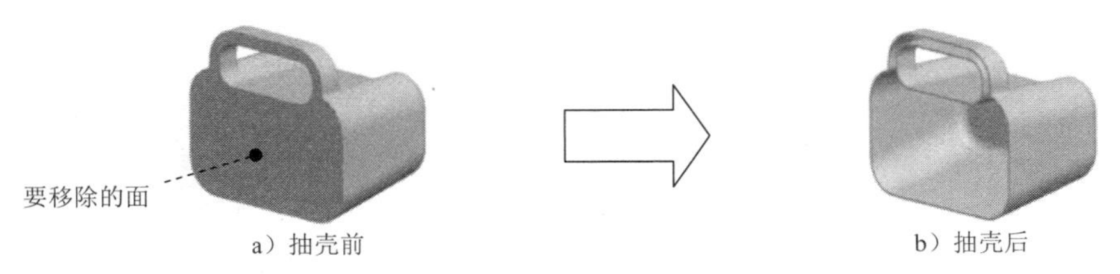

图 5.11　抽壳特征 1

Step10. 创建图 5.12 所示的倒圆特征 7。选取图 5.12a 所示的 2 条模型边线为倒圆的对象，输入倒圆角半径值 0.3。

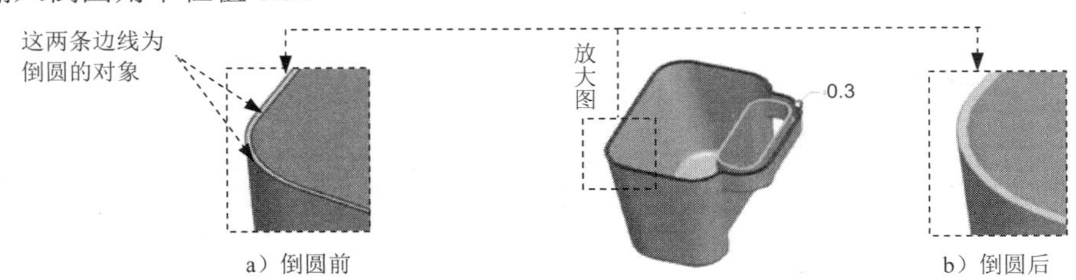

图 5.12　倒圆特征 7

Step11. 创建图 5.13 所示的倒圆特征 8。选取图 5.13a 所示的 2 条模型边线为倒圆的对象，输入倒圆角半径值 0.75。

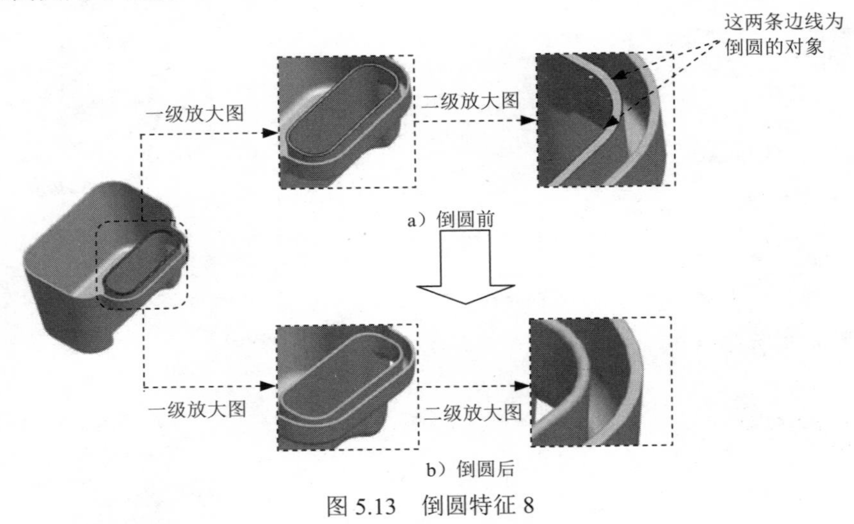

图 5.13　倒圆特征 8

Step12. 保存文件。文件名称为 instance_toy_basket。

实例6 挖 掘 手

实例概述

本实例主要运用了拉伸、倒圆角、抽壳、阵列和镜像等特征命令，其中的主体造型是通过实体倒了一个大圆角后抽壳而成的，构思很巧妙。零件模型及浏览器如图6.1所示。

图6.1 模型及浏览器

说明： 本例前面的详细操作过程请参见随书光盘中 video\ch06\reference\文件下的语音视频讲解文件 DIG_HAND-r01.exe。

Step1. 打开文件 D:\inv15.3\work\ch06\DIG_HAND_ex.ipt。

Step2. 创建图6.2b所示的倒圆特征1。

（1）选择命令。在 修改 ▾ 区域中单击按钮。

（2）选取要倒圆的对象。在系统的提示下，选取图6.2a所示的模型边线为倒圆的对象。

（3）定义倒圆参数。在“倒圆角”小工具栏“半径R”文本框中输入数值170。

（4）单击“圆角”对话框中的 确定 按钮完成圆角特征的定义。

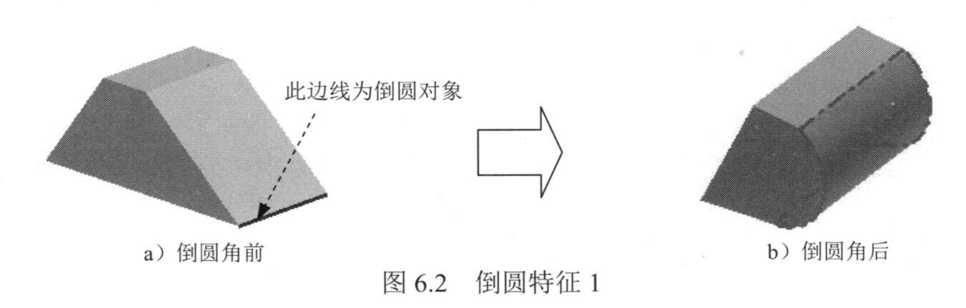

图6.2 倒圆特征1

Step3. 创建图6.3所示的抽壳特征1。

（1）选择命令。在 修改 ▾ 区域中单击 抽壳 按钮。

（2）定义薄壁厚度。在“抽壳”对话框 厚度 文本框中输入薄壁厚度值20。

（3）选择要移除的面。在系统 选择要去除的表面 的提示下，选择图6.3a所示的模型表面为要移除的面。

（4）单击“抽壳”对话框中的 确定 按钮，完成抽壳特征1的创建。

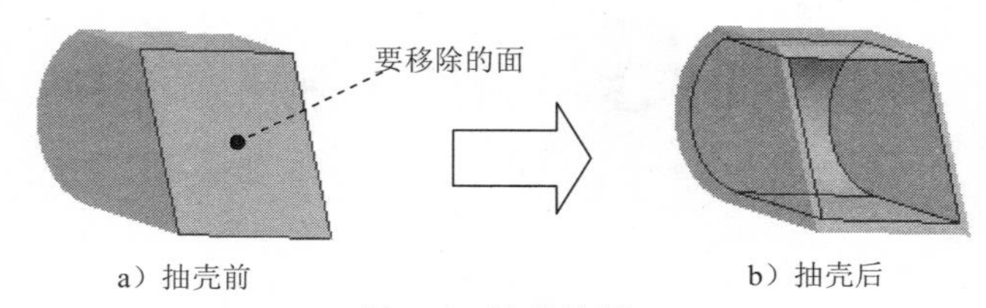

a）抽壳前　　　　b）抽壳后

图 6.3　抽壳特征 1

Step4. 创建图 6.4 所示的拉伸特征 2。

（1）选择命令。在 创建 ▾ 区域中单击按钮，系统弹出“创建拉伸”对话框。

（2）定义特征的截面草图。单击“创建拉伸”对话框中的 创建二维草图 按钮，选取图 6.5 所示的模型表面为草图平面，进入草绘环境，绘制图 6.6 所示的截面草图。

（3）定义拉伸属性。单击 草图 选项卡 返回到三维 区域中的按钮，在“拉伸”对话框 范围 区域中的下拉列表中选择 距离 选项，在“距离”下拉列表中输入数值 40.0，并将拉伸方向设置为“方向 1”类型。

（4）单击“拉伸”对话框中的 确定 按钮，完成拉伸特征 2 的创建。

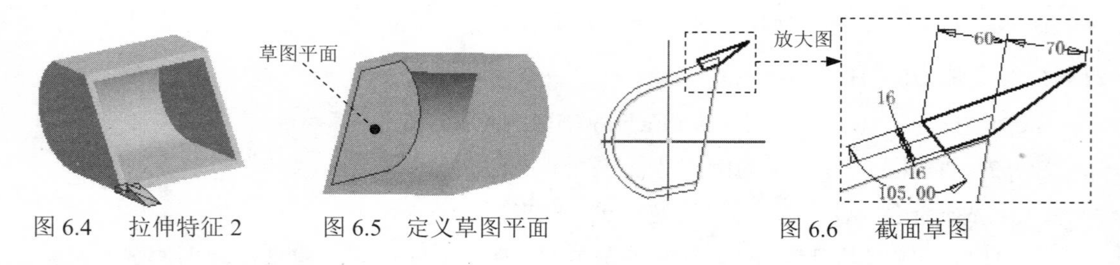

图 6.4　拉伸特征 2　　图 6.5　定义草图平面　　图 6.6　截面草图

Step5. 创建图 6.7 所示的矩形阵列 1。

（1）选择命令，在 阵列 区域中单击按钮。

（2）选择要阵列的特征。在图形区中选取拉伸特征 2（或在浏览器中选择“拉伸 2”特征）。

（3）定义阵列参数。

① 定义阵列方向。在“矩形阵列”对话框中单击按钮，然后选取图 6.8 所示的边线为矩形阵列方向。

② 定义阵列实例数。在 方向 1 区域的按钮后的文本框中输入数值 5。

③ 定义阵列角度。在 方向 1 区域的按钮后的文本框中输入数值-80。

（4）单击 确定 按钮，完成矩形阵列 1 的创建。

Step6. 创建图 6.9 所示的工作平面 1。

（1）选择命令。在 定位特征 区域中单击“平面”按钮下的 平面，选择 从平面偏移 命令。

（2）定义参考平面。在绘图区域选取 XY 平面作为参考平面。

（3）定义偏移距离与方向。在“基准面”小工具栏的下拉列表中输入要偏距的距离为数值 192。偏移方向参考图 6.9。

（4）单击按钮完成工作平面 1 的创建。

Step7. 创建图 6.10 所示的拉伸特征 3。

（1）选择命令。在 创建 ▾ 区域中单击按钮，系统弹出“创建拉伸”对话框。

（2）定义特征的截面草图。单击“创建拉伸”对话框中的 创建二维草图 按钮，选取工作平面 1 作为草图平面，进入草绘环境，绘制图 6.11 所示的截面草图。

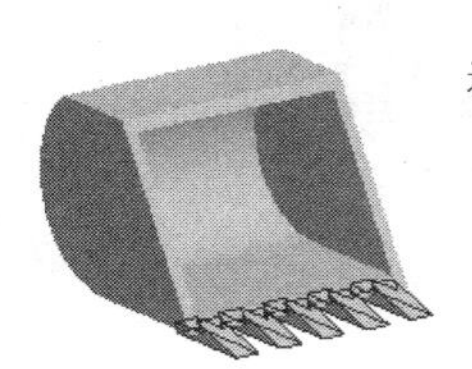

图 6.7 矩形阵列 1

选取此边

图 6.8 定义方向参考

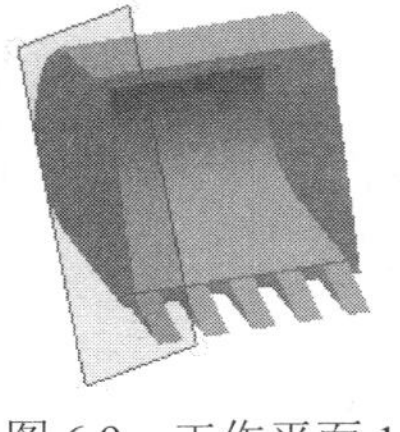

图 6.9 工作平面 1

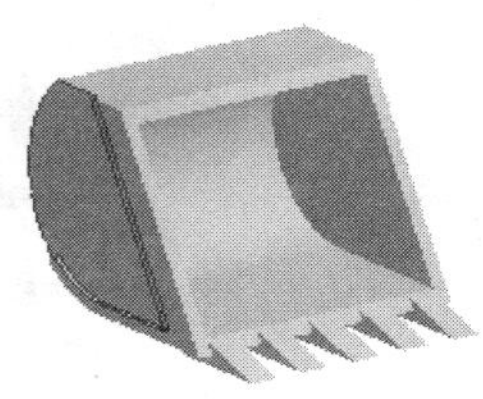

图 6.10 拉伸特征 3

（3）定义拉伸属性。单击 草图 选项卡 返回到三维 区域中的按钮，然后将布尔运算设置为“求差”类型，在 范围 区域中的下拉列表中选择 贯通 选项，将拉伸方向设置为“方向 1”类型。

（4）单击“拉伸”对话框中的 确定 按钮，完成拉伸特征 3 的创建。

Step8. 创建图 6.12 所示的镜像 1。

（1）选择命令。在 阵列 区域中单击“镜像”按钮。

（2）选取要镜像的特征。在图形区中选取要镜像复制的拉伸特征 3（或在浏览器中选择“拉伸 3”特征）。

（3）定义镜像中心平面。单击“镜像”对话框中的 镜像平面 按钮，然后选取 XY 平面作为镜像中心平面。

（4）单击“镜像”对话框中的 确定 按钮。完成镜像 1 的操作。

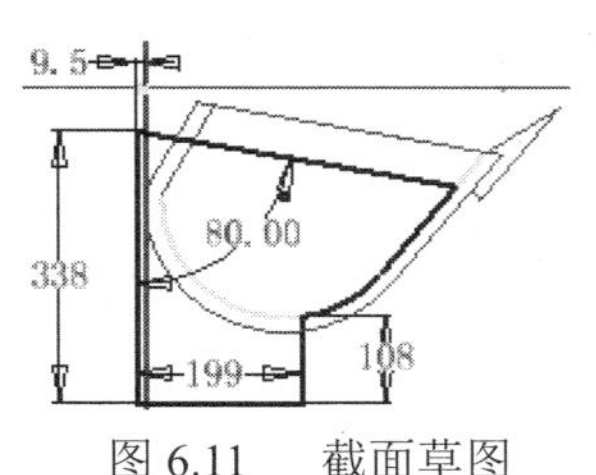

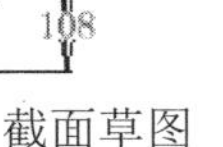

图 6.11 截面草图

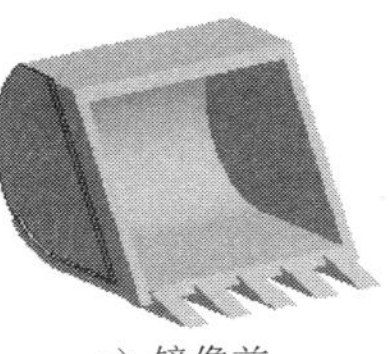

a）镜像前

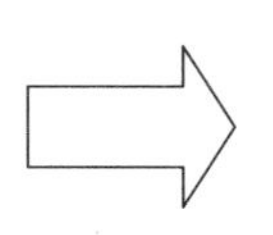

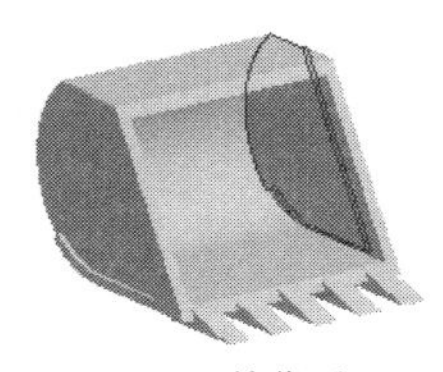

b）镜像后

图 6.12 镜像 1

Step9. 创建图 6.13 所示的拉伸特征 4。

（1）选择命令。在 创建 ▾ 区域中单击按钮，系统弹出“创建拉伸”对话框。

（2）定义特征的截面草图。单击“创建拉伸”对话框中的 创建二维草图 按钮，选取 XY 平面作为草图平面，进入草绘环境，绘制图 6.14 所示的截面草图。

（3）定义拉伸属性。单击 草图 选项卡 返回到三维 区域中的 按钮，在“拉伸”对话框 范围 区域中的下拉列表中选择 距离 选项，在“距离”下拉列表中输入数值 180，并将拉伸方向设置为“对称”类型 。

（4）单击“拉伸”对话框中的 确定 按钮，完成拉伸特征 4 的创建。

图 6.13　拉伸特征 4

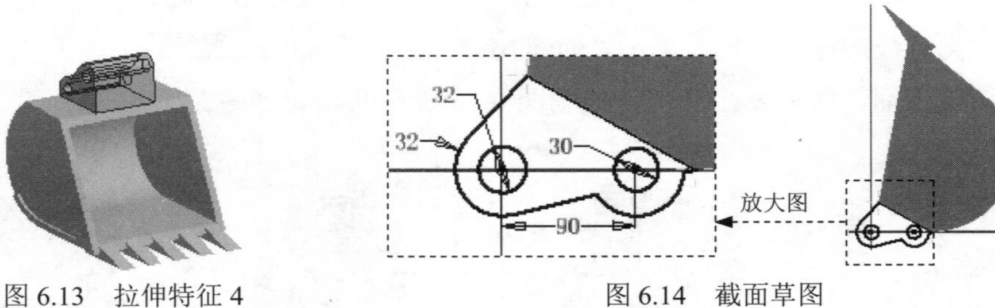

图 6.14　截面草图

Step10. 创建图 6.15 所示的拉伸特征 5。

（1）选择命令。在 创建 ▾ 区域中单击 按钮，系统弹出“创建拉伸”对话框。

（2）定义特征的截面草图。单击“创建拉伸”对话框中的 创建二维草图 按钮，选取图 6.16 所示的模型表面为草图平面，进入草绘环境，绘制图 6.17 所示的截面草图，单击 按钮。

（3）定义拉伸属性。再次单击 创建 ▾ 区域中 按钮，然后将布尔运算设置为“求差”类型 ，在 范围 区域中的下拉列表中选择 贯通 选项，将拉伸方向设置为“方向 1”类型 。

（4）单击“拉伸”对话框中的 确定 按钮，完成拉伸特征 5 的创建。

图 6.15　拉伸特征 5

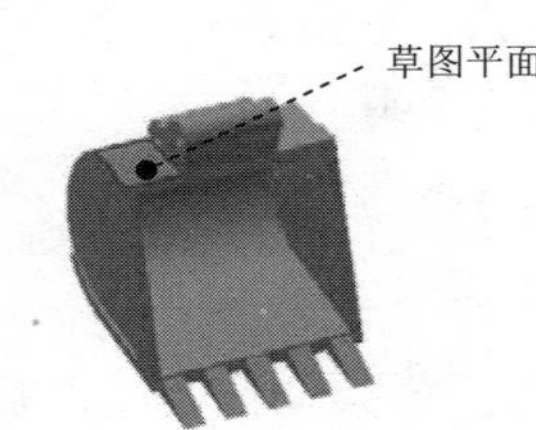

图 6.16　定义草图平面

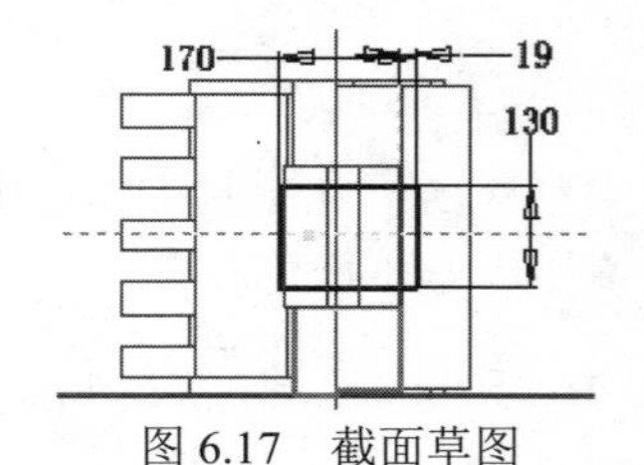

图 6.17　截面草图

Step11. 保存零件模型文件，命名为 DIG_HAND。

实例 7 操 纵 杆

实例概述

该实例的创建方法是一种典型的“搭积木”式的方法，大部分命令都是一些基本命令（如拉伸、镜像、旋转、阵列、孔、倒圆角等），但要提醒读者注意其中“筋”特征创建的方法和技巧。零件模型及浏览器如图 7.1 所示。

Step1. 新建零件模型，进入建模环境。

Step2. 创建图 7.2 所示的拉伸特征 1。在 创建 ▾ 区域中单击按钮，系统弹出“创建拉伸”对话框；单击“创建拉伸”对话框中的 创建二维草图 按钮，选取 XZ 平面作为草图平面，进入草绘环境，绘制图 7.3 所示的截面草图；单击 草图 选项卡 返回到三维 区域中的按钮，在“拉伸”对话框 范围 区域中的下拉列表中选择 距离 选项，在“距离”下拉列表中输入数值 2，将拉伸类型设置为“方向 1”类型；单击“拉伸”对话框中的 确定 按钮，完成拉伸特征 1 的创建。

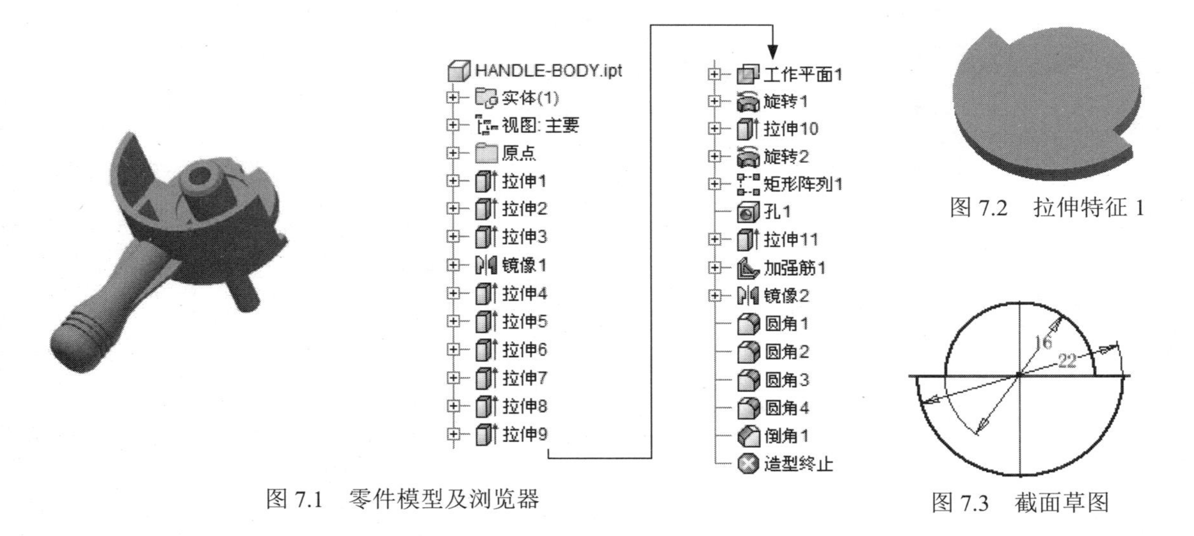

图 7.1 零件模型及浏览器

图 7.2 拉伸特征 1

图 7.3 截面草图

Step3. 创建图 7.4 所示的拉伸特征 2。在 创建 ▾ 区域中单击按钮，系统弹出“创建拉伸”对话框；单击“创建拉伸”对话框中的 创建二维草图 按钮，选取图 7.5 所示的模型表面作为草图平面，进入草绘环境，绘制图 7.6 所示的截面草图；单击 草图 选项卡 返回到三维 区域中的按钮，在“拉伸”对话框 范围 区域中的下拉列表中选择 距离 选项，在“距离”下拉列表中输入数值 10，将拉伸类型设置为“方向 1”类型；单击“拉伸”对话框中的 确定 按钮，完成拉伸特征 2 的创建。

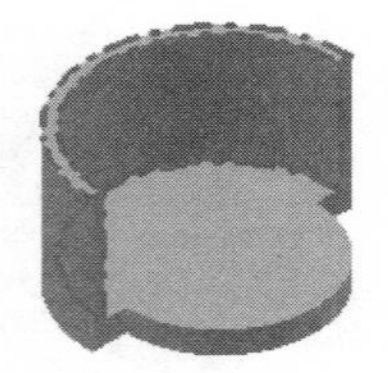
图 7.4　拉伸特征 2

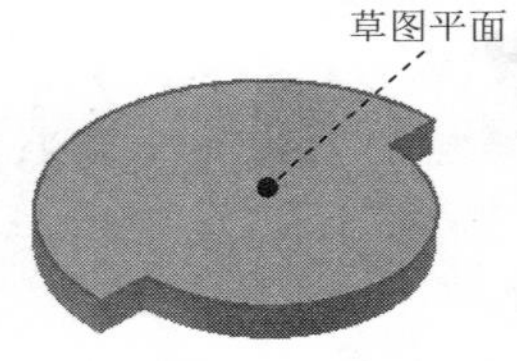

图 7.5　定义草图平面

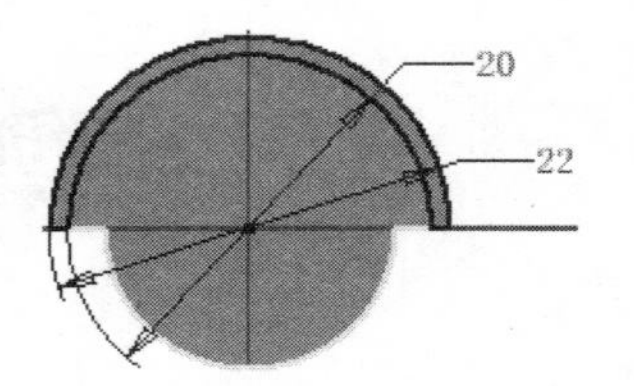

图 7.6　截面草图

Step4. 创建图 7.7 所示的拉伸特征 3。在 创建 ▾ 区域中单击 按钮，系统弹出“创建拉伸”对话框；单击“创建拉伸”对话框中的 创建二维草图 按钮，选取图 7.8 所示的模型表面作为草图平面，进入草绘环境，绘制图 7.9 所示的截面草图；单击 草图 选项卡 返回到三维 区域中的 按钮，在“拉伸”对话框 范围 区域中的下拉列表中选择 距离 选项，在“距离”下拉列表中输入数值 8，将拉伸类型设置为“方向 1”类型 ；单击“拉伸”对话框中的 确定 按钮，完成拉伸特征 3 的创建。

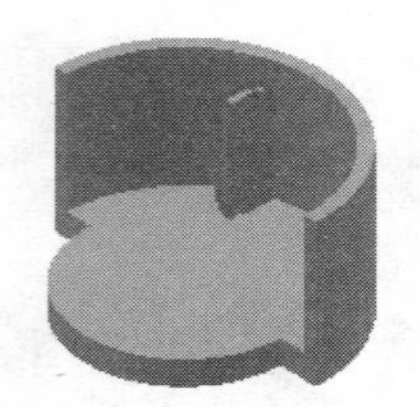
图 7.7　拉伸特征 3

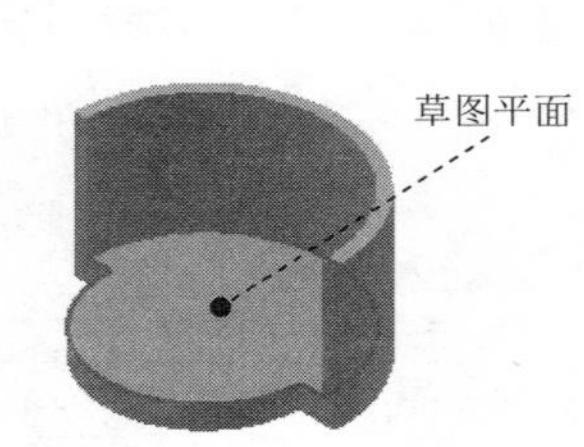

图 7.8　定义草图平面

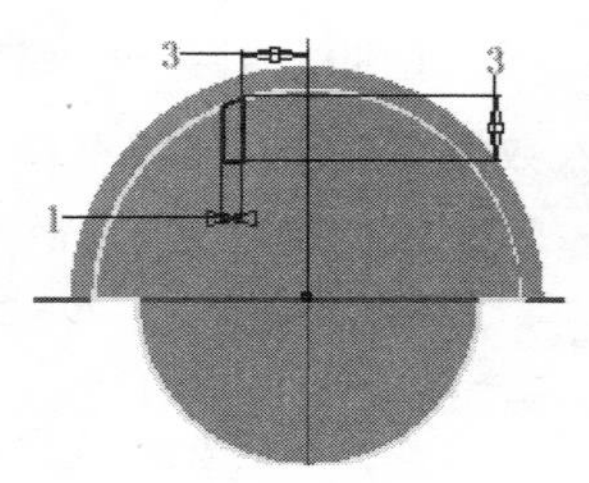

图 7.9　截面草图

Step5. 创建图 7.10 所示的镜像 1。在 阵列 区域中单击“镜像”按钮 ；在图形区中选取要镜像复制的拉伸特征 3（或在浏览器中选择“拉伸 3”特征）；单击“镜像”对话框中的 镜像平面 按钮，然后选取 YZ 平面作为镜像中心平面；单击“镜像”对话框中的 确定 按钮，完成镜像操作。

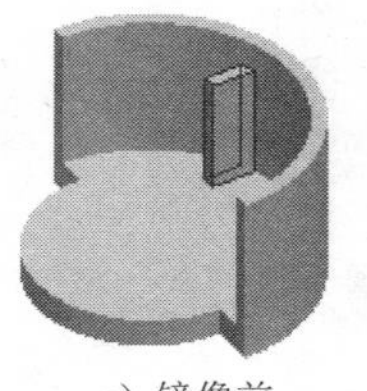
a）镜像前

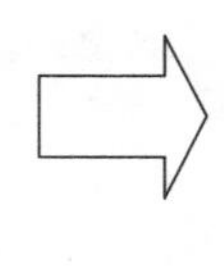

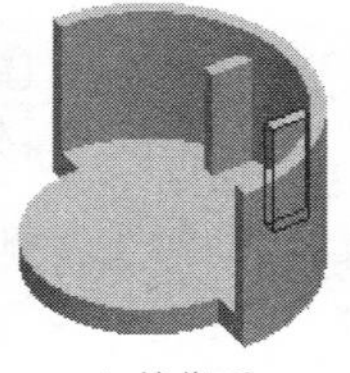
b）镜像后

图 7.10　镜像 1

Step6. 创建图 7.11 所示的拉伸特征 4。在 创建 ▾ 区域中单击 按钮，系统弹出“创建拉伸”对话框；单击“创建拉伸”对话框中的 创建二维草图 按钮，选取图 7.12 所示的模型表面作为草图平面，进入草绘环境，绘制图 7.13 所示的截面草图；单击 草图 选项卡 返回到三维 区域中的 按钮，在“拉伸”对话框 范围 区域中的下拉列表中选择 距离 选项，在“距离”下拉列表中输入数值 1，将拉伸类型设置为“方向 1”类型 ；单击“拉伸”对话框中的 确定 按钮，完成拉伸特征 4 的创建。

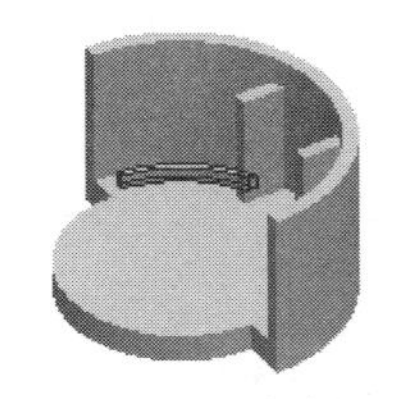
图 7.11 拉伸特征 4

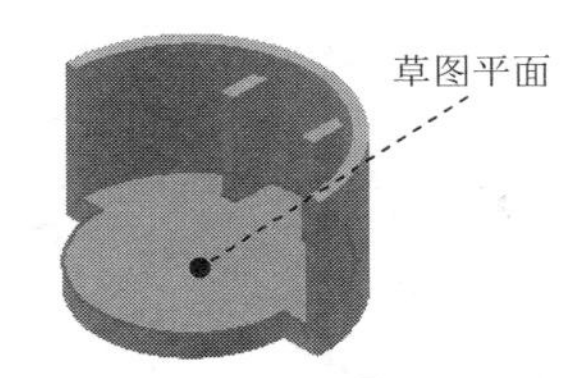

图 7.12 定义草图平面

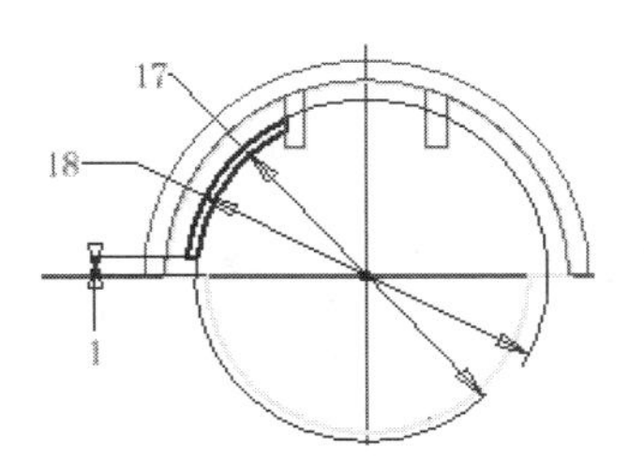

图 7.13 截面草图

Step7. 创建图 7.14 所示的拉伸特征 5。在 创建 ▾ 区域中单击按钮，系统弹出“创建拉伸”对话框；单击“创建拉伸”对话框中的 创建二维草图 按钮，选取 XZ 平面作为草图平面，进入草绘环境，绘制图 7.15 所示的截面草图；单击 草图 选项卡 返回到三维 区域中的按钮，在“拉伸”对话框 范围 区域中的下拉列表中选择 距离 选项，在“距离”下拉列表中输入数值 1.5，将拉伸类型设置为“方向 1”类型；单击“拉伸”对话框中的 确定 按钮，完成拉伸特征 5 的创建。

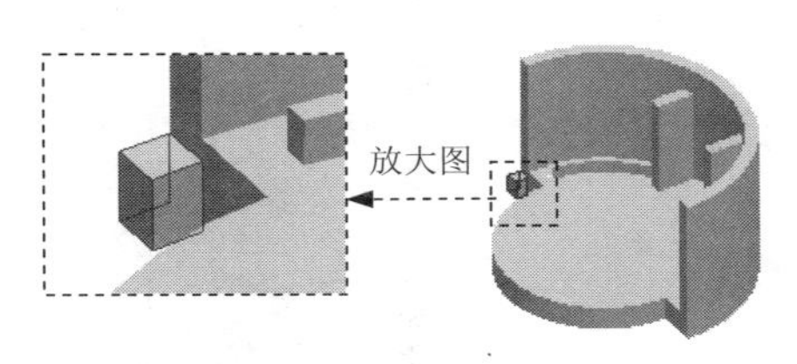

图 7.14 拉伸特征 5

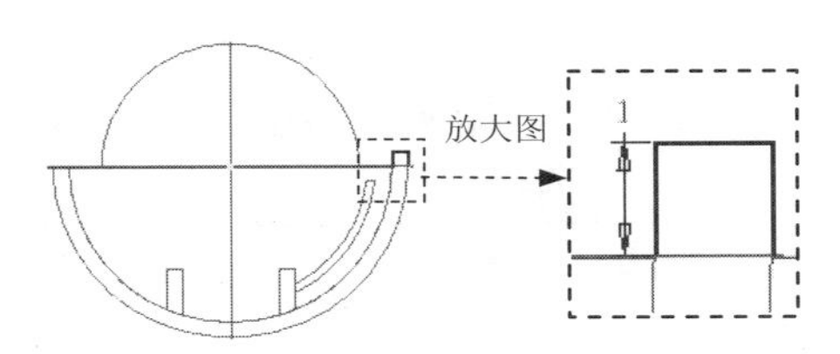

图 7.15 截面草图

Step8. 创建图 7.16 所示的拉伸特征 6。在 创建 ▾ 区域中单击按钮，系统弹出“创建拉伸”对话框；单击“创建拉伸”对话框中的 创建二维草图 按钮，选取图 7.17 所示的模型表面作为草图平面，进入草绘环境，绘制图 7.18 所示的截面草图；单击 草图 选项卡 返回到三维 区域中的按钮，在“拉伸”对话框 范围 区域中的下拉列表中选择 距离 选项，在“距离”下拉列表中输入数值 0.5，将拉伸类型设置为“方向 1”类型；单击“拉伸”对话框中的 确定 按钮，完成拉伸特征 6 的创建。

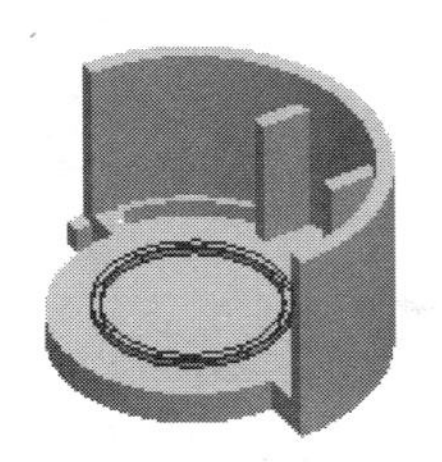
图 7.16 拉伸特征 6

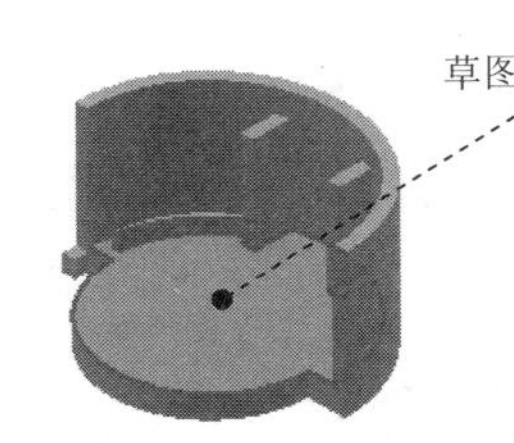

图 7.17 定义草图平面

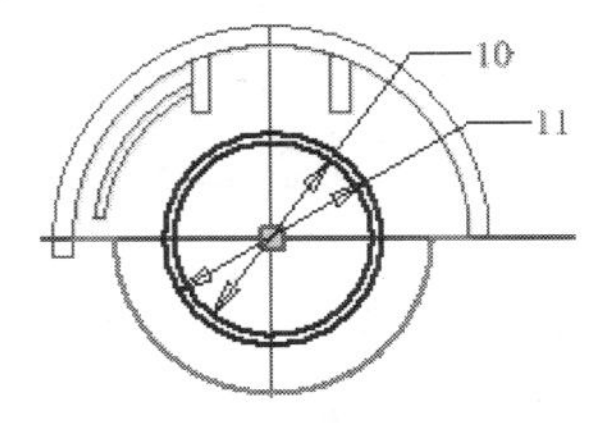

图 7.18 截面草图

Step9. 创建图 7.19 所示的拉伸特征 7。在 创建 ▾ 区域中单击按钮，系统弹出“创建拉伸”对话框；单击“创建拉伸”对话框中的 创建二维草图 按钮，选取图 7.20 所示的模型表面作为草图平面，进入草绘环境，绘制图 7.21 所示的截面草图；单击 草图 选项卡 返回到三维 区域中的按钮，在“拉伸”对话框 范围 区域中的下拉列表中选择 距离 选项，在“距离”下拉列表中输入数值 9，将拉伸类型设置为“方向 1”类型；单击“拉伸”对话框中的 确定 按钮，完成拉伸特征 7 的创建。

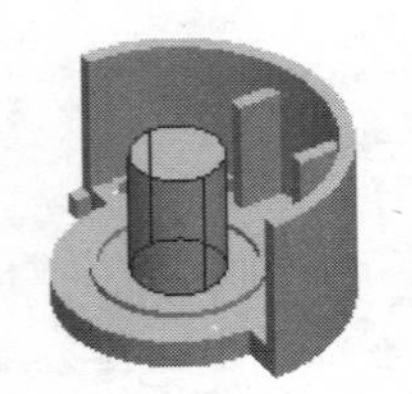
图 7.19　拉伸特征 7

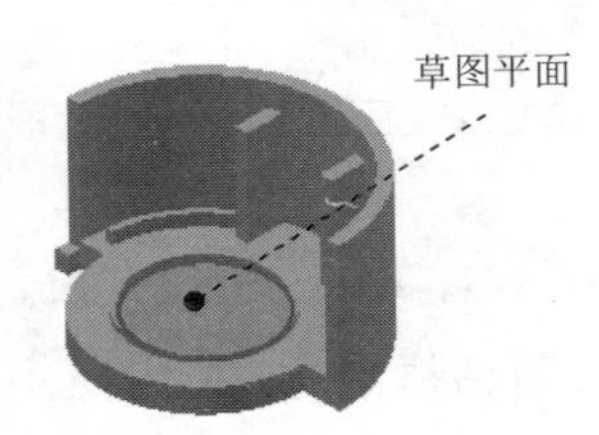

图 7.20　定义草图平面

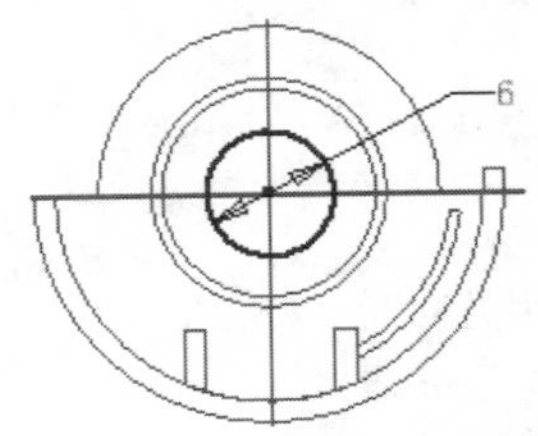

图 7.21　截面草图

Step10. 创建图 7.22 所示的拉伸特征 8。在 创建 ▾ 区域中单击按钮，系统弹出“创建拉伸”对话框；单击“创建拉伸”对话框中的 创建二维草图 按钮，选取图 7.23 所示的模型表面作为草图平面，进入草绘环境，绘制图 7.24 所示的截面草图；单击 草图 选项卡 返回到三维 区域中的按钮，在“拉伸”对话框 范围 区域中的下拉列表中选择 距离 选项，在“距离”下拉列表中输入数值 5，将拉伸类型设置为“方向 1”类型；单击“拉伸”对话框中的 确定 按钮，完成拉伸特征 8 的创建。

图 7.22　拉伸特征 8

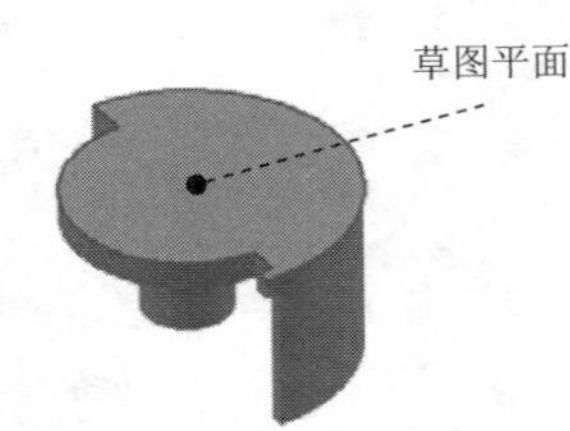

图 7.23　定义草图平面

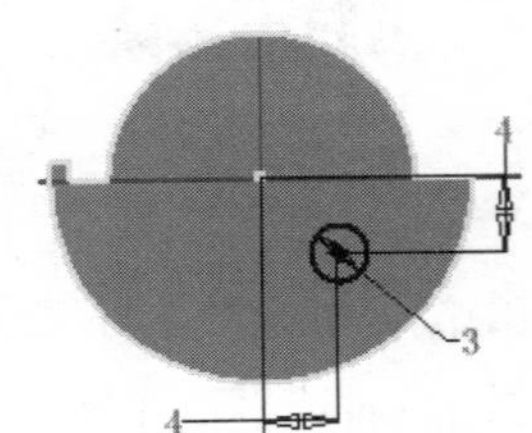

图 7.24　截面草图

Step11. 创建图 7.25 所示的拉伸特征 9。在 创建 ▾ 区域中单击按钮，系统弹出“创建拉伸”对话框；单击“创建拉伸”对话框中的 创建二维草图 按钮，选取图 7.26 所示的模型表面作为草图平面，进入草绘环境，绘制图 7.27 所示的截面草图；单击 草图 选项卡 返回到三维 区域中的按钮，在“拉伸”对话框 范围 区域中的下拉列表中选择 距离 选项，在“距离”下拉列表中输入数值 12，将拉伸类型设置为“方向 1”类型；单击“拉伸”对话框中的 确定 按钮，完成拉伸特征 9 的创建。

图 7.25　拉伸特征 9

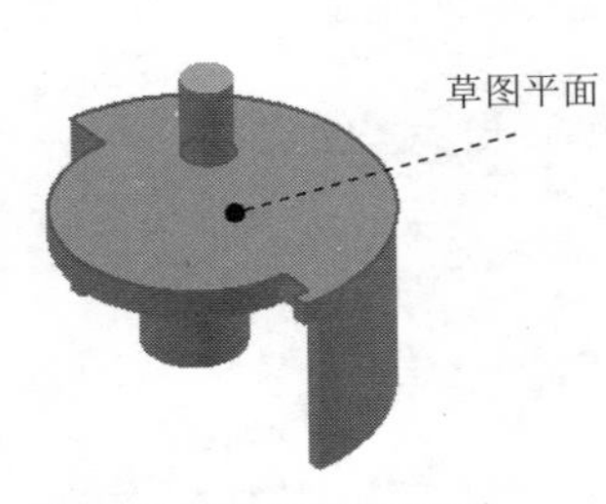

图 7.26　定义草图平面

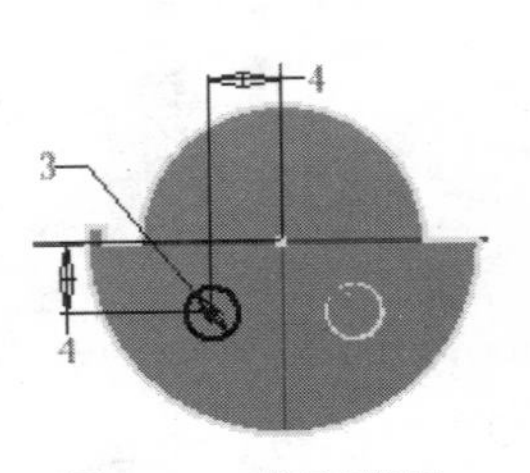

图 7.27　截面草图

Step12. 创建图 7.28 所示的工作平面 1。在 定位特征 区域中单击“平面”按钮下的 平面，选择 从平面偏移 命令；在绘图区域选取 XZ 平面作为参考平面；在“基准面”小工具栏的下拉列表中输入要偏距的距离数值 5，偏移方向为 Y 轴正方向；单击 按钮，完成工作平面 1 的创建。

Step13. 创建图 7.29 所示的旋转特征 1。在 创建 区域中单击 按钮，系统弹出“创建旋转”对话框；单击“创建旋转”对话框中的 创建二维草图 按钮，选取工作平面 1 平面为草图平面，进入草绘环境，绘制图 7.30 所示的截面草图；单击 草图 选项卡 返回到三维 区域中的 按钮，在 范围 区域的下拉列表中选中 全部 选项；单击“旋转”对话框中的 确定 按钮，完成旋转特征 1 的创建。

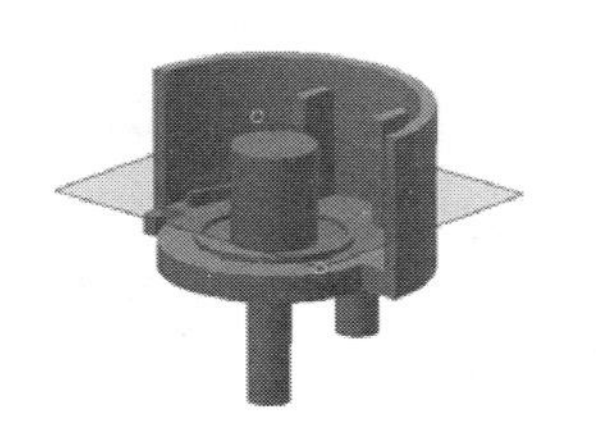

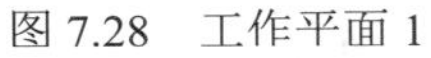

图 7.28 工作平面 1

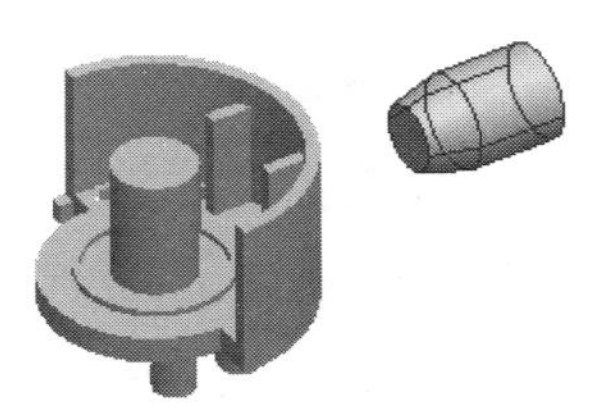

图 7.29 旋转特征 1

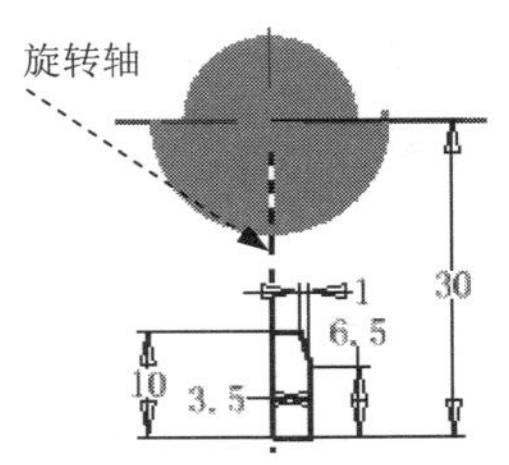

图 7.30 截面草图

Step14. 创建图 7.31 所示的拉伸特征 10。在 创建 区域中单击 按钮，系统弹出“创建拉伸”对话框；单击“创建拉伸”对话框中的 创建二维草图 按钮，选取图 7.32 所示的平面作为草图平面，进入草绘环境，绘制图 7.33 所示的截面草图；单击 草图 选项卡 返回到三维 区域中的 按钮，在“拉伸”对话框 范围 区域中的下拉列表中选择 到 选项，选择图 7.34 所示的模型表面；单击“拉伸”对话框中的 确定 按钮，完成拉伸特征 10 的创建。

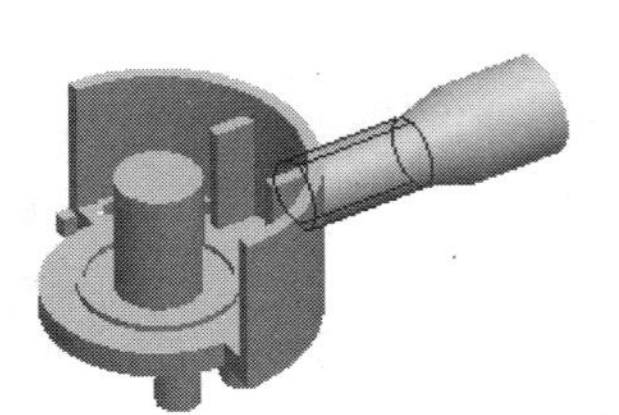

图 7.31 拉伸特征 10

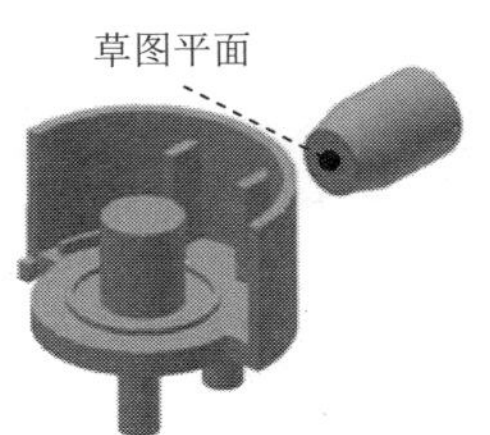

图 7.32 定义草图平面

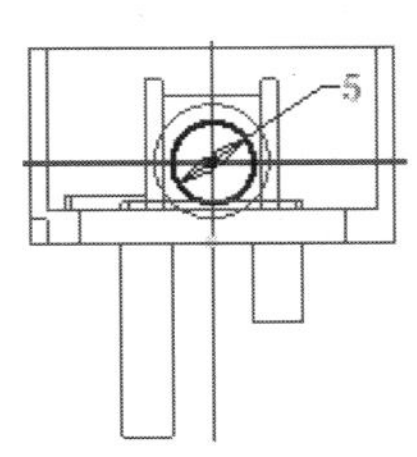

图 7.33 截面草图

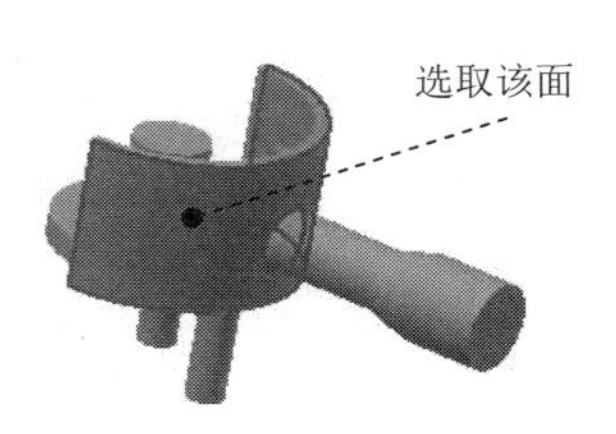

图 7.34 选取拉伸终止面

Step15. 创建图 7.35 所示的旋转特征 2。在 创建 区域中单击 按钮，系统弹出“创建旋转”对话框；单击“创建旋转”对话框中的 创建二维草图 按钮，选取工作平面 1 为草图平面，进入草绘环境，绘制图 7.36 所示的截面草图；单击 草图 选项卡 返回到三维 区域中的 按钮，在“旋转”对话框中将布尔运算设置为“求差”类型，在 范围 区域的下拉列表中选中 全部 选项；单击“旋转”对话框中的 确定 按钮，完成旋转特征 2 的创建。

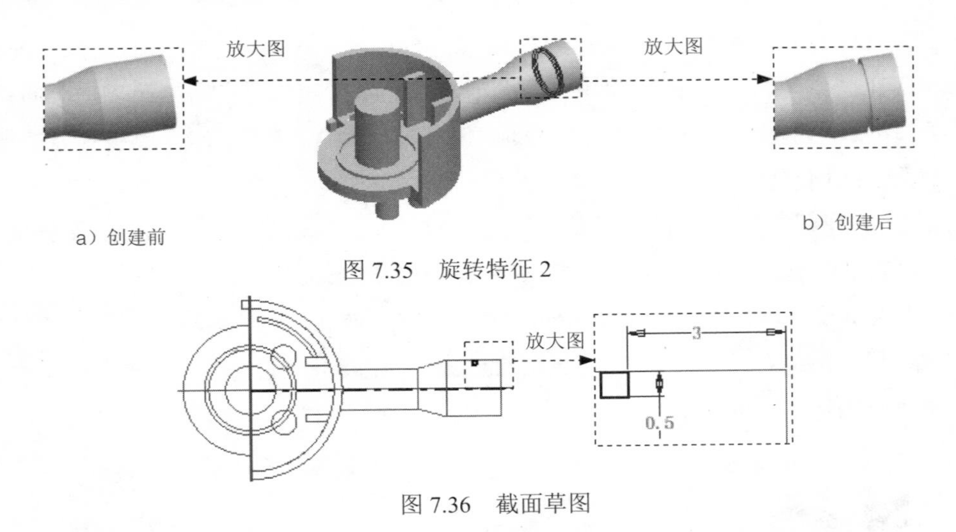

图 7.35 旋转特征 2

图 7.36 截面草图

Step16. 创建图 7.37 所示的矩形阵列 1。在 阵列 区域中单击 按钮；在图形区中选取旋转特征 2（或在浏览器中选择“旋转 2”特征）；在“矩形阵列”对话框中单击 方向 1 区域中的 按钮，然后在浏览器中选取“Z 轴”为矩形阵列方向，在 方向 1 区域的 按钮后的文本框中输入数值 3，在 方向 1 区域的 按钮后的文本框中输入数值 1；单击 确定 按钮，完成矩形阵列的创建。

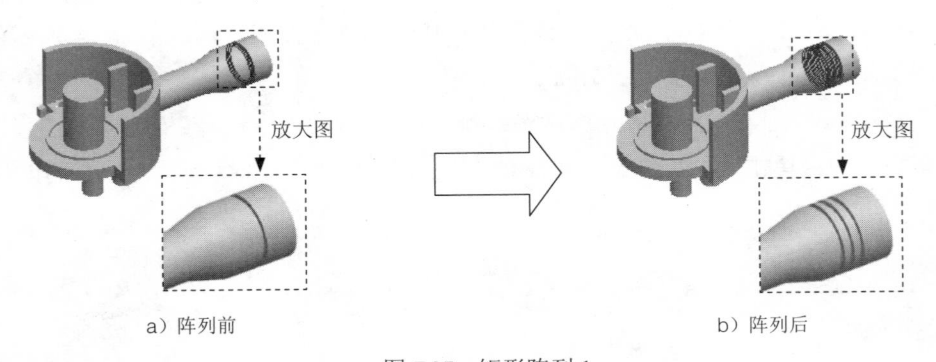

图 7.37 矩形阵列 1

Step17. 创建图 7.38 所示的孔 1。在 修改 ▾ 区域中单击“孔”按钮 ；在“孔”对话框 放置 区域的下拉列表中选择 同心，然后依次选取图 7.39 所示的放置面及图 7.40 所示的边为放置的参考；在“孔”对话框中确认“直孔” 与“简单孔” 被选中；在“孔”对话框 终止方式 区域的下拉列表中选择 距离 选项；在“孔”对话框孔预览图像区域输入孔的直径为 3，深度为 6；单击“孔”对话框中的 确定 按钮，完成孔 1 的创建。

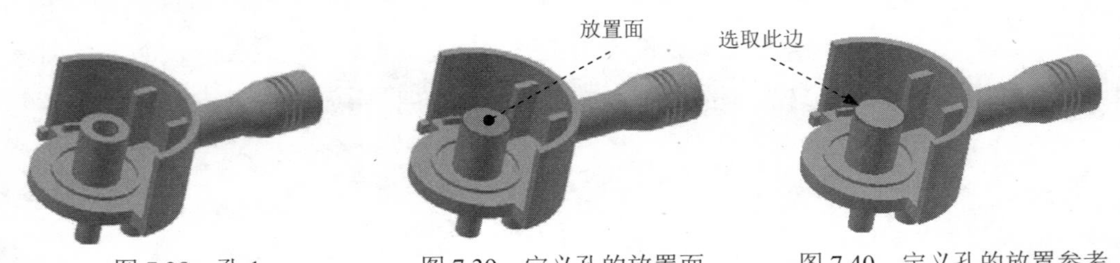

图 7.38 孔 1　　图 7.39 定义孔的放置面　　图 7.40 定义孔的放置参考

Step18. 创建图 7.41 所示的拉伸特征 11。在 创建 ▾ 区域中单击 按钮，系统弹出“创建拉伸”对话框；单击“创建拉伸”对话框中的 创建二维草图 按钮，选取 XZ 平面作为草图平面，进入草绘环境，绘制图 7.42 所示的截面草图，单击 按钮；再次单击 创建 ▾ 区域中 按钮，选取图 7.42 所示的圆形区域为截面轮廓，然后将布尔运算设置为“求差”类型 ，在 范围 区域中的下拉列表中选择 贯通 选项，将拉伸方向设置为“方向 1”类型 ；单击“拉伸”对话框中的 确定 按钮，完成拉伸特征 11 的创建。

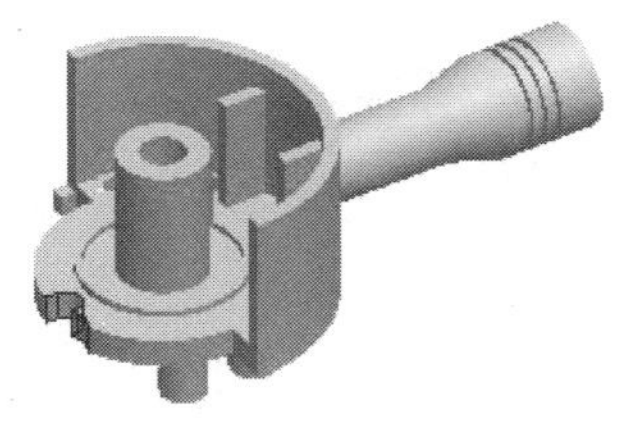

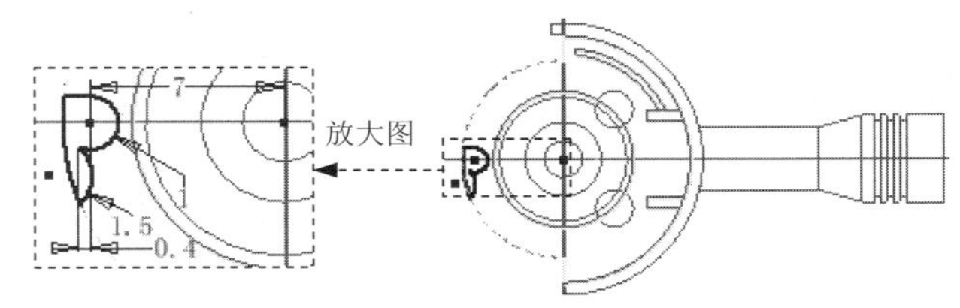

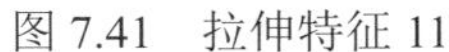

图 7.41 拉伸特征 11

图 7.42 截面草图

Step19. 创建草图 1。在 三维模型 选项卡 草图 区域单击 按钮，然后选择工作平面 1 作为草图平面，系统进入草绘环境；绘制图 7.43 所示的草图 1，单击 按钮，退出草绘环境。

Step20. 创建图 7.44 所示的加强筋 1。在 创建 ▾ 区域中单击 加强筋 按钮；在绘图区域选取 Step19 中创建的截面草图；在“加强筋”对话框单击“平行于草图平面” 按钮；在“加强筋”对话框中将结合图元的拉伸方向设置为“方向 2”类型 ，在 厚度 文本框中输入数值 0.6，将加强筋的生成方向设置为“双向” ，其余参数接受系统默认设置；单击“加强筋”对话框中的 确定 按钮，完成加强筋的创建。

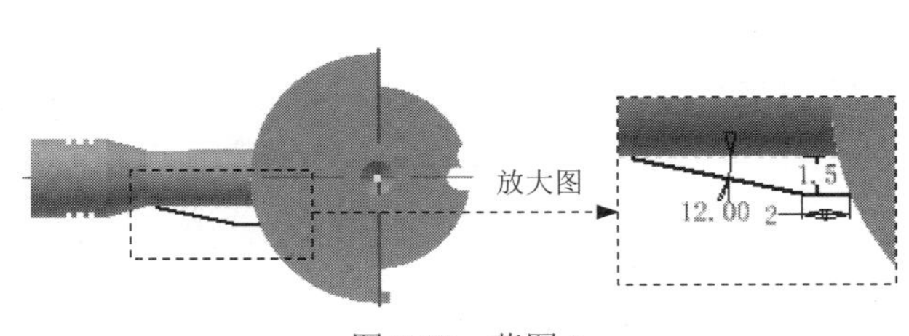

图 7.43 草图 1

图 7.44 加强筋 1

Step21. 创建图 7.45 所示的镜像 2。在 阵列 区域中单击“镜像”按钮 ；在图形区中选取要镜像复制的加强筋特征（或在浏览器中选择“加强筋 1”特征）；单击“镜像”对话框中的 镜像平面 按钮，然后选取 YZ 平面作为镜像中心平面；单击“镜像”对话框中的 确定 按钮，完成镜像 2 的操作。

图 7.45 镜像 2

Step22. 后面的详细操作过程请参见随书光盘中 video\ch07\reference\ 文件下的语音视频讲解文件 HANDLE-BODY-r01.exe。

实例 8 支 撑 座

实例概述

本实例介绍一款支撑座的三维模型设计过程，主要讲述实体拉伸、镜像、简单孔、边倒圆等特征命令的应用，希望通过此实例的学习使读者对这些命令有更好的理解。零件模型及浏览器如图 8.1 所示。

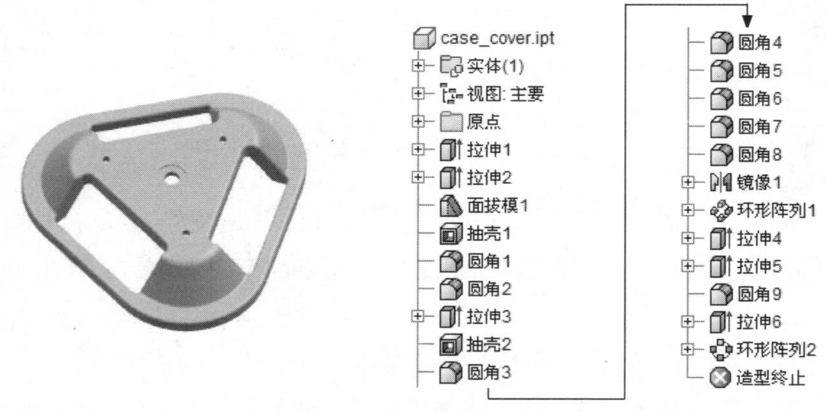

图 8.1 模型与浏览器

说明：本例前面的详细操作过程请参见随书光盘中 video\ch8\reference\文件下的语音视频讲解文件 case_cover-r01.exe。

Step1. 打开文件 D:\inv15.3\work\ch8\case_cover_ex.ipt。

Step2. 创建图 8.2 所示的拉伸特征 2。在 创建 ▼ 区域中单击 按钮，选取图 8.2 所示的模型表面作为草图平面，绘制图 8.3 所示的截面草图，在“拉伸”对话框中将布尔运算设置为“求和”类型 ，然后在 范围 区域中的下拉列表中选择 距离 选项，在“距离”下拉列表中输入数值 11，将拉伸方向设置为“方向 1”类型 ，单击“拉伸”对话框中的 确定 按钮，完成拉伸特征 2 的创建。

Step3. 创建图 8.4 所示的拔模特征 1。在 修改 ▼ 区域中单击 拔模 按钮；在“面拔模”对话框中将拔模类型设置为“固定平面” ；选取图 8.5 所示的面 1 为拔模固定面，选取图 8.5 所示的面 2 为需要拔模的面；在“面拔模”对话框 拔模斜度 文本框中输入数值 35，拔模方向如图 8.6 所示，单击 确定 按钮，完成拔模特征的创建。

Step4. 创建图 8.7 所示的抽壳特征 1。在 修改 ▼ 区域中单击 抽壳 按钮，在“抽壳”对话框 厚度 文本框中输入薄壁厚度值 5.0；选择图 8.8 所示的模型表面为要移除的面；单击“抽壳”对话框中的 确定 按钮，完成抽壳特征 1 的创建。

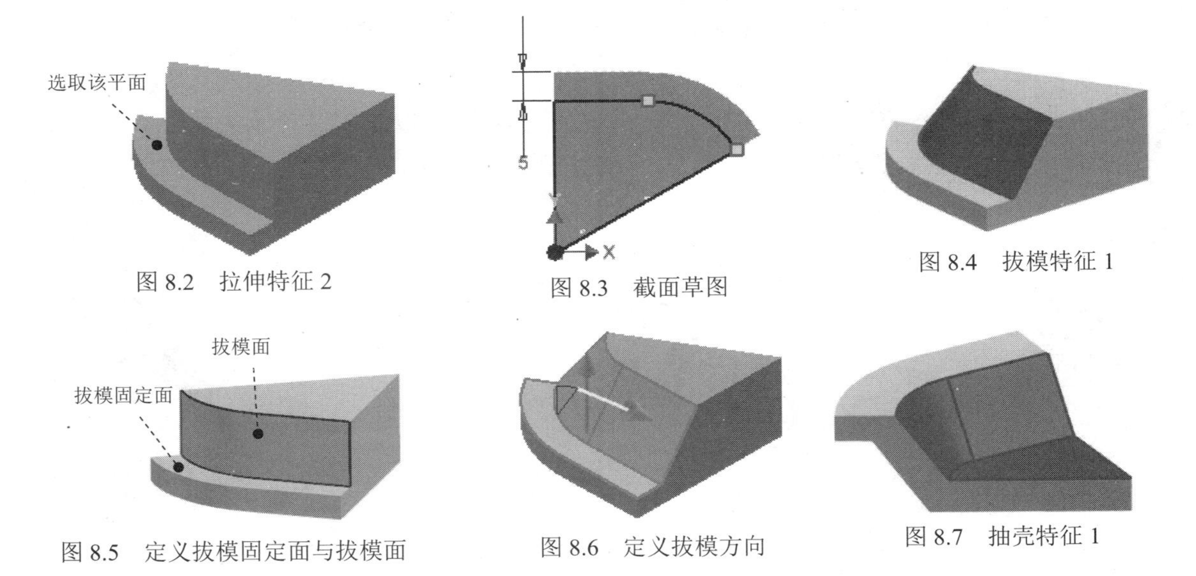

图 8.2　拉伸特征 2　　图 8.3　截面草图　　图 8.4　拔模特征 1

图 8.5　定义拔模固定面与拔模面　　图 8.6　定义拔模方向　　图 8.7　抽壳特征 1

Step5. 创建图 8.9 所示的倒圆特征 1。选取图 8.9a 所示的模型边线 1 为倒圆的对象，输入倒圆角半径值 3.0。

Step6. 创建图 8.9 所示的倒圆特征 2。选取图 8.9a 所示的模型边线 2 为倒圆的对象，输入倒圆角半径值 1.0。

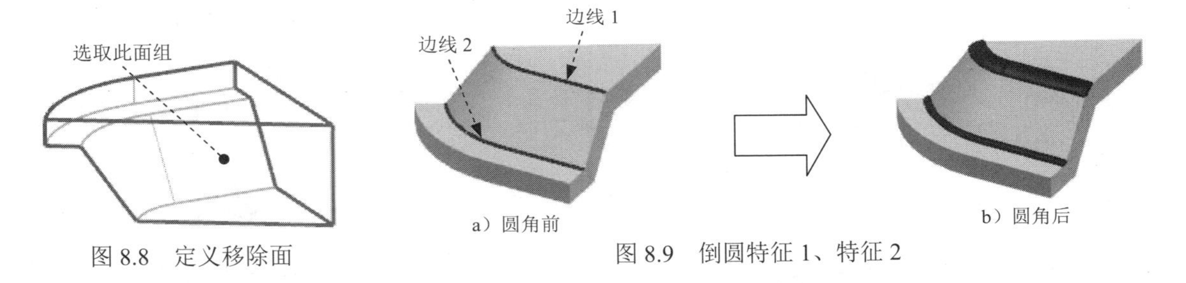

图 8.8　定义移除面　　图 8.9　倒圆特征 1、特征 2

Step7. 创建图 8.10 所示的拉伸特征 3。在 创建▼ 区域中单击按钮，选取图 XZ 平面作为草图平面，绘制图 8.11 所示的截面草图，在“拉伸”对话框将布尔运算设置为“求差”类型，然后在 范围 区域中的下拉列表中选择 贯通 选项，将拉伸方向设置为“方向 1”类型，单击“拉伸”对话框中的 确定 按钮，完成拉伸特征 3 的创建。

图 8.10　拉伸特征 3

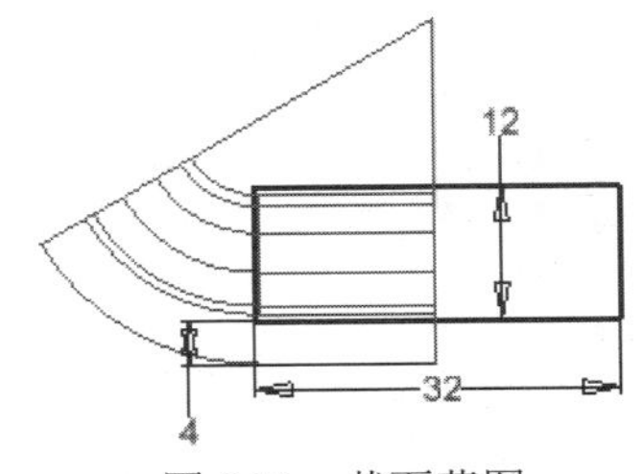

图 8.11　截面草图

Step8. 创建图 8.12 所示的抽壳特征 2。在 修改 ▾ 区域中单击 抽壳 按钮，在“抽壳”对话框 厚度 文本框中输入薄壁厚度值 2.5；选择图 8.13 所示的模型表面为要移除的面；在“抽壳”对话框 特殊面厚度 区域单击 单击以添加 使其激活，选取图 8.14 所示的面为备选面，在“厚度”区域的文本框中输入数值 1.2，单击 确定 按钮，完成抽壳特征 2 的创建。

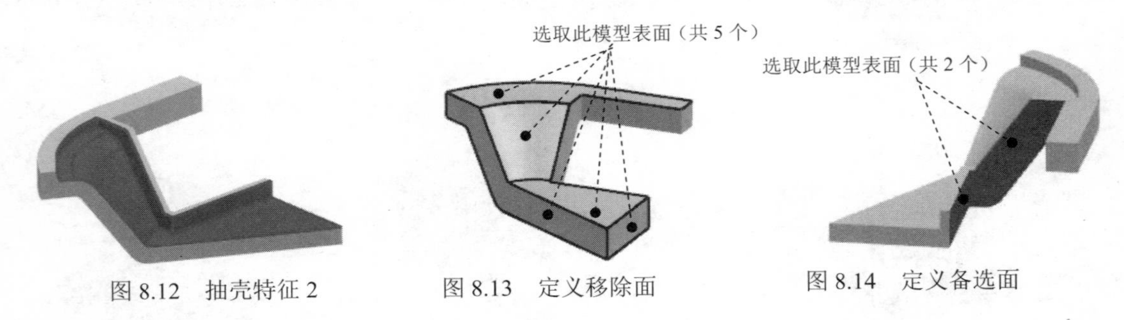

图 8.12　抽壳特征 2　　图 8.13　定义移除面　　图 8.14　定义备选面

Step9. 创建图 8.15 所示的倒圆特征 3。选取图 8.15a 所示的模型边线 1 为倒圆的对象，输入倒圆角半径值 1.0。

Step10. 创建图 8.15 所示的倒圆特征 4。选取图 8.15a 所示的模型边线 2 为倒圆的对象，输入倒圆角半径值 2.0。

a）圆角前　　b）圆角后

图 8.15　倒圆特征 3、特征 4

Step11. 创建图 8.16 所示的倒圆特征 5。选取图 8.16a 所示的模型边线 1 为倒圆的对象，输入倒圆角半径值 1.0。

Step12. 创建图 8.16 所示的倒圆特征 6。选取图 8.16a 所示的模型边线 2 为倒圆的对象，输入倒圆角半径值 2.5。

Step13. 创建图 8.17 所示的倒圆特征 7。选取图 8.17a 所示的模型边线为倒圆的对象，输入倒圆角半径值 1.0。

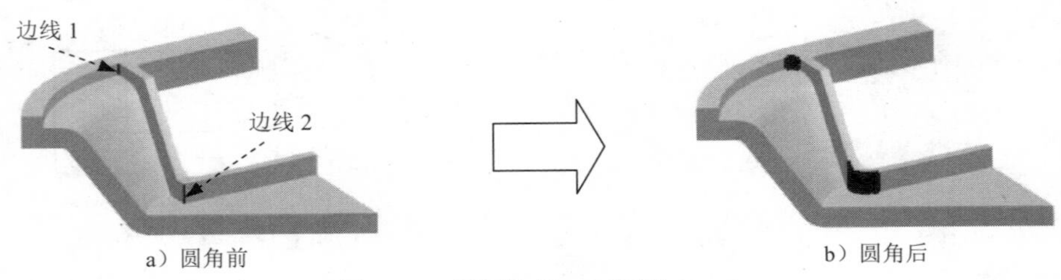

a）圆角前　　b）圆角后

图 8.16　倒圆特征 5、特征 6

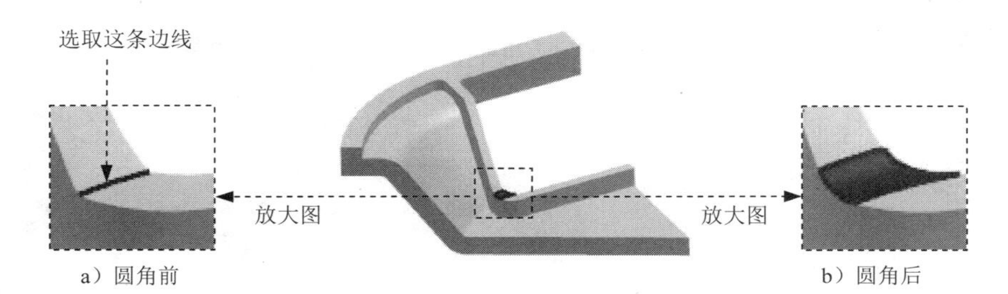

a）圆角前　　b）圆角后

图 8.17　倒圆特征 7

Step14. 创建图 8.18 所示的倒圆特征 8。选取图 8.18a 所示的模型边线为倒圆的对象，输入倒圆角半径值 1.0。

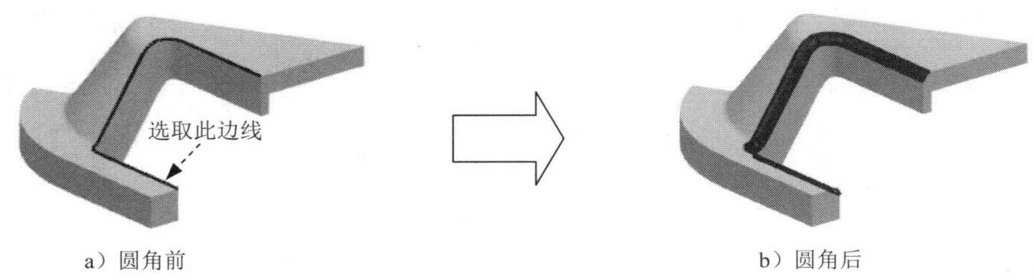

a）圆角前　　b）圆角后

图 8.18　倒圆特征 8

Step15. 创建图 8.19 所示的镜像 1。在 阵列 区域中单击“镜像”按钮，在“镜像”对话框中单击“镜像实体”按钮，然后选取 YZ 平面作为镜像中心平面，单击“镜像”对话框中的 确定 按钮，完成镜像的操作。

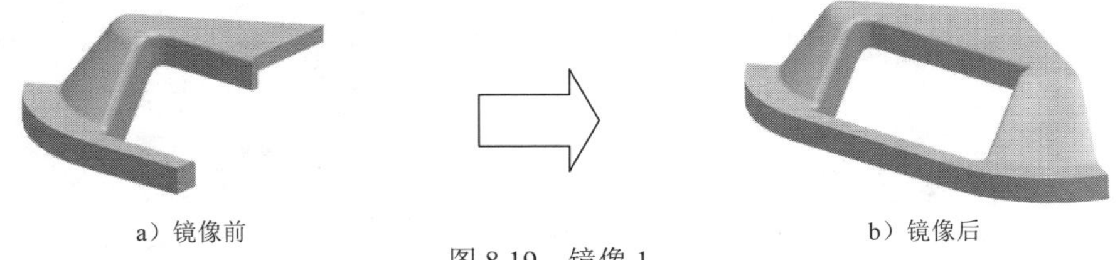

a）镜像前　　b）镜像后

图 8.19　镜像 1

Step16. 创建图 8.20 所示的环形阵列 1。在 阵列 区域中单击按钮，在“环形阵列”对话框中单击“阵列实体”按钮，选取“Y 轴”为环形阵列轴，阵列个数为 3，阵列角度为 360°，单击 确定 按钮，完成环形阵列 1 的创建。

Step17. 创建图 8.21 所示的拉伸特征 4。在 创建 区域中单击按钮，选取 XZ 平面作为草图平面，绘制图 8.22 所示的截面草图，在“拉伸”对话框将布尔运算设置为“求差”类型，然后在 范围 区域中的下拉列表中选择 贯通 选项，将拉伸方向设置为“方向 1”类型；单击“拉伸”对话框中的 确定 按钮，完成拉伸特征 4 的创建。

Step18. 创建图 8.23 所示的拉伸特征 5。在 创建 区域中单击按钮，选取图 8.23 所示的模型表面作为草图平面，绘制图 8.24 所示的截面草图，在“拉伸”对话框将布尔运算设置为“求差”类型，然后在 范围 区域中的下拉列表中选择 距离 选项，在“距离”下拉列表中输入数值 0.5，将拉伸方向设置为“方向 2”类型；单击“拉伸”对话框中

的 确定 按钮，完成拉伸特征 5 的创建。

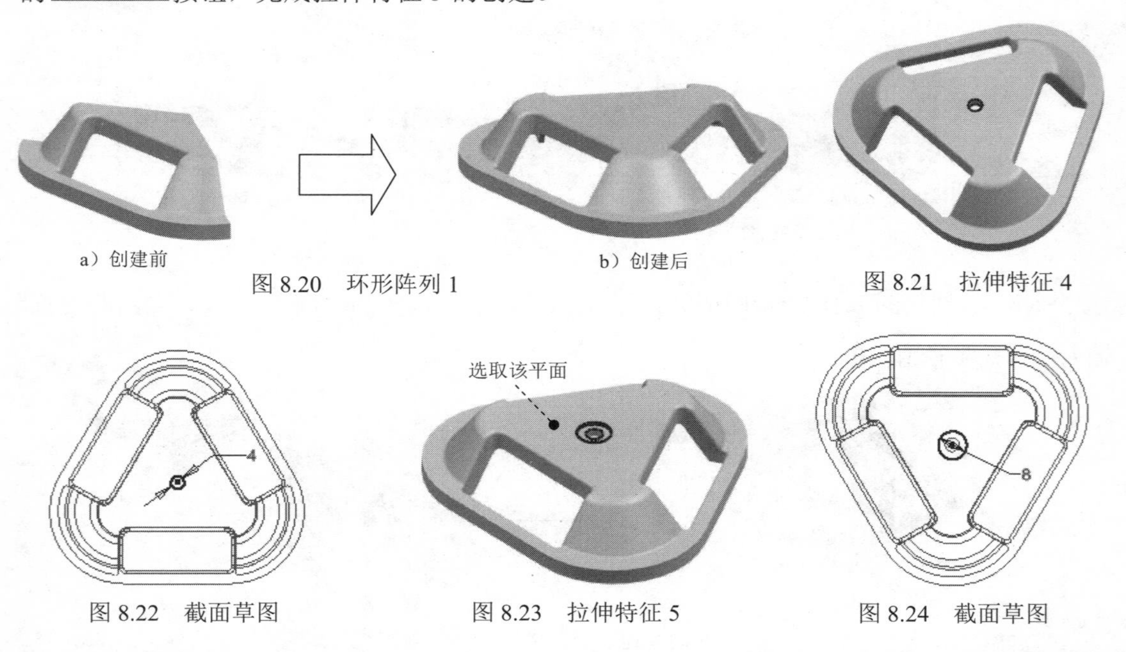

a）创建前　b）创建后

图 8.20　环形阵列 1

图 8.21　拉伸特征 4

图 8.22　截面草图

图 8.23　拉伸特征 5

图 8.24　截面草图

Step19. 创建图 8.25 所示的倒圆特征 9。选取图 8.25a 所示的模型边线为倒圆的对象，输入倒圆角半径值 1.0。

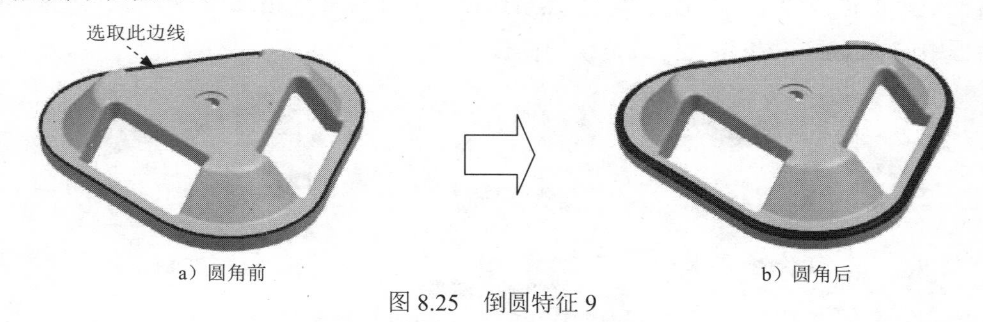

a）圆角前　b）圆角后

图 8.25　倒圆特征 9

Step20. 后面的详细操作过程请参见随书光盘中 video\ch8\reference\文件下的语音视频讲解文件 case_cover-r02.exe。

实例 9 淋浴喷头盖

实例概述

本实例涉及部分的零件特征，同时用到了初步的曲面命令，是做得比较巧妙的一个淋浴喷头盖，其中的旋转曲面与加厚特征都是首次出现。零件模型及浏览器如图 9.1 所示。

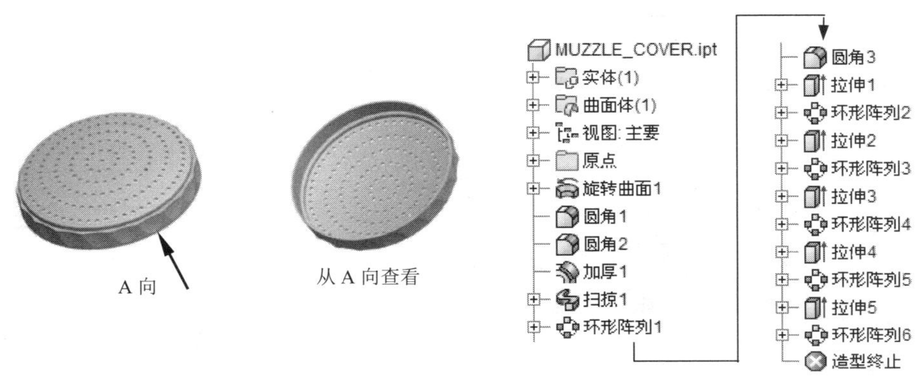

图 9.1　零件模型和浏览器

说明：本例前面的详细操作过程请参见随书光盘中 video\ch09\reference\文件下的语音视频讲解文件 MUZZLE_COVER-r01.exe。

Step1. 打开文件 D:\inv15.3\work\ch09\MUZZLE_COVER_ex.ipt。

Step2. 创建图 9.2 所示的倒圆特征 1。选取图 9.2a 所示的模型边线为倒圆的对象，输入倒圆角半径值 0.5。

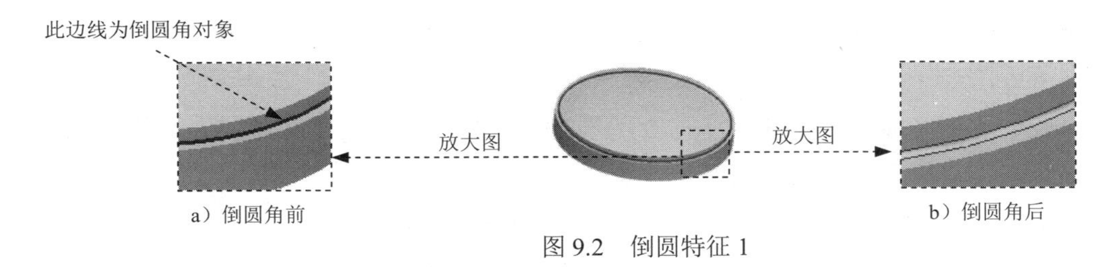

a）倒圆角前　　b）倒圆角后

图 9.2　倒圆特征 1

Step3. 创建倒圆特征 2。选取图 9.3 所示的模型边线为倒圆对象，输入倒圆角半径值 1。

Step4. 创建图 9.4 所示曲面的加厚 1。在 曲面 ▾ 区域中单击“加厚/偏移”按钮；在“加厚/偏移”对话框中选中 缝合曲面 单选项，然后选取整个旋转曲面为加厚曲面；在“加厚/偏移”对话框 距离 区域的文本框中输入数值 1.2；在“加厚/偏移”对话框将加厚方向设置为“方向 1”类型；在该对话框中单击 确定 按钮，完成开放曲面的加厚。

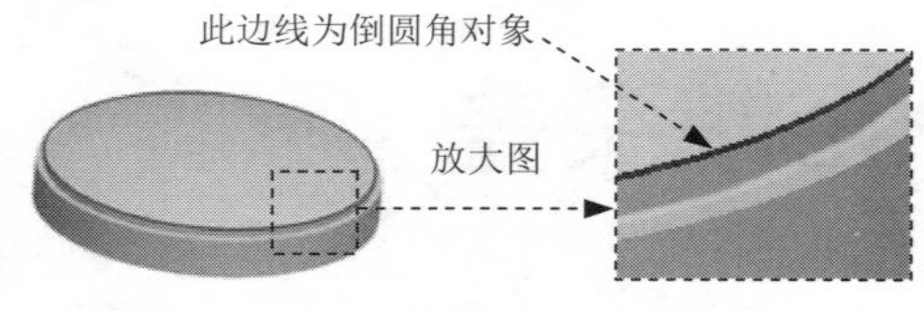

图 9.3　倒圆特征 2

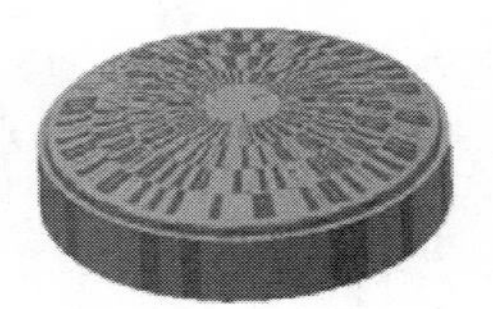
图 9.4　加厚 1

Step5. 创建草图 1。在 三维模型 选项卡 草图 区域单击 按钮，然后选择 YZ 平面为草图平面，系统进入草绘环境；绘制图 9.5 所示的草图 1，单击 按钮，退出草绘环境。

Step6. 创建草图 2。在 三维模型 选项卡 草图 区域单击 按钮，然后选择 XZ 平面作为草图平面，系统进入草绘环境；绘制图 9.6 所示的草图 2，单击 按钮，退出草绘环境。

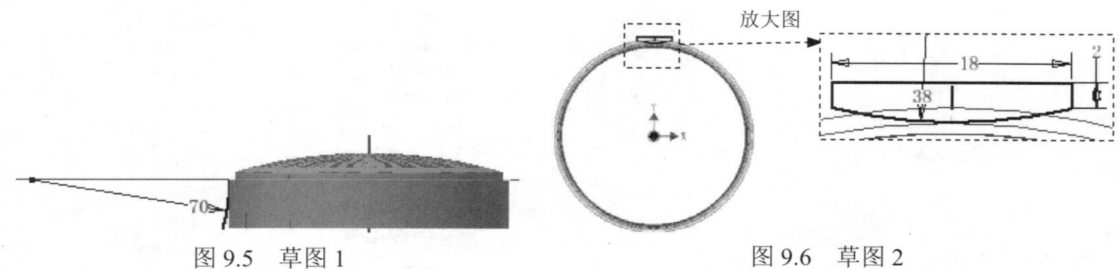

图 9.5　草图 1　　图 9.6　草图 2

Step7. 创建图 9.7 所示的扫掠 1。在 创建 ▾ 区域中单击“扫掠”按钮 扫掠；在“扫掠”对话框 类型 区域的下拉列表中选择 路径，然后将布尔运算设置为“求差”类型 ，其他参数接受系统默认设置；单击“扫掠”对话框中的 确定 按钮，完成扫掠特征的创建。

Step8. 创建图 9.8 所示的环形阵列 1。在 阵列 区域中单击 按钮；在图形区中选取扫掠特征 1（或在浏览器中选择“扫掠 1”特征）；在“环形阵列”对话框中单击 按钮，然后在浏览器中选取“Y 轴” 为环形阵列轴，在 放置 区域的 按钮后的文本框中输入数值 20，在 放置 区域的 按钮后的文本框中输入数值 360.0；单击 确定 按钮，完成环形阵列 1 的创建。

Step9. 创建倒圆特征 3。选取图 9.9 所示的模型边线为倒圆对象，输入倒圆角半径值 0.2。

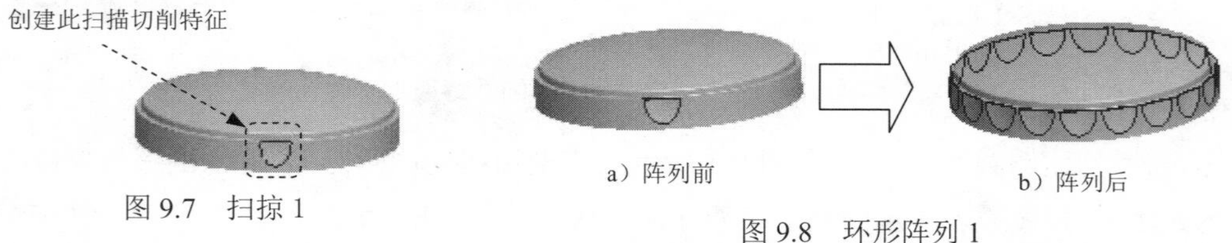

图 9.7　扫掠 1

a）阵列前　　b）阵列后

图 9.8　环形阵列 1

Step10. 创建图 9.10 所示的拉伸特征 1。在 创建 ▾ 区域中单击 按钮，系统弹出“创建拉伸”对话框；单击“创建拉伸”对话框中的 创建二维草图 按钮，选取 XZ 平面作为草图平面，进入草绘环境，绘制图 9.11 所示的截面草图，单击 按钮；再次单击 创建 ▾ 区域中 按钮，然后将布尔运算设置为“求差”类型 ，在 范围 区域中的下拉列表中选择 贯通选项，将拉伸方向设置为“方向 1”类型 ；单击“拉伸”对话框中的 确定 按钮，完成拉伸特征 1 的创建。

图 9.9　倒圆特征 3　　　　图 9.10　拉伸特征 1

Step11. 创建图 9. 12 所示的环形阵列 2。在 阵列 区域中单击 按钮；在图形区中选取拉伸特征 1（或在浏览器中选择“拉伸 1”特征）；在“环形阵列”对话框中单击 按钮，然后在浏览器中选取“Y 轴” 为环形阵列轴，在 放置 区域的 按钮后的文本框中输入数值 50，在 放置 区域的 按钮后的文本框中输入数值 360.0；单击 确定 按钮，完成环形阵列 2 的创建。

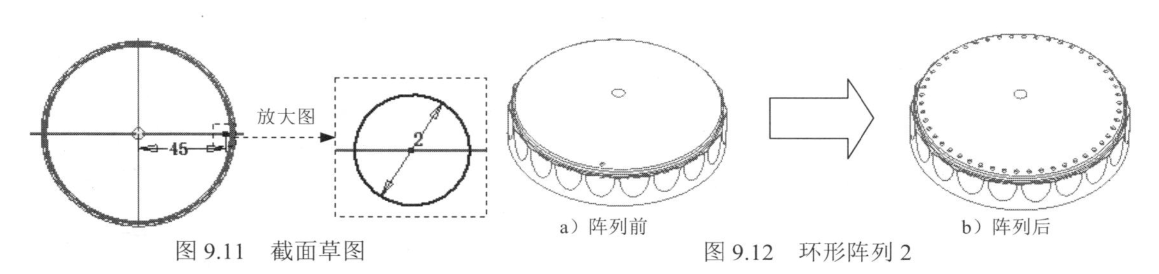

图 9.11　截面草图　　　　图 9.12　环形阵列 2

Step12. 创建图 9.13 所示的拉伸特征 2。在 创建 区域中单击 按钮，系统弹出“创建拉伸”对话框；单击“创建拉伸”对话框中的 创建二维草图 按钮，选取 XZ 平面作为草图平面，进入草绘环境，绘制图 9.14 所示的截面草图，单击 按钮；再次单击 创建 区域中单击 按钮，然后将布尔运算设置为“求差”类型 ，在 范围 区域中的下拉列表中选择 贯通 选项，将拉伸方向设置为“方向 1”类型 ；单击“拉伸”对话框中的 确定 按钮，完成拉伸特征 2 的创建。

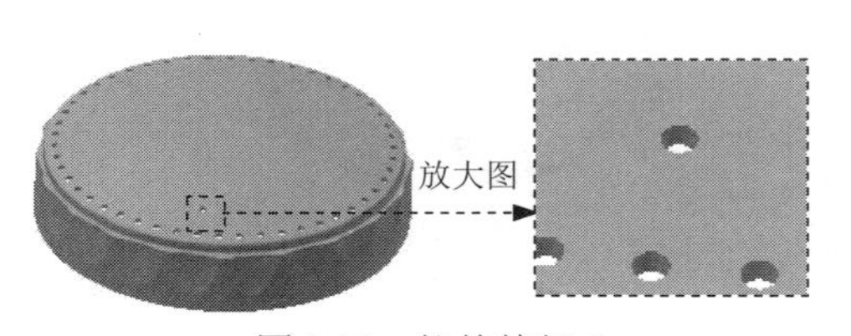

图 9.13　拉伸特征 2

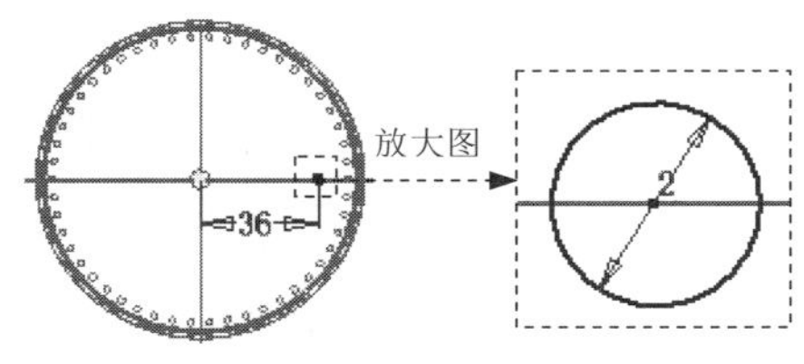

图 9.14　截面草图

Step13. 创建图 9.15 所示的环形阵列 3。在 阵列 区域中单击 按钮；在图形区中选取拉伸特征 2（或在浏览器中选择“拉伸 2”特征）；在“环形阵列”对话框中单击 按钮，然后在浏览器中选取“Y 轴” 为环形阵列轴，在 放置 区域的 按钮后的文本框中输入数值 40，在 放置 区域的 按钮后的文本框中输入数值 360.0；单击 确定 按钮，完成环形阵列 3 的创建。

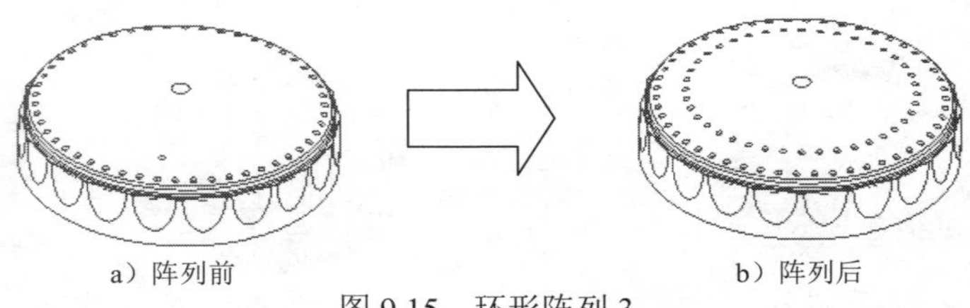

a）阵列前　　b）阵列后

图 9.15　环形阵列 3

Step14. 创建图 9.16 所示的拉伸特征 3。在 创建 区域中单击 按钮，系统弹出“创建拉伸”对话框；单击“创建拉伸”对话框中的 创建二维草图 按钮，选取 XZ 平面作为草图平面，进入草绘环境，绘制图 9.17 所示的截面草图，单击 按钮；再次单击 创建 区域中 按钮，然后将布尔运算设置为“求差”类型 ，在 范围 区域中的下拉列表中选择 贯通 选项，将拉伸方向设置为“方向 1”类型 ；单击“拉伸”对话框中的 确定 按钮，完成拉伸特征 3 的创建。

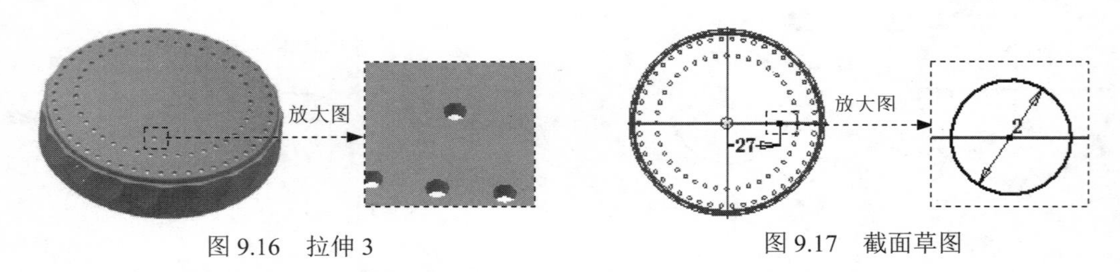

图 9.16　拉伸 3　　图 9.17　截面草图

Step15. 创建图 9. 18 所示的环形阵列 4。在 阵列 区域中单击 按钮；在图形区中选取拉伸特征 3（或在浏览器中选择“拉伸 3”特征）；在“环形阵列”对话框中单击 按钮，然后在浏览器中选取“Y 轴” 为环形阵列轴，在 放置 区域的 按钮后的文本框中输入数值 35，在 放置 区域的 按钮后的文本框中输入数值 360.0；单击 确定 按钮，完成环形阵列 4 的创建。

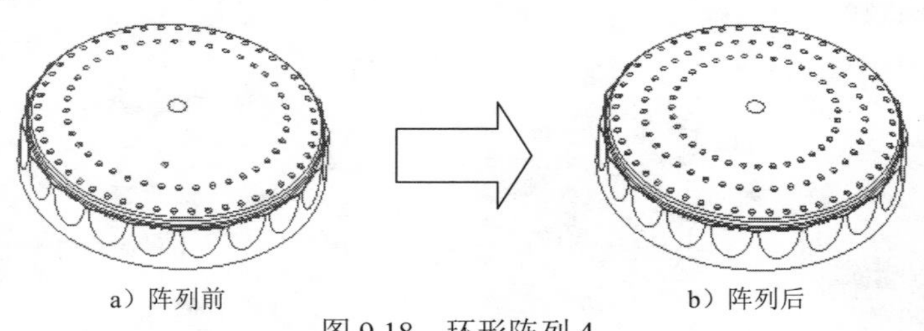

a）阵列前　　b）阵列后

图 9.18　环形阵列 4

Step16. 创建图 9.19 所示的拉伸特征 4。在 创建 区域中单击 按钮，系统弹出“创建拉伸”对话框；单击“创建拉伸”对话框中的 创建二维草图 按钮，选取 XZ 平面作为草图平面，进入草绘环境，绘制图 9.20 所示的截面草图，单击 按钮；再次单击 创建 区域中按钮，然后将布尔运算设置为“求差”类型，在范围区域中的下拉列表中选择贯通选项，将拉伸方向设置为“方向 1”类型；单击“拉伸”对话框中的确定按钮，完成拉伸特征 4 的创建。

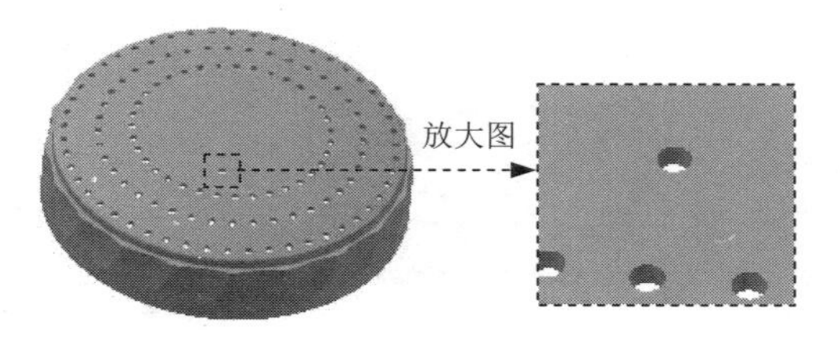

图 9.19　拉伸特征 4

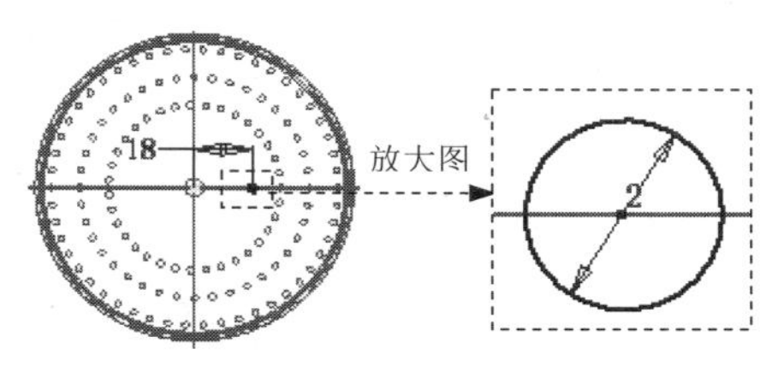

图 9.20　截面草图

Step17. 创建图 9.21 所示的环形阵列 5。在阵列区域中单击按钮；在图形区中选取拉伸特征 4（或在浏览器中选择“拉伸 4”特征）；在“环形阵列”对话框中单击按钮，然后在浏览器中选取“Y 轴” 为环形阵列轴，在放置区域的按钮后的文本框中输入数值 25，在放置区域的按钮后的文本框中输入数值 360.0；单击确定按钮，完成环形阵列 5 的创建。

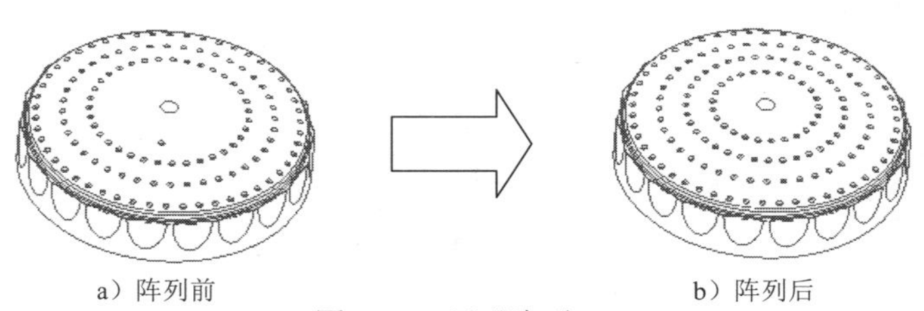
a）阵列前　　b）阵列后

图 9.21　环形阵列 5

Step18. 创建图 9.22 所示的拉伸特征 5。在创建区域中单击按钮，系统弹出“创建拉伸”对话框；单击“创建拉伸”对话框中的创建二维草图按钮，选取 XZ 平面作为草图平面，进入草绘环境，绘制图 9.23 所示的截面草图，单击按钮；再次单击创建区域中按钮，然后将布尔运算设置为“求差”类型，在范围区域中的下拉列表中选择贯通选项，将拉伸方向设置为“方向 1”类型；单击“拉伸”对话框中的确定按钮，完成拉伸特征 5 的创建。

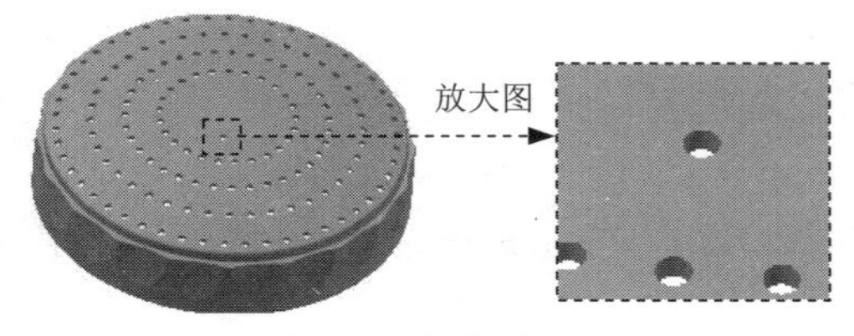

图 9.22　拉伸特征 5

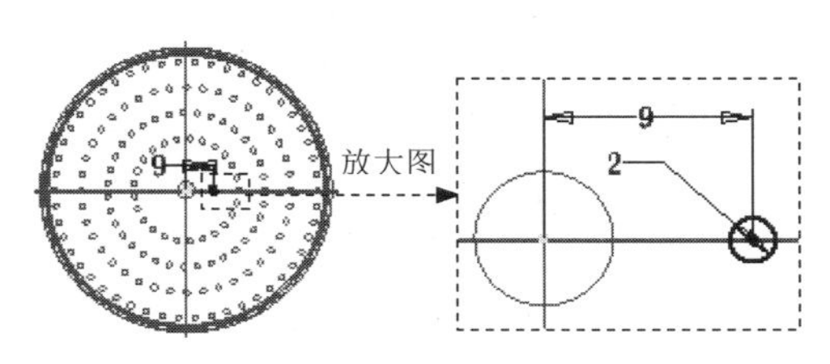

图 9.23　截面草图

Step19. 创建图 9.24 所示的环形阵列 6。在阵列区域中单击按钮；在图形区中选取拉伸特征 5（或在浏览器中选择“拉伸 5”特征）；在“环形阵列”对话框中单击按钮，然后在浏览器中选取“Y 轴” 为环形阵列轴，在放置区域的按钮后的文本框中输入数值 12，在放置区域的按钮后的文本框中输入数值 360.0；单击确定按钮，完成环形阵列 6 的创建。

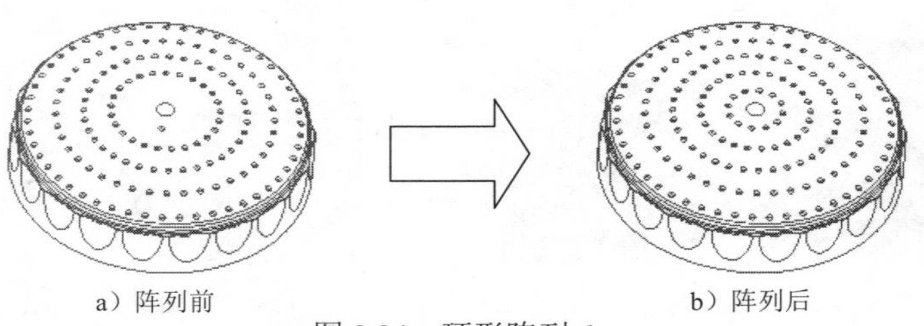

a）阵列前　　b）阵列后

图 9.24　环形阵列 6

Step20. 创建图 9.25 所示的拉伸特征 6。在创建▾区域中单击按钮，系统弹出“创建拉伸”对话框；单击“创建拉伸”对话框中的创建二维草图按钮，选取 XZ 平面作为草图平面，进入草绘环境，绘制图 9.26 所示的截面草图，单击按钮；再次单击创建▾区域中按钮，然后将布尔运算设置为“求差”类型，在范围区域中的下拉列表中选择贯通选项，将拉伸方向设置为“方向 1” 类型；单击“拉伸”对话框中的确定按钮，完成拉伸特征 6 的创建。

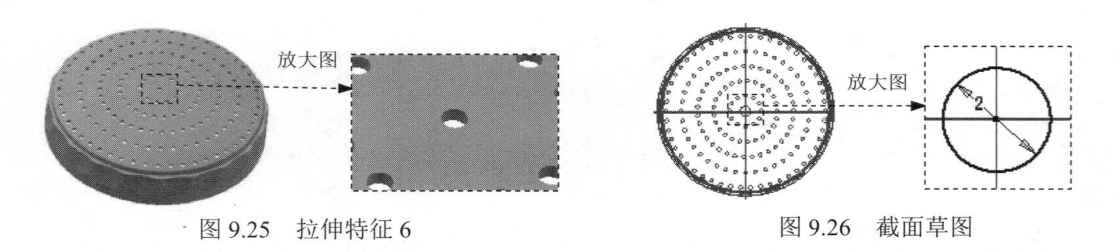

图 9.25　拉伸特征 6　　图 9.26　截面草图

Step21. 保存零件模型文件，命名为 MUZZLE_COVER。

实例 10 修正液笔盖

实例概述

本实例是一个修正液笔盖的设计，总体上没有复杂的特征，但设计得十分精致，主要运用了旋转、偏移、阵列、拔模和倒圆角等特征命令，其中偏移特征的使用值得注意。零件模型及浏览器如图 10.1 所示。

说明：本例前面的详细操作过程请参见随书光盘中 video\ch10\reference\文件下的语音视频讲解文件 correction_fluid_cap-r01.exe。

Step1. 打开文件 D:\inv15.3\work\ch10\correction_fluid_cap_ex.ipt。

Step2. 创建图 10.2 所示的拔模特征 1。

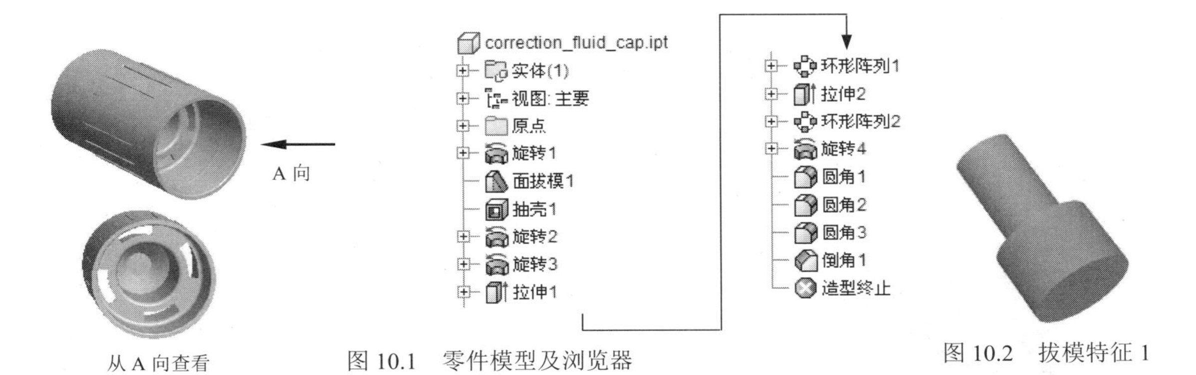

从 A 向查看

图 10.1 零件模型及浏览器

图 10.2 拔模特征 1

（1）选择命令，在 修改 ▾ 区域中单击 拔模 按钮。

（2）定义拔模类型。在“面拔模”对话框中将拔模类型设置为“固定平面”类型。

（3）定义固定面。在系统 选择平面或工作平面 的提示下，选取图 10.3 所示的面 1 为拔模固定平面。

（4）定义拔模面。在系统 选择拔模面 的提示下，选取图 10.3 所示的面 2 与面 3 为需要拔模的面。

（5）定义拔模属性。在“面拔模”对话框 拔模斜度 文本框中输入数值-1。

（6）定义拔模方向。拔模方向如图 10.3 所示。

（7）单击“面拔模”命令条中的 确定 按钮，完成从拔模特征 1 的创建。

Step3. 创建图 10.4 所示的抽壳特征 1。

（1）选择命令。在 修改 ▾ 区域中单击 抽壳 按钮。

（2）定义薄壁厚度。在“抽壳”对话框 厚度 文本框中输入薄壁厚度值 0.5。

（3）选择要移除的面。在系统 选择要去除的表面 的提示下，选择图 10.4a 所示的模型表面为要移除的面。

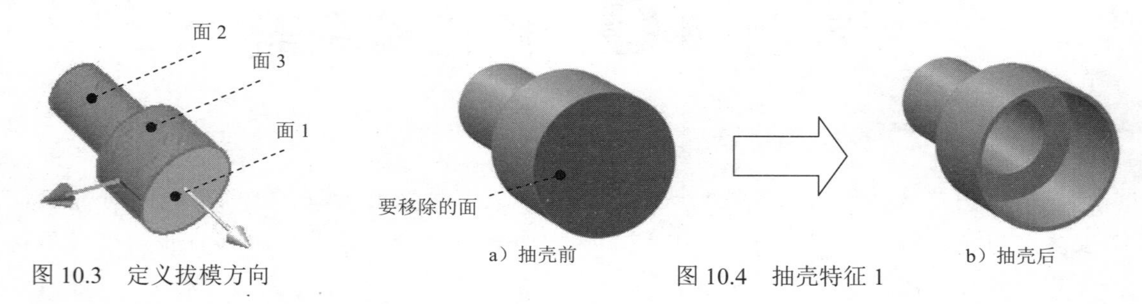

图 10.3　定义拔模方向

图 10.4　抽壳特征 1

（4）单击“抽壳”对话框中的 确定 按钮，完成抽壳特征 1 的创建。

Step4. 创建图 10.5 所示的旋转特征 2。

（1）选择命令。在 创建 ▾ 区域中单击 按钮，系统弹出“创建旋转”对话框。

（2）定义特征的截面草图。单击“创建旋转”对话框中的 创建二维草图 按钮，选取 YZ 平面为草图平面，进入草绘环境，绘制图 10.6 所示的截面草图。

（3）定义旋转属性。单击 草图 选项卡 返回到三维 区域中的 按钮，然后在“旋转”对话框中将布尔运算设置为“求差”类型 ，在 范围 区域的下拉列表中选中 全部 选项。

（4）单击“旋转”对话框中的 确定 按钮，完成旋转特征 2 的创建。

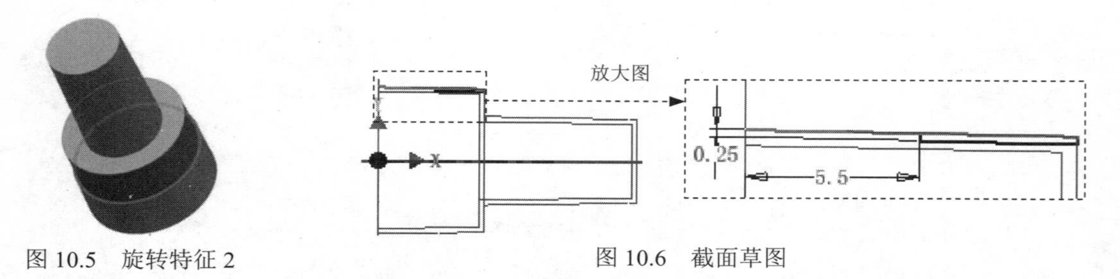

图 10.5　旋转特征 2

图 10.6　截面草图

Step5. 创建图 10.7 所示的旋转特征 3。

（1）选择命令。在 创建 ▾ 区域中单击 按钮，系统弹出“创建旋转”对话框。

（2）定义特征的截面草图。单击“创建旋转”对话框中的 创建二维草图 按钮，选取 YZ 平面为草图平面，进入草绘环境，绘制图 10.8 所示的截面草图。

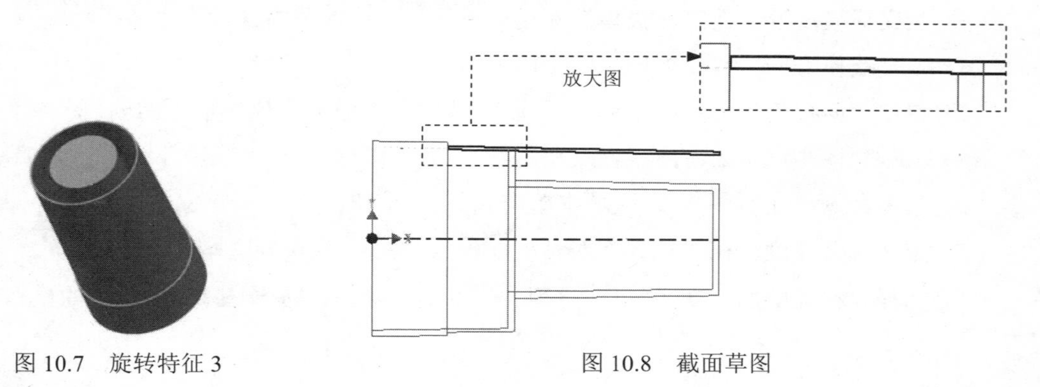

图 10.7　旋转特征 3

图 10.8　截面草图

（3）定义旋转属性。单击 草图 选项卡 返回到三维 区域中的按钮，然后在“旋转”对话框中将布尔运算设置为“求和”类型，在 范围 区域的下拉列表中选中 全部 选项。

（4）单击“旋转”对话框中的 确定 按钮，完成旋转特征 3 的创建。

Step6. 创建图 10.9 所示的拉伸特征 1。

（1）选择命令。在 创建 区域中单击按钮，系统弹出“创建拉伸”对话框。

（2）定义特征的截面草图。单击“创建拉伸”对话框中的 创建二维草图 按钮，选取 XY 平面做为草图平面，进入草绘环境，绘制图 10.10 所示的截面草图。

（3）定义拉伸属性。单击 草图 选项卡 返回到三维 区域中的按钮，在“拉伸”对话框 范围 区域中的下拉列表中选择 介于两面之间 选项，选取图 10.11 所示的面 1 为拉伸起始面，选取图 10.12 所示面 2 为拉伸终止面。

（4）单击“拉伸”对话框中的 确定 按钮，完成拉伸特征 1 的创建。

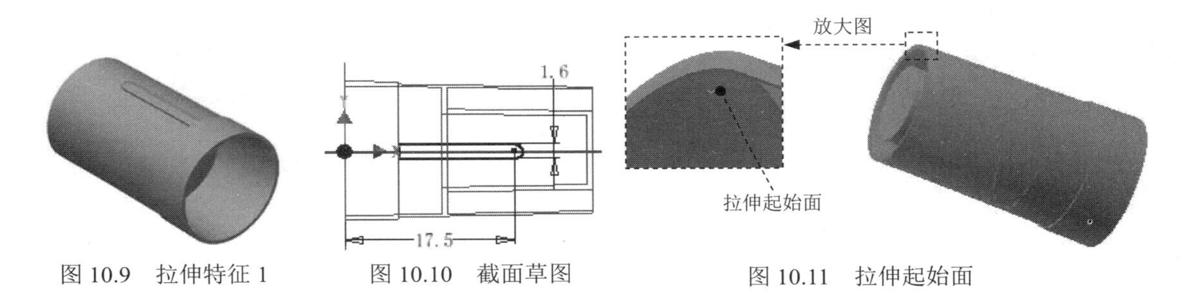

图 10.9　拉伸特征 1　　图 10.10　截面草图　　图 10.11　拉伸起始面

Step7. 创建图 10.13 所示的环形阵列 1。

（1）选择命令，在 阵列 区域中单击按钮。

（2）选择要阵列的特征。在图形区中选取拉伸特征 1（或在浏览器中选择“拉伸 1”特征）。

（3）定义阵列参数。

① 定义阵列轴。在“环形阵列”对话框中单击按钮，然后在浏览器中选取“Y 轴”为环形阵列轴。

② 定义阵列实例数。在 放置 区域的按钮后的文本框中输入数值 15。

③ 定义阵列角度。在 放置 区域的按钮后的文本框中输入数值 360.0。

（4）单击 确定 按钮，完成环形阵列 1 的创建。

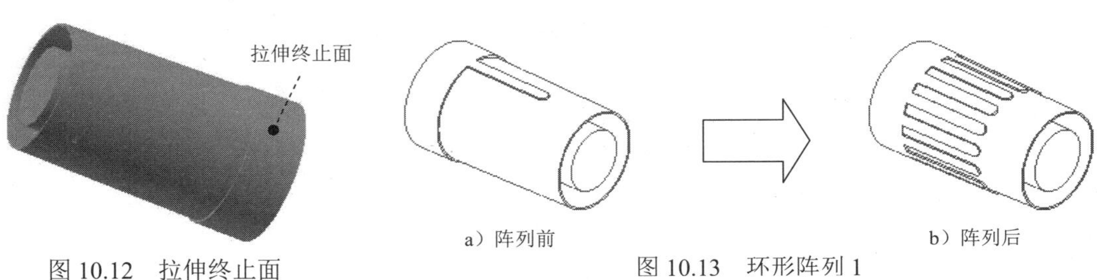

图 10.12　拉伸终止面

a）阵列前　　b）阵列后

图 10.13　环形阵列 1

Step8. 创建图 10.14 所示的拉伸特征 2。

（1）选择命令。在 创建 ▾ 区域中单击 按钮，系统弹出“创建拉伸”对话框。

（2）定义特征的截面草图。单击“创建拉伸”对话框中的 创建二维草图 按钮，选取图 10.15 所示的模型表面作为草图平面，进入草绘环境，绘制图 10.16 所示的截面草图，单击 ✔ 按钮。

（3）定义拉伸属性。再次单击 创建 ▾ 区域中 按钮，然后将布尔运算设置为“求差”类型 ，在 范围 区域中的下拉列表中选择 贯通 选项，将拉伸方向设置为“方向 2”类型 。

（4）单击“拉伸”对话框中的 确定 按钮，完成拉伸特征 2 的创建。

图 10.14　拉伸特征 2

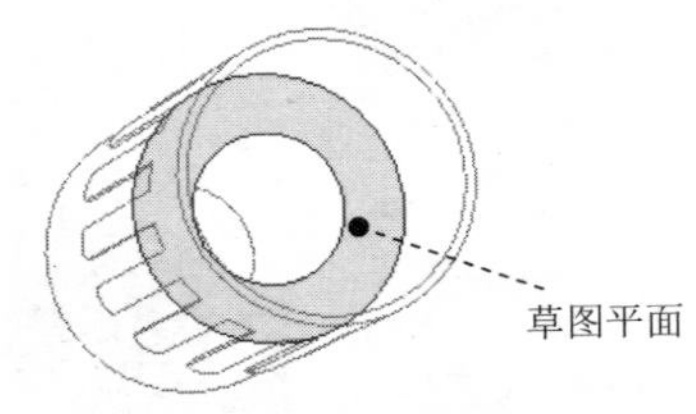

图 10.15　草图平面

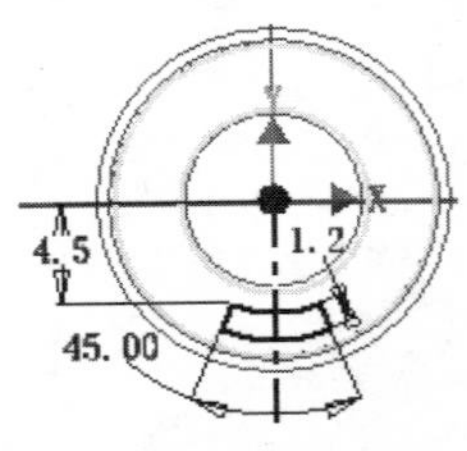

图 10.16　截面草图

Step9. 创建图 10.17 所示的环形阵列 2。

（1）选择命令，在 阵列 区域中单击 按钮。

（2）选择要阵列的特征。在图形区中选取拉伸特征 2（或在浏览器中选择“拉伸 2”特征）。

（3）定义阵列参数。

① 定义阵列轴。在“环形阵列”对话框中单击 按钮，然后在浏览器中选取“Y 轴”为环形阵列轴。

② 定义阵列实例数。在 放置 区域的 按钮后的文本框中输入数值 4。

③ 定义阵列角度。在 放置 区域的 按钮后的文本框中输入数值 360.0。

（4）单击 确定 按钮，完成环形阵列 2 的创建。

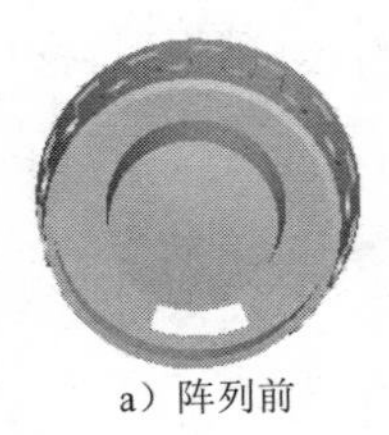
a）阵列前

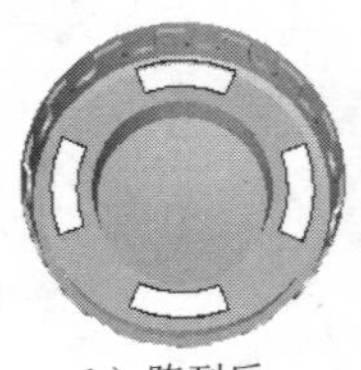
b）阵列后

图 10.17　环形阵列 2

Step10. 创建图 10.18 所示的旋转特征 4。

（1）选择命令。在 创建 ▾ 区域中单击 按钮，系统弹出“创建旋转”对话框。

（2）定义特征的截面草图。单击“创建旋转”对话框中的 创建二维草图 按钮，选取 YZ 平面作为草图平面，进入草绘环境，绘制图 10.19 所示的截面草图。

（3）定义旋转属性。单击 草图 选项卡 返回到三维 区域中的按钮，然后在“旋转”对话框中将布尔运算设置为“求和”类型，在 范围 区域的下拉列表中选中 全部 选项。

（4）单击“旋转”对话框中的 确定 按钮，完成旋转特征 4 的创建。

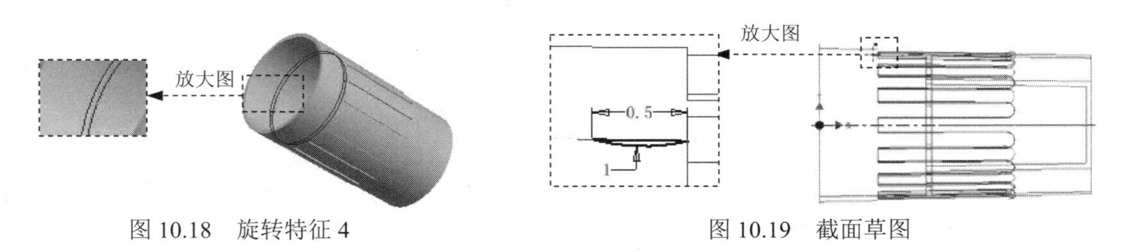

图 10.18 旋转特征 4

图 10.19 截面草图

Step11. 后面的详细操作过程请参见随书光盘中 video\ch10\reference\文件下的语音视频讲解文件 correction_fluid_cap-r02.exe。

实例11 支 架

实例概述

该实例的创建方法也是一种典型的“搭积木”式方法，但要注意其中创建加强筋特征和孔的方法和技巧。该零件模型及浏览器如图 11.1 所示。

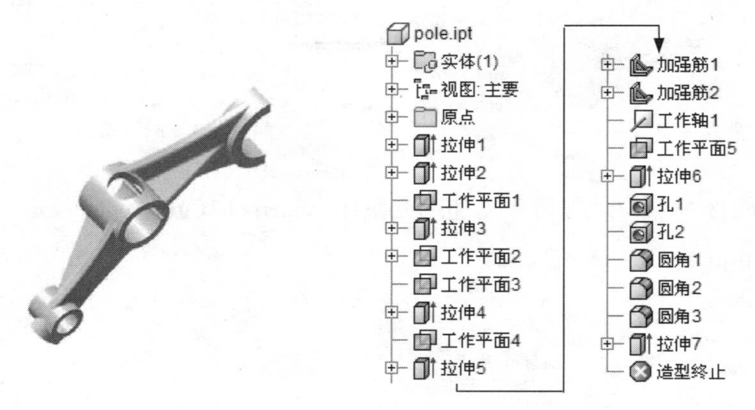

图 11.1 零件模型和浏览器

Step1. 新建一个零件模型，进入建模环境。

Step2. 创建图 11.2 所示的拉伸特征 1。在 创建 ▾ 区域中单击 按钮，选取 YZ 平面作为草图平面，绘制图 11.3 所示的截面草图，在“拉伸”对话框 范围 区域中的下拉列表中选择 距离 选项，在“距离”下拉列表中输入数值 25，并将拉伸方向设置为“方向 1”类型 ；单击“拉伸”对话框中的 确定 按钮，完成拉伸特征 1 的创建。

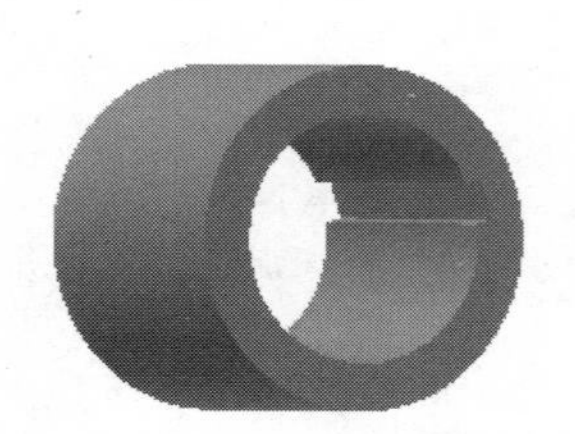

图 11.2 拉伸特征 1

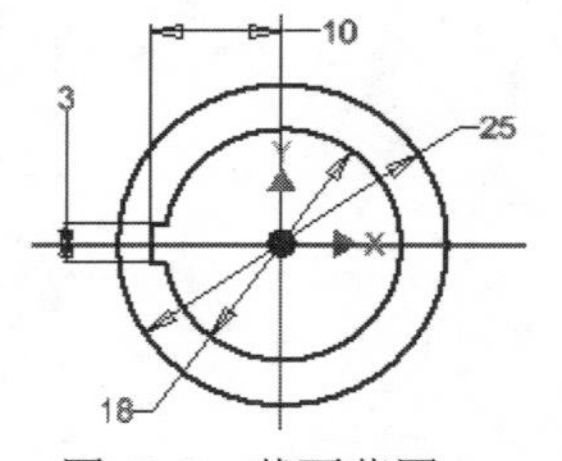

图 11.3 截面草图

Step3. 创建图 11.4 所示的拉伸特征 2。在 创建 ▾ 区域中单击 按钮，选取图 11.5 所示的模型表面作为草图平面，绘制图 11.6 所示的截面草图，在“拉伸”对话框 范围 区域中的下拉列表中选择 距离 选项，在“距离”下拉列表中输入数值 11，并将拉伸方向设置为“方向 2”类型 ；单击“拉伸”对话框中的 确定 按钮，完成拉伸特征 2 的创建。

图 11.4 拉伸特征 2

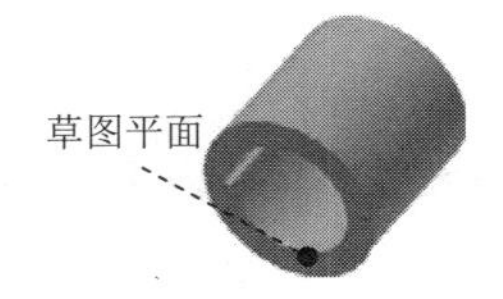

图 11.5 选取草图平面

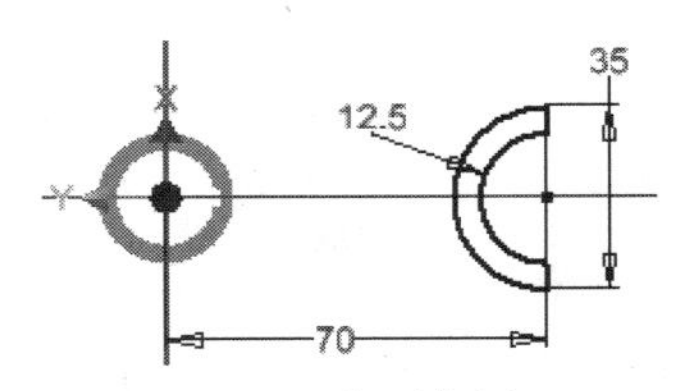

图 11.6 截面草图

Step4. 创建图 11.7 所示的工作平面 1。在 定位特征 区域中单击“平面”按钮下的平面，选择 从平面偏移 命令；在绘图区域选取图 11.8 所示的模型表面作为参考平面，输入偏移距离的数值为-2.5；单击按钮，完成工作平面 1 的创建。

图 11.7 工作平面 1

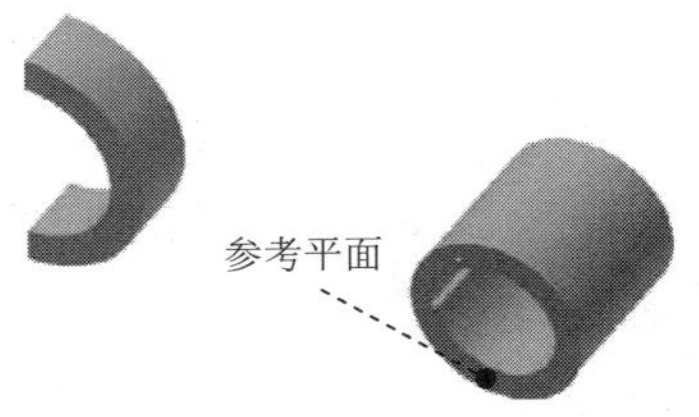

图 11.8 参考平面

Step5. 创建图 11.9 所示的拉伸特征 3。在 创建 区域中单击按钮，选取工作平面 1 作为草图平面，绘制图 11.10 所示的截面草图，在“拉伸”对话框 范围 区域中的下拉列表中选择 距离 选项，在“距离”下拉列表中输入数值 5，并将拉伸方向设置为“方向 2”类型；单击“拉伸”对话框中的 确定 按钮，完成拉伸特征 3 的创建。

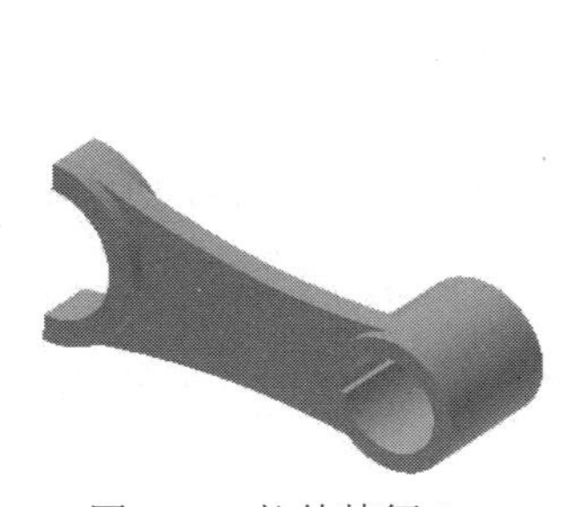

图 11.9 拉伸特征 3

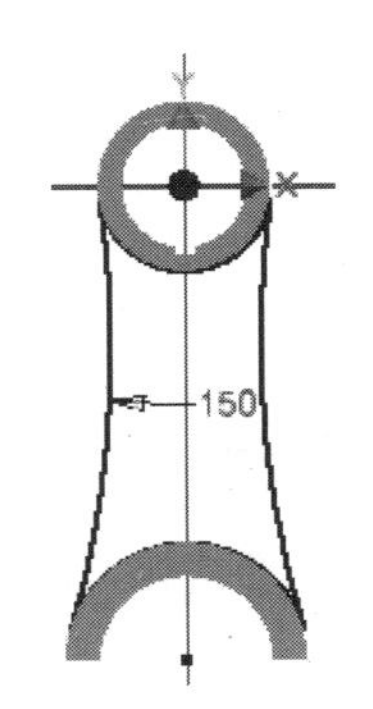

图 11.10 截面草图

Step6. 创建图 11.11 所示的工作平面 2（具体参数和操作参见随书光盘）。

Step7. 创建图 11.12 所示的工作平面 3（具体参数和操作参见随书光盘）。

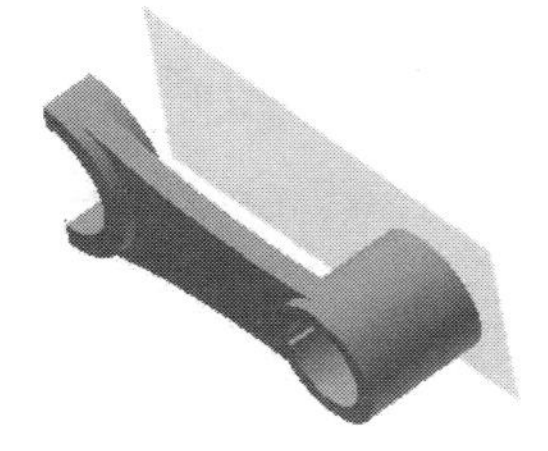

图 11.11 工作平面 2

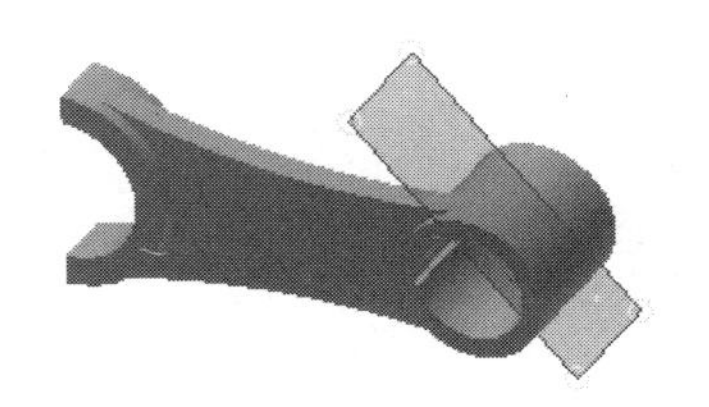

图 11.12 工作平面 3

说明：图 11.12 所示的圆的圆心经过工作平面 3。

Step8. 创建图 11.13 所示的拉伸特征 4。在 创建 ▼ 区域中单击 按钮，选取工作平面 2 作为草图平面，绘制图 11.14 所示的截面草图，在“拉伸”对话框 范围 区域中的下拉列表中选择 距离 选项，在“距离”下拉列表中输入数值 15，并将拉伸方向设置为“方向 1”类型 ；单击“拉伸”对话框中的 确定 按钮，完成拉伸特征 4 的创建。

图 11.13 拉伸特征 4

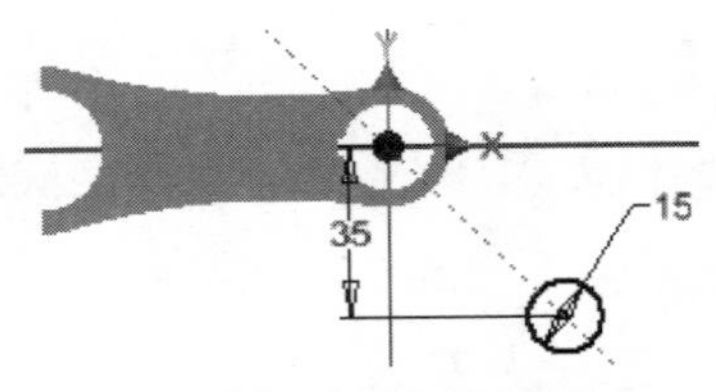

图 11.14 截面草图

Step9. 创建图 11.15 所示的工作平面 4。在 定位特征 区域中单击“平面”按钮 下的 平面 ，选择 从平面偏移 命令；选取 YZ 平面作为参考平面，输入要偏距的距离的数值为 2；单击 按钮，完成工作平面 4 的创建。

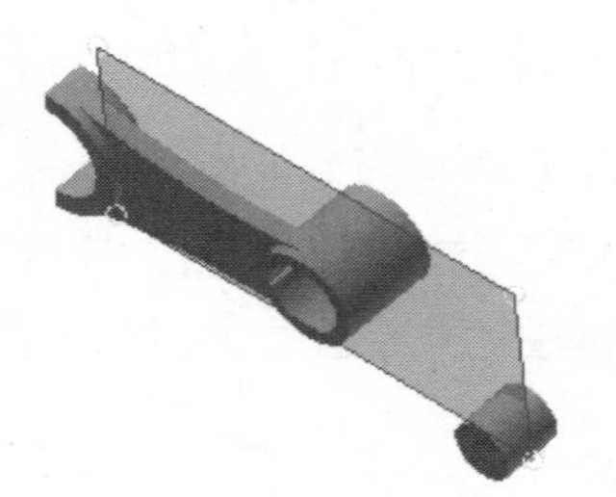

图 11.15 工作平面 4

Step10. 创建图 11.16 所示的拉伸特征 5。在 创建 ▼ 区域中单击 按钮，选取工作平面 4 作为草图平面，绘制图 11.17 所示的截面草图，在“拉伸”对话框 范围 区域中的下拉列表中选择 距离 选项，在“距离”下拉列表中输入数值 5，并将拉伸方向设置为“方向 1”类型 ；单击“拉伸”对话框中的 确定 按钮，完成拉伸特征 5 的创建。

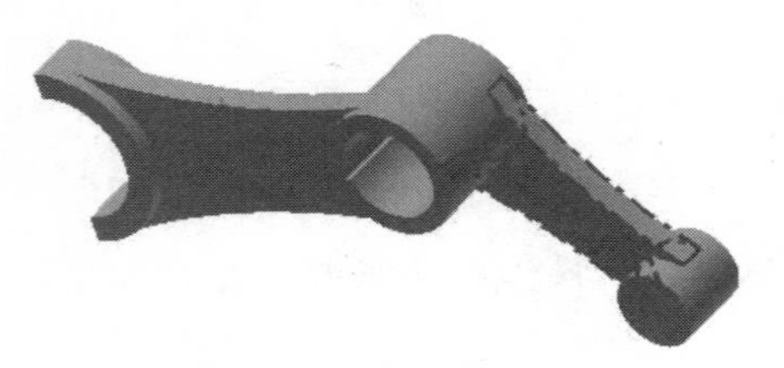

图 11.16 拉伸特征 5

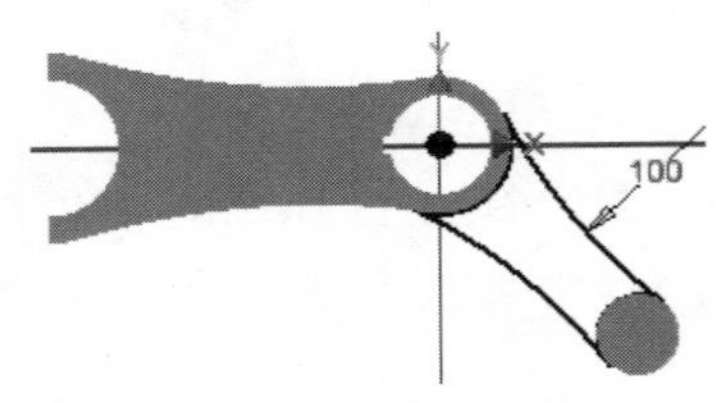

图 11.17 截面草图

Step11. 创建图 11.18 所示的草图 6。在 三维模型 选项卡 草图 区域单击 按钮，选取 XY 平面为草图平面，绘制图 11.18 所示的草图 6。

Step12. 创建图 11.19 所示的加强筋 1。

（1）选择命令。在 创建 ▾ 区域中单击 加强筋按钮。

（2）指定加强筋轮廓。在绘图区域选取 Step11 创建的截面草图。

（3）指定加强筋的类型。在“加强筋”对话框单击“平行于草图平面”按钮。

（4）定义加强筋特征的参数。

① 定义加强筋的拉伸方向。在“加强筋”对话框中将结合图元的拉伸方向设置为“方向 1”类型。

② 定义加强筋的厚度。在 厚度 文本框中输入数值 4.0，将加强筋的生成方向设置为“双向” 类型，其余参数接受系统默认设置。

（5）单击“加强筋”对话框中的 确定 按钮，完成加强筋 1 的创建。

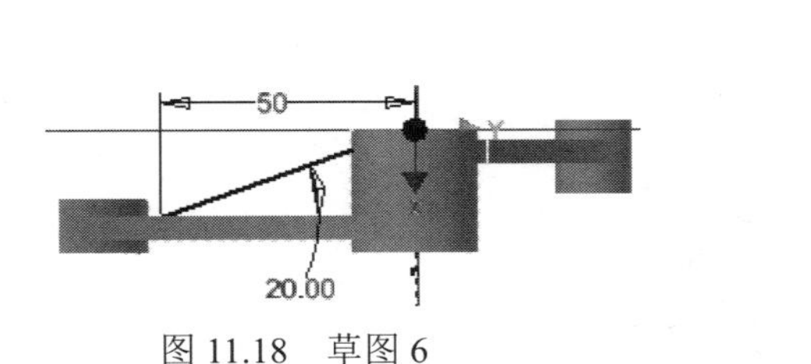

图 11.18 草图 6

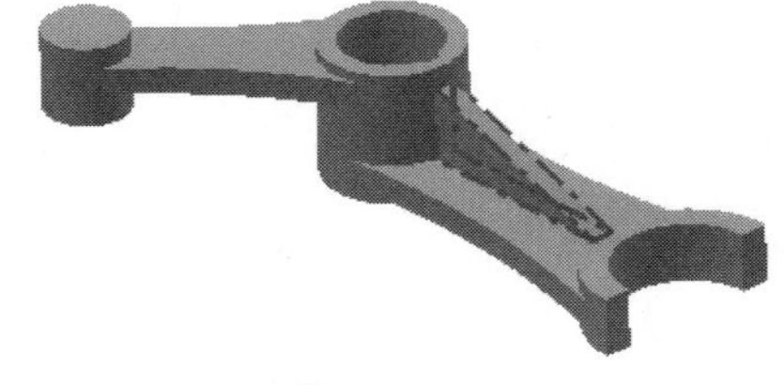
图 11.19 加强筋 1

Step13. 创建图 11.20 所示的草图 7。在 三维模型 选项卡 草图 区域单击按钮，选取工作平面 3 为草图平面，绘制图 11.20 所示的草图 7。

Step14. 创建图 11.21 所示的加强筋 2。

（1）选择命令，在 创建 ▾ 区域中单击 加强筋按钮。

（2）指定加强筋轮廓。在绘图区域选取 Step13 创建的截面草图。

（3）指定加强筋的类型。在“加强筋”对话框单击“平行于草图平面”按钮。

（4）定义加强筋特征的参数。

① 定义加强筋的拉伸方向。在“加强筋”对话框中设置拉伸方向为“方向 1”类型。

② 定义加强筋的厚度。在 厚度 文本框中输入数值 4.0，将加强筋的生成方向设置为“双向” 类型，其余参数接受系统默认设置。

（5）单击“加强筋”对话框中的 确定 按钮，完成加强筋 2 的创建。

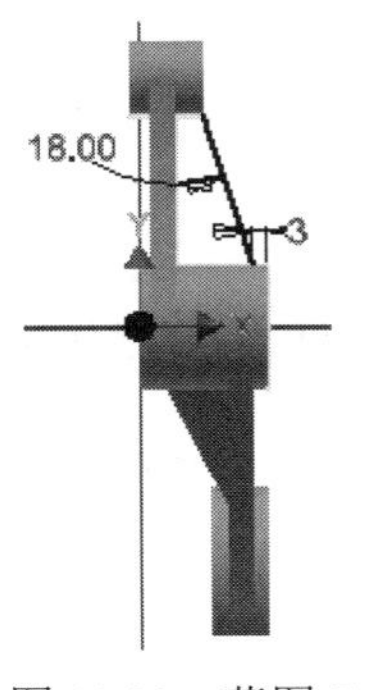

图 11.20 草图 7

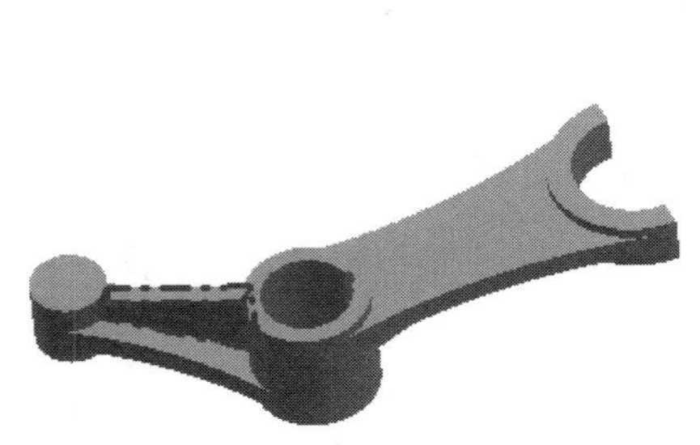
图 11.21 加强筋 2

Step15. 创建图 11.22 所示的工作轴 1。

（1）选择命令。在 定位特征 区域中单击“工作轴”按钮后的小三角，选择 通过旋转面或特征 命令。

（2）定义参考平面。在系统 选择圆柱曲面或旋转式曲面。 的提示下选取图 11.23 所示的圆柱面为工作轴的参考实体，此时完成工作轴 1 的创建。

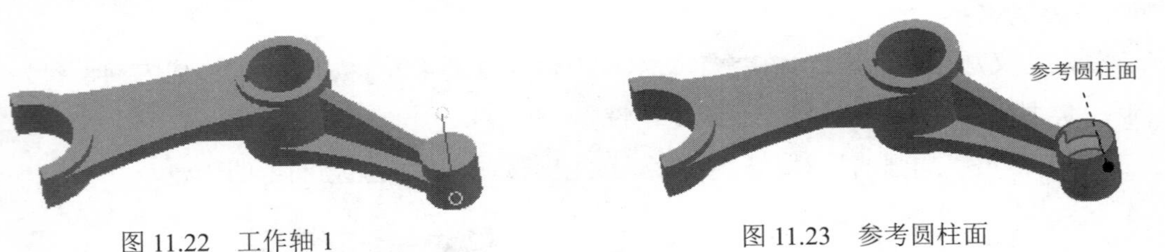

图 11.22 工作轴 1　　图 11.23 参考圆柱面

Step16. 创建图 11.24 所示的工作平面 5。（注：具体参数和操作参见随书光盘）。

图 11.24 工作平面 5

Step17. 创建图 11.25 所示的拉伸特征 6。在 创建 区域中单击按钮，选取工作平面 5 作为草图平面，绘制图 11.26 所示的截面草图，在“拉伸”对话框 范围 区域中的下拉列表中选择 距离 选项，在“距离”下拉列表中输入数值 10，并将拉伸方向设置为“方向 2”类型；单击“拉伸”对话框中的 确定 按钮，完成拉伸特征 6 的创建。

图 11.25 拉伸特征 6

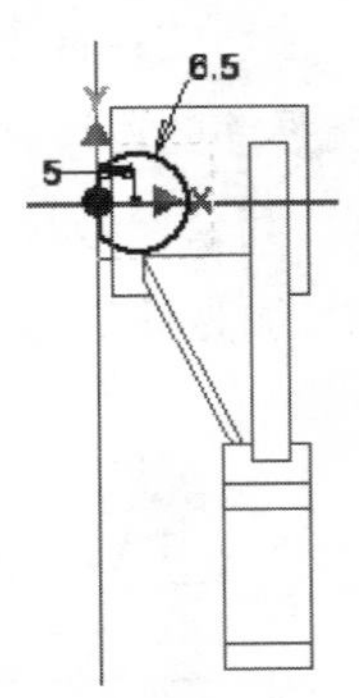

图 11.26 截面草图

Step18. 后面的详细操作过程请参见随书光盘中 video\ch11\reference\文件下的语音视频讲解文件 pole-r01.exe。

实例 12 提　手

实例概述

本实例设计的零件具有对称性，因此在设计过程中要充分利用“镜像”特征命令。下面介绍该零件的设计过程，零件模型和浏览器如图 12.1 所示。

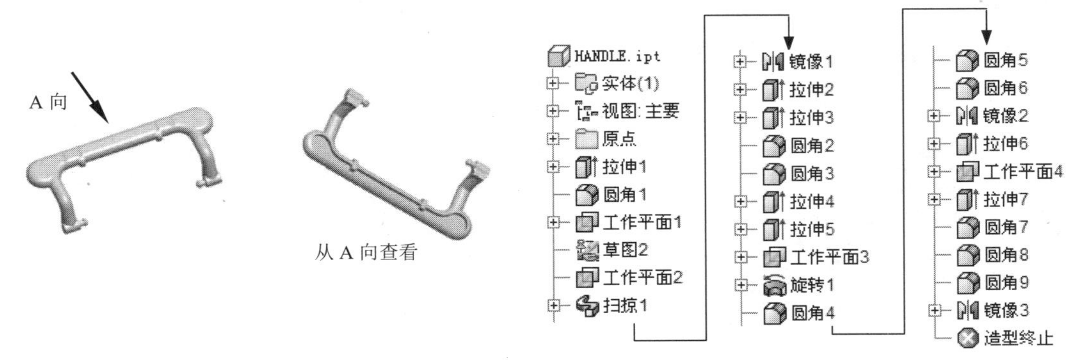

图 12.1　零件模型及浏览器

说明：本例前面的详细操作过程请参见随书光盘中 video\ch12\reference\文件下的语音视频讲解文件 HANDLE-r01.exe。

Step1. 打开文件 D:\inv15.3\work\ch12\HANDLE_ex.ipt。

Step2. 创建图 12.2b 所示的倒圆特征 1。

(1) 选择命令。在 修改 ▾ 区域中单击按钮。

(2) 选取要倒圆的对象。在系统的提示下，选取图 12.2a 所示的模型边线为倒圆的对象。

(3) 定义倒圆参数。在“倒圆角”小工具栏“半径 R”文本框中输入数值 4。

(4) 单击“圆角”对话框中的 确定 按钮，完成倒圆特征 1 的创建。

a) 圆角前　　b) 圆角后

图 12.2　倒圆特征 1

Step3. 创建图 12.3 所示的工作平面 1。

(1) 选择命令，在 定位特征 区域中单击“平面”按钮下的 平面 ▾，选择 从平面偏移 命令。

（2）定义参考平面，在绘图区域选取 YZ 平面作为参考平面。

（3）定义偏移距离与方向，在“基准面”小工具栏的下拉列表中输入要偏距的距离数值为 46。

（4）单击 按钮，完成工作平面 1 的创建。

Step4. 创建图 12.4 所示的草图 2。

（1）在 三维模型 选项卡 草图 区域单击 按钮，然后选择工作平面 1 为草图平面，系统进入草绘环境。

（2）绘制图 12.4 所示的草图 2，单击 按钮，退出草绘环境。

说明：若方位不对可通过 View Cube 工具调整

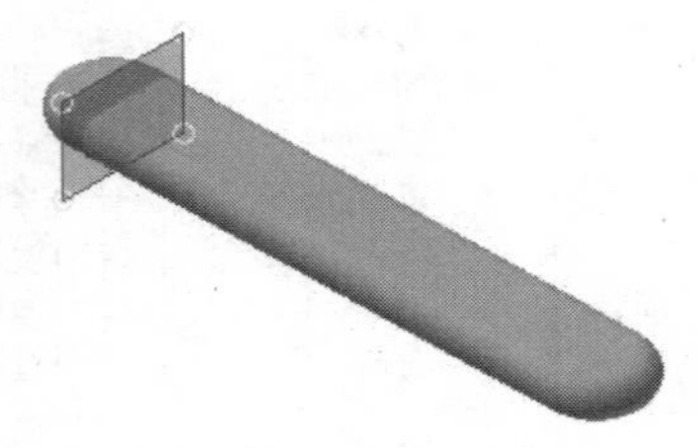

图 12.3　工作平面 1

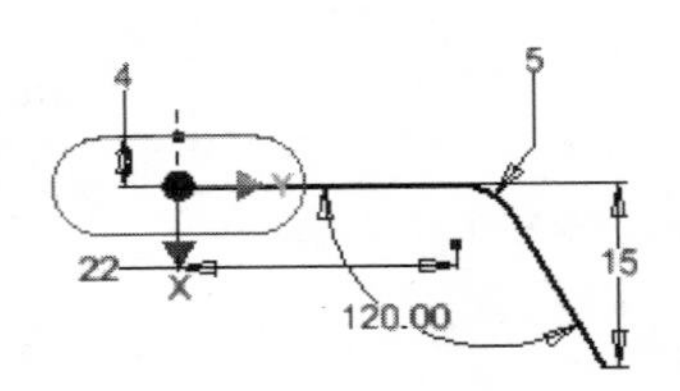

图 12.4　草图 2

Step5. 创建图 12.5 所示的工作平面 2。在 定位特征 区域中单击“平面”按钮 下的 平面，选择 与轴垂直且通过点 命令；在绘图区域选取图 12.6 所示的直线为参考线，然后再选取图 12.6 所示的点为参考点，完成工作平面 2 的创建。

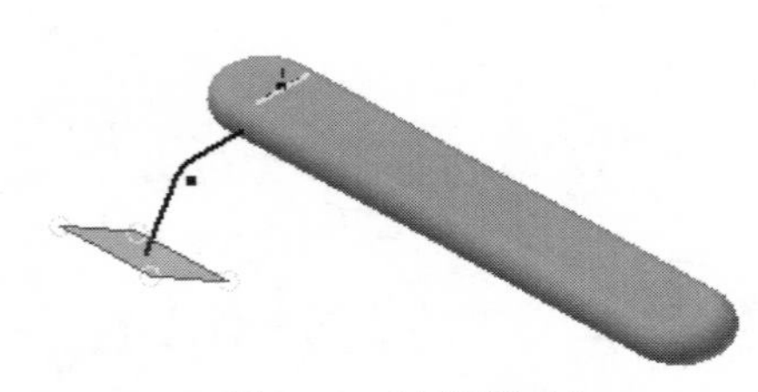

图 12.5　工作平面 2

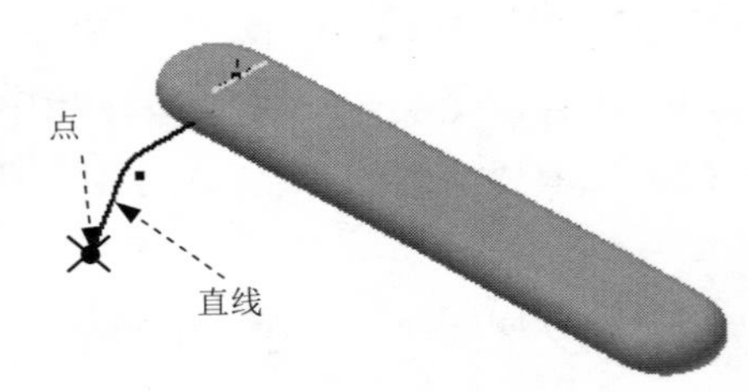

图 12.6　选取参考

Step6. 创建图 12.7 所示的草图 3。在 三维模型 选项卡 草图 区域单击 按钮，选取工作平面 2 作为草图平面，绘制图 12.8 所示的草图 3。

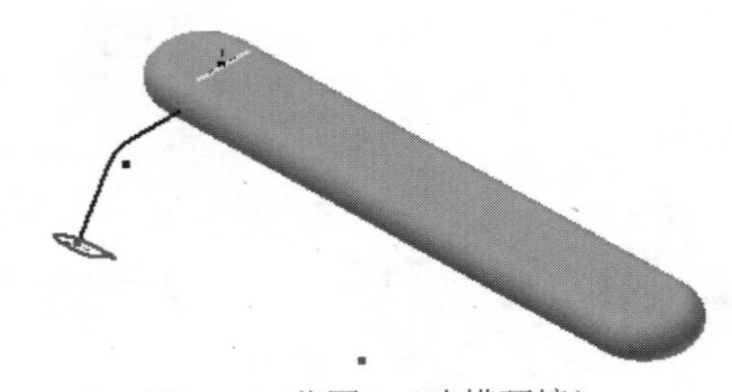

图 12.7　草图 3（建模环境）

图 12.8　草图 3（草图环境）

Step7. 创建图 12.9 所示的扫掠 1。

（1）选择命令，在 创建 ▼ 区域中单击“扫掠”按钮 扫掠。

（2）定义扫掠轨迹。在“扫掠”对话框中单击 按钮，然后在图形区中选取草图 2 作为扫掠轨迹，完成扫掠轨迹的选取。

（3）定义扫掠类型。在“扫掠”对话框 类型 区域的下拉列表中选择 路径，其他参数接受系统默认设置。

（4）单击“扫掠”对话框中的 确定 按钮，完成扫掠特征的创建。

Step8. 创建图 12.10 所示的镜像 1。

（1）选择命令，在 阵列 区域中单击“镜像”按钮 。

（2）选取要镜像的特征。在图形区中选取要镜像复制的扫掠特征（或在浏览器中选择“扫掠 1”特征）。

（3）定义镜像中心平面。单击“镜像”对话框中的 镜像平面 按钮，然后选取 YZ 平面作为镜像中心平面。

（4）单击“镜像”对话框中的 确定 按钮，完成镜像 1 的操作。

Step9. 创建图 12.11 所示的拉伸特征 2。

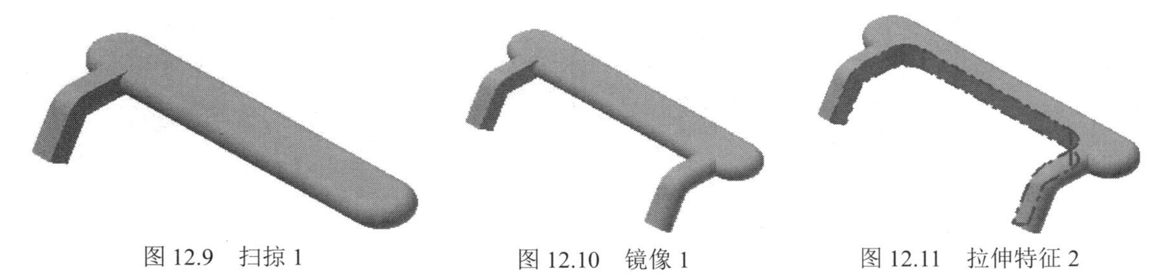

图 12.9 扫掠 1　　图 12.10 镜像 1　　图 12.11 拉伸特征 2

（1）选择命令。在 创建 ▼ 区域中单击 按钮，系统弹出“创建拉伸”对话框。

（2）定义特征的截面草图。单击“创建拉伸”对话框中的 创建二维草图 按钮，选取图 12.12 所示的模型表面作为草图平面，进入草绘环境，绘制图 12.13 所示的截面草图。

（3）定义拉伸属性。单击 草图 选项卡 返回到三维 区域中的 按钮，首先将布尔运算设置为“求差”类型 ，在 范围 区域中的下拉列表中选择 贯通 选项，将拉伸方向设置为“方向 2” 类型 。

（4）单击“拉伸”对话框中的 确定 按钮，完成拉伸特征 2 的创建。

Step10. 创建图 12.14 所示的拉伸特征 3。在 创建 ▼ 区域中单击 按钮，选取图 12.15 所示的模型表面作为草图平面，绘制图 12.16 所示的截面草图，在“拉伸”对话框将布尔运算设置为“求差”类型 ，然后在 范围 区域中的下拉列表中选择 距离 选项，在“距离”下拉列表中输入数值 3，将拉伸方向设置为“方向 2”类型 ；单击“拉伸”对话框中的 确定 按钮，完成拉伸特征 3 的创建。

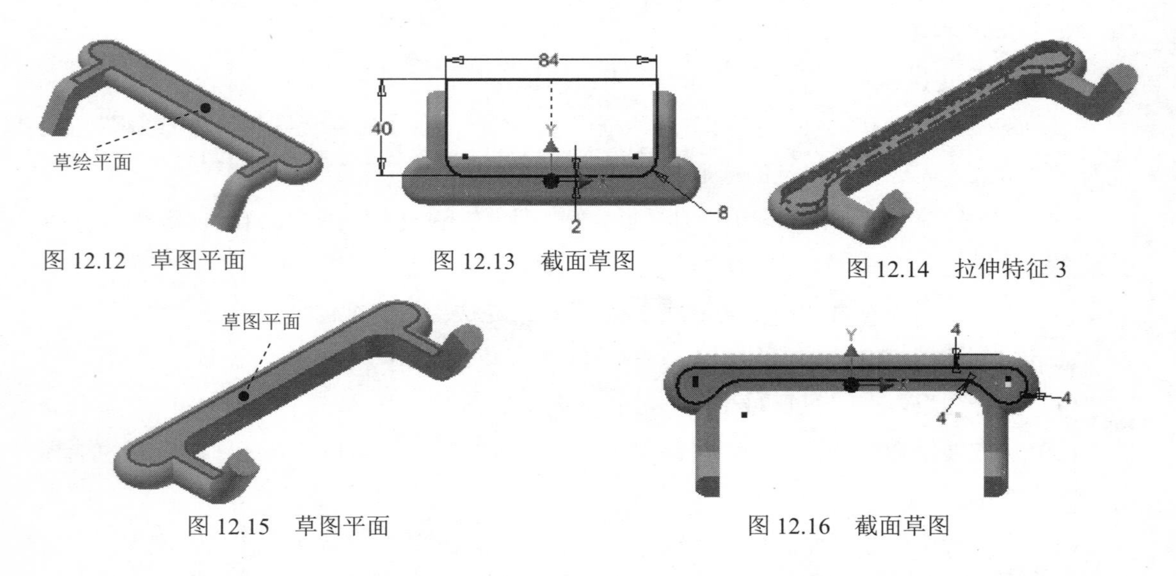

图 12.12　草图平面

图 12.13　截面草图

图 12.14　拉伸特征 3

图 12.15　草图平面

图 12.16　截面草图

Step11. 创建图 12.17 所示的倒圆特征 2。选取图 12.17a 所示的模型边线为倒圆的对象，输入倒圆角半径值 4.0。

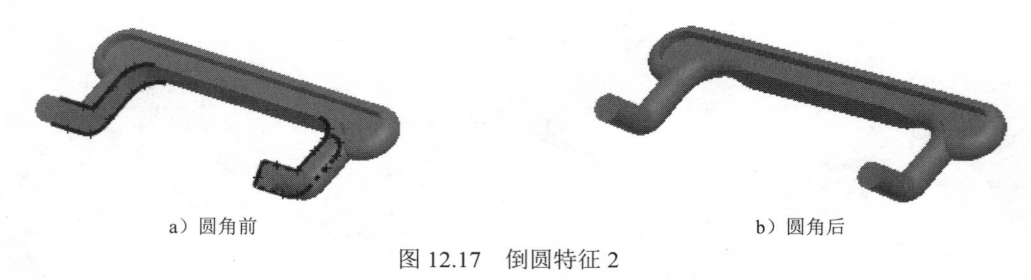

a）圆角前　　b）圆角后

图 12.17　倒圆特征 2

Step12. 创建图 12.18 所示的倒圆特征 3。选取图 12.18a 所示的模型边线为倒圆的对象，输入倒圆角半径值 4.0。

a）圆角前　　b）圆角后

图 12.18　倒圆特征 3

Step13. 创建图 12.19 所示的拉伸特征 4。在 创建 ▾ 区域中单击按钮，选取工作平面 1 作为草图平面，绘制图 12.20 所示的截面草图，在“拉伸”对话框 范围 区域中的下拉列表中选择 距离 选项，在“距离”下拉列表中输入数值 8，并将拉伸方向设置为“对称”类型，单击“拉伸”对话框中的 确定 按钮，完成拉伸特征 4 的创建。

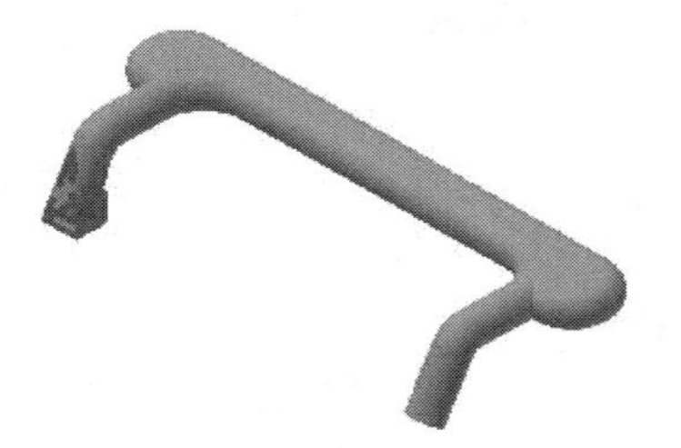
图 12.19 拉伸特征 4

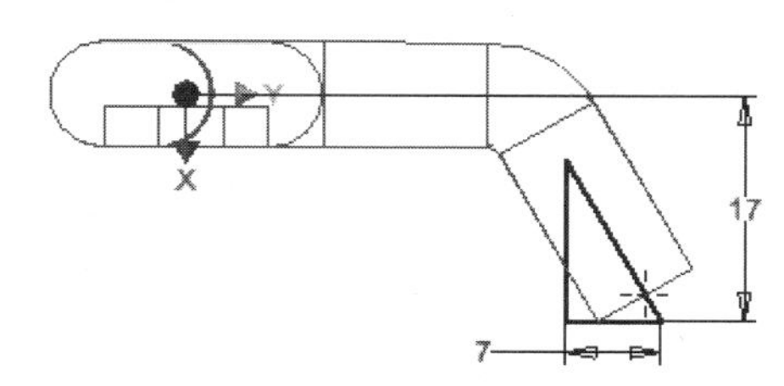

图 12.20 截面草图

Step14. 创建图 12.21 所示的拉伸特征 5。在 创建 ▾ 区域中单击按钮，选取工作平面 1 作为草图平面，绘制图 12.22 所示的截面草图，在“拉伸”对话框 范围 区域中的下拉列表中选择 距离 选项，在“距离”下拉列表中输入数值 10，并将拉伸方向设置为“对称”类型，单击“拉伸”对话框中的 确定 按钮，完成拉伸特征 5 的创建。

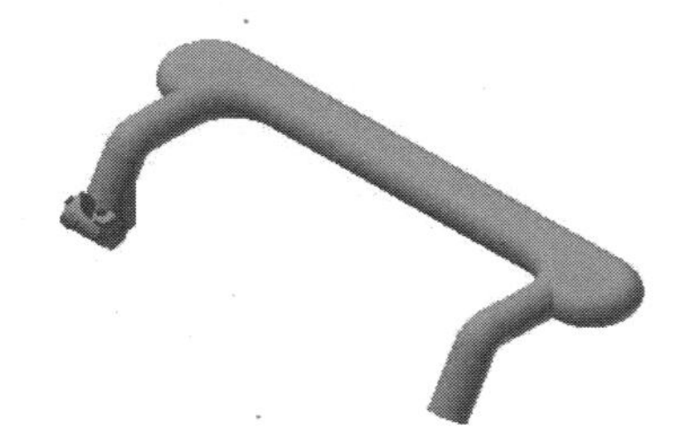
图 12.21 拉伸特征 5

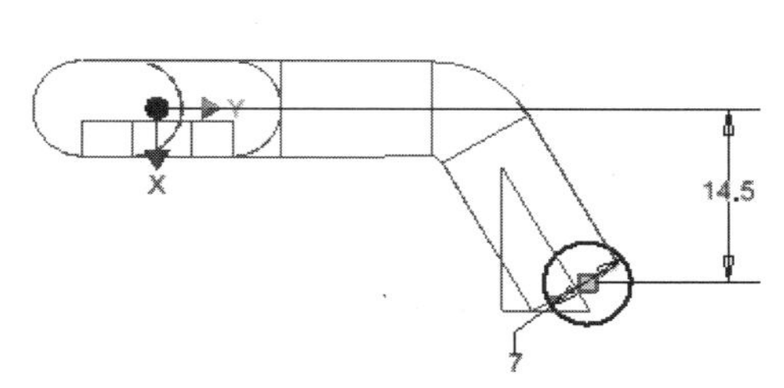

图 12.22 截面草图

Step15. 创建图 12.23 所示的工作平面 3（注：具体参数和操作参见随书光盘）。

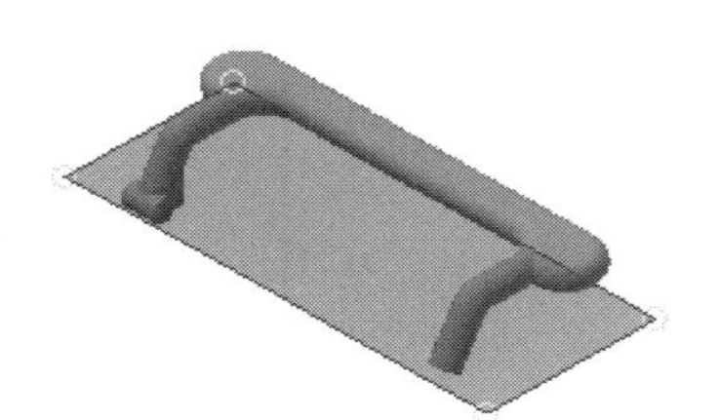
图 12.23 工作平面 3

Step16. 创建图 12.24 所示的旋转特征 1。

（1）选择命令。在 创建 ▾ 区域中单击按钮，系统弹出“创建旋转”对话框。

（2）定义特征的截面草图。单击“创建旋转”对话框中的 创建二维草图 按钮，选取工作平面 3 为草图平面，进入草绘环境，绘制图 12.25 所示的截面草图。

（3）定义旋转属性。单击 草图 选项卡 返回到三维 区域中的按钮，在“旋转”对话框选取图 12.25 所示的旋转轴，在 范围 区域的下拉列表中选中 全部 选项。

（4）单击“旋转”对话框中的 确定 按钮，完成旋转特征 1 的创建。

Step17. 后面的详细操作过程请参见随书光盘中 video\ch12\reference\文件下的语音视频讲解文件 HANDLE-r02-01.avi 和 HANDLE-r02-02.exe。

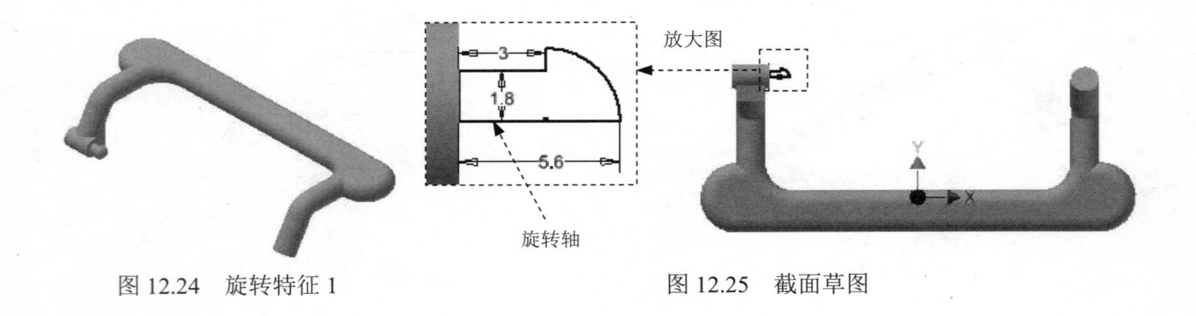

图 12.24　旋转特征 1

图 12.25　截面草图

实例 13　齿轮泵体

实例概述

本实例主要采用一些基本的实体创建命令，如实体拉伸、拔模、实体旋转、切削、阵列、孔、螺纹修饰和倒角等，重点是培养构建三维模型的思想，其中对各种孔的创建需要特别注意。零件模型及浏览器如图 13.1 所示。

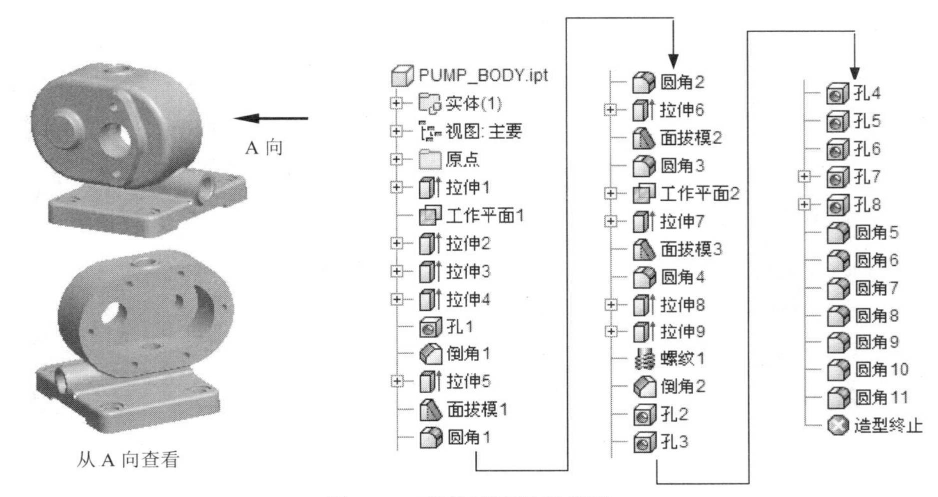

图 13.1　零件模型及浏览器

说明：本例前面的详细操作过程请参见随书光盘中 video\ch13\reference\文件下的语音视频讲解文件 PUMP_BODY-r01.exe。

Step1. 打开文件 D:\inv15.3\work\ch13\PUMP_BODY_ex.ipt。

Step2. 创建图 13.2 所示的工作平面 1。在 定位特征 区域中单击“平面”按钮 下的 平面，选择 从平面偏移 命令；在绘图区域选取图 13.2 所示的模型表面作为参考平面；在“基准面”小工具栏的下拉列表中输入要偏距的距离值-55，偏移方向参考图 13.2；单击 按钮，完成工作平面 1 的创建。

Step3. 创建图 13.3 所示的拉伸特征 2。在 创建 区域中单击 按钮，系统弹出“创建拉伸”对话框；单击“创建拉伸”对话框中的 创建二维草图 按钮，选取工作平面 1 作为草图平面，进入草绘环境，绘制图 13.4 所示的截面草图；单击 草图 选项卡 返回到三维 区域中的 按钮，在“拉伸”对话框 范围 区域中的下拉列表中选择 距离 选项，在“距离”下拉列表中输入数值 48，将拉伸方向设置为“方向 2”类型 ；单击“拉伸”对话框中的 确定 按钮，完成拉伸特征 2 的创建。

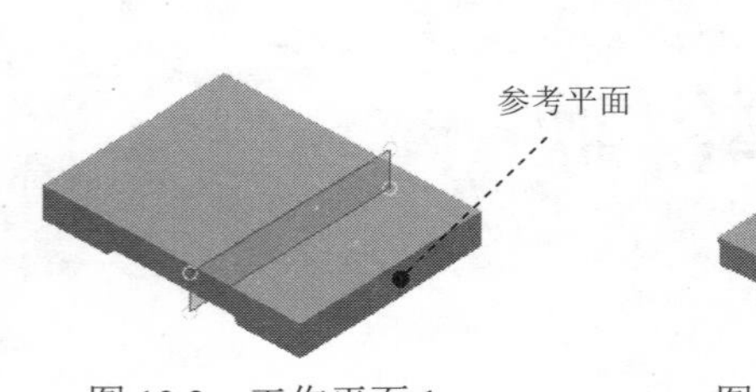

图 13.2 工作平面 1

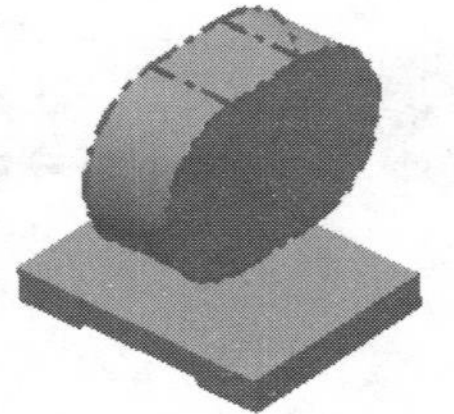
图 13.3 拉伸特征 2

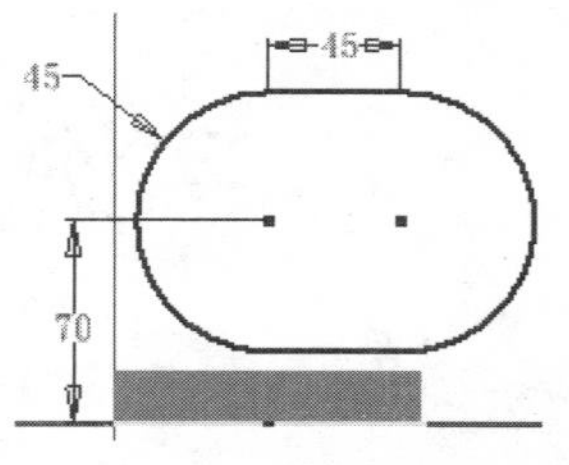

图 13.4 截面草图

Step4. 创建图 13.5 所示的拉伸特征 3。在 创建 ▾ 区域中单击按钮，系统弹出“创建拉伸”对话框；单击“创建拉伸”对话框中的 创建二维草图 按钮，选取图 13.6 所示的模型表面作为草图平面，进入草绘环境，绘制图 13.7 所示的截面草图；单击 草图 选项卡 返回到三維 区域中的按钮，在“拉伸”对话框 范围 区域中的下拉列表中选择 到 选项，选择图 13.6 所示的拉伸到的面；单击“拉伸”对话框中的 确定 按钮，完成拉伸特征 3 的创建。

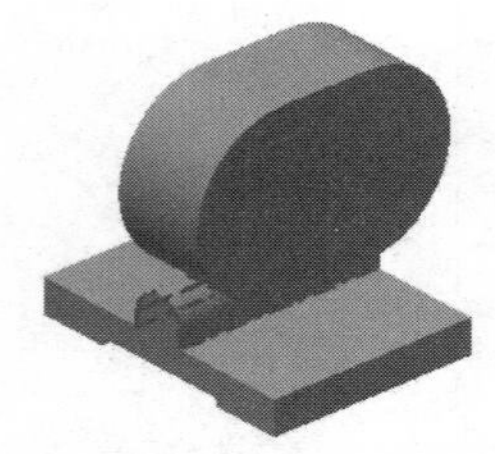
图 13.5 拉伸特征 3

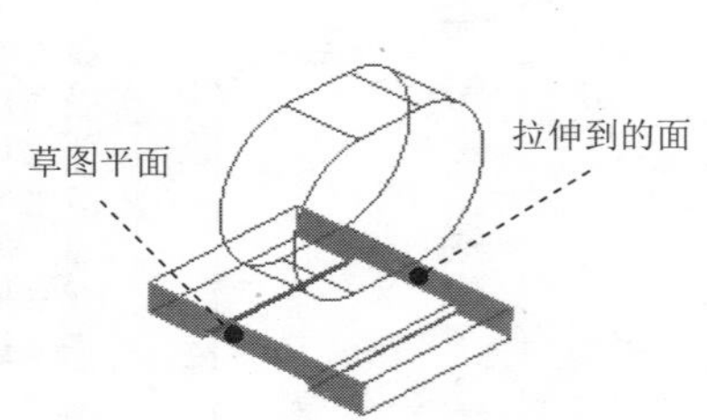

图 13.6 定义草图平面

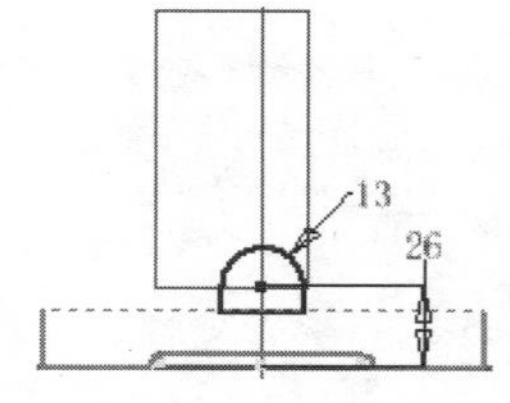

图 13.7 截面草图

Step5. 创建图 13.8 所示的拉伸特征 4。在 创建 ▾ 区域中单击按钮，系统弹出“创建拉伸”对话框；单击“创建拉伸”对话框中的 创建二维草图 按钮，选取图 13.9 所示的模型表面作为草图平面，进入草绘环境，绘制图 13.10 所示的截面草图；单击 草图 选项卡 返回到三維 区域中的按钮，在“拉伸”对话框 范围 区域中的下拉列表中选择 距离 选项，在“距离”下拉列表中输入数值 5，将拉伸方向设置为“方向 1”类型；单击“拉伸”对话框中的 确定 按钮，完成拉伸特征 4 的创建。

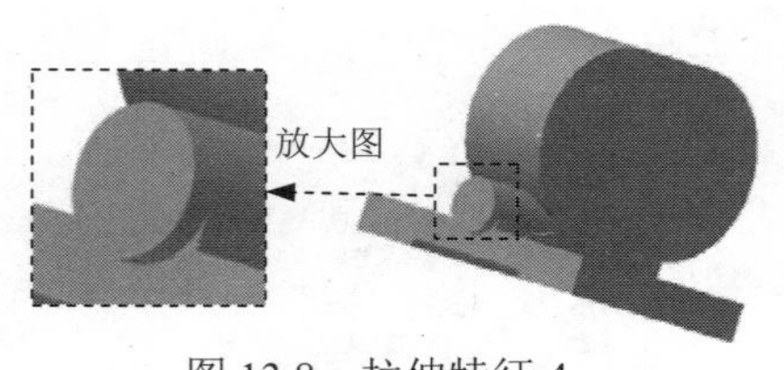

图 13.8 拉伸特征 4

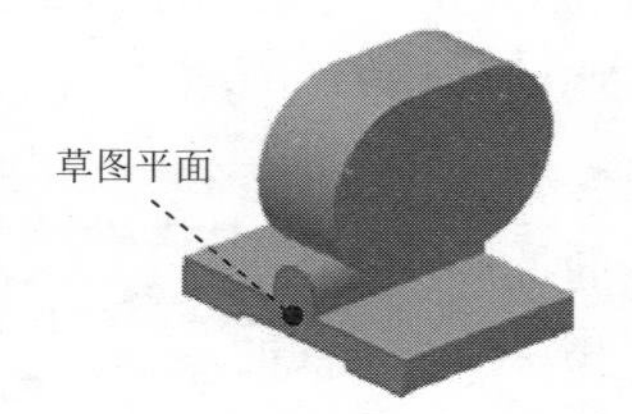

图 13.9 定义草图平面

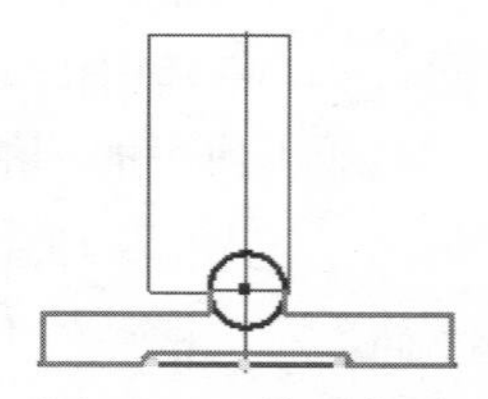
图 13.10 截面草图

Step6. 创建图 13.11 所示的孔 1。在 修改 ▾ 区域中单击“孔”按钮；在“孔”对话框 放置 区域的下拉列表中选择 ◎ 同心 ，然后依次选取图 13.12 所示的放置面及 13.13 所示的边为放置的参考；在“孔”对话框中确认“直孔”与“螺纹孔”被选中，在 螺纹 区域 螺纹类型 下拉列表中选择 GB Metric profile 选项，在 尺寸 下拉列表中选择 18，在 规格 下拉列表中选择 M18，其余参数接受系统默认设置；在“孔”对话框 终止方式 区域的下拉列表中选择 距离 选项；在“孔”对话框孔预览图像区域输入图 13.14 所示的参数；单击“孔”对话框中的 确定 按钮，完成孔 1 的创建。

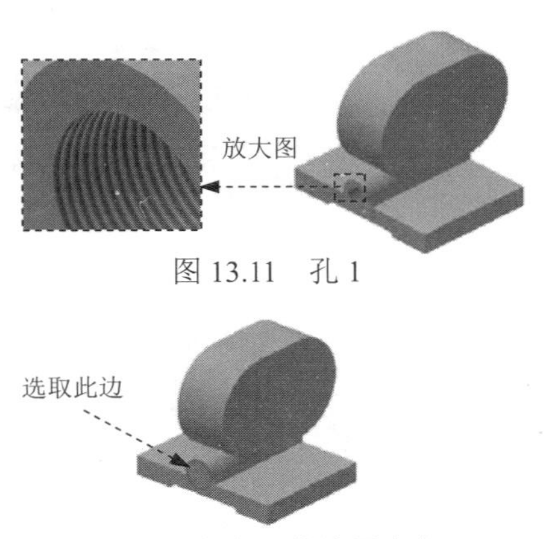

图 13.11 孔 1

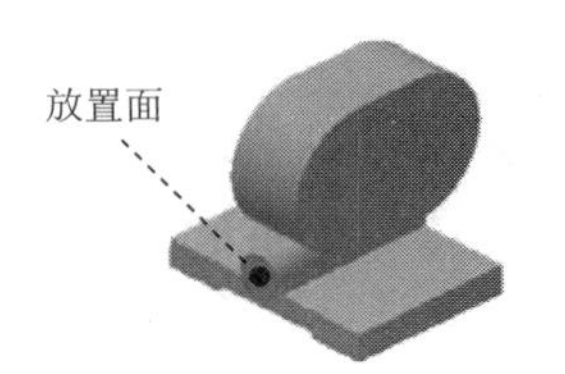

图 13.12 定义孔的放置面

图 13.13 定义孔的放置参考

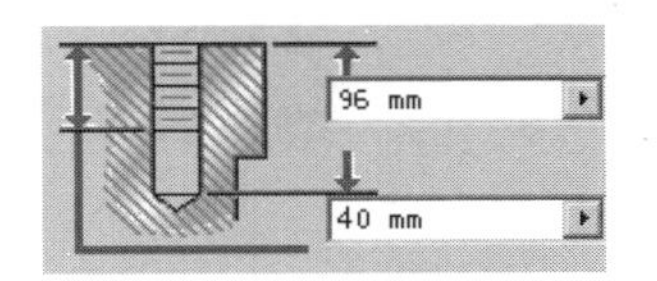

图 13.14 定义孔参数

Step7. 创建图 13.15 所示的倒角特征 1。在 修改 ▾ 区域中单击 倒角 按钮；在“倒角”对话框中定义倒角类型为“倒角边长”选项；在系统的提示下，选取图 13.15a 所示的模型边线为倒角的对象；在“倒角”对话框 倒角边长 文本框中输入数值 1；单击“倒角”对话框中的 确定 按钮完成倒角特征 1 的定义。

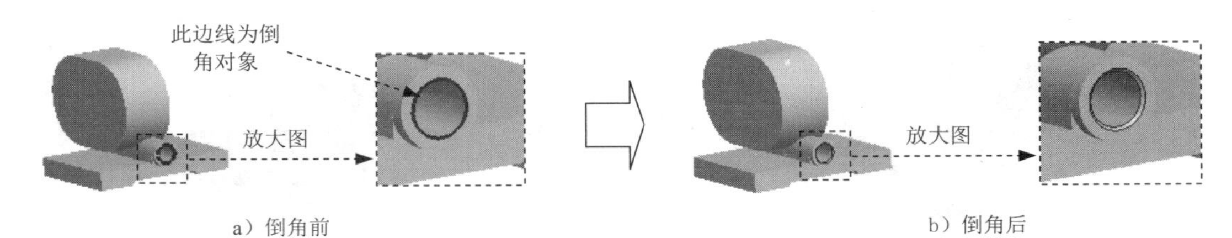

a）倒角前 b）倒角后

图 13.15 倒角特征 1

Step8. 创建图 13.16 所示的拉伸特征 5。在 创建 ▾ 区域中单击按钮，系统弹出“创建拉伸”对话框；单击“创建拉伸”对话框中的 创建二维草图 按钮，选取图 13.16 所示的模型表面作为草图平面，进入草绘环境，绘制图 13.17 所示的截面草图；单击 草图 选项卡 返回到三维 区域中的按钮，在“拉伸”对话框 范围 区域中的下拉列表中选择 距离 选项，在“距离”下拉列表中输入数值 9，将拉伸方向设置为“方向 1”类型；单击“拉伸”对话框中的 确定 按钮，完成拉伸特征 5 的创建。

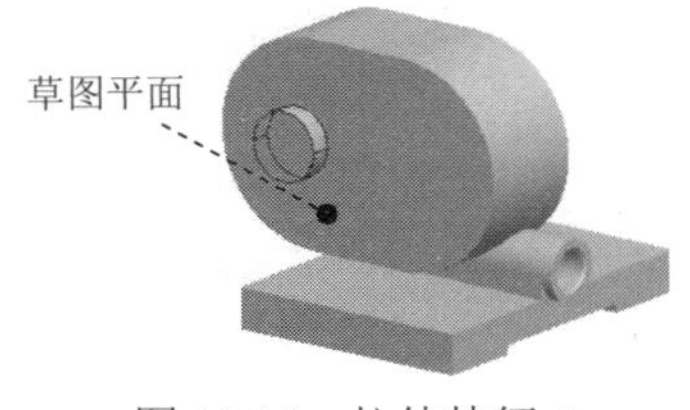

图 13.16 拉伸特征 5

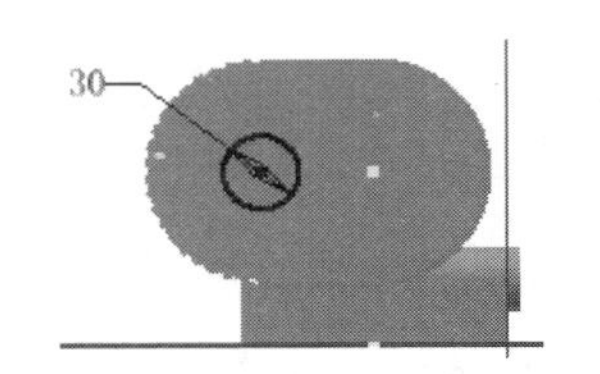

图 13.17 截面草图

Step9. 创建图 13.18 所示的面拔模特征 1。在 修改 ▾ 区域中单击 拔模 按钮；在“面拔模”对话框中将拔模类型设置为“固定平面”；在系统 选择平面或工作平面 的提示下，选取图 13.18a 所示的固定平面；在系统 选择拔模面 的提示下，选取图 13.18a 所示要拔模的面；在“面拔模”对话框 拔模斜度 文本框中输入数值 8；单击“面拔模”命令条中的 确定 按钮，完成面拔模特征 1 的创建。

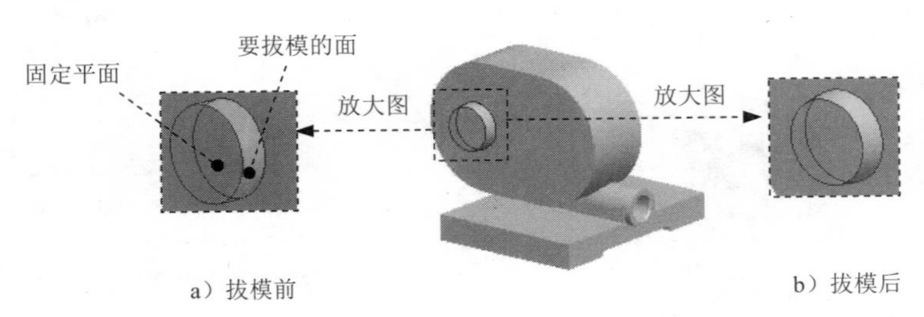

图 13.18　面拔模特征 1

Step10. 创建图 13.19 所示的倒圆特征 1。在 修改 ▾ 区域中单击按钮；在系统的提示下，选取图 13.19a 所示的模型边线为倒圆角的对象；在“倒圆角”小工具栏“半径 R”文本框中输入数值 3；单击“圆角”对话框中的 确定 按钮完成倒圆特征 1 的创建。

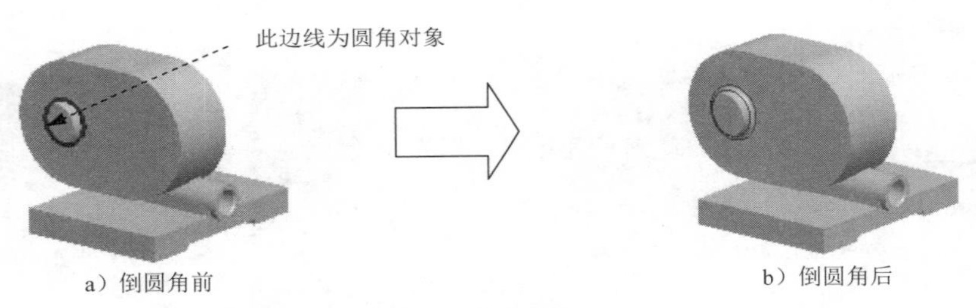

图 13.19　倒圆特征 1

Step11. 创建图 13.20 所示的倒圆特征 2。选取图 13.20a 所示的模型边线为倒圆角的对象，输入倒圆角半径值 2。

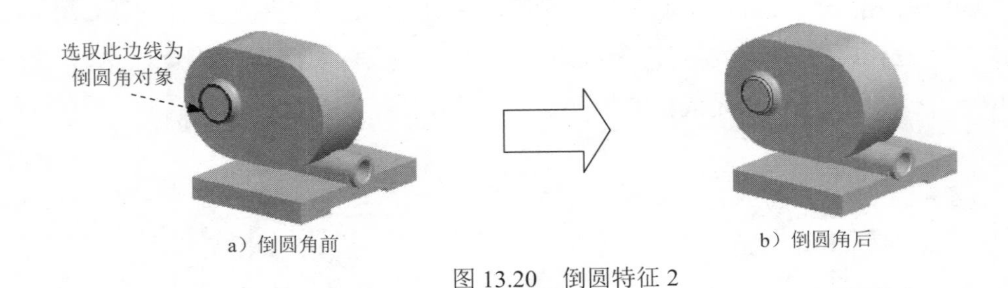

图 13.20　倒圆特征 2

Step12. 创建图 13.21 所示的拉伸特征 6。在 创建 ▾ 区域中单击按钮，系统弹出

“创建拉伸”对话框；单击“创建拉伸”对话框中的创建二维草图按钮，选取图 13.22 所示的模型表面作为草图平面，进入草绘环境，绘制图 13.23 所示的截面草图；单击 草图 选项卡 返回到三维 区域中的按钮，在“拉伸”对话框 范围 区域中的下拉列表中选择 距离 选项，在“距离”下拉列表中输入数值 9，将拉伸方向设置为“方向 1”类型；单击“拉伸”对话框中的 确定 按钮，完成拉伸特征 6 的创建。

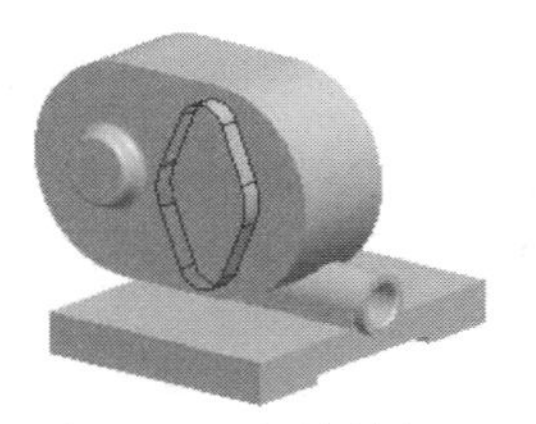
图 13.21 拉伸特征 6

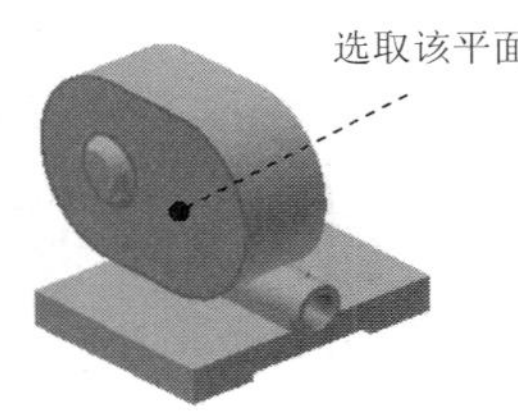

图 13.22 草图平面

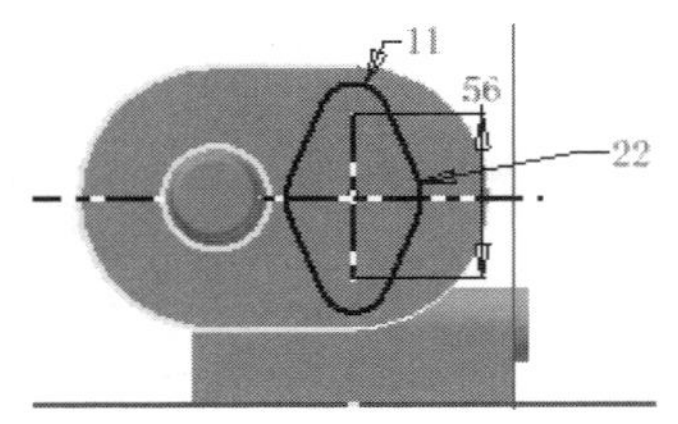

图 13.23 截面草图

Step13. 创建图 13.24 所示的面拔模特征 2。在 修改 区域中单击 拔模 按钮；在“面拔模”对话框中将拔模类型设置为“固定平面”；在系统 选择平面或工作平面 的提示下，选取图 13.24a 的固定平面；在系统 选择拔模面 的提示下，选取图 13.24a 所示要拔模的面；在“面拔模”对话框 拔模斜度 文本框中输入数值 8；单击“面拔模”命令条中的 确定 按钮，完成面拔模特征 2 的创建。

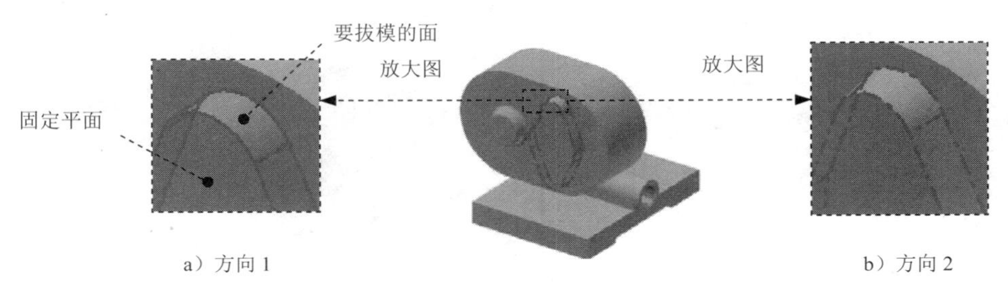

a）方向 1　　b）方向 2

图 13.24 面拔模特征 2

Step14. 创建图 13.25 所示的倒圆特征 3。选取图 13.25a 所示的模型边线为倒圆的对象，输入倒圆角半径值 2。

Step15. 创建图 13.26 所示的工作平面 2（注：具体参数和操作参见随书光盘）。

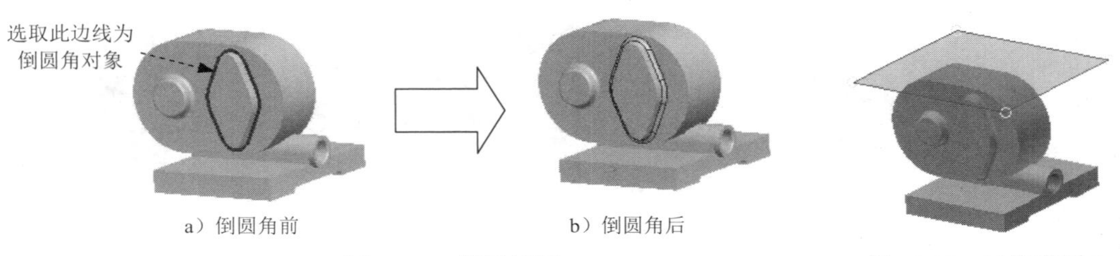

a）倒圆角前　　b）倒圆角后

图 13.25 倒圆特征 3　　图 13.26 工作平面 2

Step16. 创建图 13.27 所示的拉伸特征 7。在 创建 区域中单击按钮，系统弹出“创建拉伸”对话框；单击“创建拉伸”对话框中的 创建二维草图 按钮，选取图 13.27 所示的模型表面作为草图平面，进入草绘环境，绘制图 13.28 所示的截面草图；单击 草图 选项卡 返回到三维 区域中的 按钮，在“拉伸”对话框 范围 区域中的下拉列表中选择 到 选项，选取工作平面 2 为拉伸终止对象；单击“拉伸”对话框中的 确定 按钮，完成拉伸特征 7 的创建。

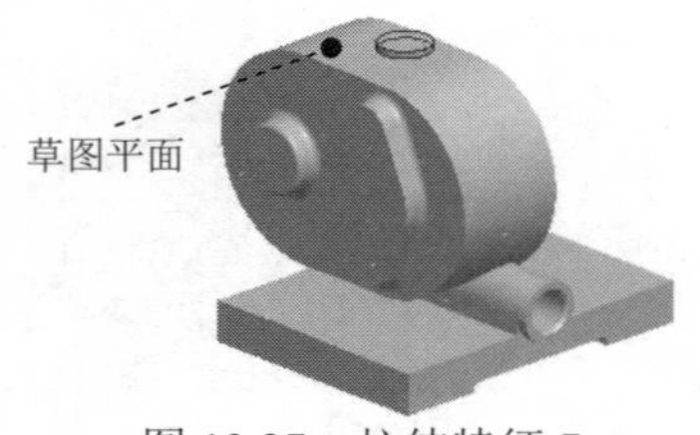

图 13.27　拉伸特征 7

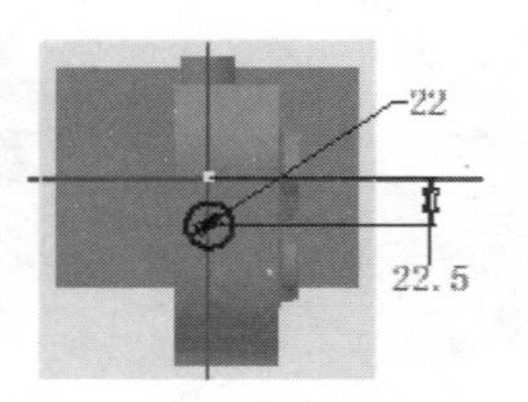

图 13.28　截面草图

Step17. 创建图 13.29 所示的面拔模特征 3。在 修改 ▾ 区域中单击 拔模 按钮；在“面拔模”对话框中将拔模类型设置为“固定平面”；在系统 选择平面或工作平面 的提示下，选取图 13.29a 所示的固定平面；在系统 选择拔模面 的提示下，选取图 13.29a 所示要拔模的面；在“面拔模”对话框 拔模斜度 文本框中输入数值 8；单击“面拔模”命令条中的 确定 按钮，完成面拔模特征 3 的创建。

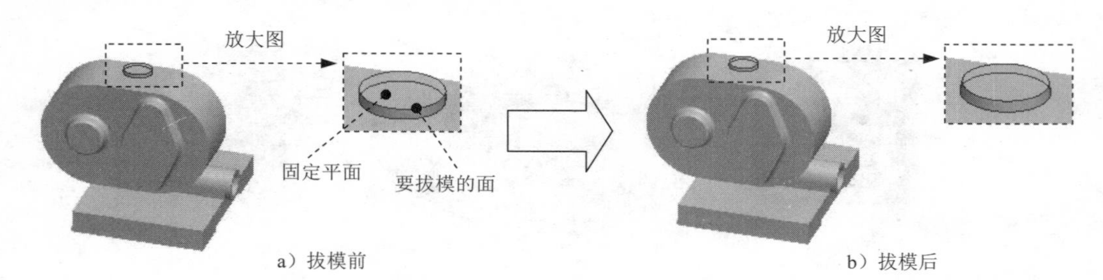

a）拔模前　　b）拔模后

图 13.29　面拔模特征 3

Step18. 创建图 13.30 所示的倒圆特征 4。选取图 13.30a 所示的模型边线为倒圆的对象，输入倒圆角半径值 2.5。

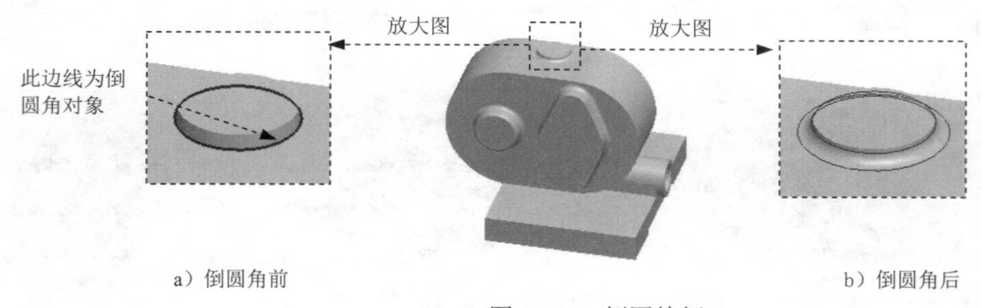

a）倒圆角前　　b）倒圆角后

图 13.30　倒圆特征 4

Step19. 创建图 13.31 所示的拉伸特征 8。在 创建 ▾ 区域中单击 按钮，系统弹出“创建拉伸”对话框；单击“创建拉伸”对话框中的 创建二维草图 按钮，选取图 13.32 所示的模型表面作为草图平面，进入草绘环境，绘制图 13.33 所示的截面草图，单击 按钮；再次单击 创建 区域中 按钮，然后将布尔运算设置为“求差”类型 ，在 范围 区域中的下拉列表中选择 距离 选项，在“距离”下拉列表中输入数值 33，将拉伸类型设置为“方向 2”类型 ；单击“拉伸”对话框中的 确定 按钮，完成拉伸特征 8 的创建。

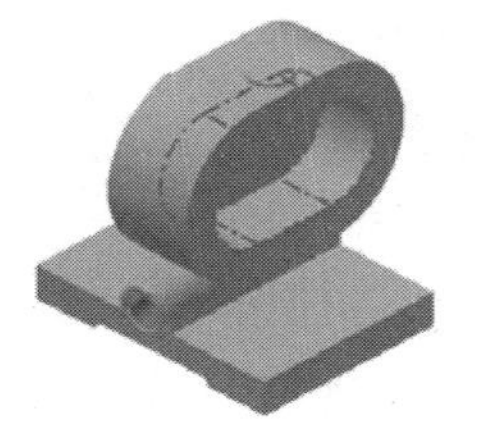
图 13.31 拉伸特征 8

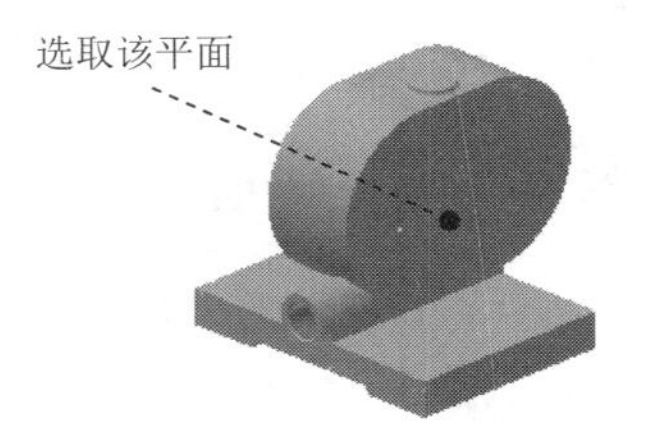

图 13.32 草图平面

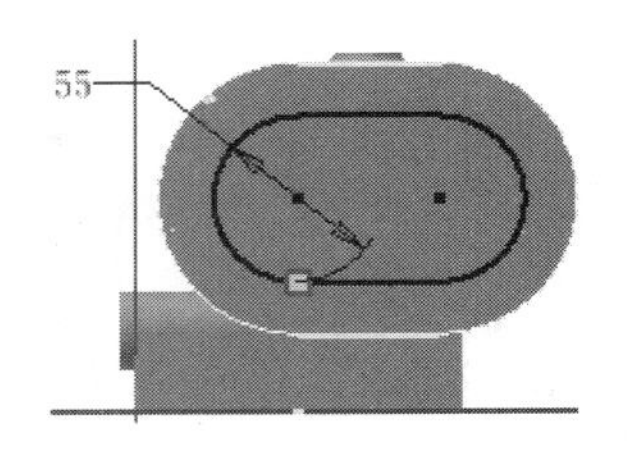

图 13.33 截面草图

Step20. 创建图 13.34 所示的拉伸特征 9。在 创建 区域中单击 按钮，系统弹出“创建拉伸”对话框；单击“创建拉伸”对话框中的 创建二维草图 按钮，选取图 13.35 所示的模型表面作为草图平面，进入草绘环境，绘制图 13.36 所示的截面草图，单击 按钮；再次单击 创建 区域中 按钮，然后将布尔运算设置为“求差”类型 ，在 范围 区域中的下拉列表中选择 距离 选项，在“距离”下拉列表中输入数值 33，将拉伸类型设置为“方向 2”类型 ；单击“拉伸”对话框中的 确定 按钮，完成拉伸特征 9 的创建。

图 13.34 拉伸特征 9

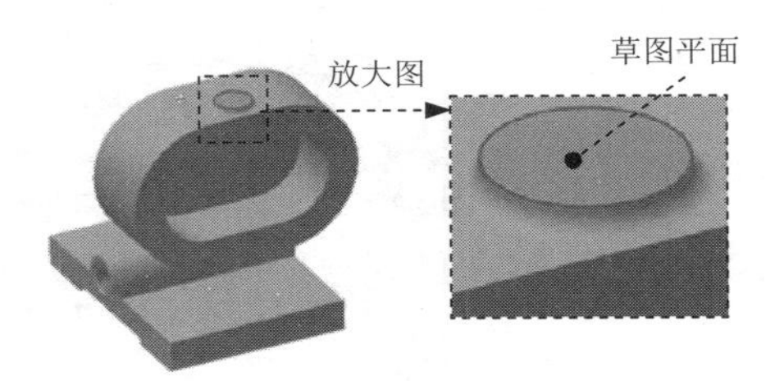

图 13.35 草图平面

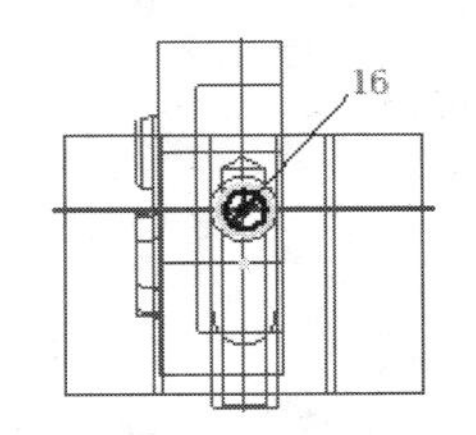

图 13.36 截面草图

Step21. 创建图 13.37 所示的螺纹 1。在 修改 区域中单击 螺纹 按钮；在“螺纹”对话框中选中 ☑ 全螺纹 复选框；选取图 13.38 所示孔的螺纹放置面；单击“螺纹”对话框中的 确定 按钮，完成螺纹 1 的创建。

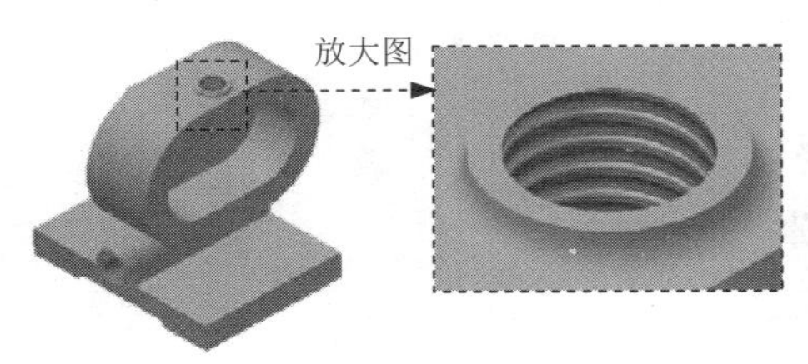

图 13.37 螺纹 1

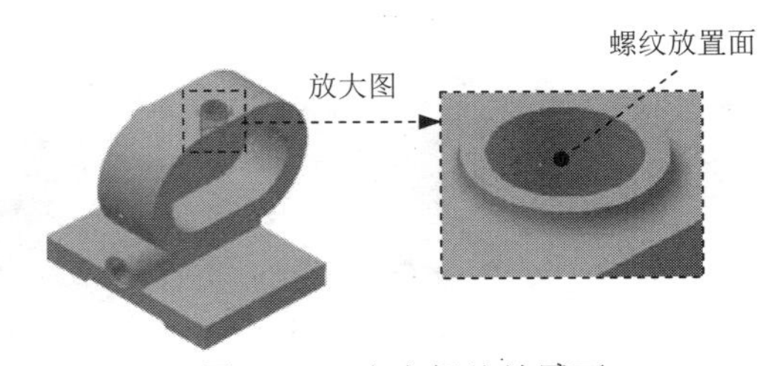

图 13.38 定义螺纹放置面

Step22. 创建图 13.39 所示的倒角特征 2。选取图 13.39a 所示的边线为倒角的对象；输入倒角值 1.0。

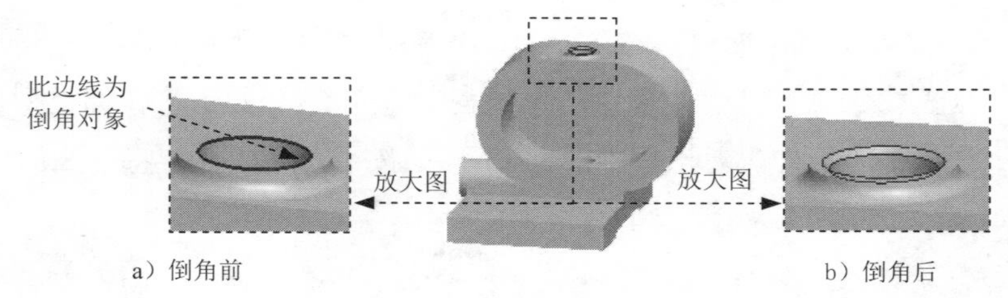

图 13.39　倒角特征 2

Step23. 创建图 13.40 所示的孔 2。在 修改▼ 区域中单击“孔”按钮；在“孔”对话框 放置 区域的下拉列表中选择 同心，然后依次选取图 13.41 所示的放置面及图 13.42 所示的边为放置的参考；在“孔”对话框中确认“直孔”与“简单孔”被选中；在“孔”对话框 终止方式 区域的下拉列表中选择 距离 选项；在“孔”对话框孔预览图像区域输入孔的直径值为 16，深度值为 15；单击“孔”对话框中的 确定 按钮，完成孔 2 的创建。

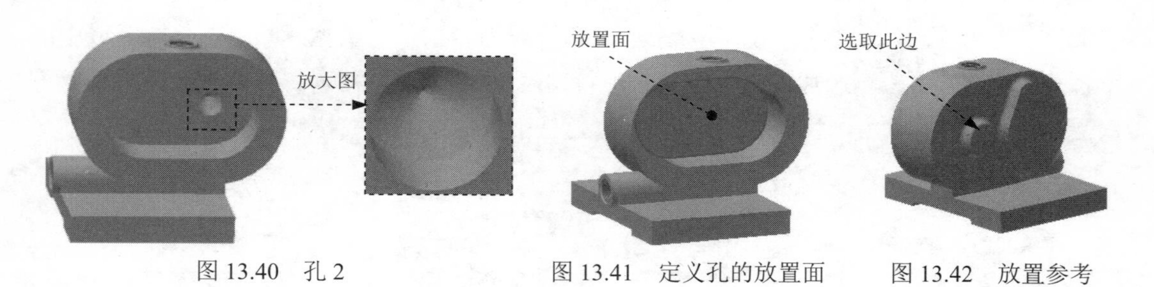

图 13.40　孔 2　　图 13.41　定义孔的放置面　　图 13.42　放置参考

Step24. 创建图 13.43 所示的孔 3。在 修改▼ 区域中单击“孔”按钮；在“孔”对话框 放置 区域的下拉列表中选择 同心，然后依次选取图 13.44 所示的孔的放置面及图 13.45 所示的边为放置的参考；在“孔”对话框中确认“直孔”与“简单孔”被选中；在“孔”对话框 终止方式 区域的下拉列表中选择 距离 选项；在“孔”对话框孔预览图像区域输入孔的直径值为 30，深度值为 14；单击“孔”对话框中的 确定 按钮，完成孔 3 的创建。

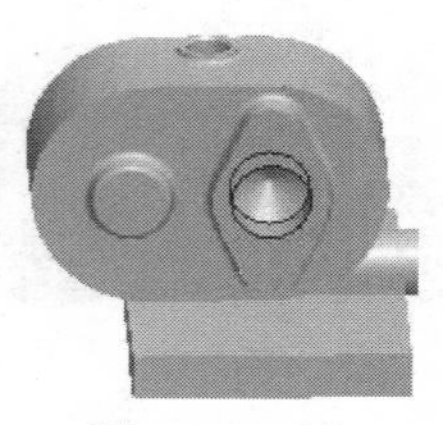

图 13.43　孔 3

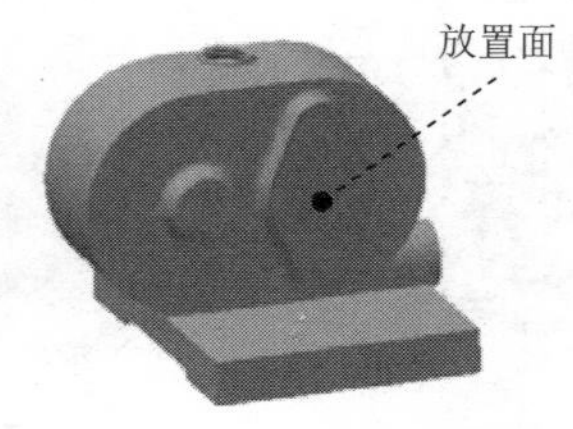

图 13.44　定义孔的放置面

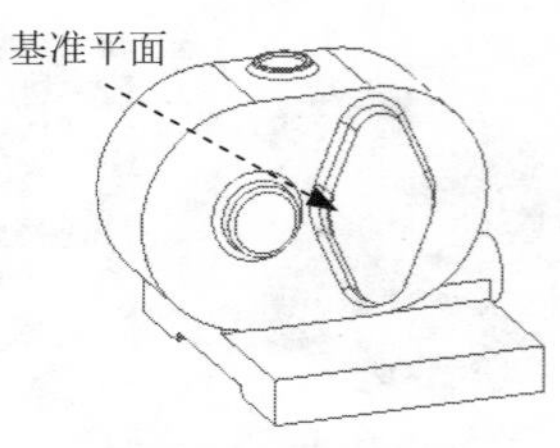

图 13.45　放置参考

Step25. 后面的详细操作过程请参见随书光盘中 video\ch13\reference\文件下的语音视频讲解文件 PUMP_BODY-r02.exe。

实例 14 泵 箱

实例概述

该零件在设计过程中充分利用了孔、阵列和镜像等命令，在进行截面草图绘制的过程中，要注意草绘平面。零件模型及浏览器如图 14.1 所示。

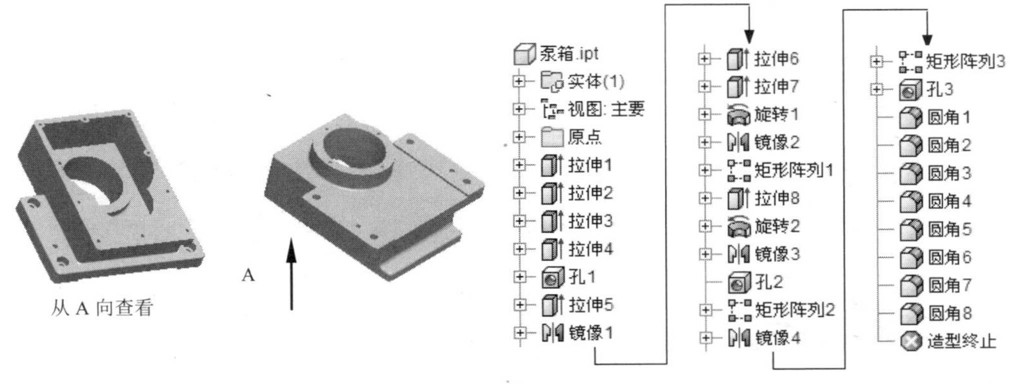

图 14.1 零件模型及浏览器

说明：本例前面的详细操作过程请参见随书光盘中 video\ch14\reference\文件下的语音视频讲解文件-泵箱-r01.exe。

Step1. 打开文件 D:\inv15.3\work\ch14\泵箱_ex.ipt。

Step2. 创建图 14.2 所示的拉伸特征 2。在 创建 ▾ 区域中单击 按钮，选取图 14.3 所示的模型表面（不是与 XZ 基准平面重合的面）作为草图平面，绘制图 14.4 所示的截面草图，在“拉伸”对话框将布尔运算设置为“求差”类型 ，然后在 范围 区域中的下拉列表中选择 距离 选项，在“距离”下拉列表中输入数值 90，将拉伸方向设置为“方向 2”类型 。单击“拉伸”对话框中的 确定 按钮，完成拉伸特征 2 的创建。

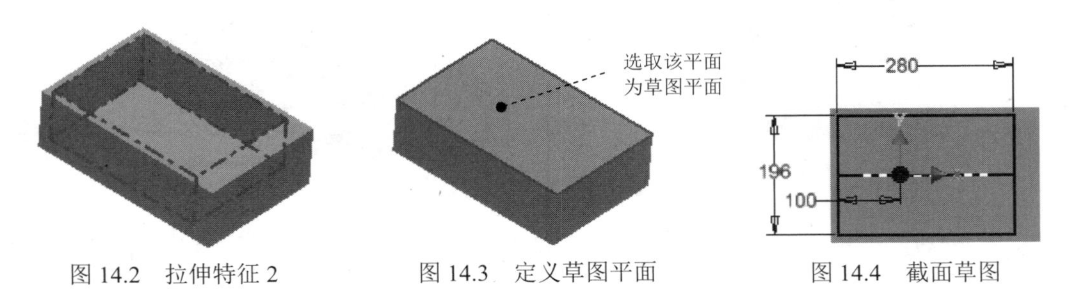

图 14.2 拉伸特征 2　　图 14.3 定义草图平面　　图 14.4 截面草图

Step3. 创建图 14.5 所示的拉伸特征 3。在 创建 ▾ 区域中单击 按钮，选取 XY 平面作为草图平面，绘制图 14.6 所示的截面草图，在“拉伸”对话框将布尔运算设置为“求差”类型 ，然后在 范围 区域中的下拉列表中选择 贯通 选项，将拉伸方向设置为“对称”类型 ，单击“拉伸”对话框中的 确定 按钮，完成拉伸特征 3 的创建。

图 14.5　拉伸特征 3

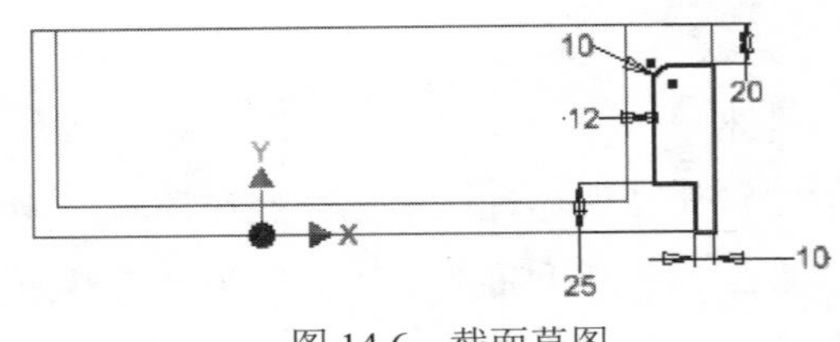

图 14.6　截面草图

Step4. 创建图 14.7 所示的拉伸特征 4。在 创建 ▾ 区域中单击 按钮，选取图 14.8 所示的模型表面作为草图平面，绘制图 14.9 所示的截面草图，在“拉伸”对话框 范围 区域中的下拉列表中选择 距离 选项，在“距离”下拉列表中输入数值 30，并将拉伸方向设置为“方向 2”类型 ，单击“拉伸”对话框中的 确定 按钮，完成拉伸特征 4 的创建。

图 14.7　拉伸特征 4

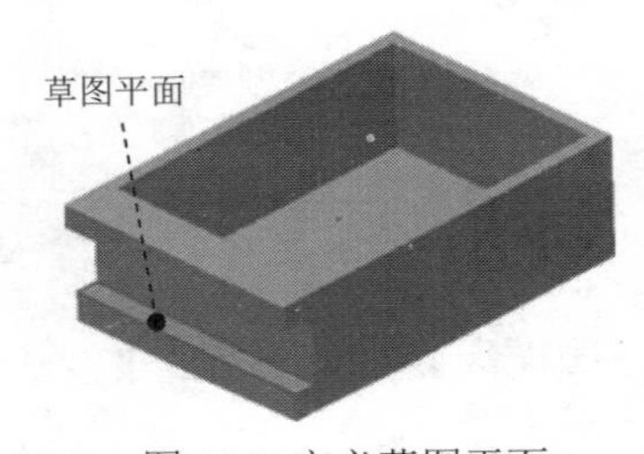

图 14.8 定义草图平面

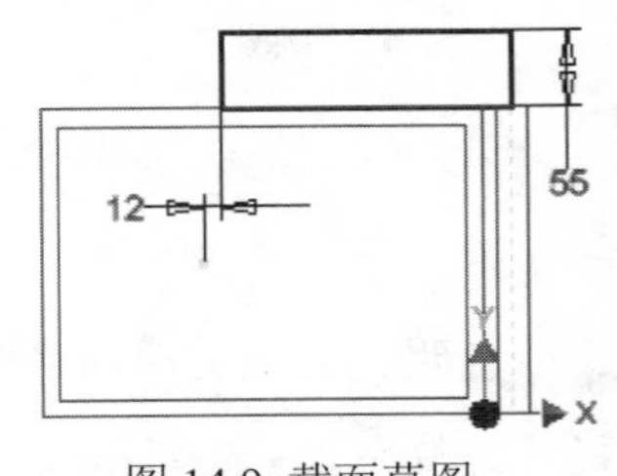

图 14.9 截面草图

Step5. 创建图 14.10 所示的草图。在 三维模型 选项卡 草图 区域单击 按钮，然后选择图 14.11 所示的模型表面为草图平面，系统进入草绘环境；绘制图 14.10 所示的草图，单击 按钮，退出草绘环境。

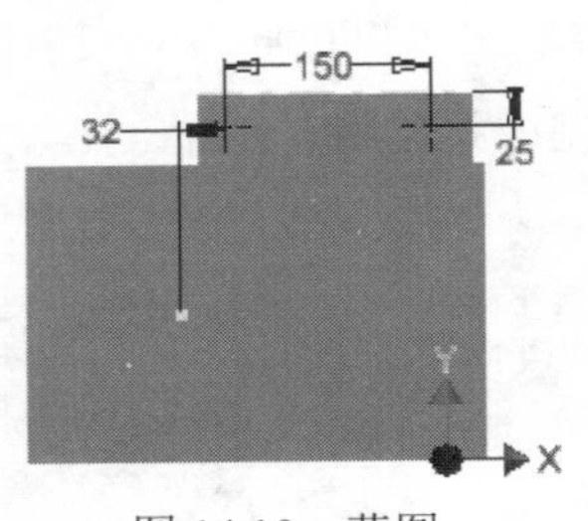

图 14.10　草图

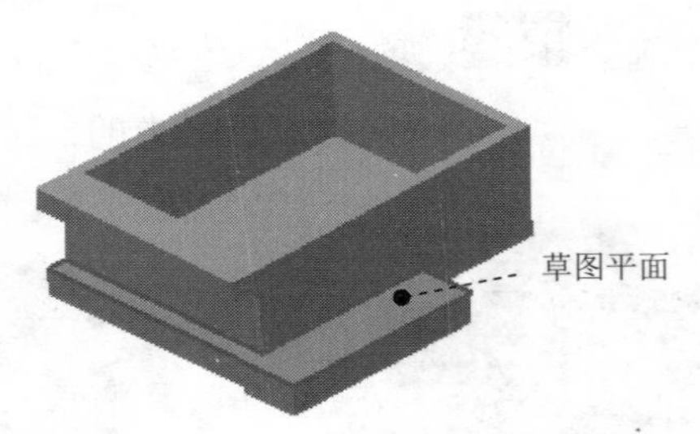

图 14.11　定义草图平面

Step6. 创建图 14.12 所示的孔 1。在 修改 ▾ 区域中单击“孔”按钮 ；在“孔”对话框 放置 区域的下拉列表中选择 从草图 选项；在“孔”对话框中确认“沉头孔” 与“简单孔” 被选中；在“孔”对话框 终止方式 区域的下拉列表中选择 贯通 选项；在“孔”对话框孔预览图像区域输入图 14.13 所示的参数；单击“孔”对话框中的 确定 按钮，完成孔 1 的创建。

Step7. 创建图 14.14 所示的拉伸特征 5。在 创建 区域中单击按钮，选取图 14.15 所示的模型表面作为草图平面，绘制图 14.16 所示的截面草图，在“拉伸”对话框将布尔运算设置为“求差”类型，然后在 范围 区域中的下拉列表中选择 贯通 选项，将拉伸方向设置为“方向 2”类型；单击“拉伸”对话框中的 确定 按钮，完成拉伸特征 5 的创建。

图 14.12　孔 1

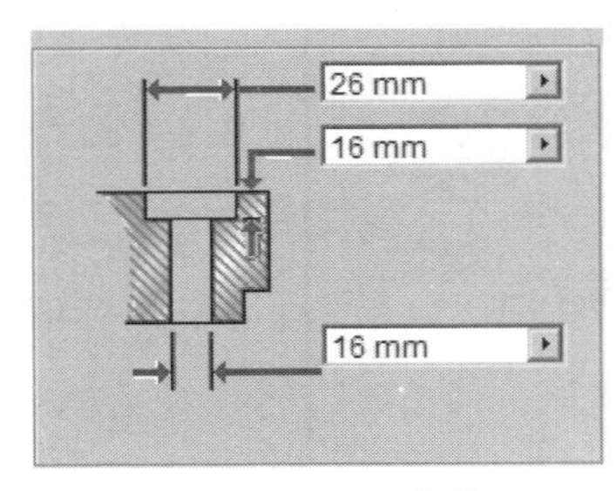

图 14.13　定义孔参数

图 14.14　拉伸特征 5

Step8. 创建图 14.17 所示的镜像 1。在 阵列 区域中单击“镜像”按钮；在图形区中选取要镜像复制的“拉伸 4”、“孔 1”、“拉伸 5”特征；单击“镜像”对话框中的 镜像平面 按钮，然后选取 XY 平面作为镜像中心平面；单击“镜像”对话框中的 确定 按钮，完成镜像 1 的操作。

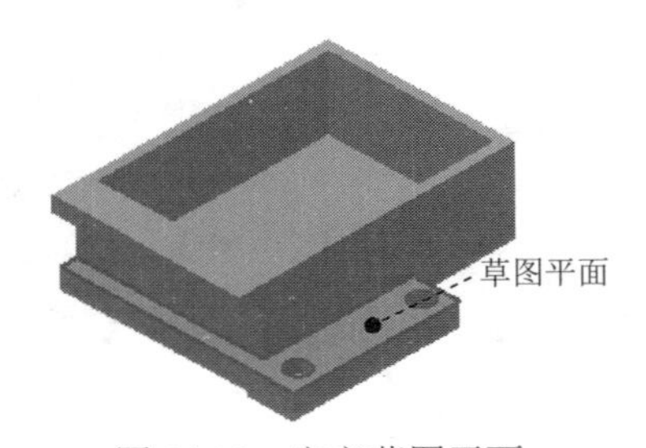

图 14.15　定义草图平面

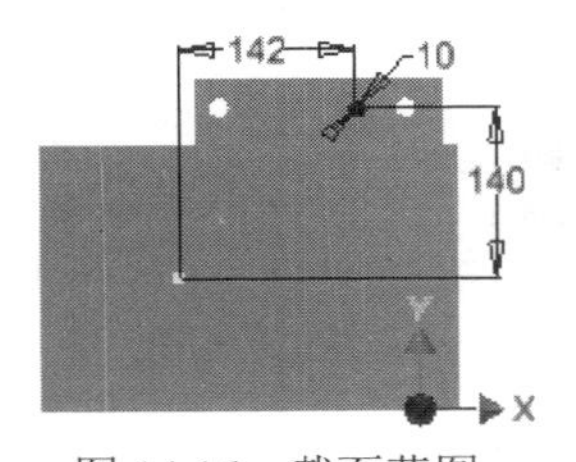

图 14.16　截面草图

图 14.17 镜像 1

Step9. 创建图 14.18 所示的拉伸特征 6。在 创建 区域中单击按钮，选取图 14.19 所示的模型表面作为草图平面，绘制图 14.20 所示的截面草图，在“拉伸”对话框中将拉伸方向设置为“不对称”类型，在 范围 区域中的下拉列表中选择 距离 选项，在“距离”下拉列表中输入分别输入数值 18、55，单击“拉伸”对话框中的 确定 按钮，完成拉伸特征 6 的创建。

图 14.18　拉伸特征 6

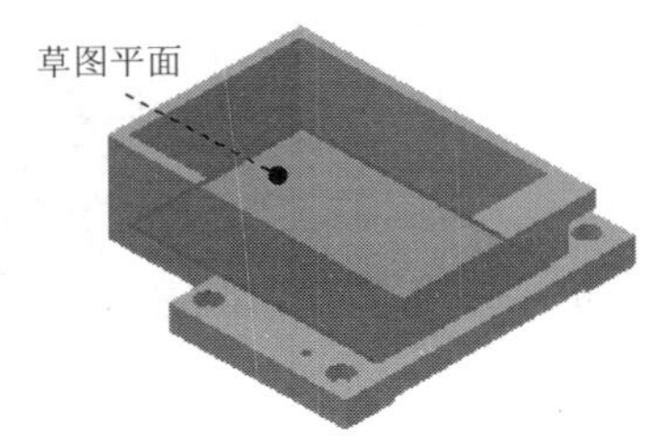

图 14.19　定义草图平面

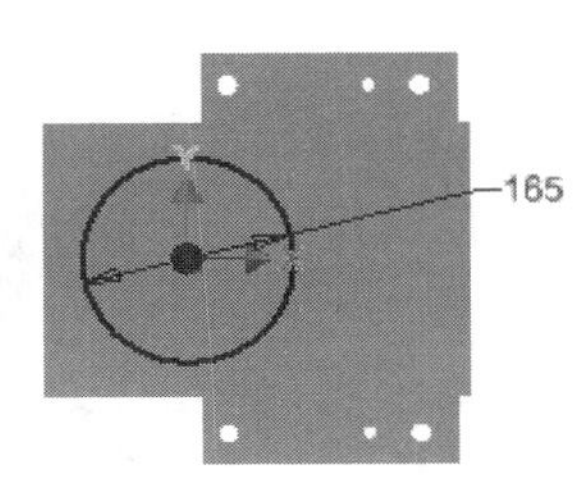

图 14.20　截面草图

Step10. 创建图 14.21 所示的拉伸特征 7。在 创建 ▼ 区域中单击 按钮，选取图 14.19 所示的模型表面作为草图平面，绘制图 14.22 所示的截面草图，在“拉伸”对话框将布尔运算设置为“求差”类型 ，然后在 范围 区域中的下拉列表中选择 贯通 选项，将拉伸方向设置为“对称”类型 ；单击“拉伸”对话框中的 确定 按钮，完成拉伸特征 7 的创建。

Step11. 创建图 14.23 所示的旋转特征 1。在 创建 ▼ 区域中单击 按钮，系统弹出“创建旋转”对话框；单击“创建旋转”对话框中的 创建二维草图 按钮，选取图 14.24 所示的模型表面为草图平面，进入草绘环境，绘制图 14.25 所示的截面草图；单击 草图 选项卡 返回到三维 区域中的 按钮，然后在“旋转”对话框中选取图 14.25 所示的旋转轴，在 范围 区域的下拉列表中选中 全部 选项；单击“旋转”对话框中的 确定 按钮，完成旋转特征 1 的创建。

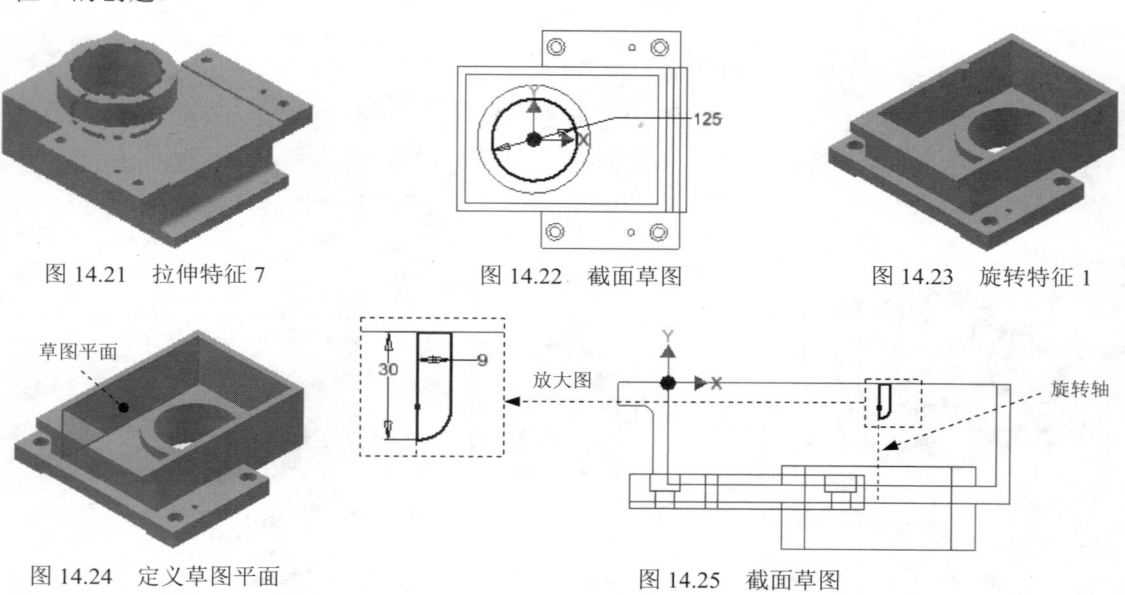

图 14.21 拉伸特征 7　　图 14.22 截面草图　　图 14.23 旋转特征 1

图 14.24 定义草图平面　　图 14.25 截面草图

Step12. 创建图 14.26 所示的镜像 2。在 阵列 区域中单击“镜像”按钮 ；在图形区中选取要镜像复制的“旋转 1”特征；单击“镜像”对话框中的 镜像平面 按钮，然后选取 XY 平面作为镜像中心平面；单击“镜像”对话框中的 确定 按钮，完成镜像 2 的操作。

Step13. 创建图 14.27 所示的矩形阵列 1。在 阵列 区域中单击 按钮，系统弹出“矩形阵列”对话框；在图形区中选取旋转特征 1 与镜像 2（或在浏览器中选择“旋转 1”与“镜像 2”特征）；在“矩形阵列”对话框中单击 方向 1 区域中的 按钮，然后选取图 14.28 所示的边线 1 为方向 1 的参考边线，阵列方向可参考图 14.28 所示，在 方向 1 区域的 文本框中输入数值 2；在 文本框中输入数值 100；单击 确定 按钮，完成矩形阵列 1 的创建。

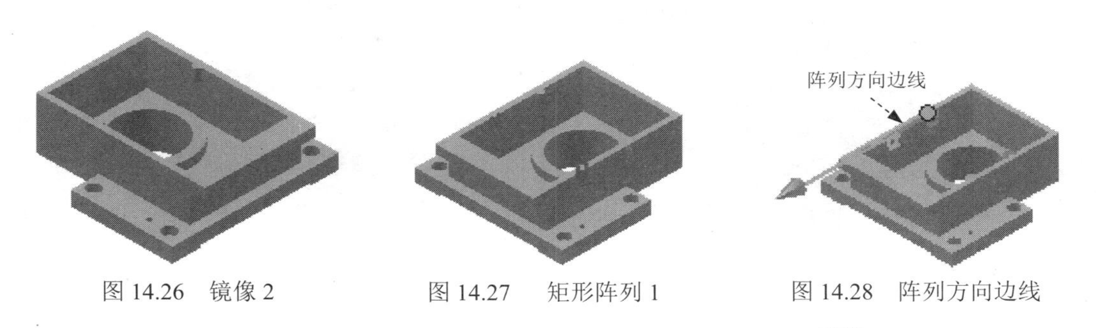

图 14.26　镜像 2　　图 14.27　矩形阵列 1　　图 14.28　阵列方向边线

Step14. 创建图 14.29 所示的拉伸特征 8。在 创建 ▼ 区域中单击按钮，选取图 14.30 所示的模型表面作为草图平面，绘制图 14.31 所示的截面草图，在“拉伸”对话框将布尔运算设置为“求和”类型，在 范围 区域中的下拉列表中选择 距离 选项，在“距离”下拉列表中输入数值 15，并将拉伸方向设置为“方向 2”类型，单击“拉伸”对话框中的 确定 按钮，完成拉伸特征 8 的创建。

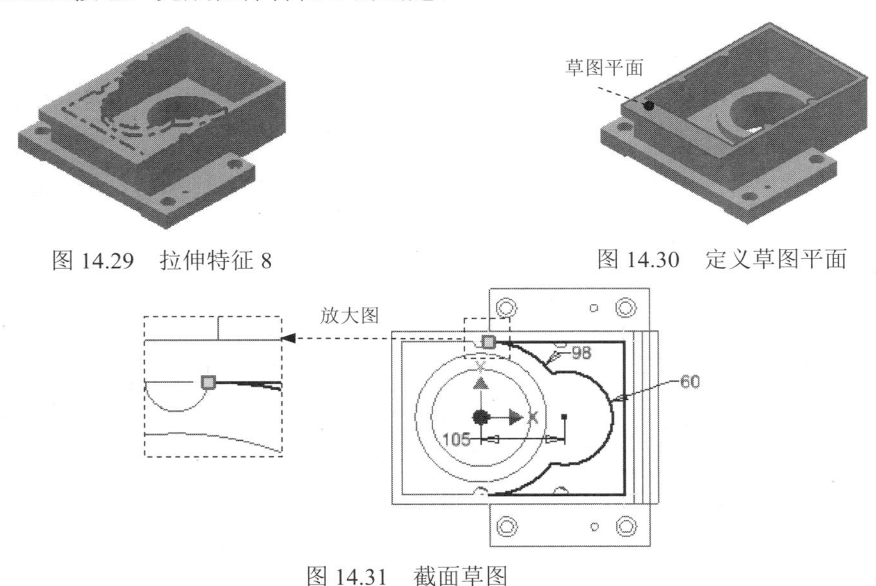

图 14.29　拉伸特征 8　　图 14.30　定义草图平面

图 14.31　截面草图

Step15. 创建图 14.32 所示的旋转特征 2。在 创建 ▼ 区域中选择命令，选取图 14.33 所示的模型表面为草图平面，绘制图 14.34 所示的截面草图；在“旋转”对话框 范围 区域的下拉列表中选中 全部 选项；单击“旋转”对话框中的 确定 按钮，完成旋转特征 2 的创建。

Step16. 创建图 14.35 所示的镜像 3。在 阵列 区域中单击“镜像”按钮，选取“旋转 2”为要镜像的特征，然后选取 XY 平面作为镜像中心平面，单击“镜像”对话框中的 确定 按钮，完成镜像 3 的操作。

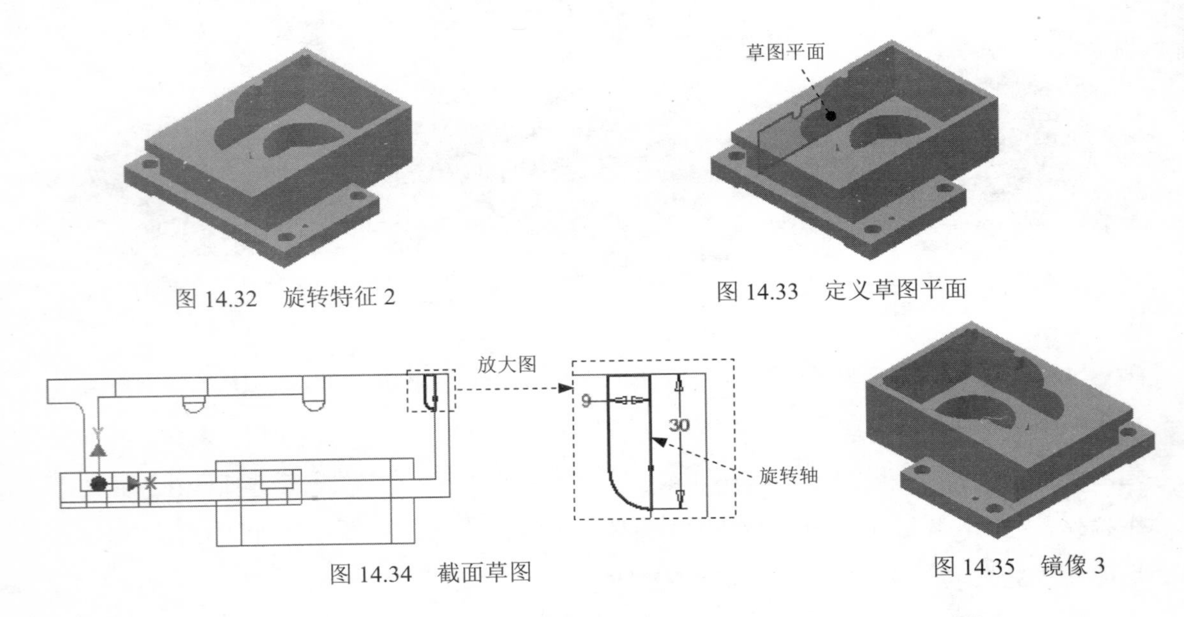

图 14.32　旋转特征 2

图 14.33　定义草图平面

图 14.34　截面草图

图 14.35　镜像 3

Step17. 创建图 14.36 所示的孔 2。在 修改 ▾ 区域中单击“孔”按钮；在“孔”对话框 放置 区域的下拉列表中选择 同心 选项，在系统的提示下选取图 14.37 所示的模型表面为孔 2 的放置面，选取图 14.38 所示的边线为放置的参考；在“孔”对话框中确认“直孔”与“简单孔”被选中；在“孔”对话框 终止方式 区域的下拉列表中选择 距离 选项；在“孔”对话框孔预览图像区域输入图 14.39 所示的参数；单击“孔”对话框中的 确定 按钮，完成孔 2 的创建。

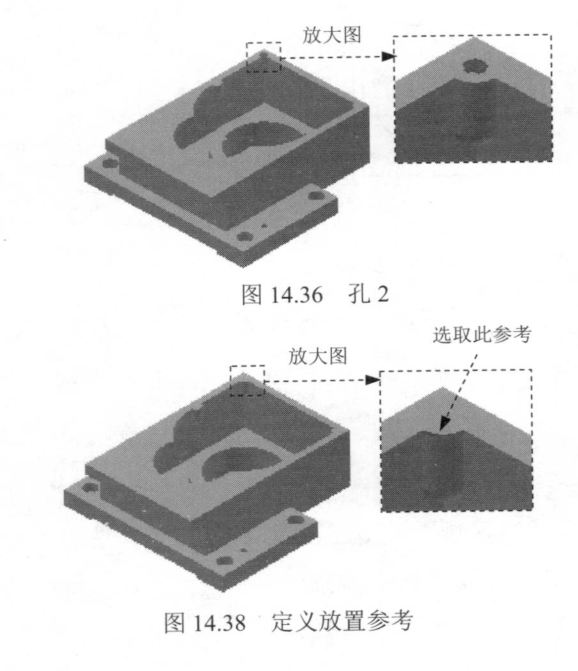

图 14.36　孔 2

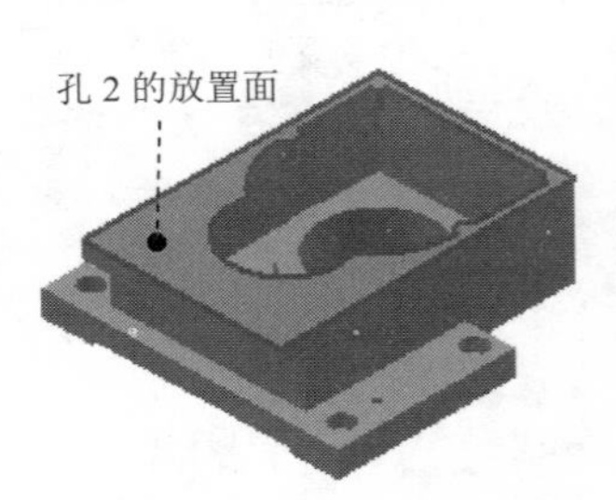

图 14.37　定义孔的放置面

图 14.38　定义放置参考

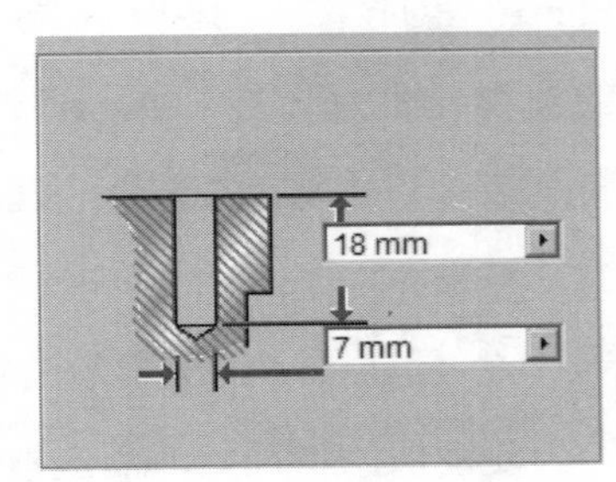

图 14.39　定义孔参数

Step18. 创建图 14.40 所示的矩形阵列 2。在 阵列 区域中单击 按钮，选取孔特征 2 作为要阵列的特征，选取图 14.41 所示的边线 1 为方向 1 的参考边线，阵列方向可参考图 14.41 所示；在 方向 1 区域的 文本框中输入数值 4；在 文本框中输入数值 100；单击 确定 按钮，完成矩形阵列 2 的创建。

Step19. 创建图 14.42 所示的镜像 4。在 阵列 区域中单击“镜像”按钮 ，选取“孔 2”与“矩形阵列 2”为要镜像的特征，然后选取 XY 平面作为镜像中心平面，单击“镜像”对话框中的 确定 按钮，完成镜像 4 的操作。

图 14.40 矩形阵列 2

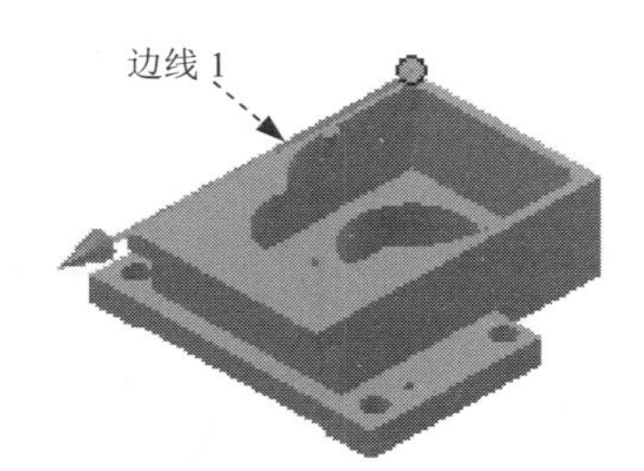

图 14.41 定义阵列参考边线

图 14.42 镜像 4

Step20. 创建图 14.43 所示的矩形阵列 3。在 阵列 区域中单击 按钮，选取“旋转 2”与“孔 2”作为要阵列的特征，选取图 14.44 所示的边线 1 为方向 1 的参考边线，阵列方向可参考图 14.44 所示；在 方向 1 区域的 文本框中输入数值 2；在 文本框中输入数值 96。单击 确定 按钮，完成矩形阵列 3 的创建。

Step21. 创建图 14.45 所示的草图。在 三维模型 选项卡 草图 区域单击 按钮，然后选择图 14.46 所示的模型表面为草图平面，系统进入草绘环境；绘制图 14.45 所示的草图(草图中包含 4 个点)，单击 按钮，退出草绘环境。

图 14.43 矩形阵列 3

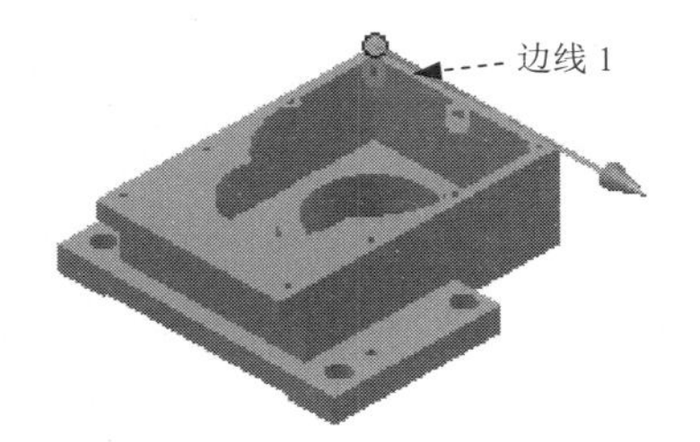

图 14.44 定义参考边线

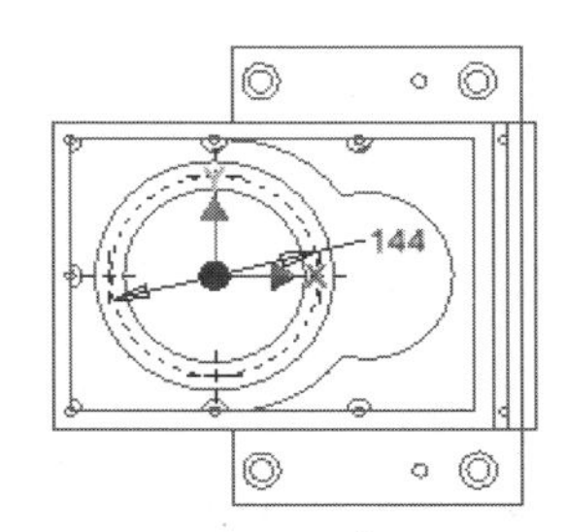

图 14.45 草图

Step22. 创建图 14.47 所示的孔 3。在 修改 ▼ 区域中单击“孔”按钮 ；在“孔”对话框 放置 区域的下拉列表中选择 从草图 选项；在“孔”对话框中确认“沉头孔”按钮 与“简单孔”按钮 被选中；在“孔”对话框 终止方式 区域的下拉列表中选择 距离 选项；在“孔”对话框孔预览图像区域输入图 14.48 所示的参数；单击“孔”对话框中的 确定 按钮，完成孔 3 的创建。

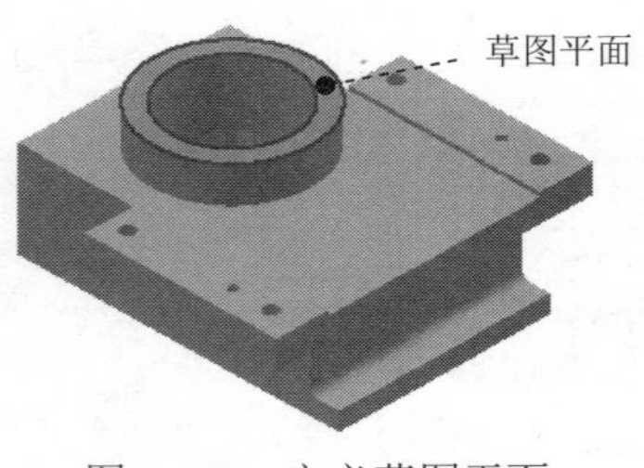

图 14.46　定义草图平面

图 14.47　孔 3

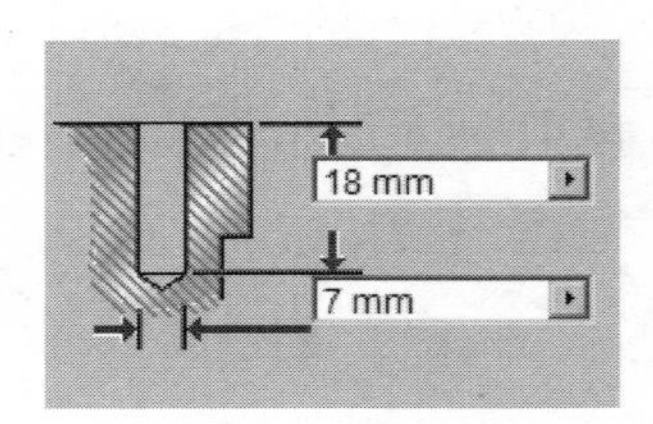

图 14.48　定义孔参数

Step23. 后面的详细操作过程请参见随书光盘中 video\ch14\reference\文件下的语音视频讲解文件-泵箱-r02.exe。

实例15 箱 壳

实例概述

本实例介绍了箱壳的设计过程。此例是对前面几个实例以及相关命令的总结性练习，模型本身是一个很简单的机械零件，但通过练习本例，读者可以熟练掌握拉伸特征、孔特征、倒圆特征及扫掠特征的应用。零件模型及浏览器如图 15.1 所示。

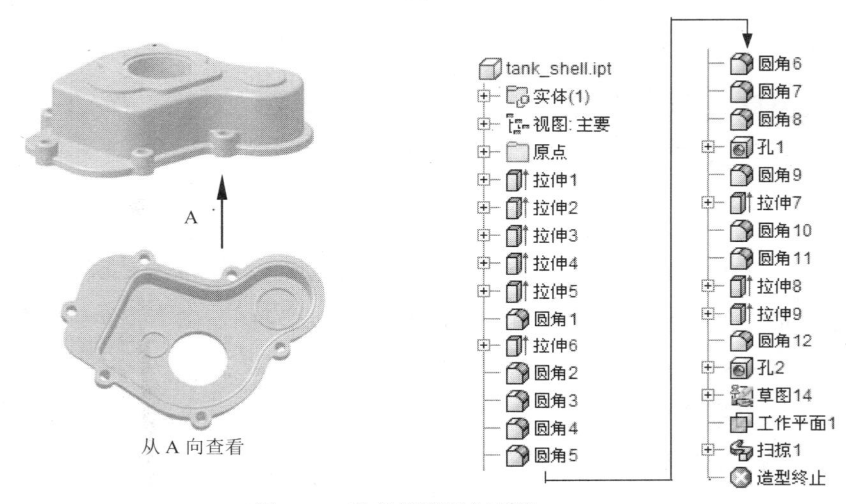

图 15.1 零件模型及浏览器

说明：本例前面的详细操作过程请参见随书光盘中 video\ch15\reference\文件下的语音视频讲解文件 tank_shell-r01.exe。

Step1. 打开文件 D:\inv15.3\work\ch15\ tank_shell_ex.ipt。

Step2. 创建图 15.2 所示的拉伸特征 3。在 创建 ▾ 区域中单击 按钮，选取 XZ 平面作为草图平面，绘制图 15.3 所示的截面草图，在“拉伸”对话框将布尔运算设置为“求差”类型 ，然后在 范围 区域中的下拉列表中选择 距离 选项，在“距离”下拉列表中输入数值 110，将拉伸方向设置为“方向 1”类型 ；单击“拉伸”对话框中的 确定 按钮，完成拉伸特征 3 的创建。

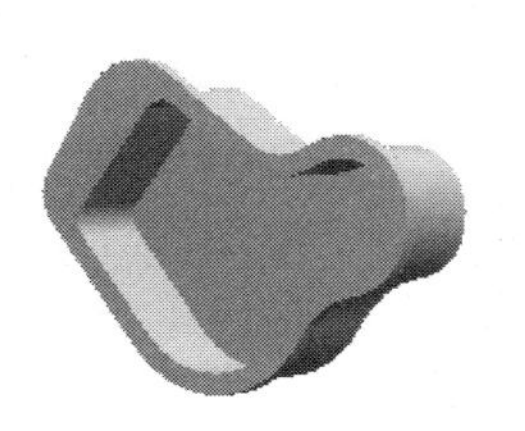

图 15.2 拉伸特征 3

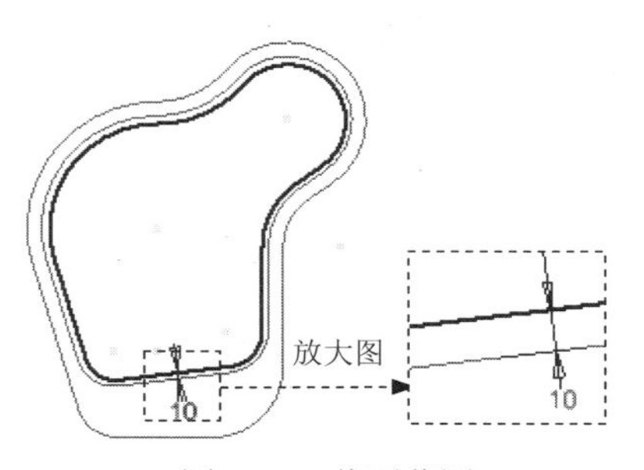

图 15.3 截面草图

Step3. 创建图 15.4 所示的拉伸特征 4。在 创建 ▾ 区域中单击 按钮，选取 XZ 平面作为草图平面，绘制图 15.5 所示的截面草图，在“拉伸”对话框选取图 15.5 所示的六个封闭的圆作为截面草图，然后将布尔运算设置为“求和”类型 ，在 范围 区域中的下拉列表中选择 距离 选项，在“距离”下拉列表中输入数值 50，将拉伸方向设置为“方向 1”类型 ；单击“拉伸”对话框中的 确定 按钮，完成拉伸特征 4 的创建。

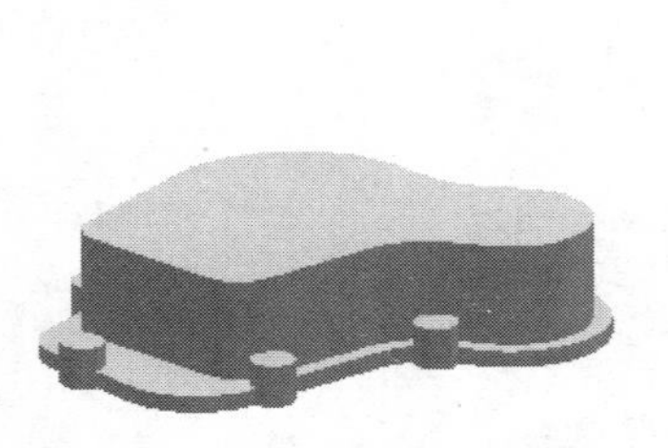

图 15.4　拉伸特征 4

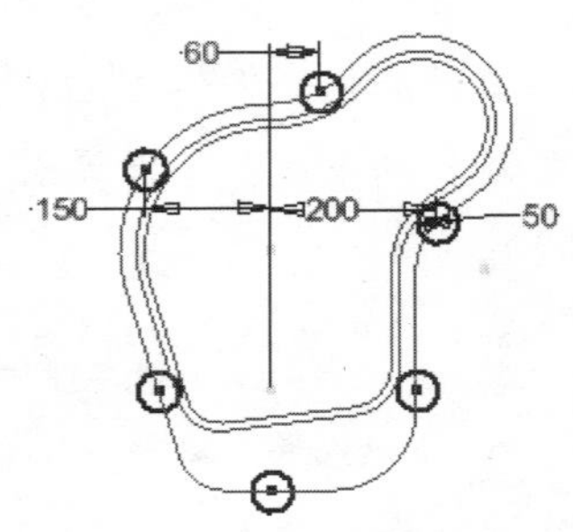

图 15.5　截面草图

Step4. 创建图 15.6 所示的拉伸特征 5。在 创建 ▾ 区域中单击 按钮，选取图 15.7 所示的模型表面作为草图平面，绘制图 15.8 所示的截面草图，在“拉伸”对话框中将布尔运算设置为“求和”类型 ，然后在 范围 区域中的下拉列表中选择 距离 选项，在“距离”下拉列表中输入数值 10，将拉伸方向设置为“方向 1”类型 ；单击“拉伸”对话框中的 确定 按钮，完成拉伸特征 5 的创建。

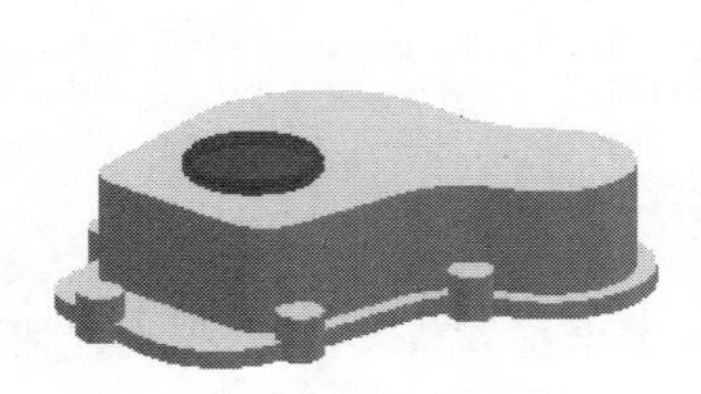

图 15.6　拉伸特征 5

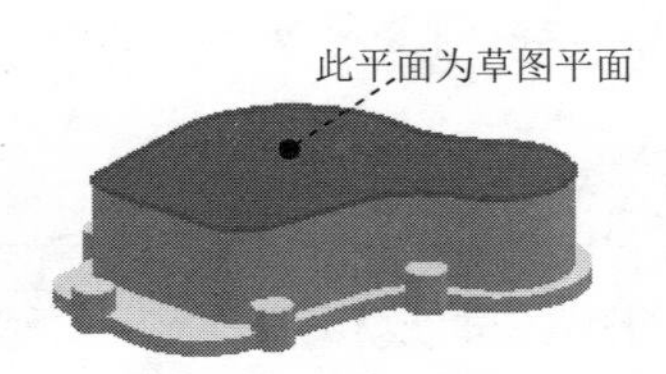

图 15.7　定义草图平面

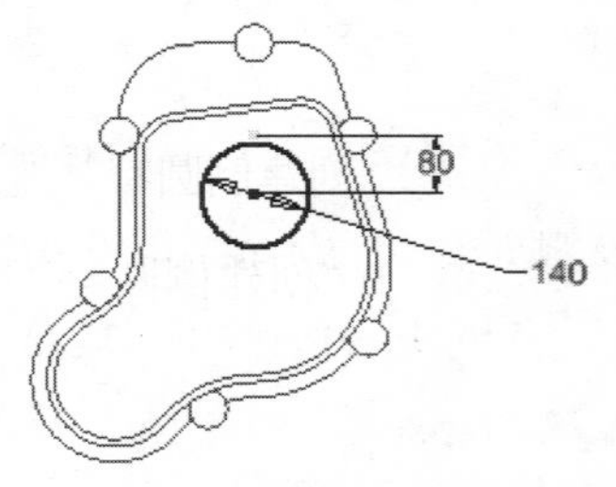

图 15.8　截面草图

Step5. 创建图 15.9 所示的倒圆特征 1。选取图 15.9a 所示的模型边线为倒圆的对象，输入倒圆角半径值 10.0。

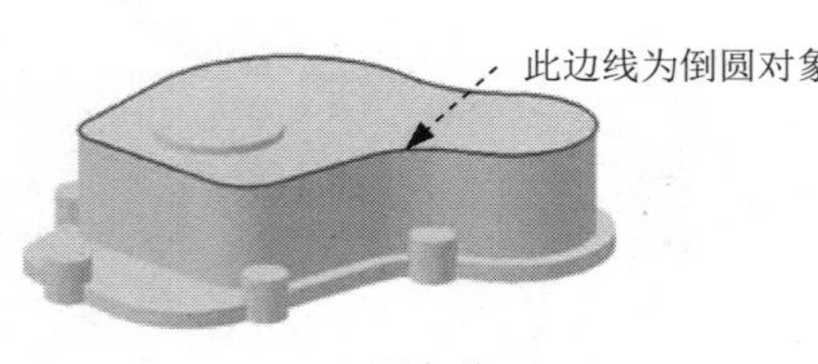

a）圆角前

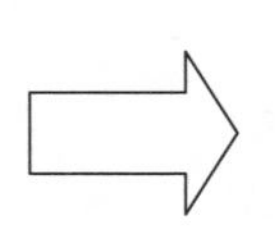

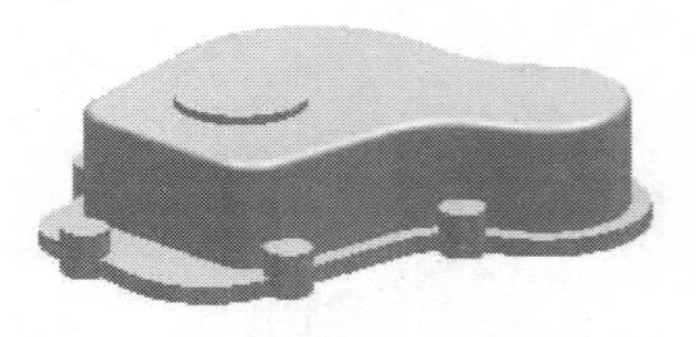

b）圆角后

图 15.9　倒圆特征 1

Step6. 创建图 15.10 所示的拉伸特征 6。在 创建 ▾ 区域中单击 按钮，选取图 15.11 所示的模型表面作为草图平面，绘制图 15.12 所示的截面草图，在“拉伸”对话框将布尔运算设置为“求和”类型 ，然后在 范围 区域中的下拉列表中选择 距离 选项，在“距离”下拉列表中输入数值 14，将拉伸方向设置为“方向 1”类型 ；单击“拉伸”对话框中的 确定 按钮，完成拉伸特征 6 的创建。

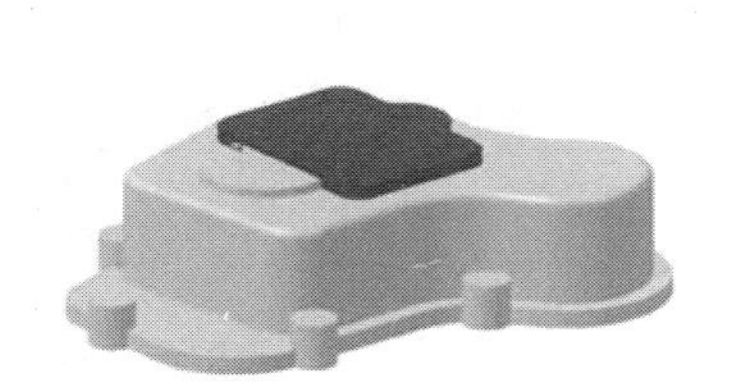

图 15.10 拉伸特征 6

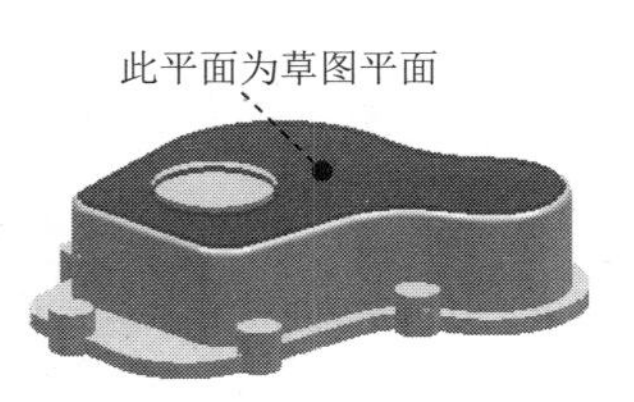

图 15.11 定义草图平面

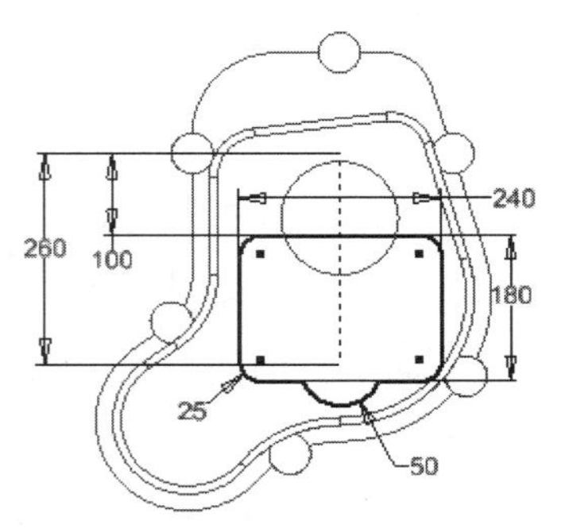

图 15.12 截面草图

Step7. 创建倒圆特征 2。操作步骤参照 step5，选取图 15.13 所示的模型边线为倒圆的对象，输入倒圆角半径值 20.0。

Step8. 创建倒圆特征 3。选取图 15.14 所示的模型边线为倒圆的对象，倒圆角半径值 3.0。

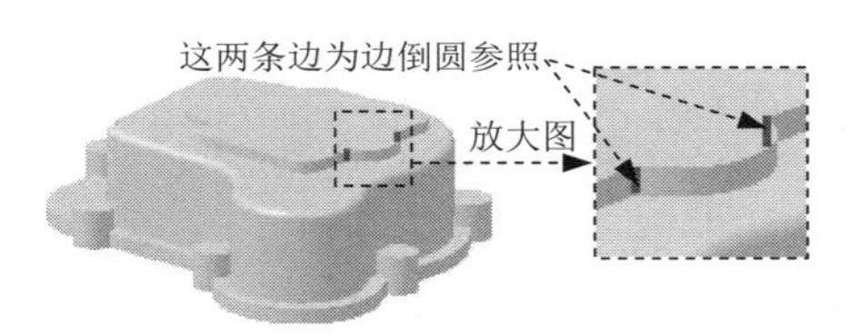

图 15.13 倒圆特征 2

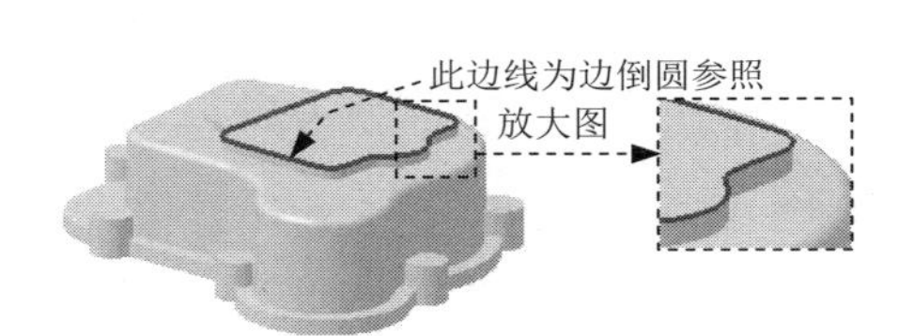

图 15.14 边倒特征 3

Step9. 创建倒圆特征 4。选取图 15.15 所示的模型边线为倒圆的对象，倒圆角半径值 2.0。

Step10. 创建倒圆特征 5。选取图 15.16 所示的 12 条模型边线为倒圆的对象，倒圆角半径值 10.0。

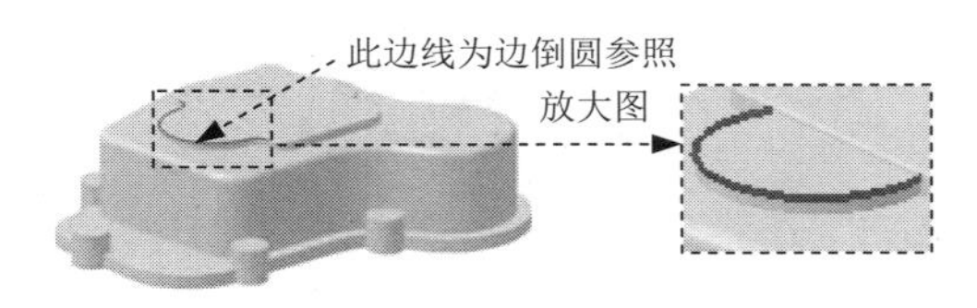

图 15.15 倒圆特征 4

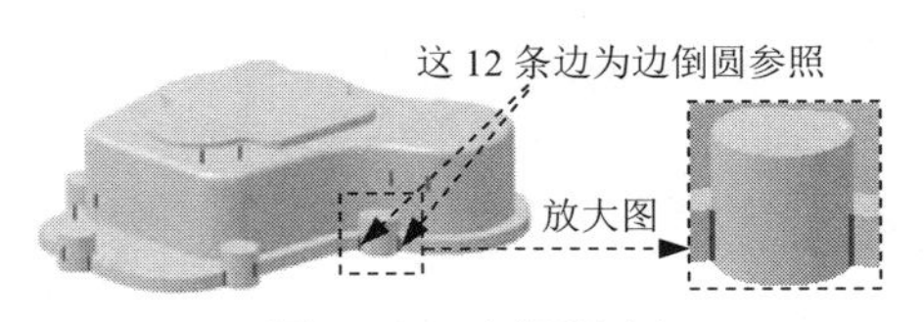

图 15.16 倒圆特征 5

Step11. 创建倒圆特征 6。选取图 15.17 所示的 8 条模型边线为倒圆的对象，倒圆角半径值 10.0。

Step12. 创建倒圆特征 7。选取图 15.18 所示的 6 条模型边线为倒圆的对象，倒圆角半径值 5.0。

Step13. 创建倒圆特征 8。选取图 15.19 所示的模型边线为倒圆的对象，倒圆角半径值 5.0。

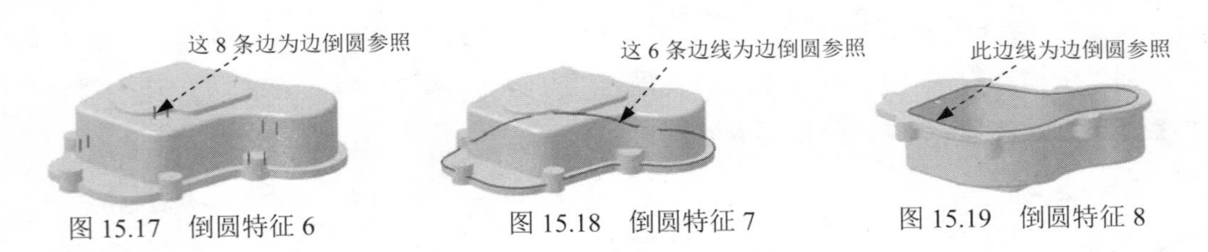

图 15.17 倒圆特征 6　　图 15.18 倒圆特征 7　　图 15.19 倒圆特征 8

Step14. 创建图 15.20 所示的草图 1。在 三维模型 选项卡 草图 区域单击 按钮，选取 XZ 平面作为草图平面，绘制图 15.20 所示的草图 1（共 6 个点）。

Step15. 创建图 15.21 所示的孔 1。

（1）选择命令。在 修改 ▾ 区域中单击“孔”按钮。

（2）定义孔的放置方式及参考。在“孔”对话框 放置 区域的下拉列表中选择 从草图 选项。

（3）定义孔的样式及类型。在“孔”对话框中确认“直孔” 与“简单孔” 被选中。

（4）定义孔的参数。在“孔”对话框 终止方式 区域的下拉列表中选择 贯通 选项；在“孔”对话框孔预览图像区域输入孔的直径值 26.0。

（5）单击“孔”对话框中的 确定 按钮，完成孔 1 的创建。

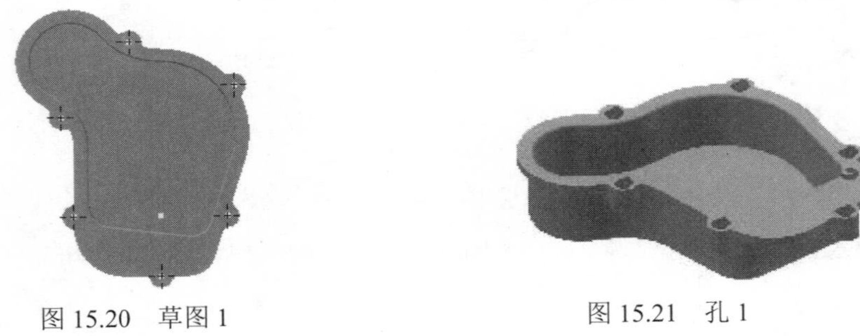
图 15.20 草图 1　　图 15.21 孔 1

Step16. 创建倒圆特征 9。选取图 15.22 所示的 6 条模型边线为倒圆的对象，倒圆角半径值 5.0。

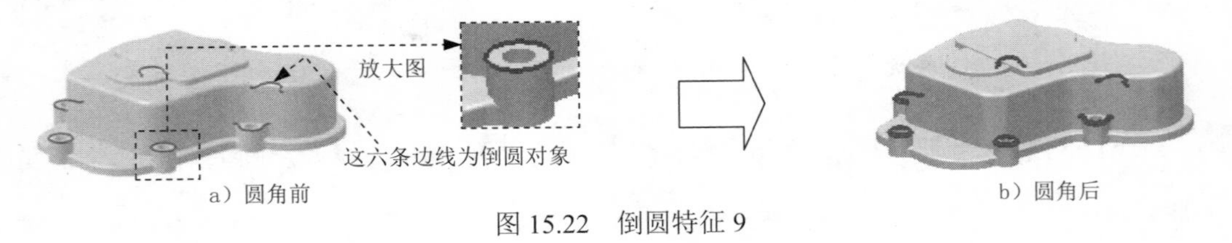

图 15.22 倒圆特征 9

Step17. 创建图 15.23 所示的拉伸特征 7。在 创建 ▾ 区域中单击 按钮，选取图 15.24 所示的模型表面作为草图平面，绘制图 15.25 所示的截面草图，在“拉伸”对话框将布尔运算设置为“求和”类型，然后在 范围 区域中的下拉列表中选择 距离 选项，在“距离”

下拉列表中输入数值 14，将拉伸方向设置为“方向 1”类型 ；单击“拉伸”对话框中的 确定 按钮，完成拉伸特征 7 的创建。

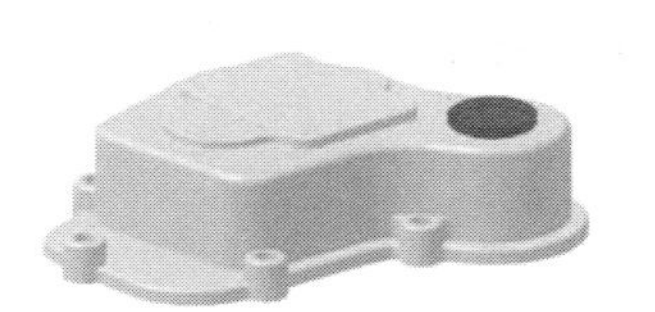

图 15.23 拉伸特征 7

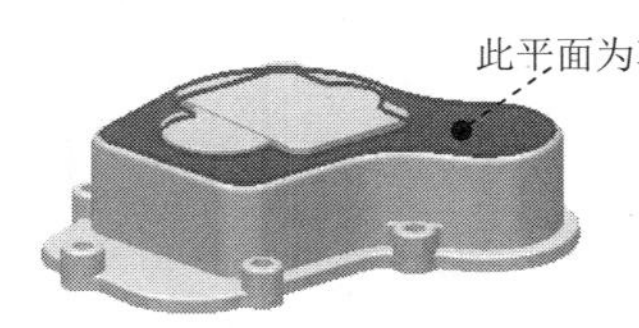

图 15.24 定义草图平面

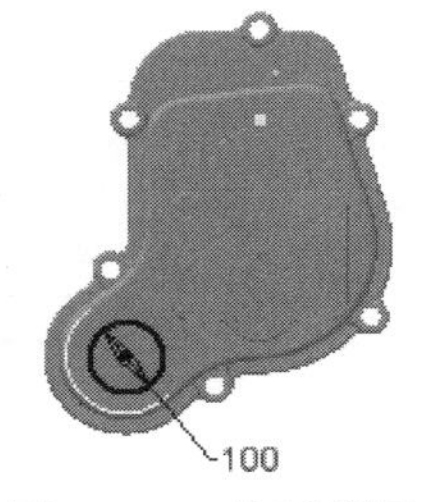

图 15.25 截面草图

Step18. 创建倒圆特征 10。选取图 15.26 所示的模型边线为倒圆的对象，倒圆角半径值 2.0。

Step19. 创建倒圆特征 11。选取图 15.27 所示的模型边线为倒圆的对象，倒圆角半径值 3.0。

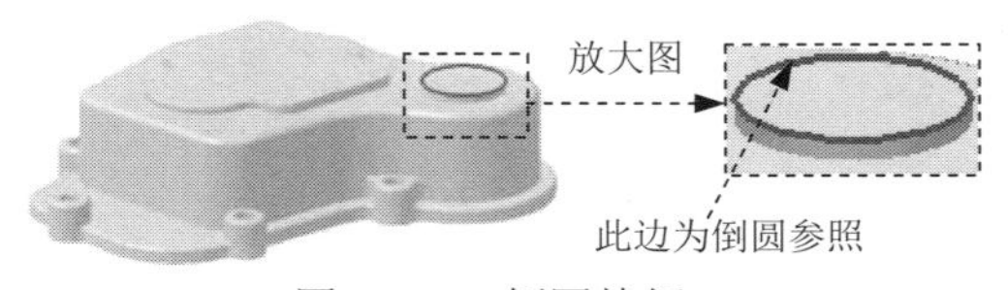

图 15.26 倒圆特征 10

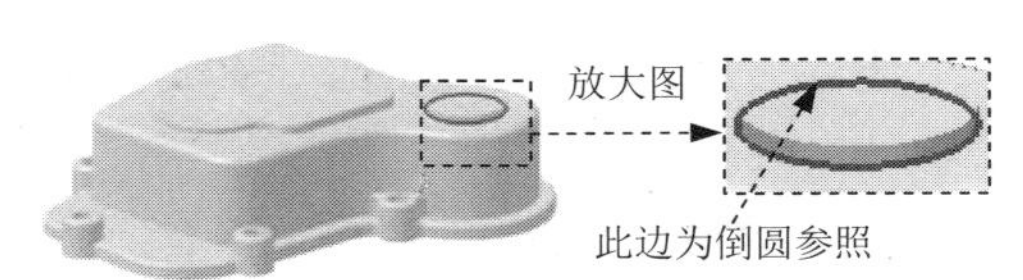

图 15.27 倒圆特征 11

Step20. 创建图 15.28 所示的拉伸特征 8。在 创建 ▾ 区域中单击 按钮，选取图 15.29 所示的模型表面作为草图平面，绘制图 15.30 所示的截面草图，在“拉伸”对话框将布尔运算设置为“求和”类型 ，然后在 范围 区域中的下拉列表中选择 距离 选项，在“距离”下拉列表中输入数值 10，将拉伸方向设置为“方向 1”类型 ；单击“拉伸”对话框中的 确定 按钮，完成拉伸特征 8 的创建。

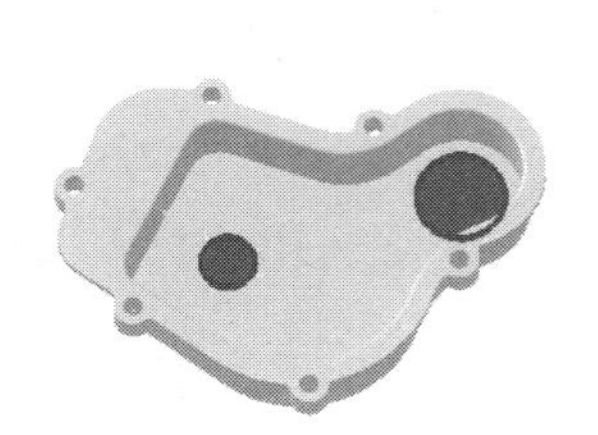

图 15.28 拉伸特征 8

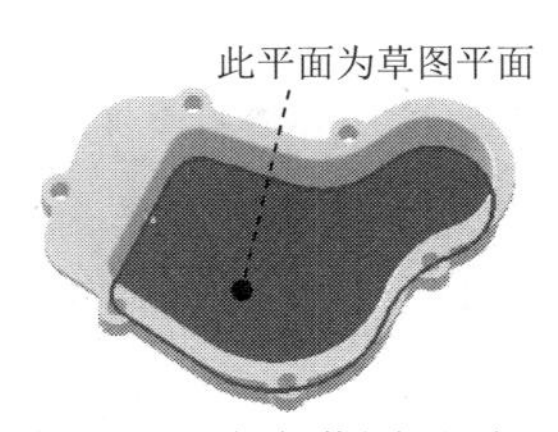

图 15.29 定义草图平面

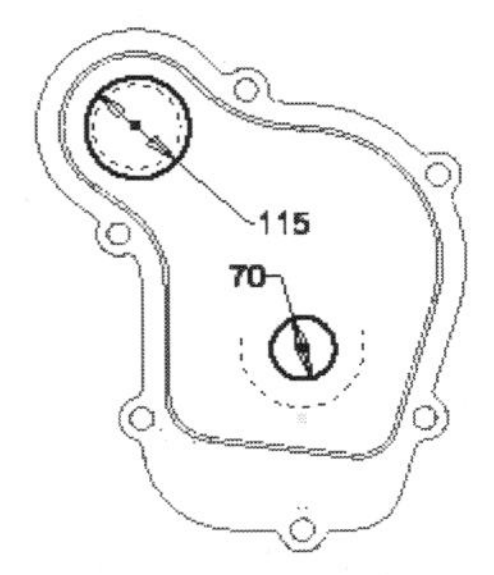

图 15.30 截面草图

Step21. 创建图 15.31 所示的拉伸特征 9。在 创建 ▾ 区域中单击 按钮，选取图 15.32 所示的模型表面作为草图平面，绘制图 15.33 所示的截面草图，在“拉伸”对话框将布尔运算设置为“求差”类型 ，然后在 范围 区域中的下拉列表中选择 贯通 选项，将拉伸方向设置为“方向 1”类型 ；单击“拉伸”对话框中的 确定 按钮，完成拉伸特征 9

的创建。

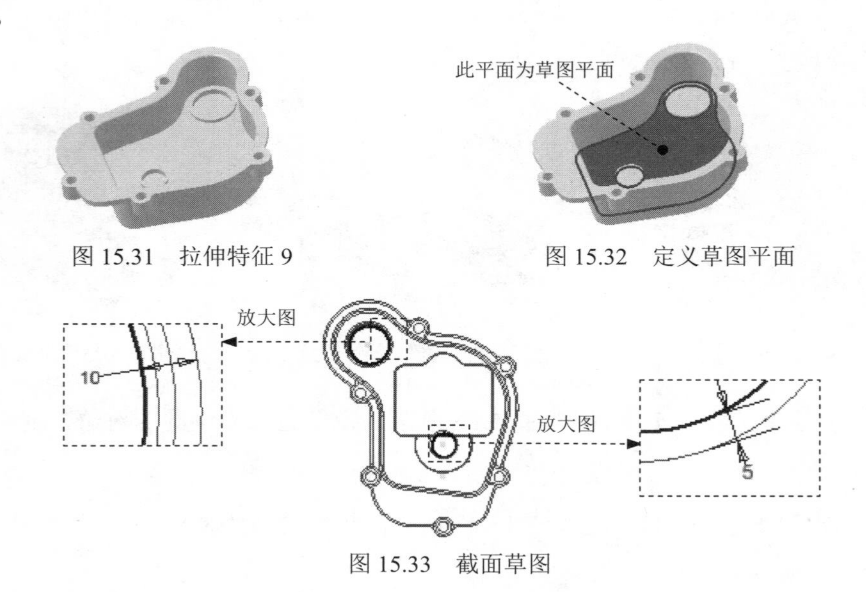

图 15.31　拉伸特征 9

图 15.32　定义草图平面

图 15.33　截面草图

Step22. 创建倒圆特征 12。选取图 15.34 所示的 4 条边线为倒圆的对象，倒圆角半径值 2.0。

Step23. 创建图 15.35 所示的草图 2。在 三维模型 选项卡 草图 区域单击 按钮，选取图 15.36 所示的模型表面作为草图平面，绘制图 15.35 所示的草图 2。

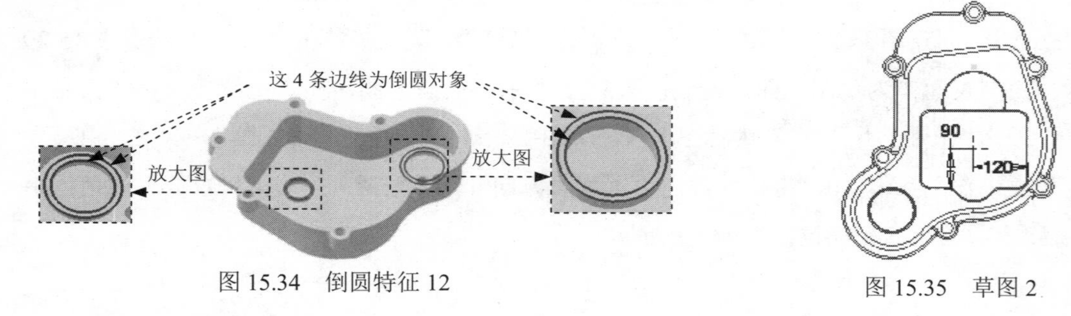

图 15.34　倒圆特征 12

图 15.35　草图 2

Step24. 创建图 15.37 所示的孔 2。

（1）选择命令，在 修改 ▾ 区域中单击“孔”按钮。

（2）定义孔的放置方式及参考。在“孔”对话框 放置 区域的下拉列表中选择 从草图 选项。

（3）定义孔的样式及类型。在“孔”对话框中确认“沉头孔” 与“简单孔” 被选中。

（4）定义孔的参数。在“孔”对话框 终止方式 区域的下拉列表中选择 贯通 选项；在“孔”对话框孔预览图像区域输入图 15.38 所示的参数。

（5）单击“孔”对话框中的 确定 按钮，完成孔 2 的创建。

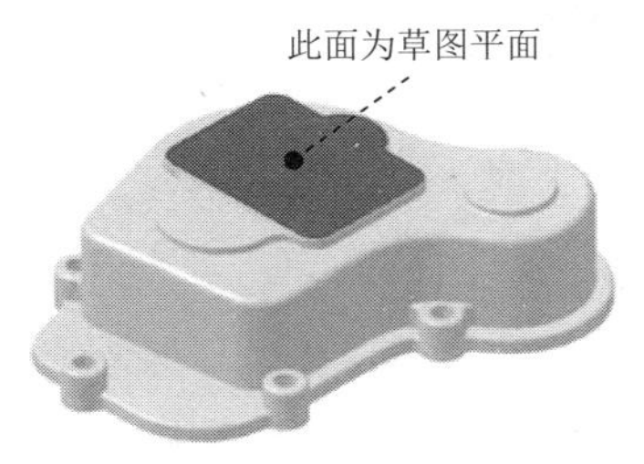

图 15.36 定义草图平面

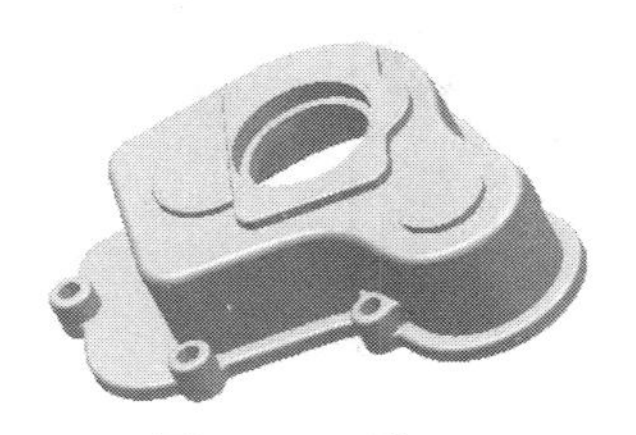
图 15.37 孔 2

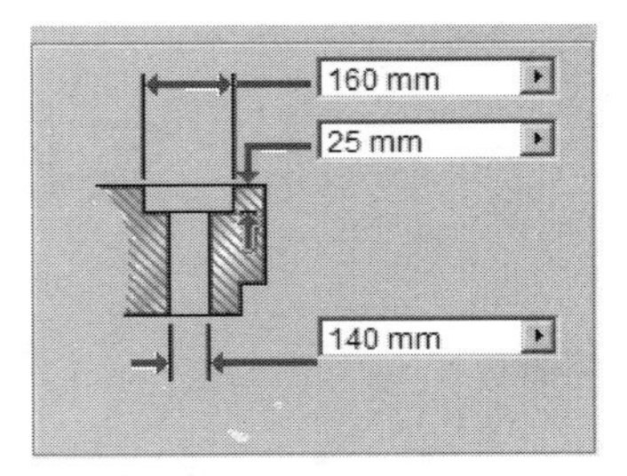

图 15.38 定义孔参数

Step25. 创建图 15.39 所示的草图 3。在 三维模型 选项卡 草图 区域单击 按钮，选取图 15.40 所示的模型表面作为草图平面，绘制图 15.39 所示的草图 3。

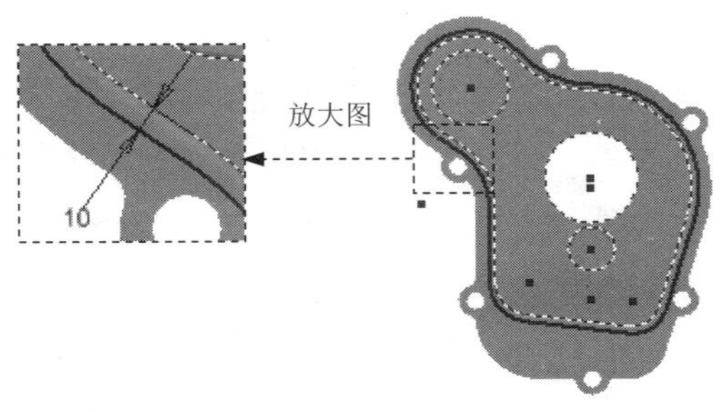

图 15.39 草图 3

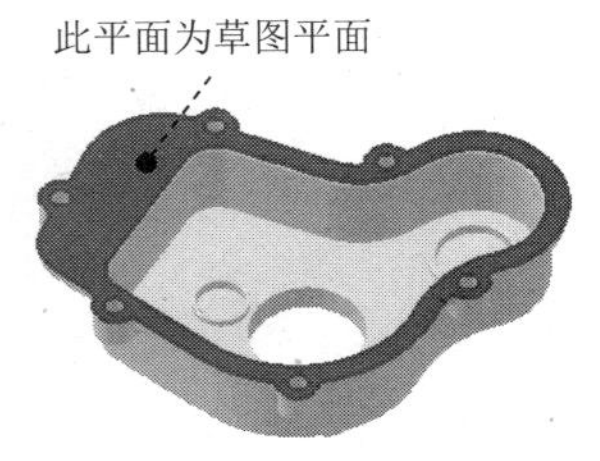

图 15.40 定义草图平面

Step26. 创建图 15.41 所示的工作平面 1（本步的详细操作过程请参见随书光盘中 video\ch15\reference\文件下的语音视频讲解文件 tank_shell-r02.exe）。

Step27. 创建图 15.42 所示的草图 4。在 三维模型 选项卡 草图 区域单击 按钮，选取工作平面 1 作为草图平面，绘制图 15.42 所示的草图 4。

Step28. 创建图 15.43 所示的扫掠 1。在 创建 ▼ 区域中单击“扫掠”按钮 扫掠，选取 Step27 绘制的草图 4 所示线作为扫掠轨迹，在“扫掠”对话框 类型 区域的下拉列表中选择 路径，其他参数接受系统默认，单击“扫掠”对话框中的 确定 按钮，完成扫掠 1 的创建。

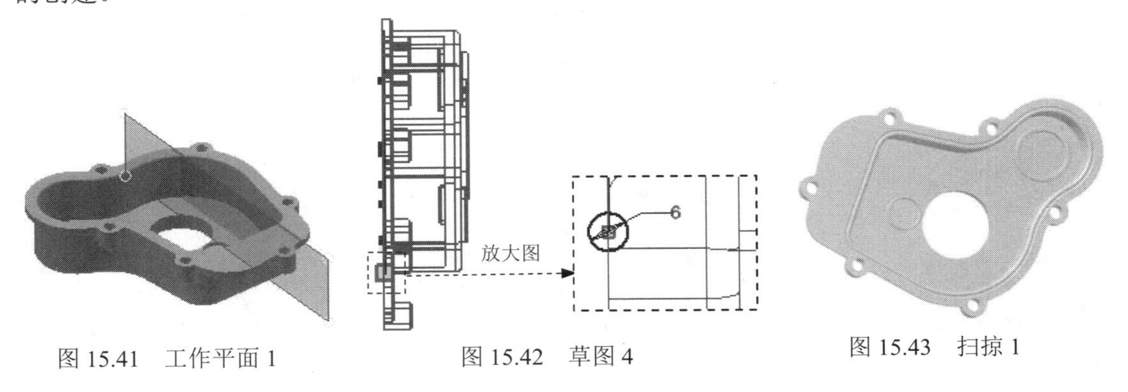

图 15.41 工作平面 1

图 15.42 草图 4

图 15.43 扫掠 1

Step29. 至此，零件模型创建完毕。选择下拉菜单 → 保存 命令，命名为 tank_shell，即可保存零件模型。

实例 16 基　　座

实例概述

本实例介绍了基座模型的设计过程。设计中的关键点是工作平面及工作轴等基准特征的创建，通过此模型的学习可以让读者知道如何根据实际需要来创建基准特征。零件模型及浏览器如图 16.1 所示。

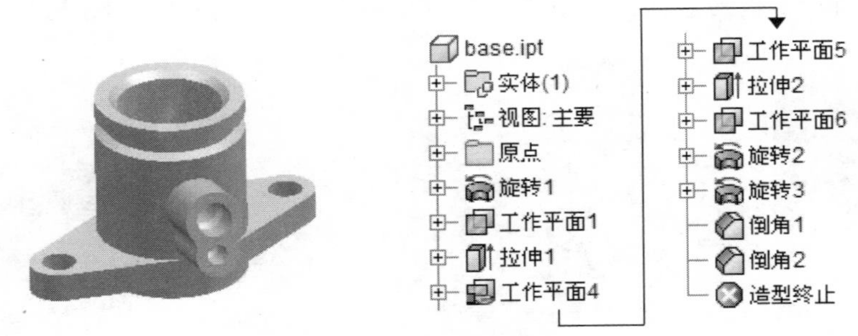

图 16.1　零件模型和浏览器

说明：本例前面的详细操作过程请参见随书光盘中 video\ch16\reference\文件下的语音视频讲解文件 base-r01.exe。

Step1. 打开文件 D:\inv15.3\work\ch16\base_ex.ipt。

Step2. 创建图 16.2 所示的工作平面 1。在 定位特征 区域中单击“平面”按钮 下的 平面，选择 从平面偏移 命令；选取 XZ 平面作为参考平面，输入要偏距的距离值 10；单击 按钮，完成工作平面 1 的创建。

Step3. 创建图 16.3 所示的拉伸特征 1。在 创建 区域中单击 按钮，选取工作平面 1 作为草图平面，绘制图 16.4 所示的截面草图，在“拉伸”对话框 范围 区域中的下拉列表中选择 距离 选项，在“距离”下拉列表中输入数值 20，并将拉伸方向设置为“方向 1”类型 ，单击“拉伸”对话框中的 确定 按钮，完成拉伸特征 1 的创建。

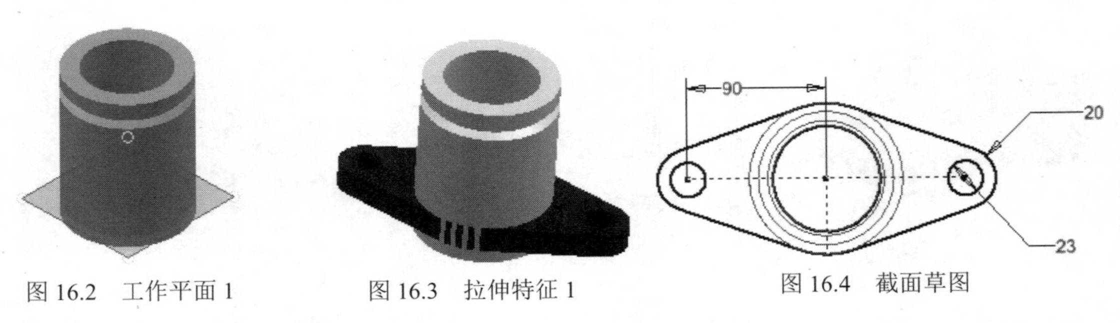

图 16.2　工作平面 1　　图 16.3　拉伸特征 1　　图 16.4　截面草图

Step4. 创建图 16.5 所示的工作平面 2（本步的详细操作过程请参见随书光盘中

video\ch16\reference\文件下的语音视频讲解文件 base-r02.exe）。

Step5. 创建图 16.6 所示的工作平面 3（本步的详细操作过程请参见随书光盘中 video\ch16\reference\文件下的语音视频讲解文件 base-r03.exe）。

Step6. 创建图 16.7 所示的工作平面 4。在 定位特征 区域中单击“平面”按钮 下的 平面，选择 从平面偏移 命令；选取工作平面 3 作为参考平面，输入要偏距的距离值 100；单击 按钮，完成工作平面 4 的创建。

图 16.5 工作平面 2

图 16.6 工作平面 3

图 16.7 工作平面 4

Step7. 创建图 16.8 所示的工作轴 1。在 定位特征 区域中单击“工作轴”按钮 后的小三角 ，选择 两个平面的交集 命令；选取工作平面 4 与图 16.9 所示的面作为参考平面；单击 按钮，完成工作轴 1 的创建。

Step8. 创建图 16.10 所示的工作平面 5（本步的详细操作过程请参见随书光盘中 video\ch16\reference\文件下的语音视频讲解文件 base-r04.exe）。

图 16.8 工作轴 1

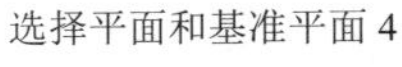

图 16.9 定义轴的对象

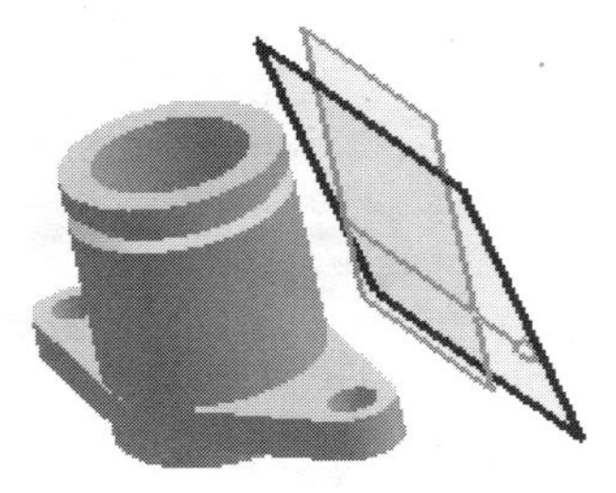
图 16.10 工作平面 5

Step9. 创建图 16.11 所示的拉伸特征 2。在 创建 ▼ 区域中单击 按钮，选取工作平面 5 作为草图平面，绘制图 16.12 所示的截面草图，在“拉伸”对话框 范围 区域中的下拉列表中选择 到表面或平面 选项，并将拉伸方向设置为“方向 2”类型 ，单击“拉伸”对话框中的 确定 按钮，完成拉伸特征 2 的创建。

Step10. 创建图 16.13 所示的工作轴 2。在 定位特征 区域中单击“工作轴”按钮 后的小三角 ，选择 通过旋转面或特征 命令；选取图 16.13 所示的面作为参考平面；单击 按钮，完成工作轴 2 的创建。

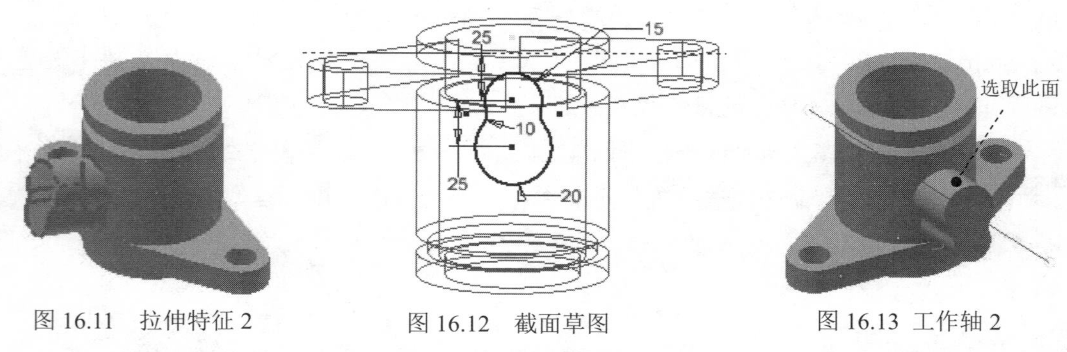

图 16.11 拉伸特征 2　　图 16.12 截面草图　　图 16.13 工作轴 2

Step11. 创建图 16.14 所示的工作轴 3。在 定位特征 区域中单击“工作轴”按钮后的小三角，选择 通过旋转面或特征 命令；选取图 16.14 所示的面作为参考平面；单击按钮，完成工作轴 3 的创建。

Step12. 创建图 16.15 所示的工作平面 6（本步的详细操作过程请参见随书光盘中 video\ch16\reference\文件下的语音视频讲解文件 base-r05.exe）。

Step13. 创建图 16.16 所示的旋转特征 2。在 创建 区域中选择命令，选取工作平面 6 为草图平面，绘制图 16.17 所示的截面草图；在“旋转”对话框中将布尔运算设置为“求差”类型，在 范围 区域的下拉列表中选中 全部 选项；单击“旋转”对话框中的 确定 按钮，完成旋转特征 2 的创建。

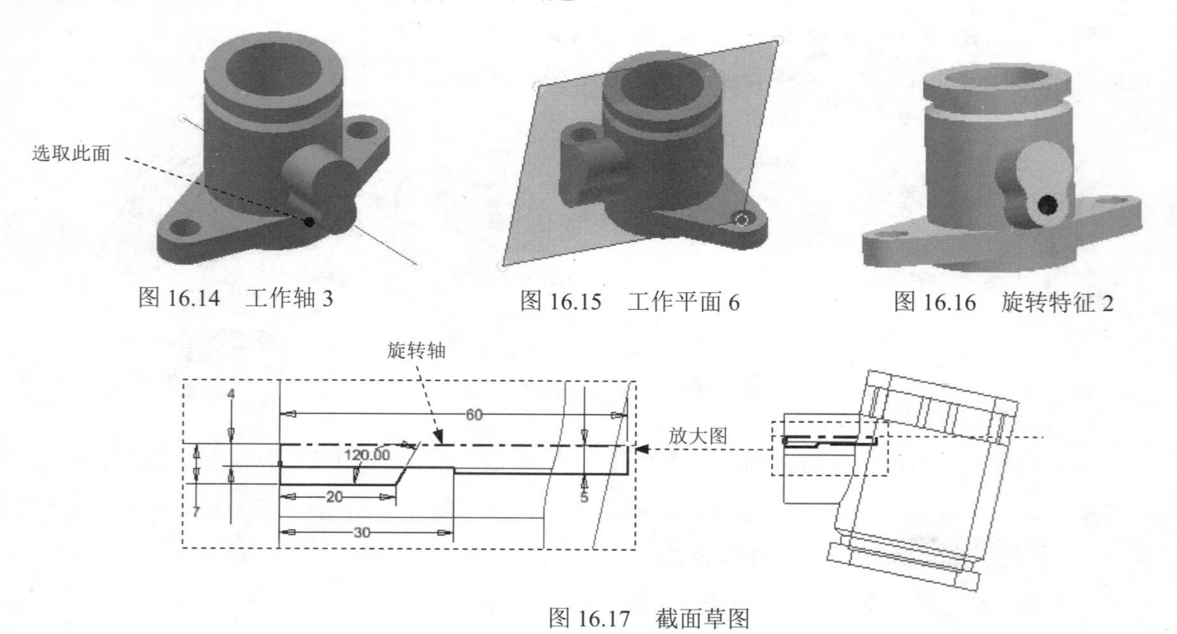

图 16.14 工作轴 3　　图 16.15 工作平面 6　　图 16.16 旋转特征 2

图 16.17 截面草图

Step14. 创建图 16.18 所示的旋转特征 3。在 创建 区域中选择命令，选取工作平面 6 为草图平面，绘制图 16.19 所示的截面草图；在“旋转”对话框中将布尔运算设置为“求差”类型，在 范围 区域的下拉列表中选中 全部 选项；单击“旋转”对话框中

的 确定 按钮，完成旋转特征 3 的创建。

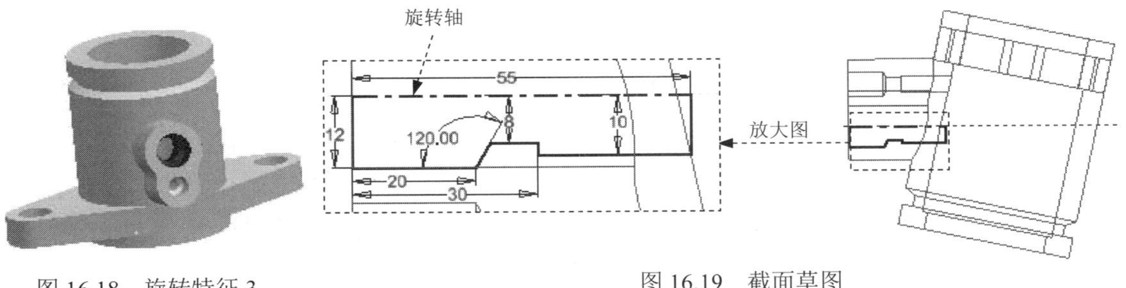

图 16.18 旋转特征 3

图 16.19 截面草图

Step15. 创建图 16.20 所示的倒角特征 1。选取图 16.20a 所示的模型边线为倒角的对象，输入倒角值 5.0。

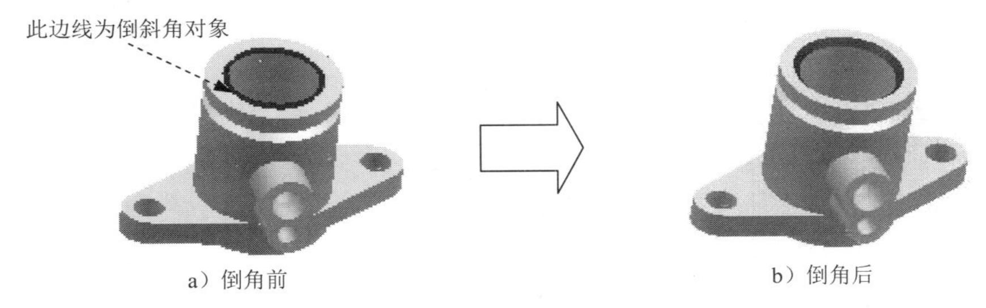

a）倒角前

b）倒角后

图 16.20 倒角特征 1

Step16. 后面的详细操作过程请参见随书光盘中 video\ch16\reference\文件下的语音视频讲解文件 base-r06.exe。

实例17 削 笔 器

实例概述

本实例讲述的是削笔器（铅笔刀）的设计过程，首先通过旋转、镜像、拉伸等命令设计出模型的整体轮廓，再通过扫掠命令设计出最终模型。零件模型及浏览器如图 17.1 所示。

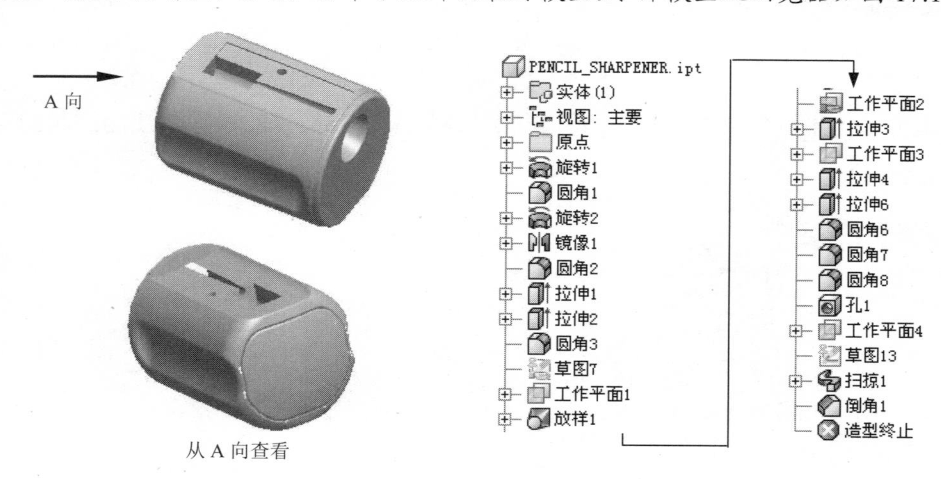

图 17.1　零件模型及浏览器

说明： 本例前面的详细操作过程请参见随书光盘中 video\ch17\reference\文件下的语音视频讲解文件 PENCIL_SHARPENER-r01.exe。

Step1. 打开文件 D:\inv15.3\work\ch17\PENCIL_SHARPENER_ex.ipt。

Step2. 创建图 17.2 所示的倒圆特征 1。选取图 17.2a 所示的边线为倒圆的对象，输入倒圆角半径值 5。

Step3. 创建图 17.3 所示的旋转特征 2。在 创建 ▼ 区域中单击按钮，系统弹出“创建旋转”对话框；单击“创建旋转”对话框中的 创建二维草图 按钮，选取 YZ 平面为草图平面，进入草绘环境，绘制图 17.4 所示的截面草图；单击 草图 选项卡 返回到三维 区域中的按钮，然后在“旋转”对话框中将布尔运算设置为“求差”类型，在 范围 区域的下拉列表中选中 全部 选项；单击“旋转”对话框中的 确定 按钮，完成旋转特征 2 的创建。

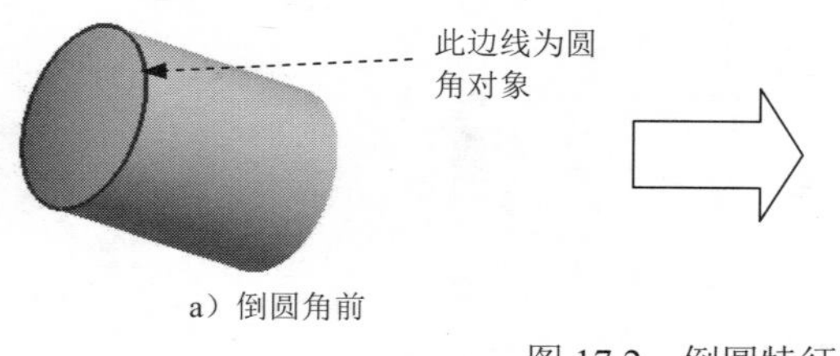

a）倒圆角前

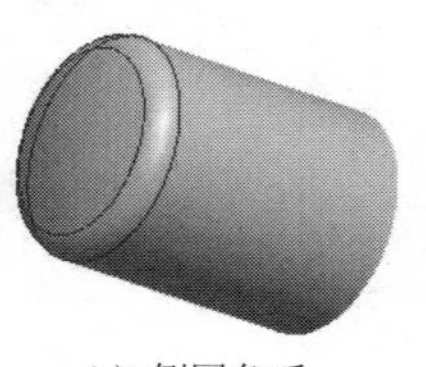

b）倒圆角后

图 17.2　倒圆特征 1

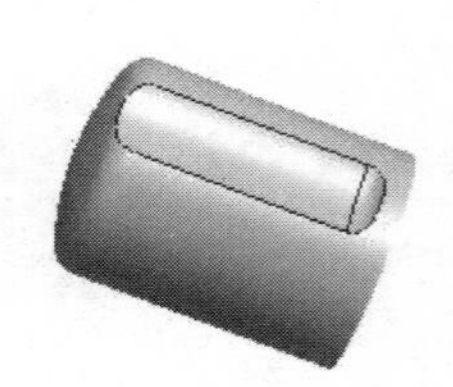

图 17.3　旋转特征 2

Step4. 创建图 17.5 所示的镜像 1。在 阵列 区域中单击“镜像”按钮 ；在图形区中选取要镜像复制的旋转特征 2（或在浏览器中选择“旋转 2”特征）；单击“镜像”对话框中的 镜像平面 按钮，然后选取 XY 平面作为镜像中心平面；单击“镜像”对话框中的 确定 按钮，完成镜像 1 的操作。

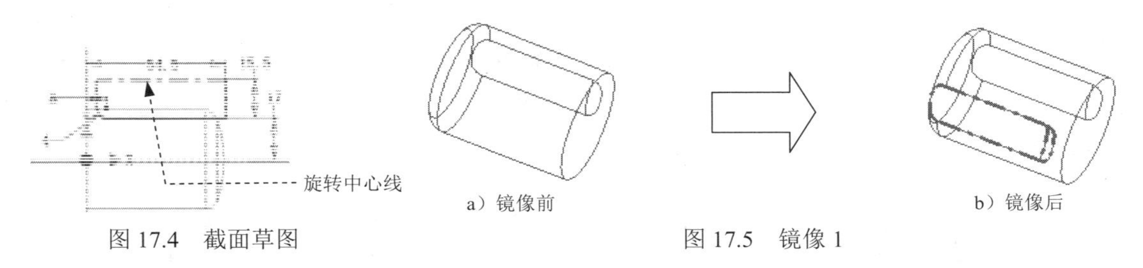

图 17.4 截面草图　　图 17.5 镜像 1

Step5. 创建图 17.6 所示的倒圆特征 2。选取图 17.6a 所示的边线为倒圆的对象，输入倒圆角半径值 2。

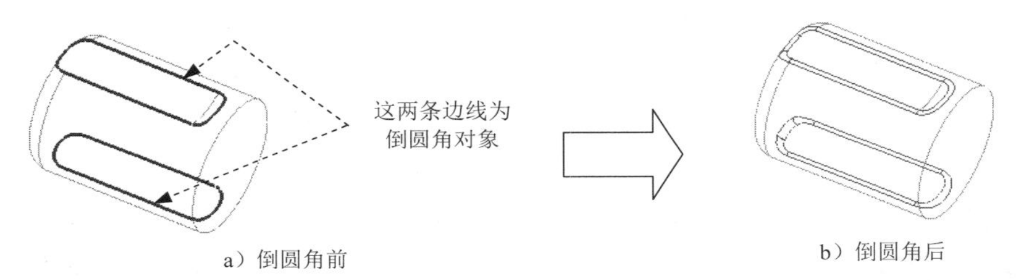

图 17.6 倒圆特征 2

Step6. 创建图 17.7 所示的拉伸特征 1。在 创建 区域中单击 按钮，系统弹出“创建拉伸”对话框；单击“创建拉伸”对话框中的 创建二维草图 按钮，选取图 17.8 所示的模型表面作为草图平面，进入草绘环境，绘制图 17.9 所示的截面草图，单击 按钮；再次单击 创建 区域中 按钮，选取图 17.10 所示的区域为截面轮廓，然后将布尔运算设置为“求差”类型 ，在 范围 区域中的下拉列表中选择 贯通 选项，将拉伸方向设置为“方向 2”类型 ；单击“拉伸”对话框中的 确定 按钮，完成拉伸特征 1 的创建。

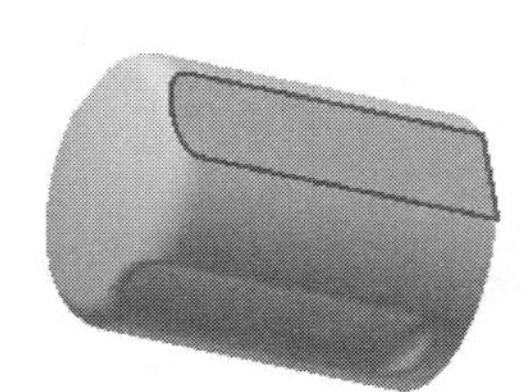

图 17.7 拉伸特征 1

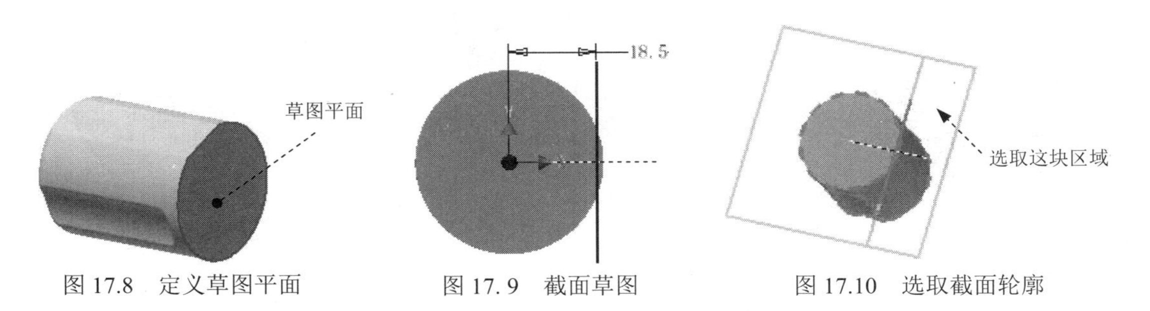

图 17.8 定义草图平面　　图 17.9 截面草图　　图 17.10 选取截面轮廓

Step7. 创建图 17.11 所示的拉伸特征 2。在 创建 ▾ 区域中单击 按钮，系统弹出“创建拉伸”对话框；单击“创建拉伸”对话框中的 创建二维草图 按钮，选取图 17.12 所示的模型表面平面做为草图平面，进入草绘环境，绘制图 17.13 所示的截面草图；单击 草图 选项卡 返回到三维 区域中的 按钮，在“拉伸”对话框 范围 区域中的下拉列表中选择 距离 选项，在“距离”下拉列表中输入数值 2，并将拉伸方向设置为“方向 1”类型 ；单击“拉伸”对话框中的 确定 按钮，完成拉伸特征 2 的创建。

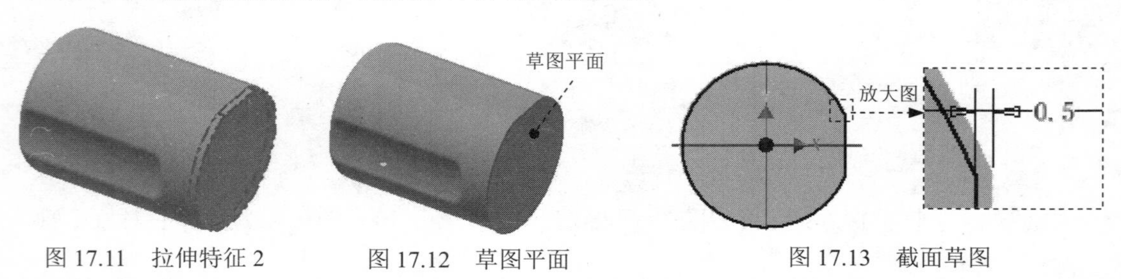

图 17.11　拉伸特征 2　　图 17.12　草图平面　　图 17.13　截面草图

Step8. 创建图 17.14 所示的倒圆特征 3。选取图 17.14a 所示的边线为倒圆角的边线，输入倒圆角半径值 3.0。

Step9. 创建草图 2。选取图 17.15 所示的模型表面作为草图平面，绘制图 17.16 所示的草图 2。

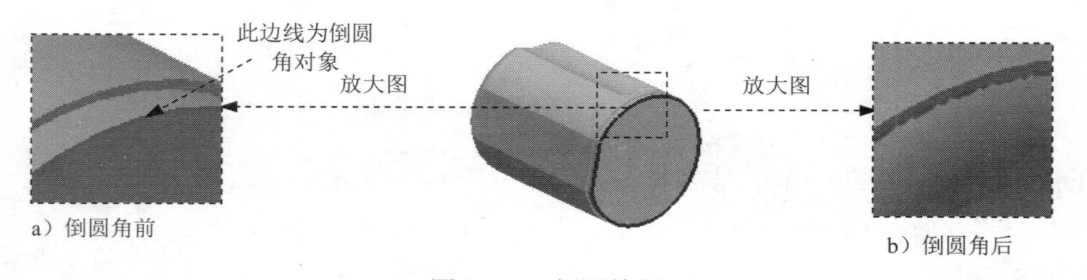

图 17.14　倒圆特征 3

Step10. 创建图 17.17 所示的工作平面 1。在 定位特征 区域中单击“平面”按钮 下的 平面，选择 从平面偏移 命令；选取 XZ 平面作为参考平面，输入要偏距的距离值 30；单击 按钮完成工作平面 1 的创建。

Step11. 创建草图 3。选取工作平面 1 作为草图平面，绘制图 17.18 所示的草图 3。

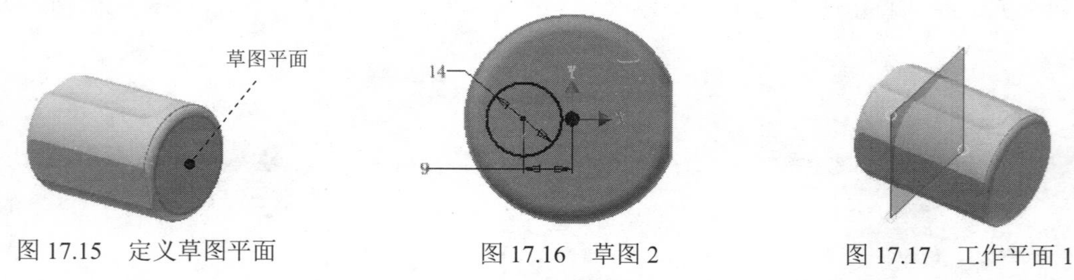

图 17.15　定义草图平面　　图 17.16　草图 2　　图 17.17　工作平面 1

Step12. 创建图 17.19 所示的放样 1。在 创建 ▾ 区域中单击 放样 按钮；依次选取草图 1 为第一个横截面，选取草图 2 为第二个横截面；本例中不使用轨迹线；单击“放样”

对话框中的 确定 按钮，完成放样 1 的创建。

Step13. 创建图 17.20 所示的工作平面 2。在 定位特征 区域中单击“平面”按钮 下的 平面，选择 从平面偏移 命令；选取图 17.21 所示的模型表面作为参考平面，输入要偏距的距离值-2；单击 按钮完成工作平面 2 的创建。

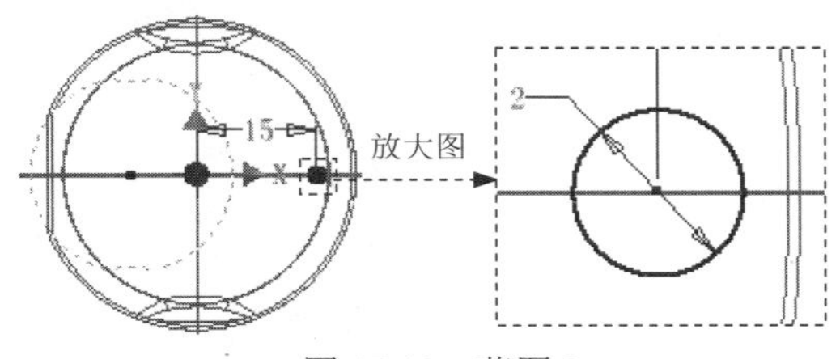

图 17.18 草图 3

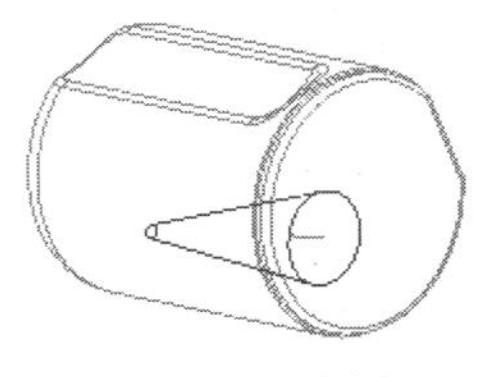
图 17.19 放样 1

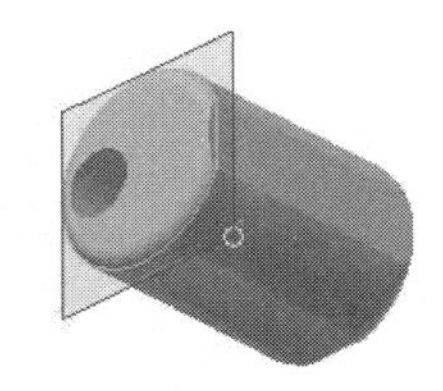
图 17.20 工作平面 2

Step14. 创建图 17.22 所示的拉伸特征 3。在 创建 区域中单击 按钮，系统弹出“创建拉伸”对话框；单击“创建拉伸”对话框中的 创建二维草图 按钮，选取工作平面 2 作为草图平面，进入草绘环境，绘制图 17.23 所示的截面草图，单击 按钮；再次单击 创建 区域中 按钮，然后将布尔运算设置为“求差”类型 ，在 范围 区域中的下拉列表中选择 贯通 选项，将拉伸方向设置为“方向 2”类型 ；单击“拉伸”对话框中的 确定 按钮，完成拉伸特征 3 的创建。

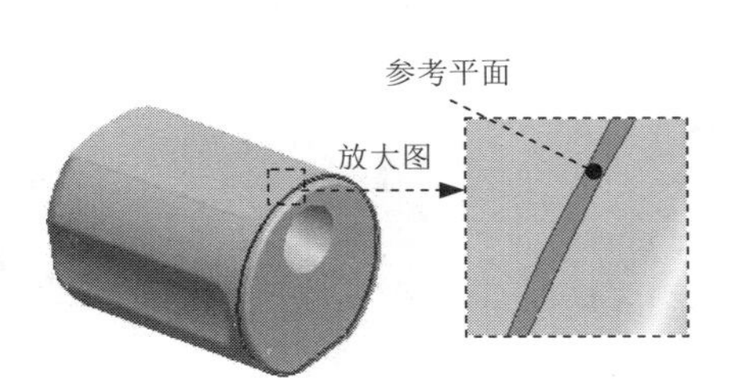

图 17.21 定义参考平面

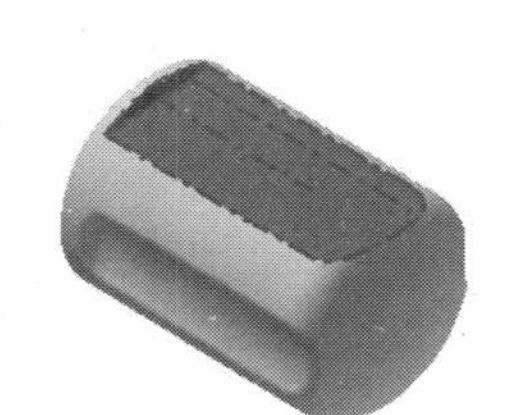
图 17.22 拉伸特征 3

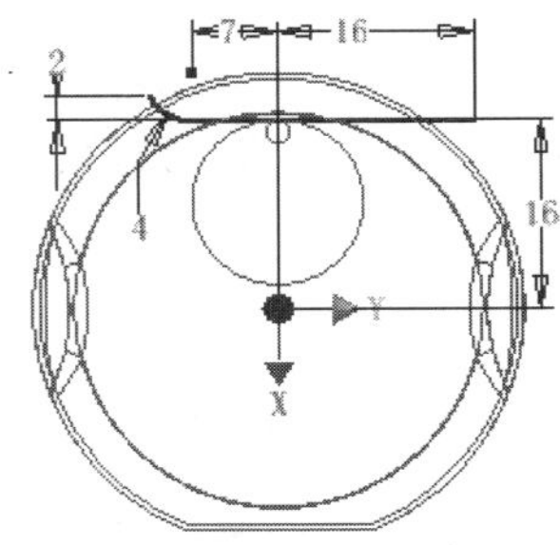

图 17.23 截面草图

Step15. 创建图 17.24 所示的工作平面 3（具体参数和操作参见随书光盘）。

Step16. 创建图 17.25 所示的拉伸特征 4。在 创建 区域中单击 按钮，系统弹出“创建拉伸”对话框；单击“创建拉伸”对话框中的 创建二维草图 按钮，选取工作平面 3 作为草图平面，进入草绘环境，绘制图 17.26 所示的截面草图，单击 按钮；再次单击 创建 区域中 按钮，然后将布尔运算设置为“求差”类型 ，在 范围 区域中的下拉列表中选择 到 选项，选择工作平面 1 作为拉伸到的面；单击“拉伸”对话框中的 确定 按钮，完成拉伸特征 4 的创建。

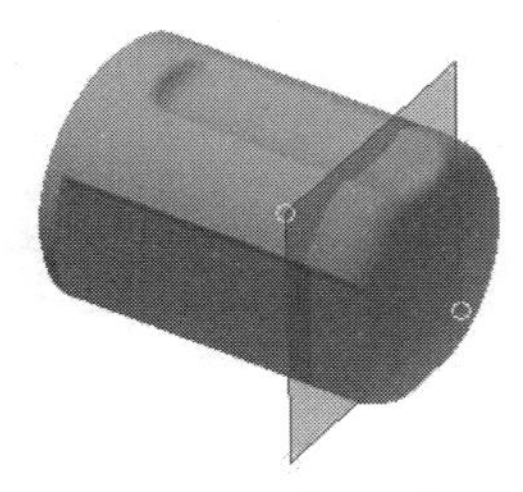
图 17.24 工作平面 3

图 17.25 拉伸特征 4

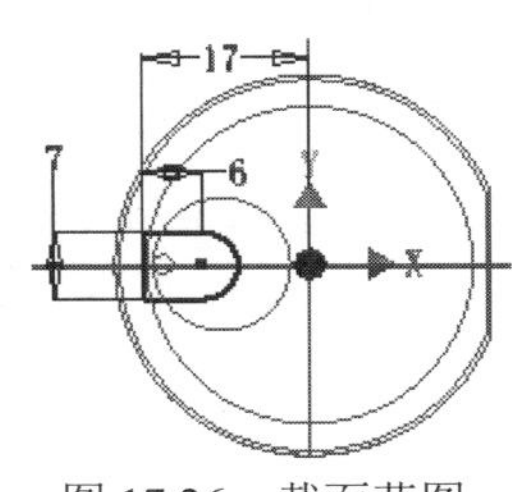

图 17.26 截面草图

Step17. 创建图 17.27 所示的拉伸特征 5。在 创建 ▾ 区域中单击 按钮，系统弹出“创建拉伸”对话框；单击“创建拉伸”对话框中的 创建二维草图 按钮，选取工作平面 3 作为草图平面，进入草绘环境，绘制图 17.28 所示的截面草图，单击 ✔ 按钮；再次单击 创建 ▾ 区域中单击 按钮，然后将布尔运算设置为“求差”类型 ，在 范围 区域中的下拉列表中选择 到 选项，选择工作平面 2 作为拉伸到的面；单击“拉伸”对话框中的 确定 按钮，完成拉伸特征 5 的创建。

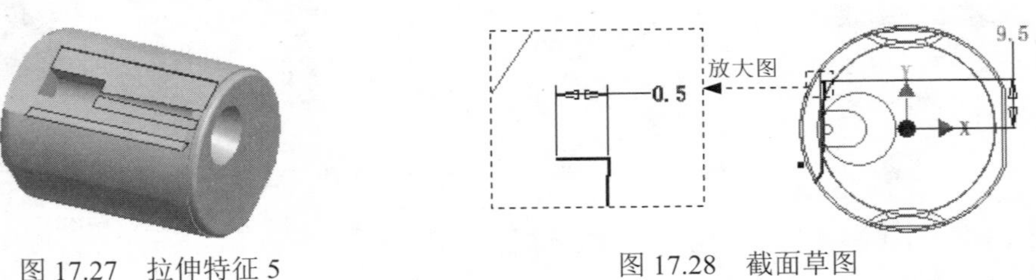

图 17.27 拉伸特征 5　　图 17.28 截面草图

Step18. 创建图 17.29 所示的倒圆特征 4。选取图 17.29a 所示的边线为倒圆的对象，输入倒圆角半径值 1。

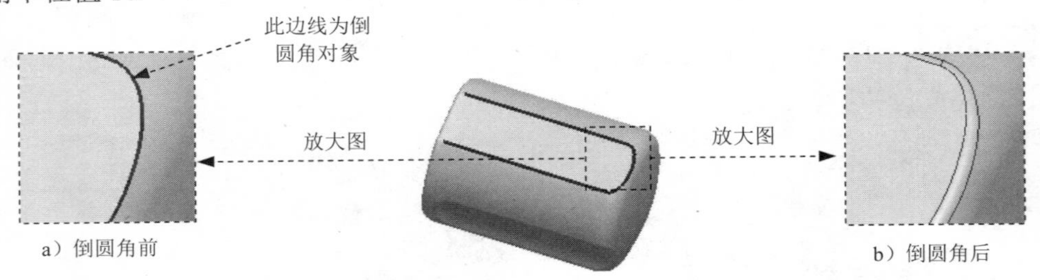

图 17.29 倒圆特征 4

Step19. 创建图 17.30 所示的倒圆特征 5。选取图 17.30a 所示的边线为倒圆的对象，输入倒圆角半径值 0.4。

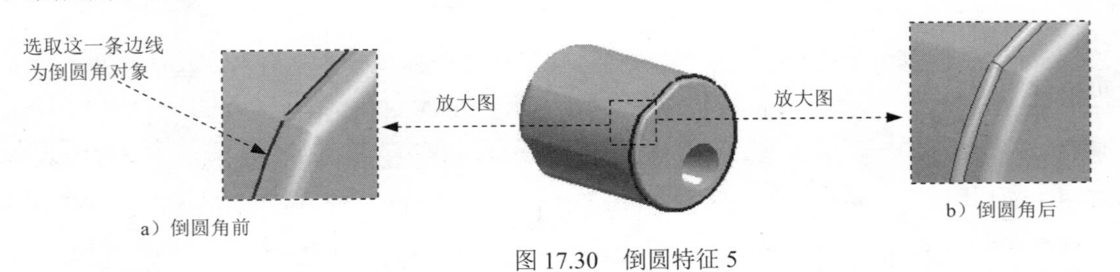

图 17.30 倒圆特征 5

Step20. 创建图 17.31 所示的倒圆特征 6。选取图 17.31a 所示的边线为倒圆的边线；输入圆角半径值 0.5。

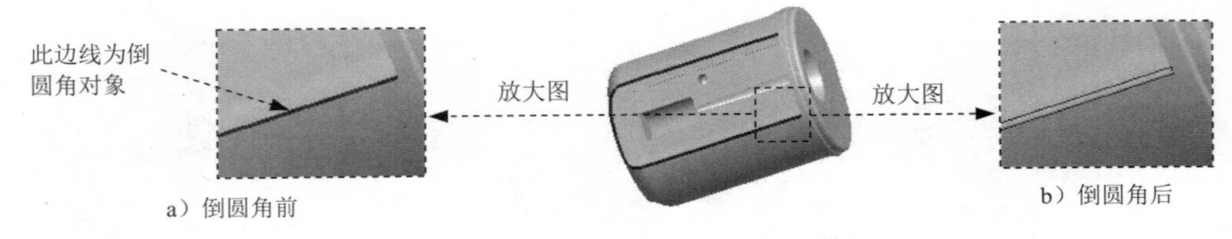

图 17.31 倒圆特征 6

Step21. 创建图 17.32 所示的孔 1。在 修改 ▼ 区域中单击“孔”按钮；在绘图区域选取图 17.32 所示的模型表面为孔的放置面；在“孔”对话框 放置 区域的下拉列表中选择 线性，然后选取图 17.33 所示的边线为放置的参考，定位尺寸为 2.5，再选取图 17.34 所示的边为放置参考，定位尺寸为 24；在“孔”对话框中确认“直孔”与“螺纹孔”被选中，在 螺纹 区域 螺纹类型 下拉列表中选择 ISO Metric profile 选项，在 尺寸 下拉列表中选择 3，在 规格 下拉列表中选择 M3x0.5，其余参数接受系统默认设置；在“孔”对话框 终止方式 区域的下拉列表中选择 距离 选项；在“孔”对话框孔预览图像区域输入孔的距离值 4；单击“孔”对话框中的 确定 按钮，完成孔 1 的创建。

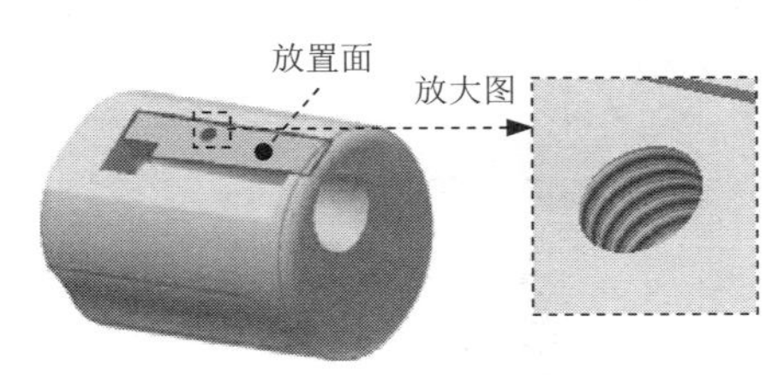

图 17.32 孔 1

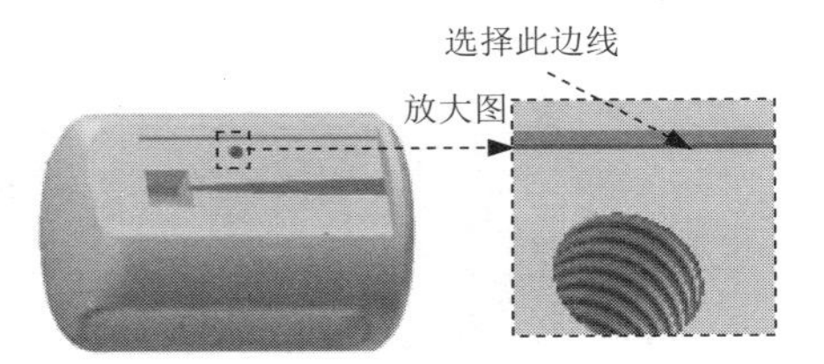

图 17.33 定位参考 1

Step22. 创建图 17.35 所示的工作平面 4。在 定位特征 区域中单击“平面”按钮下的 平面，选择 从平面偏移 命令；选取 XZ 平面作为参考平面，输入要偏距的距离 55；单击按钮完成工作平面 4 的创建。

Step23. 创建草图 3。选取工作平面 4 作为草图平面，绘制图 17.36 所示的草图 3。

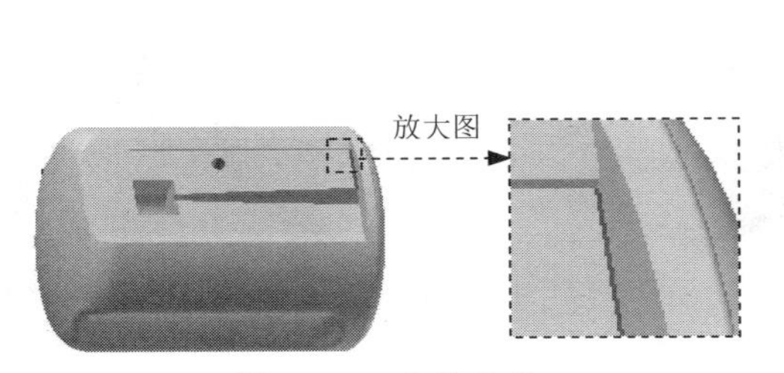

图 17.34 定位参考 2

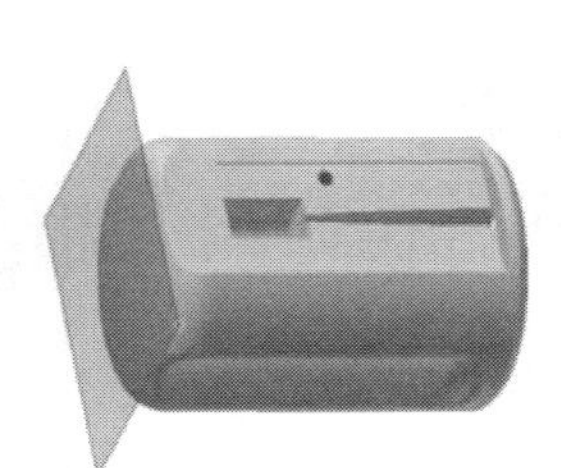
图 17.35 工作平面 4

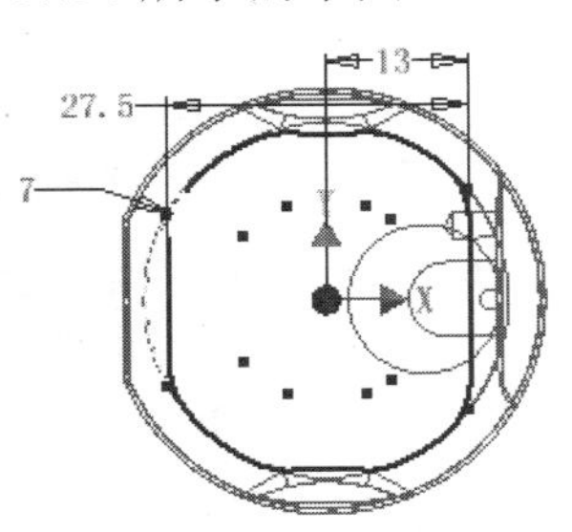

图 17.36 草图 3

Step24. 创建图 17.37 所示的投影曲线。在 三维模型 选项卡 草图 区域单击 开始创建 三维草图 按钮；单击“投影到曲面”按钮，选择图 17.38 所示的面作为投影面；单击 曲线 左侧的，选择草图 3 作为投影曲线；在 输出 区域选择类型为；单击“将曲线投影到曲面”对话框中的 确定 按钮，完成投影曲线的创建。

Step25. 创建草图 4。选取 XY 平面作为草图平面，绘制图 17.39 所示的草图 4。

说明：草图 4 的圆心与投影曲线重合。

Step26. 创建图 17.40 所示的扫掠 1。在 创建 ▼ 区域中单击“扫掠”按钮 扫掠；在“扫掠”对话框中单击按钮，然后在图形区中选取投影曲线作为扫掠轨迹，完成扫掠轨迹的选取；在“扫掠”对话框中将布尔运算设置为“求差”，在“扫掠”对话框 类型 区域的下拉列表中选择 路径，其他参数接受系统默认设置；单击“扫掠”对话框中的 确定 按钮，完成扫掠特征的创建。

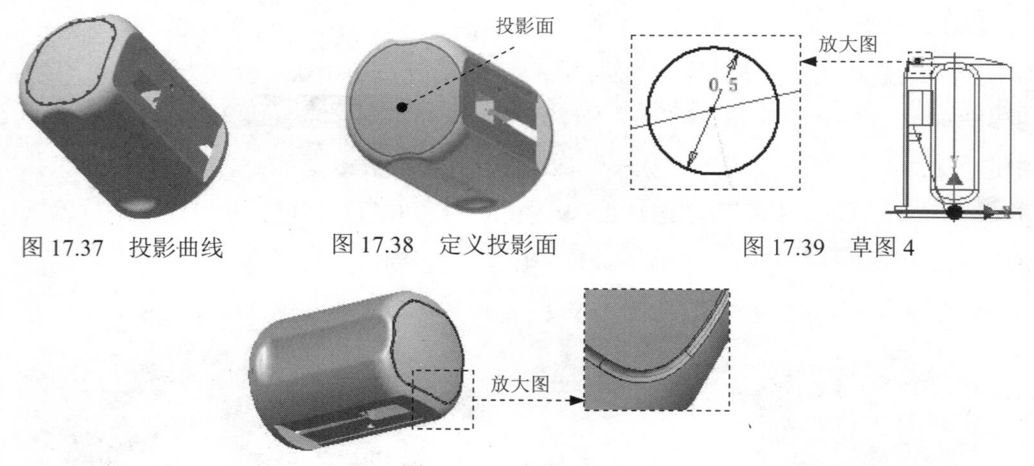

图 17.37 投影曲线

图 17.38 定义投影面

图 17.39 草图 4

图 17.40 扫掠 1

Step27. 创建图 17.41 所示的倒角特征 1。在 修改 区域中单击 倒角 按钮；在“倒角”对话框中定义倒角类型为“倒角边长”选项；在系统的提示下，选取图 17.41a 所示的模型边线为倒角的对象；在“倒角”对话框 倒角边长 文本框中输入数值 0.2；单击“倒角”对话框中的 确定 按钮完成倒角特征的定义。

Step28. 保存零件模型文件。

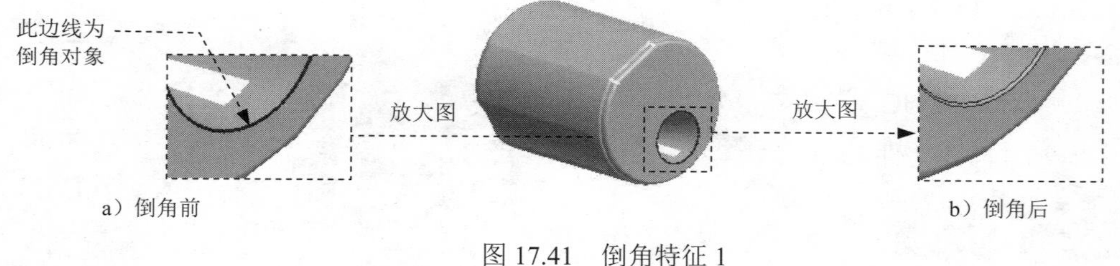

a）倒角前

b）倒角后

图 17.41 倒角特征 1

实例 18　插　　头

实例概述

本实例主要讲述一款插头的设计过程，在设计中运用了拉伸、扫掠、基准面、阵列和旋转等命令。其中阵列的操作技巧性较强，需要读者用心体会。插头模型及浏览器如图 18.1 所示。

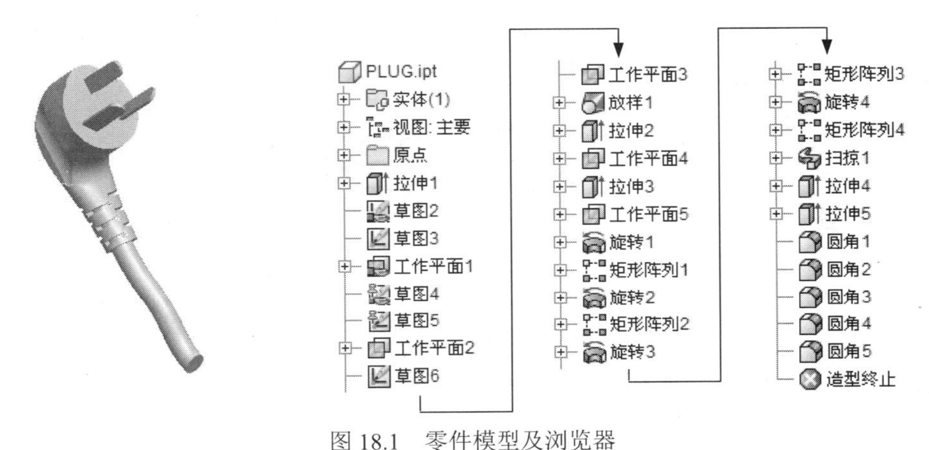

图 18.1　零件模型及浏览器

说明：本例前面的详细操作过程请参见随书光盘中 video\ch18\reference\文件下的语音视频讲解文件 PLUG-r01.exe。

Step1. 打开文件 D:\inv15.3\work\ch18\PLUG_ex.ipt。

Step2. 创建草图 1。在 三维模型 选项卡 草图 区域单击按钮，然后选择 YZ 平面为草图平面，系统进入草绘环境；绘制图 18.2 所示的草图 1，单击按钮，退出草绘环境。

Step3. 创建草图 2。选取 YZ 平面草图平面，绘制图 18.3 所示的草图 2。

Step4. 创建图 18.4 所示的工作平面 1。在 定位特征 区域中单击“平面”按钮下的 平面，选择 与轴垂直且通过点 命令；在绘图区域选取图 18.5 所示的点 1 为参考点，然后再选取图 18.5 所示的直线为参考线，即可创建通过点 1 且垂直于参考曲线的工作平面 1。

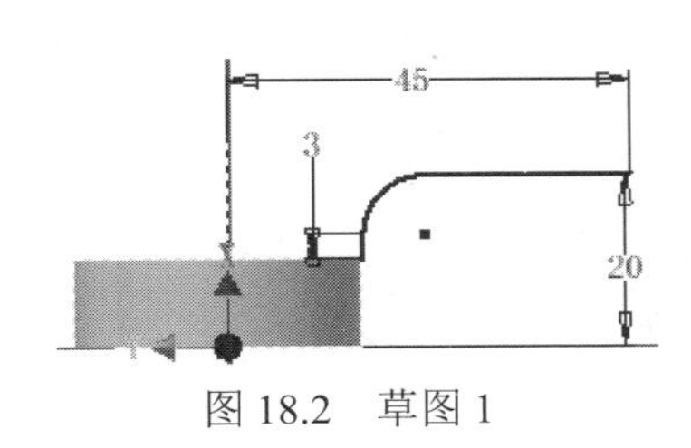

图 18.2　草图 1

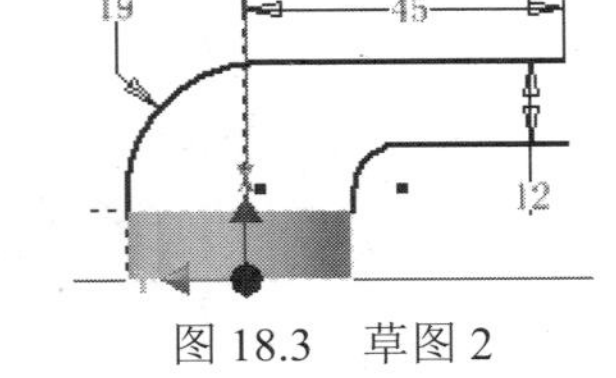

图 18.3　草图 2

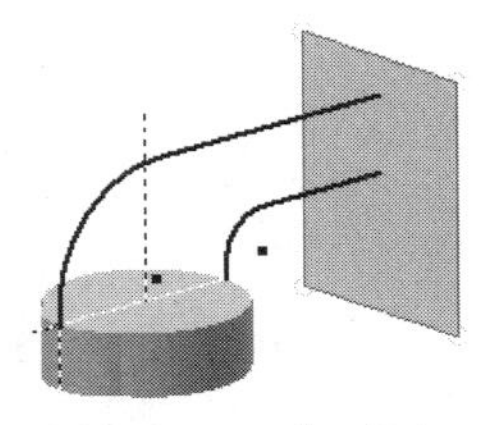

图 18.4　工作平面 1

Step5. 创建图 18.6 所示的草图 3。选取工作平面 1 草图平面，绘制图 18.7 所示的草图 3。

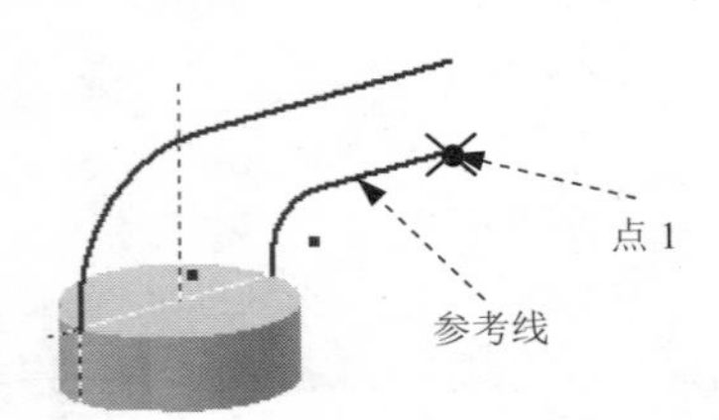

图 18.5　定义参考点与参考线

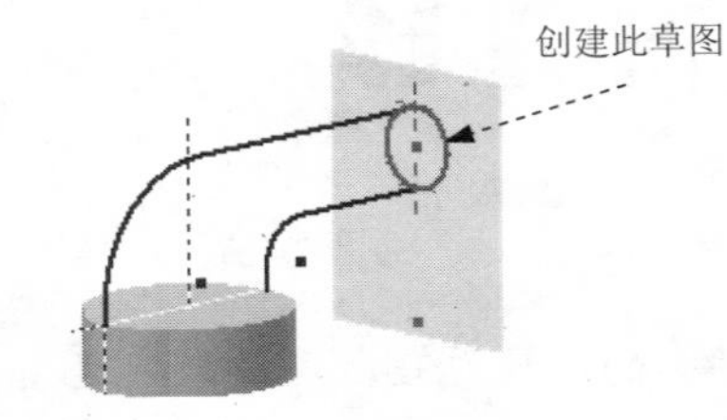

图 18.6　草图 3（建模环境）

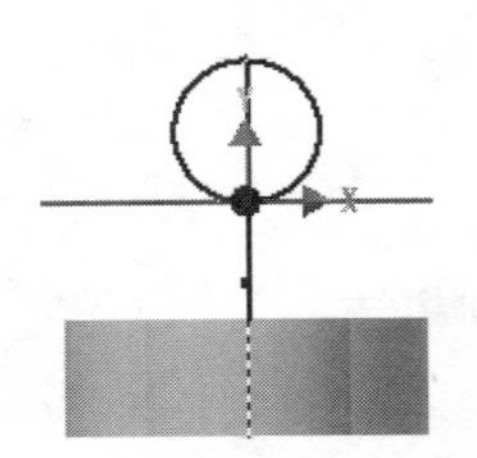

图 18.7　草图 3（草图环境）

Step6. 创建草图 4。选取图 18.8 所示的模型表面作为草图平面，绘制图 18.9 所示的草图 4。

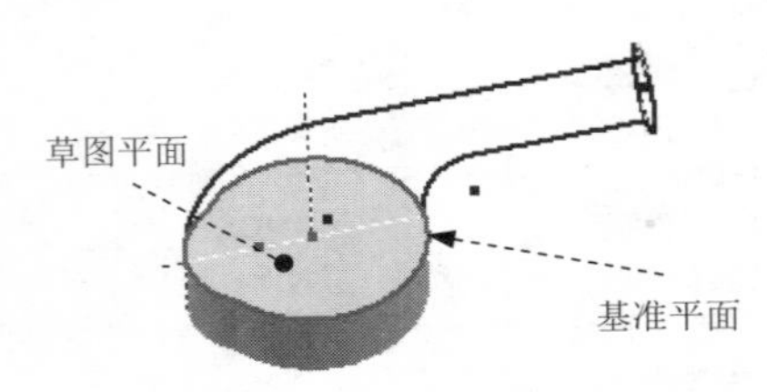

图 18.8　草图 4（建模环境）

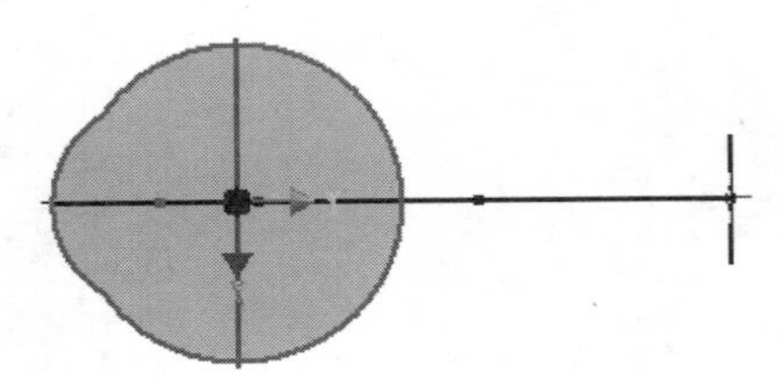

图 18.9　草图 4（草图环境）

Step7. 创建图 18.10 所示的工作平面 2。在 定位特征 区域中单击“平面”按钮 下的 平面，选择 从平面偏移 命令；选取图 18.11 所示的工作平面 1 作为参考平面，输入要偏距的距离值-23；单击 按钮完成工作平面 2 的创建。

Step8. 创建图草图 5。选取工作平面 2 作为草图平面，绘制图 18.12 所示的草图 5。

说明：草图 5 为一条长度为 2 的直线。

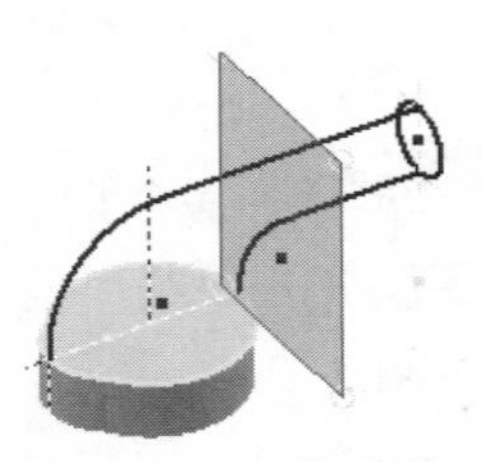

图 18.10　工作平面 2

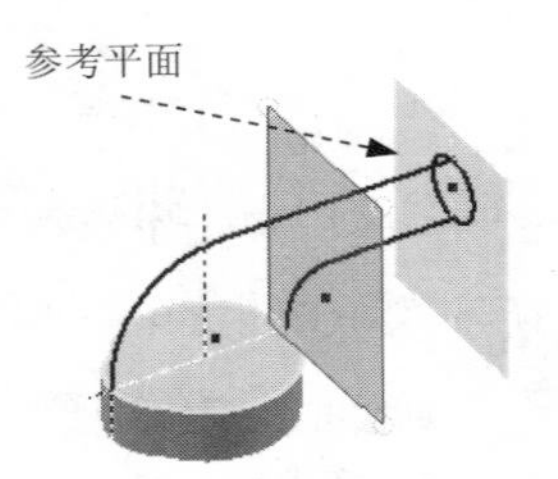

图 18.11　定义参考平面

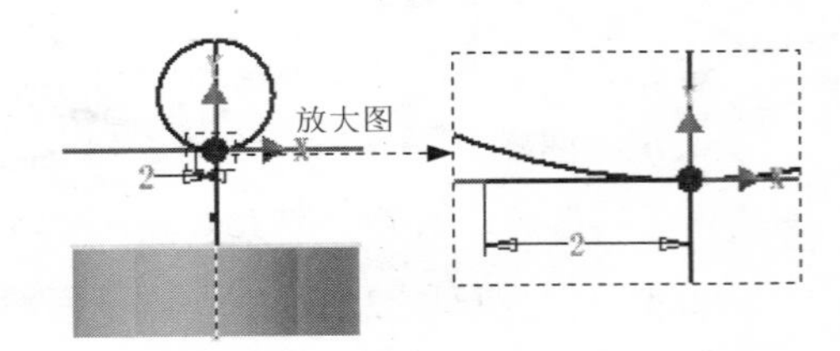

图 18.12　草图 5

Step9. 创建图 18.13 所示的工作平面 3。在 定位特征 区域中单击“平面”按钮 下的 平面，选择 三点 命令；选取图 18.14 所示的三个点作为参考点，单击 按钮完成工作平面 3 的创建。

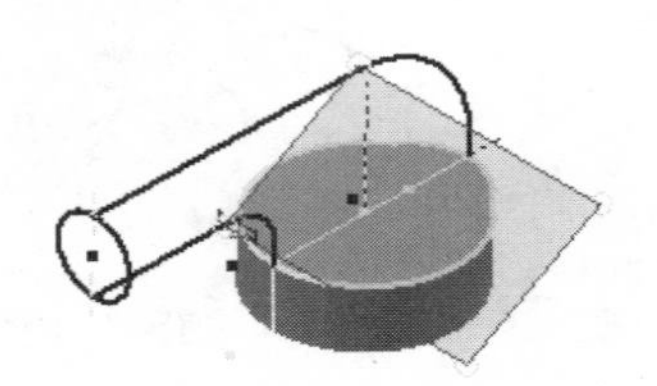

图 18.13　工作平面 3

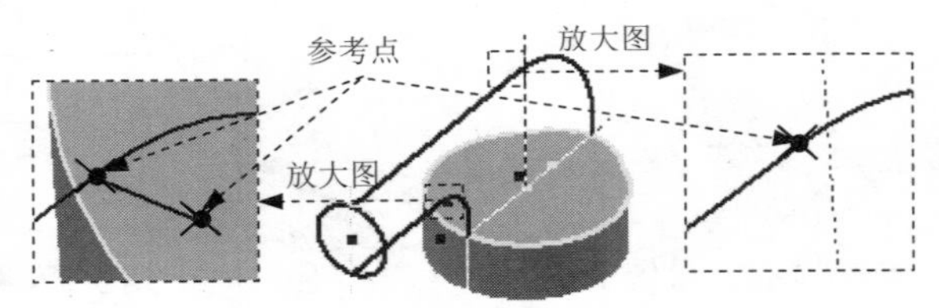

图 18.14　定义参考点

Step10. 创建图 18.15 所示的草图 6。选取工作平面 3 作为草图平面，绘制图 18.16 所示的草图 6。

Step11. 创建图 18.17 所示的放样 1。在 创建 ▼ 区域中单击 放样 按钮；依次选取图 18.18 所示的草图 4 为第一个横截面，选取草图 6 为第二个横截面，选取草图 3 为第三个横截面；选取图 18.18 所示的轨迹线 1 与轨迹线 2 为轨迹线；单击 条件 选项卡，将 草图5（剖视图）与 草图4（剖视图）的条件设置为“方向条件”；单击“放样”对话框中的 确定 按钮，完成放样 1 的创建。

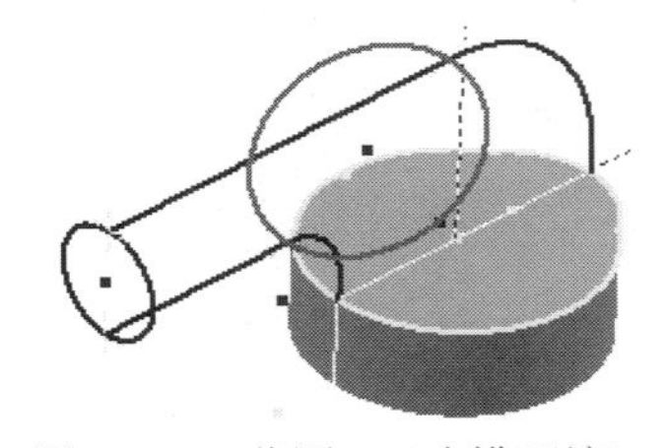
图 18.15 草图 6（建模环境）

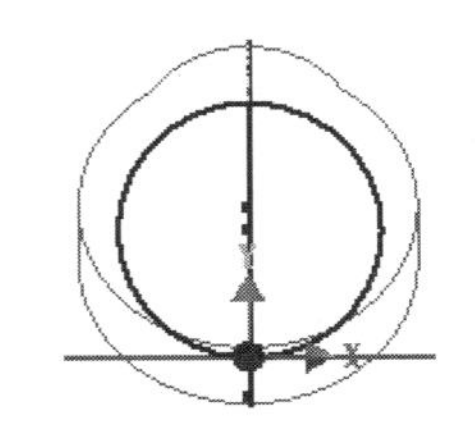

图 18.16 草图 6（草图环境）

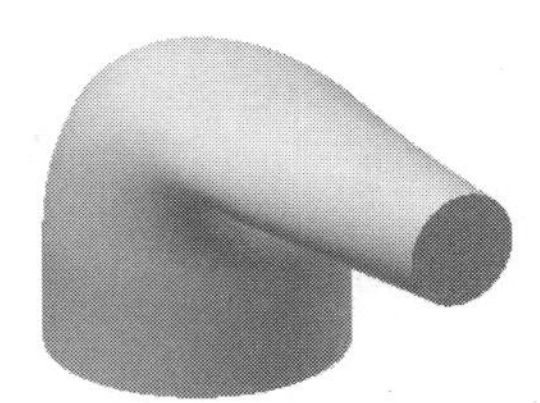
图 18.17 放样 1

Step12. 创建图 18.19 所示的拉伸特征 2。在 创建 ▼ 区域中单击 按钮，系统弹出“创建拉伸”对话框；单击“创建拉伸”对话框中的 创建二维草图 按钮，选取 XZ 平面作为草图平面，进入草绘环境，绘制图 18.20 所示的截面草图，单击 按钮；再次单击 创建 ▼ 区域中 按钮，然后将布尔运算设置为“求差”类型 ，在 范围 区域中的下拉列表中选择 贯通 选项，将拉伸方向设置为“对称”类型 ；单击“拉伸”对话框中的 确定 按钮，完成拉伸特征 2 的创建。

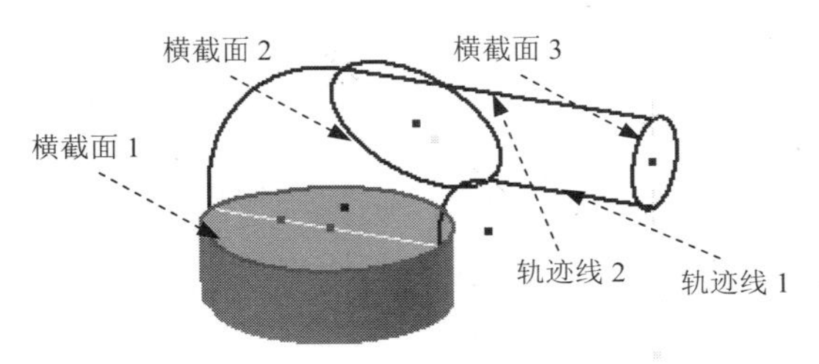

图 18.18 定义横截面与轨迹线

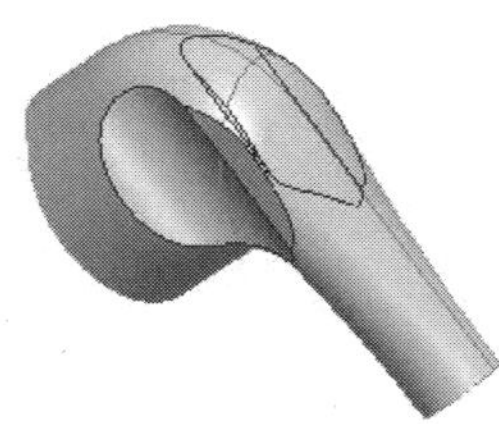
图 18.19 拉伸特征 2

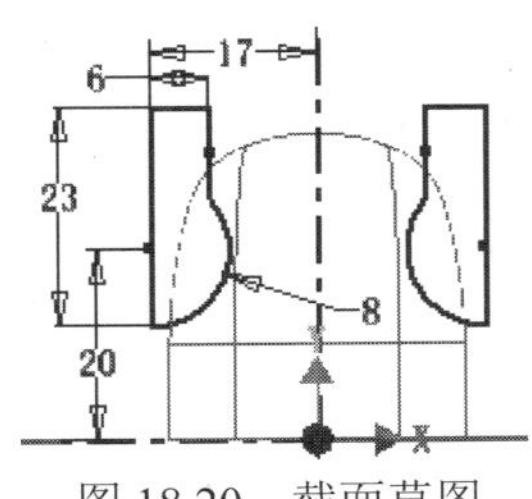

图 18.20 截面草图

Step13. 创建图 18.21 所示的工作平面 4（注：具体参数和操作参见随书光盘）。

Step14. 创建图 18.22 所示的拉伸特征 3。在 创建 ▼ 区域中单击 按钮，系统弹出“创建拉伸”对话框；单击“创建拉伸”对话框中的 创建二维草图 按钮，选取工作平面 4 作为草图平面，进入草绘环境，绘制图 18.23 所示的截面草图，单击 按钮；再次单击 创建 ▼ 区域中 按钮，然后将布尔运算设置为“求差”类型 ，在 范围 区域中的下拉列表中选择 贯通 选项，将拉伸方向设置为“方向 1”类型 ；单击“拉伸”对话框中的 确定 按钮，完成拉伸特征 3 的创建。

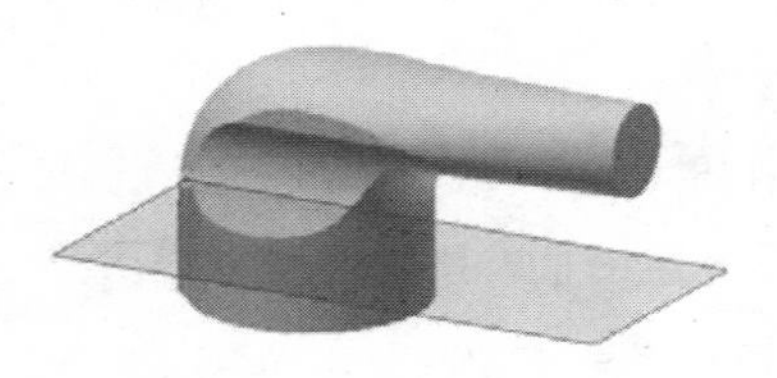

图 18.21 工作平面 4

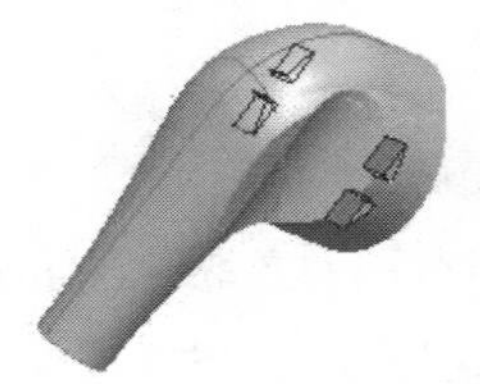

图 18.22 拉伸特征 3

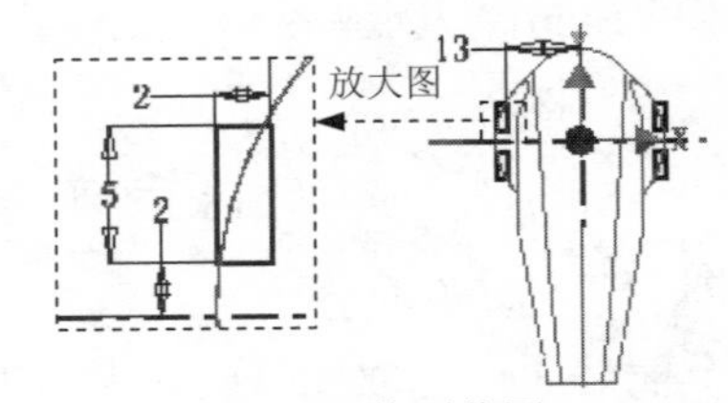

图 18.23 截面草图

Step15. 创建图 18.24 所示的工作点。在 定位特征 区域中单击“工作点”按钮右侧的，选择命令，选择图 18.25 所示的圆弧。

Step16. 创建图 18.26 所示的工作平面 5。在 定位特征 区域中单击“平面”按钮下的 平面，选择 平行于平面且通过点 命令；选取 XY 平面作为参考平面，再选取 18.24 所示的工作点作为参考点；单击按钮完成工作平面 5 的创建。

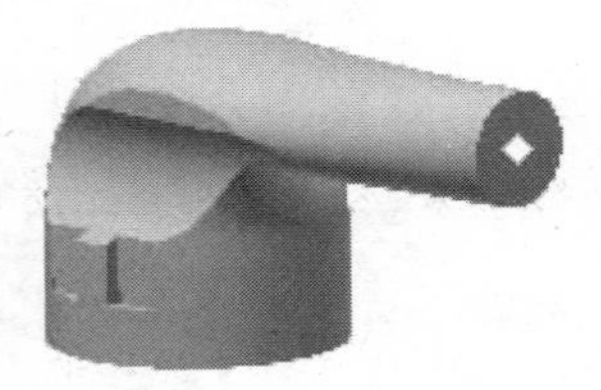

图 18.24 工作点

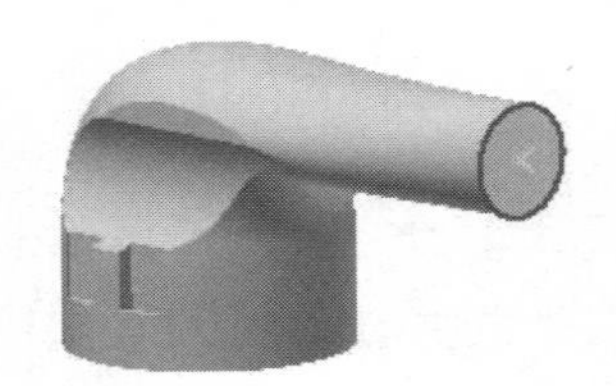

图 18.25 定义回路

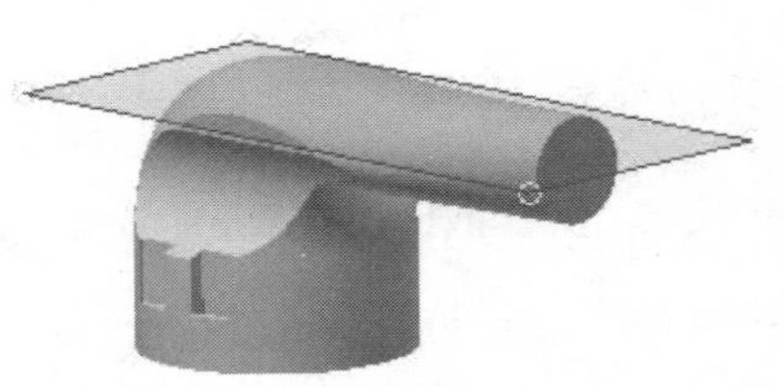

图 18.26 工作平面 5

Step17. 创建图 18.27 所示的旋转特征 1。在 创建 区域中单击按钮，系统弹出“创建旋转”对话框；单击“创建旋转”对话框中的 创建二维草图 按钮，选取工作平面 5 为草图平面，进入草绘环境，绘制图 18.28 所示的截面草图；单击 草图 选项卡 返回到三维 区域中的按钮，然后在“旋转”对话框中将布尔运算设置为“求差”类型，在 范围 区域的下拉列表中选中 角度 选项，输入角度值 90，并将旋转方向调整为“方向 1”类型；单击“旋转”对话框中的 确定 按钮，完成旋转特征 1 的创建。

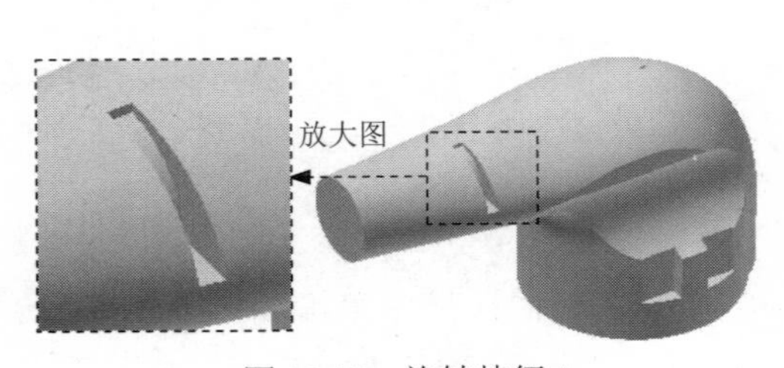

图 18.27 旋转特征 1

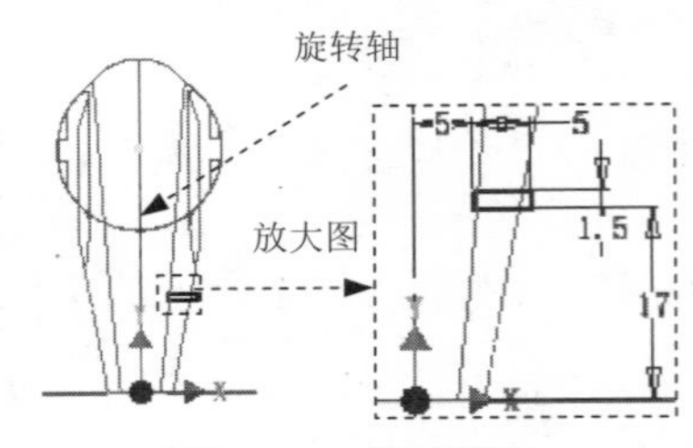

图 18.28 截面草图

Step18. 创建图 18.29 所示的矩形阵列 1。在 阵列 区域中单击按钮；在图形区中选取旋转特征 1（或在浏览器中选择“旋转 1”特征）；在“矩形阵列”对话框中单击 方向 1 区域中的按钮，然后选取 Y 轴为矩形阵列方向，单击按钮更改阵列方向，在 方向 1 区域的按钮后的文本框中输入数值 3，在 方向 1 区域的按钮后的文本框中输入数值 6；

单击 确定 按钮，完成矩形阵列 1 的创建。

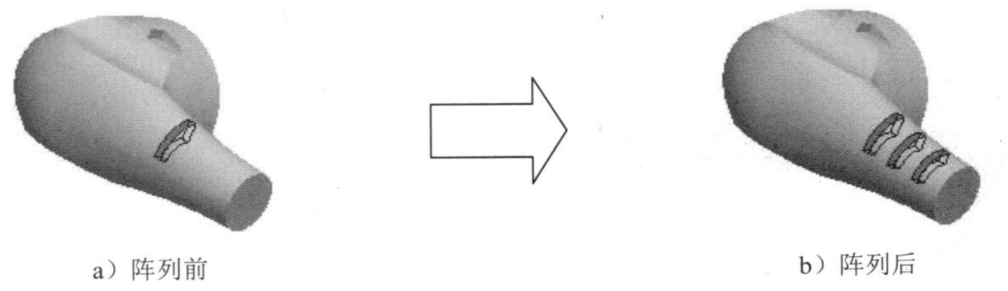

a）阵列前　　b）阵列后

图 18.29　矩形阵列 1

Step19. 创建图 18.30 所示的旋转特征 2。在 创建 ▾ 区域中单击按钮，系统弹出“创建旋转”对话框；单击“创建旋转”对话框中的 创建二维草图 按钮，选取工作平面 5 为草图平面，进入草绘环境，绘制图 18.31 所示的截面草图；单击 草图 选项卡 返回到三维 区域中的按钮，然后在“旋转”对话框中将布尔运算设置为“求差”类型，在 范围 区域的下拉列表中选中 角度 选项，输入角度值 90，并将旋转方向调整为“方向 2”类型；单击“旋转”对话框中的 确定 按钮，完成旋转特征 2 的创建。

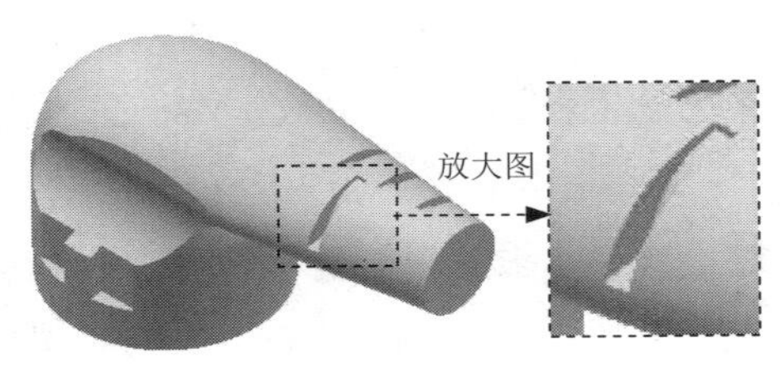

图 18.30　旋转特征 2

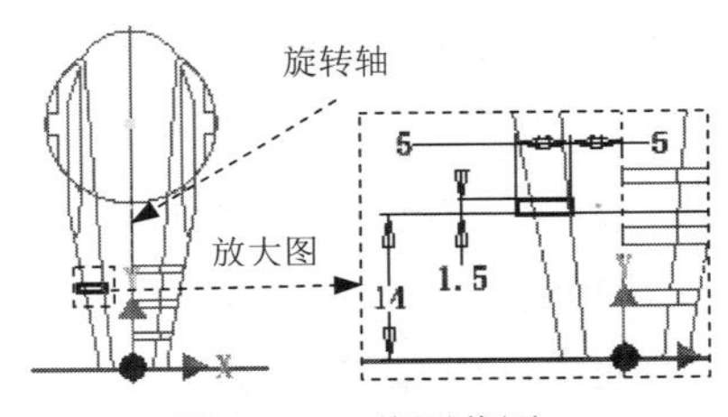

图 18.31　截面草图

Step20. 创建图 18.32 所示的矩形阵列 2。在 阵列 区域中单击按钮；在图形区中选取旋转特征 2（或在浏览器中选择“旋转 2”特征）；在“矩形阵列”对话框中单击 方向 1 区域中的按钮，然后选取 Y 轴为矩形阵列方向，单击按钮更改阵列方向，在 方向 1 区域的按钮后的文本框中输入数值 3，在 方向 1 区域的按钮后的文本框中输入数值 6；单击 确定 按钮，完成矩形阵列 2 的创建。

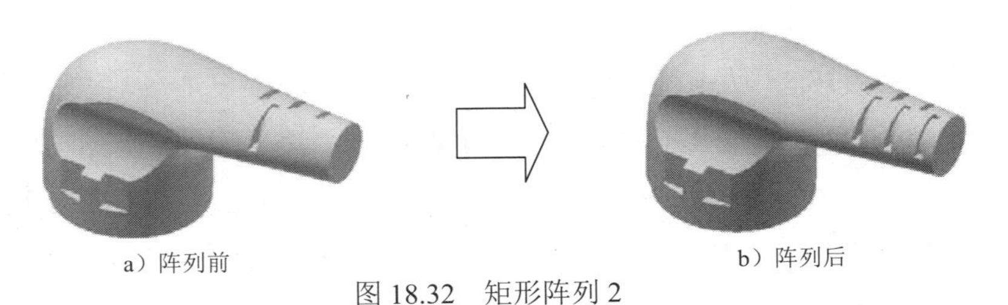

a）阵列前　　b）阵列后

图 18.32　矩形阵列 2

Step21. 创建图 18.33 所示的旋转特征 3。在 创建 ▾ 区域中单击按钮，系统弹出“创建旋转”对话框；单击“创建旋转”对话框中的 创建二维草图 按钮，选取工作平面 5 为草图平面，进入草绘环境，绘制图 18.34 所示的截面草图；单击 草图 选项卡 返回到三维 区域中的按钮，然后在“旋转”对话框中将布尔运算设置为“求差”类型，在 范围 区域的下拉列表中选中角度选项，输入角度值 90，并将旋转方向调整为“方向 2”类型；单击“旋转”对话框中的确定按钮，完成旋转特征 3 的创建。

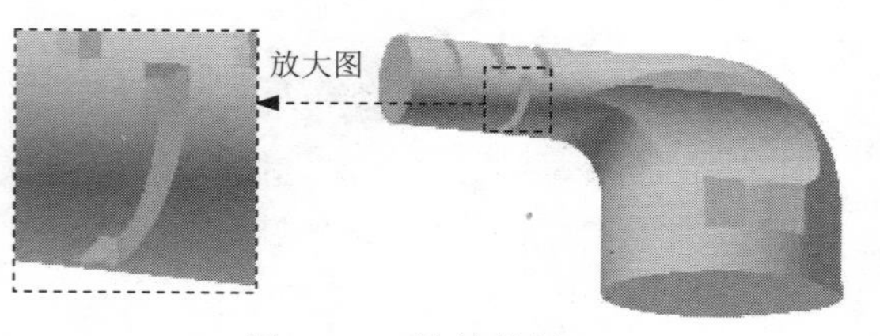

图 18.33　旋转特征 3

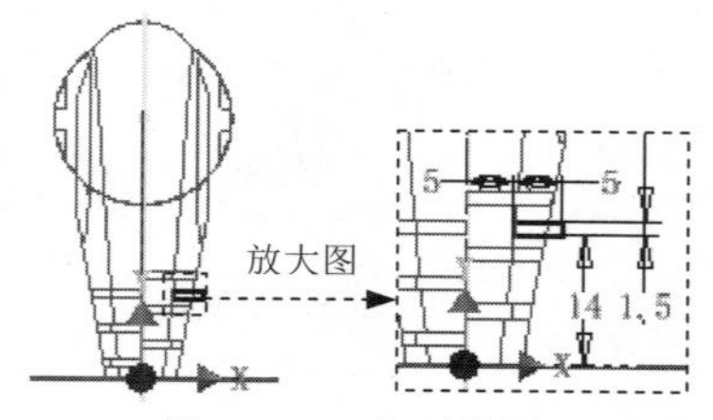

图 18.34　截面草图

Step22. 创建图 18.35 所示的矩形阵列 3。在阵列区域中单击按钮；在图形区中选取旋转特征 3（或在浏览器中选择“旋转 3”特征）；在“矩形阵列”对话框中单击方向 1区域中的按钮，然后选取 Y 轴为矩形阵列方向，单击按钮更改阵列方向，在方向 1区域的按钮后的文本框中输入数值 3，在方向 1区域的按钮后的文本框中输入数值 6；单击确定按钮，完成矩形阵列 3 的创建。

Step23. 创建图 18.36 所示的旋转特征 4。在创建区域中单击按钮，系统弹出“创建旋转”对话框；单击“创建旋转”对话框中的创建二维草图按钮，选取工作平面 5 为草图平面，进入草绘环境，绘制图 18.37 所示的截面草图；单击草图选项卡返回到三维区域中的按钮，然后在“旋转”对话框中将布尔运算设置为“求差”类型，在范围区域的下拉列表中选中角度选项，输入角度值 90，并将旋转方向调整为“方向 1”类型；单击“旋转”对话框中的确定按钮，完成旋转特征 4 的创建。

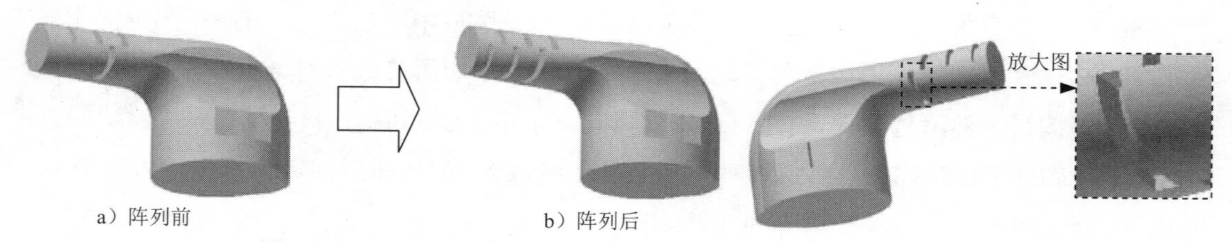

a）阵列前　b）阵列后

图 18.35　矩形阵列 3　　图 18.36　旋转特征 4

Step24. 创建图 18.38 所示的矩形阵列 4。在阵列区域中单击按钮；在图形区中选取旋转特征 4（或在浏览器中选择“旋转 4”特征）；在“矩形阵列”对话框中单击方向 1区域中的按钮，然后选取 Y 轴为矩形阵列方向，单击按钮更改阵列方向，在方向 1区域的按钮后的文本框中输入数值 3，在方向 1区域的按钮后的文本框中输入数值 6；单击确定按钮，完成矩形阵列 4 的创建。

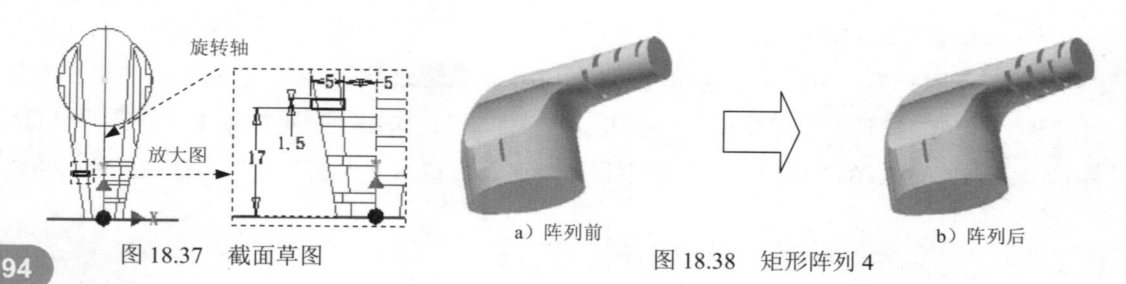

图 18.37　截面草图

a）阵列前　b）阵列后

图 18.38　矩形阵列 4

Step25. 创建草图 7。选取 YZ 平面作为草图平面，绘制图 18.39 所示的草图 7。

Step26. 创建草图 8。选取图 18.40 所示的模型表面作为草图平面，绘制图 18.41 所示的草图 8。

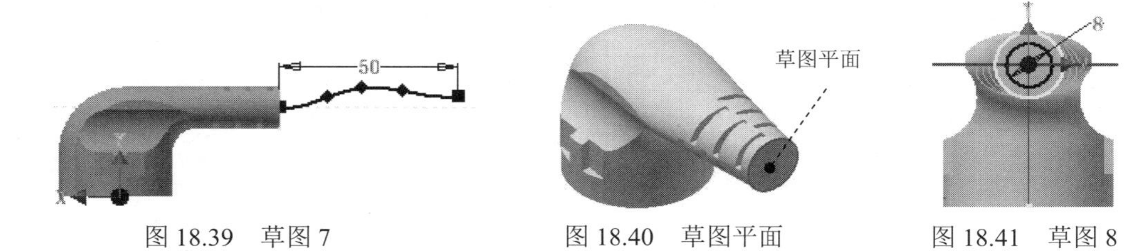

图 18.39 草图 7　　图 18.40 草图平面　　图 18.41 草图 8

Step27. 创建图 18.42 所示的扫掠 1。在 创建 ▾ 区域中单击“扫掠”按钮 扫掠；在“扫掠”对话框中单击按钮，然后在图形区中选取草图 7 作为扫掠轨迹，完成扫掠轨迹的选取；在“扫掠”对话框 类型 区域的下拉列表中选择 路径，其他参数接受系统默认；单击“扫掠”对话框中的 确定 按钮，完成扫掠特征的创建。

Step28. 创建图 18.43 所示的拉伸特征 3。在 创建 ▾ 区域中单击按钮，系统弹出“创建拉伸”对话框；单击“创建拉伸”对话框中的 创建二维草图 按钮，选取 XY 平面做为草图平面，进入草绘环境，绘制图 18.44 所示的截面草图；单击 草图 选项卡 返回到三维 区域中的按钮，在“拉伸”对话框 范围 区域中的下拉列表中选择 距离 选项，在“距离”下拉列表中输入数值 22.0，并将拉伸方向设置为“方向 2”类型；单击“拉伸”对话框中的 确定 按钮，完成拉伸特征 3 的创建。

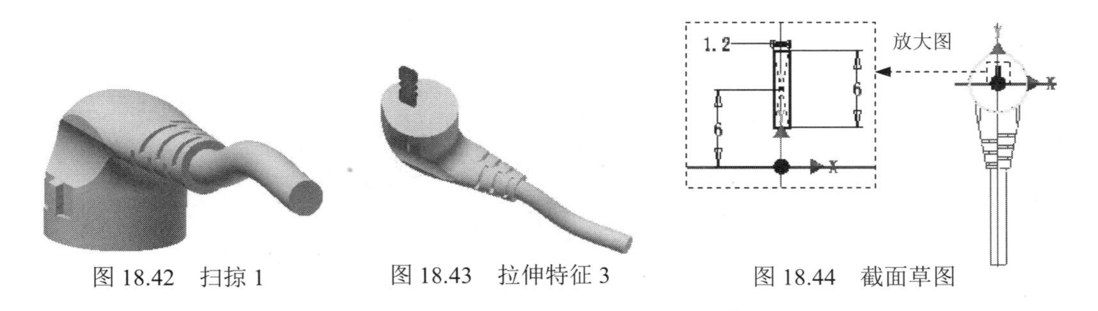

图 18.42 扫掠 1　　图 18.43 拉伸特征 3　　图 18.44 截面草图

Step29. 创建图 18.45 所示的拉伸特征 4。在 创建 ▾ 区域中单击按钮，系统弹出“创建拉伸”对话框；单击“创建拉伸”对话框中的 创建二维草图 按钮，选取 XY 平面作为草图平面，进入草绘环境，绘制图 18.46 所示的截面草图；单击 草图 选项卡 返回到三维 区域中的按钮，在“拉伸”对话框 范围 区域中的下拉列表中选择 距离 选项，在“距离”下拉列表中输入数值 22.0，并将拉伸方向设置为“方向 2”类型；单击“拉伸”对话框中的 确定 按钮，完成拉伸特征 4 的创建。

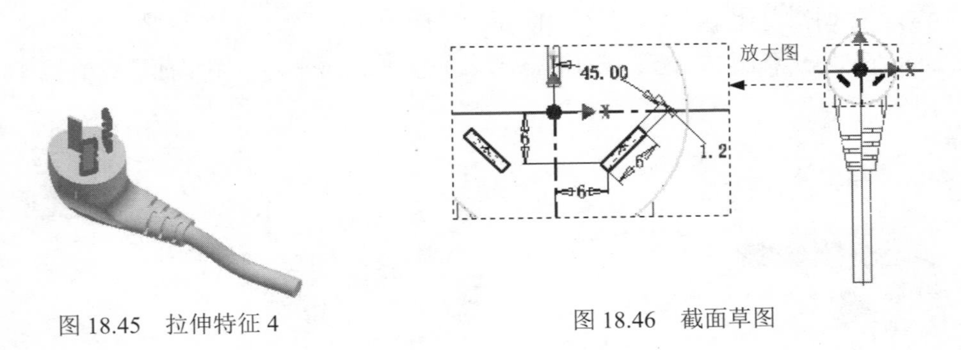

图 18.45　拉伸特征 4　　　　图 18.46　截面草图

Step30. 创建图 18.47 所示的完全圆角 1。在 修改 ▼ 区域中单击按钮；在“圆角”对话框单击“全圆角”按钮；在图形区依次选取图 18.47a 所示的侧面集 1、中心面集、及侧面集 2；单击“圆角”对话框中的 确定 按钮完成完全圆角 1 的创建。

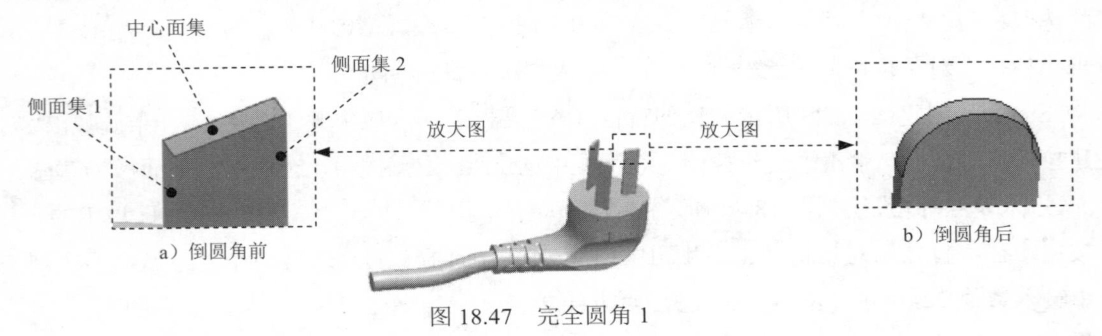

图 18.47　完全圆角 1

Step31. 参照 Step30 创建图 18.48 所示的完全圆角 2 与完全圆角 3。

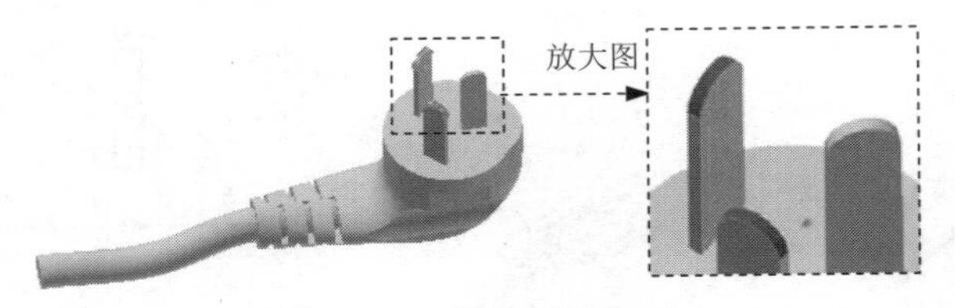

图 18.48　完全圆角 2、3

Step32. 创建图 18.49 所示的圆角 4。选取图 18.49a 所示的边线为倒圆的对象，输入倒圆角半径值 0.5。

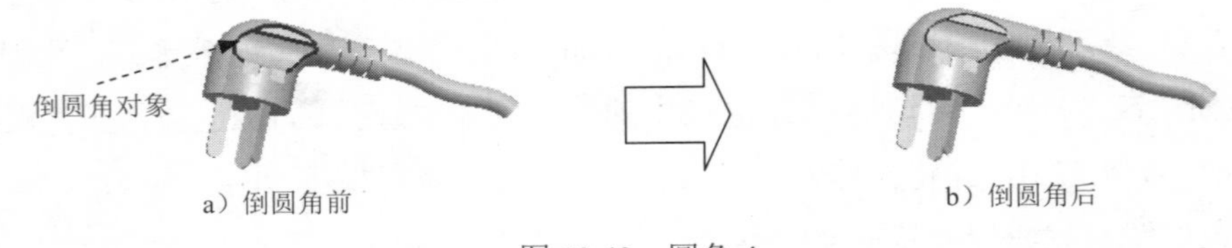

图 18.49　圆角 4

Step33. 创建图 18.50 所示的圆角 5。选取图 18.50a 所示的边线为倒圆的对象，输入倒圆角半径值 0.5。

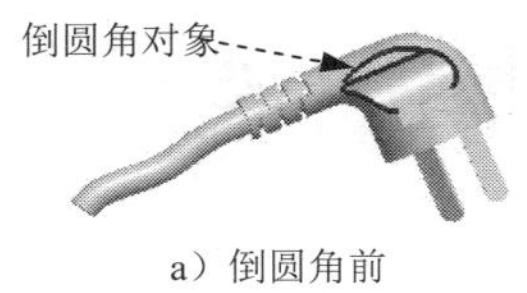

a）倒圆角前

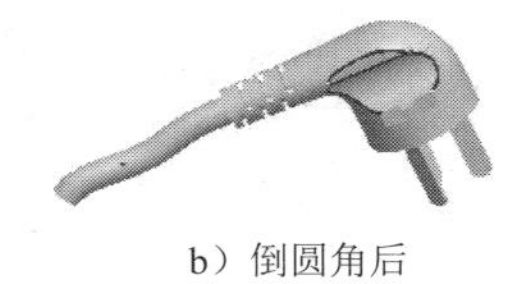
b）倒圆角后

图 18.50 圆角 5

Step34. 保存零件模型文件。

实例19 支 撑 架

实例概述

本实例介绍支撑架模型的设计过程。设计中的关键点是基准平面及基准轴等基准特征的创建，通过此模型的学习可以知道如何根据实际需要来创建基准特征。零件模型及浏览器如图 19.1 所示。

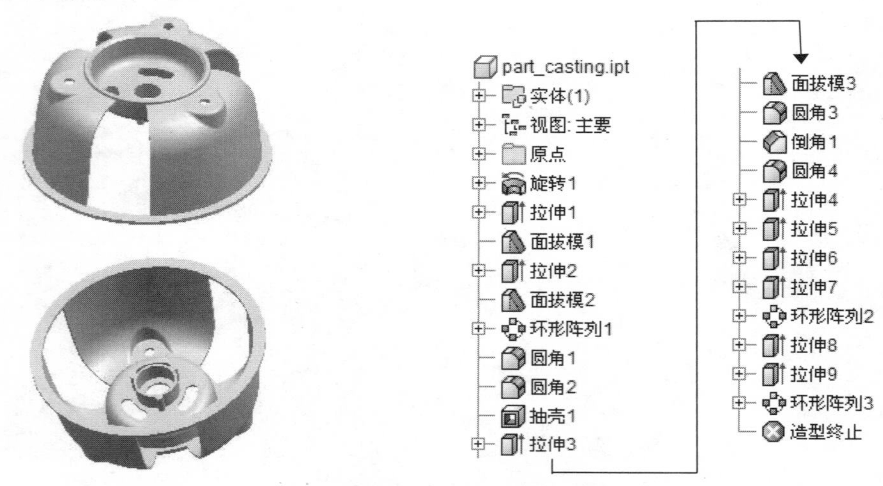

图 19.1 零件模型和浏览器

说明：本例前面的详细操作过程请参见随书光盘中 video\ch19\reference\文件下的语音视频讲解文件 part_casting-r01.exe。

Step1. 打开文件 D:\inv15.3\work\ch19\part_casting_ex.ipt。

Step2. 创建图 19.2 所示的面拔模 1。在 修改 ▼ 区域中单击 拔模 按钮；在“面拔模”对话框中将拔模类型设置为 “固定平面”；在系统 选择平面或工作平面 的提示下，选取图 19.3 所示的面 1 为拔模固定平面；在系统 选择拔模面 的提示下，选取图 19.3 所示的面 2 为需要拔模的面；在“面拔模”对话框 拔模斜度 文本框中输入数值 5；拔模方向如图 19.4 所示；单击“面拔模”命令条中的 确定 按钮，完成拔模 1 的创建。

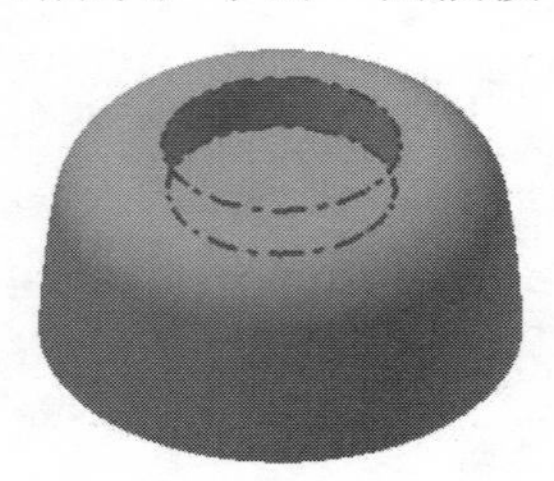

图 19.2 面拔模 1

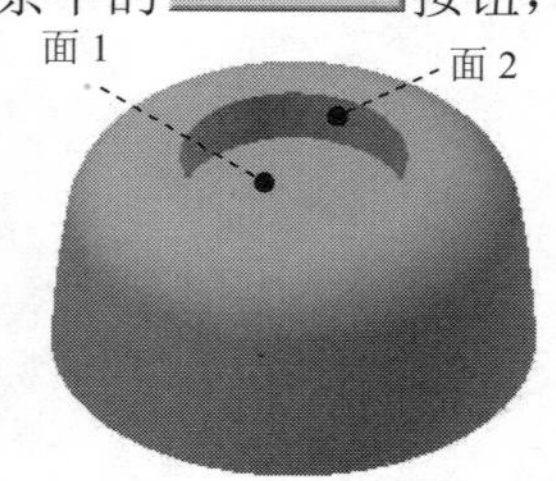

图 19.3 定义固定面、拔模面

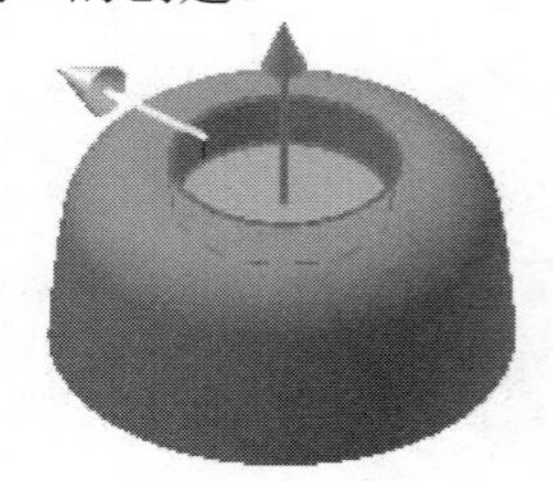

图 19.4 拔模方向

Step3. 创建图 19.5 所示的拉伸特征 2。在 创建 ▼ 区域中单击 按钮，选取图 19.6

所示的模型表面作为草图平面，绘制图 19.7 所示的截面草图，在“拉伸”对话框 范围 区域中的下拉列表中选择 到表面或平面 选项，并将拉伸方向设置为“方向 2”类型，单击“拉伸”对话框中的 确定 按钮，完成拉伸特征 2 的创建。

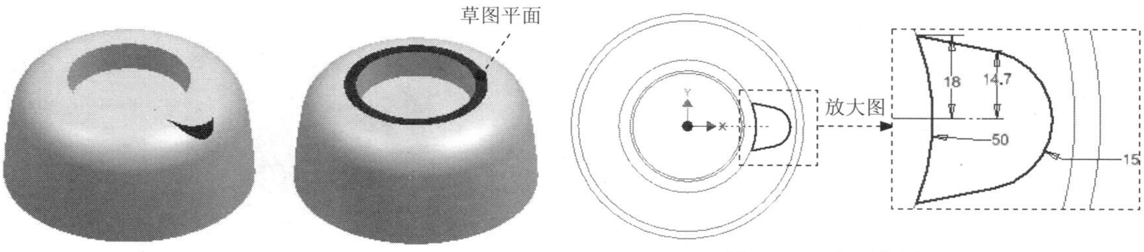

图 19.5 拉伸特征 2　　图 19.6 定义草图平面　　图 19.7 截面草图

Step4. 创建图 19.8 所示的面拔模 2。在 修改 ▾ 区域中单击 拔模 按钮；在“面拔模”对话框中将拔模类型设置为 “固定平面”；在系统 选择平面或工作平面 的提示下，选取图 19.9 所示的面 1 为拔模固定平面；在系统 选择拔模面 的提示下，选取图 19.9 所示的面 2 为需要拔模的面；在“面拔模”对话框 拔模斜度 文本框中输入数值 5；拔模方向如图 19.10 所示；单击“面拔模”命令条中的 确定 按钮，完成拔模 2 的创建。

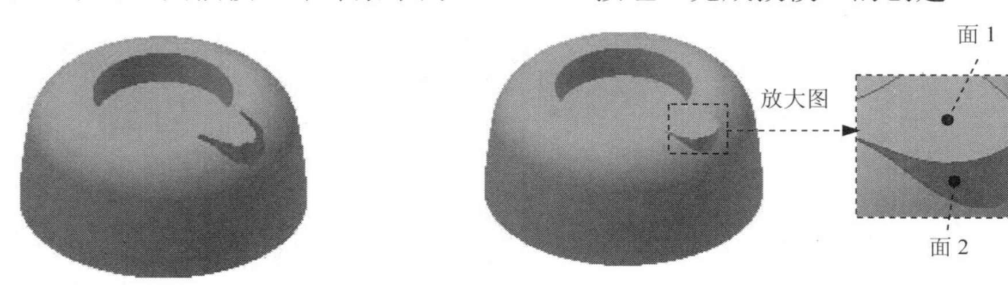

图 19.8 面拔模 2　　图 19.9 定义固定面与拔模面

Step5. 创建图 19.11 所示的环形阵列 1。在 阵列 区域中单击 按钮；在图形区中选取拉伸特征 2 与拔模 2 特征（或在浏览器中选择“拉伸 2”与“面拔模 2”特征）；在“环形阵列”对话框中单击 按钮，然后在浏览器中选取“Z 轴” 为环形阵列轴，在 放置 区域的 按钮后的文本框中输入数值 3，在 放置 区域的 按钮后的文本框中输入数值 360.0；单击 确定 按钮，完成环形阵列 1 的创建。

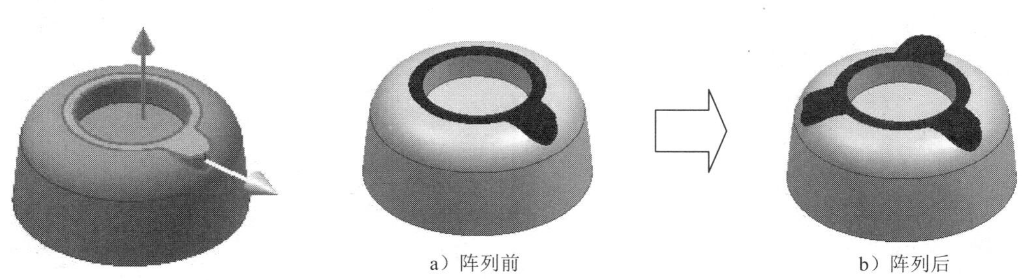

图 19.10 定义拔模方向　　图 19.11 环形阵列 1

Step6. 创建图 19.12 所示的倒圆特征 1。在 修改 ▾ 区域中单击 按钮；在系统的提示下，选取图 19.12a 所示的模型边线为倒圆的对象；在“倒圆角”小工具栏“半径 R”文本框中输入数值 8；单击“圆角”对话框中的 确定 按钮，完成倒圆特征 1 的定义。

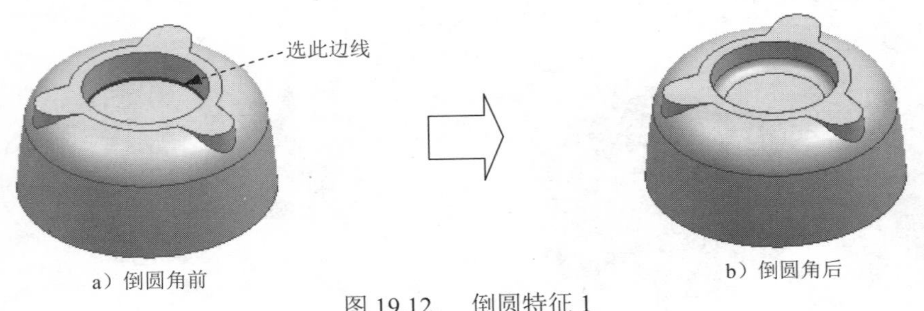

图 19.12 倒圆特征 1

Step7. 创建图 19.13 所示的倒圆特征 2。选取图 19.13a 所示的模型边线为倒圆的对象，输入倒圆角半径值 3.0。

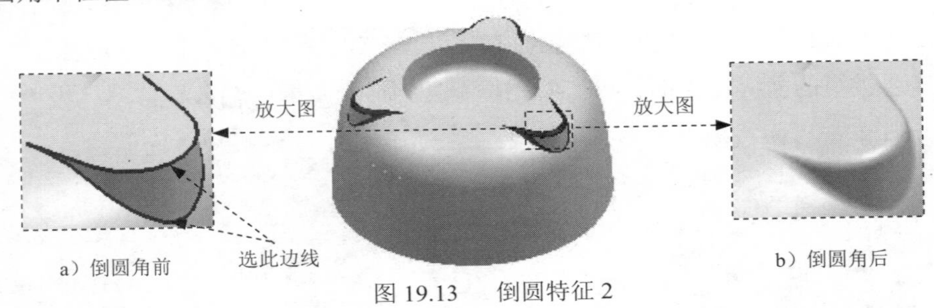

图 19.13 倒圆特征 2

Step8. 创建图 19.14 所示的抽壳特征 1。在 修改 ▼ 区域中单击 抽壳 按钮；在“抽壳”对话框 厚度 文本框中输入薄壁厚度值 2.0；在系统 选择要去除的表面 的提示下，选择图 19.15 所示的模型表面为要移除的面；单击“抽壳”对话框中的 确定 按钮，完成抽壳特征的创建。

Step9. 创建图 19.16 所示的拉伸特征 3。在 创建 ▼ 区域中单击 按钮，系统弹出“创建拉伸”对话框；单击“创建拉伸”对话框中的 创建二维草图 按钮，选取图 19.17 所示的模型表面作为草图平面，进入草绘环境，绘制图 19.18 所示的截面草图；单击 草图 选项卡 返回到三维 区域中的 按钮，选取图 19.18 所示的封闭截面作为截面轮廓，在“拉伸”对话框中将布尔运算设置为“求和”类型 ，在 范围 区域中的下拉列表中选择 距离 选项，在“距离”下拉列表中输入数值 3.0，将拉伸方向设置为“方向 1”类型 ；单击“拉伸”对话框中的 确定 按钮，完成拉伸特征 3 的创建。

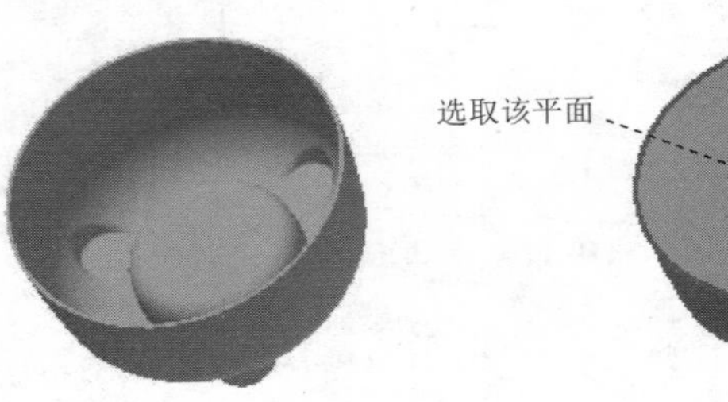

图 19.14 抽壳特征 1

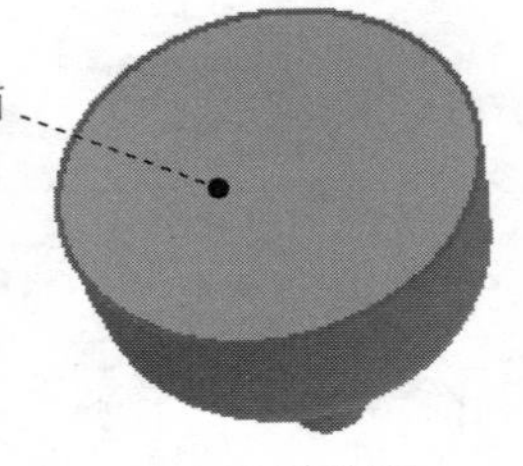

图 19.15 定义移除面

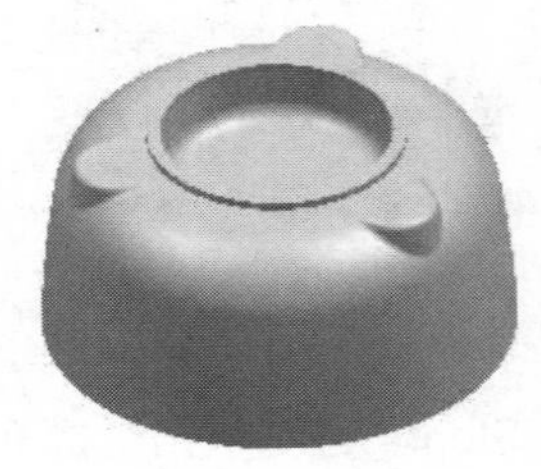

图 19.16 拉伸特征 3

Step10. 创建图 19.19 所示的面拔模 3。在 修改 ▼ 区域中单击 拔模 按钮；在“面拔模”对话框中将拔模类型设置为“固定平面”；在系统 选择平面或工作平面 的提示下，选取图 19.20 所示的面 1 为拔模固定平面；在系统 选择拔模面 的提示下，选取图 19.21 所示的面 2 为需要拔模的面；在“面拔模”对话框 拔模斜度 文本框中输入数值 5；拔模方向如图 19.22 所示；单击“面拔模”命令条中的 确定 按钮，完成面拔模 3 的创建。

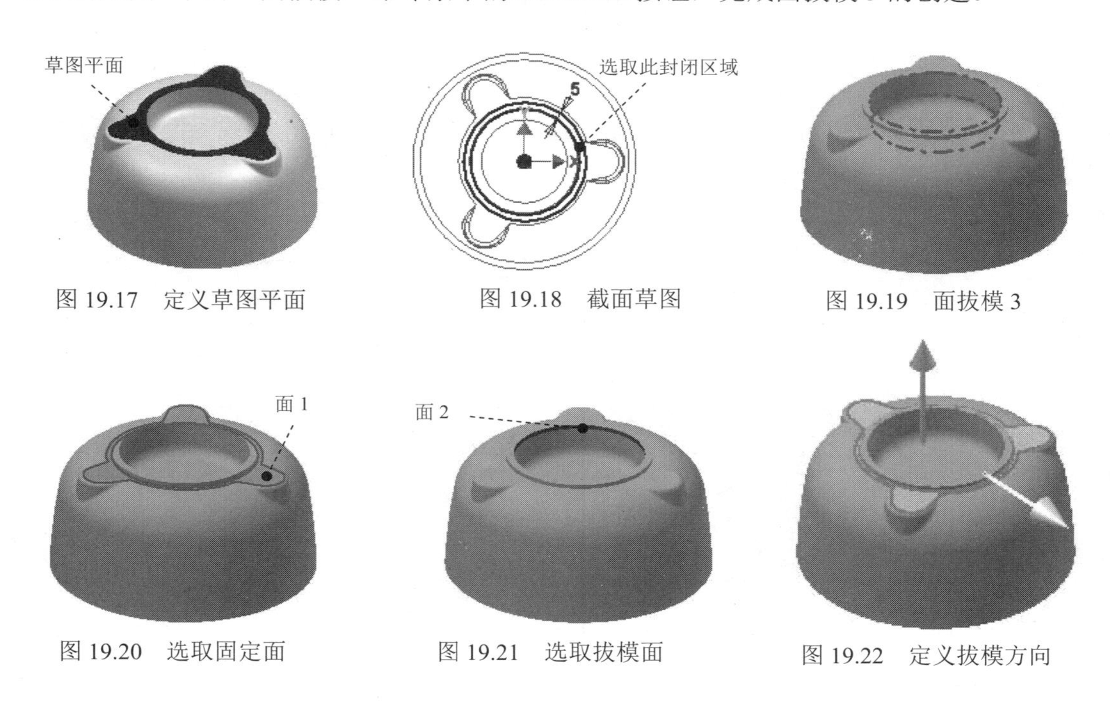

图 19.17　定义草图平面

图 19.18　截面草图

图 19.19　面拔模 3

图 19.20　选取固定面

图 19.21　选取拔模面

图 19.22　定义拔模方向

Step11. 创建图 19.23 所示的倒圆特征 3。选取图 19.23a 所示的模型边线为倒圆的对象，输入倒圆角半径值 1.0。

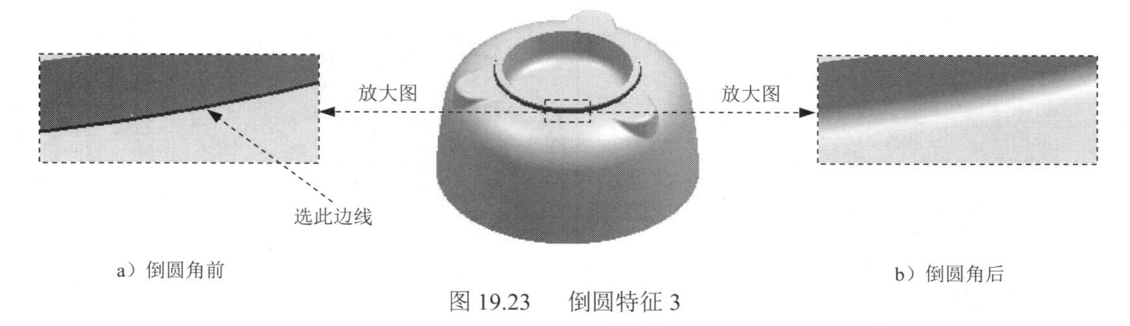

a）倒圆角前

b）倒圆角后

图 19.23　倒圆特征 3

Step12. 创建图 19.24 所示的倒角特征 1。在 修改 ▼ 区域中单击 倒角 按钮；在“倒角”对话框中定义倒角类型为“倒角边长”选项；在系统的提示下，选取图 19.24a 所示的模型边线为倒角的对象；在“倒角”对话框 倒角边长 文本框中输入数值 2.0；单击“倒角”对话框中的 确定 按钮，完成倒角特征 1 的创建。

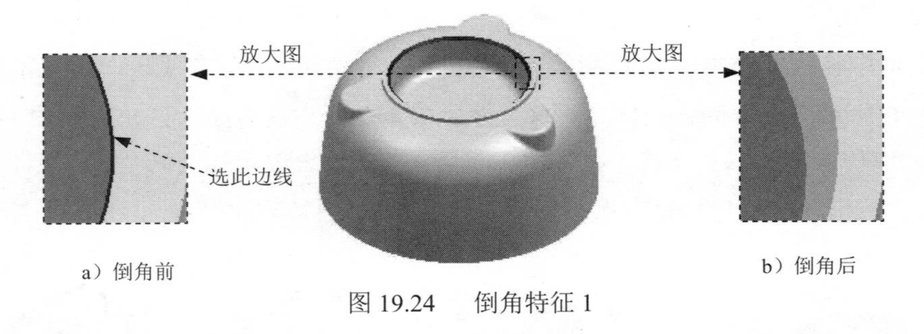

a）倒角前　　b）倒角后

图 19.24　倒角特征 1

Step13. 创建图 19.25 所示的倒圆特征 4。选取图 19.25a 所示的模型边线为倒圆的对象，输入倒圆角半径值 1.0。

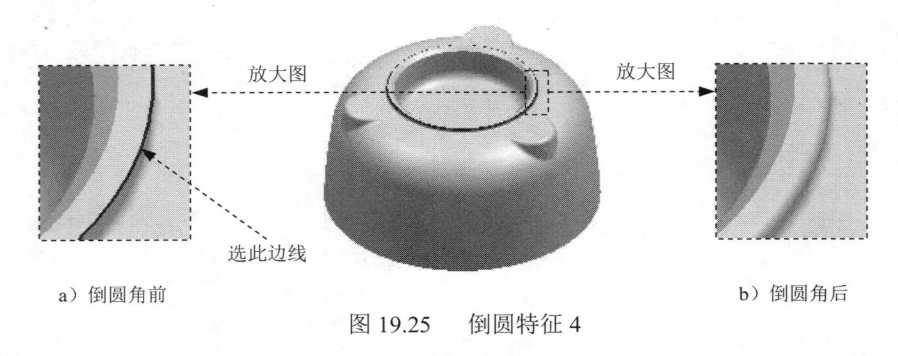

a）倒圆角前　　b）倒圆角后

图 19.25　倒圆特征 4

Step14. 创建图 19.26 所示的拉伸特征 4。在 创建 ▾ 区域中单击 按钮，选取 XY 平面作为草图平面，绘制图 19.27 所示的截面草图，选取图 19.27 所示的封闭区域为截面轮廓，在“拉伸”对话框将布尔运算设置为“求和”类型 ，然后在 范围 区域中的下拉列表中选择 距离 选项，在“距离”下拉列表中输入数值 3，将拉伸方向设置为“方向 1”类型 ；单击“拉伸”对话框中的 确定 按钮，完成拉伸特征 4 的创建。

图 19.26　拉伸特征 4

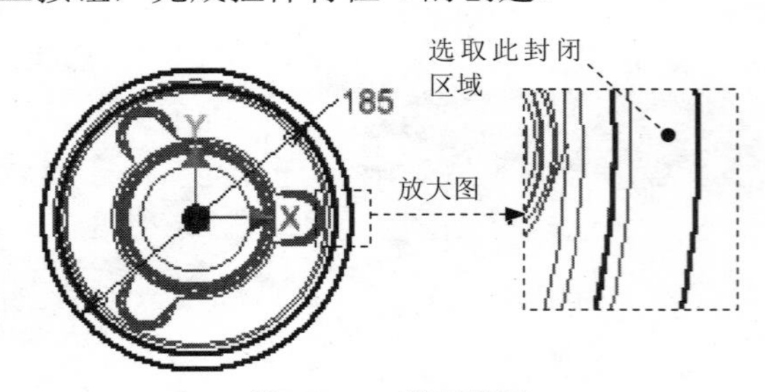

图 19.27　截面草图

Step15. 创建图 19.28 所示的拉伸特征 5。在 创建 ▾ 区域中单击 按钮，选取图 19.29 所示的模型表面作为草图平面，绘制图 19.30 所示的截面草图，在“拉伸”对话框将布尔运算设置为“求差”类型 ，然后在 范围 区域中的下拉列表中选择 贯通 选项，将拉伸方向设置为“方向 2”类型 ；单击“拉伸”对话框中的 确定 按钮，完成拉伸特征 5 的创建。

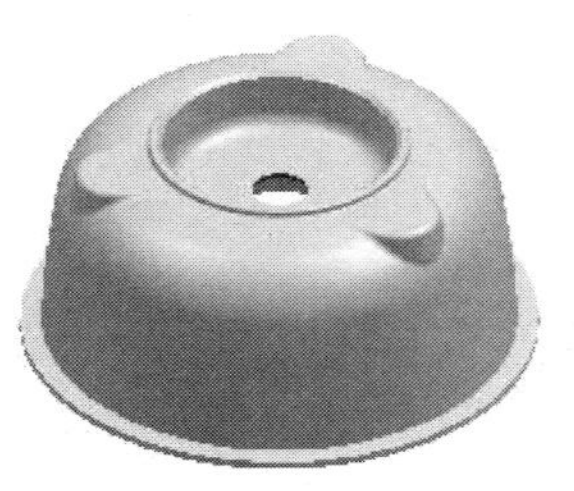

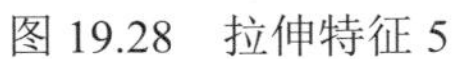

图 19.28 拉伸特征 5

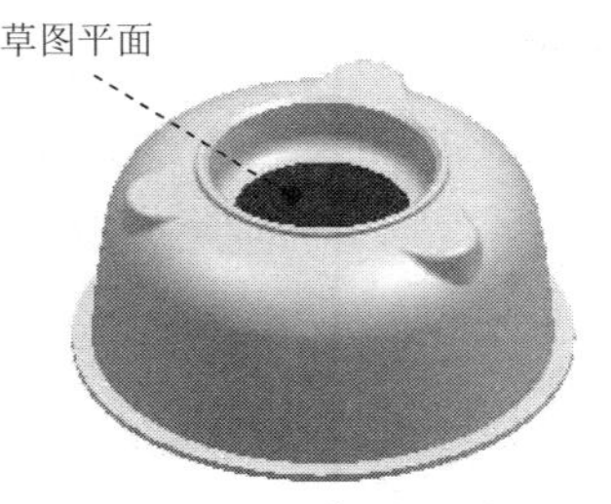

图 19.29 草图平面

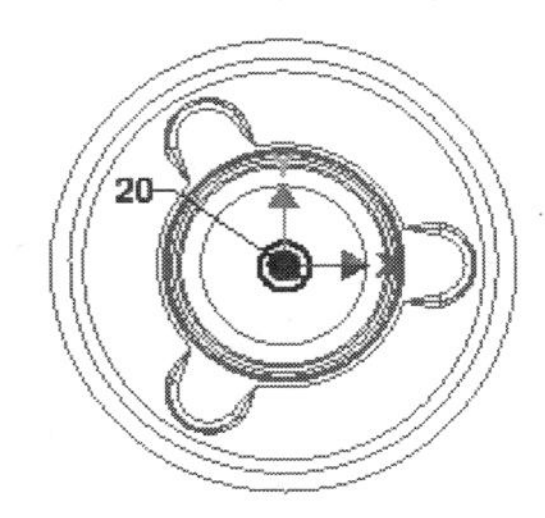

图 19.30 截面草图

Step16. 创建图 19.31 所示的拉伸特征 6。在 创建 ▾ 区域中单击 按钮，选取图 19.32 所示的模型表面作为草图平面，绘制图 19.33 所示的截面草图，在“拉伸”对话框将布尔运算设置为“求差”类型 ，然后在 范围 区域中的下拉列表中选择 贯通 选项，将拉伸方向设置为“方向 2”类型 ；单击“拉伸”对话框中的 确定 按钮，完成拉伸特征 6 的创建。

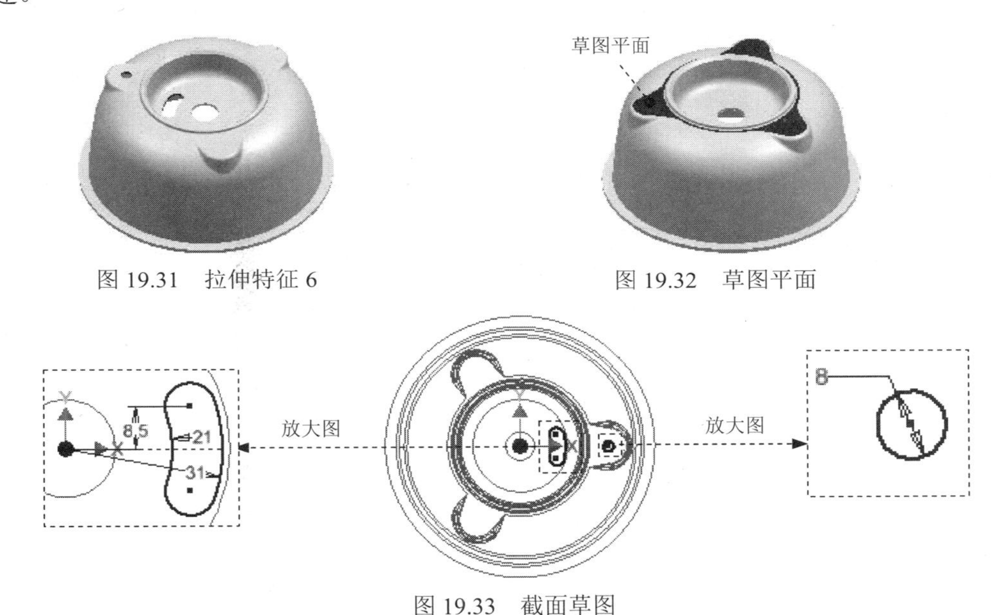

图 19.31 拉伸特征 6

图 19.32 草图平面

图 19.33 截面草图

Step17. 创建图 19.34 所示的拉伸特征 7。在 创建 ▾ 区域中单击 按钮，选取图 19.34 所示的模型表面作为草图平面，绘制图 19.35 所示的截面草图，在“拉伸”对话框将布尔运算设置为“求差”类型 ，然后在 范围 区域中的下拉列表中选择 贯通 选项，将拉伸方向设置为“方向 2”类型 ；单击“拉伸”对话框中的 确定 按钮，完成拉伸特征 7 的创建。

Step18. 创建图 19.36 所示的环形阵列 2。在 阵列 区域中单击 按钮；在图形区中选取拉伸 6 与拉伸 7 特征（或在浏览器中选择“拉伸 6”与“拉伸 7”特征）；在“环形阵列”对话框中单击 按钮，然后在浏览器中选取“Z 轴” 为环形阵列轴，在 放置 区域的 按钮后的文本框中输入数值 3，在 放置 区域的 按钮后的文本框中输入数值 360.0；单击

确定 按钮，完成环形阵列 2 的创建。

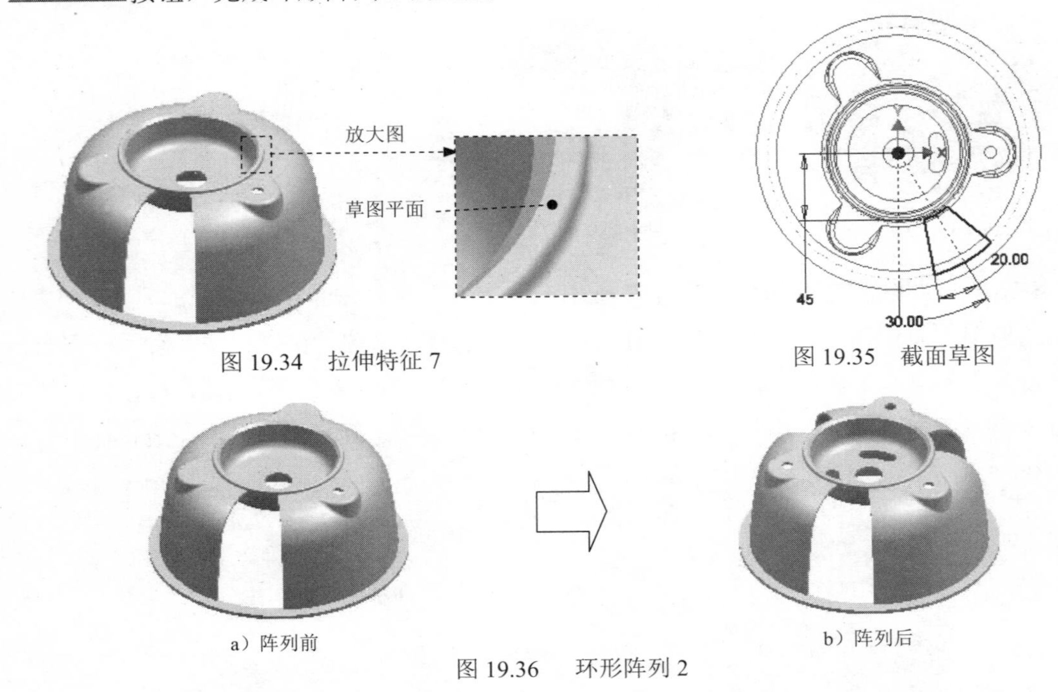

图 19.34　拉伸特征 7

图 19.35　截面草图

图 19.36　环形阵列 2

Step19. 后面的详细操作过程请参见随书光盘中 video\ch19\reference\文件下的语音视频讲解文件 part_casting-r02.exe。

实例 20 插 接 器

实例概述

本实例介绍了插接器的设计过程。主要运用了实体建模与曲面建模相结合的方法，设计中主要运用到以下命令：拉伸、旋转、边界嵌片、缝合和阵列等。零件模型及浏览器如图 20.1 所示。

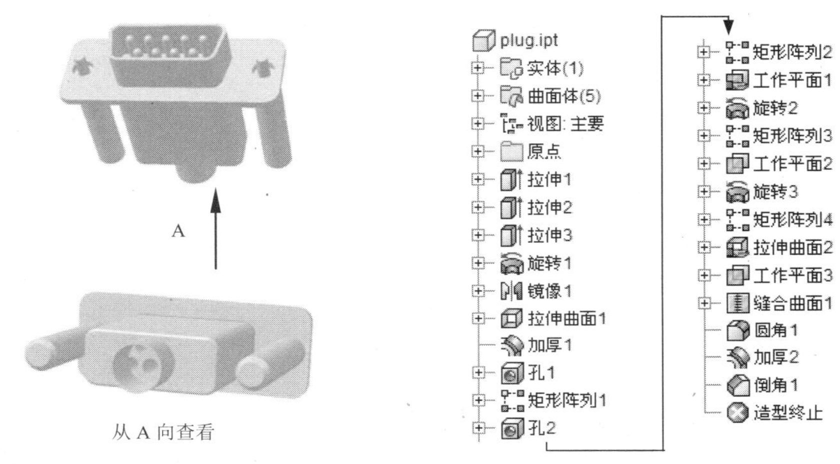

图 20.1 零件模型及浏览器

说明：本例前面的详细操作过程请参见随书光盘中 video\ch20\reference\文件下的语音视频讲解文件 PLUG-r01.exe。

Step1. 打开文件 D:\inv15.3\work\ch20\PLUG_ex.ipt。

Step2. 创建图 20.2 所示的拉伸特征 3。在 创建 ▾ 区域中单击按钮，选取图 20.3 所示的模型表面作为草图平面，绘制图 20.4 所示的截面草图，在“拉伸”对话框将布尔运算设置为“求差”类型，然后在 范围 区域中的下拉列表中选择 距离 选项，在“距离”下拉列表中输入数值 1.0，将拉伸方向设置为“方向 2”类型；单击“拉伸”对话框中的 确定 按钮，完成拉伸特征 3 的创建。

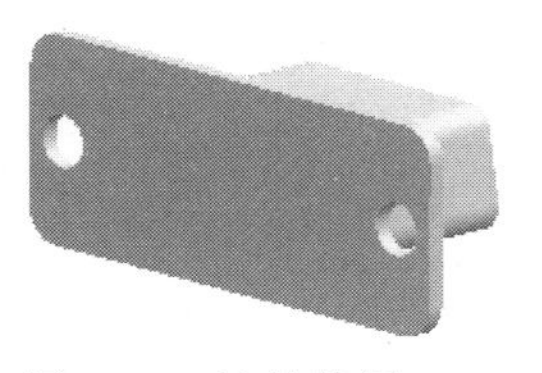

图 20.2 拉伸特征 3

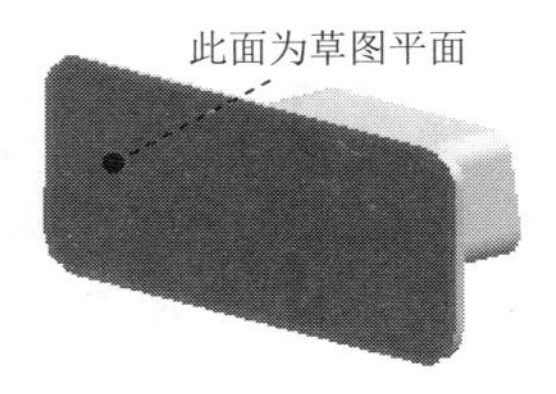

图 20.3 定义草图平面

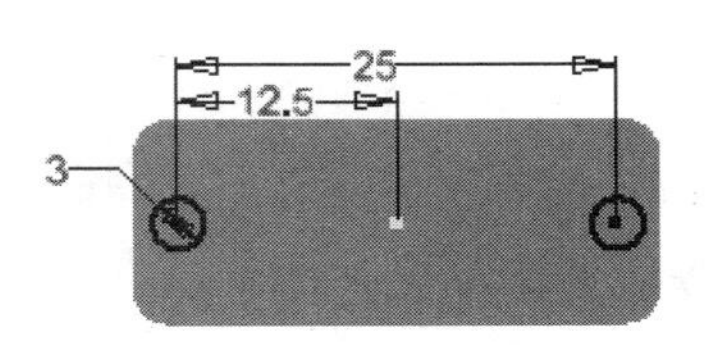

图 20.4 截面草图

Step3. 创建图 20.5 所示的旋转特征 1。在 创建 ▾ 区域中选择命令，选取 XZ 平面为草图平面，绘制图 20.6 所示的截面草图；在“旋转”对话框将布尔运算设置为“求和”类型，在范围区域的下拉列表中选中全部选项；单击“旋转”对话框中的确定按钮，完成旋转特征 1 的创建。

Step4. 创建图 20.7 所示的镜像 1。在阵列区域中单击“镜像”按钮，选取“旋转 1”为要镜像的特征，然后选取 YZ 平面作为镜像中心平面，单击“镜像”对话框中的确定按钮，完成镜像 1 的操作。

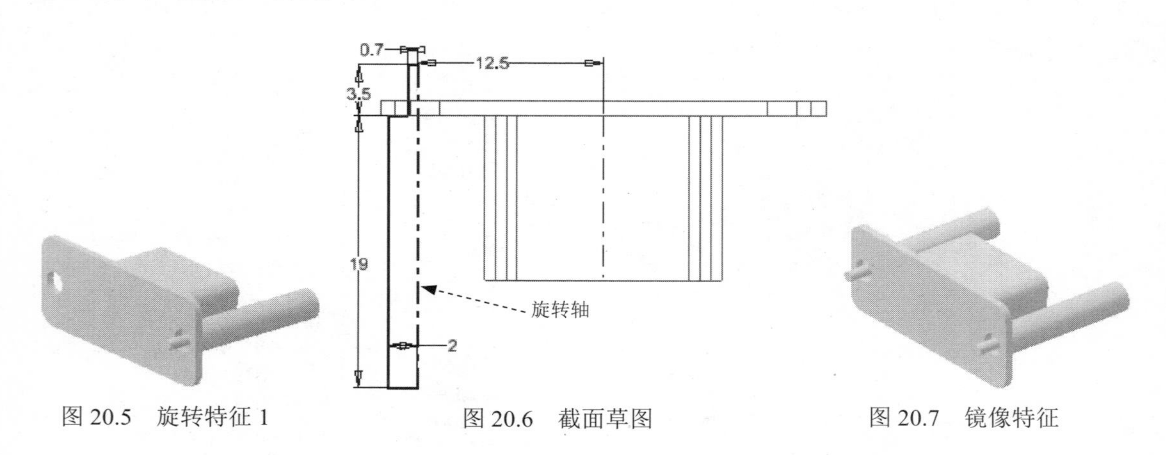

图 20.5　旋转特征 1　　图 20.6　截面草图　　图 20.7　镜像特征

Step5. 创建图 20.8 所示的拉伸特征 4。在创建区域中单击按钮，选取图 20.9 所示的模型表面作为草图平面，绘制图 20.10 所示的截面草图，在“拉伸”对话框输出区域中将输出类型设置为“曲面”，然后在范围区域中的下拉列表中选择距离选项，在“距离”下拉列表中输入数值 5.5，将拉伸方向设置为“方向 1”类型；单击“拉伸”对话框中的确定按钮，完成拉伸特征 4 的创建。

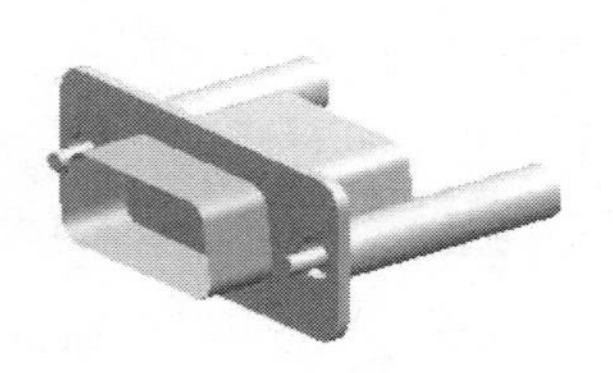

图 20.8　拉伸特征 4

图 20.9　定义草图平面

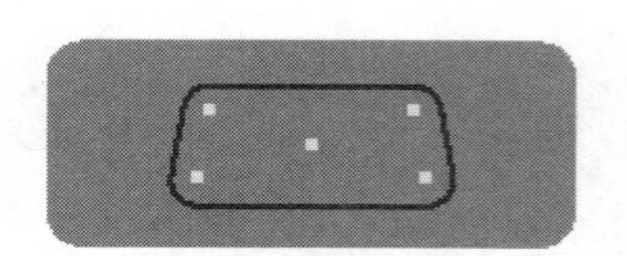

图 20.10　截面草图

Step6. 创建图 20.11 所示的加厚 1；在修改区域中单击“加厚/偏移”按钮，系统弹出“加厚/偏移”对话框；在“加厚/偏移”对话框中选中缝合曲面选项，然后选取拉伸特征 4 为要加厚的曲面；在“加厚/偏移”对话框输出区域中选择“实体”，在距离文本框中输入数值 0.5，将偏移方向设置为“方向 2”类型（向曲面内部）；单击确定按钮，完成加厚 1 的创建。

Step7. 创建图 20.12 所示的草图 1。在三维模型选项卡草图区域单击按钮，选取图 20.13 所示的模型表面作为草图平面，绘制图 20.12 所示的草图 1（共 1 个点）。

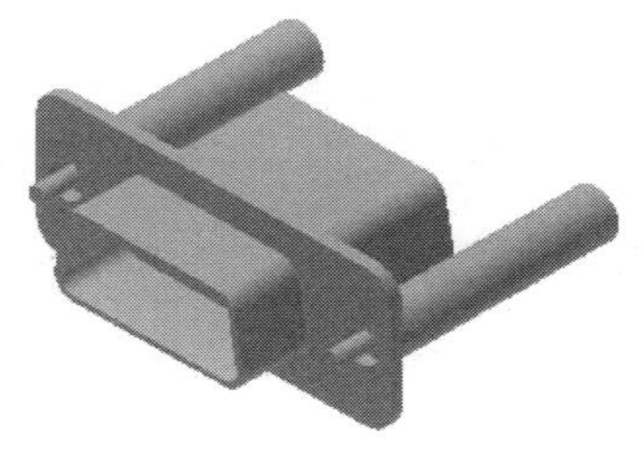
图 20.11 加厚 1

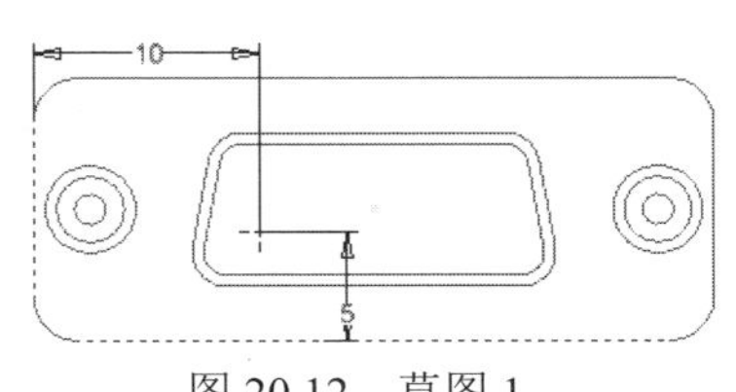

图 20.12 草图 1

Step8. 创建图 20.14 所示的孔 1。在 修改 ▼ 区域中单击“孔”按钮；在“孔”对话框 放置 区域的下拉列表中选择 从草图 选项；在“孔”对话框中确认“直孔” 与“简单孔” 被选中；在“孔”对话框 终止方式 区域的下拉列表中选择 贯通 选项；在“孔”对话框孔预览图像区域输入孔的直径值 2.0；单击“孔”对话框中的 确定 按钮，完成孔 1 的创建。

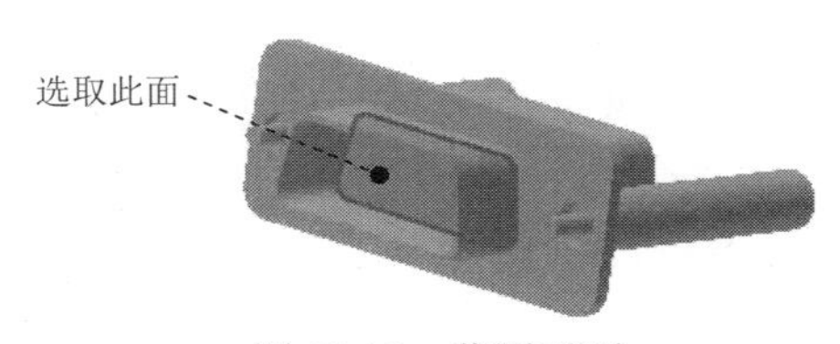

图 20.13 草图平面

图 20.14 孔 1

Step9. 创建图 20.15 所示的矩形阵列 1。在 阵列 区域中单击按钮，系统弹出“矩形阵列”对话框；在图形区中选取孔特征 1（或在浏览器中选择“孔 1”特征）；在“矩形阵列”对话框中单击 方向 1 区域中的按钮，然后选取 X 轴为方向 1 的参考边线，阵列方向可参考图 20.16，在 方向 1 区域的 文本框中输入数值 5；在 文本框中输入数值 2.5；单击 确定 按钮，完成矩形阵列 1 的创建。

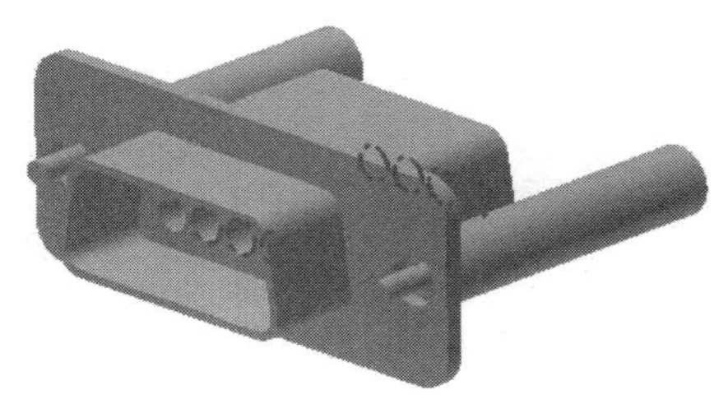
图 20.15 矩形阵列 1

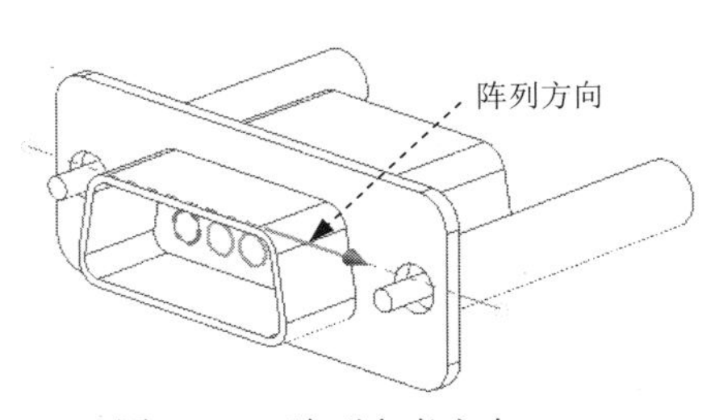

图 20.16 阵列参考方向

Step10. 创建图 20.17 所示的草图 2。在 三维模型 选项卡 草图 区域单击按钮，选取图 20.18 所示的模型表面作为草图平面，绘制图 20.17 所示的草图 2（共 1 个点）。

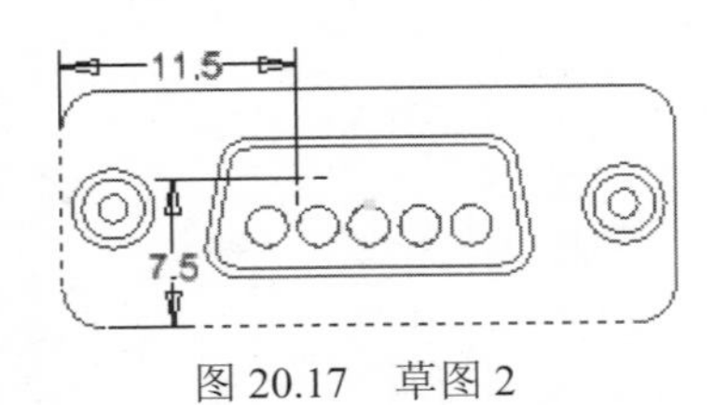

图 20.17 草图 2

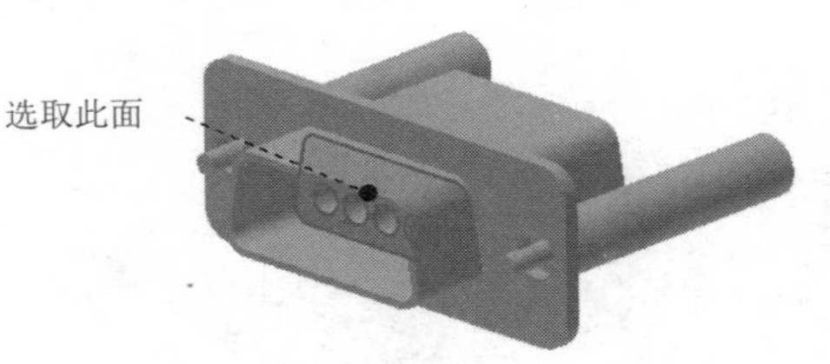

图 20.18 草图平面

Step11. 创建图 20.19 所示的孔 2。在 修改 ▾ 区域中单击“孔”按钮；在“孔”对话框 放置 区域的下拉列表中选择 从草图 选项；在“孔”对话框中确认“直孔” 与“简单孔” 被选中；在“孔”对话框 终止方式 区域的下拉列表中选择 贯通 选项；在“孔”对话框孔预览图像区域输入孔的直径为 2.0；单击“孔”对话框中的 确定 按钮，完成孔 2 的创建。

Step12. 创建图 20.20 所示的矩形阵列 2。在 阵列 区域中单击 按钮，系统弹出“矩形阵列”对话框；在图形区中选取孔特征 2（或在浏览器中选择“孔 2”特征）；在“矩形阵列”对话框中单击 方向 1 区域中的 按钮，然后选取 X 轴为方向 1 的参考边线，阵列方向可参考图 20.21，在 方向 1 区域的 文本框中输入数值 4；在 文本框中输入数值 2.5；单击 确定 按钮，完成矩形阵列 2 的创建。

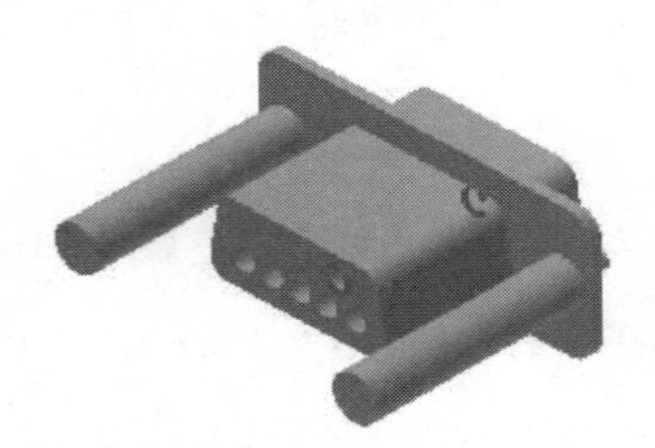
图 20.19 孔 2

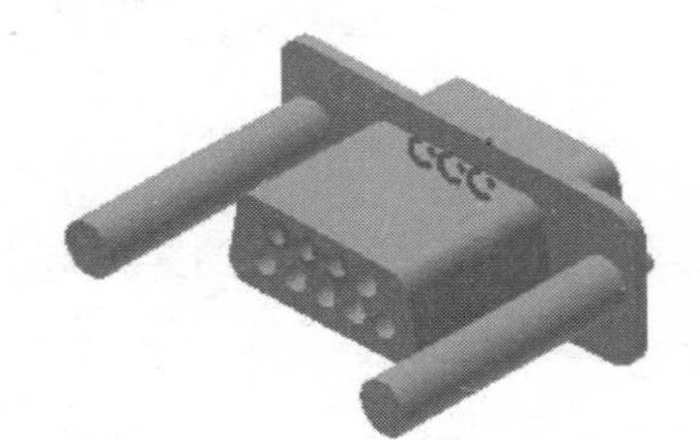
图 20.20 矩形阵列 2

Step13. 创建图 20.22 所示的工作平面 1（本步的详细操作过程请参见随书光盘中 video\ch20\reference\文件下的语音视频讲解文件 PLUG-r02.exe）。

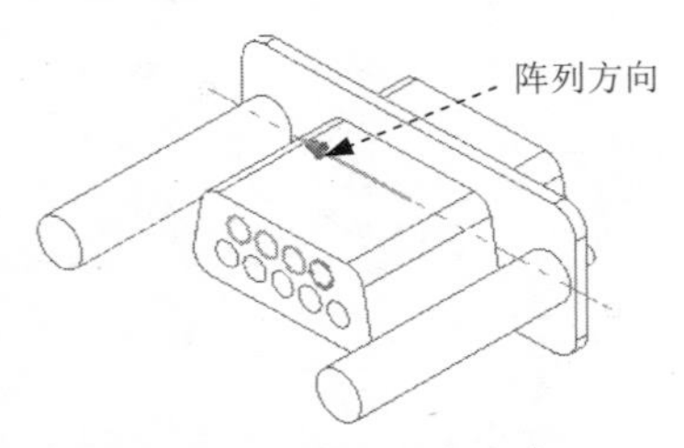

图 20.21 阵列参考方向

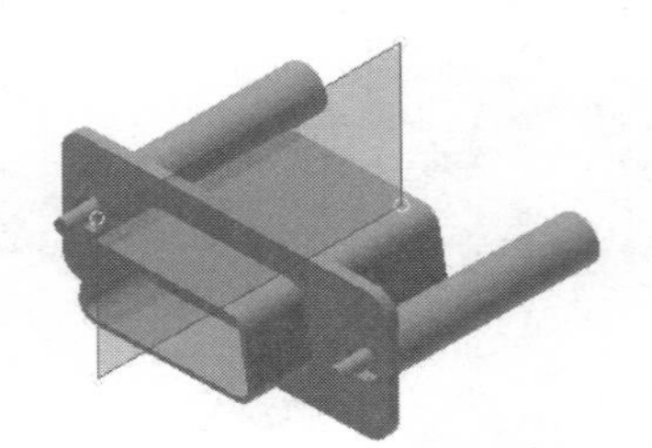
图 20.22 工作平面 1

Step14. 创建图 20.23 所示的旋转特征 2。在 创建 ▾ 区域中选择 命令，选取工作平面 1 为草图平面，绘制图 20.24 所示的截面草图；在“旋转”对话框将布尔运算设置为“求和”类型 ，在 范围 区域的下拉列表中选中 全部 选项；单击“旋转”对话框中的确定按钮，完成旋转特征 2 的创建。

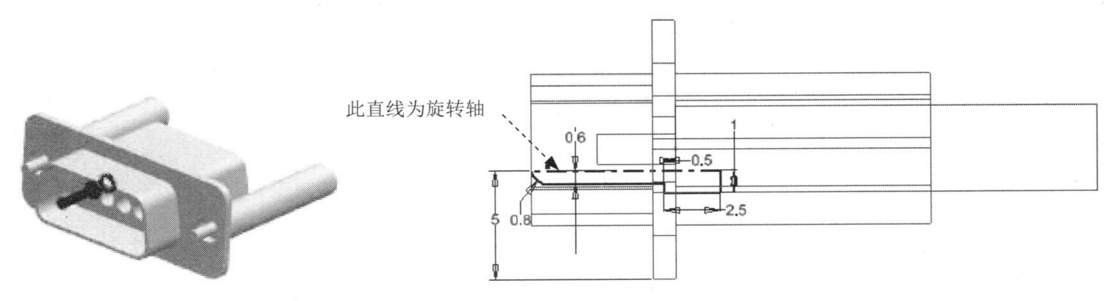

图 20.23　旋转特征 2　　图 20.24　截面草图

Step15. 创建图 20.25 所示的矩形阵列 3。在阵列区域中单击按钮，选取旋转特征 2 为要阵列的特征；在“矩形阵列”对话框中单击方向 1区域中的按钮，然后选取 X 轴为方向 1 的参考边线，阵列方向可参考图 20.26；在方向 1区域的文本框中输入数值 5；在文本框中输入数值 2.5；单击确定按钮，完成矩形阵列 3 的创建。

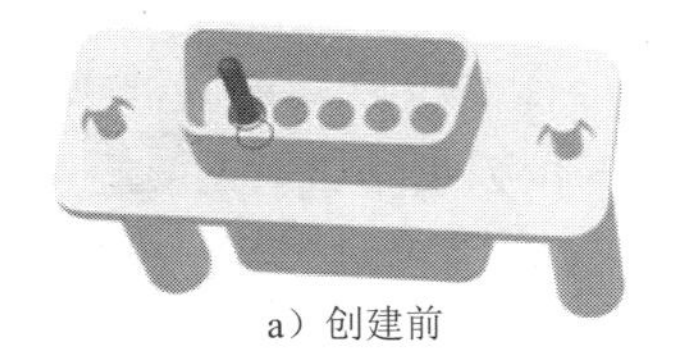

a）创建前

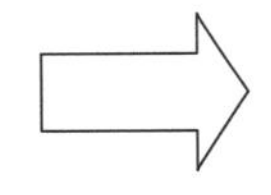

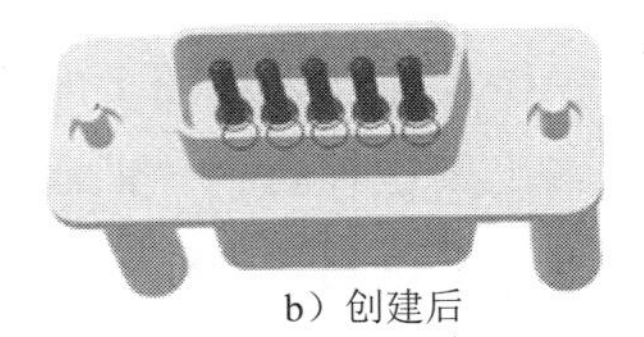

b）创建后

图 20.25　矩形阵列 3

Step16. 创建图 20.27 所示的工作平面 2（本步的详细操作过程请参见随书光盘中 video\ch20\reference\文件下的语音视频讲解文件 PLUG-r03.exe）。

Step17. 创建图 20.28 所示的旋转特征 3。在创建区域中选择命令，选取工作平面 2 为草图平面，绘制图 20.29 所示的截面草图；在“旋转”对话框将布尔运算设置为“求和”类型，在范围区域的下拉列表中选中全部选项；单击“旋转”对话框中的确定按钮，完成旋转特征 3 的创建。

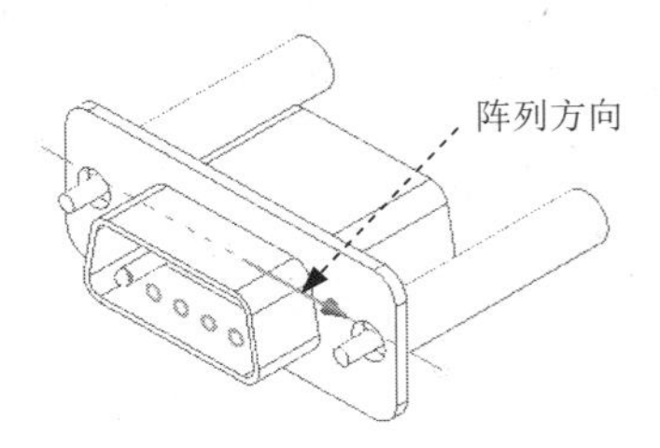

图 20.26　阵列参考方向

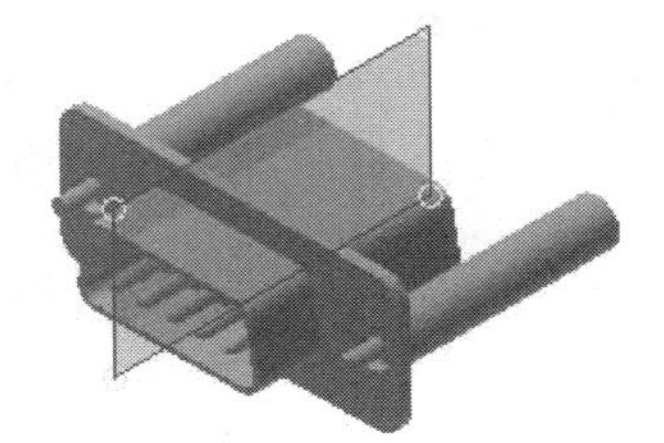

图 20.27　工作平面 2

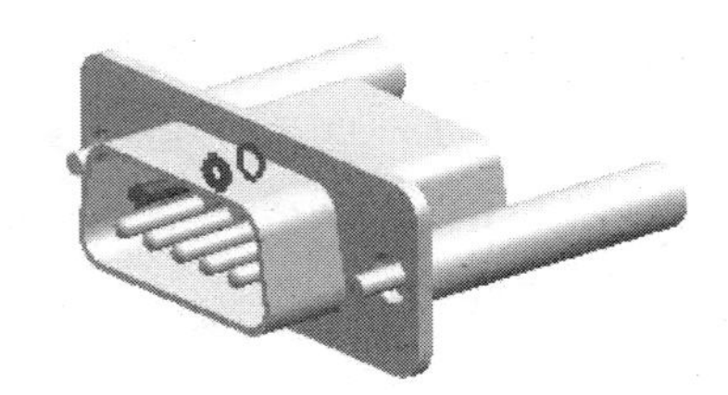

图 20.28　旋转特征 3

Step18. 创建图 20.30 所示的矩形阵列 4。在阵列区域中单击按钮，选取旋转特征 3 为要阵列的特征；在“矩形阵列”对话框中单击方向 1区域中的按钮，然后选取 X 轴为方向 1 的参考边线，阵列方向可参考图 20.31；在方向 1区域的文本框中输入数值 4；在文本框中输入数值 2.5；单击确定按钮，完成矩形阵列 4 的创建。

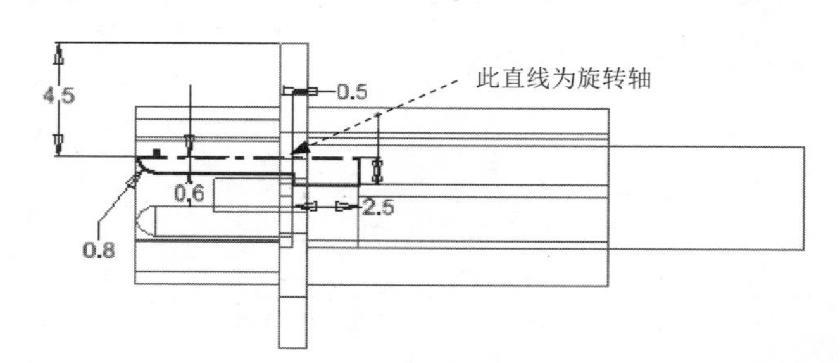

图 20.29　截面草图

a）创建前

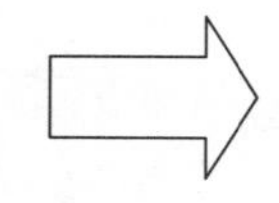

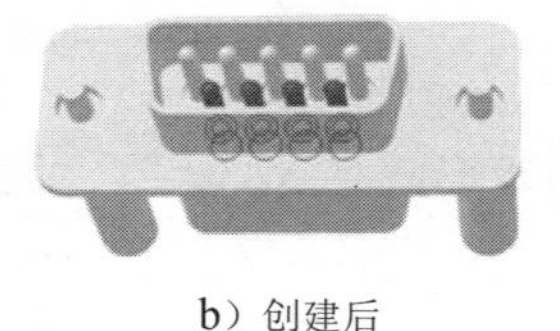

b）创建后

图 20.30　阵列特征 4

阵列方向

图 20.31　阵列参考方向

Step19. 创建图 20.32 所示的拉伸特征 5。在 创建 ▾ 区域中单击 按钮，选取图 20.33 所示的模型表面作为草图平面，绘制图 20.34 所示的截面草图，在“拉伸”对话框 输出 区域中将输出类型设置为“曲面” ，然后在 范围 区域中的下拉列表中选择 距离 选项，在“距离”下拉列表中输入数值 16.5，将拉伸方向设置为“方向 1” 类型 ；单击“拉伸”对话框中的 确定 按钮，完成拉伸特征 5 的创建。

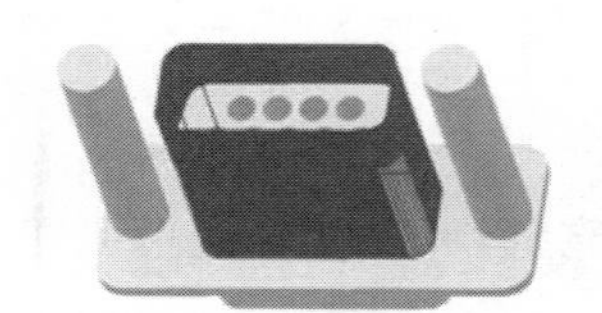

图 20.32　拉伸特征 5

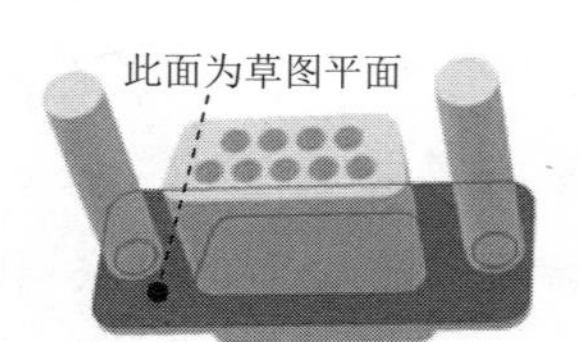

图 20.33　定义草图平面

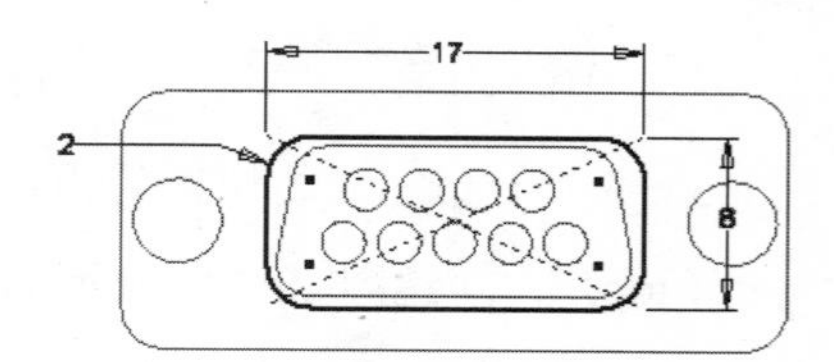

图 20.34　截面草图

Step20. 创建图 20.35 所示的工作平面 3（具体参数和操作参见随书光盘）。

Step21. 创建图 20.36 所示的拉伸特征 6。在 创建 ▾ 区域中单击 按钮，选取工作平面 3 作为草图平面，绘制图 20.37 所示的截面草图，在“拉伸”对话框 输出 区域中将输出类型设置为“曲面” ，然后在 范围 区域中的下拉列表中选择 距离 选项，在“距离”下拉列表中输入数值 5，将拉伸方向设置为“方向 2” 类型 ；单击“拉伸”对话框中的 确定 按钮，完成拉伸特征 6 的创建。

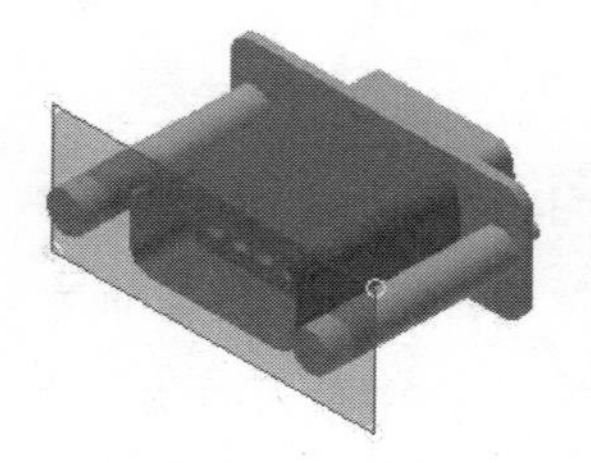

图 20.35　工作平面 3

图 20.36　拉伸特征 6

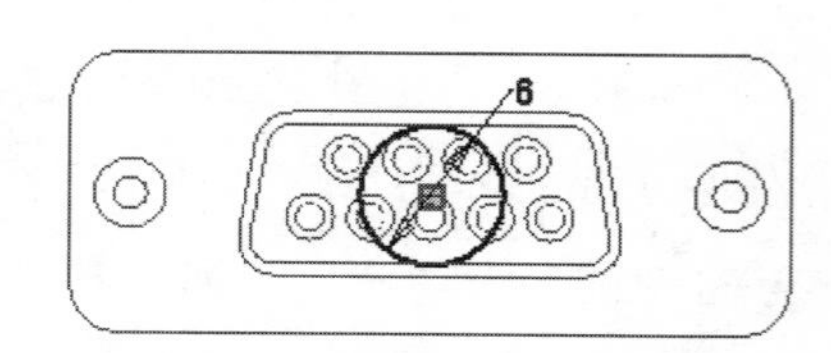

图 20.37　截面草图

Step22. 创建图 20.38 所示的边界嵌片 1。在 曲面 ▾ 区域中单击“修补”按钮 ，在系统的提示下选取图 20.38a 所示的两条边线为曲面的边界；单击 确定 按钮，完成边界嵌片 1 的创建。

图 20.38 边界嵌片 1

Step23. 后面的详细操作过程请参见随书光盘中 video\ch20\reference\文件下的语音视频讲解文件 PLUG-r04.exe。

实例21 塑料筐

实例概述

本实例介绍了一款塑料筐的三维模型设计过程。主要讲述实体拉伸、圆角、拔模、放样、扫掠、加强筋、边倒圆等特征命令的应用。希望通过此实例的学习使读者对该命令有更好的理解。零件模型及浏览器如图 21.1 所示。

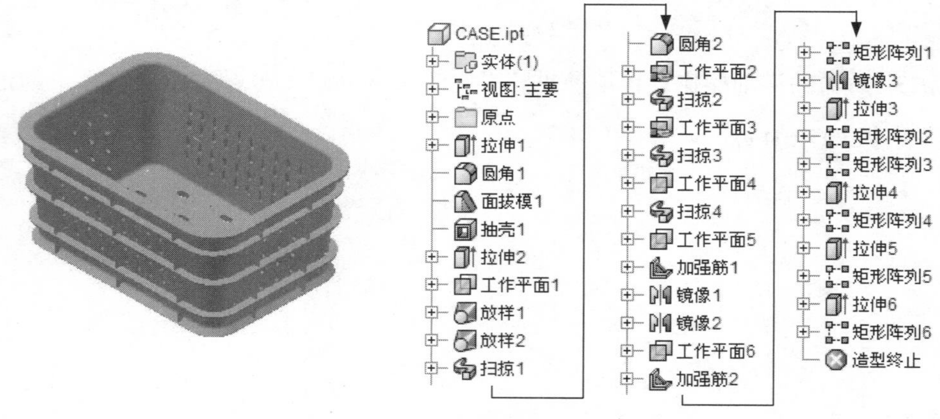

图 21.1　模型与浏览器

说明：本例前面的详细操作过程请参见随书光盘中 video\ch21\reference\文件下的语音视频讲解文件 case-r01.exe。

Step1. 打开文件 D:\inv15.3\work\ch21\case_ex.ipt。

Step2. 创建图 21.2 所示的抽壳特征 1。在 修改 ▾ 区域中单击 抽壳 按钮，在“抽壳”对话框 厚度 文本框中输入薄壁厚度值 15.0；选择图 21.3 所示的模型表面为要移除的面；单击“抽壳”对话框中的 确定 按钮，完成抽壳特征 1 的创建。

图 21.2　抽壳特征 1

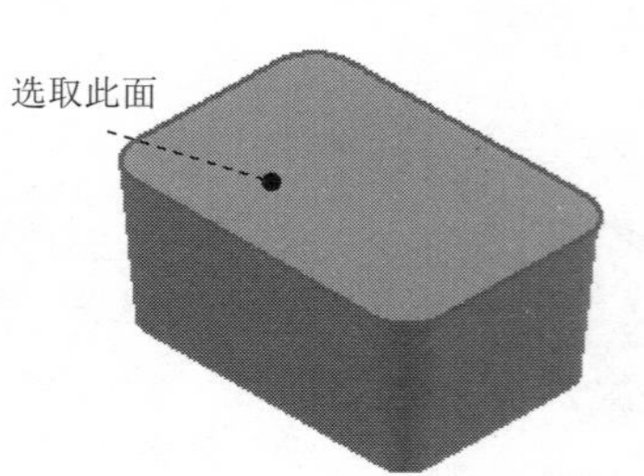

图 21.3　定义移除面

Step3. 创建图 21.4 所示的拉伸特征 2。在 创建 ▾ 区域中单击 按钮，选取图 21.5 所示的模型表面作为草图平面，绘制图 21.6 所示的截面草图，在“拉伸”对话框将布尔运算设置为“求和”类型 ，然后在 范围 区域中的下拉列表中选择 距离 选项，在“距离”

下拉列表中输入数值 10，将拉伸方向设置为“方向 2”类型；单击“拉伸”对话框中的 确定 按钮，完成拉伸特征 2 的创建。

图 21.4　拉伸特征 2　　　图 21.5　草图平面

Step4. 创建图 21.7 所示的工作平面 1（本步的详细操作过程请参见随书光盘中 video\ch21\reference\文件下的语音视频讲解文件 case-r02.exe）。

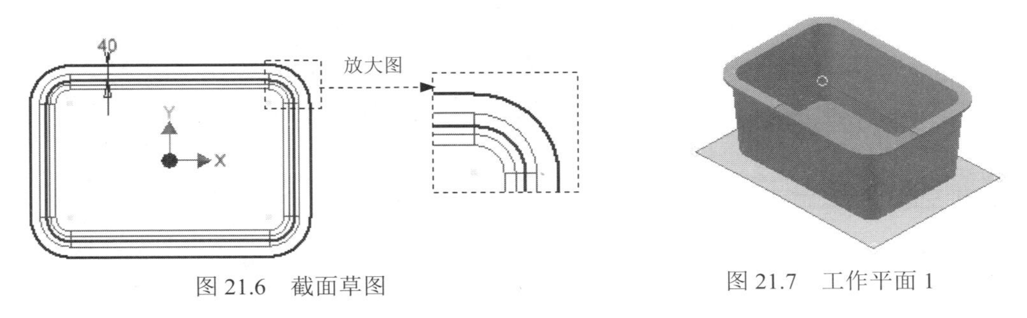

图 21.6　截面草图　　　图 21.7　工作平面 1

Step5. 创建图 21.8 所示的草图 1。在 三维模型 选项卡 草图 区域单击 按钮，选取工作平面 1 作为草图平面，绘制图 21.9 所示的草图 1。

图 21.8　草图 1（建模环境）

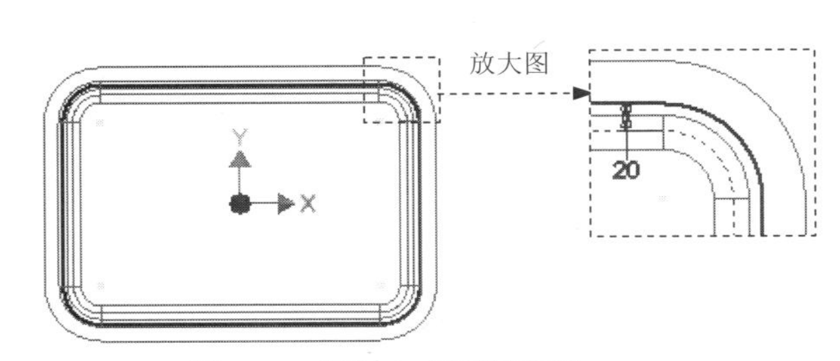

图 21.9　草图 1（草绘环境）

Step6. 创建图 21.10 所示的放样 1。在 创建 ▾ 区域中单击 放样 按钮，依次选取 Step5 中绘制的草图 1 与图 21.11 所示的面，单击“放样”对话框中的 确定 按钮，完成放样 1 的创建。

图 21.10　放样 1

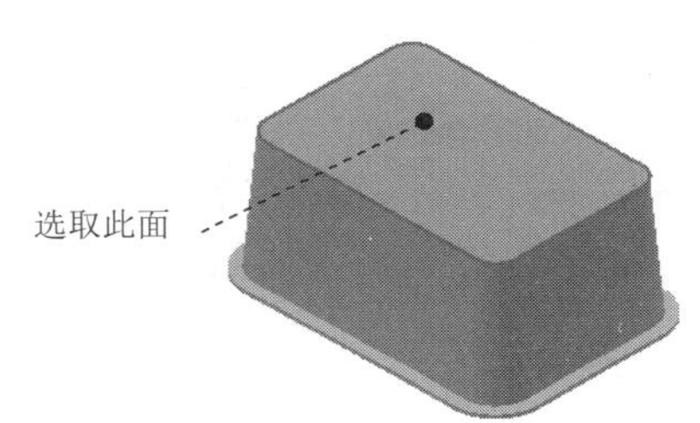

图 21.11　选取截面

Step7. 创建图 21.12 所示的草图 2。在 三维模型 选项卡 草图 区域单击 按钮，选取图 21.13 所示的模型表面作为草图平面，绘制图 21.12 所示的草图 2。

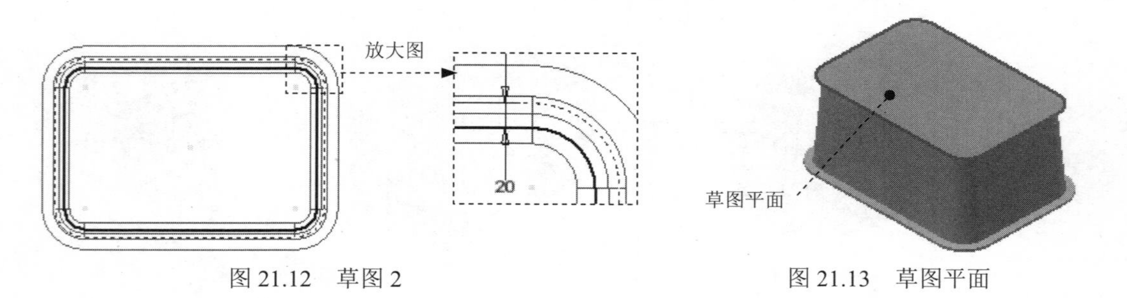

图 21.12 草图 2　　图 21.13 草图平面

Step8. 创建图 21.14 所示的草图 3。在 三维模型 选项卡 草图 区域单击 按钮，选取 XZ 平面作为草图平面，绘制图 21.14 所示的草图 3。

Step9. 创建图 21.15 所示的放样 2。在 创建 ▾ 区域中单击 放样 按钮，在“放样”对话框中将布尔运算设置为“求差”类型 ，然后依次选取 Step7 中绘制的草图 2 与 Step8 中绘制的草图 3，单击“放样”对话框中的 确定 按钮，完成放样 2 的创建。

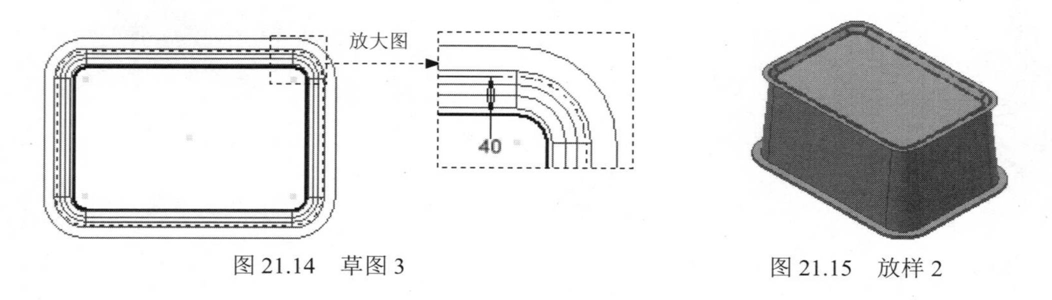

图 21.14 草图 3　　图 21.15 放样 2

Step10. 创建图 21.16 所示的草图 4。在 三维模型 选项卡 草图 区域单击 按钮，选取 XY 平面作为草图平面，绘制图 21.16 所示的草图 4。

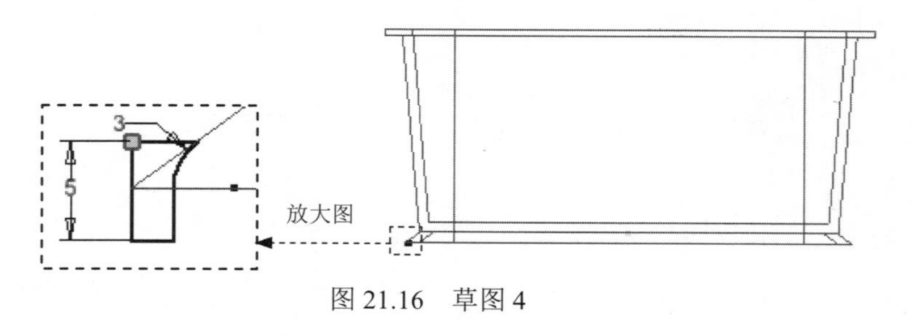

图 21.16 草图 4

Step11. 创建图 21.17 所示的三维草图 1。在 三维模型 选项卡 草图 区域单击 开始创建 三维草图 按钮，通过“包括几何图元”命令，绘制图 21.17 所示的三维草图 1。

Step12. 创建图 21.18 所示的扫掠 1。在 创建 ▾ 区域中单击“扫掠”按钮 扫掠，选取三维草图 1 所示线作为扫掠轨迹，在“扫掠”对话框中将布尔运算设置为“求差”类

型 ，在 类型 区域的下拉列表中选择 路径，其他参数接受系统默认设置，单击“扫掠”对话框中的 确定 按钮，完成扫掠 1 的创建。

Step13. 创建图 21.19 所示的倒圆特征 2。选取图 21.19a 所示的模型边线(共 5 条边线)为倒圆的对象，输入倒圆角半径值 10.0。

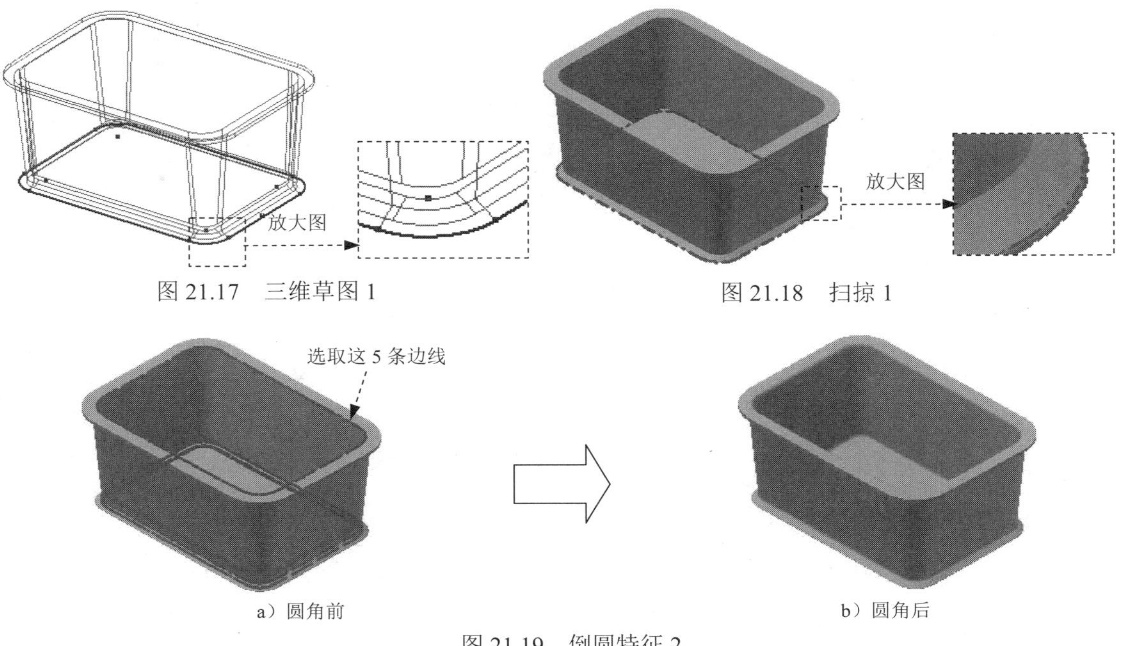

图 21.17 三维草图 1

图 21.18 扫掠 1

a）圆角前

b）圆角后

图 21.19 倒圆特征 2

Step14. 创建图 21.20 所示的工作平面 2（注：具体参数和操作参见随书光盘）。

Step15. 创建图 21.21 所示的三维草图 2。在 三维模型 选项卡 草图 区域单击 开始创建 三维草图 按钮，通过“相交曲线”命令，选取工作平面 2 与图 21.22 所示的模型表面（共 8 个面）为相交的几何图元。

图 21.20 工作平面 2

图 21.21 三维草图 2

图 21.22 定义相交图元

Step16. 创建图 21.23 所示的草图 5。在 三维模型 选项卡 草图 区域单击 按钮，选取 XY 平面作为草图平面，绘制图 21.23 所示的草图 5。

Step17. 创建图 21.24 所示的扫掠 2。在 创建 区域中单击“扫掠”按钮 扫掠，选取三维草图 2 所示线作为扫掠轨迹，在“扫掠”对话框中将布尔运算设置为“求和”类型，在类型区域的下拉列表中选择路径，其他参数接受系统默认设置，单击“扫掠”对话框中的确定按钮，完成扫掠 2 的创建。

Step18. 创建图 21.25 所示的工作平面 3。在定位特征区域中单击“平面”按钮下的平面，选择从平面偏移命令；选取工作平面 2 作为参考平面，输入要偏距的距离-90；单击按钮，完成工作平面 3 的创建。

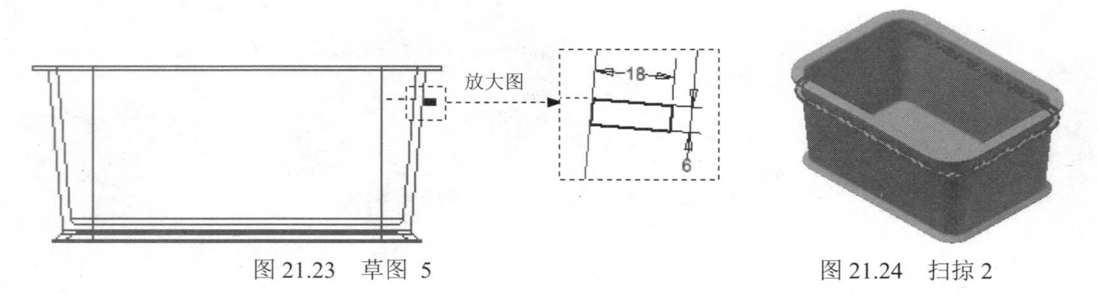

图 21.23　草图 5　　图 21.24　扫掠 2

Step19. 创建图 21.26 所示的三维草图 3。具体操作可参照 Step18。

图 21.25　工作平面 3

图 21.26　三维草图 3

Step20. 创建图 21.27 所示的草图 6（本步的详细操作过程请参见随书光盘中 video\ch21\reference\文件下的语音视频讲解文件 case-r03.exe）。

Step21. 创建图 21.28 所示的扫掠 3。在创建区域中单击“扫掠”按钮扫掠，选取三维草图 3 所示线作为扫掠轨迹，在“扫掠”对话框中将布尔运算设置为“求和”类型，在类型区域的下拉列表中选择路径，其他参数接受系统默认设置，单击“扫掠”对话框中的确定按钮，完成扫掠 3 的创建。

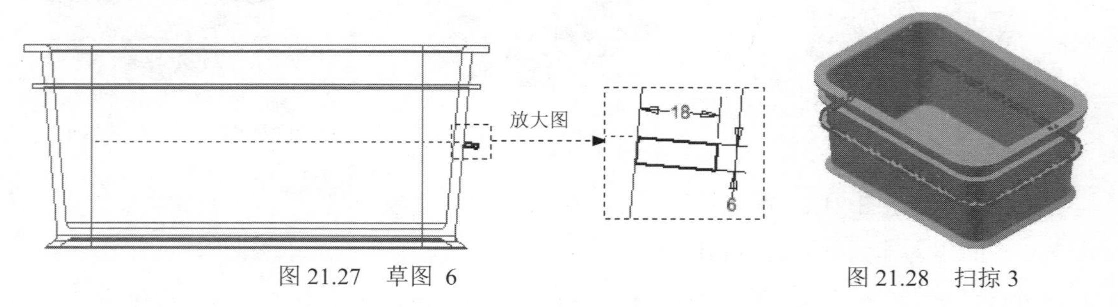

图 21.27　草图 6　　图 21.28　扫掠 3

Step22. 创建图 21.29 所示的工作平面 4。在定位特征区域中单击“平面”按钮下的平面，选择从平面偏移命令；选取工作平面 3 作为参考平面，输入要偏距的距离为-100；单击✓按钮，完成工作平面 4 的创建。

Step23. 创建图 21.30 所示的三维草图 4。具体操作可参照 Step18。

Step24. 创建图 21.31 所示的草图 7。在三维模型选项卡草图区域单击按钮，选取 XY 平面作为草图平面，绘制图 21.31 所示的草图 7。

Step25. 创建图 21.32 所示的扫掠 4。在创建▼区域中单击“扫掠”按钮扫掠，选取三维草图 4 所示线作为扫掠轨迹，在“扫掠”对话框中将布尔运算设置为“求和”类型，在类型区域的下拉列表中选择路径，其他参数接受系统默认设置，单击“扫掠”对话框中的确定按钮，完成扫掠 4 的创建。

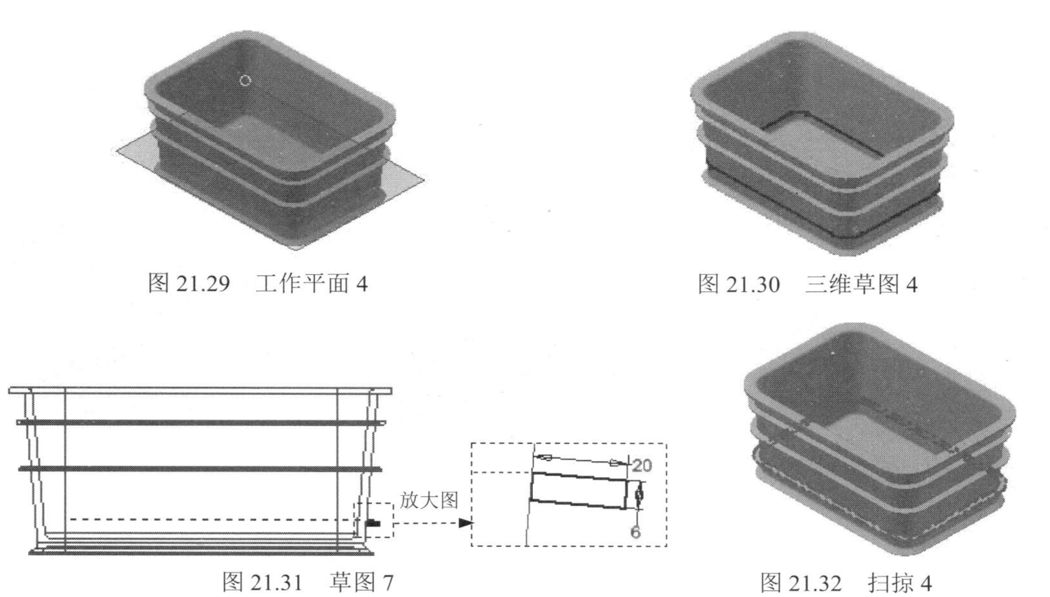

图 21.29 工作平面 4

图 21.30 三维草图 4

图 21.31 草图 7

图 21.32 扫掠 4

Step26. 创建图 21.33 所示的工作平面 5。在定位特征区域中单击“平面”按钮下的平面，选择从平面偏移命令；选取 XY 平面作为参考平面，输入要偏距的距离 80；单击✓按钮，完成工作平面 5 的创建。

Step27. 创建图 21.34 所示的草图 8。在三维模型选项卡草图区域单击按钮，选取工作平面 5 作为草图平面，绘制图 21.34 所示的草图 8。

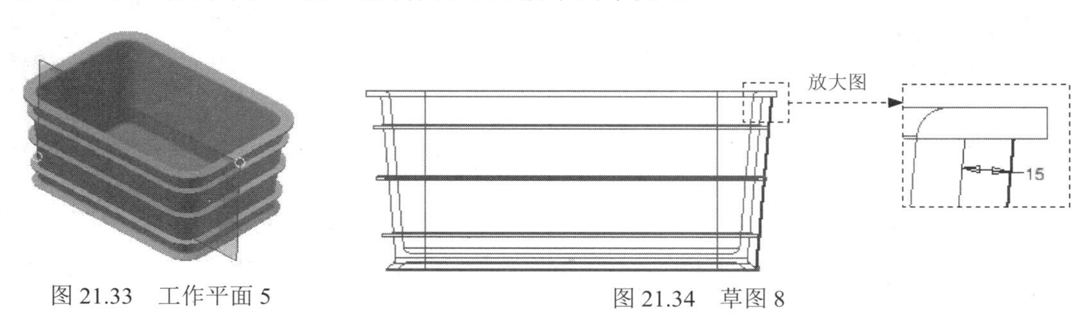

图 21.33 工作平面 5

图 21.34 草图 8

Step28. 创建图 21.35 所示的加强筋 1。在 创建 ▾ 区域中单击 加强筋 按钮，将加强筋的类型设置为“平行于草图平面” 方向，拉伸方向为“方向 1”类型 ，然后在 厚度 文本框中输入数值 5.0，并将加强筋的生成方向设置为“双向”类型 ，其余参数接受系统默认设置，单击“加强筋”对话框中的 确定 按钮，完成加强筋 1 的创建。

Step29. 创建图 21.36 所示的镜像 1。在 阵列 区域中单击“镜像”按钮 ，选取“加强筋 1”为要镜像的特征，然后选取 XY 平面作为镜像中心平面，单击“镜像”对话框中的 确定 按钮，完成镜像 1 的操作。

Step30. 创建图 21.37 所示的镜像 2。在 阵列 区域中单击“镜像”按钮 ，选取“加强筋 1”与“镜像 1”为要镜像的特征，然后选取 YZ 平面作为镜像中心平面，单击“镜像”对话框中的 确定 按钮，完成镜像 2 的操作。

Step31. 创建图 21.38 所示的工作平面 6（本步的详细操作过程请参见随书光盘中 video\ch21\reference\文件下的语音视频讲解文件 case-r04.exe）。

图 21.35　加强筋 1　　图 21.36　镜像 1　　图 21.37　镜像 2

Step32. 创建图 21.39 所示的草图 9。在 三维模型 选项卡 草图 区域单击 按钮，选取工作平面 6 作为草图平面，绘制图 21.39 所示的草图 9。

Step33. 创建图 21.40 所示的加强筋 2。具体操作可参照 Step28。

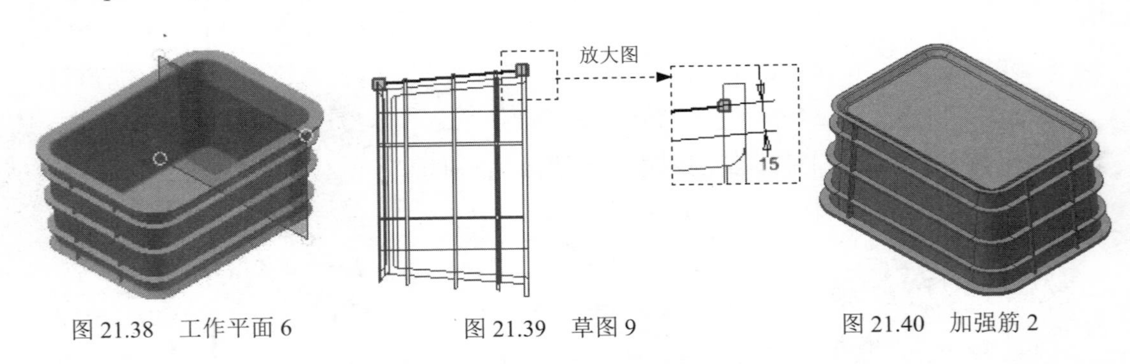

图 21.38　工作平面 6　　图 21.39　草图 9　　图 21.40　加强筋 2

Step34. 创建图 21.41 所示的矩形阵列 1。在 阵列 区域中单击 按钮，选取加强筋 2 作为要阵列的特征，选取图 21.42 所示的边线 1 为方向 1 的参考边线，阵列方向可参考图

21.42 所示；在 方向 1 区域的 °°° 文本框中输入数值 3；在 ◇ 文本框中输入数值 200；单击 确定 按钮，完成矩形阵列 1 的创建。

Step35. 创建图 21.43 所示的镜像 3。在 阵列 区域中单击“镜像”按钮，选取“加强筋 2”与“矩形阵列 1”为要镜像的特征，然后选取 XY 平面作为镜像中心平面，单击“镜像”对话框中的 确定 按钮，完成镜像 3 的操作。

Step36. 创建图 21.44 所示的拉伸特征 3。在 创建 区域中单击 按钮，选取 XY 平面作为草图平面，绘制图 21.45 所示的截面草图，在“拉伸”对话框将布尔运算设置为“求差”类型，然后在 范围 区域中的下拉列表中选择 距离 选项，在“距离”下拉列表中输入数值 600，将拉伸方向设置为“对称”类型；单击“拉伸”对话框中的 确定 按钮，完成拉伸特征 3 的创建。

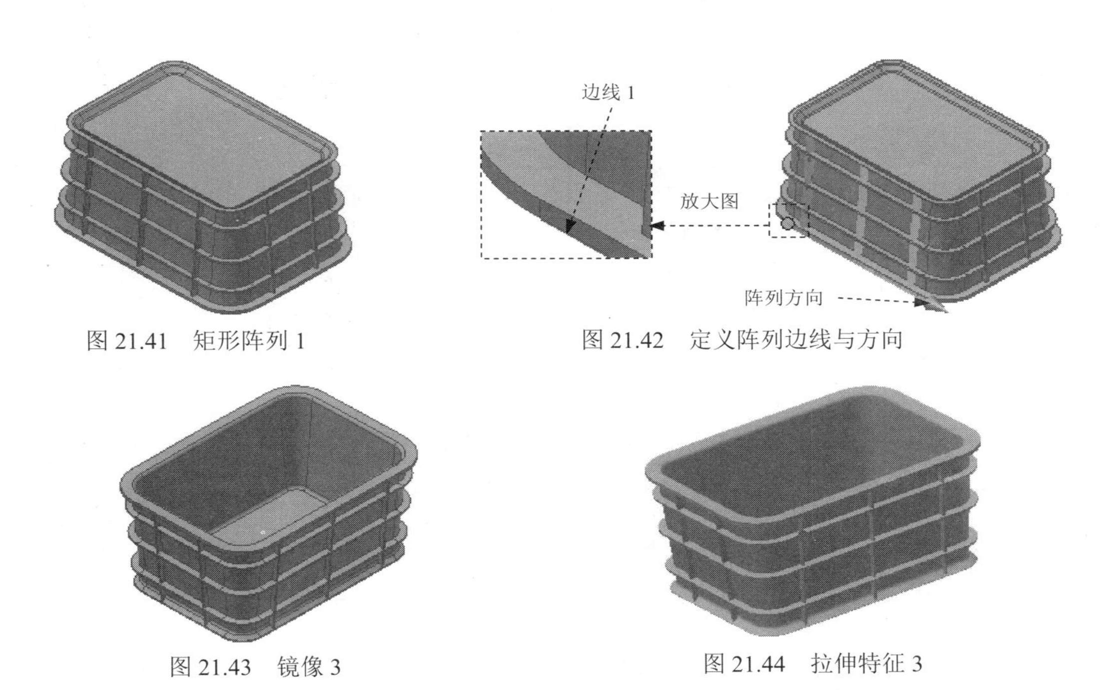

图 21.41　矩形阵列 1

图 21.42　定义阵列边线与方向

图 21.43　镜像 3

图 21.44　拉伸特征 3

Step37. 创建图 21.46 所示的矩形阵列 2。在 阵列 区域中单击 按钮，选取拉伸特征 3 作为要阵列的特征，选取图 21.47 所示的边线 1 为方向 1 的参考边线，阵列方向可参考图 21.47；在 方向 1 区域的 °°° 文本框中输入数值 10；在 ◇ 文本框中输入数值 40；选取图 21.47 所示的边线 2 为方向 2 的参考边线，阵列方向可参考图 21.47 所示；在 方向 2 区域的 °°° 文本框中输入数值 2；在 ◇ 文本框中输入数值 40；单击 确定 按钮，完成矩形阵列 2 的创建。

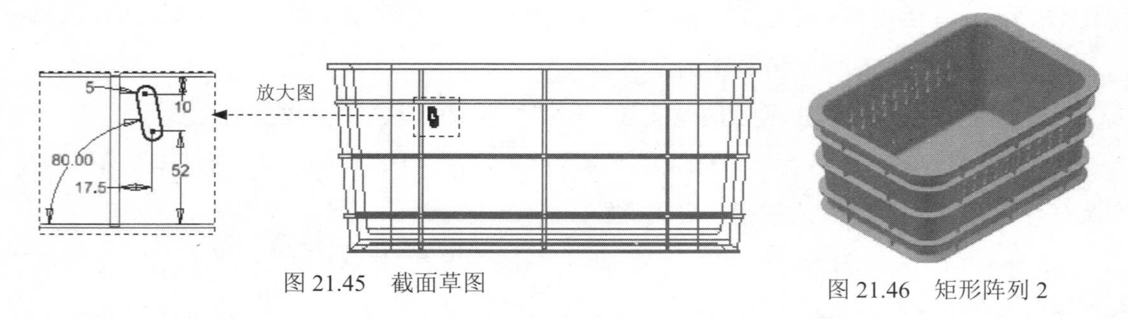

图 21.45　截面草图　　　图 21.46　矩形阵列 2

Step38. 创建图 21.48 所示的矩形阵列 3。在 阵列 区域中单击 按钮，选取拉伸特征 3 与矩形阵列 2 作为要阵列的特征，选取图 21.47 所示的边线 2 为方向 1 的参考边线，阵列方向可参考图 21.47 所示的方向 2；在 方向 1 区域的 文本框中输入数值 2；在 文本框中输入数值 90。单击 确定 按钮，完成矩形阵列 3 的创建。

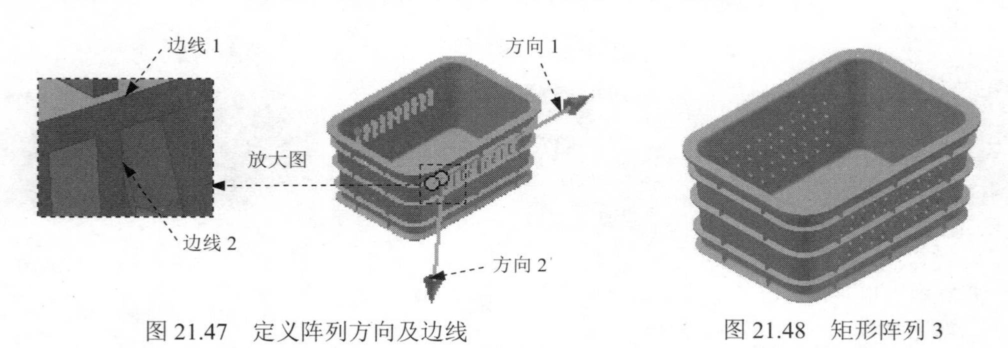

图 21.47　定义阵列方向及边线　　　图 21.48　矩形阵列 3

Step39. 创建图 21.49 所示的拉伸特征 4。在 创建 区域中单击 按钮，选取 YZ 平面作为草图平面，绘制图 21.50 所示的截面草图，在“拉伸”对话框将布尔运算设置为“求差”类型 ，然后在 范围 区域中的下拉列表中选择 距离 选项，在“距离”下拉列表中输入数值 700，将拉伸方向设置为“对称”类型 ；单击“拉伸”对话框中的 确定 按钮，完成拉伸特征 4 的创建。

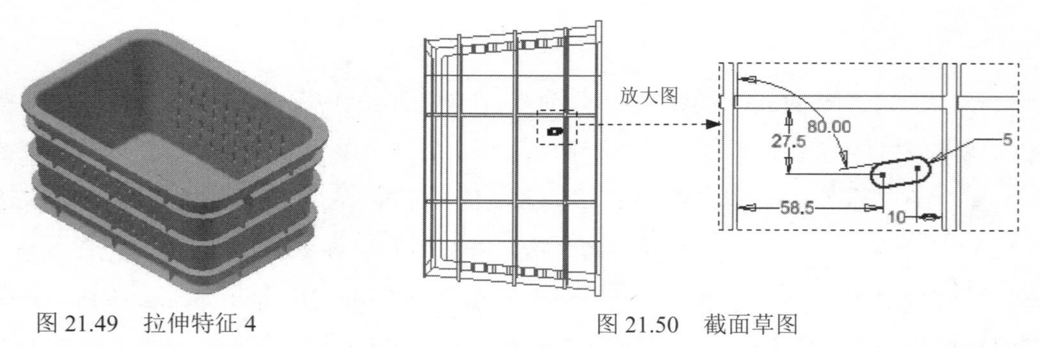

图 21.49　拉伸特征 4　　　图 21.50　截面草图

Step40. 创建图 21.51 所示的矩形阵列 4。在 阵列 区域中单击 按钮，选取拉伸特征 4 作为要阵列的特征，选取图 21.52 所示的边线 1 为方向 1 的参考边线，阵列方向可参考图

21.52；在 方向 1 区域的 ∘∘∘ 文本框中输入数值 3；在 ◇ 文本框中输入数值 50；选取图 21.52 所示的边线 2 为方向 2 的参考边线，阵列方向可参考图 21.52；在 方向 2 区域的 ∘∘∘ 文本框中输入数值 4；在 ◇ 文本框中输入数值 50；单击 确定 按钮，完成矩形阵列 4 的创建。

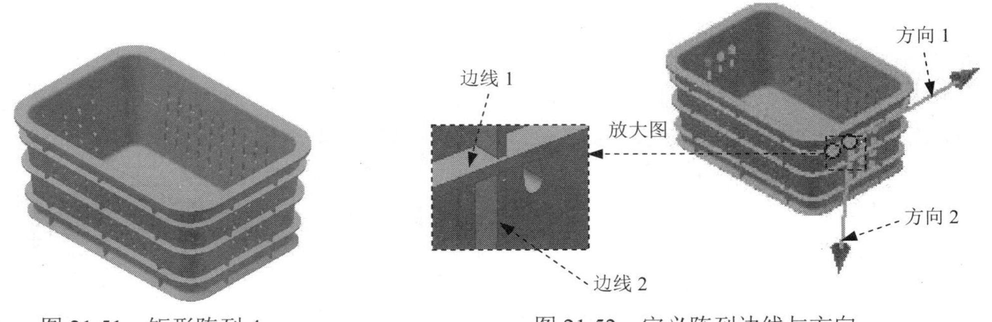

图 21.51　矩形阵列 4　　　图 21.52　定义阵列边线与方向

Step41. 后面的详细操作过程请参见随书光盘中 video\ch21\reference\文件下的语音视频讲解文件 case-r05.exe。

实例 22 饮水机手柄

实例概述

该实例主要运用了实体拉伸、草绘、旋转和扫掠等命令，其中手柄的连接弯曲杆处是通过扫掠特征创建而成的，构思很巧妙。该零件模型及浏览器如图 22.1 所示。

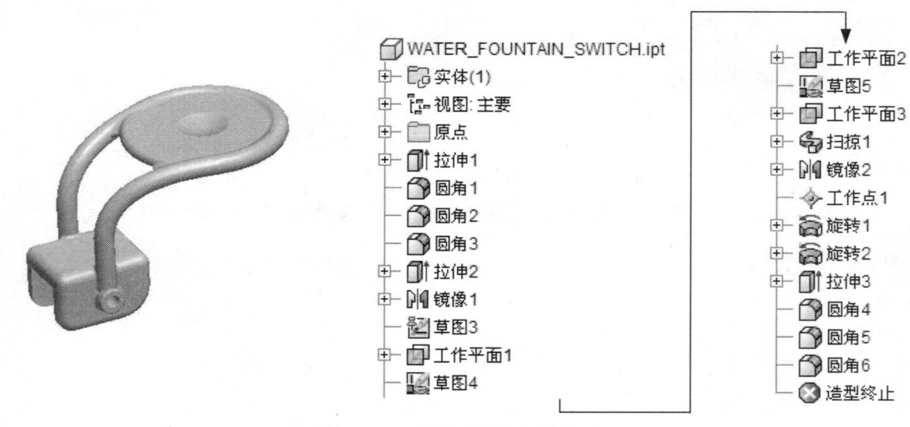

图 22.1 零件模型及浏览器

说明：本例前面的详细操作过程请参见随书光盘中 video\ch22\reference\文件下的语音视频讲解文件 WATER_FOUNTAIN_SWITCH-r01.exe。

Step1. 打开文件 D:\inv15.3\work\ch22\WATER_FOUNTAIN_SWITCH_ex.ipt。

Step2. 创建图 22.2 所示的倒圆特征 1。选取图 22.2a 所示的模型边线为倒圆的对象，输入倒圆角半径值 10。

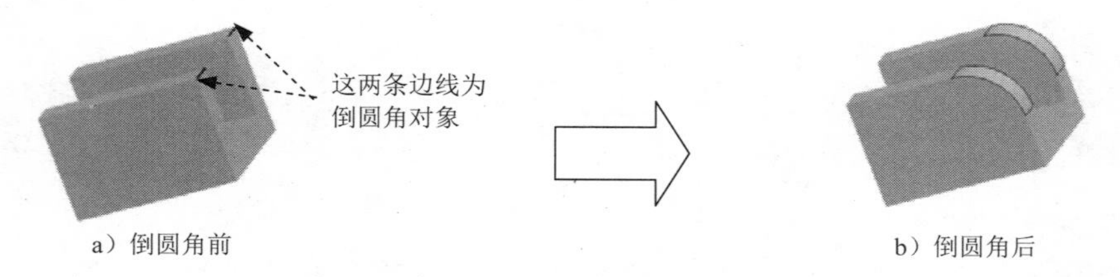

a）倒圆角前　　b）倒圆角后

图 22.2 倒圆特征 1

Step3. 创建图 22.3 所示的倒圆特征 2。选取图 22.3a 所示的模型边线为倒圆的对象，输入倒圆角半径值 5。

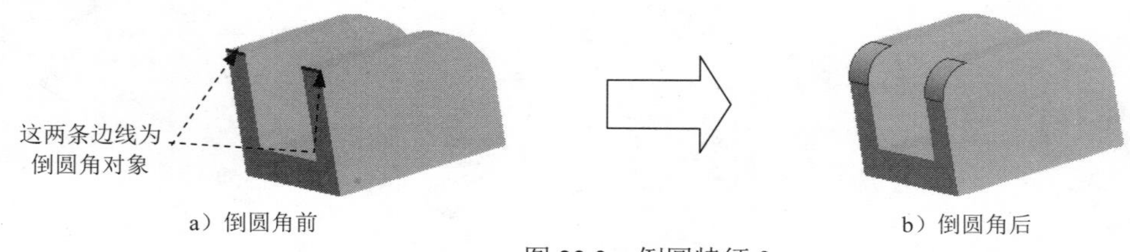

a）倒圆角前　　b）倒圆角后

图 22.3 倒圆特征 2

Step4. 创建图 22.4 所示的倒圆特征 3。选取图 22.4a 所示的边线为倒圆角的边线，输入倒圆角半径值 3.0。

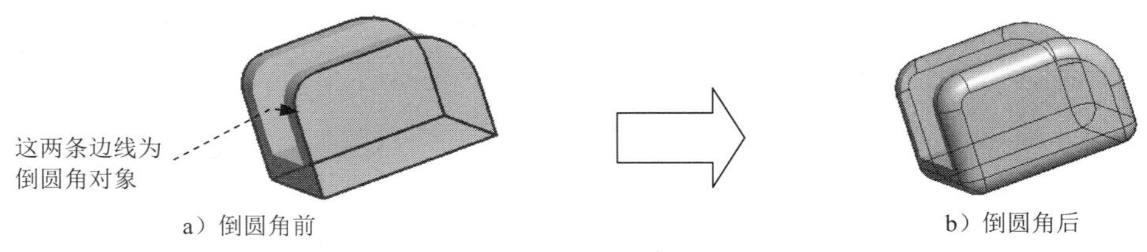

图 22.4 倒圆特征 3

Step5. 创建图 22.5 所示的拉伸特征 2。

（1）选择命令。在 创建 区域中单击按钮，系统弹出“创建拉伸”对话框。

（2）定义特征的截面草图。单击“创建拉伸”对话框中的 创建二维草图 按钮，选取图 22.5 所示的模型表面作为草图平面，进入草绘环境，绘制图 22.6 所示的截面草图。

（3）定义拉伸属性。单击 草图 选项卡 返回到三维 区域中的按钮，在“拉伸”对话框 范围 区域中的下拉列表中选择 距离 选项，在“距离”下拉列表中输入数值 4，并将拉伸方向设置为“方向 1”类型。

（4）单击“拉伸”对话框中的 确定 按钮，完成拉伸特征 2 的创建。

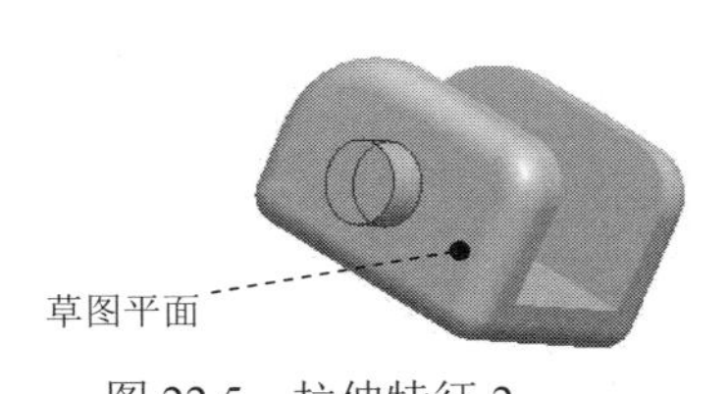

图 22.5 拉伸特征 2

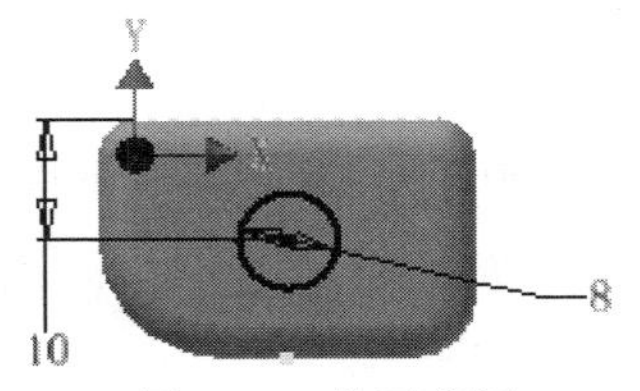

图 22.6 截面草图

Step6. 创建图 22.7 所示的镜像 1。

（1）选择命令，在 阵列 区域中单击“镜像”按钮。

（2）选取要镜像的特征。在图形区中选取要镜像复制的拉伸特征（或在浏览器中选择“拉伸 2”特征）。

（3）定义镜像中心平面。单击“镜像”对话框中的 镜像平面 按钮，然后选取 XZ 平面作为镜像中心平面。

（4）单击“镜像”对话框中的 确定 按钮，完成镜像 1 的操作。

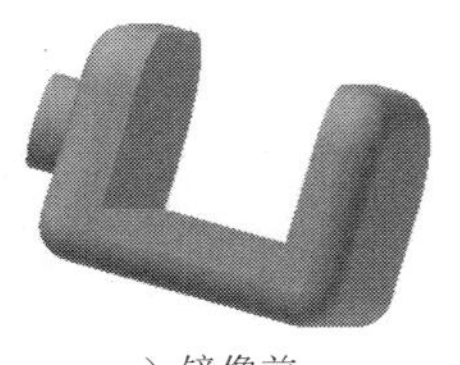

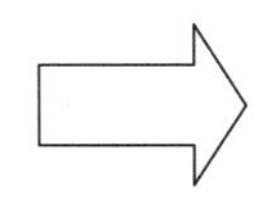

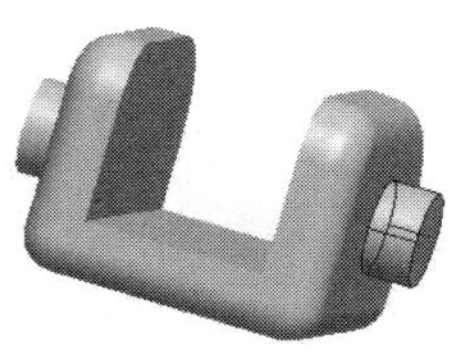

a）镜像前

b）镜像后

图 22.7 镜像 1

Step7. 创建草图 1。

（1）在 三维模型 选项卡 草图 区域单击 按钮，然后选择 YZ 平面为草图平面，系统进入草绘环境。

（2）绘制图 22.8 所示的草图 1，单击 按钮，退出草绘环境。

Step8. 创建图 22.9 所示的工作平面 1。

（1）在 定位特征 区域中单击“平面”按钮 下的 平面，选择 平面绕边旋转的角度 命令。

（2）定义参考平面（图 22.10），选取 XZ 平面作为参考平面。

（3）定义旋转轴及旋转角度，选取草图 1 为旋转轴，输入要旋转的角度-15°。

（4）单击 按钮，完成工作平面 1 的创建。

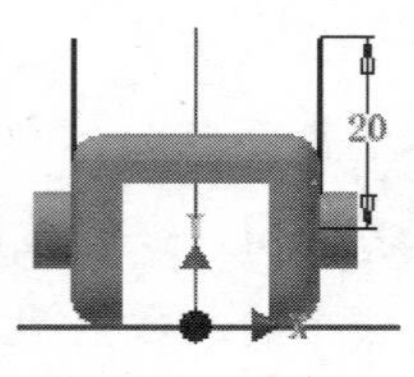

图 22.8 草图 1

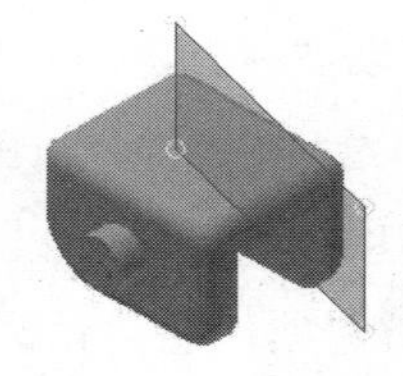

图 22.9 工作平面 1

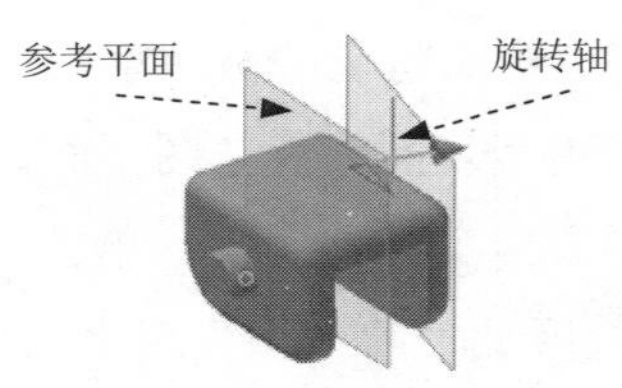

图 22.10 定义参考平面

Step9. 创建草图 2。

（1）在 三维模型 选项卡 草图 区域单击 按钮，然后选择工作平面 1 为草图平面，系统进入草绘环境。

（2）绘制图 22.11 所示的草图 2，单击 按钮，退出草绘环境。

Step10. 创建图 22.12 所示的工作平面 2。

（1）在 定位特征 区域中单击“平面”按钮 下的 平面，选择 平行于平面且通过点 命令；

（2）定义参考平面，选取 XY 平面作为参考平面。

（3）定义参考点，选取图 22.12 所示草图 2 的端点作为参考点。

（4）单击 按钮，完成工作平面 2 的创建。

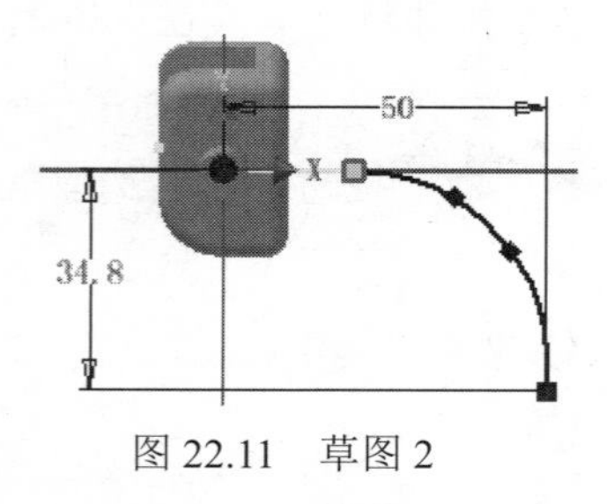

图 22.11 草图 2

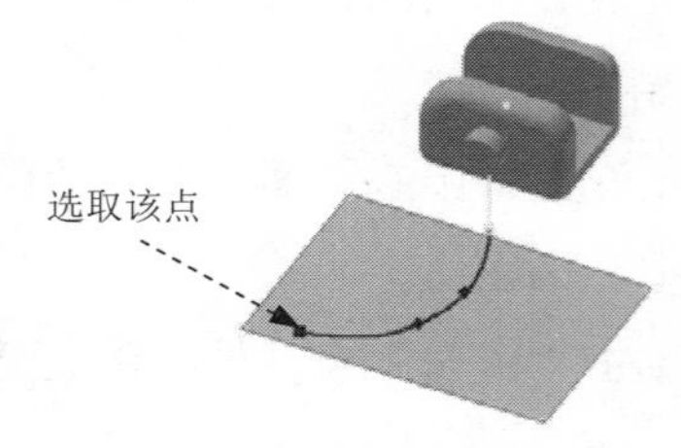

图 22.12 工作平面 2

Step11. 创建草图 3。

（1）在 三维模型 选项卡 草图 区域单击 按钮，然后选择工作平面 2 为草图平面，系统进入草绘环境。

（2）绘制图 22.13 所示的草图 3，单击 按钮，退出草绘环境。

Step12. 创建图 22.14 所示的工作平面 3。

（1）在 定位特征 区域中单击“平面”按钮 下的 平面，选择 平行于平面且通过点 命令。

（2）定义参考平面，选取 XY 平面作为参考平面。

（3）定义参考点，选取图 22.15 所示的点作为参考点。

（4）单击 按钮，完成工作平面 3 的创建。

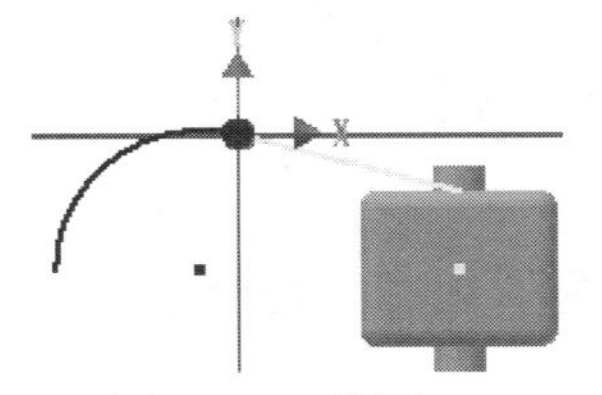

图 22.13 草图 3

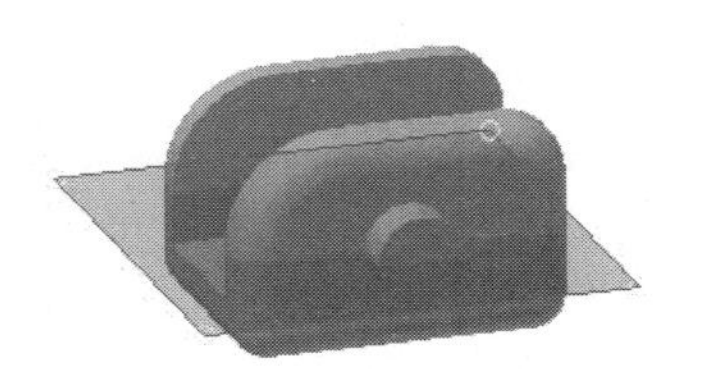
图 22.14 工作平面 3

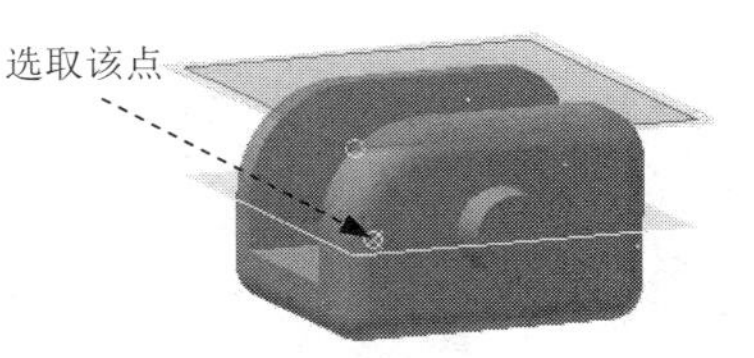

图 22.15 定义参考点

Step13. 创建草图 4。

（1）在 三维模型 选项卡 草图 区域单击 按钮，然后选择工作平面 3 为草图平面，系统进入草绘环境。

（2）绘制图 22.16 所示的草图 4，单击 按钮，退出草绘环境。

Step14. 创建图 22.17 所示的扫掠 1。

（1）选择命令，在 创建 区域中单击“扫掠”按钮 扫掠 。

（2）定义扫掠轨迹。在“扫掠”对话框中单击 按钮，然后在图形区中选取草图 1、草图 2 和草图 3 作为扫掠轨迹，完成扫掠轨迹的选取。

（3）定义扫掠类型。在“扫掠”对话框 类型 区域的下拉列表中选择 路径，其他参数接受系统默认设置。

（4）单击“扫掠”对话框中的 确定 按钮，完成扫掠 1 的创建。

Step15. 创建图 22.18 所示的镜像 1。

（1）选择命令，在 阵列 区域中单击“镜像”按钮 。

（2）选取要镜像的特征。在图形区中选取要镜像复制的扫掠特征（或在浏览器中选择“扫掠 1”特征）。

（3）定义镜像中心平面。单击“镜像”对话框中的 镜像平面 按钮，然后选取 XZ 平面作为镜像中心平面。

（4）单击“镜像”对话框中的 确定 按钮，完成镜像 1 的操作。

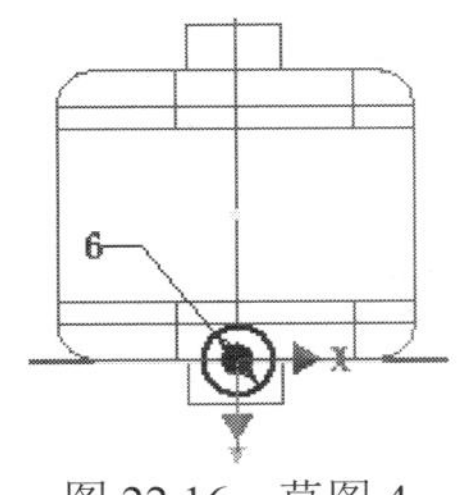

图 22.16 草图 4

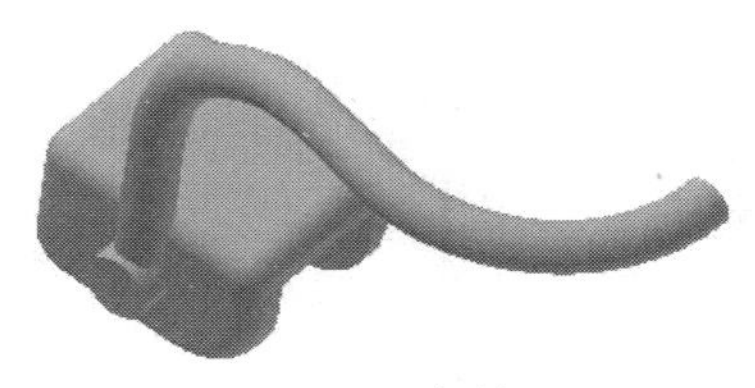
图 22.17 扫掠 1

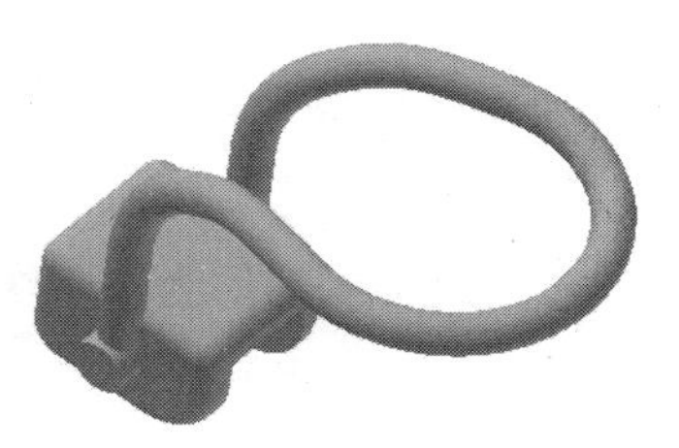
图 22.18 镜像 1

Step16. 创建图 22.19 所示的工作点 1。

（1）在 定位特征 区域中选择“工作点”命令。

（2）定义参考，选取图 22.20 所示扫掠特征的圆环部分作为参考，完成工作点 1 的创建。

Step17. 创建图 22.21 所示的旋转特征 1。

（1）选择命令。在 创建 ▾ 区域中单击按钮，系统弹出“创建旋转”对话框。

（2）定义特征的截面草图。单击“创建旋转”对话框中的 创建二维草图 按钮，选取 XZ 平面为草图平面，进入草绘环境，绘制图 22.22 所示的截面草图。

（3）定义旋转属性。单击 草图 选项卡 返回到三维 区域中的按钮，在 范围 区域的下拉列表中选中 全部 选项。

（4）单击“旋转”对话框中的 确定 按钮，完成旋转特征 1 的创建。

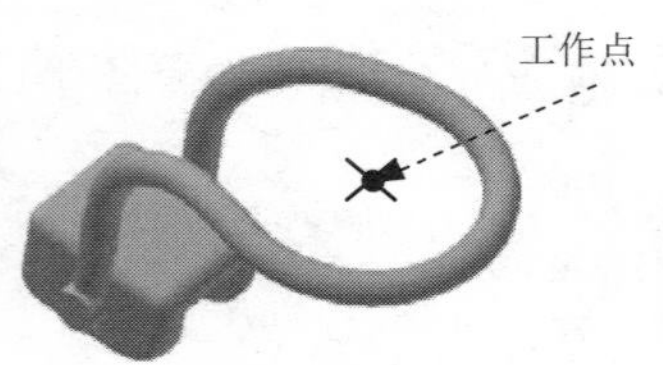

图 22.19　工作点 1

选取此加亮显示部分

图 22.20　定义参考

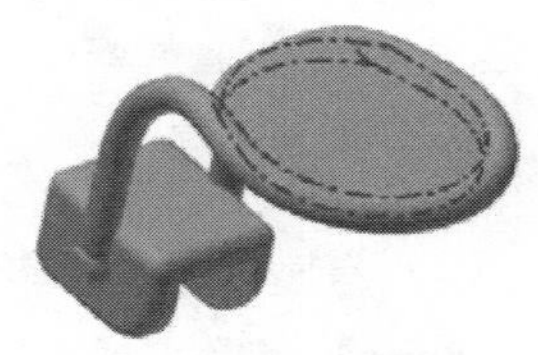

图 22.21　旋转特征 1

Step18. 创建图 22.23 所示的旋转特征 2。

（1）选择命令。在 创建 ▾ 区域中单击按钮，系统弹出“创建旋转”对话框。

（2）定义特征的截面草图。单击“创建旋转”对话框中的 创建二维草图 按钮，选取 XZ 平面为草图平面，进入草绘环境，绘制图 22.24 所示的截面草图。

（3）定义旋转属性。单击 草图 选项卡 返回到三维 区域中的按钮，然后将布尔运算设置为“求差”类型，在 范围 区域的下拉列表中选中 全部 选项。

（4）单击“旋转”对话框中的 确定 按钮，完成旋转特征 2 的创建。

说明：截面草图的旋转轴与 Step16 创建的工作点 1 重合。

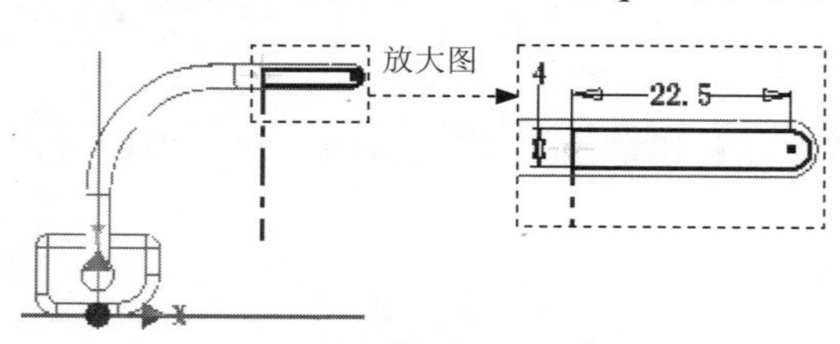

图 22.22　截面草图

图 22.23　旋转特征 2

Step19. 创建图 22.25 所示的拉伸特征 3。

（1）选择命令。在 创建 ▾ 区域中单击按钮，系统弹出“创建拉伸”对话框。

（2）定义特征的截面草图。单击“创建拉伸”对话框中的 创建二维草图 按钮，选取 XZ 平面作为草图平面，进入草绘环境，绘制图 22.26 所示的截面草图，单击按钮。

（3）定义拉伸属性。单击 草图 选项卡 返回到三维 区域中的按钮，然后将布尔运算设置为“求差”类型，在范围区域中的下拉列表中选择贯通选项，将拉伸方向设置为“对称”类型。

（4）单击“拉伸”对话框中的确定按钮，完成拉伸特征3的创建。

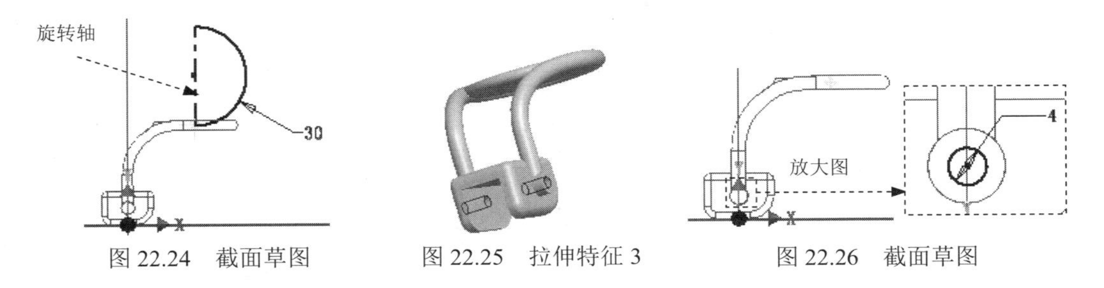

图 22.24 截面草图　　图 22.25 拉伸特征 3　　图 22.26 截面草图

Step20. 创建图 22.27 所示的倒圆特征 4。选取图 22.27a 所示的边线为倒圆的对象，输入倒圆角半径值 1.5。

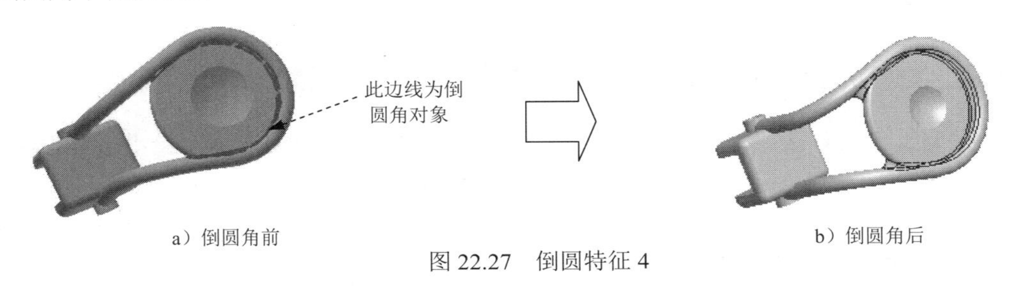

a）倒圆角前　　b）倒圆角后

图 22.27 倒圆特征 4

Step21. 创建图 22.28 所示的倒圆特征 5。选取图 22.28a 所示的边线为倒圆的对象，输入倒圆角半径值 1.0。

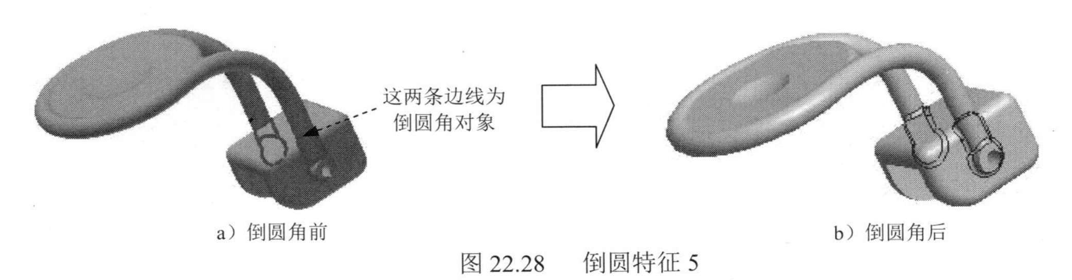

a）倒圆角前　　b）倒圆角后

图 22.28 倒圆特征 5

Step22. 创建图 22.29 所示的倒圆特征 6。选取图 22.29a 所示的边线为倒圆的对象，输入倒圆角半径值 0.5。

Step23. 保存零件模型文件。

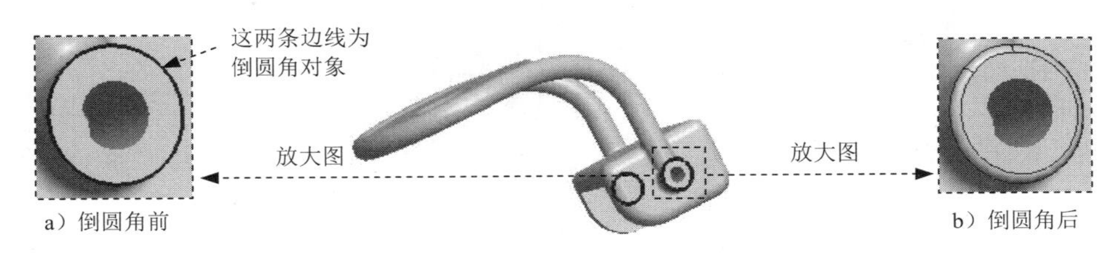

a）倒圆角前　　b）倒圆角后

图 22.29 倒圆特征 6

实例23 排 气 管

实例概述

该实例中主要运用了拉伸、扫掠、放样、圆角及抽壳等命令，设计思路是先创建互相交叠的拉伸、扫掠、放样特征，再对其进行抽壳，从而得到模型的主体结构，其中扫掠和放样的综合使用是重点，在使用过程中务必保证草图的正确性，否则此后的圆角将难以创建。该零件模型及浏览器如图 23.1 所示。

说明： 本例前面的详细操作过程请参见随书光盘中 video\ch23\reference\文件下的语音视频讲解文件 main_housing-r01.exe。

Step1. 打开文件 D:\inv15.3\work\ch23\main_housing_ex.ipt。

Step2. 创建图 23.2 所示的草图 2。在 三维模型 选项卡 草图 区域单击 按钮，然后选择 YZ 平面为草图平面，系统进入草绘环境；绘制图 23.3 所示的草图 2，单击 按钮，退出草绘环境。

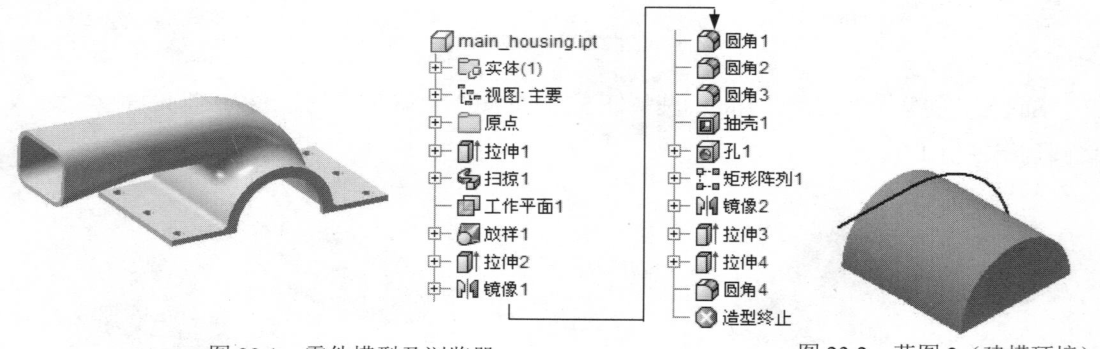

图 23.1 零件模型及浏览器　　图 23.2 草图 2（建模环境）

Step3. 创建图 23.4 所示的草图 3。在 三维模型 选项卡 草图 区域单击 按钮，选取 XY 平面作为草图平面，绘制图 23.5 所示的草图 3。

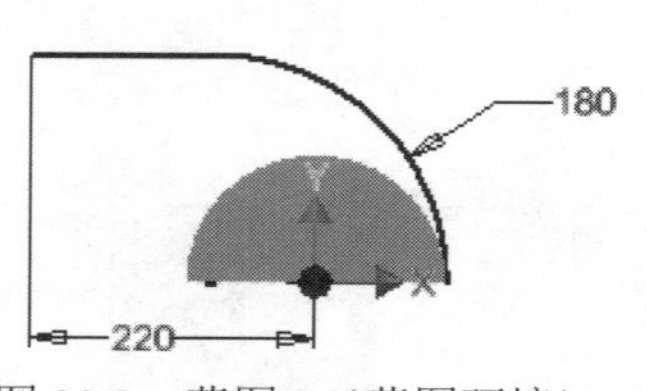

图 23.3 草图 2（草图环境）

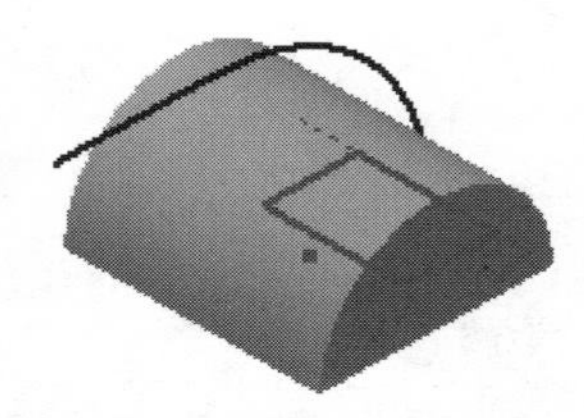

图 23.4 草图 3（建模环境）

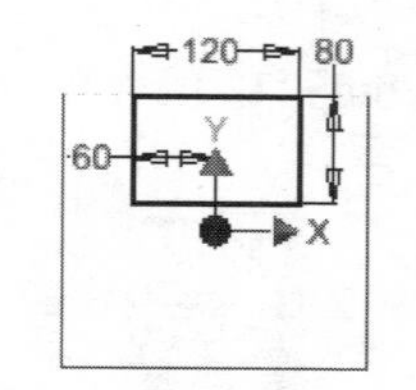

图 23.5 草图 3（草图环境）

Step4. 创建图 23.6 所示的扫掠 1。在 创建 区域中单击“扫掠”按钮 扫掠；在“扫掠”对话框中单击 按钮，然后在图形区中选取草图 2 作为扫掠轨迹，完成扫掠轨迹的选取；在“扫掠”对话框 类型 区域的下拉列表中选择 路径，其他参数接受系统默认设置；单击“扫掠”对话框中的 确定 按钮，完成扫掠特征的创建。

Step5. 创建图 23.7 所示的平面 1。在 定位特征 区域中单击“平面”按钮 下的 平面，选择 从平面偏移 命令；在绘图区域选取图 23.8 所示的模型表面作为参考平面；在“基准面”小工具栏的下拉列表中输入要偏距的距离 160，偏移方向参考图 23.7 所示；单击 按钮，完成偏距基准面的创建。

图 23.6 扫掠 1

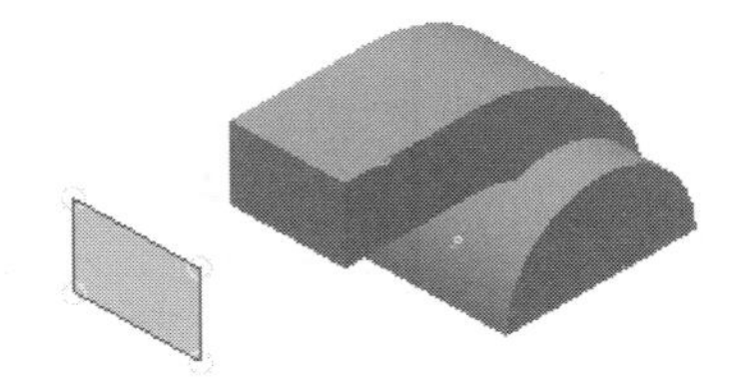

图 23.7 平面 1

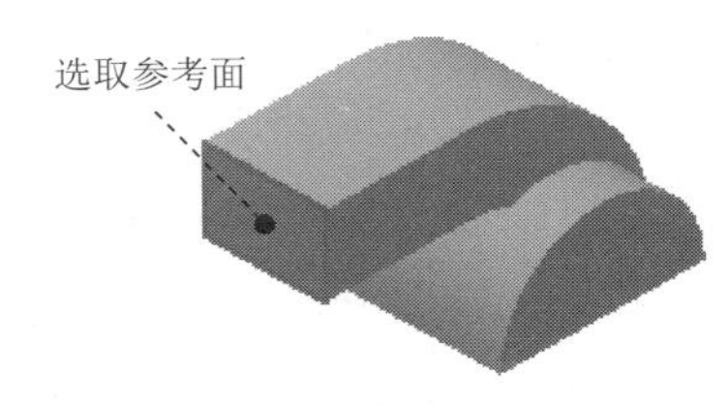

图 23.8 参考平面

Step6. 创建图 23.9 所示的草图 4。在 三维模型 选项卡 草图 区域单击 按钮，选取平面 1 作为草图平面，绘制图 23.10 所示的草图 4。

Step7. 创建图 23.11 所示的放样 1。在 创建 区域中单击 放样 按钮；依次选取图 23.12 所示的截面为第一个横截面，选取草图 4 为第二个横截面；本例中不使用轨迹线；单击“放样”对话框中的 确定 按钮，完成放样 1 的创建。

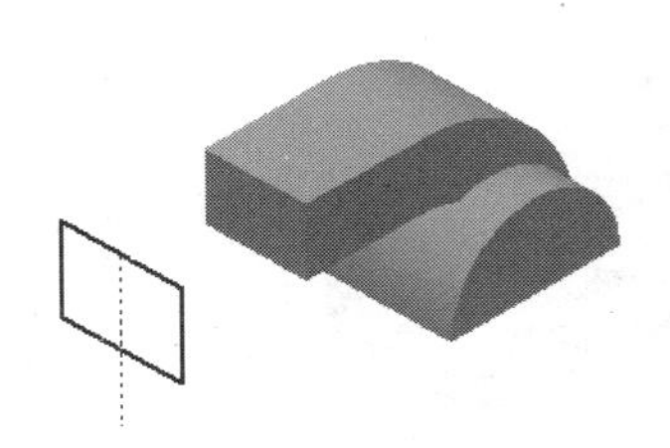

图 23.9 草图 4（建模环境）

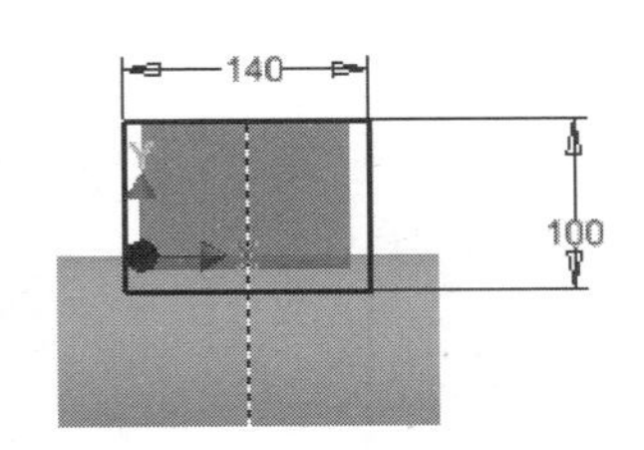

图 23.10 草图 4（草图环境）

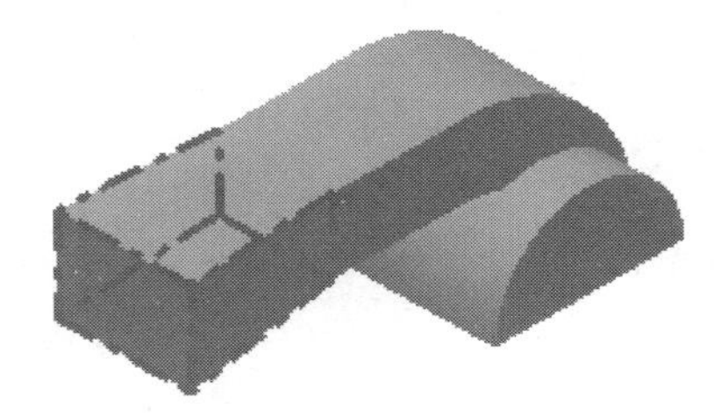

图 23.11 放样 1

Step8. 创建图 23.13 所示的拉伸特征 2。在 创建 区域中单击 按钮，选取 XY 平面作为草图平面，绘制图 23.14 所示的截面草图，在“拉伸”对话框 范围 区域中的下拉列表中选择 距离 选项，在“距离”下拉列表中输入数值 10，并将拉伸方向设置为“方向 1”类型 ，单击“拉伸”对话框中的 确定 按钮，完成拉伸特征 2 的创建。

Step9. 创建图 23.15 所示的镜像 1。在 阵列 区域中单击“镜像”按钮 ；在图形区中选取要镜像复制的拉伸 2 特征（或在浏览器中选择“拉伸 2”特征）；单击“镜像”对话框中的 镜像平面 按钮，然后选取 XZ 平面作为镜像中心平面；单击“镜像”对话框中的 确定 按钮，完成镜像 1 的操作。

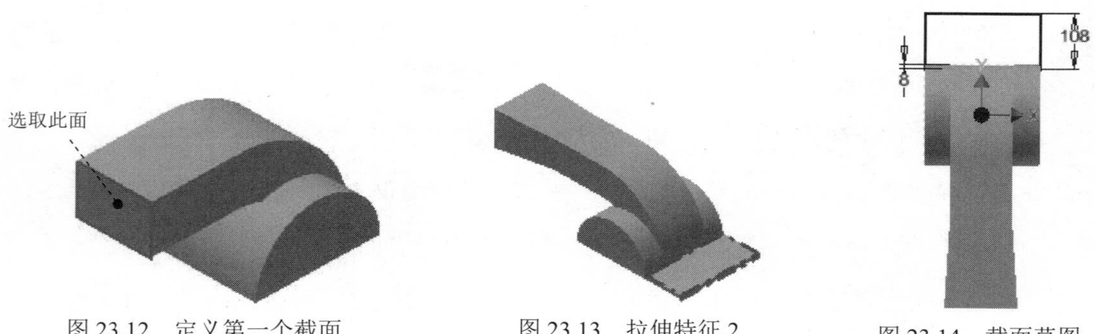

图 23.12　定义第一个截面　　图 23.13　拉伸特征 2　　图 23.14　截面草图

Step10. 创建图 23.16 所示的倒圆特征 1。在 修改 ▾ 区域中单击按钮；在系统的提示下，选取图 23.16a 所示的模型边线为倒圆的对象；在“倒圆角”小工具栏“半径 R”文本框中输入数值 30；单击“圆角”对话框中的 确定 按钮，完成圆角特征的定义。

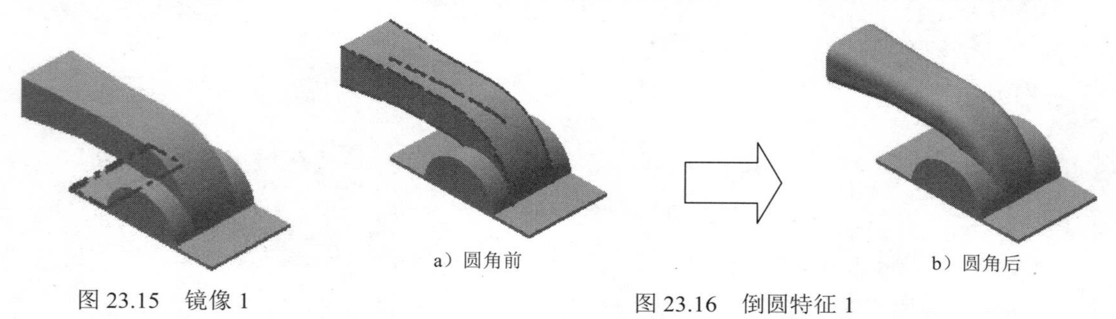

a）圆角前　　b）圆角后

图 23.15　镜像 1　　图 23.16　倒圆特征 1

Step11. 创建图23.17所示的倒圆特征2。选取图23.17a所示的模型边线为倒圆的对象，输入倒圆角半径值 30.0。

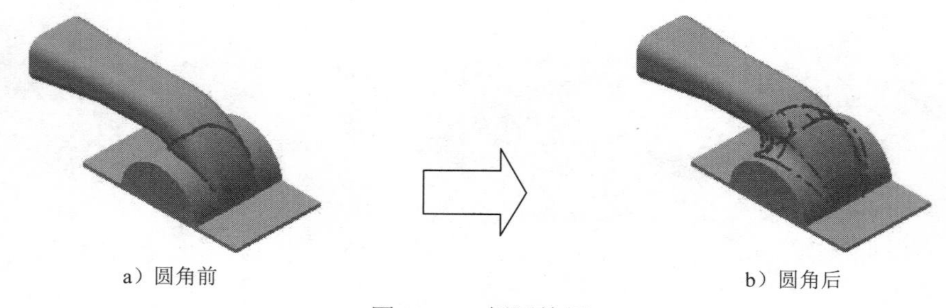

a）圆角前　　b）圆角后

图 23.17　倒圆特征 2

Step12. 创建图23.18所示的倒圆特征3。选取图23.18a所示的模型边线为倒圆的对象，输入倒圆角半径值 400.0。

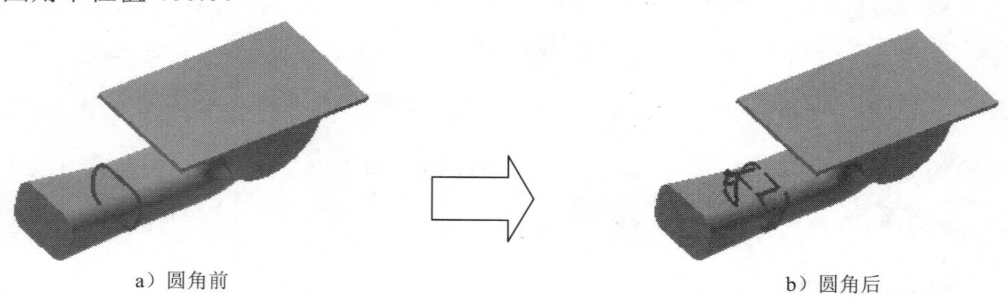

a）圆角前　　b）圆角后

图 23.18　倒圆特征 3

Step13. 创建图 23.19 所示的抽壳特征 1。在 修改 ▾ 区域中单击 抽壳 按钮；在“抽壳”对话框 厚度 文本框中输入薄壁厚度值为 8.0；在系统 选择要去除的表面 的提示下，选择图 23.19a 所示的模型表面为要移除的面；单击“抽壳”对话框中的 确定 按钮，完成抽壳特征 1 的创建。

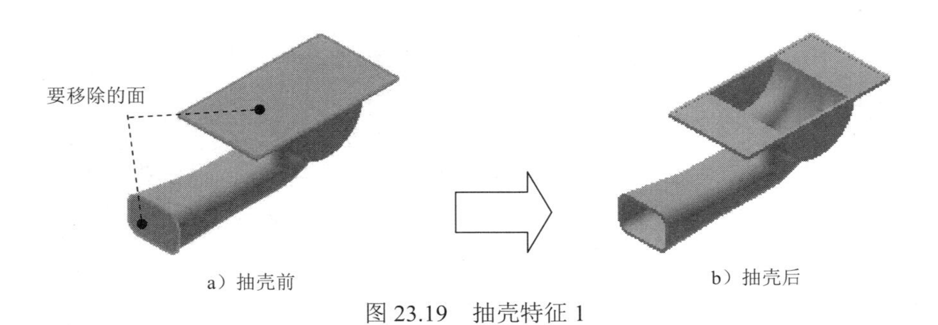

图 23.19 抽壳特征 1

Step14. 创建图 23.20 所示的草图 6。在 三维模型 选项卡 草图 区域单击 按钮，选取图 23.21 所示的放置面作为草图平面，绘制图 29.20 所示的草图 6。

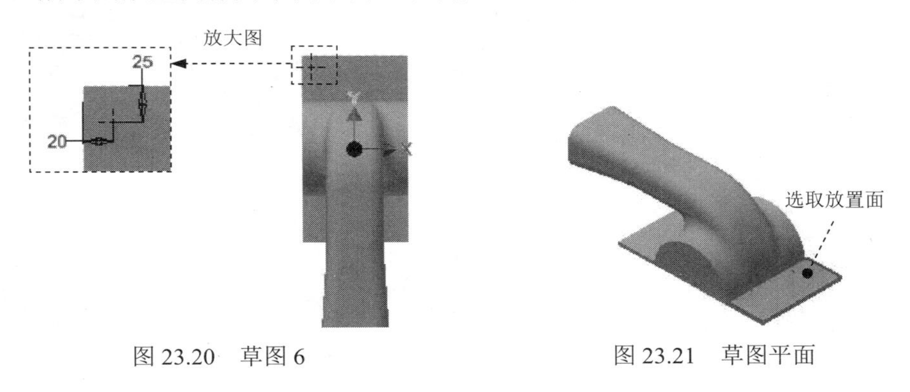

图 23.20 草图 6 图 23.21 草图平面

Step15. 创建图 23.22 所示的孔 1。在 修改 ▾ 区域中单击“孔”按钮；在“孔”对话框 放置 区域的下拉列表中选择 从草图 选项；在“孔”对话框中确认“直孔” 与“简单孔” 被选中；在“孔”对话框 终止方式 区域的下拉列表中选择 贯通 选项；在“孔”对话框孔预览图像区域输入孔的直径 18；单击“孔”对话框中的 确定 按钮，完成孔 1 的创建。

Step16. 创建图 23.23 所示的矩形阵列 1。在 阵列 区域中单击 按钮，系统弹出“矩形阵列”对话框；在图形区中选取孔特征 1（或在浏览器中选择“孔 1”特征）；在“矩形阵列”对话框中单击 方向 1 区域中的 按钮，然后选取图 23.24 所示的边线 1 为方向 1 的参考边线，阵列方向可参考图 23.24，在 方向 1 区域的 文本框中输入数值 3；在 文本框中输入数值 90；单击 确定 按钮，完成矩形阵列 1 的创建。

图 23.22 孔 1　　图 23.23 矩形阵列 1　　图 23.24 定义参考边线

Step17. 创建图 23.25 所示的镜像 2。在阵列区域中单击“镜像”按钮；在图形区中选取要镜像复制的孔 1 与矩形阵列 1 特征（或在浏览器中选择“孔 1”与“矩形阵列 1”特征）；单击“镜像”对话框中的镜像平面按钮，然后选取 XZ 平面作为镜像中心平面；单击“镜像”对话框中的确定按钮，完成镜像 2 的操作。

Step18. 创建图 23.26 所示的拉伸特征 3。在创建区域中单击按钮，选取图 23.27 所示的模型表面作为草图平面，绘制图 23.28 所示的截面草图，在“拉伸”对话框将布尔运算设置为“求差”类型，然后在范围区域中的下拉列表中选择距离选项，在“距离”下拉列表中输入数值 8，将拉伸方向设置为“方向 2”类型；单击“拉伸”对话框中的确定按钮，完成拉伸特征 3 的创建。

图 23.25 镜像 2　　图 23.26 拉伸特征 3　　图 23.27 草图平面

Step19. 创建图 23.29 所示的拉伸特征 4。在创建区域中单击按钮，选取图 23.30 所示的模型表面作为草图平面，绘制图 23.31 所示的截面草图，在“拉伸”对话框将布尔运算设置为“求差”类型，然后在范围区域中的下拉列表中选择距离选项，在“距离”下拉列表中输入数值 8，将拉伸方向设置为“方向 2”类型；单击“拉伸”对话框中的确定按钮，完成拉伸特征 4 的创建。

图 23.28 截面草图　　图 23.29 拉伸特征 4　　图 23.30 草图平面

Step20. 创建图 23.32 所示的倒圆特征 4。选取图 23.32a 所示的模型边线为倒圆的对象，输入倒圆角半径值 10.0。

图 23.31 截面草图

a）圆角前

b）圆角后

图 23.32 倒圆特征 4

Step21. 至此，零件模型创建完毕。选择下拉菜单 → 保存 命令，命名为 main_housing，即可保存零件模型。

实例24 叶 轮

实例概述

本实例的关键点是创建叶片，首先利用偏移方式创建曲面，再利用这些曲面及创建的基准平面，结合草绘、投影等方式创建所需要的基准曲线，由这些基准曲线创建边界嵌片曲面，最后通过加厚、阵列等命令完成整个模型。零件模型及浏览器如图 24.1 所示。

说明：本例前面的详细操作过程请参见随书光盘中 video\ch24\reference\文件下的语音视频讲解文件 IMPELLER-r01.exe。

Step1. 打开文件 D:\inv15.3\work\ch24\IMPELLER_ex.ipt。

Step2. 创建图 24.2 所示的偏移曲面 1。

（1）选择命令。在 修改 ▼ 区域中单击“加厚/偏移”按钮，系统弹出“加厚/偏移”对话框。

（2）定义偏移曲面。选取图 24.3 所示的曲面为等距曲面。

（3）定义输出类型。在“加厚/偏移”对话框 输出 区域中选择“曲面”。

（4）定义等距偏移距离及方向。在“加厚/偏移”对话框 距离 文本框中输入数值 102，将偏移方向设置为“方向 1”类型（向模型外部）。

（5）单击 确定 按钮，完成偏移曲面 1 的创建。

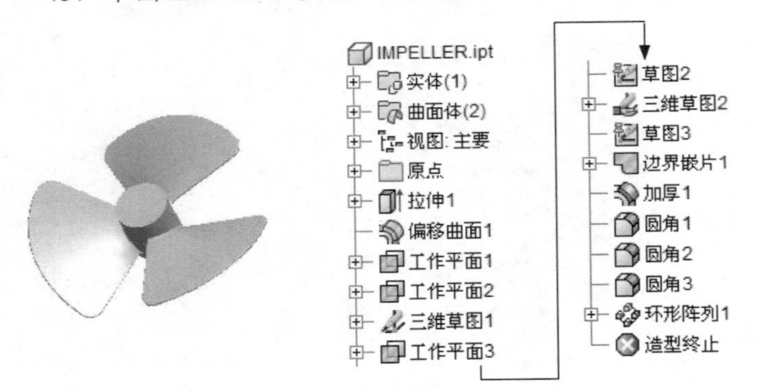

图 24.1 零件模型及浏览器

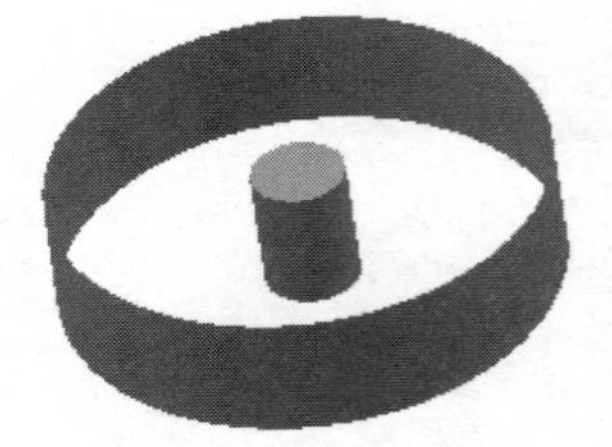

图 24.2 偏移曲面 1

Step3. 创建图 24.4 所示的工作平面 1（具体参数和操作参见随书光盘）。

Step4. 创建图 24.5 所示的工作平面 2（具体参数和操作参见随书光盘）。

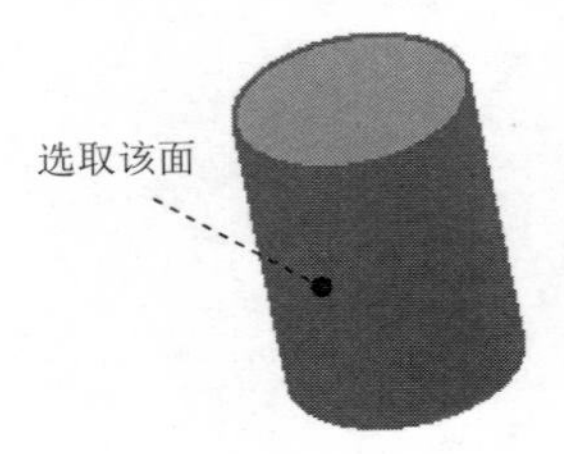

图 24.3 定义偏移曲面

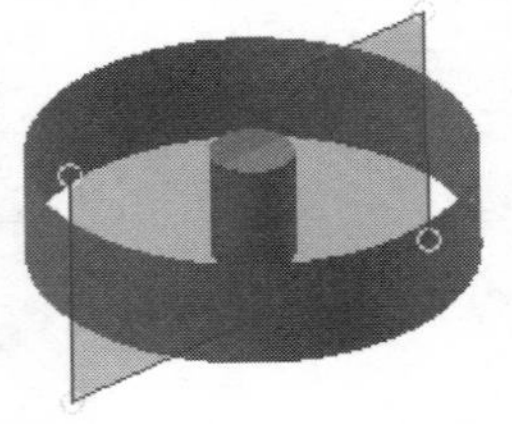

图 24.4 工作平面 1

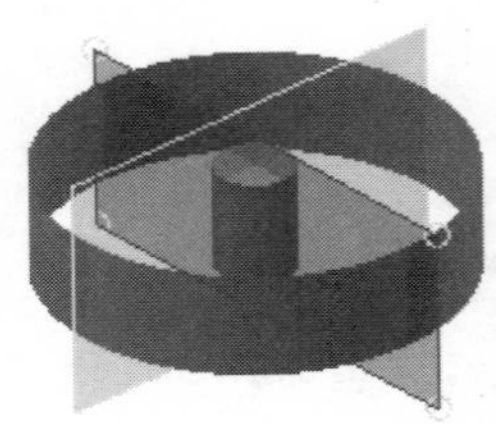

图 24.5 工作平面 2

Step5. 创建图 24.6 所示的三维草图 1。

（1）单击 三维模型 选项卡 草图 区域中的 开始创建二维草图 按钮，选择 开始创建 三维草图 命令，系统进入三维草图绘制环境。

（2）选择命令。单击 三维草图 选项卡 绘制 区域中的“相交曲线”按钮 ，系统弹出“三维相交曲线”对话框。

（3）定义相交几何图元。在系统 通过亮显并选择几何图元来定义三维相交曲线。 的提示下选取图 24.3 所示的面与工作平面 1 为要相交的几何图元；单击 确定 按钮，完成相交曲线的创建，效果如图 24.7 所示。

（4）参照（2）~（3）步，创建其余相交曲线，效果如图 24.7 所示。

（5）单击“完成草图”按钮 完成三维草图 1 的创建。

Step6. 创建图 24.8 所示的工作平面 3（注：具体参数和操作参见随书光盘）。

Step7. 创建图 24.9 所示的草图 2。在 三维模型 选项卡 草图 区域单击 按钮，选取工作平面 3 作为草图平面，绘制图 24.10 所示的草图 2。

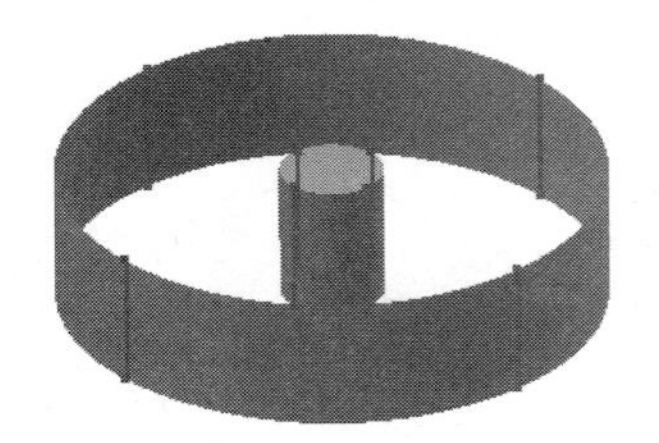

图 24.6 三维草图 1

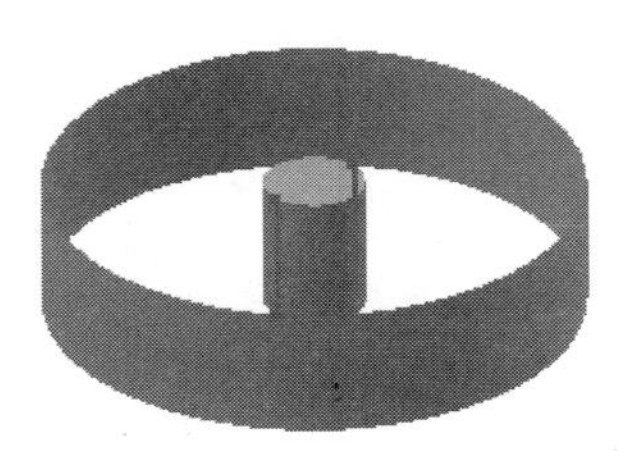

图 24.7 相交曲线 1

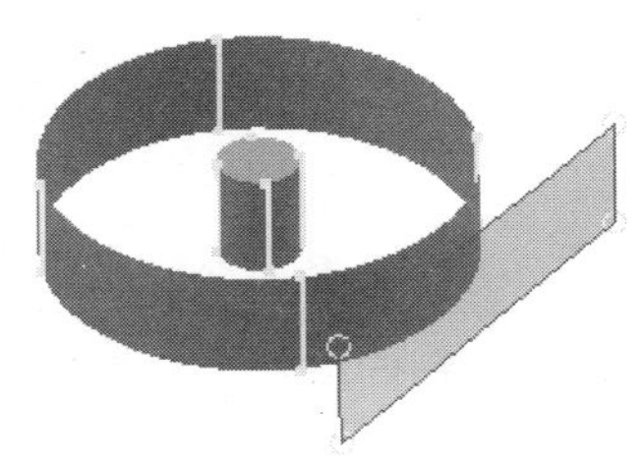

图 24.8 工作平面 3

Step8. 创建图 24.11 所示的三维草图 2。

（1）单击 三维模型 选项卡 草图 区域中的 开始创建二维草图 按钮，选择 开始创建 三维草图 命令，系统进入三维草图绘制环境。

（2）选择命令。单击 三维草图 选项卡 绘制 区域中的“投影到曲面”按钮 ，系统弹出“将曲线投影到曲面”对话框。

（3）定义投影面。在系统 选择面、曲面特征或工作平面 的提示下选取图 24.12 所示的面为投影面。

（4）定义投影曲线。单击“将曲线投影到曲面”对话框中的 曲线 按钮，然后选取草图 2 作为投影曲线。

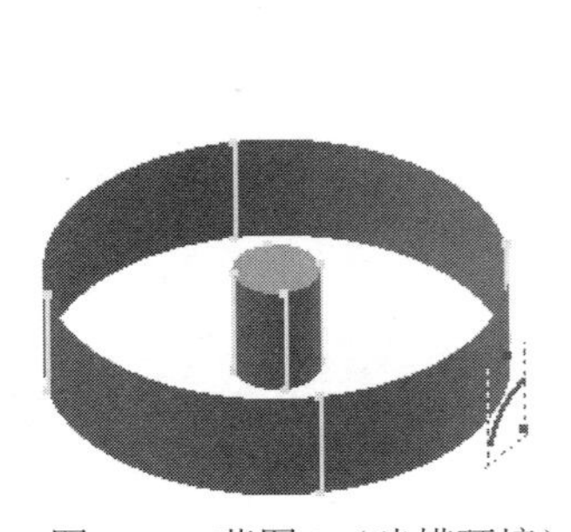

图 24.9 草图 2（建模环境）

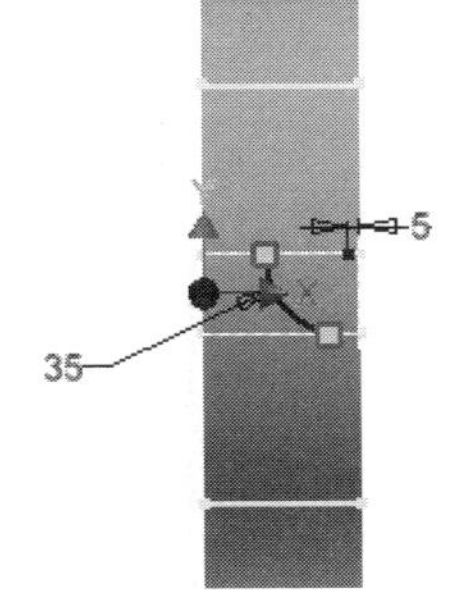

图 24.10 草图 2（草图环境）

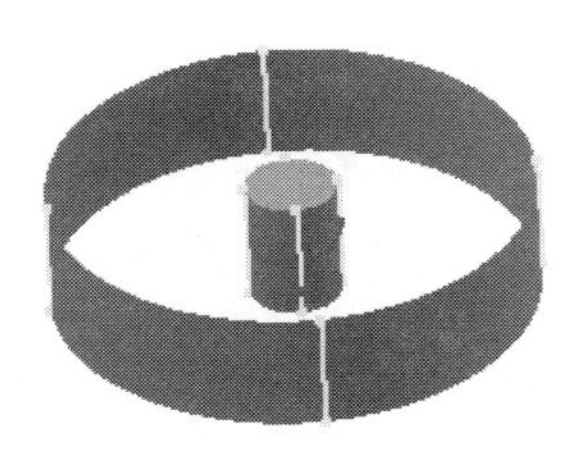

图 24.11 三维草图 2

（5）定义投影曲线的输出类型。在“将曲线投影到曲面”对话框 输出 区域选中“折叠到曲面”按钮。

（6）单击 确定 按钮，单击“完成草图”按钮 完成三维草图 2 的创建。

Step9. 创建图 24.13 所示的草图 3。在 三维模型 选项卡 草图 区域单击 按钮，选取工作平面 3 作为草图平面，绘制图 24.14 所示的草图 3。

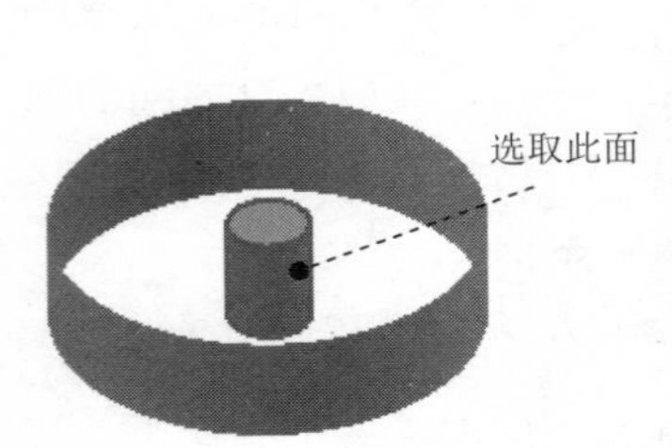

图 24.12 定义投影面

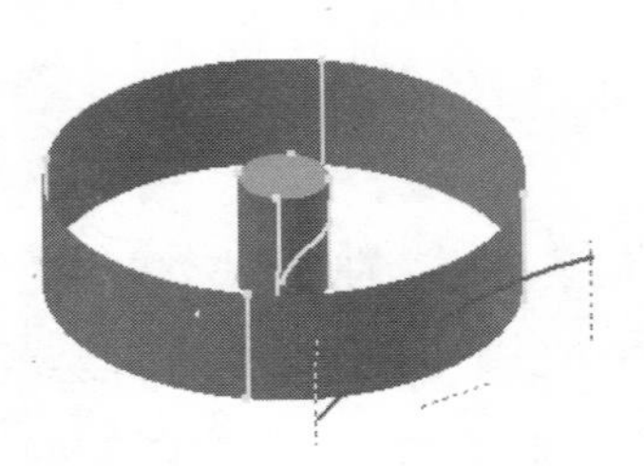
图 24.13 草图 3（建模环境）

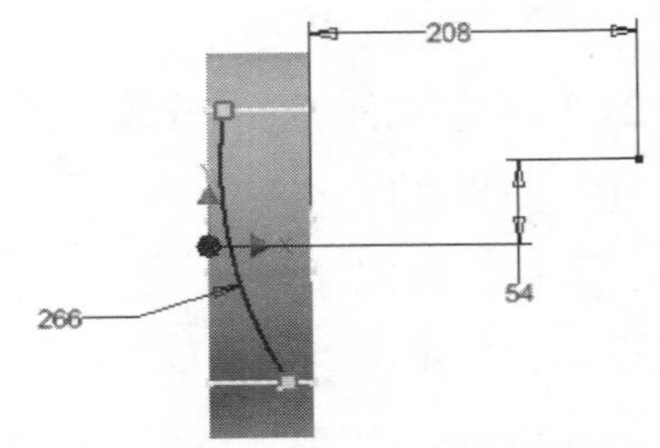

图 24.14 草图 3（草图环境）

Step10. 创建图 24.15 所示的三维草图 3。

（1）单击 三维模型 选项卡 草图 区域中的 开始创建二维草图 按钮，选择 开始创建 三维草图 命令，系统进入三维草图绘制环境。

（2）选择命令。单击 三维草图 选项卡 绘制 区域中的“投影到曲面”按钮，系统弹出“将曲线投影到曲面”对话框。

（3）定义投影面。在系统 选择面、曲面特征或工作平面 的提示下选取图 24.16 所示的面为投影面。

（4）定义投影曲线。单击“将曲线投影到曲面”对话框中的 曲线 按钮，然后选取草图 3 作为投影曲线。

（5）定义投影曲线的输出类型。在“将曲线投影到曲面”对话框 输出 区域选中“折叠到曲面”按钮。

（6）单击 确定 按钮，单击“完成草图”按钮 完成三维草图 3 的创建。

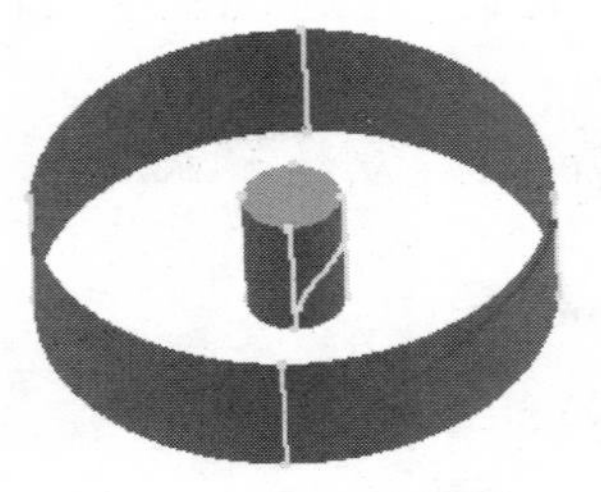
图 24.15 三维草图 3

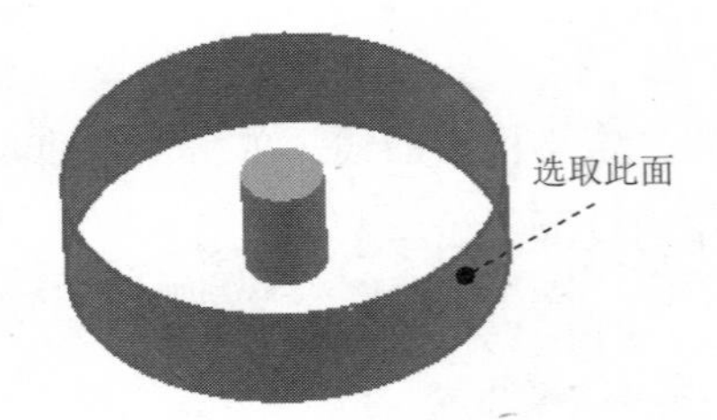

图 24.16 定义投影面

Step11. 创建图 24.17 所示的三维草图 4。

（1）单击 三维模型 选项卡 草图 区域中的 开始创建二维草图 按钮，选择 开始创建 三维草图 命令，系统进入三维草图绘制环境。

（2）选择命令。单击 三维草图 选项卡 绘制 ▾ 区域中的“直线”按钮 。

（3）定义参考点。选取图 24.18 所示的点 1 与点 2 为直线的两个参考点，按 Esc 退出，完成第一条直线的创建，如图 24.19 所示。

（4）参照上一步，创建第二条直线，完成如图 24.17 所示；单击“完成草图”按钮 完成三维草图 4 的创建。

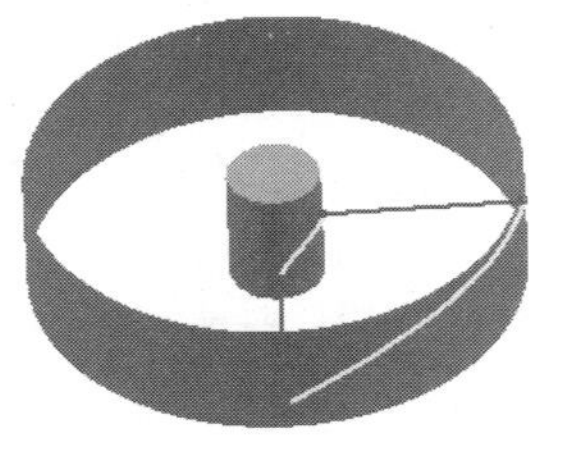

图 24.17 三维草图 4

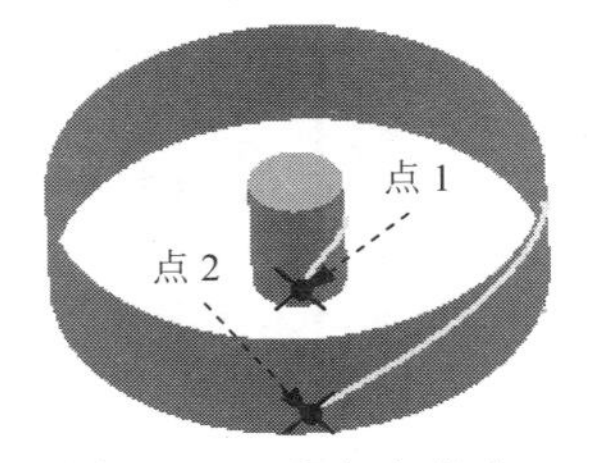

图 24.18 定义参考点

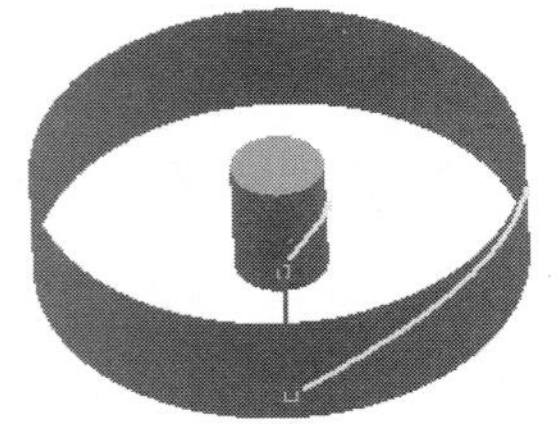

图 24.19 第一条直线

Step12. 创建图 24.20 所示的边界嵌片 1。

（1）选择命令。在 曲面 ▾ 区域中单击“修补”按钮 ，系统弹出“边界嵌片”对话框。

（2）定义边界边。在系统 选择边或草图曲线 的提示下依次选取图 24.21 所示的曲线为曲面的边界。

（3）单击 确定 按钮，完成边界嵌片 1 的创建。

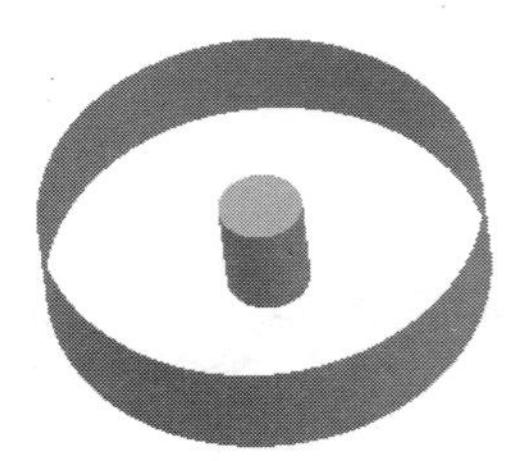

a）创建前

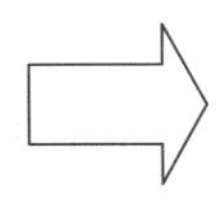

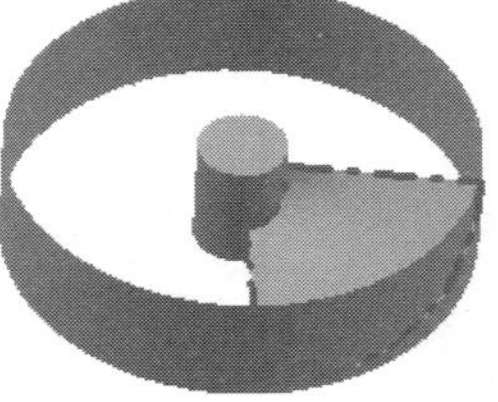

b）创建后

图 24.20 边界嵌片 1

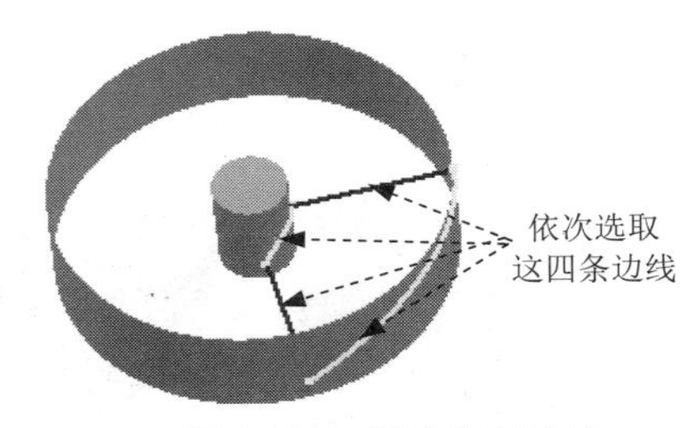

图 24.21 定义曲面边界

Step13. 创建图 24.22 所示的加厚 1。

（1）选择命令。在 修改 ▾ 区域中单击“加厚/偏移”按钮 ，系统弹出“加厚/偏移”对话框。

（2）定义偏移曲面。在“加厚/偏移”对话框中选中 ◉ 面 单选项，然后选取边界嵌片 1 为要加厚的曲面。

（3）定义输出类型。在“加厚/偏移”对话框 输出 区域中选择“实体” 。

（4）定义等距偏移距离及方向。在“加厚/偏移”对话框 距离 文本框中输入数值 3.0，将偏移方向设置为“对称”类型 。

（5）单击 确定 按钮，完成加厚 1 的创建。

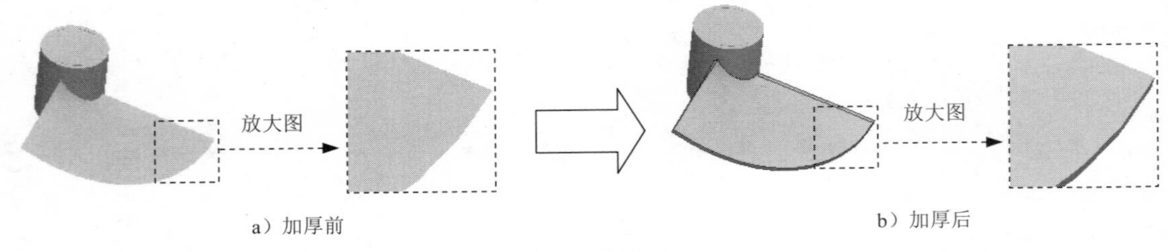

图 24.22 加厚 1

Step14. 创建图24.23所示的倒圆特征1。选取图24.23a所示的模型边线为倒圆的对象，输入倒圆角半径值15.0。

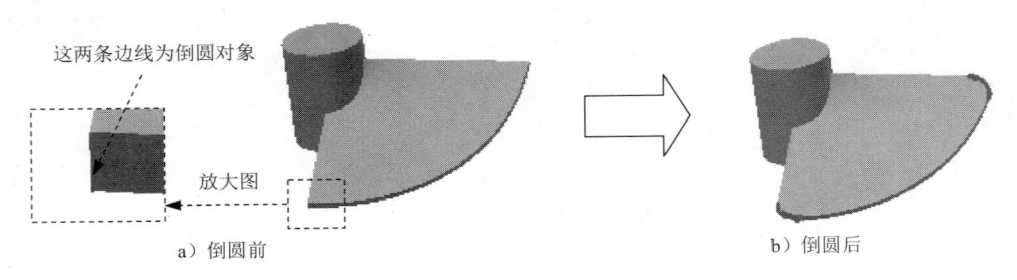

图 24.23 倒圆特征 1

Step15. 创建图24.24所示的倒圆特征2。选取图24.24a所示的模型边线为倒圆的对象，输入倒圆角半径值1.0。

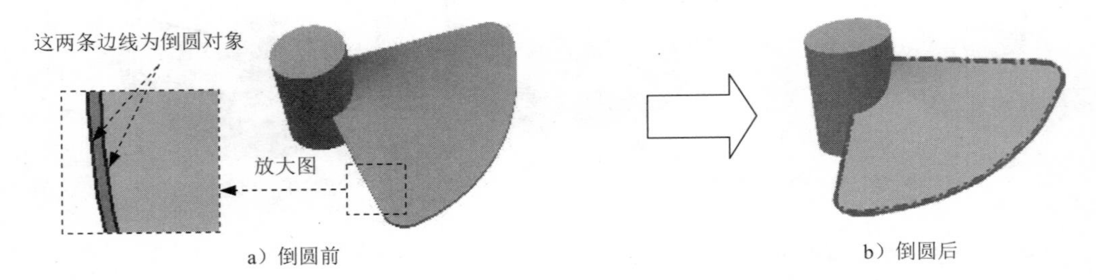

图 24.24 倒圆特征 2

Step16. 创建图24.25所示的倒圆特征3。

（1）选择命令。在 修改 ▾ 区域中单击按钮。

（2）定义圆角类型。在系统弹出“圆角”对话框中单击“面圆角”按钮。

（3）选取要倒圆的对象。在系统选择面进行过渡的提示下，选取图24.25a所示的模型面1和面2。

（4）定义倒圆参数。在“圆角”对话框半径文本框中输入数值2。

（5）单击“圆角”对话框中的 确定 按钮，完成倒圆特征3的创建。

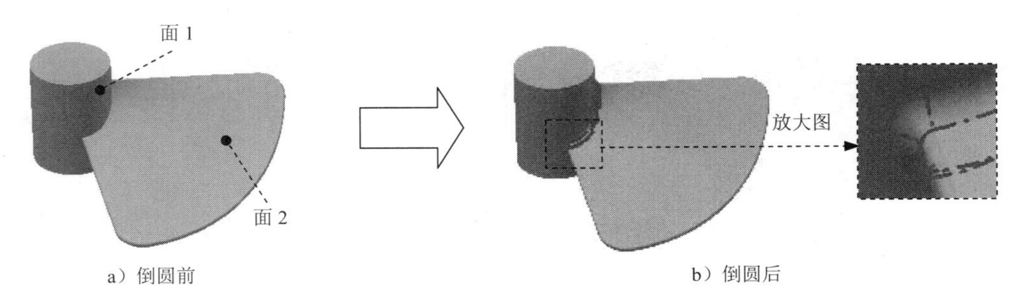

a）倒圆前 b）倒圆后

图 24.25 倒圆特征 3

Step17. 创建图 24.26 所示的环形阵列 1。

图 24.26 环形阵列 1

（1）选择命令，在 阵列 区域中单击 按钮，系统弹出“环形阵列”对话框。

（2）选择要阵列的特征。在“环形阵列”对话框中单击“阵列实体”按钮，此时系统自动选取零件实体特征。

（3）定义阵列参数。

① 定义阵列轴。在“环形阵列”对话框中单击 按钮，然后在浏览器中选取“Y 轴”为环形阵列轴。

② 定义阵列实例数。在 放置 区域的 按钮后的文本框中输入数值 3。

③ 定义阵列角度。在 放置 区域的 按钮后的文本框中输入数值 360.0。

（4）单击 确定 按钮，完成环形阵列 1 的创建。

Step18. 至此，零件模型创建完毕。选择下拉菜单 → 保存 命令，命名为 IMPELLER，即可保存零件模型。

实例 25　微波炉调温旋钮

实例概述

本实例是日常生活中常见的微波炉调温旋钮。首先创建旋转曲面和基准曲线，通过基准曲线构建出放样曲面，再利用放样曲面来塑造实体，然后进行倒圆角、抽壳，从而得到最终模型。零件模型及浏览器如图 25.1 所示。

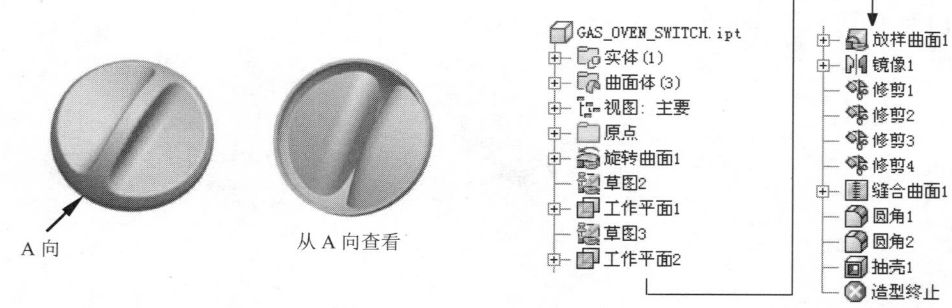

图 25.1　零件模型及浏览器

Step1. 新建零件模型，进入建模环境。

Step2. 创建图 25.2 所示的旋转曲面 1。

（1）选择命令。在 创建 ▾ 区域中单击按钮，系统弹出“创建旋转”对话框。

（2）定义特征的截面草图。单击“创建旋转”对话框中的 创建二维草图 按钮，选取 XY 平面为草图平面，进入草绘环境，绘制图 25.3 所示的截面草图。

（3）定义旋转属性。单击 草图 选项卡 返回到三维 区域中的按钮，在 输出 区域中选择为“曲面”类型，在 范围 区域的下拉列表中选中 全部 选项。

（4）单击“旋转”对话框中的 确定 按钮，完成旋转曲面 1 的创建。

Step3. 创建草图 1。

（1）在 三维模型 选项卡 草图 区域单击按钮，然后选择 XY 平面为草图平面，系统进入草绘环境。

（2）绘制图 25.4 所示的草图 1，单击按钮，退出草绘环境。

说明：半径 250 的圆弧圆心位于 Y 轴上。

Step4. 创建图 25.5 所示的平面 1（注：具体参数和操作参见随书光盘）。

Step5. 创建草图 2。

（1）在 三维模型 选项卡 草图 区域单击按钮，然后选择平面 1 为草图平面，系统进入草绘环境。

（2）绘制图 25.6 所示的草图 2，单击按钮，退出草绘环境。

说明：半径 300 的圆弧圆心位于 Y 轴上。

图 25.2　旋转曲面 1

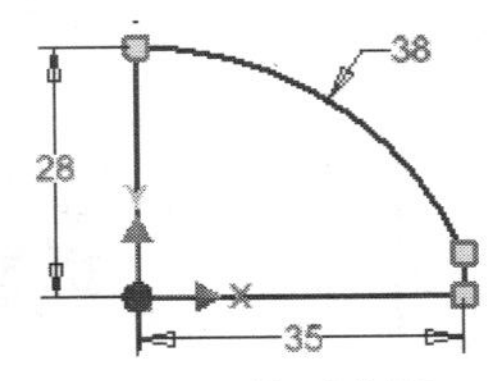

图 25.3　截面草图

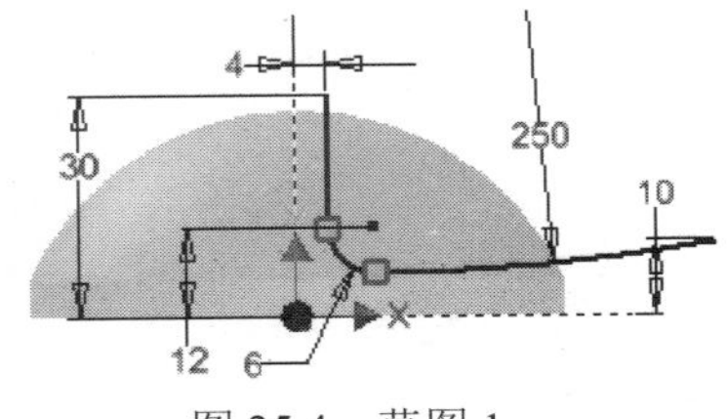

图 25.4　草图 1

Step6. 创建图 25.7 所示的平面 2（注：具体参数和操作参见随书光盘）。

Step7. 创建草图 3。

（1）在 三维模型 选项卡 草图 区域单击 按钮，然后选择平面 2 为草图平面，系统进入草绘环境。

（2）绘制图 25.8 所示的草图 3，单击 按钮，退出草绘环境。

说明：草图 3 为草图 2 投影得到。

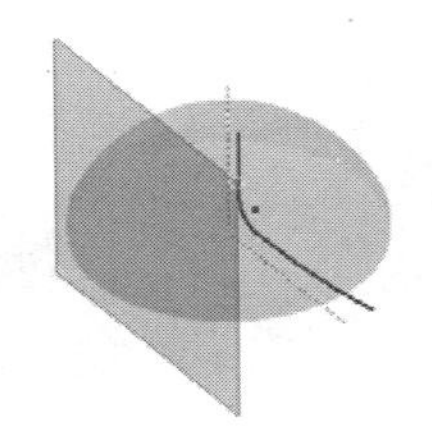
图 25.5　平面 1

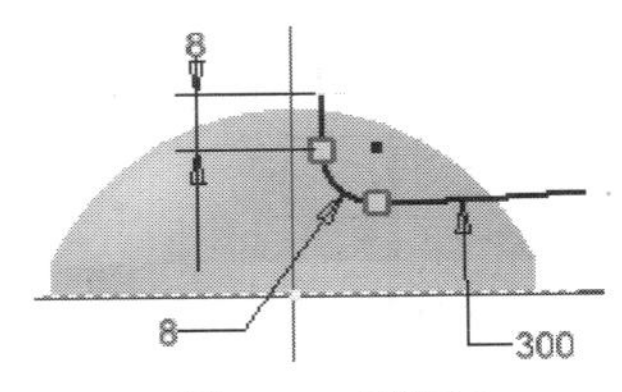

图 25.6　草图 2

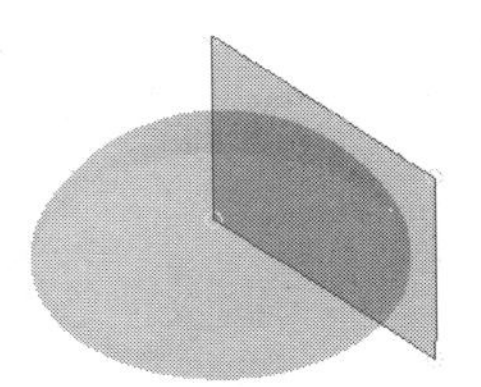
图 25.7　平面 2

Step8. 创建图 25.9 所示的放样曲面 1。

（1）选择命令。在 创建 ▼ 区域中单击 放样 按钮。

（2）定义放样轮廓。选取图 25.10 所示的曲线 1、曲线 2 和曲线 3 为轮廓。

（3）定义输出类型。在“扫掠”对话框 输出 区域确认“曲面”类型 被选中。

（4）在该对话框中单击 确定 按钮，完成放样曲面 1 的创建。

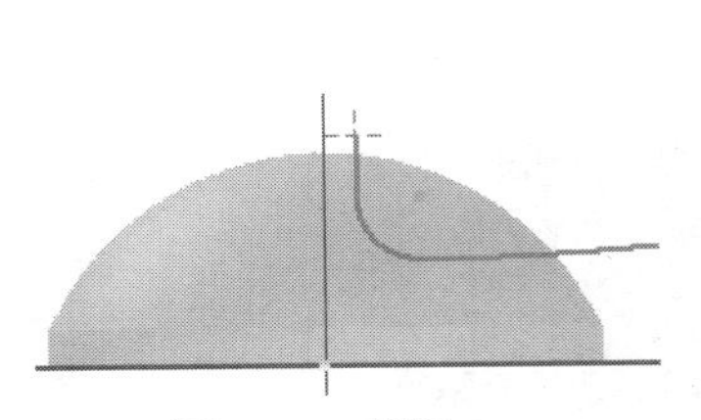
图 25.8　草图 3

图 25.9　放样曲面 1

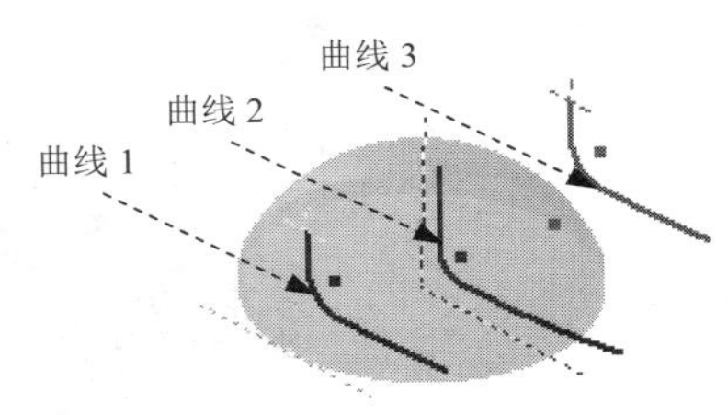

图 25.10　定义放样轮廓

Step9. 创建图 25.11 所示的镜像 1。

（1）选择命令，在 阵列 区域中单击“镜像”按钮 。

（2）选取要镜像的特征。在图形区中选取要镜像复制的放样曲面 1（或在浏览器中选择“放样曲面 1”特征）。

（3）定义镜像中心平面。单击“镜像”对话框中的 镜像平面 按钮，然后选取 YZ 平面作为镜像中心平面。

（4）单击“镜像”对话框中的 确定 按钮，完成镜像 1 的操作。

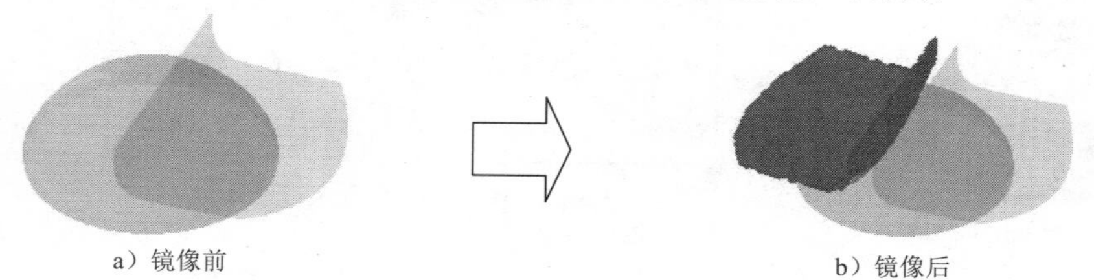

a）镜像前　　b）镜像后

图 25.11　镜像 1

Step10. 创建图 25.12 所示曲面的修剪 1。

（1）选择命令。在 曲面 ▾ 区域中单击“修剪”按钮

（2）定义切割工具。选取图 25.12a 所示的边线为切割工具。

（3）定义要删除的面，选取图 25.12a 所示的面为要删除的面。

（4）单击 确定 按钮，完成曲面修剪 1 的创建。

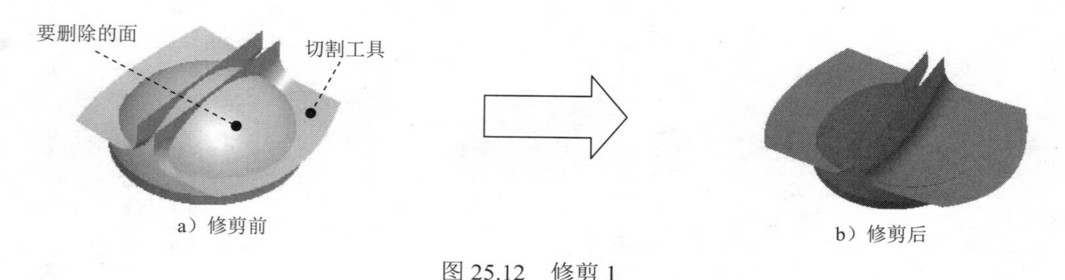

a）修剪前　　b）修剪后

图 25.12　修剪 1

Step11. 创建图 25.13 所示曲面的修剪 2。

（1）选择命令。在 曲面 ▾ 区域中单击“修剪”按钮

（2）定义切割工具。选取图 25.13a 所示的边线为切割工具。

（3）定义要删除的面，选取图 25.13a 所示的面为要删除的面。

（4）单击 确定 按钮，完成曲面修剪 2 的创建。

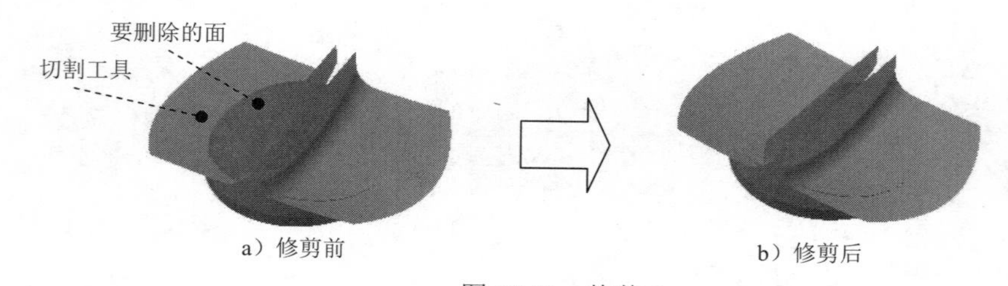

a）修剪前　　b）修剪后

图 25.13　修剪 2

Step12. 创建图 25.14 所示曲面的修剪 3。

（1）选择命令。在 曲面 ▾ 区域中单击“修剪”按钮

（2）定义切割工具。选取图 25.14a 所示的边线为切割工具。

（3）定义要删除的面，选取图 25.14a 所示的面为要删除的面。

（4）单击 确定 按钮，完成曲面修剪 3 的创建。

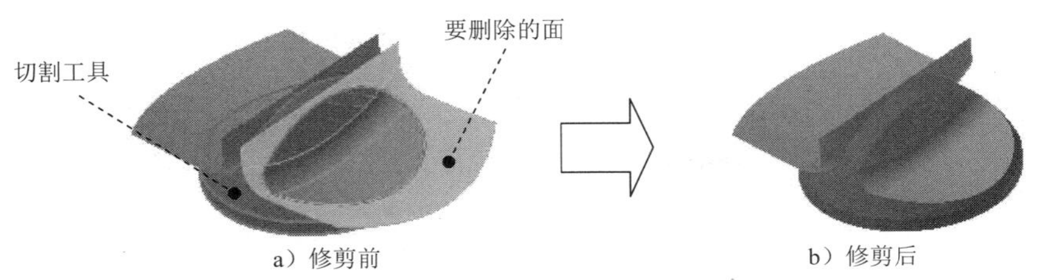

图 25.14　修剪 3

Step13. 创建图 25.15 所示曲面的修剪 4。

（1）选择命令。在 曲面 ▾ 区域中单击“修剪”按钮 。

（2）定义切割工具。选取图 25.15a 所示的边线为切割工具。

（3）定义要删除的面。选取图 25.15a 所示的面为要删除的面。

（4）单击 确定 按钮，完成曲面修剪 4 的创建。

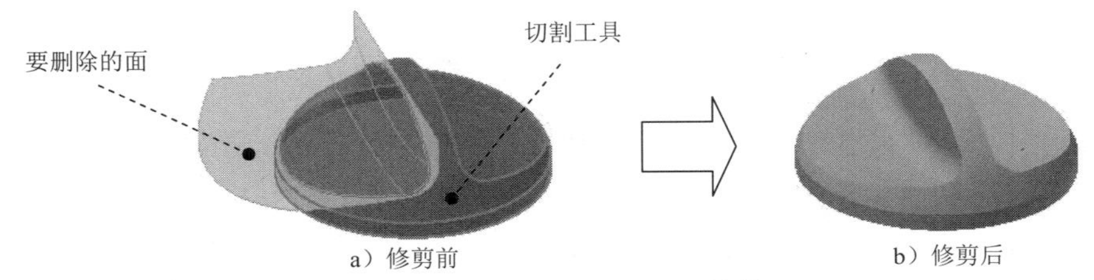

图 25.15　修剪 4

Step14. 创建图 25.16 所示曲面的缝合。

（1）选择命令。在 曲面 ▾ 区域中单击“缝合”按钮 。

（2）定义缝合对象。选取图 25.16a 所示的曲面 1、曲面 2 和曲面 3 为缝合对象。

（3）在该对话框中单击 应用 按钮，单击 完毕 按钮，完成缝合曲面的创建。

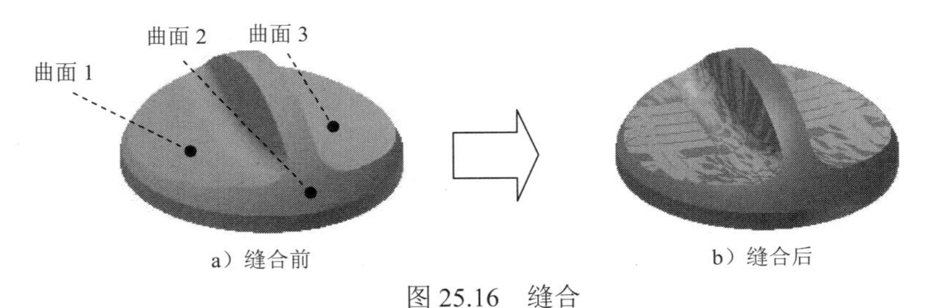

图 25.16　缝合

Step15. 创建图 25.17 所示的倒圆特征 1。选取图 25.17a 所示的模型边线为倒圆的对象，输入倒圆角半径值 2。

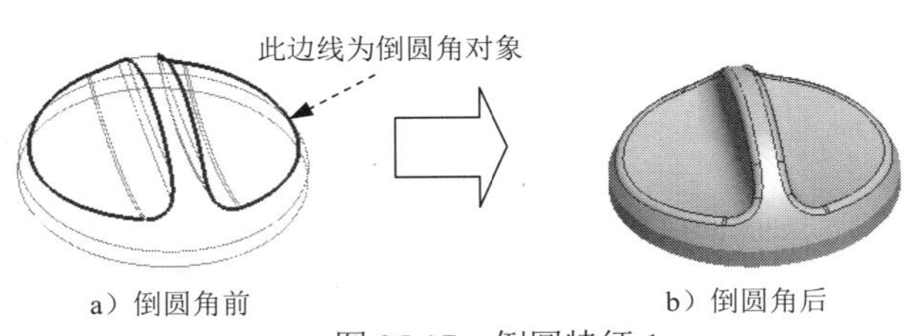

图 25.17　倒圆特征 1

Step16. 创建图25.18所示的倒圆特征2。选取图25.18a所示的模型边线为倒圆的对象，输入倒圆角半径值5。

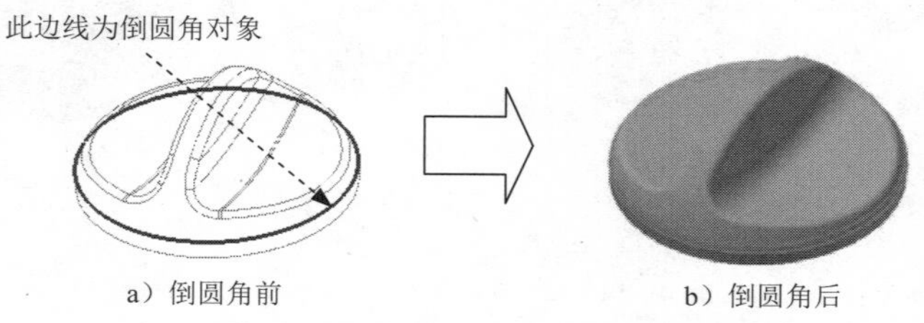

a）倒圆角前　　b）倒圆角后

图25.18　倒圆特征2

Step17. 创建图25.19所示的抽壳特征1。

（1）选择命令。在 修改 ▾ 区域中单击 抽壳 按钮。

（2）定义薄壁厚度。在“抽壳”对话框 厚度 文本框中输入薄壁厚度值1.5。

（3）选择要移除的面。在系统 选择要去除的表面 的提示下，选择图25.19a所示的模型表面为要移除的面。

（4）单击“抽壳”对话框中的 确定 按钮，完成抽壳特征的创建。

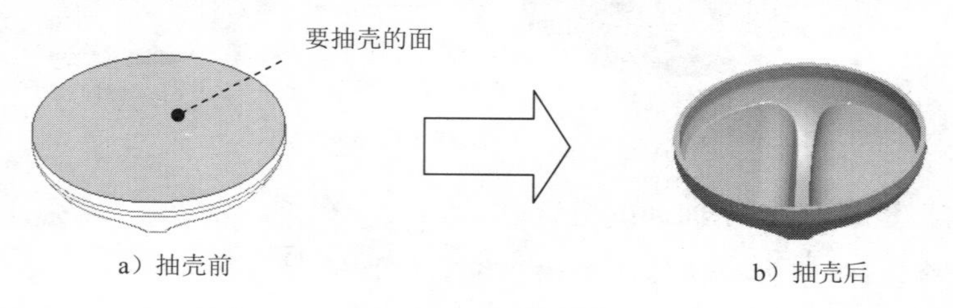

a）抽壳前　　b）抽壳后

图25.19　抽壳特征1

Step18. 保存零件模型文件，命名为GAS_OVEN_SWITCH。

实例26 咖啡壶

实例概述

本实例是咖啡壶的设计，主要运用了放样、旋转、扫掠、缝合、边界嵌片、剪裁、加厚和圆角等特征命令。需要注意在创建及选取草绘基准面等过程中用到的技巧。零件实体模型及浏览器如图 26.1 所示。

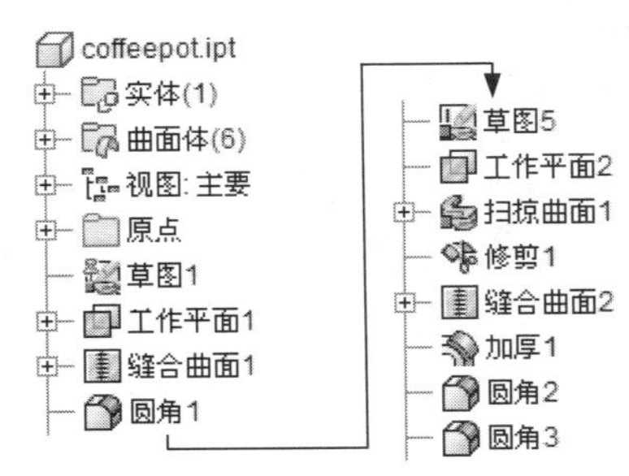

图 26.1　零件模型和浏览器

Step1. 新建一个零件模型，进入建模环境。

Step2. 创建草图 1。选取 XZ 平面作为草图平面，绘制图 26.2 所示的草图 1。

Step3. 创建图 26.3 所示的工作平面 1（具体参数和操作参见随书光盘）。

Step4. 创建草图 2。选取工作平面 1 作为草图平面，绘制图 26.4 所示的草图 2。

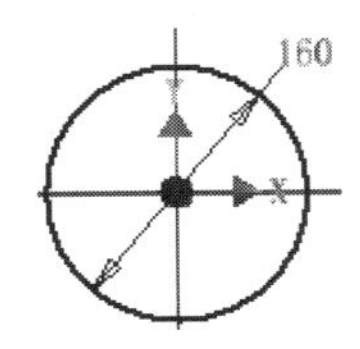

图 26.2　草图 1

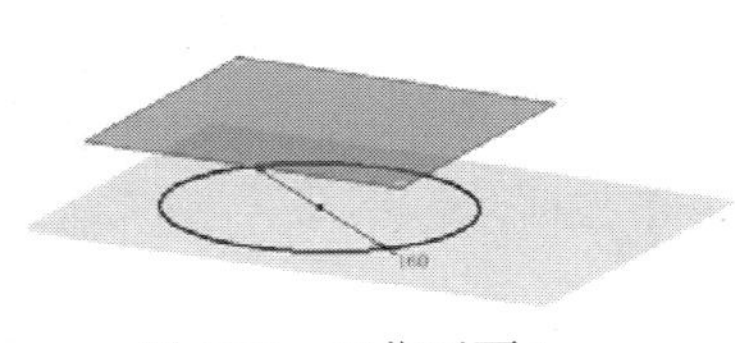

图 26.3　工作平面 1

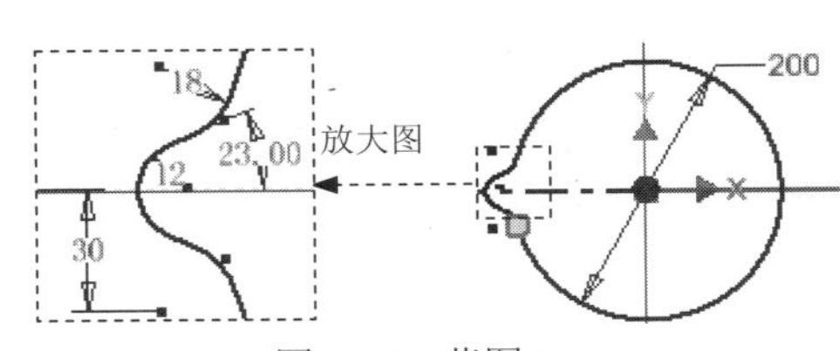

图 26.4　草图 2

Step5. 创建图 26.5 所示的草图 3。选取 XY 平面作为草图平面，绘制图 26.6 所示的草图 3。

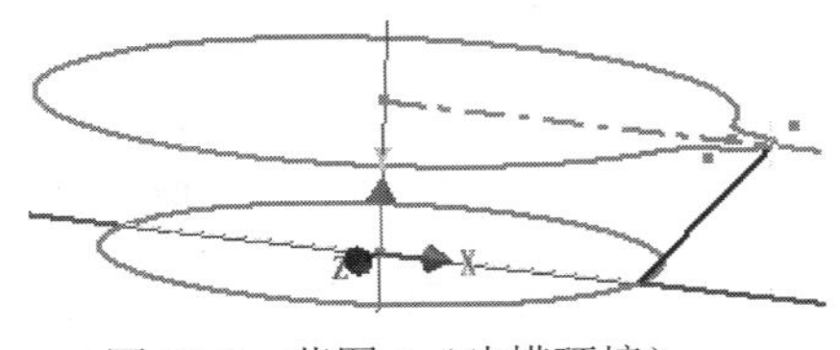

图 26.5　草图 3（建模环境）

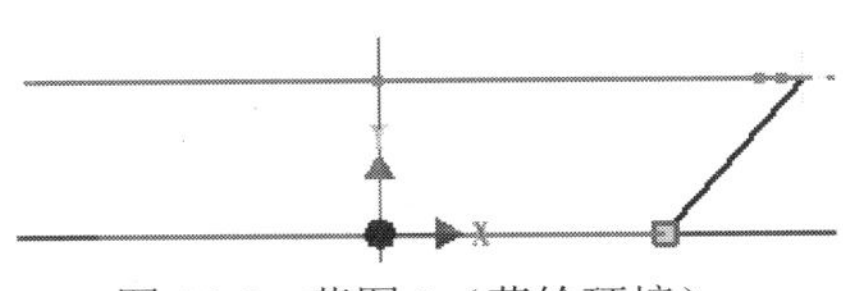

图 26.6　草图 3（草绘环境）

Step6. 创建图 26.7 所示的放样曲面 1。在 创建 ▾ 区域中单击 放样 按钮，在 输出 区域中选择类型为“曲面”；依次选取图草图 1 与草图 2；选择“中心线”选项，选取草图 3，单击 确定 按钮，完成放样曲面 1 的创建。

Step7. 创建图 26.8 所示的旋转曲面 1 在 创建 ▾ 区域中单击按钮；选取 XY 平面作为草图平面，绘制图 26.9 所示的截面草图；选取草图在 输出 区域中选择类型为“曲面”；单击 确定 按钮，完成旋转曲面 1 的创建。

图 26.7　放样曲面 1

图 26.8　旋转曲面 1

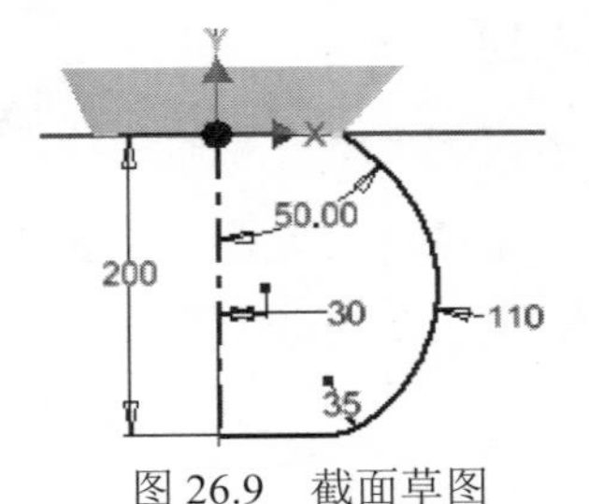

图 26.9　截面草图

Step8. 创建缝合曲面 1。在 曲面 ▾ 区域中单击按钮，选取放样曲面 1 与旋转曲面 1 作为缝合对象；单击 应用 按钮，单击 完毕 按钮，完成缝合曲面 1 的创建。

Step9. 创建图 26.10 所示的圆角 1，选取图 26.11 所示的模型边线为倒圆的对象，圆角半径为 15。

图 26.10　圆角 1

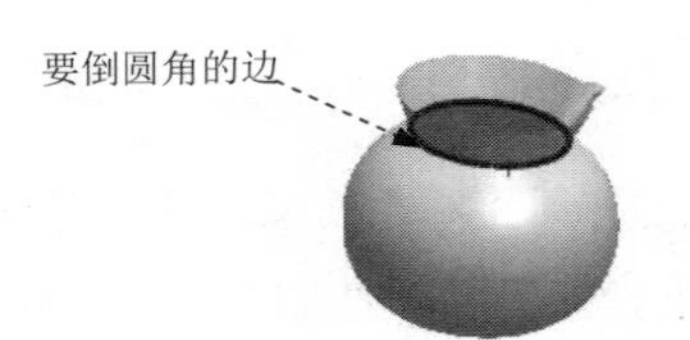

图 26.11　选择圆角对象

Step10. 创建草图 4。选取 XY 平面作为草图平面，绘制图 26.12 所示的草图 4。

Step11. 创建图 26.13 所示的工作平面 2。在 定位特征 区域中单击“平面”按钮下的 平面，选择 在指定点处与曲线垂直 命令；选取草图 4 作为参考曲线，选取图 26.13 所示草图 4 的顶点作为参考点；单击按钮，完成工作平面 2 的创建。

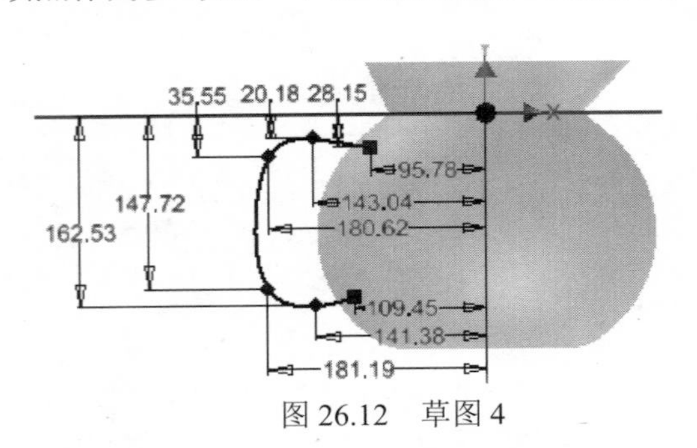

图 26.12　草图 4

选取此点

图 26.13　工作平面 2

Step12. 创建草图 5。选取工作平面 2 作为草图平面，绘制图 26.14 所示的草图 5。

Step13. 创建图 26.15 所示的扫掠曲面 1。在 创建 ▾ 区域中单击“扫掠”按钮 扫掠，选取草图 4 所示线作为扫掠轨迹，在 输出 区域中选择类型为“曲面”选项，其他参数接受系统默认设置；单击 确定 按钮，完成扫掠曲面 1 的创建。

Step14. 创建 26.16 所示曲面的修剪，在 曲面 ▾ 区域中单击 按钮；选取旋转曲面 1 作为修剪工具，选取 26.16a 所示的面作为要删除的面；单击 确定 按钮，完成曲面的修剪。

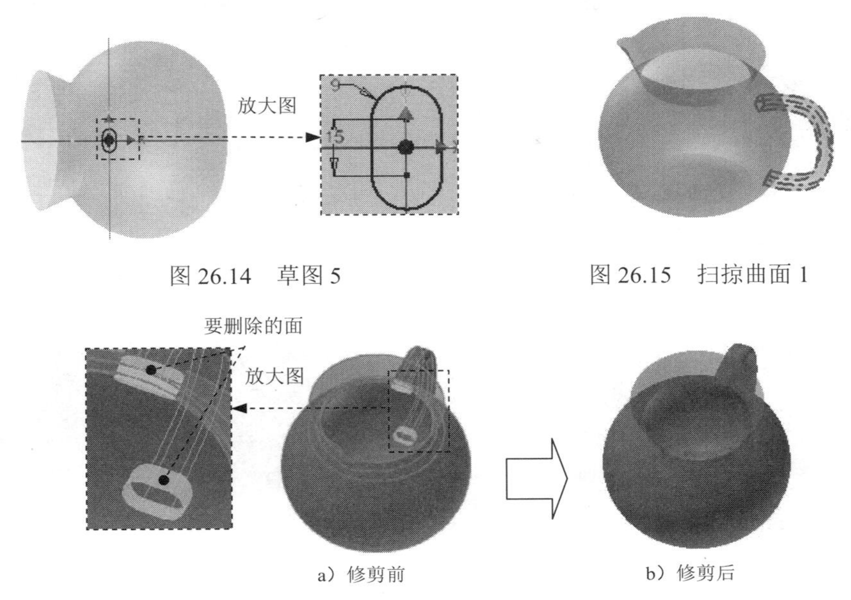

图 26.14　草图 5

图 26.15　扫掠曲面 1

a）修剪前

b）修剪后

图 26.16　曲面的修剪

Step15. 在模型树中右击 缝合曲面1，选择 可见性(V) 选项，将缝合曲面 1 隐藏。

Step16. 创建图 26.17 所示的边界嵌片 1，在 曲面 ▾ 区域中单击 按钮，选取图 26.18 所示的模型边线作为边界条件；单击 确定 按钮，完成边界嵌片 1 的创建。

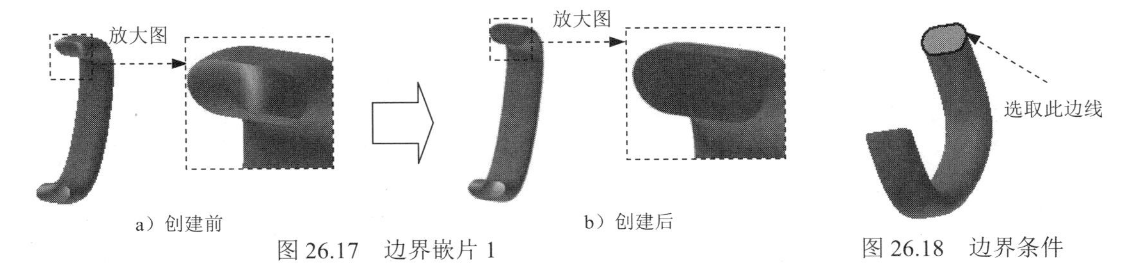

a）创建前

b）创建后

图 26.17　边界嵌片 1

图 26.18　边界条件

Step17. 创建边界嵌片 2，在 曲面 ▾ 区域中单击 按钮，选取图 26.19 所示的模型边线作为边界条件；单击 确定 按钮，完成边界嵌片 2 的创建。

Step18. 创建图 26.20 缝合曲面 2。在 曲面 ▾ 区域中单击 按钮，选取扫掠曲面 1、边界嵌片 1 与边界嵌片 2 作为缝合对象；单击 应用 按钮，单击 完毕 按钮，完成缝合曲面 2 的创建。

Step19. 在模型树中右击 缝合曲面1，选择 可见性(V) 选项，显示缝合曲面 1。

Step20. 创建曲面的加厚。在 曲面 ▾ 区域中单击 按钮，选择 ⦿ 缝合曲面 选项；选取图 26.21 所示的缝合面作为加厚的曲面；在“距离”下拉列表中输入数值 1，选择加厚方向为“方向 2”类型；单击 确定 按钮，完成曲面的加厚。

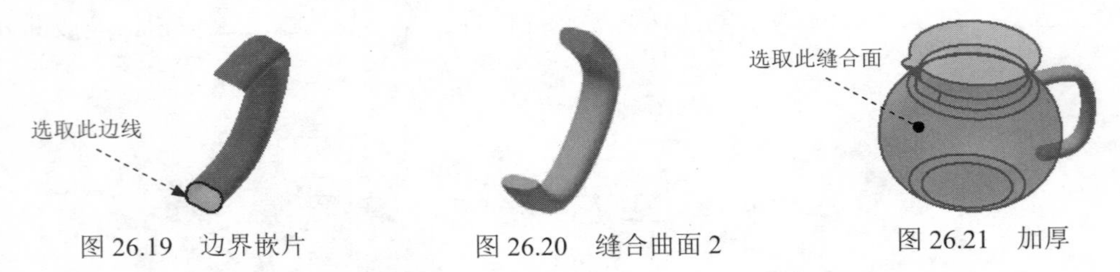

图 26.19　边界嵌片　　图 26.20　缝合曲面 2　　图 26.21　加厚

Step21. 创建圆角 2，选取图 26.22 所示的模型边线为倒圆的对象，圆角半径为 0.3。

Step22. 创建图 26.23 所示的圆角 3，圆角半径为 5。

图 26.22　圆角 2　　图 26.23　圆角 3

Step23. 保存模型文件。

实例 27　鼠　标　盖

实例概述

本实例的建模思路是先创建几条草绘曲线，然后通过绘制的草绘曲线构建曲面，最后将构建的曲面加厚以及添加圆角等特征，用到的有放样曲面、边界嵌片、修剪、缝合以及加厚等特征命令。零件模型及浏览器如图 27.1 所示。

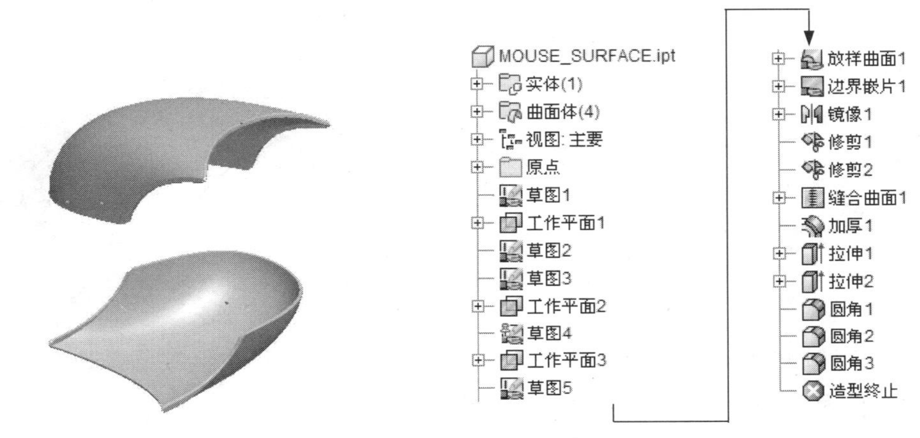

图 27.1　零件模型及浏览器

Step1. 新建一个零件模型，进入建模环境。

Step2. 创建图 27.2 所示的草图 1。在 三维模型 选项卡 草图 区域单击 按钮，选取 XZ 平面作为草图平面，绘制图 27.3 所示的草图 1。

Step3. 创建图 27.4 所示的工作平面 1（本步的详细操作过程请参见随书光盘中 video\ch27\reference\文件下的语音视频讲解文件 MOUSE_SURFACE-r01.exe）。

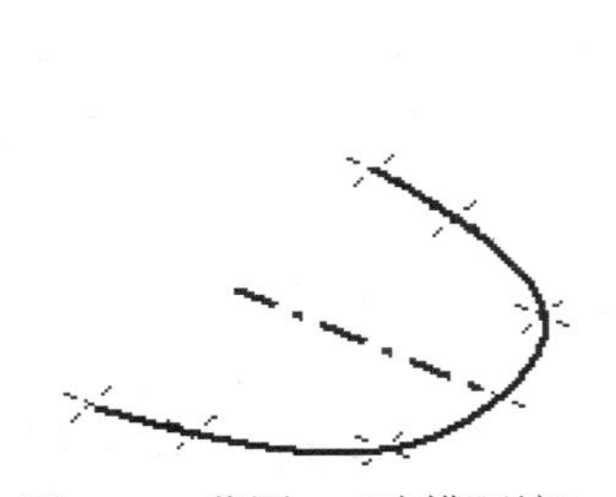

图 27.2　草图 1（建模环境）

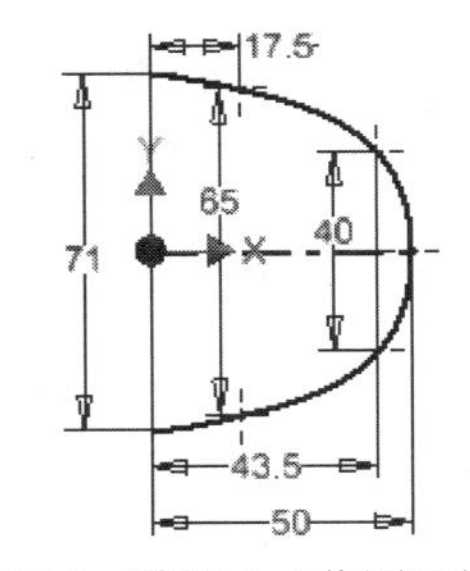

图 27.3　草图 1（草图环境）

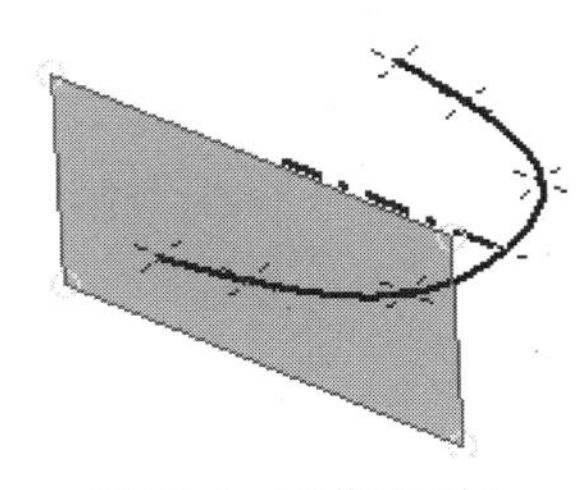

图 27.4　工作平面 1

Step4. 创建图 27.5 所示的草图 2。在 三维模型 选项卡 草图 区域单击 按钮，选取工作平面 1 作为草图平面，绘制图 27.6 所示的草图。

Step5. 创建图 27.7 所示的草图 2。在 三维模型 选项卡 草图 区域单击 按钮，选取 XY 平面作为草图平面，绘制图 27.8 所示的草图 3。

图 27.5　草图 2（建模环境）

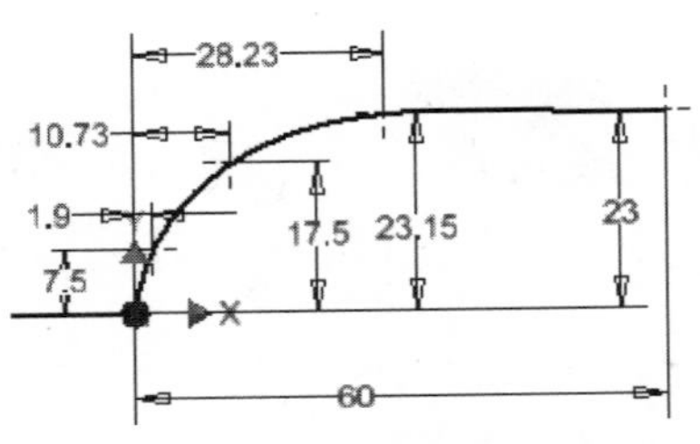

图 27.6　草图 2（草图环境）

图 27.7　草图 3（建模环境）

Step6. 创建图 27.9 所示的工作平面 2（注：具体参数和操作参见随书光盘）。

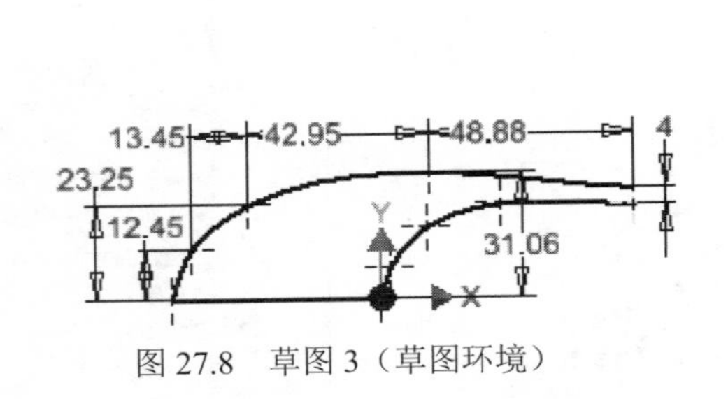

图 27.8　草图 3（草图环境）

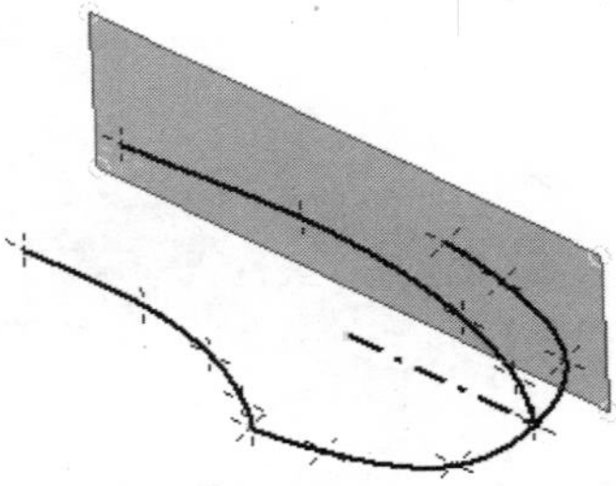

图 27.9　工作平面 2

Step7. 创建图 27.10 所示的草图 4。在 三维模型 选项卡 草图 区域单击 按钮，选取工作平面 2 作为草图平面，绘制图 27.11 所示的草图 4。

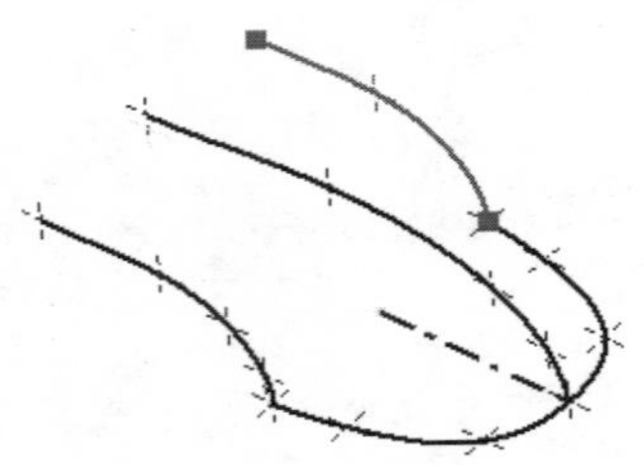

图 27.10　草图 4（建模环境）

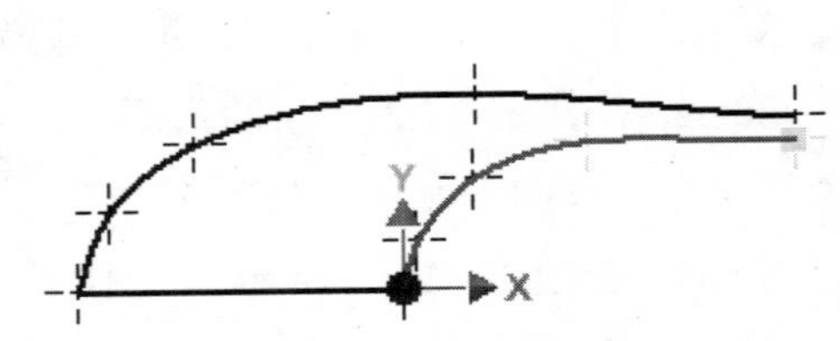

图 27.11　草图 4（草图环境）

Step8. 创建图 27.12 所示的工作平面 3（注：具体参数和操作参见随书光盘）。

Step9. 创建图 27.13 所示的草图 5。在 三维模型 选项卡 草图 区域单击 按钮，选取工作平面 3 作为草图平面，绘制图 27.14 所示的草图 5。

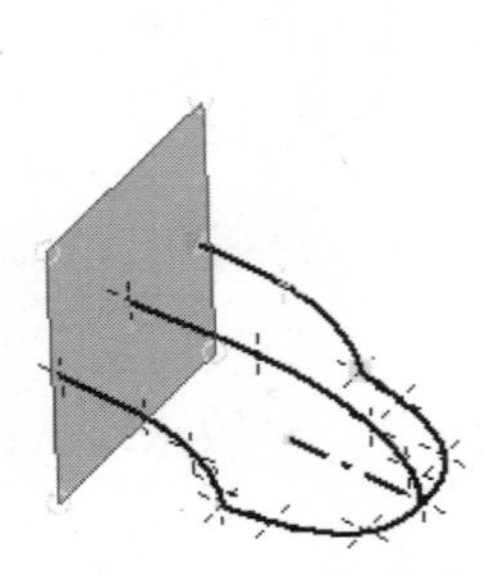

图 27.12　工作平面 3

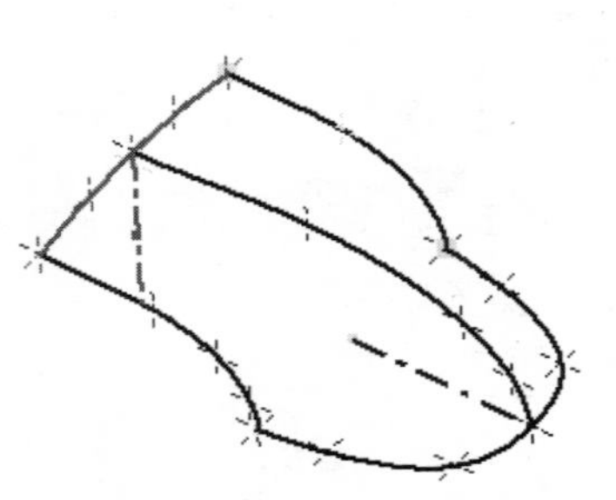

图 27.13　草图 5（建模环境）

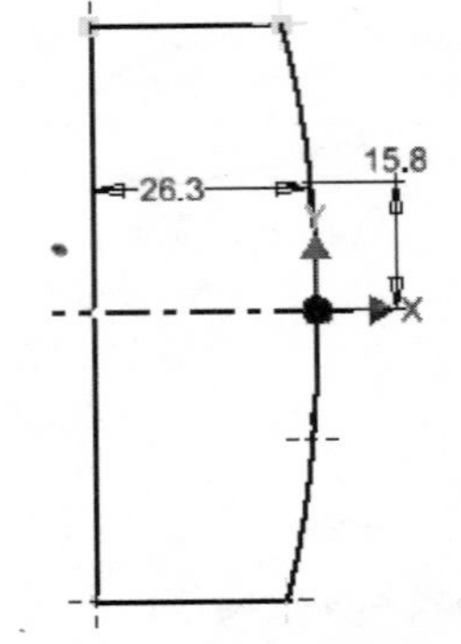

图 27.14　草图 5（草图环境）

Step10. 创建图 27.15 所示的放样曲面 1。

图 27.15 放样曲面 1

（1）选择命令。在 创建 ▼ 区域中单击 放样 按钮，系统弹出“放样”对话框。

（2）定义放样轮廓。在绘图区域选取图 27.16 所示的草图 1 与草图 5 作为轮廓。

（3）定义放样轨道。在绘图区域选取图 27.16 所示的草图 2、草图 3 与草图 4 作为轨道。

（4）定义输出类型。在“扫掠”对话框 输出 区域确认“曲面”按钮 被按下。

（5）单击 确定 按钮，完成放样曲面 1 的创建。

Step11. 创建图 27.17 所示的草图 6（注：具体参数和操作参见随书光盘）。

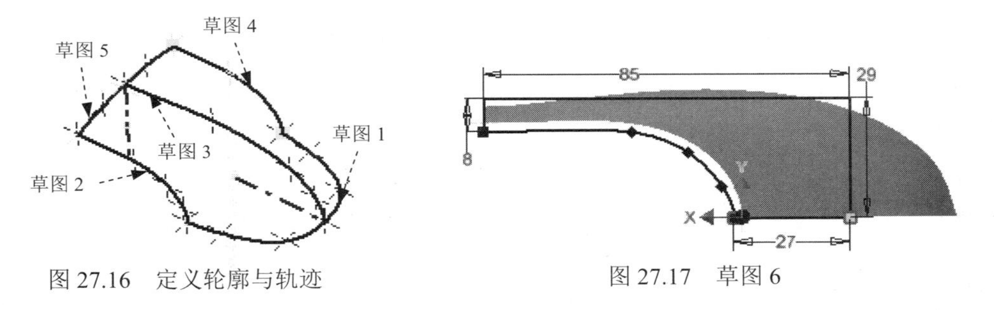

图 27.16 定义轮廓与轨迹

图 27.17 草图 6

Step12. 创建图 27.18 所示的边界嵌片 1。

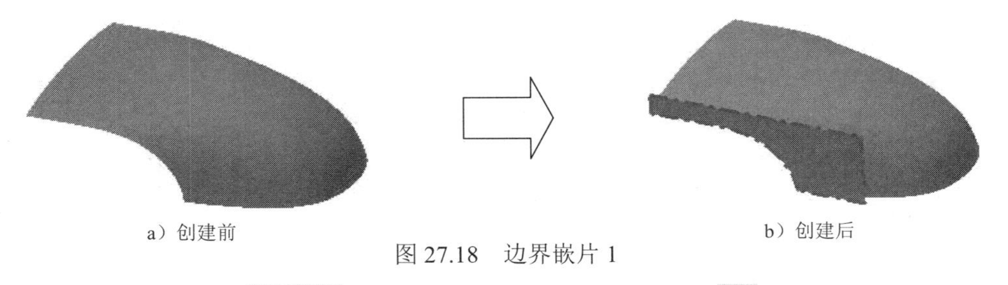

a）创建前

b）创建后

图 27.18 边界嵌片 1

（1）选择命令。在 曲面 ▼ 区域中单击“边界嵌片”按钮 ，系统弹出“边界嵌片”对话框。

（2）定义边界边。在系统 选择边或草图曲线 的提示下选取草图 6 为曲面的边界。

（3）单击 确定 按钮，完成边界嵌片 1 的创建。

Step13. 创建图 27.19 所示的镜像 1。

（1）选择命令，在 阵列 区域中单击“镜像”按钮 。

（2）选取要镜像的特征。在图形区中选取要镜像复制的边界嵌片 1 特征（或在浏览器中选择 “边界嵌片 1”特征）。

（3）定义镜像中心平面。单击“镜像”对话框中的 镜像平面 按钮，然后选取 XY 平面作为镜像中心平面。

（4）单击“镜像”对话框中的 确定 按钮，完成镜像 1 的操作。

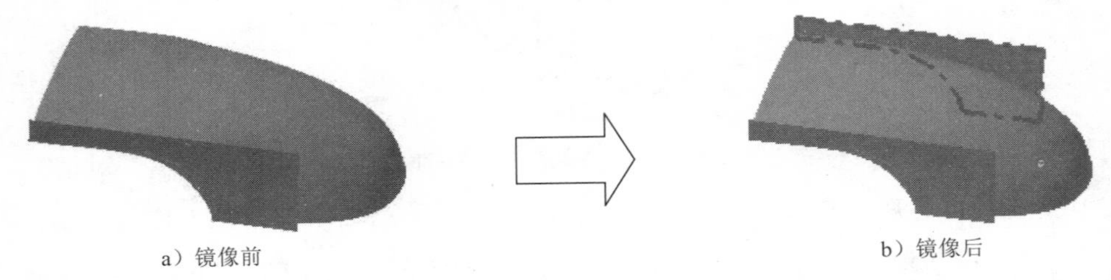

a）镜像前　　b）镜像后

图 27.19　镜像 1

Step14. 创建 27.20 所示曲面的修剪 1。在 曲面 区域中单击 按钮；选取图 27.21 所示的面作为修剪工具，选取图 27.21 所示的面为要删除的面；单击 确定 按钮，完成修剪 1 的创建。

Step15. 创建 27.22 所示曲面的修剪 2。在 曲面 区域中单击 按钮；选取图 27.23 所示的面作为修剪工具，选取图 27.23 所示的面为要删除的面；单击 确定 按钮，完成修剪 2 的创建。

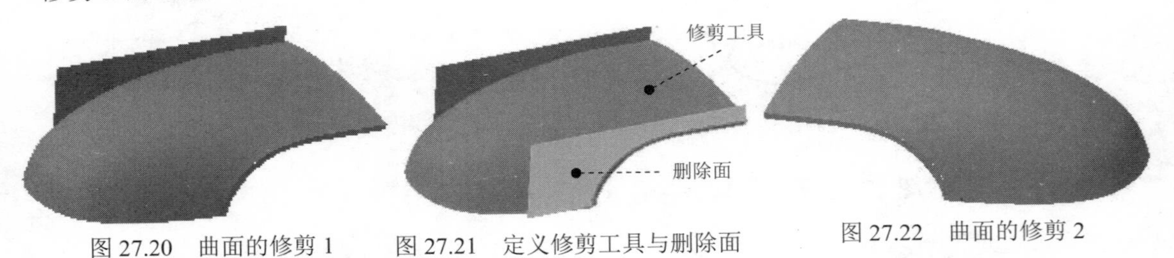

图 27.20　曲面的修剪 1　　图 27.21　定义修剪工具与删除面　　图 27.22　曲面的修剪 2

Step16. 创建缝合曲面 1。

（1）选择命令。在 曲面 区域中单击“缝合曲面”按钮 ，系统弹出“缝合”对话框。

（2）定义缝合对象。在系统 选择要缝合的实体 的提示下选取放样曲面 1、边界嵌片 1 与边界嵌片 2 作为缝合对象。

（3）在该对话框中单击 应用 按钮，单击 完毕 按钮，完成缝合曲面的创建。

Step17. 创建图 27.24 所示的加厚 1。

（1）选择命令。在 修改 区域中单击“加厚/偏移”按钮 ，系统弹出“加厚/偏移”对话框。

（2）定义偏移曲面。在“加厚/偏移”对话框中选中 缝合曲面 单选项，然后选取缝合曲面 1 为要加厚的曲面。

（3）定义输出类型。在“加厚/偏移”对话框 输出 区域中选择“实体” 。

（4）定义等距偏移距离及方向。在“加厚/偏移”对话框 距离 文本框中输入数值 1.5，将偏移方向设置为“方向 1”类型 （向模型内部）。

（5）单击 确定 按钮，完成加厚 1 的创建。

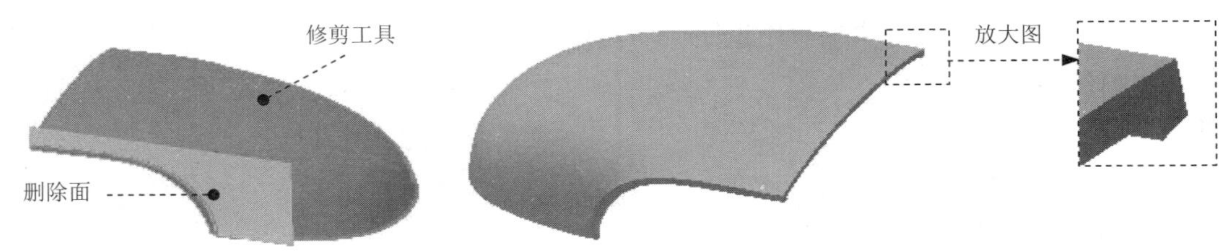

图 27.23 定义修剪工具与删除面

图 27.24 加厚 1

Step18. 创建图 27.25 所示的拉伸特征 1。

（1）选择命令。在 创建 区域中单击 按钮，系统弹出“创建拉伸”对话框。

（2）定义特征的截面草图。单击“创建拉伸”对话框中的 创建二维草图 按钮，选取 XZ 平面作为草图平面，进入草绘环境，绘制图 27.26 所示的截面草图。

（3）定义拉伸属性。单击 草图 选项卡 返回到三維 区域中的 按钮，在“拉伸”对话框中将布尔运算设置为“求差” 类型 ，在 范围 区域中的下拉列表中选择 贯通 选项，将拉伸方向设置为“方向 1” 类型 。

（4）单击“拉伸”对话框中的 确定 按钮，完成拉伸特征 1 的创建。

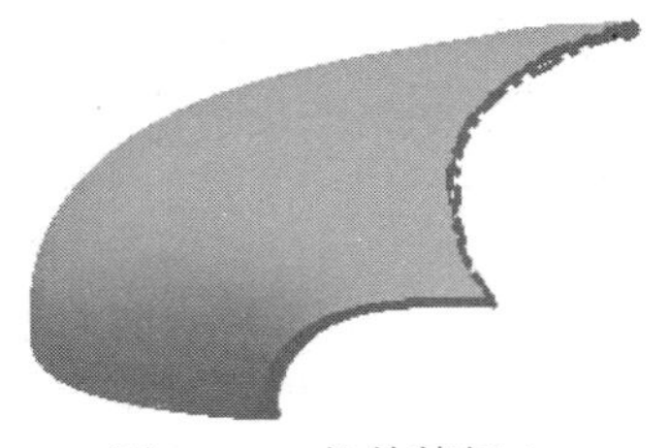

图 27.25 拉伸特征 1

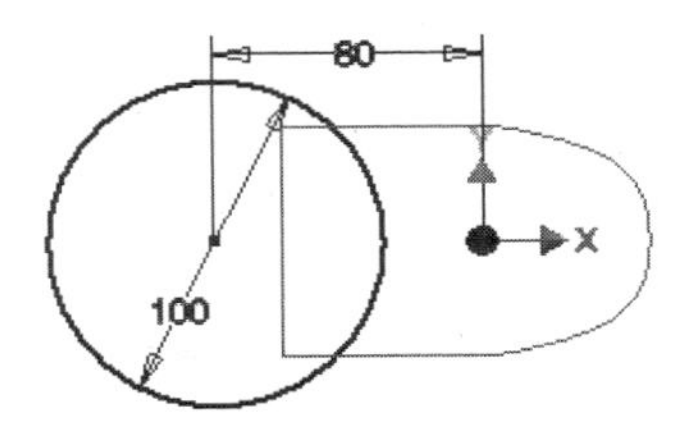

图 27.26 截面草图

Step19. 创建图 27.27 所示的拉伸特征 2。

（1）选择命令。在 创建 区域中单击 按钮，系统弹出“创建拉伸”对话框。

（2）定义特征的截面草图。单击“创建拉伸”对话框中的 创建二维草图 按钮，选取 XY 平面作为草图平面，进入草绘环境，绘制图 27.28 所示的截面草图。

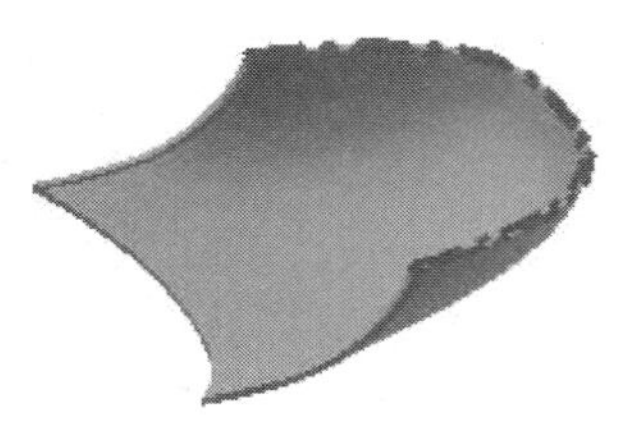

图 27.27 拉伸特征 2

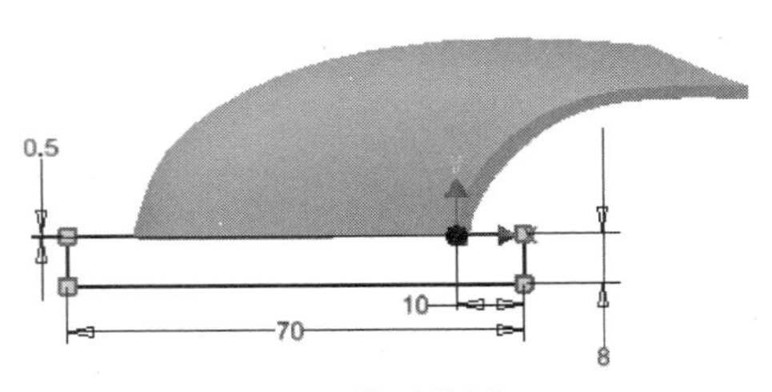

图 27.28 截面草图

（3）定义拉伸属性。单击 草图 选项卡 返回到三维 区域中的按钮，在“拉伸”对话框中将布尔运算设置为“求差” 类型，在 范围 区域中的下拉列表中选择 贯通 选项，将拉伸方向设置为“对称” 类型。

（4）单击“拉伸”对话框中的 确定 按钮，完成拉伸特征 2 的创建。

Step20. 创建图 27.29 所示的倒圆特征 1。选取图 27.29a 所示的模型边线为倒圆的对象，输入倒圆角半径值 2.0。

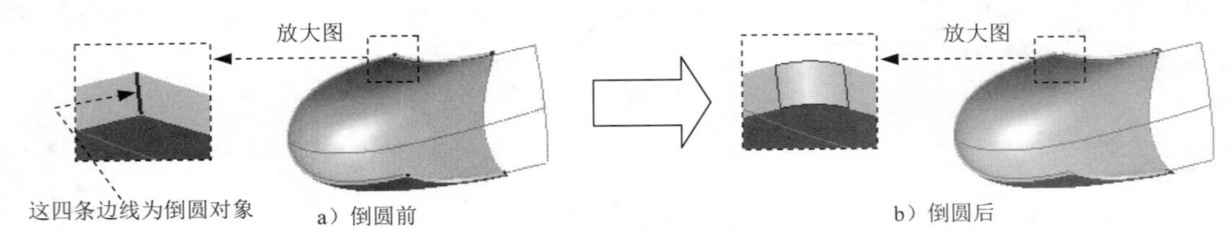

图 27.29 倒圆特征 1

Step21. 创建图 27.30 所示的倒圆特征 2。选取图 27.30a 所示的模型边线为倒圆的对象，输入倒圆角半径值 1.0。

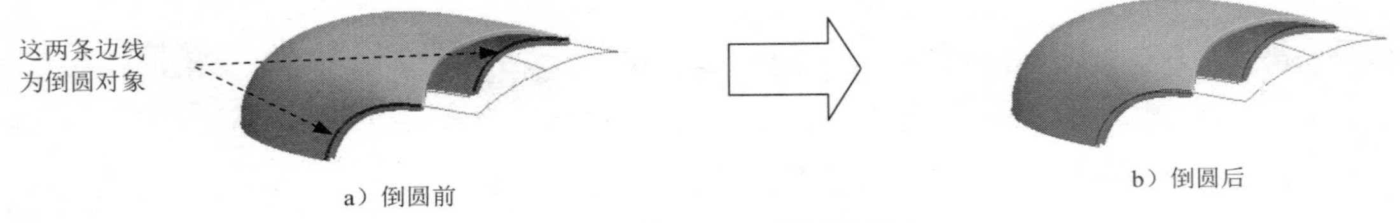

图 27.30 倒圆特征 2

Step22. 创建图 27.31 所示的倒圆特征 3。选取图 27.31a 所示的模型边线为倒圆的对象，输入倒圆角半径值 0.5。

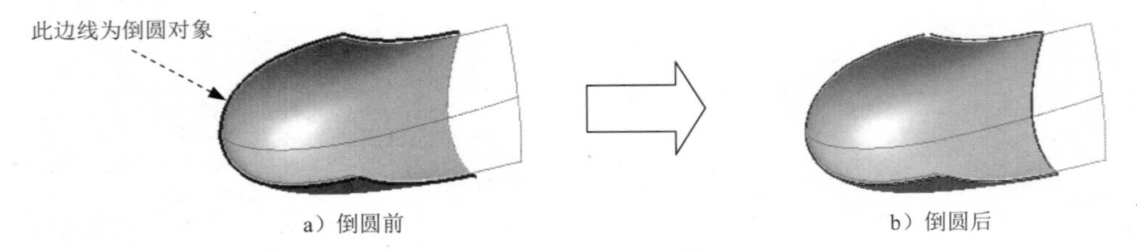

图 27.31 倒圆特征 3

Step23. 至此，零件模型创建完毕。选择下拉菜单 → 保存 命令，命名为 MOUSE_SURFACE，即可保存零件模型。

实例28 淋浴喷头

实例概述

本实例是一个典型的曲面建模的实例，先使用工作平面创建基准曲线，再利用基准曲线构建出放样曲面，最后再通过缝合、加厚和倒圆命令得到最终模型。零件模型及浏览器如图 28.1 所示。

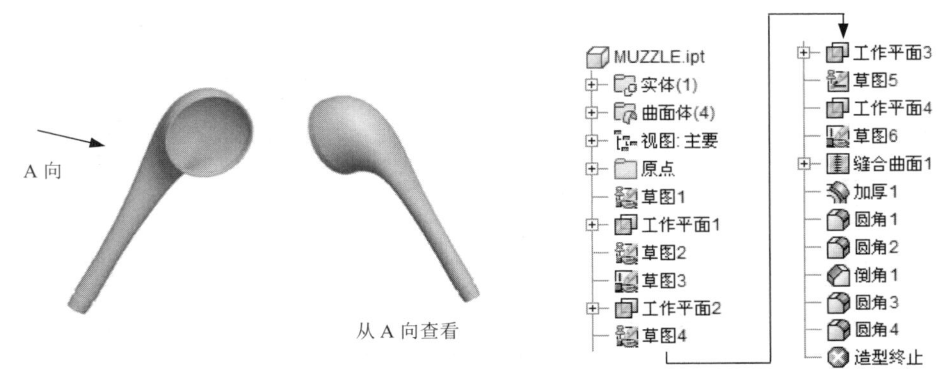

图 28.1 零件模型及浏览器

Step1. 新建一个零件模型，进入建模环境。

Step2. 创建图 28.2 所示的草图 1。

（1）在 三维模型 选项卡 草图 区域单击 按钮，然后选择 XZ 平面为草图平面，系统进入草绘环境。

（2）绘制图 28.2 所示的草图 1，单击 按钮，退出草绘环境。

Step3. 创建图 28.3 所示的工作平面 1（本步的详细操作过程请参见随书光盘中 video\ch28\reference\文件下的语音视频讲解文件 MUZZLE-r01.exe）。

Step4. 创建图 28.4 所示的草图 2。在 三维模型 选项卡 草图 区域单击 按钮，选取工作平面 1 作为草图平面，绘制图 28.5 所示的草图 2。

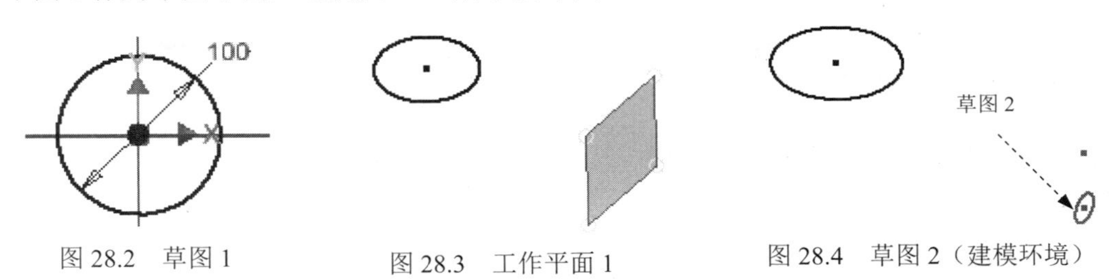

图 28.2 草图 1　　图 28.3 工作平面 1　　图 28.4 草图 2（建模环境）

Step5. 创建图 28.6 所示的草图 3。在 三维模型 选项卡 草图 区域单击 按钮，选取 XY 平面作为草图平面，绘制图 28.7 所示的草图。

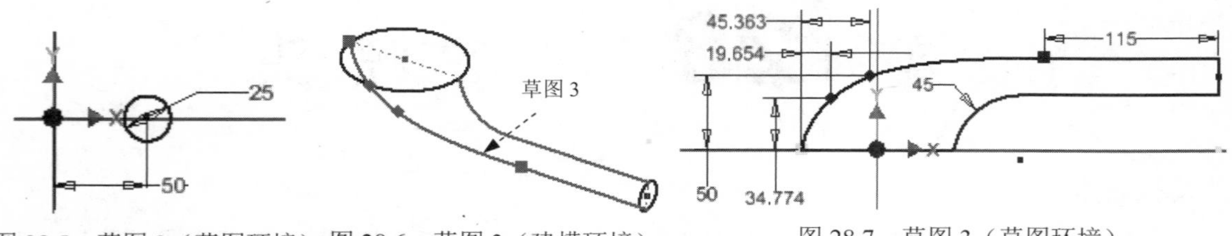

图 28.5　草图 2（草图环境） 图 28.6　草图 3（建模环境）　　图 28.7　草图 3（草图环境）

Step6. 创建图 28.8 所示的工作平面 2（注：具体参数和操作参见随书光盘）。

Step7. 创建图 28.9 所示的草图 4。在 三维模型 选项卡 草图 区域单击 按钮，选取工作平面 2 作为草图平面，绘制图 28.10 所示的草图 4。

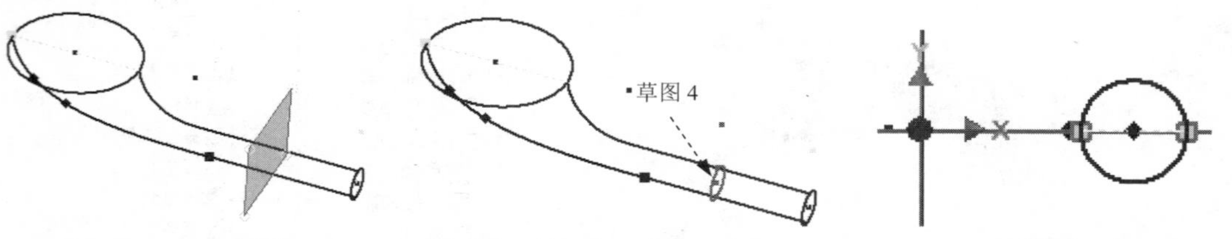

图 28.8　工作平面 2　　图 28.9　草图 4（建模环境）　　图 28.10　草图 4（草图环境）

Step8. 创建图 28.11 所示的工作平面 3。在 定位特征 区域中单击“平面”按钮 下的 平面，选择 平行于平面且通过点 命令；选取 YZ 平面作为参考平面，选取图 28.12 所示的点作为参考点；单击 按钮，完成工作平面 3 的创建。

Step9. 创建图 28.13 所示的草图 5。在 三维模型 选项卡 草图 区域单击 按钮，选取工作平面 3 作为草图平面，绘制图 28.14 所示的草图 5。

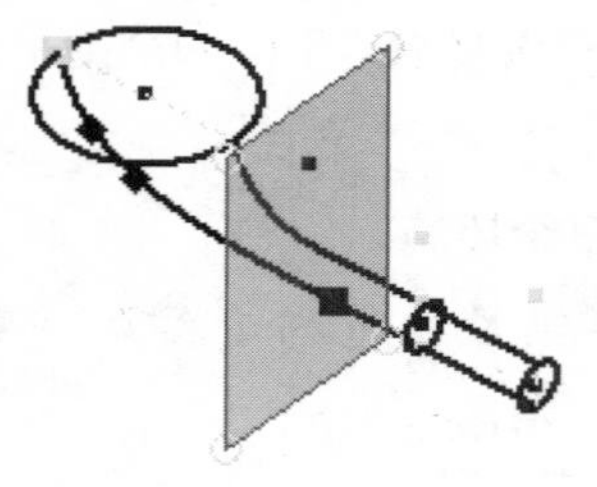

图 28.11　工作平面 3

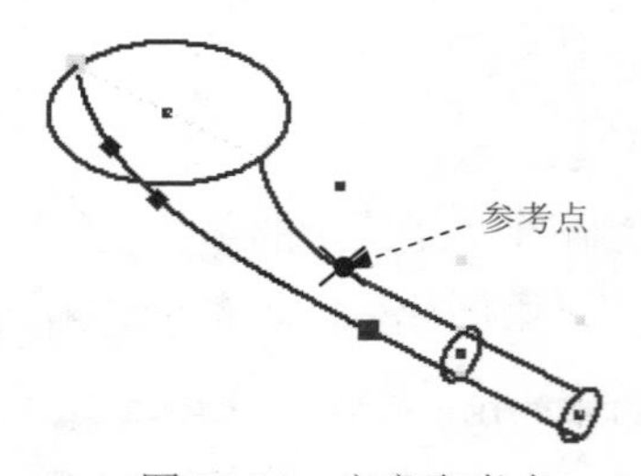

图 28.12　定义参考点

Step10. 创建图 28.15 所示的工作平面 4。在 定位特征 区域中单击“平面”按钮 下的 平面，选择 三点 命令；选取图 28.16 所示的三个点作为参考点；单击 按钮，完成工作平面 4 的创建。

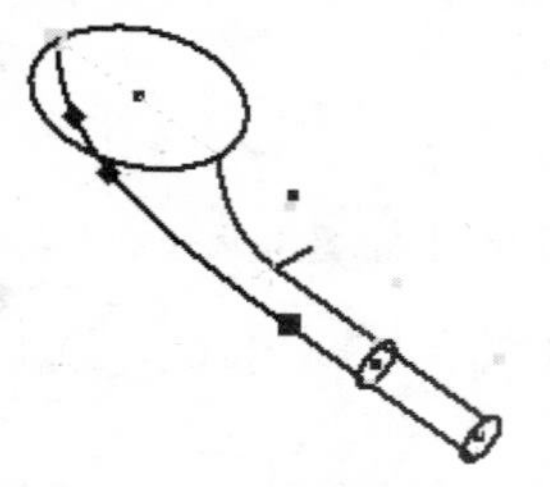

图 28.13　草图 5（建模环境）

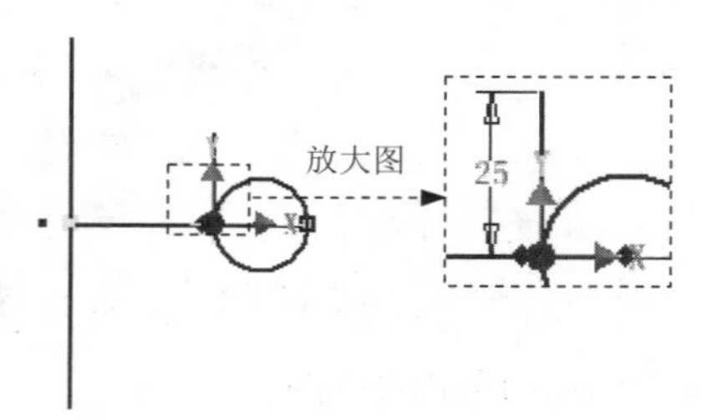

图 28.14　草图 5（草图环境）

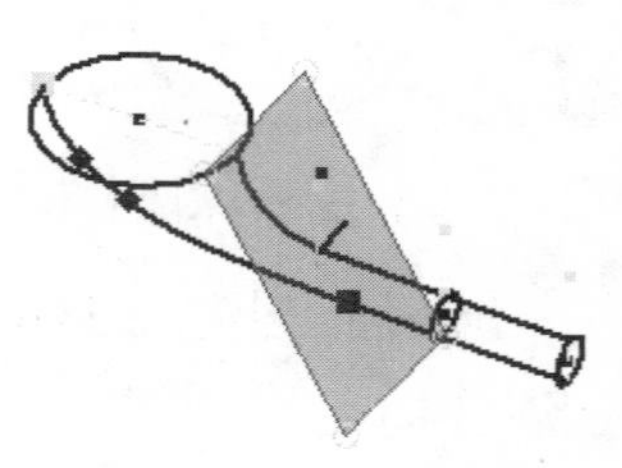

图 28.15　工作平面 4

Step11. 创建图 28.17 所示的草图 6。在 三维模型 选项卡 草图 区域单击 按钮，选取工作平面 4 作为草图平面，绘制图 28.18 所示的草图 6。

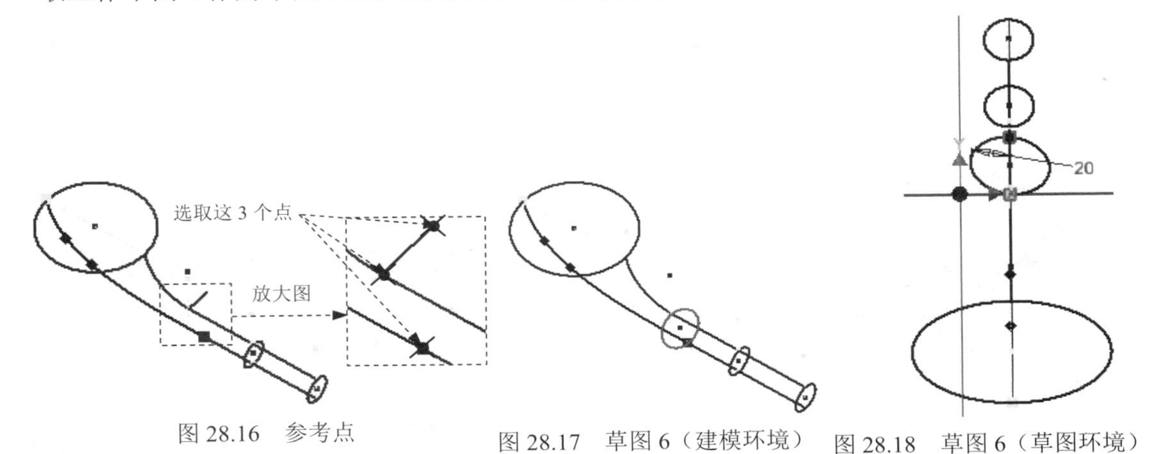

图 28.16 参考点　　图 28.17 草图 6（建模环境）　　图 28.18 草图 6（草图环境）

Step12. 创建图 28.19 所示的放样 1（注：具体参数和操作参见随书光盘）。

Step13. 创建图 28.20 所示的旋转特征 1。

（1）选择命令。在 创建 ▾ 区域中单击 按钮，系统弹出“创建旋转”对话框。

（2）定义特征的截面草图。单击“创建旋转”对话框中的 创建二维草图 按钮，选取 XY 平面为草图平面，进入草绘环境，绘制图 28.21 所示的截面草图。

（3）定义旋转属性。单击 草图 选项卡 返回到三维 区域中的 按钮，选取图 28.21 所示的截面与旋转轴，在 范围 区域的下拉列表中选中 全部 选项。

（4）单击“旋转”对话框中的 确定 按钮，完成旋转特征 1 的创建。

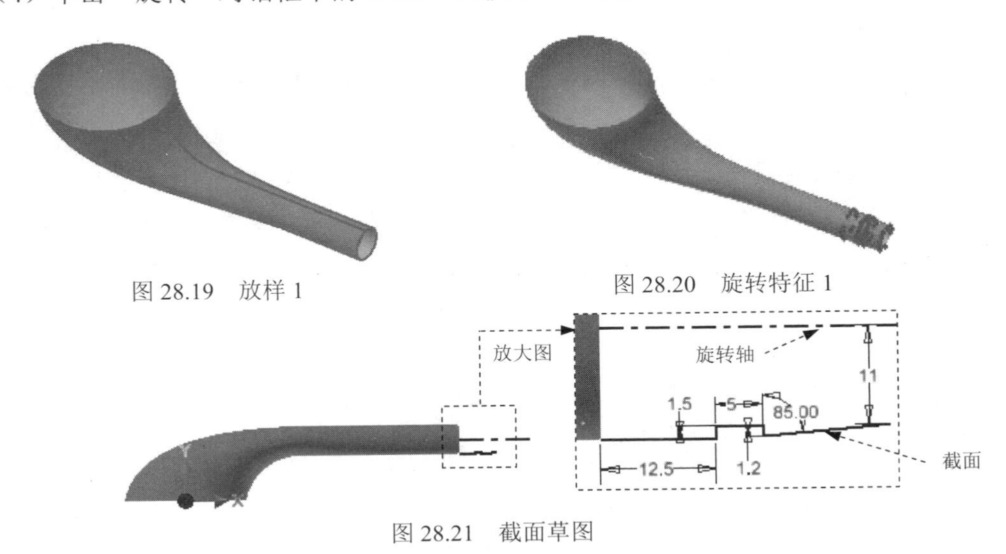

图 28.19 放样 1　　图 28.20 旋转特征 1

图 28.21 截面草图

Step14. 创建图 28.22 所示的旋转特征 2。

（1）选择命令。在 创建 ▾ 区域中单击 按钮，系统弹出“创建旋转”对话框。

（2）定义特征的截面草图。单击“创建旋转”对话框中的创建二维草图按钮，选取 XY 平面为草图平面，进入草绘环境，绘制图 28.23 所示的截面草图。

（3）定义旋转属性。单击草图选项卡返回到三维区域中的按钮，选取图 28.23 所示的截面与旋转轴，在范围区域的下拉列表中选中全部选项。

（4）单击“旋转”对话框中的确定按钮，完成旋转特征 2 的创建。

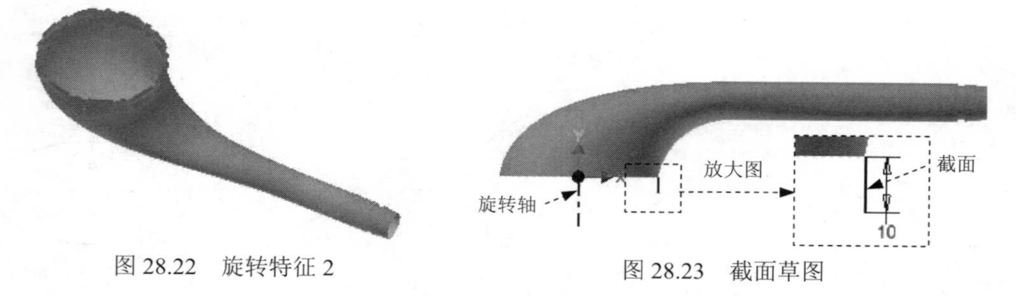

图 28.22　旋转特征 2　　　图 28.23　截面草图

Step15. 创建缝合曲面 1。

（1）选择命令。在曲面▼区域中单击“缝合曲面”按钮，系统弹出“缝合”对话框。

（2）定义缝合对象。在系统选择要缝合的实体的提示下选取放样曲面 1、旋转曲面 1 与旋转曲面 2 作为缝合对象。

（3）在该对话框中单击应用按钮，单击完毕按钮，完成缝合曲面的创建。

Step16. 创建图 28.24 所示的加厚 1。

（1）选择命令。在修改▼区域中单击“加厚/偏移”按钮，系统弹出“加厚/偏移”对话框。

（2）定义偏移曲面。在“加厚/偏移”对话框中选中缝合曲面单选项，然后选取缝合曲面 1 为要加厚的曲面。

（3）定义输出类型。在“加厚/偏移”对话框输出区域中选择“实体”。

（4）定义等距偏移距离及方向。在“加厚/偏移”对话框距离文本框中输入数值 2.5，将偏移方向设置为“方向 2”类型（向模型内部）。

（5）单击确定按钮，完成加厚 1 的创建。

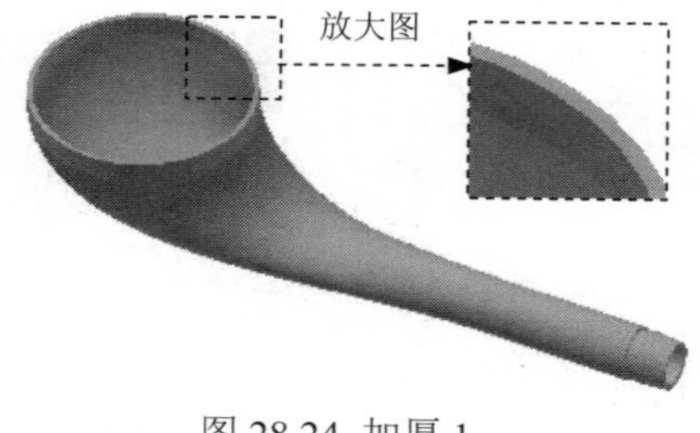

图 28.24 加厚 1

Step17. 创建图 28.25 所示的倒圆特征 1。选取图 28.25a 所示的模型边线为倒圆的对象，输入倒圆角半径值 0.5。

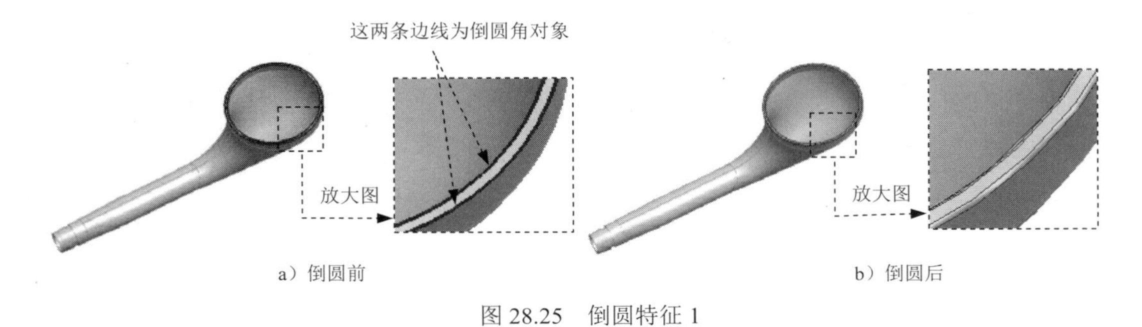

a）倒圆前　　b）倒圆后

图 28.25　倒圆特征 1

Step18. 创建图 28.26 所示的倒圆特征 2。选取图 28.26a 所示的模型边线为倒圆的对象，输入倒圆角半径值 1.0。

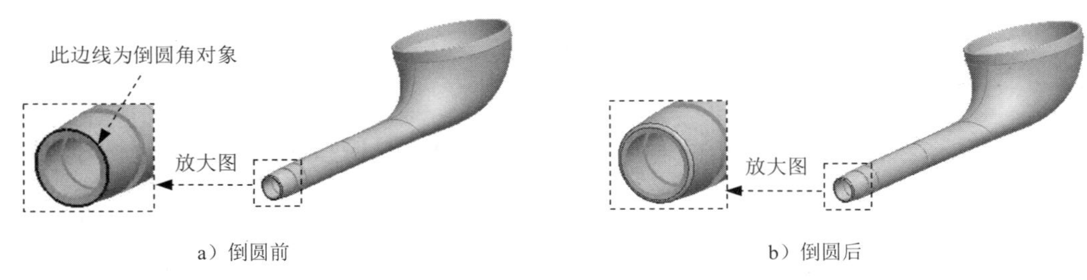

a）倒圆前　　b）倒圆后

图 28.26　倒圆特征 2

Step19. 创建图 28.27 所示的倒角特征 1。选取图 28.27a 所示的模型边线为倒角的对象，输入倒角值 0.5。

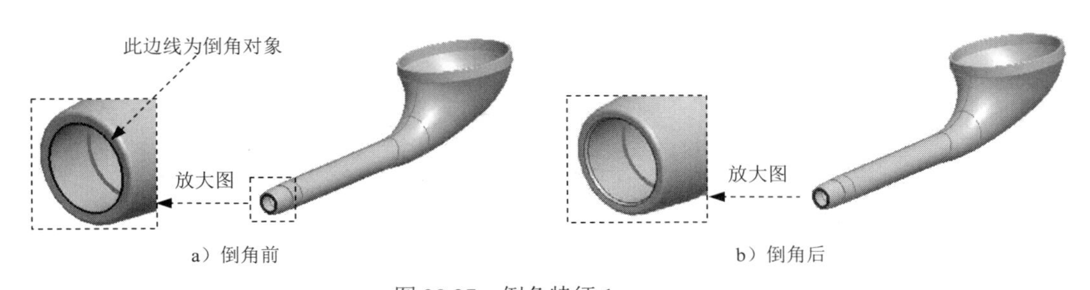

a）倒角前　　b）倒角后

图 28.27　倒角特征 1

Step20. 创建图 28.28 所示的倒圆特征 3。选取图 28.28a 所示的模型边线为倒圆的对象，输入倒圆角半径值 0.5。

Step21. 创建图 28.29 所示的倒圆特征 4。选取图 28.29a 所示的模型边线为倒圆的对象，输入倒圆角半径值 20。

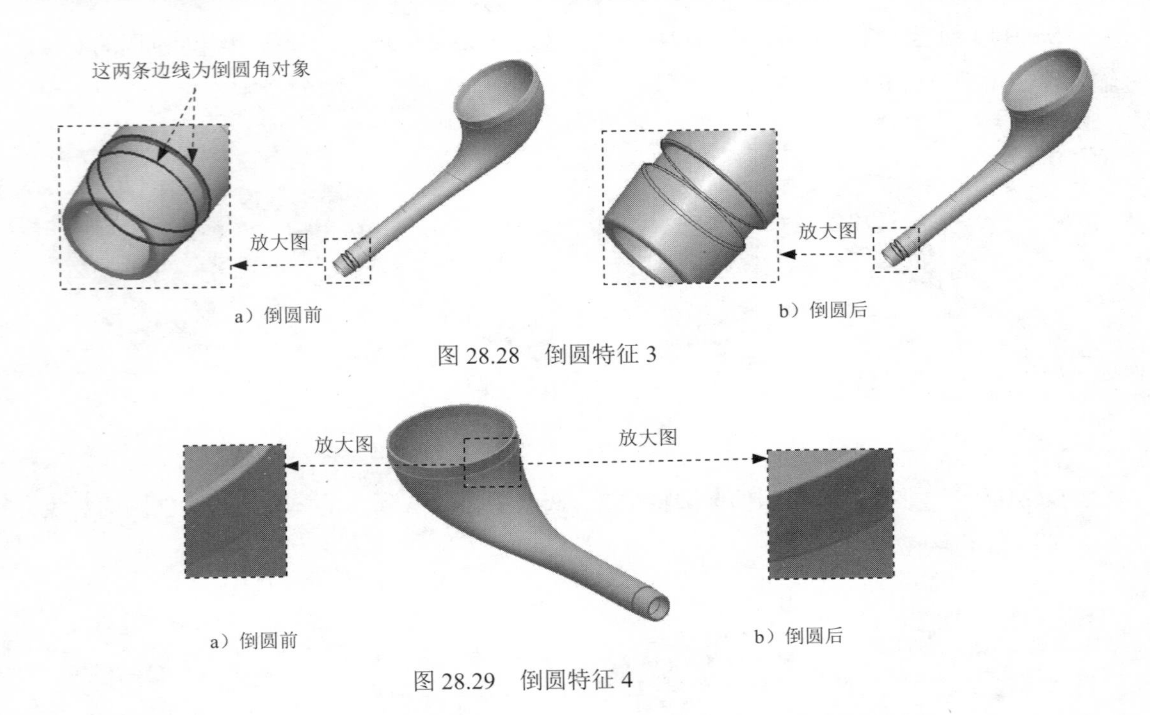

图 28.28　倒圆特征 3

图 28.29　倒圆特征 4

Step22. 至此，零件模型创建完毕。选择下拉菜单 → 保存命令，命名为 MUZZLE，即可保存零件模型。

实例 29 垃圾箱上盖

实例概述

本实例介绍了垃圾箱上盖的设计过程，该模型的难点在于模型两侧曲面的创建及模型底部外形的创建，而本例中对于这两点的处理只是运用了非常基础的命令，希望通过对本实例的学习读者能对简单命令有更好的理解。零件模型及相应的浏览器如图 29.1 所示。

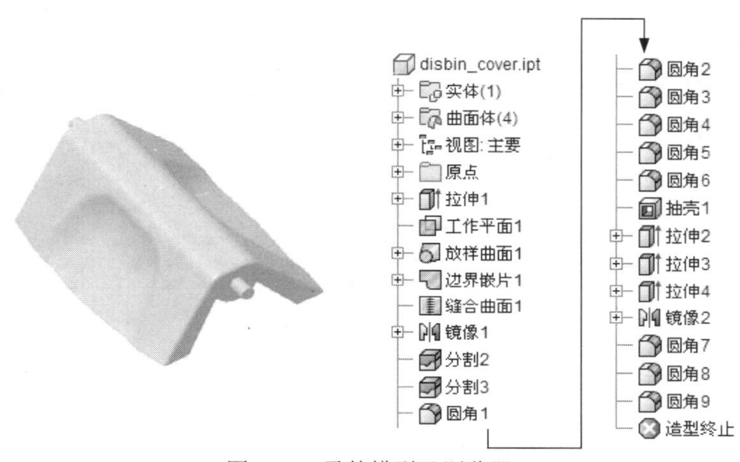

图 29.1　零件模型及浏览器

说明：本例前面的详细操作过程请参见随书光盘中 video\ch29\reference\文件下的语音视频讲解文件 disbin_cover-r01.exe。

Step1. 打开文件 D:\inv15.3\work\ch29\disbin_cover_ex.ipt。

Step2. 创建图 29.2 所示的工作平面 1（本步的详细操作过程请参见随书光盘中 video\ch29\reference\文件下的语音视频讲解文件 disbin_cover-r02.exe）。

Step3. 创建图 29.3 所示的草图 1。在 三维模型 选项卡 草图 区域单击 按钮，选取工作平面 1 作为草图平面，绘制图 29.4 所示的草图 1。

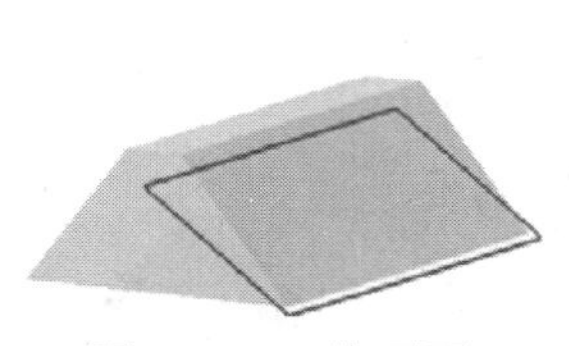

图 29.2　工作平面 1

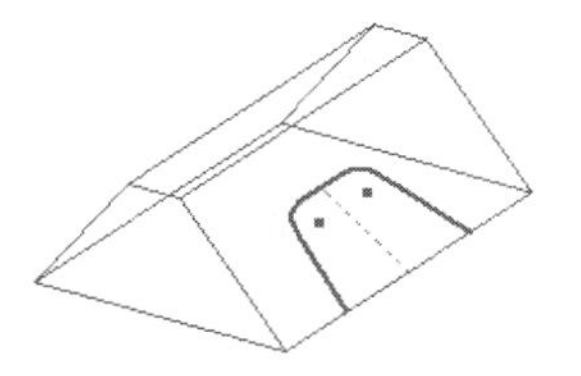

图 29.3　草图 1（建模环境）

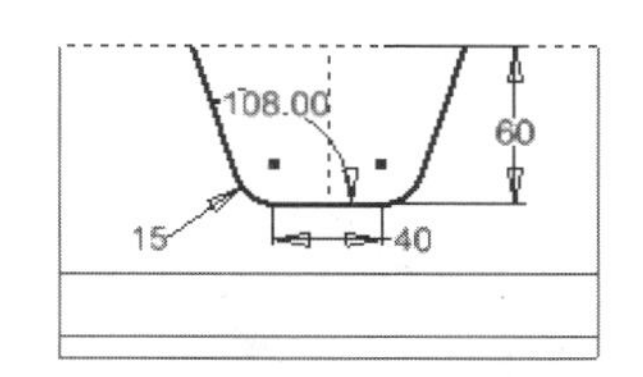

图 29.4　草图 1（草图环境）

Step4. 创建图 29.5 所示的草图 2。在 三维模型 选项卡 草图 区域单击 按钮，选取

图 29.6 所示的模型表面作为草图平面，绘制图 29.7 所示的草图 2。

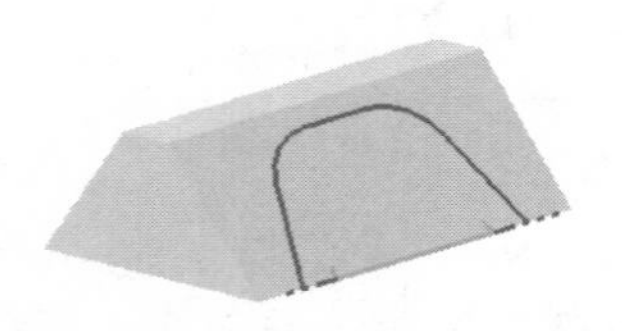
图 29.5　草图 2（建模环境）

图 29.6　选取草图平面

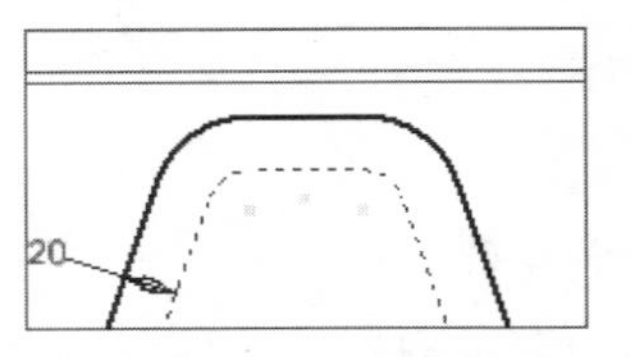

图 29.7　草图 2（草图环境）

Step5. 创建图 29.8 所示的放样 1。在 创建 ▾ 区域中单击 放样 按钮，在 输出 区域将 按下，然后依次选取图 29.9 所示的曲线 1、曲线 2，单击“放样”对话框中的 确定 按钮，完成放样 1 的创建。

Step6. 创建图 29.10 所示的三维草图 1。单击 三维模型 选项卡 草图 区域中的 开始创建二维草图 按钮，选择 开始创建 三维草图 命令，单击 三维草图 选项卡 绘制 ▾ 区域中的“直线”按钮 ，绘制图 29.10 所示的直线，单击“完成草图”按钮 完成三维草图 1 的创建。

Step7. 创建图 29.11 所示的边界嵌片 1。在 曲面 ▾ 区域中单击“修补”按钮 ，在系统的提示下选取图 29.12 所示的边界为曲面的边界，单击 确定 按钮，完成边界嵌片 1 的创建。

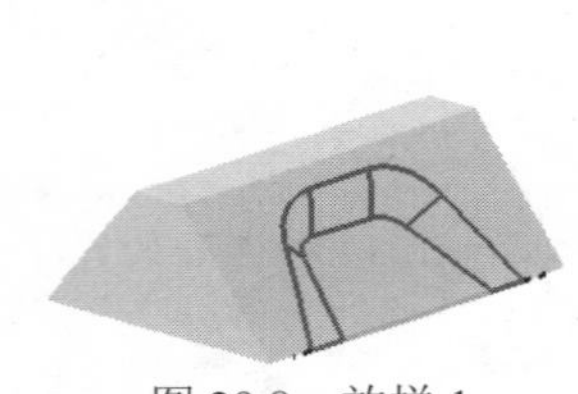
图 29.8　放样 1

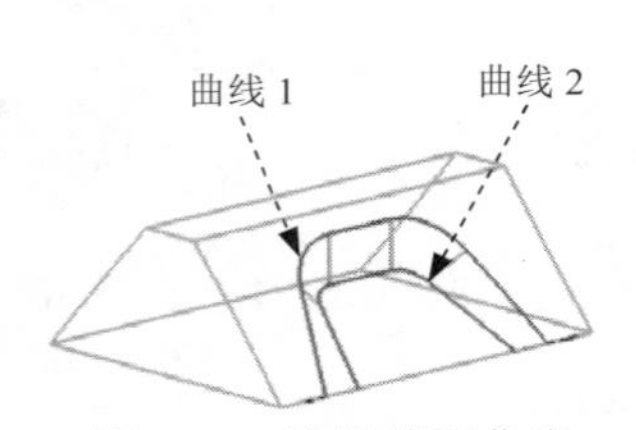

图 29.9　选择截面曲线

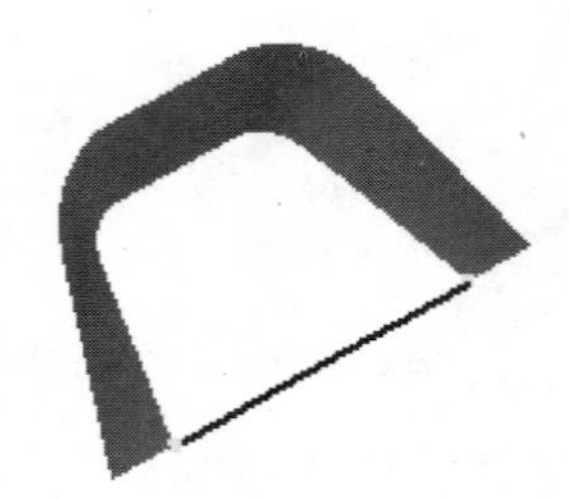
图 29.10　三维草图 1

Step8. 创建缝合曲面 1。在 曲面 ▾ 区域中单击“缝合”按钮 ，在系统 选择要缝合的实体 的提示下选取放样曲面 1 与边界嵌片 1 作为缝合对象，在该对话框中选中 ☑ 保留为曲面 单选项，单击 应用 按钮，单击 完毕 按钮，完成缝合曲面的创建。

Step9. 创建图 29.13 所示的镜像 1；在 阵列 区域中单击“镜像”按钮 。在图形区中选取要镜像复制的缝合曲面 1 特征，单击“镜像”对话框中的 镜像平面 按钮，然后选取 XZ 平面作为镜像中心平面，单击“镜像”对话框中的 确定 按钮，完成镜像 1 的操作。

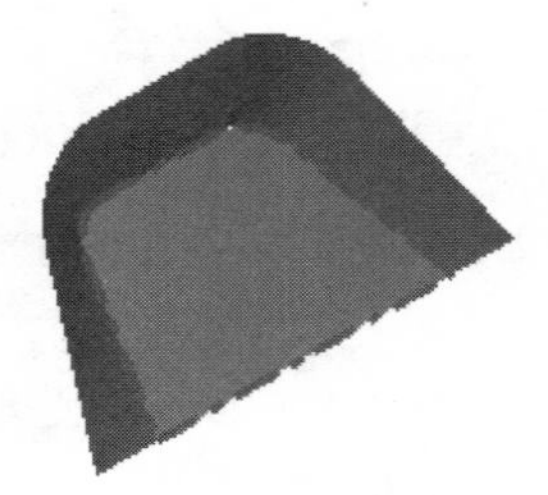
图 29.11　边界嵌片 1

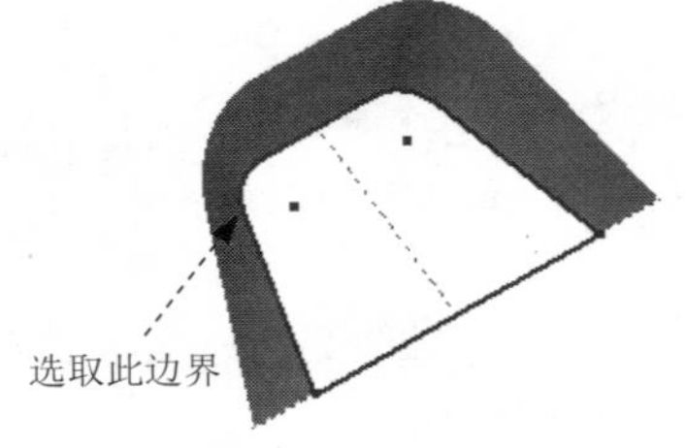

图 29.12　定义曲面边界

图 29.13　镜像 1

Step10. 创建图 29.14 所示的分割 1。在 修改 ▾ 区域中单击 分割 按钮，系统弹出“分割”对话框；在“分割”对话框中将分割类型设置为“修剪实体”选项；在绘图区域选取缝合曲面 1 作为分割工具；在“分割”对话框中将删除方向设置为“方向 1”类型；单击 确定 按钮，完成分割 1 的创建。

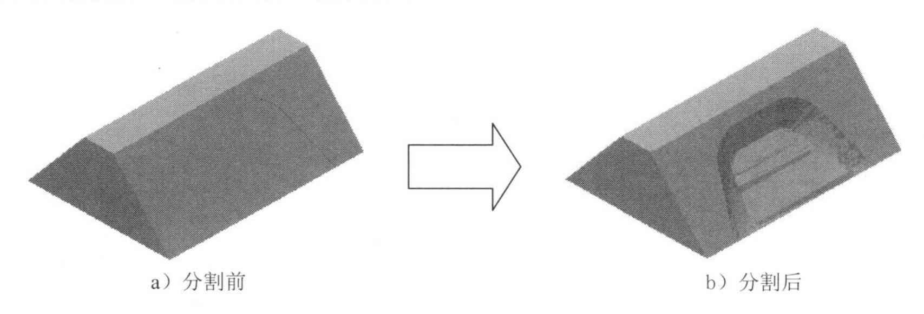

a）分割前　　b）分割后

图 29.14　分割 1

Step11. 创建图 29.15 所示的分割 2。具体操作可参照上一步。

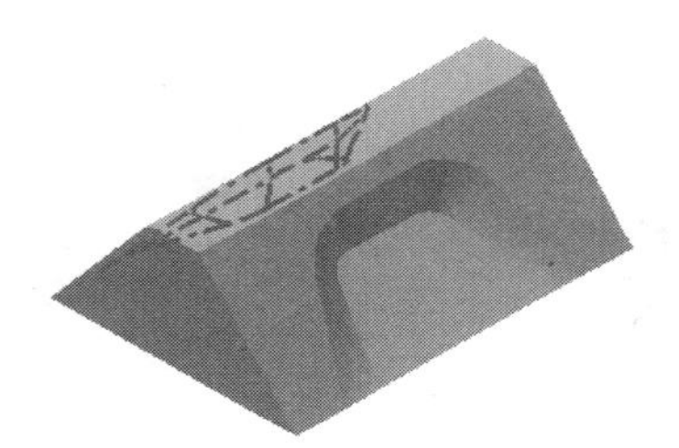

图 29.15　分割 2

Step12. 后面的详细操作过程请参见随书光盘中 video\ch29\reference\文件下的语音视频讲解文件 disbin_cover-r03.exe。

实例30 充 电 器

实例概述

本实例主要运用了拉伸曲面、拔模、缝合、修剪、镜像等特征命令，零件模型及浏览器如图30.1所示。

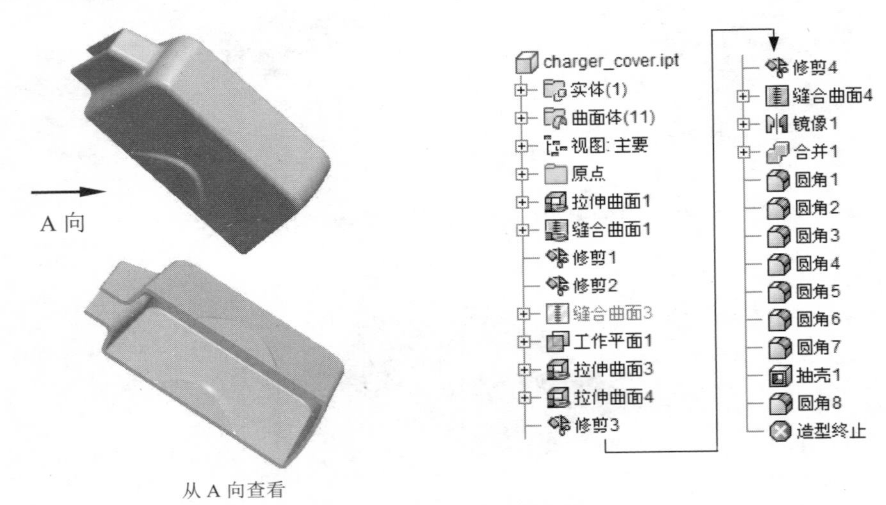

图30.1 零件模型及浏览器

Step1. 新建一个零件模型，进入建模环境。

Step2. 创建图30.2所示的拉伸曲面1。

（1）在 创建 ▾ 区域中单击 按钮，系统弹出“创建拉伸”对话框。

（2）定义特征的截面草图。单击“创建拉伸”对话框中的 创建二维草图 按钮，选取XZ平面作为草图平面，进入草绘环境，绘制图30.3所示的截面草图。

（3）定义拉伸属性。单击 草图 选项卡 返回到三维 区域中的 按钮，在“拉伸”对话框 输出 区域中将输出类型设置为“曲面” ；在 范围 区域的的下拉列表中选择 距离 选项，输入距离值35.0，并将拉伸方向设置为“方向1”类型 ，单击 更多 选项卡，在 锥度 文本框中输入-5.0。

（4）单击“拉伸”对话框中的 确定 按钮，完成拉伸曲面1的创建。

Step3. 创建图30.4所示的拉伸曲面2。在 创建 ▾ 区域中单击 按钮，选择XY平面作为草图平面，绘制图30.5所示的截面草图；在 输出 区域中选择类型为“曲面” ，输入拉伸距离为10，并将拉伸方向设置为“对称”类型 ，单击“拉伸”对话框中的 确定 按钮，完成拉伸曲面2的创建。

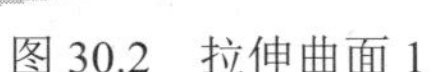

图 30.2 拉伸曲面 1

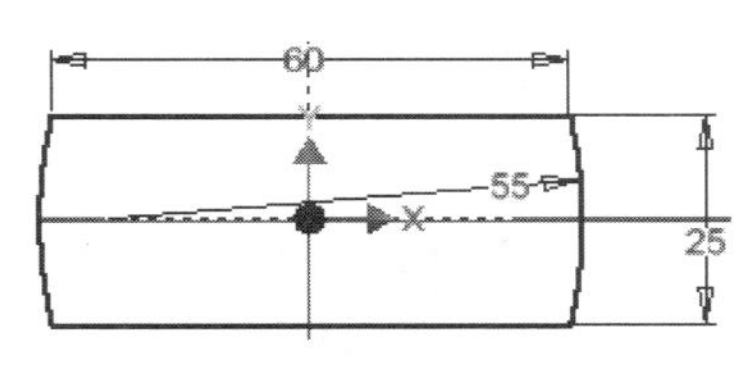

图 30.3 截面草图

图 30.4 拉伸曲面 2

Step4. 创建图 30.6 所示的边界嵌片 1。 在 曲面 区域中单击“修补”按钮，系统弹出“边界嵌片”对话框；依次选取图 30.7 所示的 4 条边线作为边界，单击 确定 按钮，完成边界嵌片 1 的创建。

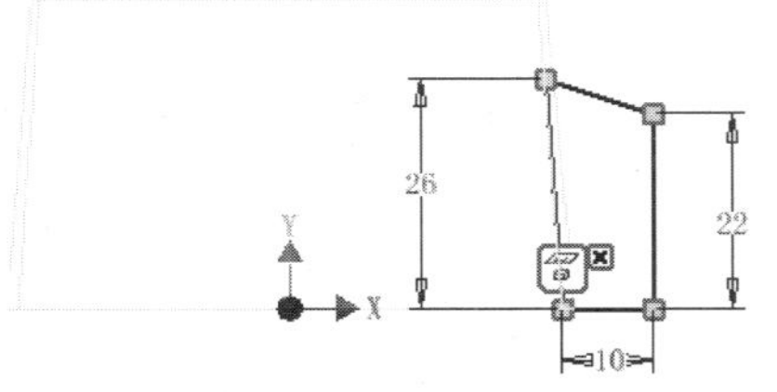

图 30.5 截面草图

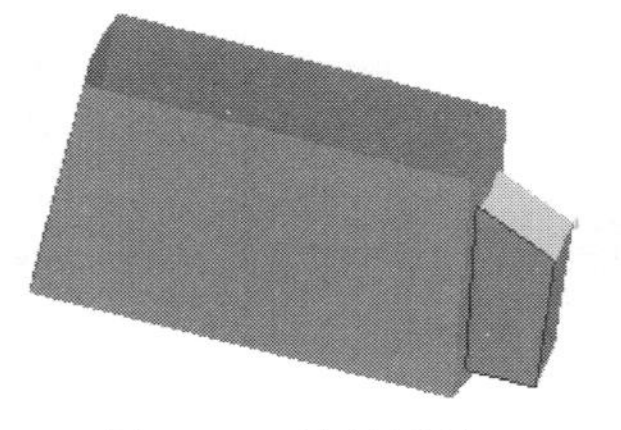

图 30.6 边界嵌片 1

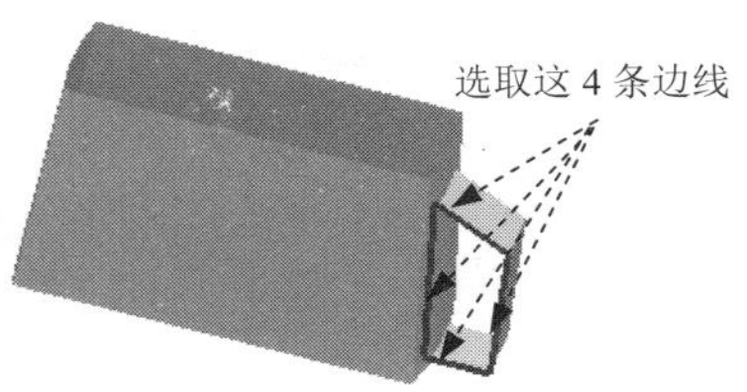

图 30.7 选取边界曲线

Step5. 创建图 30.8 所示的边界嵌片 2。具体操作参照 Step4。

Step6. 创建缝合曲面 1。在 曲面 区域中单击按钮，选取拉伸曲面 2、边界嵌片 1 与边界嵌片 2 作为缝合对象；选中 ☑ 保留为曲面 单选项，单击 应用 按钮，单击 完毕 按钮，完成缝合曲面 1 的创建。

Step7. 创建图 30.9 所示曲面的修剪 1，在 曲面 区域中单击按钮；选取图 30.10 所示的曲面作为修剪工具，再选取图 30.10 所示要删除的面；单击 确定 按钮，完成曲面的修剪 1。

图 30.8 边界嵌片 2

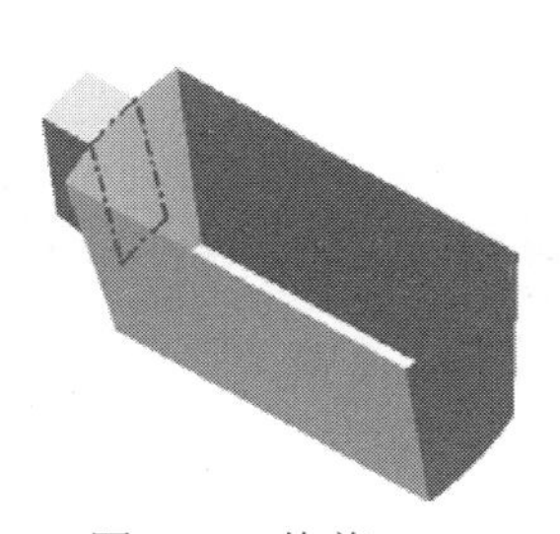

图 30.9 修剪 1

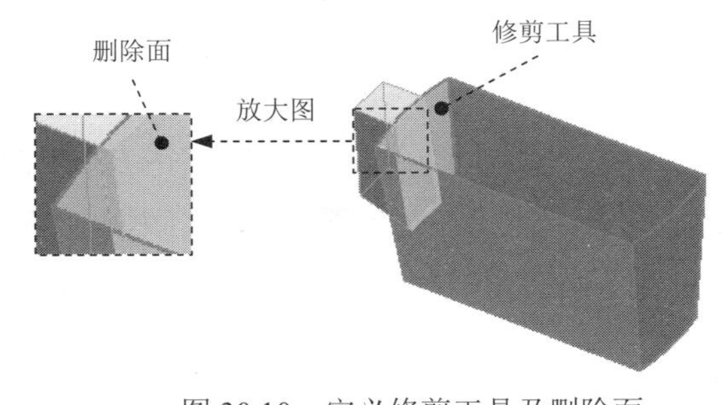

图 30.10 定义修剪工具及删除面

Step8. 创建图 30.11 所示曲面的修剪 2，在 曲面 区域中单击按钮；选取图 30.12 所示的曲面作为修剪工具，再选取图 30.12 所示要删除的面；单击 确定 按钮，完成曲面的修剪 2。

Step9. 创建缝合曲面 2。在 曲面 区域中单击按钮，选取拉伸曲面 1 与缝合曲面 1 作为缝合对象；单击 应用 按钮，单击 完毕 按钮，完成缝合曲面 2 的创建。

Step10. 创建图 30.13 所示的边界嵌片 3。 在 曲面 区域中单击“修补”按钮，系统弹出“边界嵌片”对话框；依次选取图 30.14 所示的 4 条边线作为边界，单击 确定 按钮，完成边界嵌片 3 的创建。

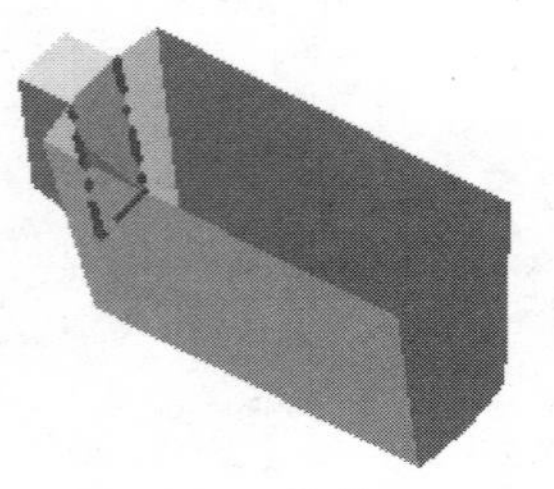
图 30.11　修剪 2

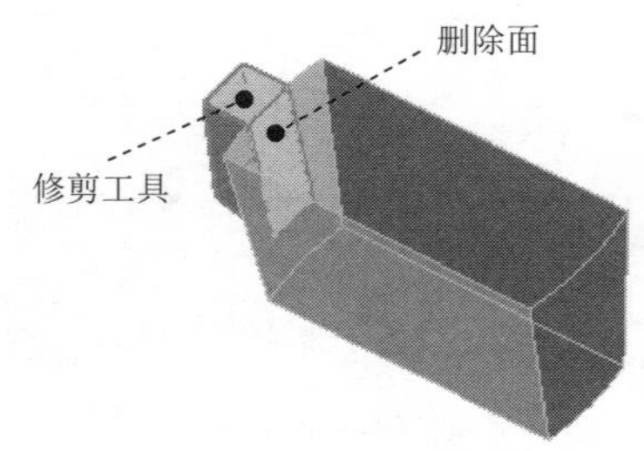

图 30.12　定义修剪工具及删除面

图 30.13　边界嵌片 3

Step11. 创建图 30.15 所示的边界嵌片 4。具体操作可参照 Step10。

Step12. 创建缝合曲面 3。在 曲面 ▾ 区域中单击 按钮，选取缝合曲面 2、边界嵌片 3 与边界嵌片 4 作为缝合对象；单击 应用 按钮，单击 完毕 按钮，完成缝合曲面 3 的创建。

Step13. 创建图 30.16 所示的工作平面 1（本步的详细操作过程请参见随书光盘中 video\ch30\reference\文件下的语音视频讲解文件 charger_cover-r01.exe）。

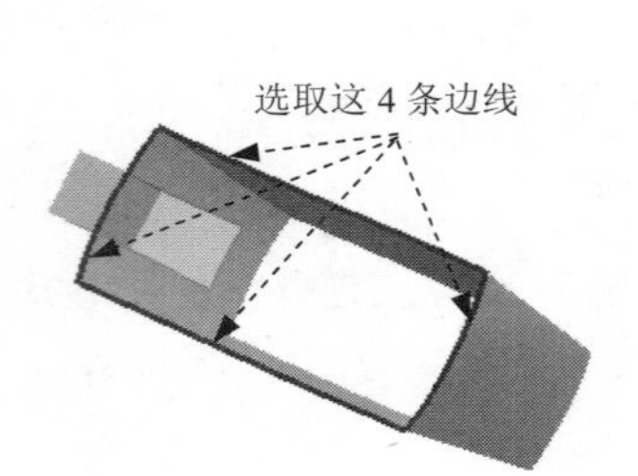

图 30.14　选取边界曲线

图 30.15　边界嵌片 4

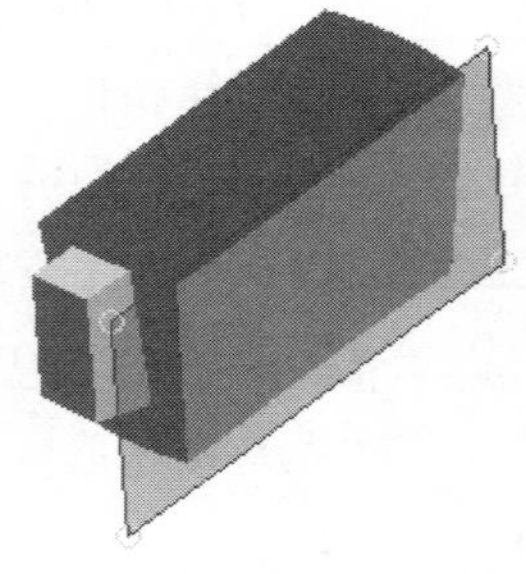
图 30.16　工作平面 1

Step14. 创建图 30.17 所示的拉伸曲面 3。

（1）在 创建 ▾ 区域中单击 按钮，系统弹出“创建拉伸”对话框。

（2）定义特征的截面草图。单击“创建拉伸”对话框中的 创建二维草图 按钮，选取工作平面 1 作为草图平面，进入草绘环境，绘制图 30.18 所示的截面草图。

（3）定义拉伸属性。单击 草图 选项卡 返回到三维 区域中的 按钮，在“拉伸”对话框 输出 区域中将输出类型设置为“曲面” ；在图形区选择图 30.18 所示的截面草图，选择在 范围 区域的的下拉列表中选择 距离 选项，输入距离值 30.0,并将拉伸方向设置为“方向 2”类型 ，单击 更多 选项卡，在 锥度 文本框中输入数值 30.0。

（4）单击“拉伸”对话框中的 确定 按钮，完成拉伸曲面 3 的创建。

Step15. 创建图 30.19 所示的拉伸曲面 4。在 创建 ▾ 区域中单击 按钮，选择图 30.20 所示的模型表面作为草图平面，绘制图 30.21 所示的截面草图；在 输出 区域中选择类型为“曲面” ，在图形区选择截面草图，输入拉伸距离 22，并将拉伸方向设置为“方向 2”类型 ，单击“拉伸”对话框中的 确定 按钮，完成拉伸曲面 4 的创建。

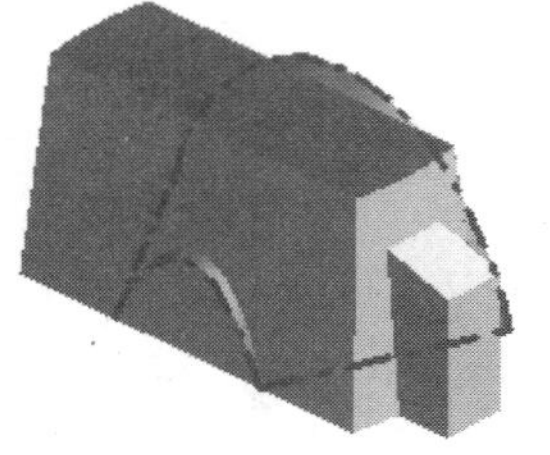

图 30.17 拉伸曲面 3

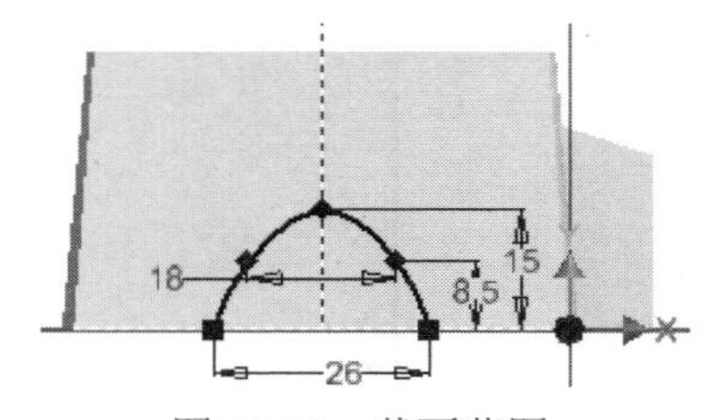

图 30.18 截面草图

图 30.19 拉伸曲面 4

Step16. 创建图 30.22 所示曲面的修剪 3。在 曲面 ▾ 区域中单击 按钮；选取图 30.23 所示的曲面(拉伸曲面 3)作为修剪工具，再选取图 30.23 所示要删除的面；单击 确定 按钮，完成曲面的修剪 3。

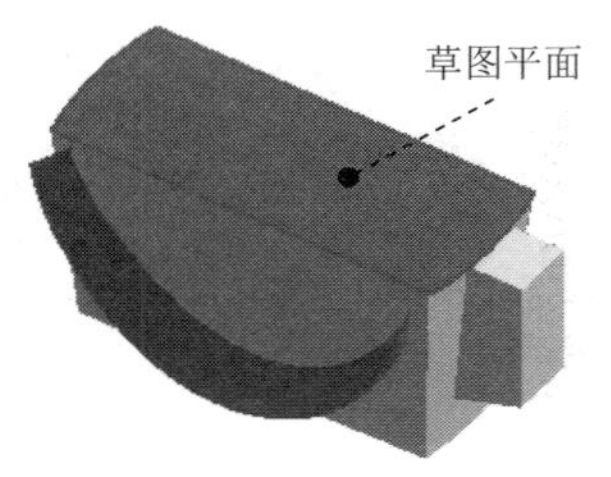

图 30.20 定义草图平面

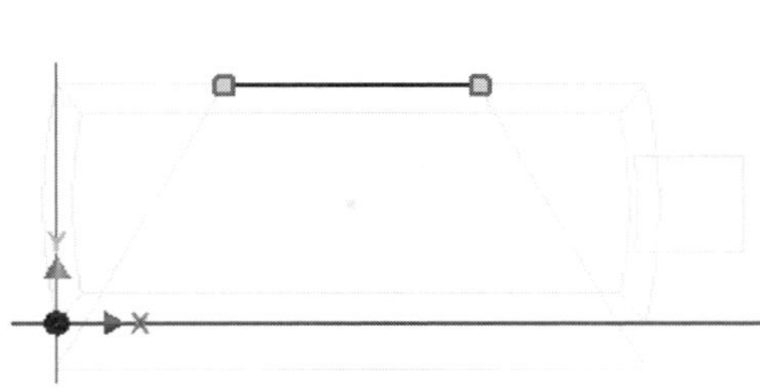

图 30.21 截面草图

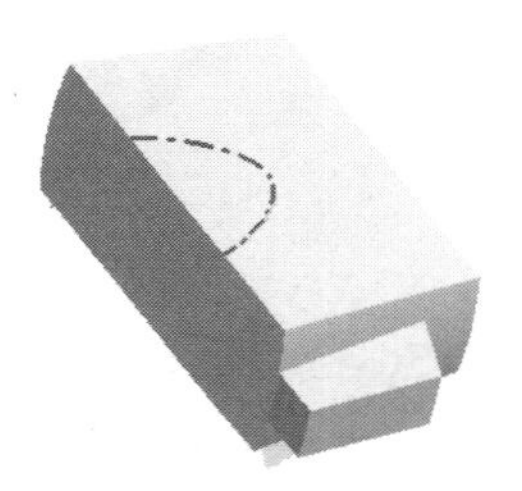

图 30.22 修剪 3

Step17. 创建曲面的修剪 4，在 曲面 ▾ 区域中单击 按钮；选取图 30.24 所示的面作为修剪工具，再选取图 30.25 所示要删除的面；单击 确定 按钮，完成曲面的修剪 4。

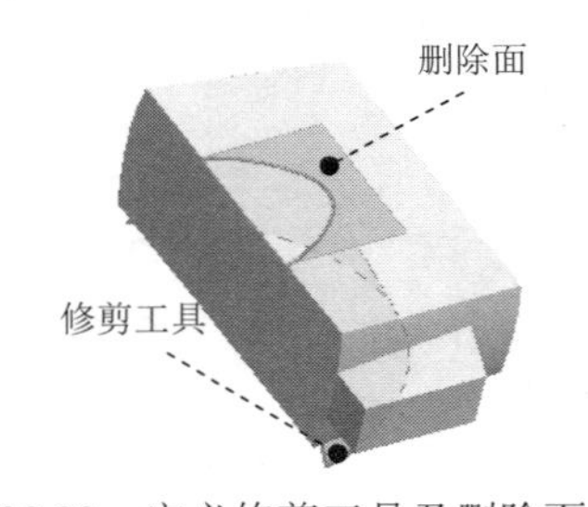

图 30.23 定义修剪工具及删除面

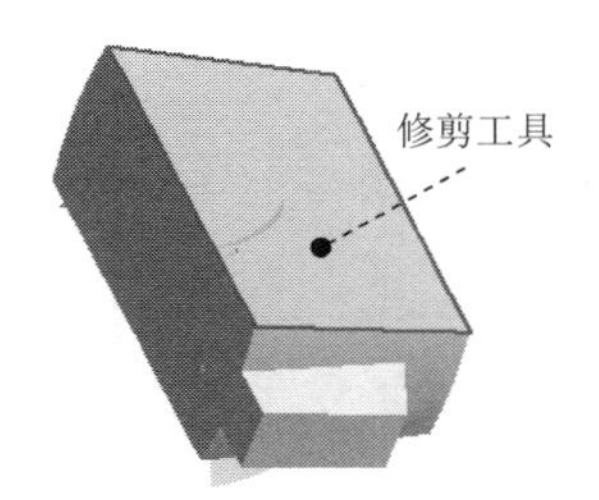

图 30.24 定义修剪工具

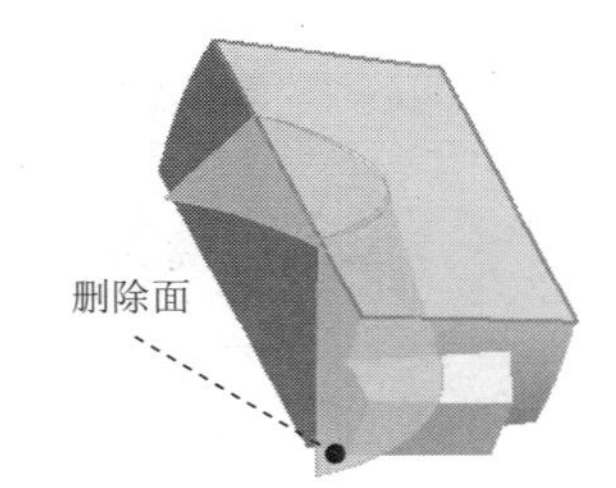

图 30.25 定义删除面

Step18. 创建图 30.26 所示的边界嵌片 5。在 曲面 ▾ 区域中单击“边界嵌片”按钮 ，系统弹出“边界嵌片”对话框；依次选取图 30.27 所示的 2 条边线作为边界，单击 确定 按钮，完成边界嵌片 5 的创建。

图 30.26 边界嵌片 5

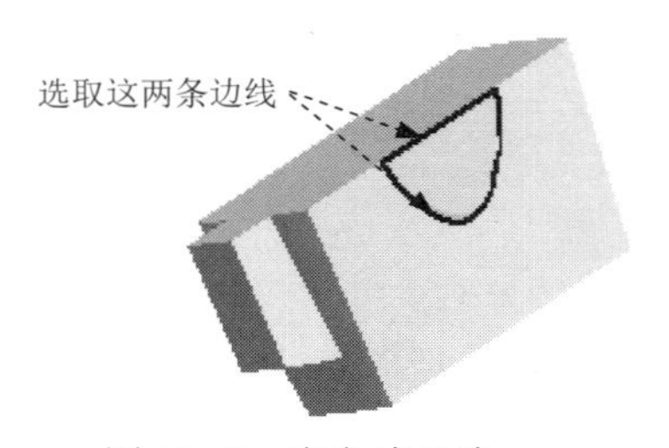

图 30.27 定义边界边

Step19. 创建缝合曲面 4。在 曲面▼ 区域中单击按钮，选取拉伸曲面 3、拉伸曲面 4 与边界嵌片 5 作为缝合对象；单击 应用 按钮，单击 完毕 按钮，完成缝合曲面 4 的创建。

Step20. 创建图 30.28 所示的镜像 1。在 阵列 区域中单击“镜像”按钮，选取“缝合曲面 4”为要镜像的特征，然后选取 XY 平面作为镜像中心平面，单击“镜像”对话框中的 确定 按钮，完成镜像 1 的操作。

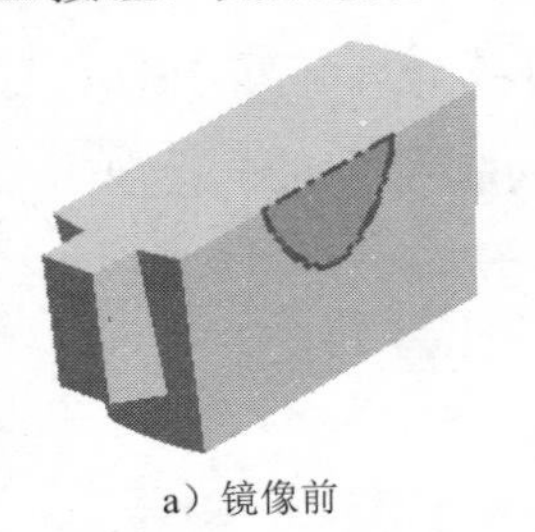

a）镜像前

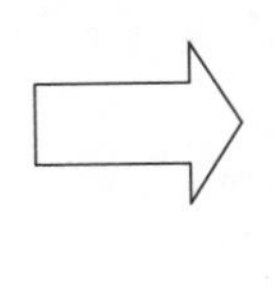

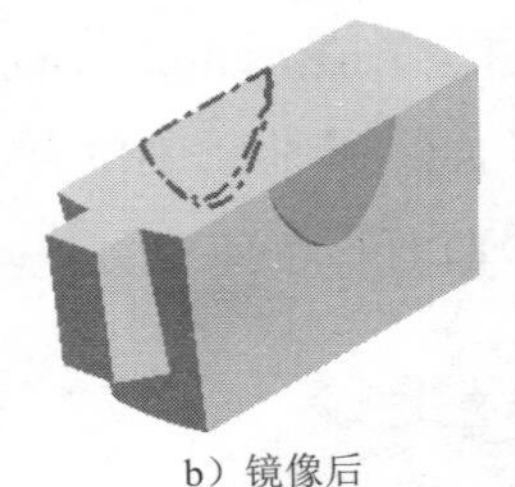

b）镜像后

图 30.28　镜像 1

Step21. 创建合并 1。在 修改▼ 区域中单击 合并 按钮，系统弹出“合并”对话框；在系统 选择要修改的实体 的提示下选取图 30.29 所示的实体作为基础实体，选取图 30.30 所示的实体作为工具体；单击按钮，完成合并 1 的创建。

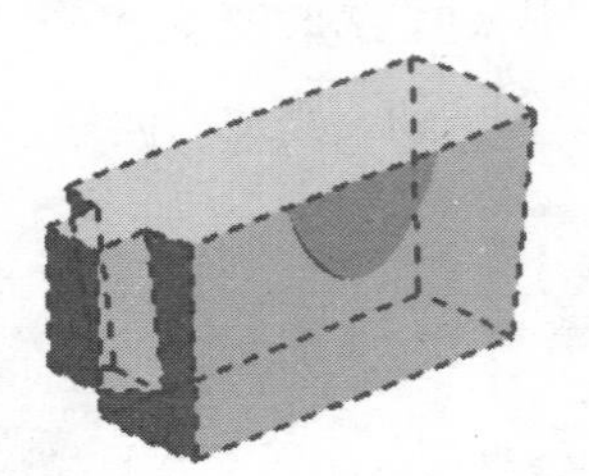

图 30.29　定义基础实体

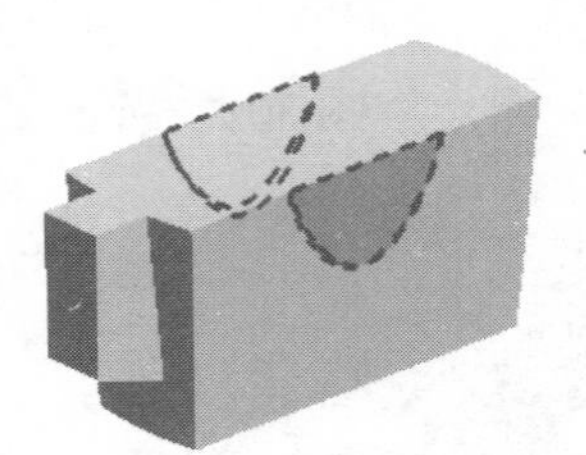

图 30.30　定义工具体

Step22. 创建图 30.31 所示的倒圆特征 1。选取图 30.31a 所示的模型边线为倒圆的对象，输入倒圆角半径值 6.0。

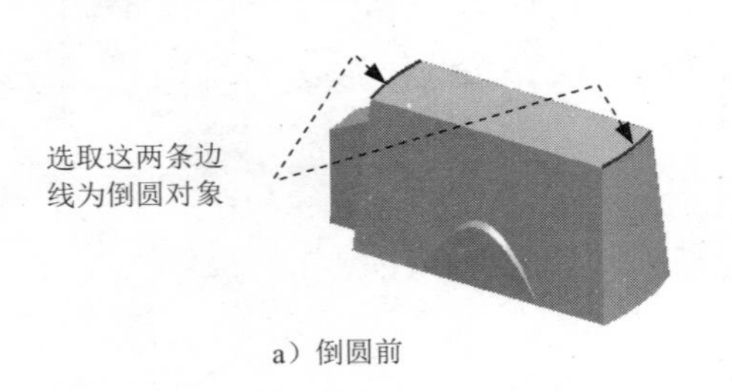

a）倒圆前

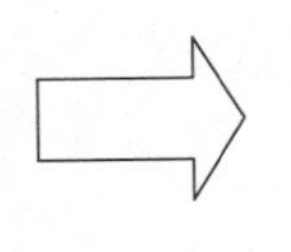

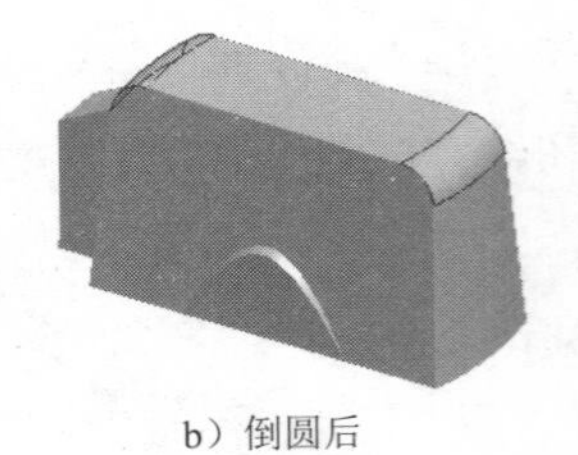

b）倒圆后

图 30.31　倒圆角 1

Step23. 后面的详细操作过程请参见随书光盘中 video\ch30\reference\文件下的语音视频讲解文件 charger_cover-r02.exe。

实例 31 肥 皂

实例概述

本实例主要讲述了一款肥皂的创建过程，在整个设计过程中运用了曲面拉伸、旋转、缝合、扫描、倒圆角等命令。零件模型及浏览器如图 31.1 所示。

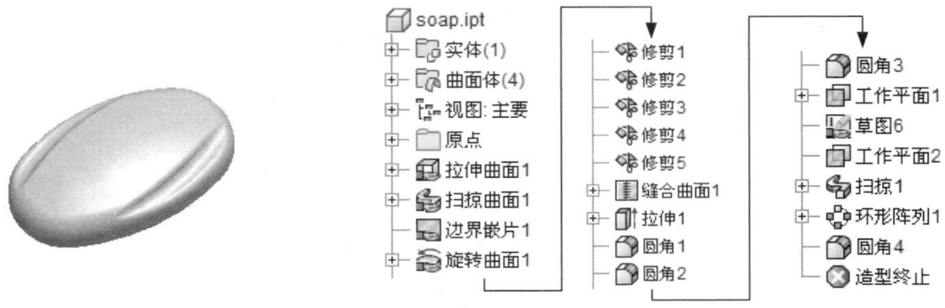

图 31.1 零件模型及浏览器

Step1. 新建一个零件模型文件，进入建模环境。

Step2. 创建图 31.2 所示的拉伸曲面 1。在 创建 ▾ 区域中单击按钮，选取 XZ 平面作为草图平面，绘制图 31.3 所示的截面草图，在“拉伸”对话框 输出 区域选择“曲面”；在 范围 区域中的下拉列表中选择 距离 选项，并输入距离值 18，将拉伸方向设置为“方向 1”类型，单击对话框中的 确定 按钮，完成拉伸曲面 1 的创建。

图 31.2 拉伸曲面 1

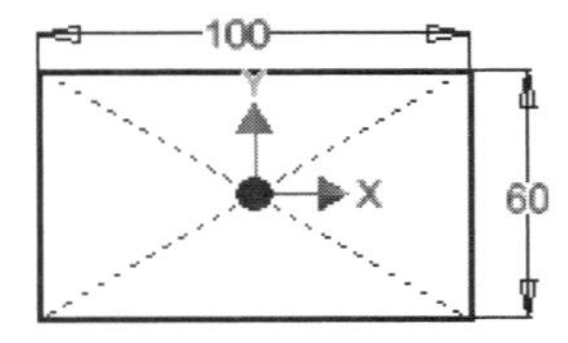

图 31.3 截面草图

Step3. 创建图 31.4 所示的草图 2。在 三维模型 选项卡 草图 区域单击按钮，选取 YZ 平面作为草图平面，绘制图 31.4 所示的草图 2。

Step4. 创建图 31.5 所示的草图 3。在 三维模型 选项卡 草图 区域单击按钮，选取 XY 平面作为草图平面，绘制图 31.5 所示的草图 3。

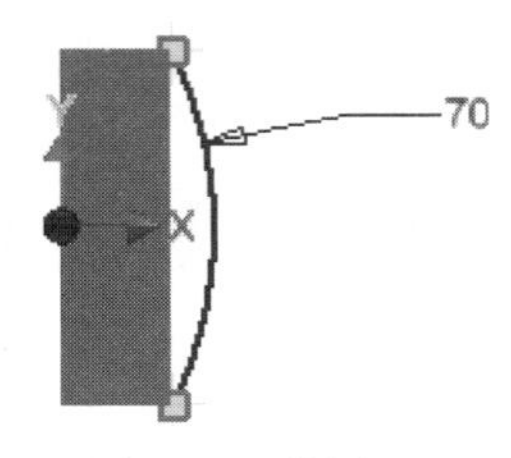

图 31.4 草图 2

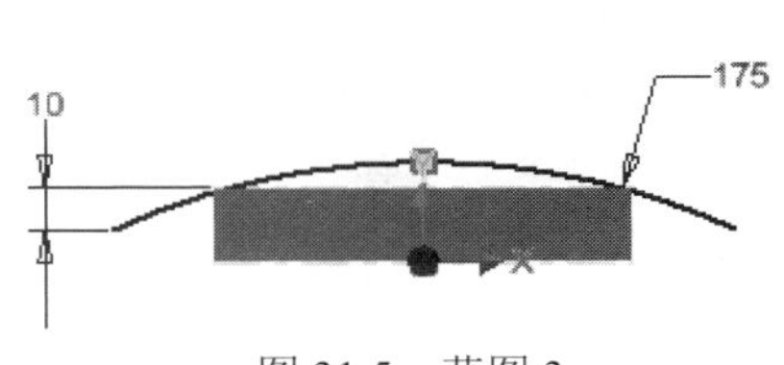

图 31.5 草图 3

Step5. 创建图 31.6 所示的扫掠曲面 1。在 创建 ▾ 区域中单击“扫掠”按钮 扫掠，选取草图 2 作为截面轮廓，选取草图 3 作为扫掠路径；在“扫掠”对话框 输出 区域选择“曲面”；在 类型 区域的下拉列表中选择 路径，其他参数接受系统默认设置，单击“扫掠”对话框中的 确定 按钮，完成扫掠曲面 1 的创建。

图 31.6 扫掠曲面 1

Step6. 创建 31.7 所示的边界嵌片 1。在 曲面 ▾ 区域中单击“修补”按钮，系统弹出 “边界嵌片”对话框；依次选取图 31.8 所示的边线 1、边线 2、边线 3、边线 4 作为边界，单击 确定 按钮，完成边界嵌片 1 的创建。

图 31.7 边界嵌片 1

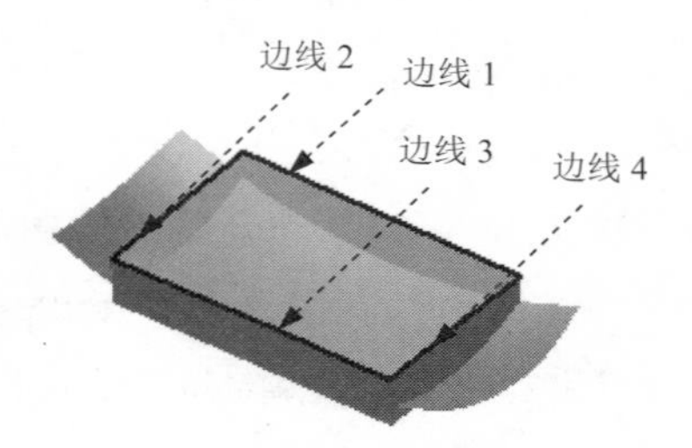

图 31.8 定义边界边

Step7. 创建图 31.9 所示的旋转曲面 1。在 创建 ▾ 区域中选择命令，选取 XY 平面为草图平面，绘制图 31.10 所示的截面草图；在“旋转”对话框 输出 区域选择“曲面”；在 范围 区域的下拉列表中选中 全部 选项；单击“旋转”对话框中的 确定 按钮，完成旋转曲面 1 的创建。

Step8. 创建 31.11 所示曲面修剪 1。在 曲面 ▾ 区域中单击按钮；选取旋转曲面 1 作为修剪工具，选取 31.12 所示的面作为要删除的面；单击 确定 按钮，完成曲面修剪 1 的创建。

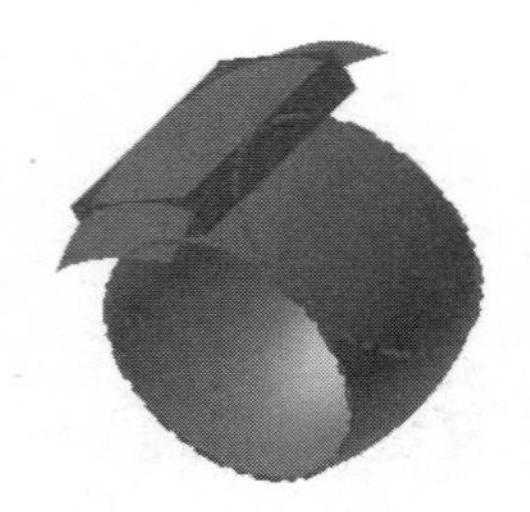

图 31.9 旋转曲面 1

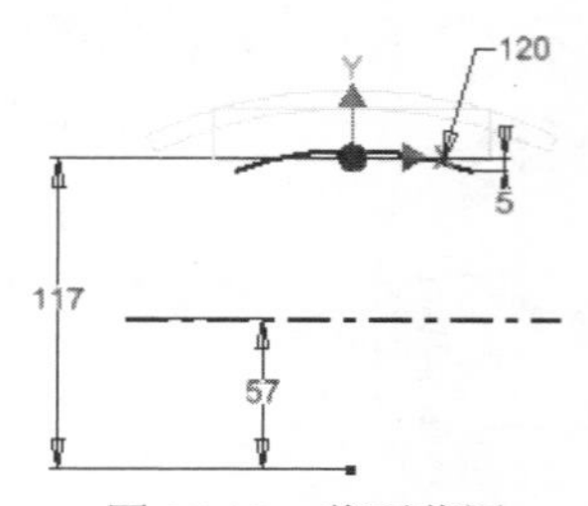

图 31.10 截面草图

图 31.11 曲面修剪 1

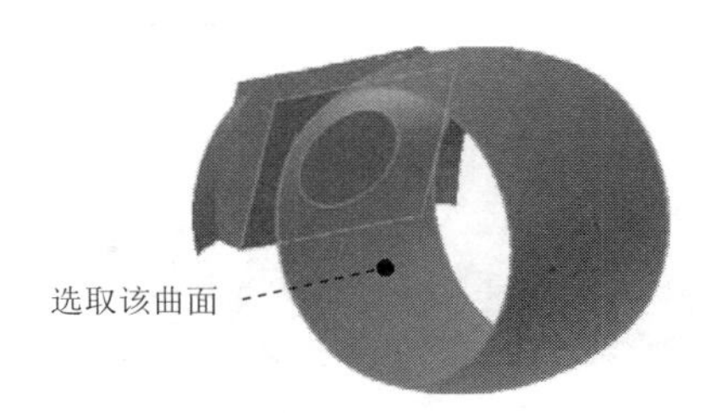

图 31.12 选取删除面

Step9. 创建 31.13 所示曲面修剪 2。在 曲面 ▾ 区域中单击 按钮；选取边界嵌片 1 作为修剪工具，选取 31.14 所示的面作为要删除的面；单击 确定 按钮，完成曲面修剪 2 的创建。

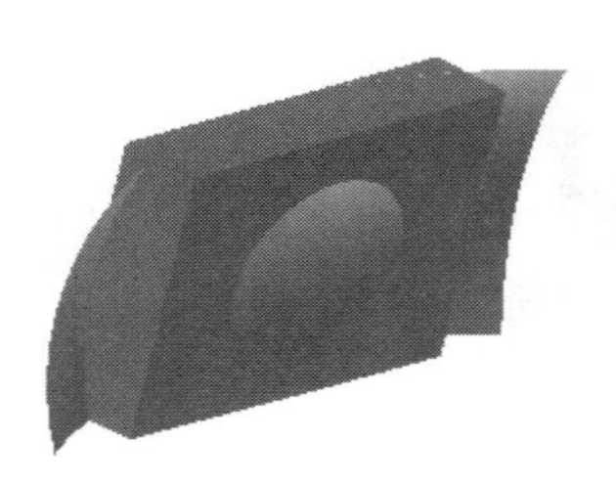
图 31.13 曲面修剪 2

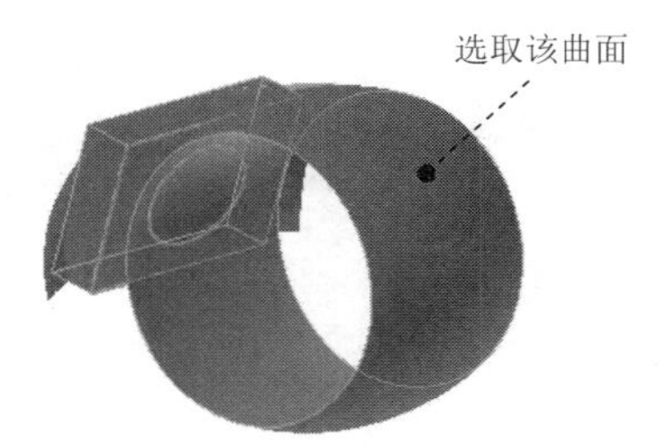

图 31.14 选取删除面

Step10. 创建 31.15 所示曲面修剪 3。在 曲面 ▾ 区域中单击 按钮；选取扫掠曲面 1 作为修剪工具，选取 31.16 所示的面作为要删除的面；单击 确定 按钮，完成曲面修剪 3 的创建。

图 31.15 曲面修剪 3

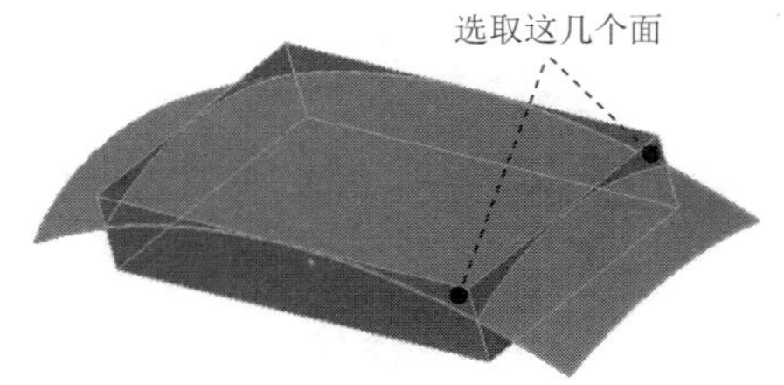

图 31.16 选取删除面

Step11. 创建 31.17 所示曲面修剪 4。具体操作可参照 Step10。

图 31.17 曲面修剪 4

Step12. 创建 31.18 所示曲面修剪 5。在 曲面 ▾ 区域中单击 按钮；选取拉伸曲面 1 作为修剪工具，选取 31.19 所示的面作为要删除的面；单击 确定 按钮，完成曲面修剪

5 的创建。

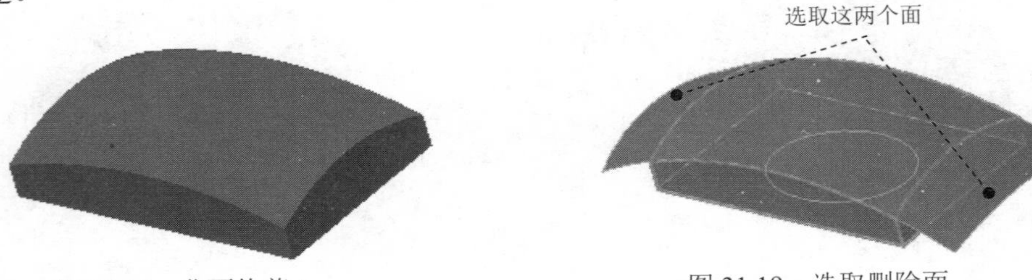

图 31.18　曲面修剪 5　　　　图 31.19　选取删除面

Step13. 创建图 31.20 缝合曲面 1。在 曲面 区域中单击 按钮，选取所有曲面作为缝合对象；单击 应用 按钮，单击 完毕 按钮，完成缝合曲面 1 的创建。

图 31.20　缝合曲面 1

Step14. 创建图 31.21 所示的拉伸特征 1。在 创建 区域中单击 按钮，选取 XZ 平面作为草图平面，绘制图 31.22 所示的截面草图，在“拉伸”对话框将布尔运算设置为“求交”类型 ，然后在 范围 区域中的下拉列表中选择 贯通 选项，将拉伸方向设置为“方向 1” 类型 ；单击“拉伸”对话框中的 确定 按钮，完成拉伸特征 1 的创建。

图 31.21　拉伸特征 1

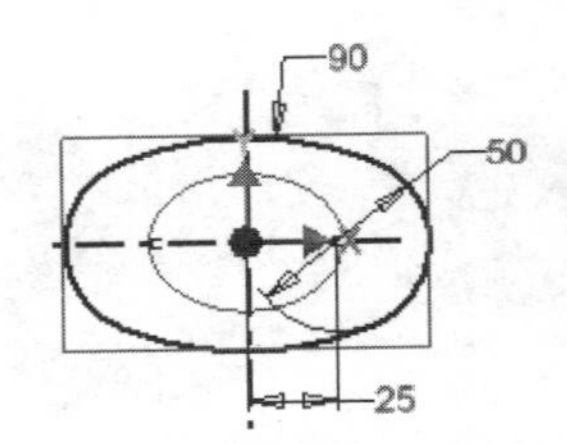

图 31.22　截面草图

Step15. 创建图 31.23 所示的倒圆特征 1。选取图 31.23a 所示的模型边线为倒圆的对象，输入倒圆角半径值 10.0。

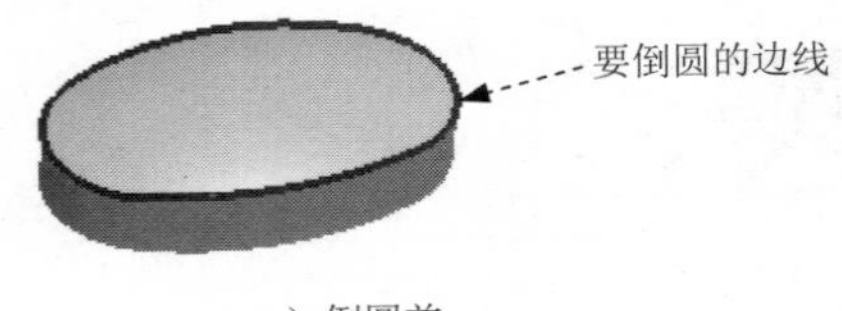

a）倒圆前

b）倒圆后

图 31.23　倒圆特征 1

Step16. 创建图 31.24 所示的倒圆特征 2。选取图 31.24a 所示的模型边线为倒圆的对象，输入倒圆角半径值 5.0。

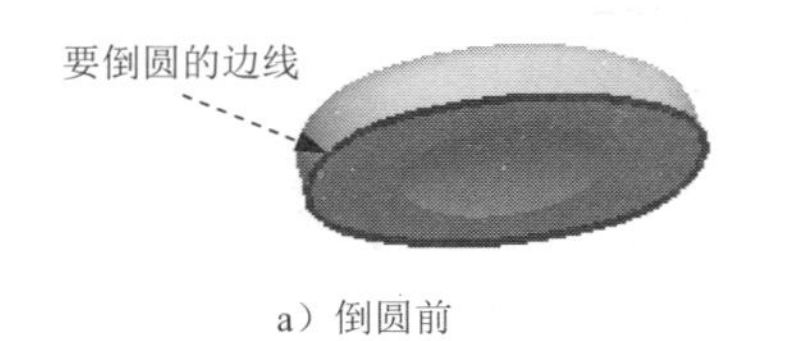

a）倒圆前

b）倒圆后

图 31.24 倒圆特征 2

Step17. 创建图 31.25 所示的倒圆特征 3。选取图 31.25a 所示的模型边线为倒圆的对象，输入倒圆角半径值 10.0。

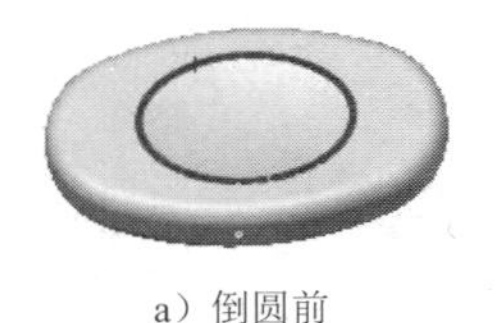

a）倒圆前

b）倒圆后

图 31.25 倒圆特征 3

Step18. 创建图 31.26 所示的工作平面 1（注：具体参数和操作参见随书光盘）。

Step19. 创建图 31.27 所示的草图 6。在 三维模型 选项卡 草图 区域单击 按钮，选取工作平面 1 作为草图平面，绘制图 31.27 所示的草图 6。

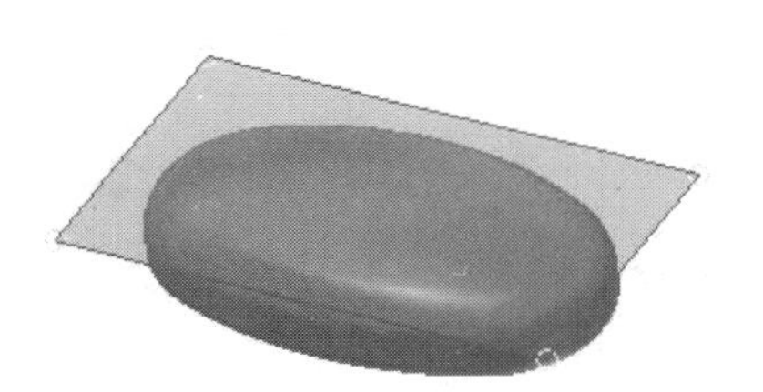

图 31.26 工作平面 1

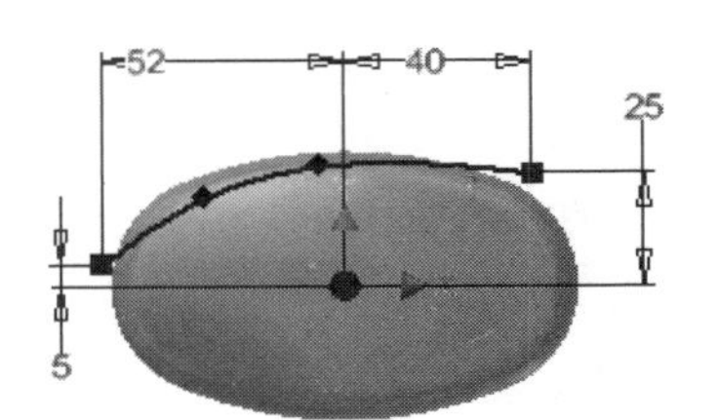

图 31.27 草图 6

Step20. 创建图 31.28 所示的工作平面 2（注：具体参数和操作参见随书光盘）。

Step21. 创建图 31.29 所示的草图 7。在 三维模型 选项卡 草图 区域单击 按钮，选取工作平面 2 作为草图平面，绘制图 31.29 所示的草图 7。

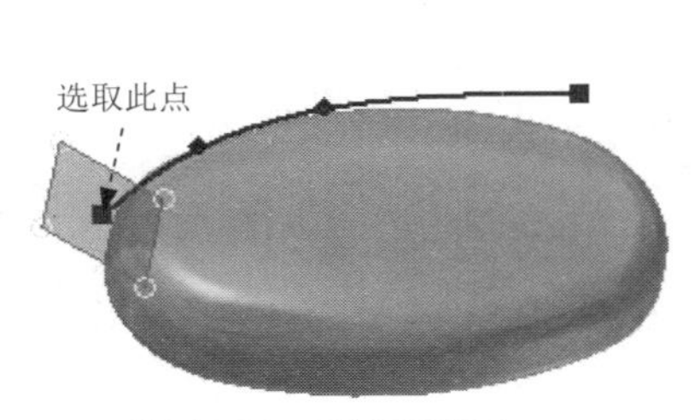

图 31.28 工作平面 2

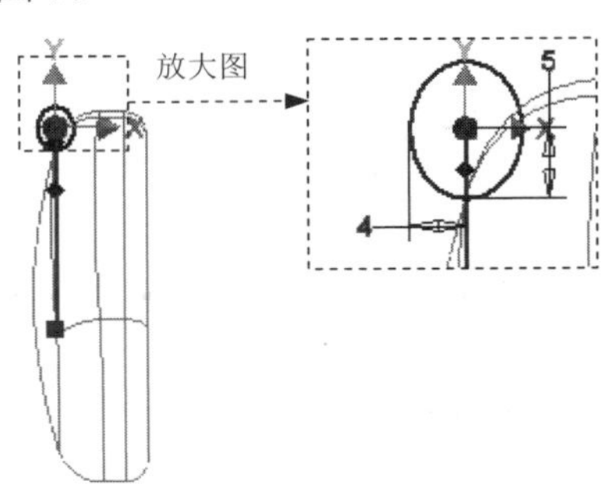

图 31.29 草图 7

Step22. 创建图 31.30 所示的扫掠 1。在 创建 ▾ 区域中单击“扫掠”按钮 扫掠，选取草图 6 所示线作为扫掠路径，在“扫掠”对话框将布尔运算设置为“求差”类型，在

类型 区域的下拉列表中选择 路径 ，其他参数接受系统默认设置，单击“扫掠”对话框中的 确定 按钮，完成扫掠 1 的创建。

Step23. 创建图 31.31 所示的环形阵列 1。在 阵列 区域中单击 按钮，选取“扫掠 1”为要阵列的特征，选取“Y 轴” 为环形阵列轴，阵列个数为 2，阵列角度为 360°，单击 确定 按钮，完成环形阵列 1 的创建。

图 31.30　扫掠 1

图 31.31　环形阵列 1

Step24. 创建图 31.32 所示的倒圆特征 4。选取图 31.32a 所示的模型边线为倒圆的对象，输入倒圆角半径值 3.0。

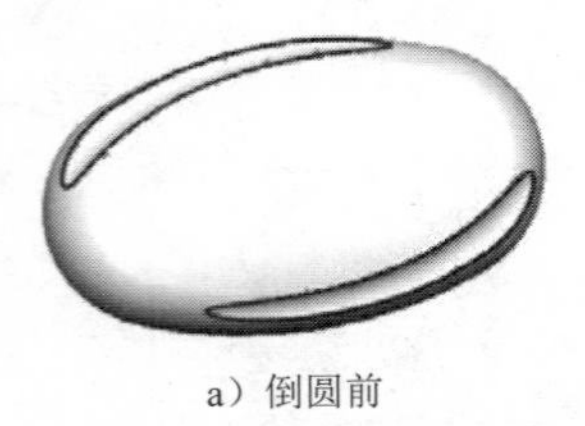

a）倒圆前

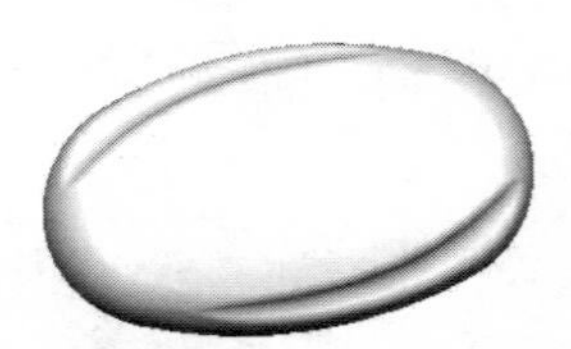

b）倒圆后

图 31.32　倒圆特征 4

Step25. 保存模型文件，并命名为 soap。

实例 32 微波炉面板

实例概述

本实例主要讲述一款微波炉面板的设计过程，先用曲面创建面板，然后再将曲面转变为实体面板，通过使用工作平面、拉伸曲面、放样曲面、缝合曲面、加厚和倒圆命令将面板完成。零件模型及浏览器如图 32.1 所示。

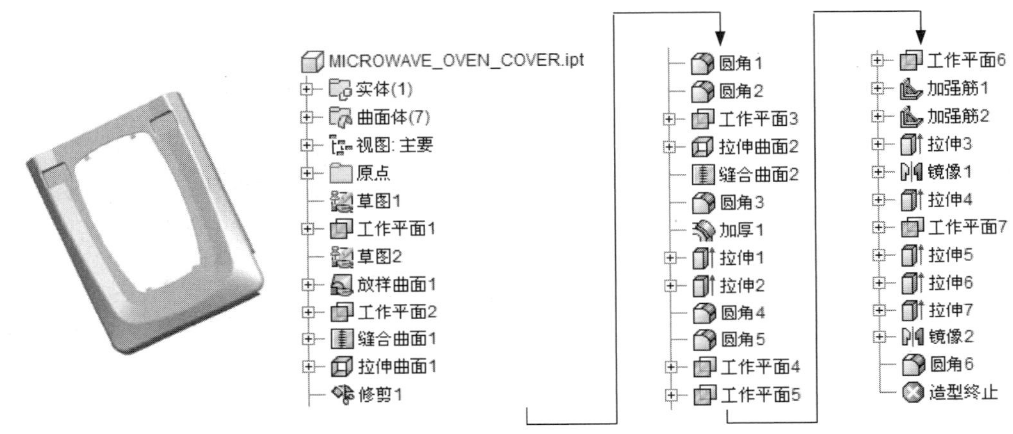

图 32.1 零件模型及浏览器

Step1. 新建一个零件模型，进入建模环境。

Step2. 创建图 32.2 所示的草图 1。在 三维模型 选项卡 草图 区域单击 按钮，然后选择 YZ 平面作为草图平面，系统进入草绘环境；绘制图 32.2 所示的草图 1，单击 按钮，退出草绘环境。

Step3. 创建图 32.3 所示的工作平面 1（本步的详细操作过程请参见随书光盘中 video\ch32\reference\文件下的语音视频讲解文件 MICROWAVE_OVEN_COVER-r01.exe）。

Step4. 创建图 32.4 所示的草图 2。在 三维模型 选项卡 草图 区域单击 按钮，选取工作平面 1 作为草图平面，绘制图 32.5 所示的草图 2。

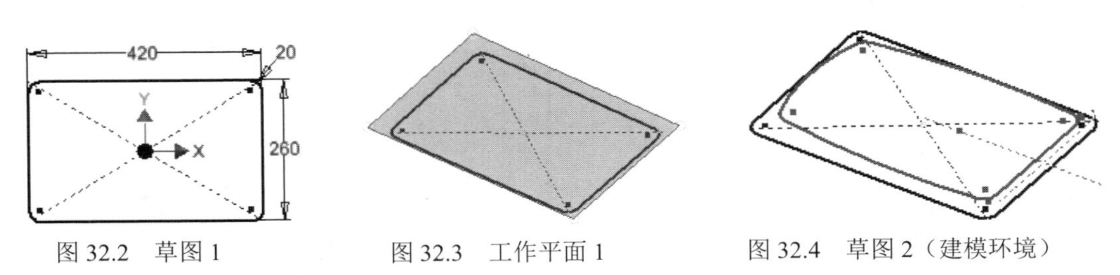

图 32.2 草图 1　　图 32.3 工作平面 1　　图 32.4 草图 2（建模环境）

Step5. 创建图 32.6 所示的放样曲面 1。在 创建 ▾ 区域中单击 放样 按钮，系统弹出“放样”对话框；在绘图区域选取图 32.7 所示的草图 1 与草图 2 为轮廓；在“扫掠”对话框 输出区域确认“曲面”按钮被按下；单击 确定 按钮，完成放样曲面 1 的创建。

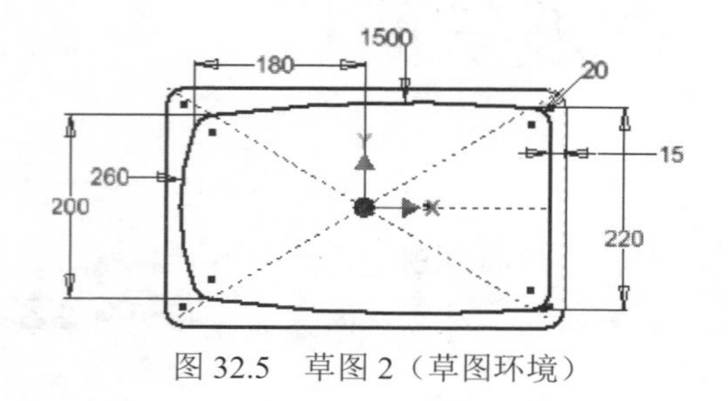

图 32.5　草图 2（草图环境）

图 32.6　放样曲面 1

Step6. 创建图 32.8 所示的工作平面 2（注：具体参数和操作参见随书光盘）。

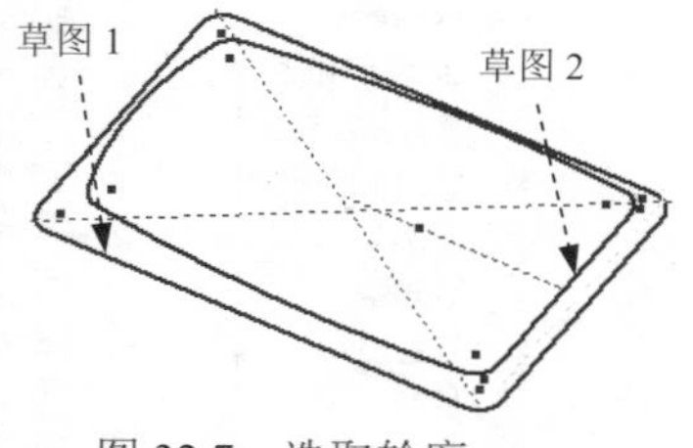

图 32.7　选取轮廓

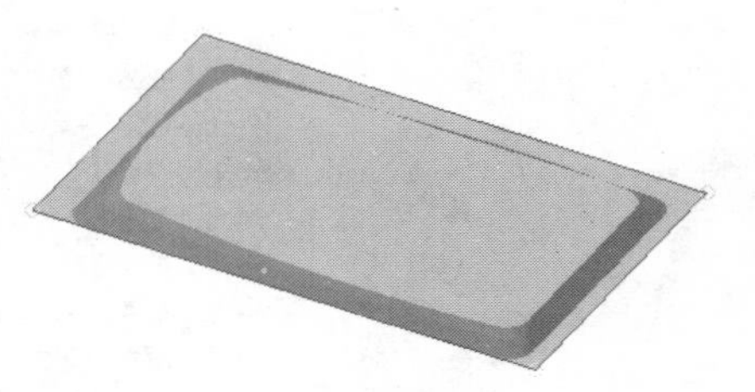

图 32.8　工作平面 2

Step7. 创建图 32.9 所示的草图 3。在 三维模型 选项卡 草图 区域单击按钮，选取工作平面 2 作为草图平面，绘制图 32.10 所示的草图 3。

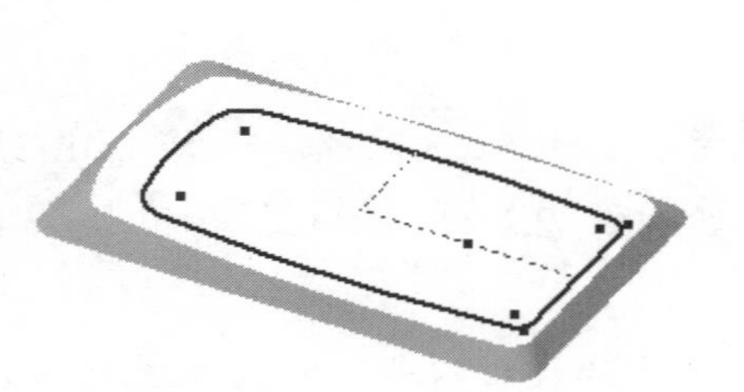

图 32.9　草图 3（建模环境）

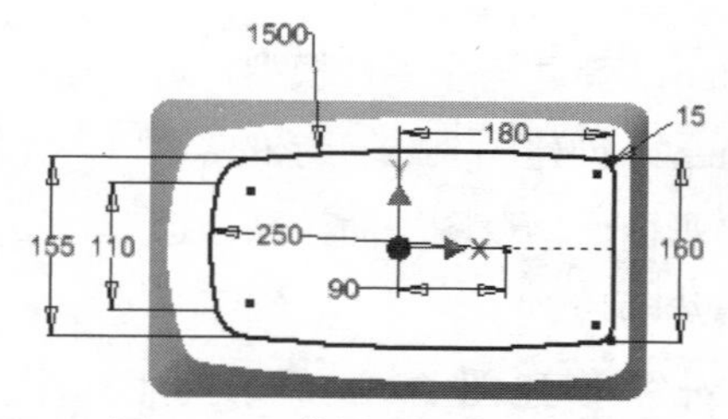

图 32.10　草图 3（草图环境）

Step8. 创建图 32.11 所示的放样曲面 2。在 创建 ▾ 区域中单击 放样 按钮，系统弹出“放样”对话框；在“扫掠”对话框 输出 区域确认“曲面”按钮被按下；在绘图区域选取图 32.12 所示的草图 2 与草图 3 作为轮廓；单击 确定 按钮，完成放样曲面 2 的创建。

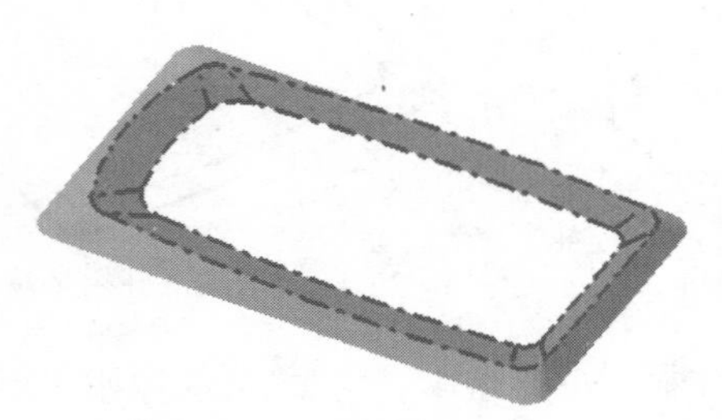

图 32.11　放样曲面 2

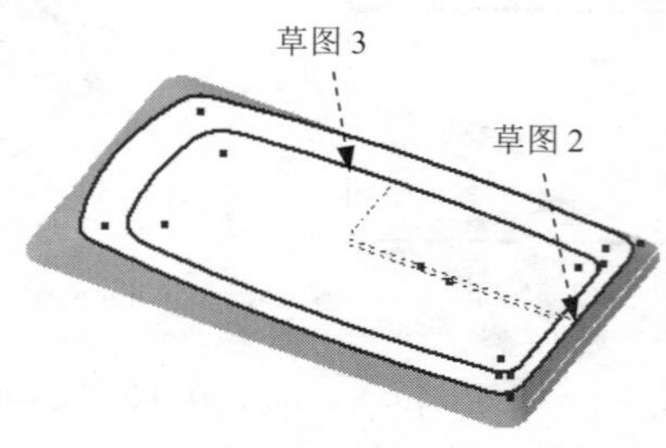

图 32.12　选取轮廓

Step9. 创建图 32.13 所示的边界嵌片 1。在 曲面 ▾ 区域中单击“修补”按钮，系统弹出“边界嵌片”对话框；在系统 选择边或草图曲线 的提示下依次选取图 32.14 所示的边界为曲面的边界；单击 确定 按钮，完成边界嵌片 1 的创建。

a）创建前　　b）创建后

图 32.13　边界嵌片 1

Step10. 创建缝合曲面 1。在 曲面 ▾ 区域中单击“缝合”按钮，系统弹出“缝合”对话框；在系统 选择要缝合的实体 的提示下选取放样曲面 1、放样曲面 2 与边界嵌片 1 作为缝合对象；在该对话框中单击 应用 按钮，单击 完毕 按钮，完成缝合曲面 1 的创建。

Step11. 创建图 32.15 所示的拉伸曲面 1。在 创建 ▾ 区域中单击按钮，系统弹出“创建拉伸”对话框；单击“创建拉伸”对话框中的 创建二维草图 按钮，选取 YZ 平面作为草图平面，进入草绘环境，绘制图 32.16 所示的截面草图；单击 草图 选项卡 返回到三维 区域中的按钮，在“拉伸”对话框 输出 区域中将输出类型设置为“曲面”；在 范围 区域的的下拉列表中选择 距离 选项，输入距离值为 50.0,并将拉伸方向设置为“对称” 类型；单击“拉伸”对话框中的 确定 按钮，完成拉伸曲面 1 的创建。

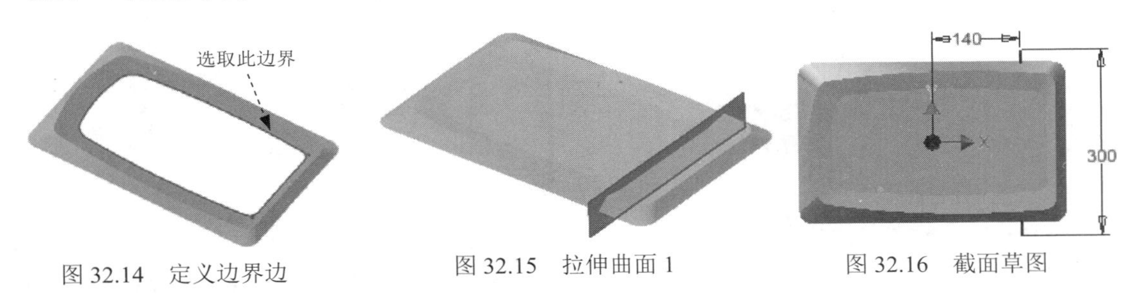

图 32.14　定义边界边　　图 32.15　拉伸曲面 1　　图 32.16　截面草图

Step12. 创建图 32.17 所示的修剪 1。在 曲面 ▾ 区域中单击“修剪”按钮，系统弹出“修剪曲面”对话框；在系统 选择曲面、工作平面或草图作为切割工具 的提示下选取图 32.17 所示的面为切割工具；在系统 选择要删除的面 的提示下选取图 32.18 所示的面为要删除的面；单击 确定 按钮，完成曲面修剪 1 的创建。

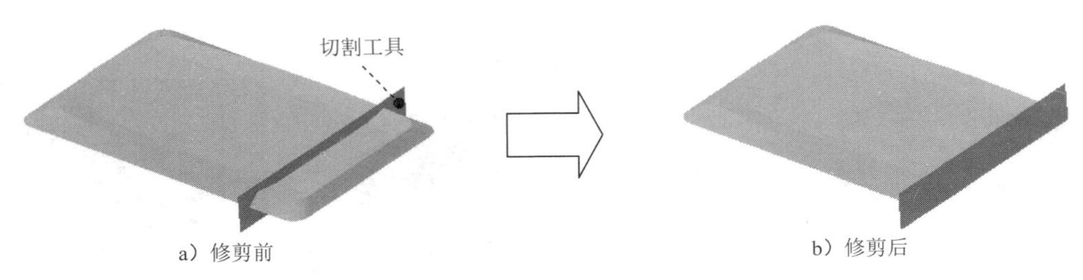

a）修剪前　　b）修剪后

图 32.17　修剪 1

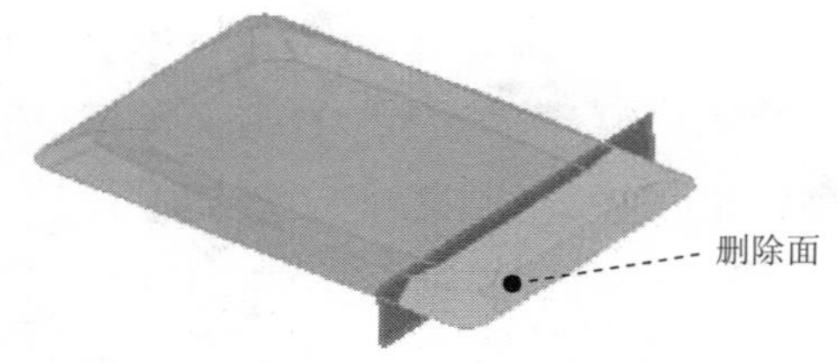

图 32.18　定义删除面

Step13. 创建图 32.19 所示的倒圆特征 1。在 修改 ▾ 区域中单击按钮；在系统的提示下，选取图 32.19a 所示的模型边线为倒圆的对象；在“倒圆角”小工具栏“半径 R”文本框中输入数值 8.0；单击“圆角”对话框中的 确定 按钮，完成倒圆特征 1 的定义。

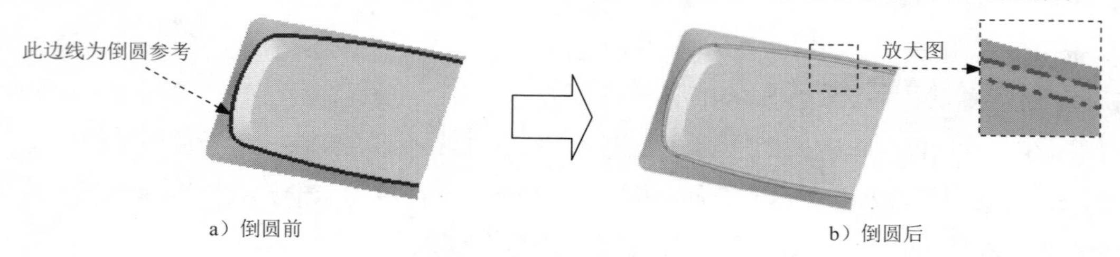

a）倒圆前　　b）倒圆后

图 32.19　倒圆特征 1

Step14. 创建图 32.20 所示的倒圆特征 2。选取图 32.20a 所示的模型边线为倒圆的对象，输入倒圆角半径值 10.0。

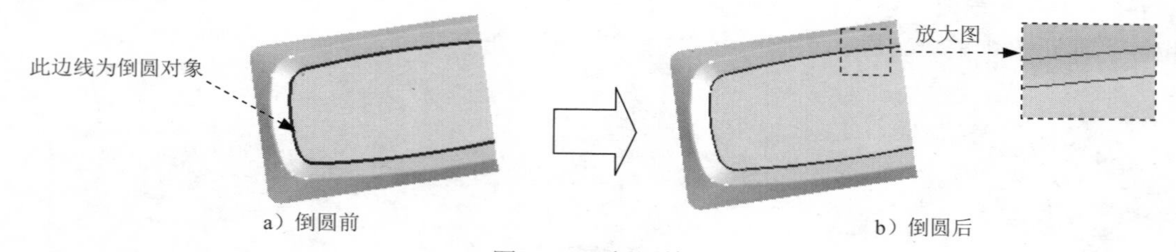

a）倒圆前　　b）倒圆后

图 32.20　倒圆特征 2

Step15. 创建图 32.21 所示的工作平面 3（注：具体参数和操作参见随书光盘）。

Step16. 创建图 32.22 所示的拉伸曲面 2。在 创建 ▾ 区域中单击按钮，系统弹出“创建拉伸”对话框；单击“创建拉伸”对话框中的 创建二维草图 按钮，选取工作平面 3 作为草图平面，进入草绘环境，绘制图 32.23 所示的截面草图；单击 草图 选项卡 返回到三维 区域中的按钮，在“拉伸”对话框 输出 区域中将输出类型设置为“曲面”；在 范围 区域的下拉列表中选择 到 选项，选取 YZ 平面为拉伸终止平面；单击“拉伸”对话框中的 确定 按钮，完成拉伸曲面 2 的创建。

图 32.21　工作平面 3

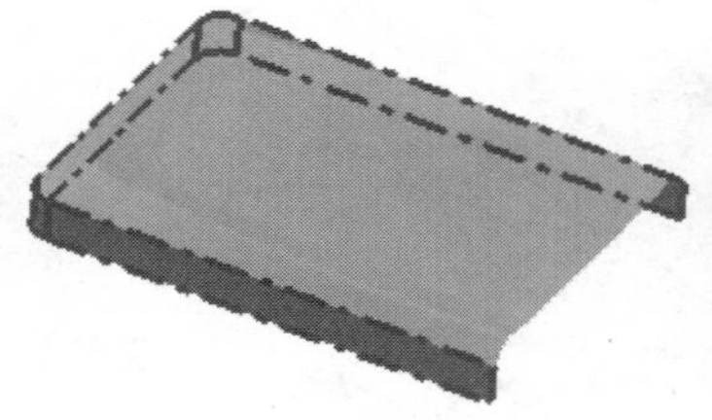

图 32.22　拉伸曲面 2

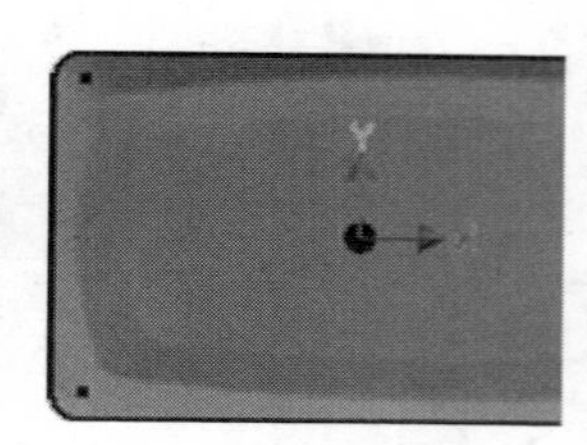

图 32.23　截面草图

Step17. 创建缝合曲面 2。在 曲面 ▾ 区域中单击“缝合”按钮，系统弹出“缝合”对话框；在系统选择要缝合的实体的提示下选取缝合曲面 1 与拉伸曲面 2 作为缝合对象；在该对话框中单击 应用 按钮，单击 完毕 按钮，完成缝合曲面 2 的创建。

Step18. 创建图 32.24 所示的倒圆特征 3。选取图 32.24a 所示的模型边线为倒圆的对象，输入倒圆角半径值 8.0。

Step19. 创建图 32.25 所示的加厚 1。在 修改 ▾ 区域中单击“加厚/偏移”按钮，系统弹出“加厚/偏移”对话框；在“加厚/偏移”对话框中选中 ⊙ 缝合曲面 单选项，然后选取缝合曲面 1 为要加厚的曲面；在“加厚/偏移”对话框 输出 区域中选择“实体”；在“加厚/偏移”对话框 距离 文本框中输入数值 3，将偏移方向设置为“方向 1”类型（向模型内部）；单击 确定 按钮，完成加厚 1 的创建。

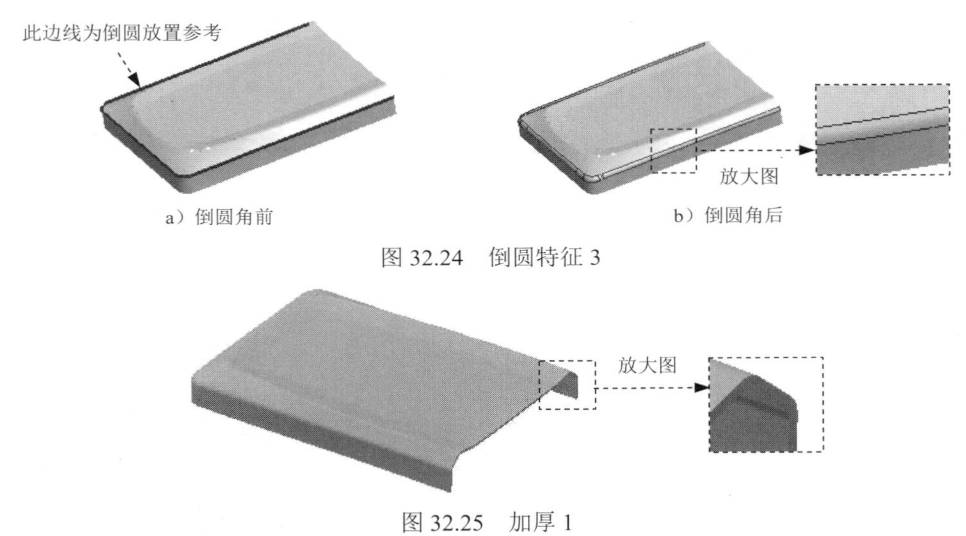

a）倒圆角前　　b）倒圆角后

图 32.24　倒圆特征 3

图 32.25　加厚 1

Step20. 创建图 32.26 所示的拉伸特征 1。在 创建 ▾ 区域中单击按钮，系统弹出“创建拉伸”对话框；单击“创建拉伸”对话框中的 创建二维草图 按钮，选取工作平面 3 作为草图平面，进入草绘环境，绘制图 32.27 所示的截面草图；单击 草图 选项卡 返回到三维 区域中的按钮，在“拉伸”对话框 范围 区域中的下拉列表中选择 到表面或平面 选项，将拉伸方向设置为“方向 1”类型；单击“拉伸”对话框中的 确定 按钮，完成拉伸特征 1 的创建。

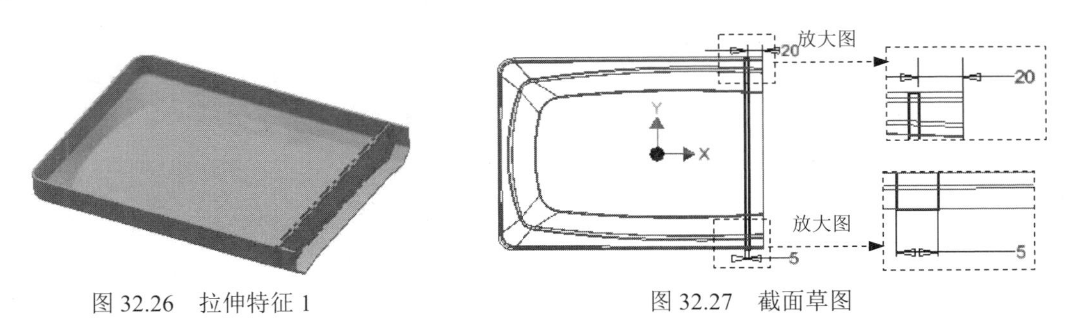

图 32.26　拉伸特征 1　　图 32.27　截面草图

Step21. 创建图 32.28 所示的拉伸特征 2。在 创建 ▾ 区域中单击按钮，系统弹出“创建拉伸”对话框；单击“创建拉伸”对话框中的 创建二维草图 按钮，选取工作平面 3 作为草图平面，进入草绘环境，绘制图 32.29 所示的截面草图；单击 草图 选项卡 返回到三维 区域中的按钮，在“拉伸”对话框中将布尔运算设置为“求差”类型，在 范围 区域中的下拉列表中选择 贯通 选项，将拉伸方向设置为“方向 1”类型；单击“拉伸”对话框中的 确定 按钮，完成拉伸特征 2 的创建。

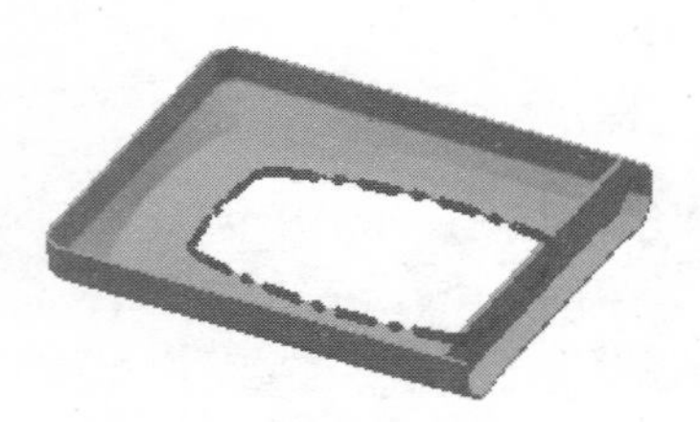

图 32.28　拉伸特征 2

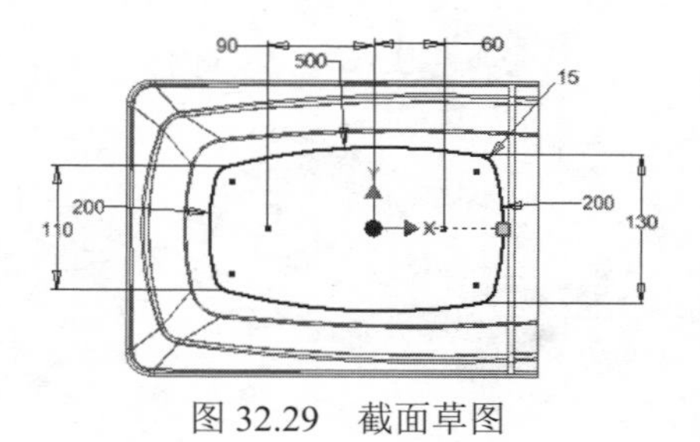

图 32.29　截面草图

Step22. 创建图 32.30 所示的倒圆特征 4。选取图 32.30a 所示的模型边线为倒圆的对象，输入倒圆角半径值 1.0。

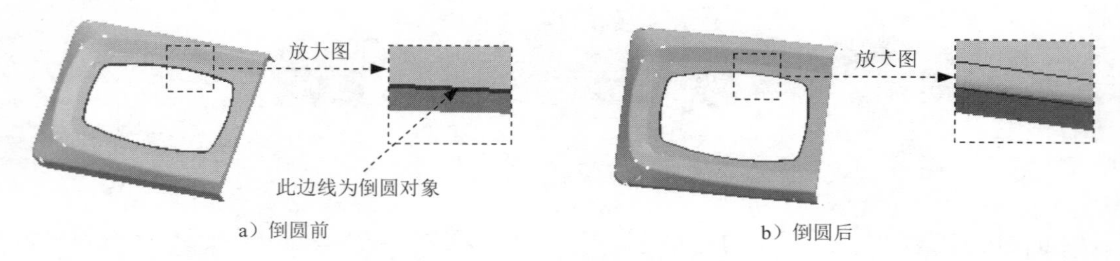

图 32.30　倒圆特征 4

Step23. 创建图 32.31 所示的倒圆特征 5。选取图 32.31a 所示的模型边线为倒圆的对象，输入倒圆角半径值 1.0。

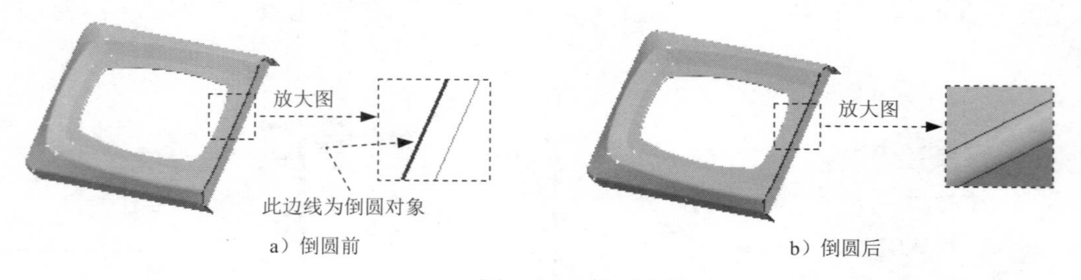

图 32.31　倒圆特征 5

Step24. 创建图 32.32 所示的工作平面 4。在 定位特征 区域中单击“平面”按钮下的平面，选择 从平面偏移 命令；选取 XZ 平面作为参考平面，输入要偏距的距离 60；单击 按钮，完成工作平面 4 的创建。

Step25. 创建图 32.33 所示的工作平面 5（注：具体参数和操作参见随书光盘）。

Step26. 创建图 32.34 所示的工作平面 6。在 定位特征 区域中单击“平面”按钮 下的 平面，选择 从平面偏移 命令；选取 XY 平面作为参考平面，输入要偏距的距离 40；单击 按钮，完成工作平面 6 的创建。

Step27. 创建图 32.35 所示的草图 8。在 三维模型 选项卡 草图 区域单击 按钮，选取工作平面 4 作为草图平面，绘制图 32.35 所示的草图 8。

说明：此草图曲线不需要延伸到实体的内部。

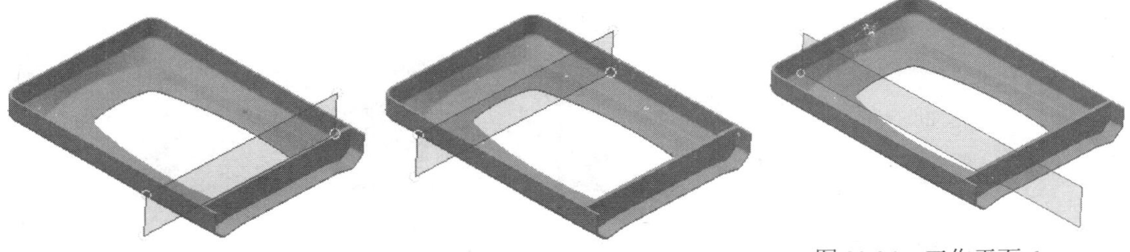

图 32.32 工作平面 4　　图 32.33 工作平面 5　　图 32.34 工作平面 6

Step28. 创建图 32.36 所示的加强筋 1。在 创建 ▾ 区域中单击 加强筋 按钮；在绘图区域选取 Step27 中创建的草图 8 为加强筋轮廓；在“加强筋”对话框单击“平行于草图平面” 按钮；在“加强筋”对话框中将结合图元的拉伸方向设置为“方向 1” 类型 ，在 厚度 文本框中输入数值 5.0，将加强筋的生成方向设置为“双向” 类型 ，其余参数接受系统默认设置；单击“加强筋”对话框中的 确定 按钮，完成加强筋 1 的创建。

Step29. 创建图 32.37 所示的草图 9。在 三维模型 选项卡 草图 区域单击 按钮，选取工作平面 4 作为草图平面，绘制图 32.37 所示的草图 9。

说明：此草图是通过草图 8 投影而得到的。

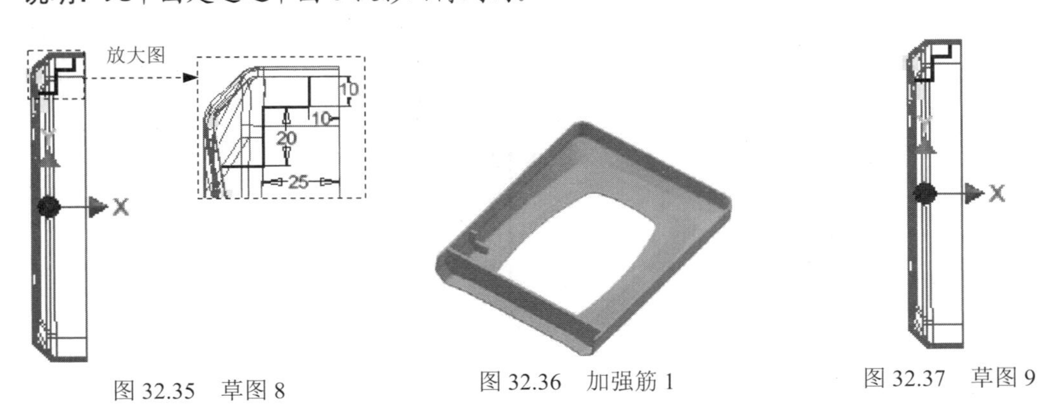

图 32.35 草图 8　　图 32.36 加强筋 1　　图 32.37 草图 9

Step30. 创建图 32.38 所示的加强筋 2。在 创建 ▾ 区域中单击 加强筋 按钮；在绘图区域选取 Step29 中创建的草图 9 为加强筋轮廓；在“加强筋”对话框单击“平行于草图平面”

按钮；在“加强筋”对话框中将结合图元的拉伸方向设置为“方向 1” 类型，在厚度文本框中输入数值 5.0，将加强筋的生成方向设置为“双向” 类型，其余参数接受系统默认设置；单击“加强筋”对话框中的确定按钮，完成加强筋 2 的创建。

图 32.38　加强筋 2

Step31. 创建图 32.39 所示的拉伸特征 3。在创建区域中单击按钮，选取工作平面 6 作为草图平面，绘制图 32.40 所示的截面草图，在“拉伸”对话框范围区域中的下拉列表中选择距离选项，在“距离”下拉列表中输入数值 8，并将拉伸方向设置为“对称”类型，单击“拉伸”对话框中的确定按钮，完成拉伸特征 3 的创建。

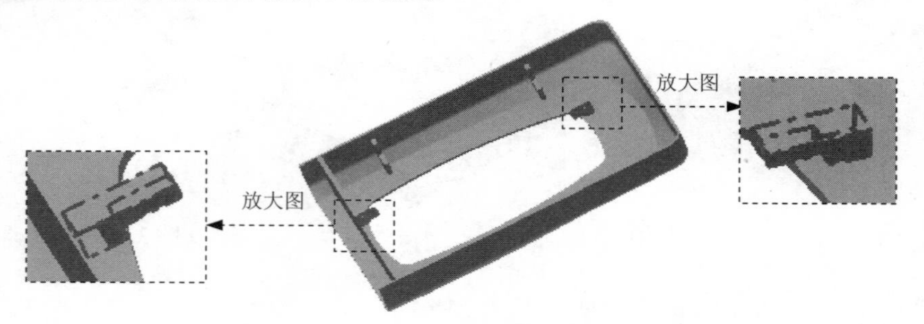

图 32.39　拉伸特征 3

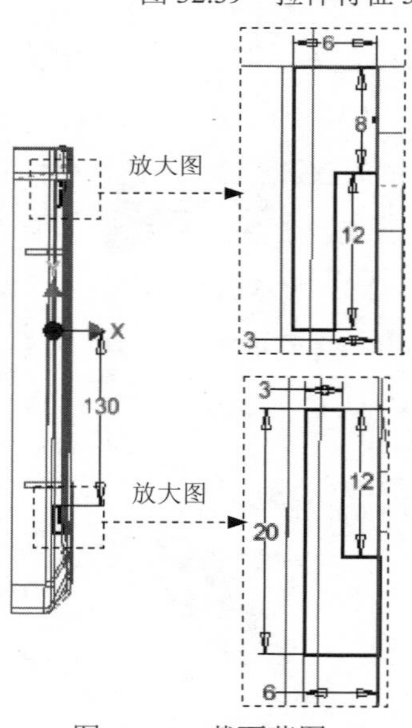

图 32.40　截面草图

Step32. 创建图 32.41 所示的镜像 1。在阵列区域中单击“镜像”按钮；在图形区中选取加强筋 1、加强筋 2 与拉伸 3 为要镜像复制的特征（或在浏览器中选择“加强筋 1”、“加强筋 2”与“拉伸 3”特征）；单击“镜像”对话框中的镜像平面按钮，然后选取 XY 平面作为镜像中心平面；单击“镜像”对话框中的确定按钮，完成镜像 1 的操作。

Step33. 创建图 32.42 所示的拉伸特征 4。在 创建 ▾ 区域中单击 按钮，选取图 32.42 所示的模型表面作为草图平面，绘制图 32.43 所示的截面草图，在“拉伸”对话框将布尔运算设置为“求差”类型 ，然后在 范围 区域中的下拉列表中选择 距离 选项，在“距离”下拉列表中输入数值 20，将拉伸方向设置为“方向 2”类型 ；单击“拉伸”对话框中的 确定 按钮，完成拉伸特征 4 的创建。

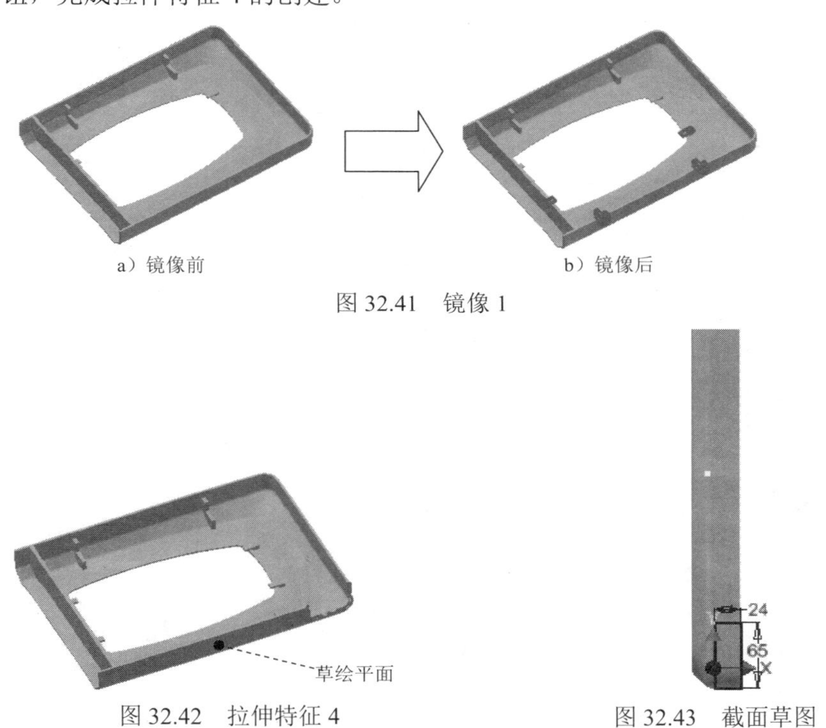

图 32.41　镜像 1

图 32.42　拉伸特征 4

图 32.43　截面草图

Step34. 创建图 32.44 所示的工作平面 7（注：具体参数和操作参见随书光盘）。

Step35. 创建图 32.45 所示的拉伸特征 5。在 创建 ▾ 区域中单击 按钮，选取工作平面 7 作为草图平面，绘制图 32.46 所示的截面草图，在“拉伸”对话框 范围 区域中的下拉列表中选择 到表面或平面 选项，将拉伸方向设置为“方向 1”类型 ，单击“拉伸”对话框中的 确定 按钮，完成拉伸特征 5 的创建。

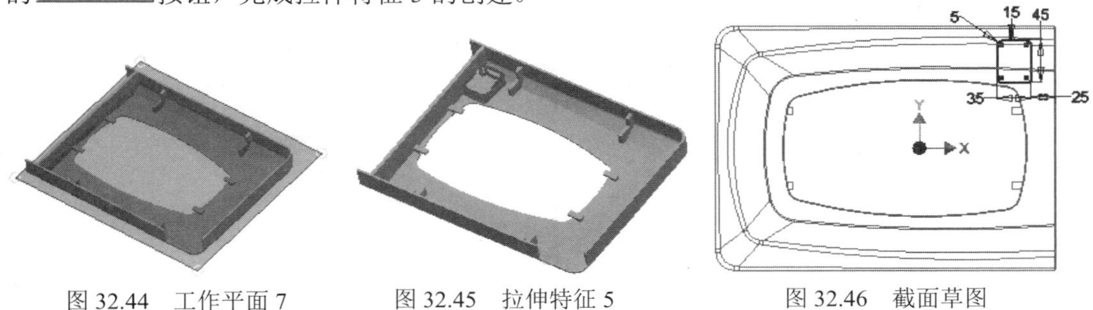

图 32.44　工作平面 7

图 32.45　拉伸特征 5

图 32.46　截面草图

Step36. 创建图 32.47 所示的拉伸特征 6。在 创建 ▾ 区域中单击 按钮，选取 YZ 基准平面作为草图平面，绘制图 32.48 所示的截面草图，在“拉伸”对话框将布尔运算设置为

“求差”类型，然后在 范围 区域中的下拉列表中选择 贯通 选项，将拉伸方向设置“方向1”类型；单击“拉伸”对话框中的 确定 按钮，完成拉伸特征 6 的创建。

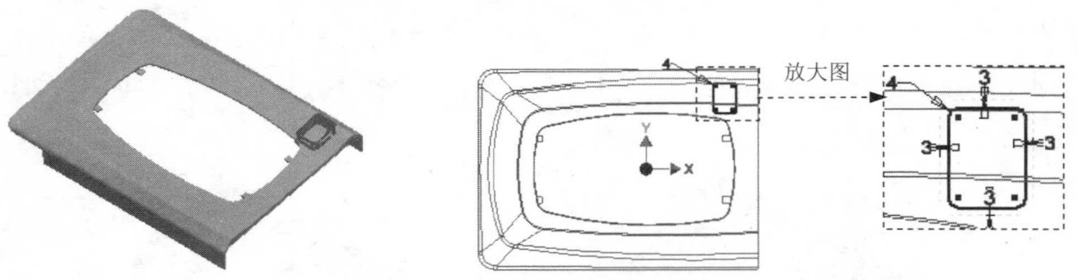

图 32.47　拉伸特征 6　　图 32.48　截面草图

Step37. 创建图 32.49 所示的拉伸特征 7。在 创建 区域中单击按钮，选取图 32.49 所示的模型表面作为草图平面，绘制图 32.50 所示的截面草图，在“拉伸”对话框将布尔运算设置为“求差”类型，然后在 范围 区域中的下拉列表中选择 到 选项，将拉伸方向设置为“方向 1”类型；单击“拉伸”对话框中的 确定 按钮，完成拉伸特征 7 的创建。

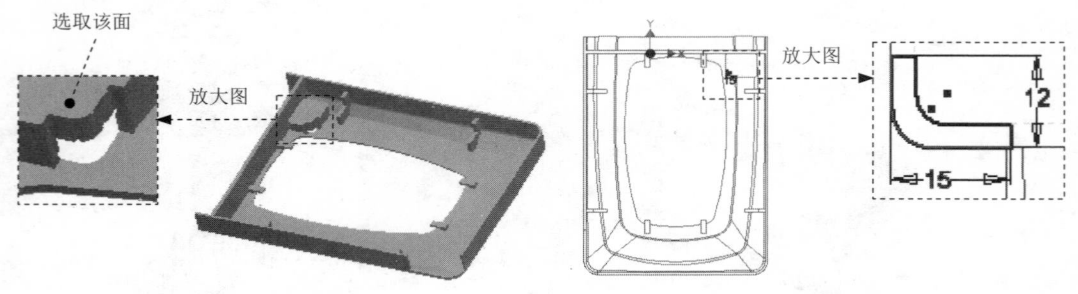

图 32.49　拉伸特征 7　　图 32.50　截面草图

Step38. 创建图 32.51 所示的镜像 2。在 阵列 区域中单击“镜像”按钮；在图形区中选取拉伸 5、拉伸 6 与拉伸 7 为要镜像复制的特征（或在浏览器中选择“拉伸 5”、“ 拉伸 6”与“拉伸 7”特征）；单击“镜像”对话框中的 镜像平面 按钮，然后选取 XY 平面作为镜像中心平面；单击“镜像”对话框中的 确定 按钮，完成镜像 2 的操作。

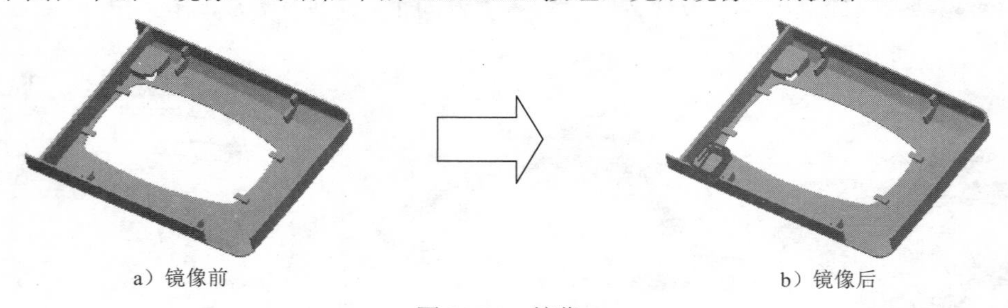

a）镜像前　　b）镜像后

图 32.51　镜像 2

Step39. 创建图 32.52 所示的倒圆特征 6。选取图 32.52a 所示的模型边线为倒圆的对象，输入倒圆角半径值 2.0。

Step40. 至此，零件模型创建完毕。选择下拉菜单 → 保存命令，命名为 MICROWAVE_OVEN_COVER，即可保存零件模型。

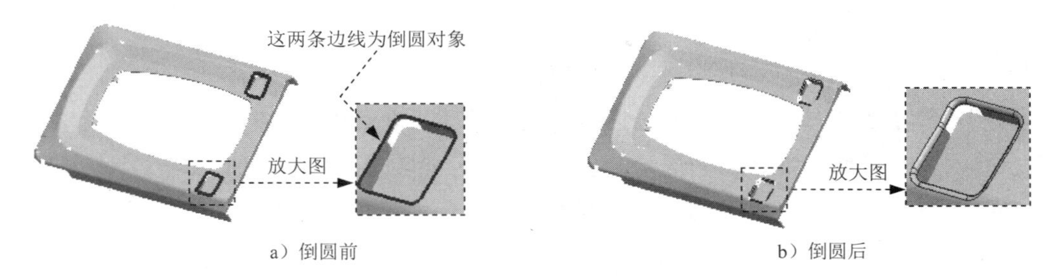

图 32.52 倒圆特征 6

实例33 时钟外壳

实例概述

本例是源于生活的一个模型——时钟外壳，为了适合讲解对此模型做了必要修整。此例中值得注意的是模型装饰面的设计，并且对于这种非常规则的装饰面创建一个就已足够，其余的通过阵列的方法可以得到，这一点在产品设计中被广泛采用。零件模型及浏览器如图 33.1 所示。

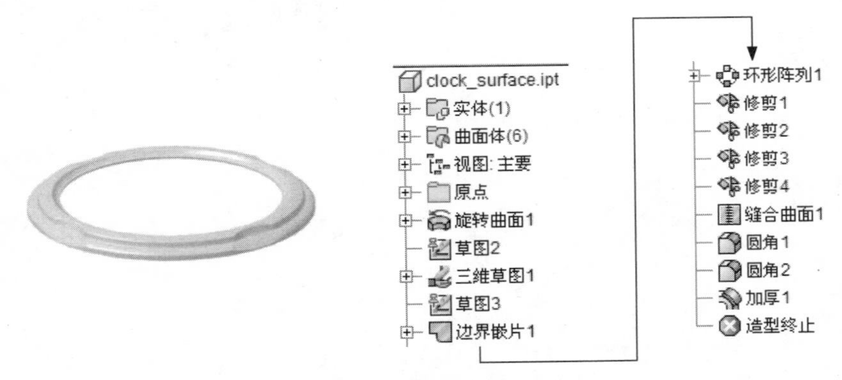

图 33.1　零件模型及浏览器

说明：本例前面的详细操作过程请参见随书光盘中 video\ch33\reference\文件下的语音视频讲解文件 clock_surface-r01.exe。

Step1. 打开文件 D:\inv15.3\work\ch33\ clock_surface_ex.ipt。

Step2. 创建图 33.2 所示的草图 1。在 三维模型 选项卡 草图 区域单击 按钮，选取 XY 平面作为草图平面，绘制图 33.2 所示的草图 1。

Step3. 创建图 33.3 所示的三维草图 1。

（1）单击 三维模型 选项卡 草图 区域中的 开始创建二维草图 按钮，选择 开始创建 三维草图 命令，系统进入三维草图设计环境。

（2）选择命令。单击 三维草图 选项卡 绘制 区域中的“投影到曲面”按钮 ，系统弹出“将曲线投影到曲面”对话框。

（3）定义投影面。在系统 选择面、曲面特征或工作平面 的提示下选取图 33.4 所示的面为投影面。

（4）定义投影曲线。单击“将曲线投影到曲面”对话框中的 曲线 按钮，然后选取 Step2 中绘制的草图 1 作为投影曲线。

（5）定义投影曲线的输出类型。在“将曲线投影到曲面”对话框 输出 区域选中“沿矢量投影”按钮 。

（6）单击 确定 按钮，单击 完成草图 按钮，完成三维草图 1 的创建。

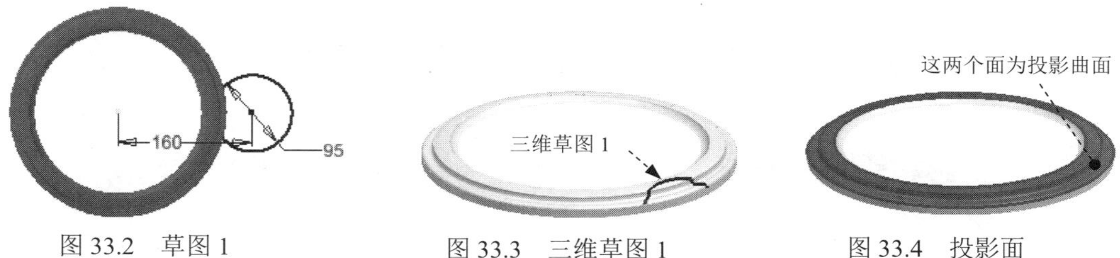

图 33.2 草图 1　　图 33.3 三维草图 1　　图 33.4 投影面

Step4. 创建图 33.5 所示的草图 2。在 三维模型 选项卡 草图 区域单击 按钮，选取 YZ 平面作为草图平面，绘制图 33.5 所示的草图 2。

Step5. 创建图 33.6 所示的三维草图 2。单击 三维模型 选项卡 草图 区域中的 开始创建二维草图 按钮，选择 开始创建三维草图 命令；单击 三维草图 选项卡 绘制 区域中的“投影到曲面”按钮 ；选取图 33.7 所示的面为投影面，单击“将曲线投影到曲面”对话框中的 曲线 按钮，然后选取 Step4 中绘制的草图 2 作为投影曲线；在“将曲线投影到曲面”对话框 输出 区域选中“沿矢量投影”按钮 ；单击 确定 按钮，单击 完成草图 按钮，完成三维草图 2 的创建。

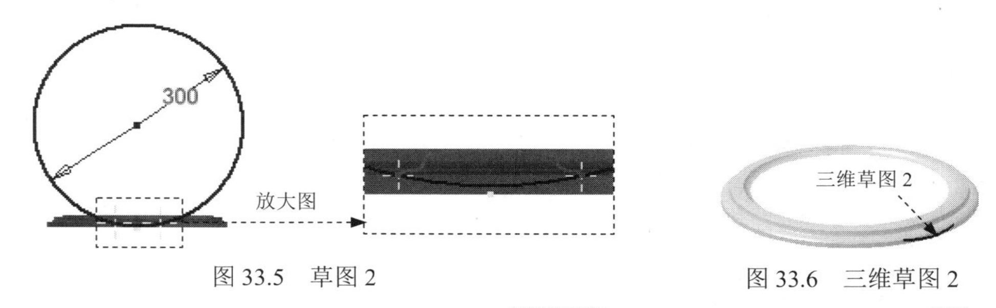

图 33.5 草图 2　　图 33.6 三维草图 2

Step6. 创建图 33.8 所示的边界嵌片 1。在 曲面 区域中单击“修补”按钮 ，在系统的提示下选取 Step3 与 Step5 绘制的三维草图 1 与三维草图 2 为曲面的边界；单击 确定 按钮，完成边界嵌片 1 的创建。

Step7. 创建图 33.9 所示的环形阵列 1。在 阵列 区域中单击 按钮，选取“边界嵌片 1”为要阵列的特征，选取“Z 轴”为环形阵列轴，阵列个数为 4，阵列角度为 360°，单击 确定 按钮，完成环形阵列 1 的创建。

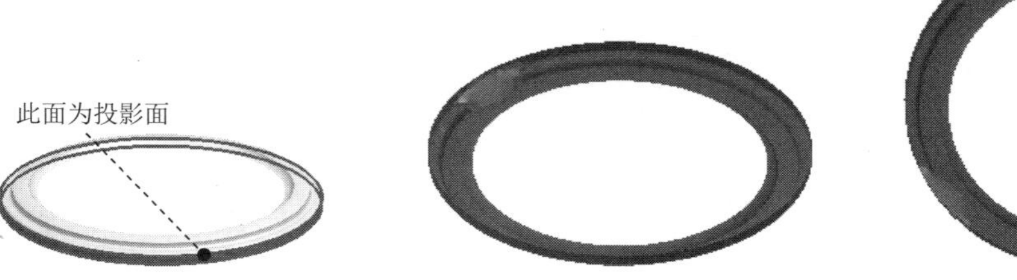

图 33.7 定义投影曲面　　图 33.8 边界嵌片 1　　图 33.9 环形阵列 1

Step8. 创建图 33.10 所示的修剪 1。

（1）选择命令。在 曲面 ▾ 区域中单击“修剪”按钮 ，系统弹出 “修剪曲面”对话框。

（2）定义切割工具。在系统 选择曲面、工作平面或草图作为切割工具 的提示下选取边界嵌片 1 为切割工具。

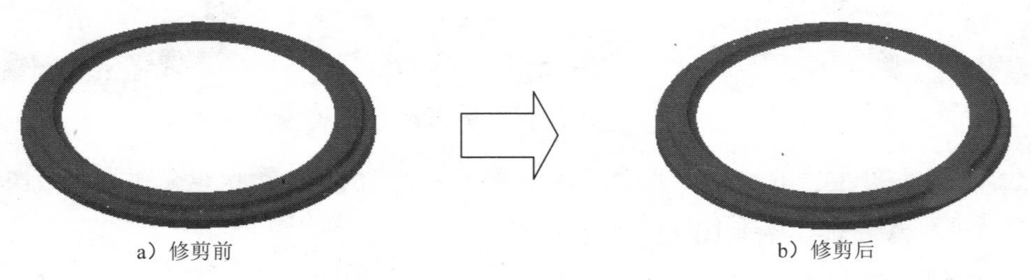

图 33.10 修剪 1

（3）定义要删除的面。在系统 选择要删除的面 的提示下选取图 33.11 所示的面为要删除的面。

（4）单击 确定 按钮，完成曲面修剪 1 的创建。

Step9. 创建图 33.12 所示的修剪 2、3、4。具体操作可参照 Step8，完成如图 33.12 所示的修剪。

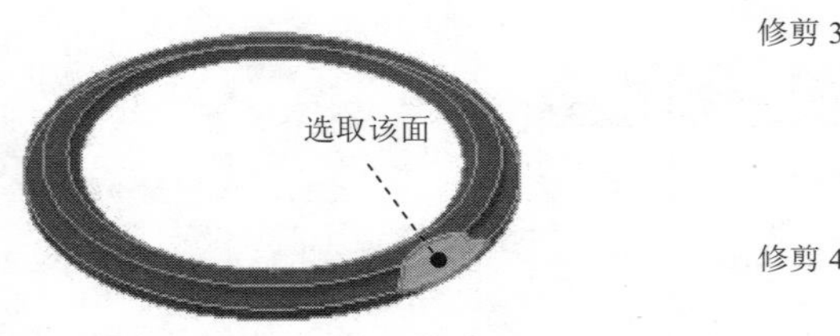

图 33.11 定义删除面

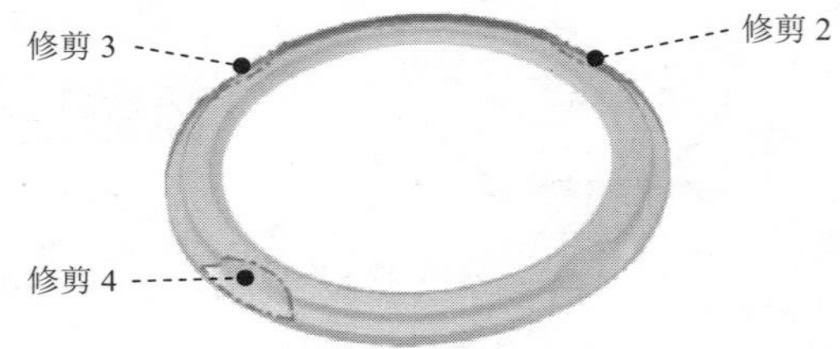

图 33.12 修剪 2、3、4

Step10. 创建缝合曲面 1。在 曲面 ▾ 区域中单击“缝合”按钮 ，在系统 选择要缝合的实体 的提示下选取所有曲面作为缝合对象，单击 应用 按钮，单击 完毕 按钮，完成缝合曲面的创建。

Step11. 后面的详细操作过程请参见随书光盘中 video\ch33\reference\文件下的语音视频讲解文件 clock_surface-r02.exe。

实例 34 电风扇底座

实例概述

本实例讲解了电风扇底座的设计过程，主要应用了拉伸、分割、倒圆角、扫掠和镜像命令。其中变倒圆的创建较为复杂，需要读者仔细体会。零件模型及浏览器如图 34.1 所示。

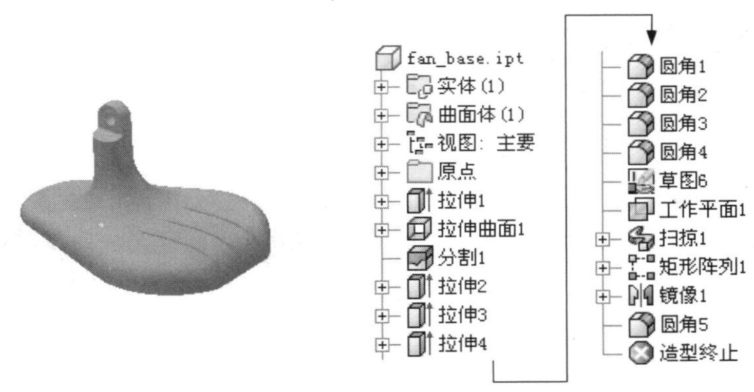

图 34.1 零件模型和浏览器

说明：本例前面的详细操作过程请参见随书光盘中 video\ch34\reference\文件下的语音视频讲解文件 fan_base-r01.exe。

Step1. 打开文件 D:\inv15.3\work\ch34\fan_base_ex.ipt。

Step2. 创建图 34.2 所示的拉伸曲面 1。在 创建 ▾ 区域中单击 按钮，系统弹出“创建拉伸”对话框；单击“创建拉伸”对话框中的 创建二维草图 按钮，选取 XY 平面做为草图平面，进入草绘环境，绘制图 34.3 所示的截面草图；单击 草图 选项卡 返回到三维 区域中的 按钮，在“拉伸”对话框 输出 区域中将输出类型设置为“曲面”；在 范围 区域的下拉列表中选择 距离 选项，输入距离值为 150，并将拉伸方向设置为“对称”类型；单击“拉伸”对话框中的 确定 按钮，完成拉伸曲面 1 的创建。

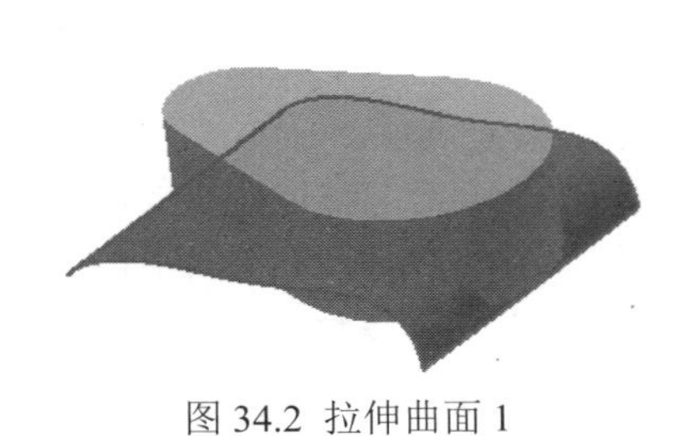

图 34.2 拉伸曲面 1

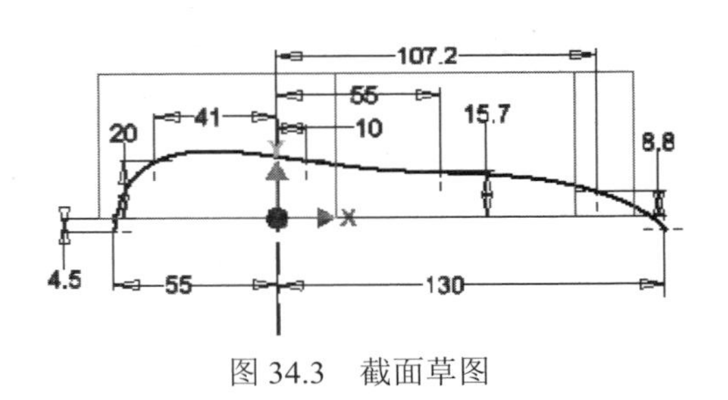

图 34.3 截面草图

Step3. 创建图 34.4 所示的分割 1。在 修改 ▾ 区域中单击 分割 按钮，系统弹出“分割”对话框；在“分割”对话框中将分割类型设置为“修剪实体”选项；在绘图区域选取图 34.4a 所示面作为分割工具；在“分割”对话框中将删除方向设置为“方向 2”类型；单击 确定 按钮，完成分割 1 的创建。

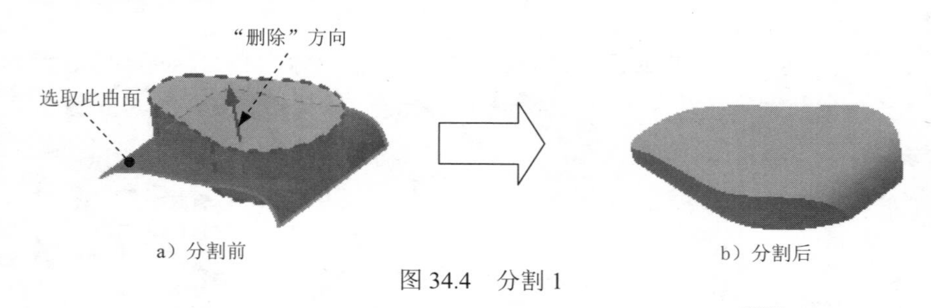

图 34.4　分割 1

Step4. 创建图 34.5 所示的拉伸特征 2。在 创建 ▾ 区域中单击按钮，系统弹出“创建拉伸”对话框；单击“创建拉伸”对话框中的 创建二维草图 按钮，选取 XY 平面作为草图平面，进入草绘环境，绘制图 34.6 所示的截面草图；单击 草图 选项卡 返回到三维 区域中的按钮，在“拉伸”对话框 范围 区域中的下拉列表中选择 距离 选项，输入距离值为 25，将拉伸方向设置为“对称”类型；单击“拉伸”对话框中的 确定 按钮，完成拉伸特征 2 的创建。

Step5. 创建图 34.7 所示的拉伸特征 3。在 创建 ▾ 区域中单击按钮，系统弹出“创建拉伸”对话框；单击“创建拉伸”对话框中的 创建二维草图 按钮，选取 XY 平面作为草图平面，进入草绘环境，绘制图 34.8 所示的截面草图；单击 草图 选项卡 返回到三维 区域中的按钮，在“拉伸”对话框中将布尔运算设置为“求差”类型，在 范围 区域中的下拉列表中选择 距离 选项，输入距离值为 25,将拉伸方向设置为“方向 2”类型；单击“拉伸”对话框中的 确定 按钮，完成拉伸特征 3 的创建。

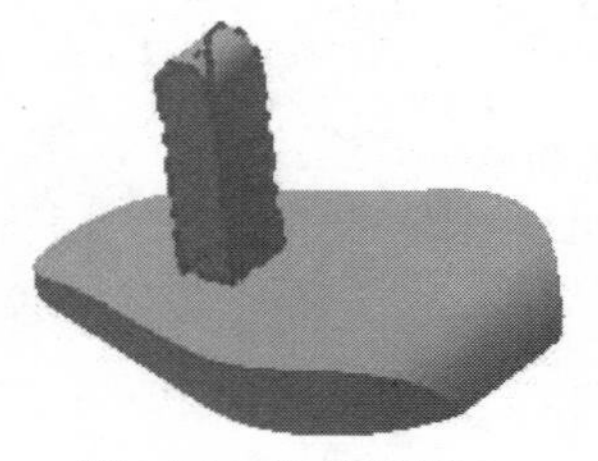

图 34.5　拉伸特征 2

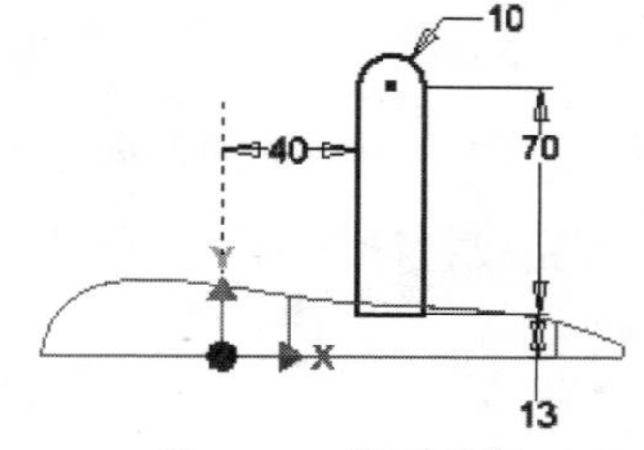

图 34.6　截面草图

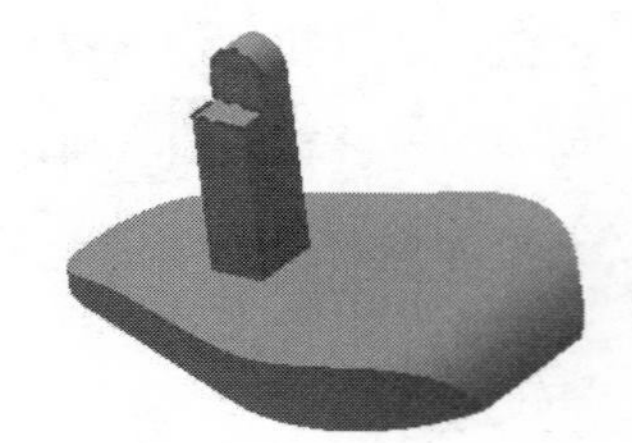

图 34.7　拉伸特征 3

Step6. 创建图 34.9 所示的拉伸特征 4。在 创建 ▾ 区域中单击按钮，系统弹出“创建拉伸”对话框；单击“创建拉伸”对话框中的 创建二维草图 按钮，选取 XY 平面作为草图平面，进入草绘环境，绘制图 34.10 所示的截面草图；单击 草图 选项卡 返回到三维 区域中的按钮，在“拉伸”对话框中将布尔运算设置为“求差” 类型，在 范围 区域中的下拉列表中选择 距离 选项，输入距离值 25,将拉伸方向设置为“方向 1”类型；单击“拉伸”

对话框中的 确定 按钮，完成拉伸特征 4 的创建。

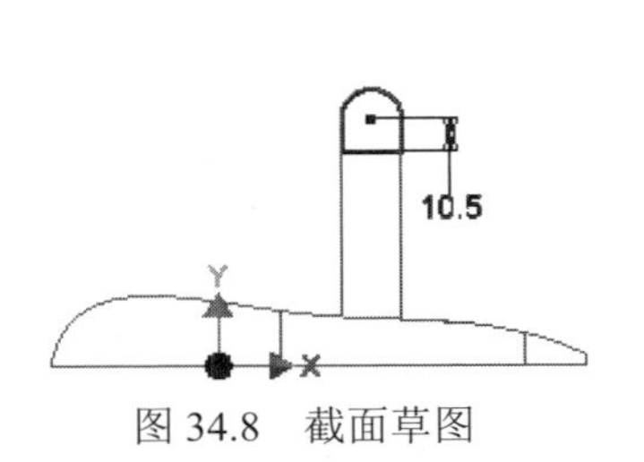

图 34.8 截面草图

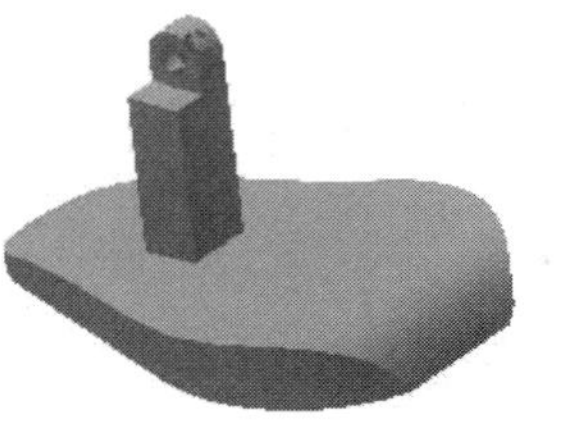

图 34.9 拉伸特征 4

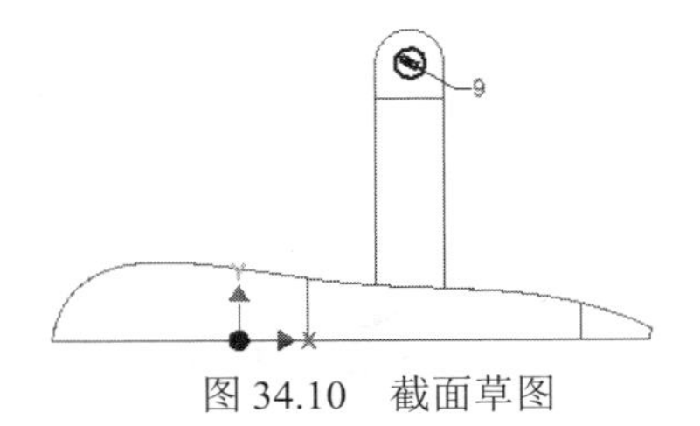

图 34.10 截面草图

Step7. 创建图 34.11 所示的倒圆特征 1。选取图 34.12 所示的模型边线为倒圆的对象，输入倒圆角半径值 10.0。

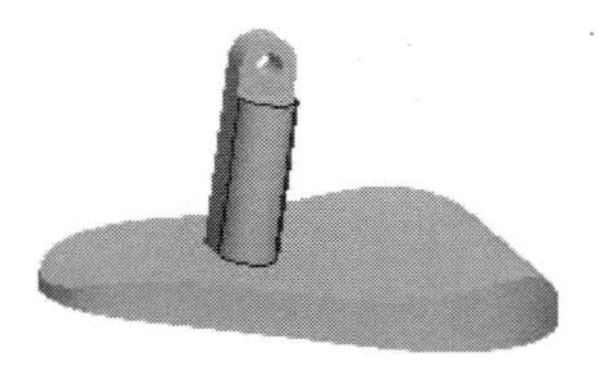

图 34.11 倒圆特征 1

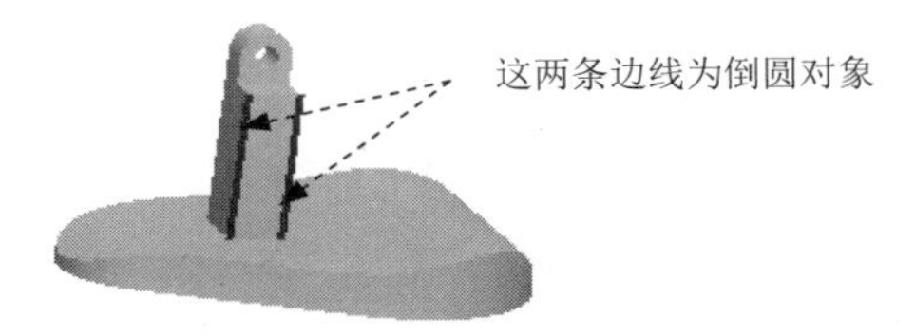

图 34.12 定义倒圆对象

Step8. 创建图 34.13 所示的倒圆特征 2。选取图 34.14 所示的模型边线为倒圆的对象，输入倒圆角半径值 5.0。

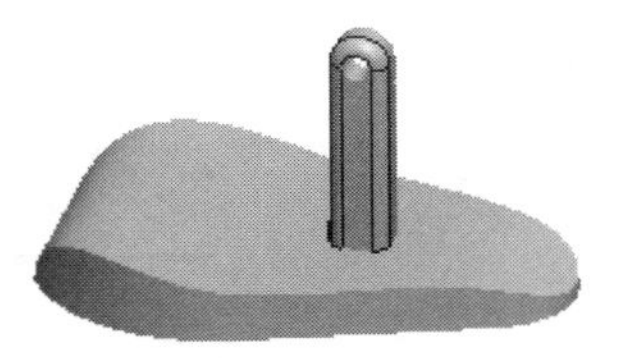

图 34.13 倒圆特征 2

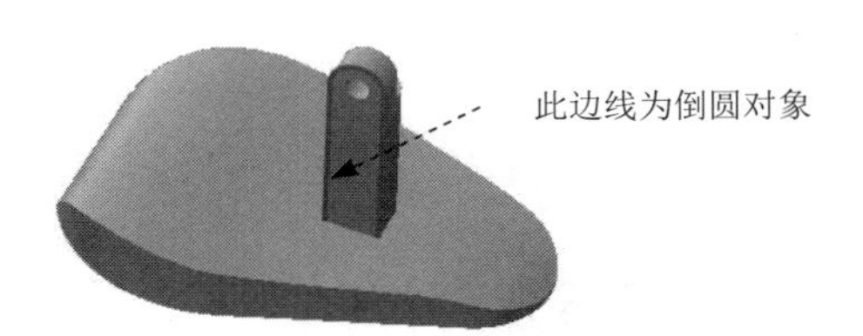

图 34.14 定义倒圆对象

Step9. 创建图 34.15 所示的倒圆特征 3。在 修改 ▾ 区域中单击按钮；在“圆角”对话框单击“边圆角”按钮，并单击 变半径 选项卡；在系统 选择一条边进行圆角 的提示下，选取图 34.16 所示的模型边线为要圆角的对象；首先在图 34.16 所示边线数字（15.0 和 8.0）的位置指定四个点，然后在“圆角”对话框中修改图 34.16 所示的 6 个点的半径值分别为 10、10、15、8、8、15（见图 34.17）；单击“圆角”对话框中的 确定 按钮，完成倒圆特征 3 的创建。

图 34.15 倒圆特征 3

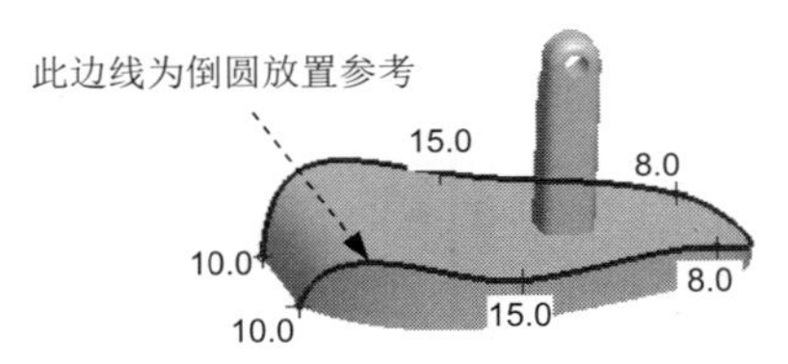

图 34.16 定义倒圆对象

点	半径	位置
开始	10 mm	0.0
结束	10 mm	1.0
点 1	15 mm	1.0000 ul
点 2	8 mm	1.0000 ul
点 3	8 mm	1.0000 ul
点 4	15 mm	0.0000 ul
	单击以添加	

图 34.17 设置对话框

Step10. 创建图 34.18 所示的倒圆特征 4。选取图 34.19 所示的模型边线为倒圆的对象，输入倒圆角半径值 35.0。

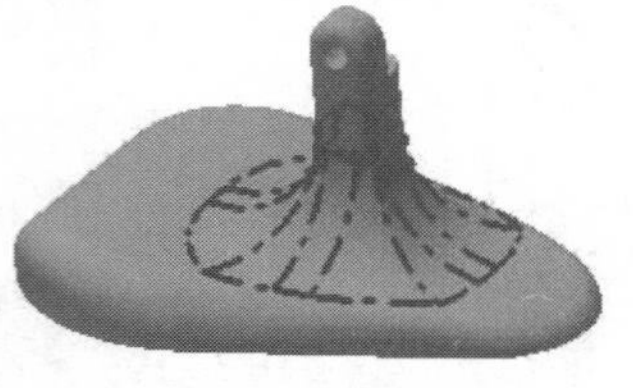

图 34.18　倒圆特征 4

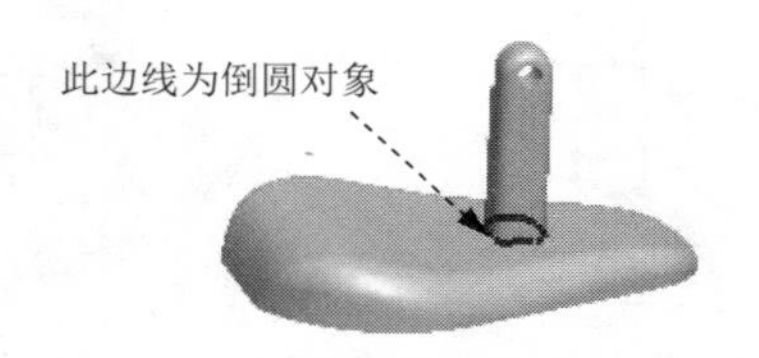

图 34.19　定义倒圆对象

Step11. 创建图 34.20 所示的草图 1。在 三维模型 选项卡 草图 区域单击 按钮，选取 XY 平面作为草图平面，绘制图 34.20 所示的草图 1。

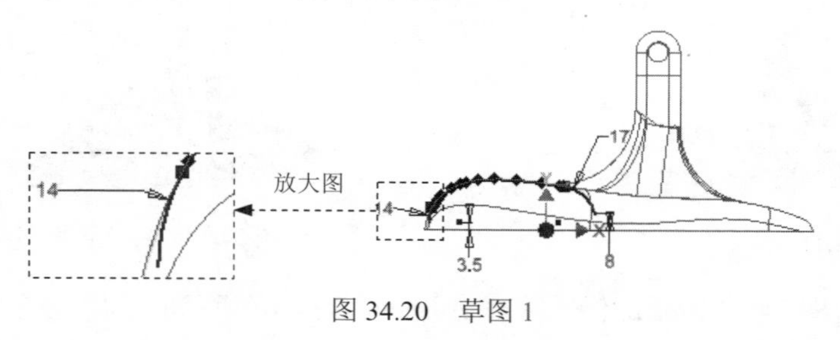

图 34.20　草图 1

Step12. 创建图 34.21 所示的工作平面 1。在 定位特征 区域中单击“平面”按钮 下的 平面，选择 在指定点处与曲线垂直 命令；在绘图区域选取图 34.22 所示的点 1 为参考点，然后再选取图 34.22 所示的圆弧为参考线，完成工作平面 1 的创建。

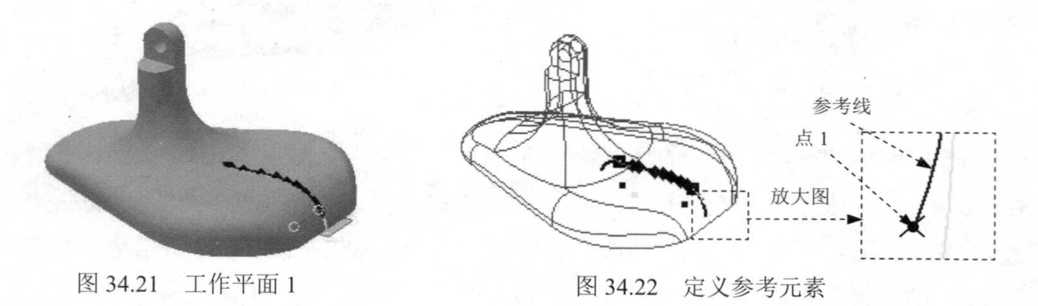

图 34.21　工作平面 1　　　图 34.22　定义参考元素

Step13. 创建图 34.23 所示的草图 2。在 三维模型 选项卡 草图 区域单击 按钮，选取工作平面 1 作为草图平面，绘制图 34.23 所示的草图 2。

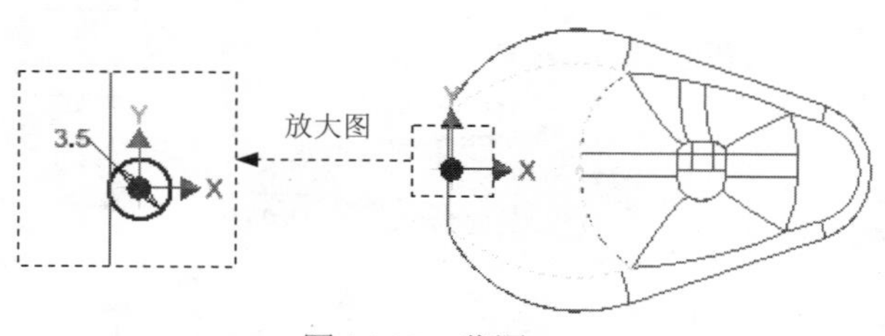

图 34.23　草图 2

Step14. 创建图 34.24 所示的扫掠 1。在 创建 ▾ 区域中单击“扫掠”按钮 扫掠；在“扫掠”对话框中单击 按钮，然后在图形区中选取草图 1 为扫掠轨迹，完成扫掠轨迹的选取；在“扫掠”对话框 类型 区域的下拉列表中选择 路径，其他参数接受系统默认设置；单击“扫掠”对话框中的 确定 按钮，完成扫掠的创建。

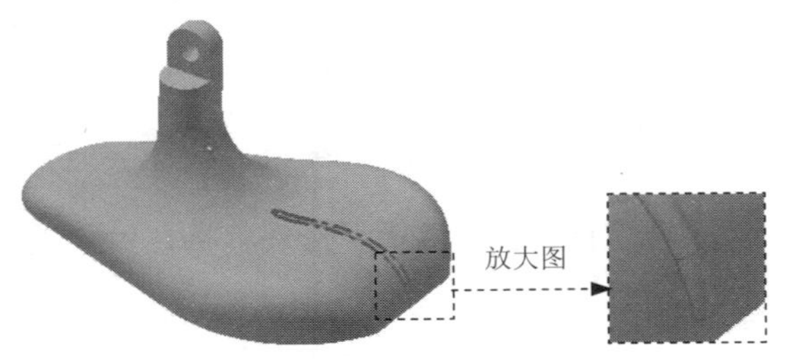

图 34.24 扫掠 1

Step15. 创建图 34.25 所示的矩形阵列 1。在 阵列 区域中单击 按钮，系统弹出“矩形阵列”对话框；在图形区中选取扫掠特征 1（或在浏览器中选择“扫掠 1”特征）；在“矩形阵列”对话框中单击 方向 1 区域中的 按钮，然后选取 Z 轴为方向 1 的参考边线，阵列方向可参考图 34.26 所示，在 方向 1 区域的 文本框中输入数值 2；在 文本框中输入数值 20；单击 确定 按钮，完成矩形阵列 1 的创建。

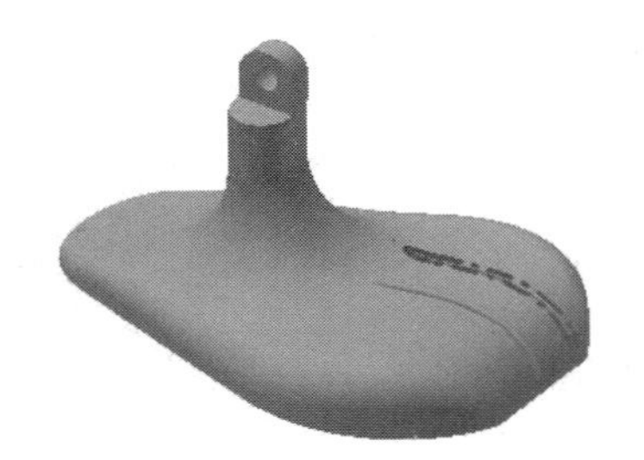

图 34.25 矩形阵列 1

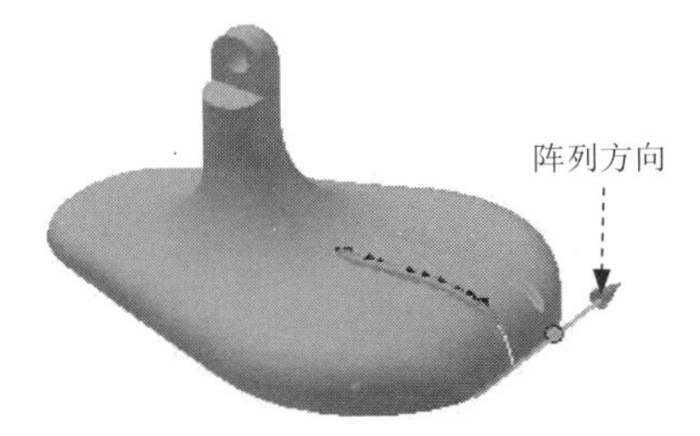

图 34.26 定义阵列参数

Step16. 创建图 34.27 所示的镜像 1。在 阵列 区域中单击“镜像”按钮 ；在图形区中选取要镜像复制的矩形阵列 1 特征（或在浏览器中选择“矩形阵列 1”特征）；单击“镜像”对话框中的 镜像平面 按钮，然后选取 XY 平面作为镜像中心平面；单击“镜像”对话框中的 确定 按钮，完成镜像 1 的操作。

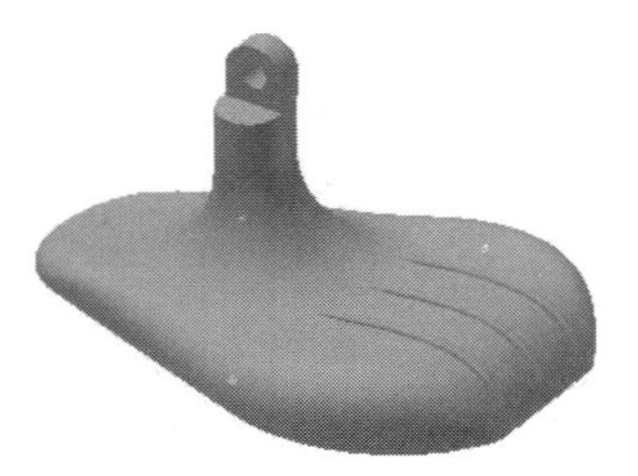

图 34.27 镜像 1

Step17. 创建图 34.28 所示的倒圆特征 5。选取图 34.29 所示的模型边线为倒圆的对象，输入倒圆角半径值 2.0。

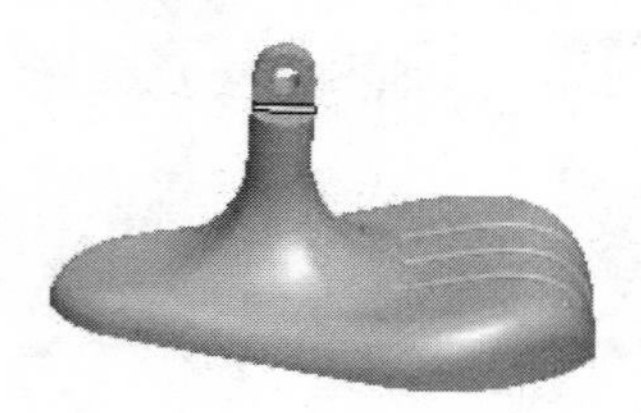

图 34.28　倒圆特征 5

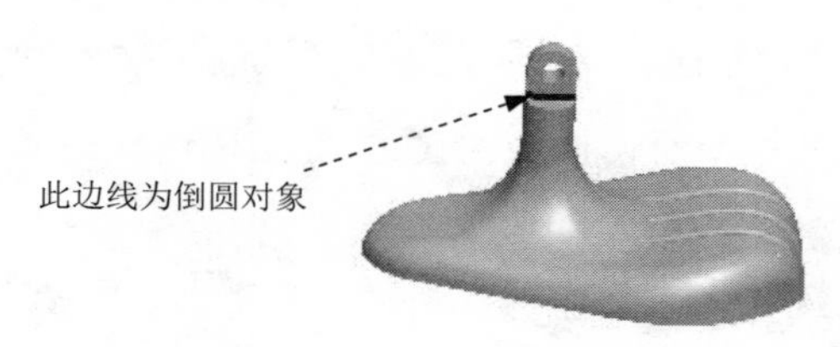

图 34.29　选取倒圆对象

Step18. 至此，零件模型创建完毕。选择下拉菜单 → 保存 命令，命名为 fan_base，即可保存零件模型。

实例 35 饮水机开关

实例概述

本实例介绍了饮水机开关的设计过程。通过对曲面的修剪得到产品的外形是本例设计的最大亮点。通过对本实例的学习，读者能够熟练地掌握拉伸、倒圆角、扫掠、修剪、边界嵌片、缝合和镜像等特征的应用。零件模型及相应的浏览器如图 35.1 所示。

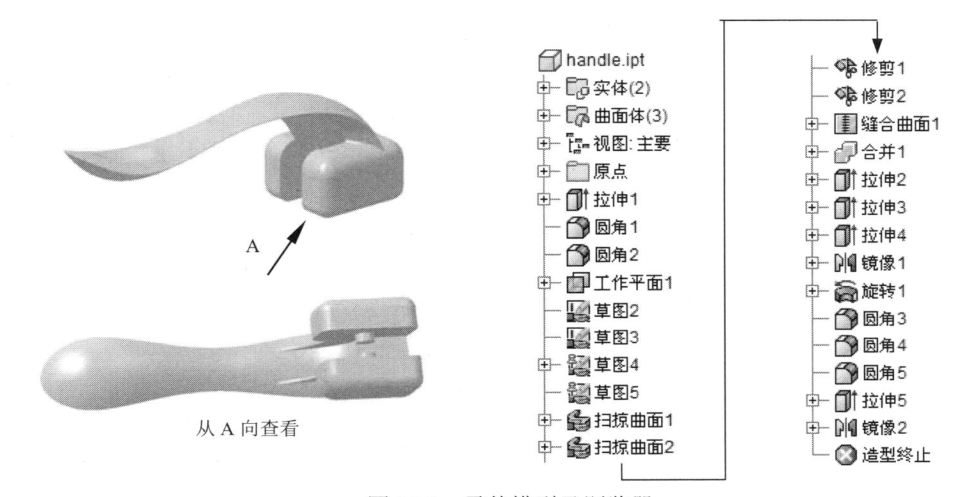

图 35.1 零件模型及浏览器

说明：本例前面的详细操作过程请参见随书光盘中 video\ch35\reference\文件下的语音视频讲解文件 handle-r01.exe。

Step1. 打开文件 D:\inv15.3\work\ch35\handle_ex.ipt。

Step2. 创建图 35.2 所示的工作平面 1（本步的详细操作过程请参见随书光盘中 video\ch35\reference\文件下的语音视频讲解文件 handle-r02.exe）。

Step3. 创建图 35.3 所示的草图 1。

（1）在 三维模型 选项卡 草图 区域单击 按钮，然后选择 YZ 平面为草图平面，系统进入草绘环境。

（2）绘制图 35.4 所示的草图 1，单击 按钮，退出草绘环境。

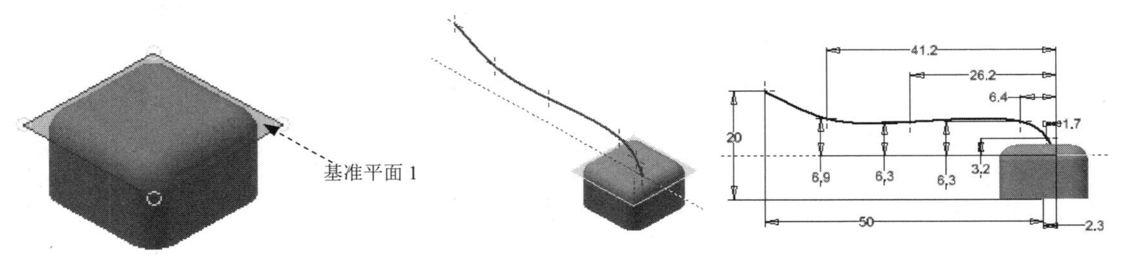

图 35.2 工作平面 1　　图 35.3 草图 1（建模环境）　　图 35.4 草图 1（草绘环境）

Step4. 创建图 35.5 所示的草图 2。

（1）在 三维模型 选项卡 草图 区域单击 按钮，然后选择 YZ 平面为草图平面，系统进入草绘环境。

（2）绘制图 35.6 所示的草图 2，单击 按钮，退出草绘环境。

Step5. 创建图 35.7 所示的草图 3。在 三维模型 选项卡 草图 区域单击 按钮，选取工作平面 1 作为草图平面，绘制图 35.7 所示的草图 3。

Step6. 创建图 35.8 所示的草图 4。在 三维模型 选项卡 草图 区域单击 按钮，选取工作平面 1 作为草图平面，绘制图 35.8 所示的草图 4。

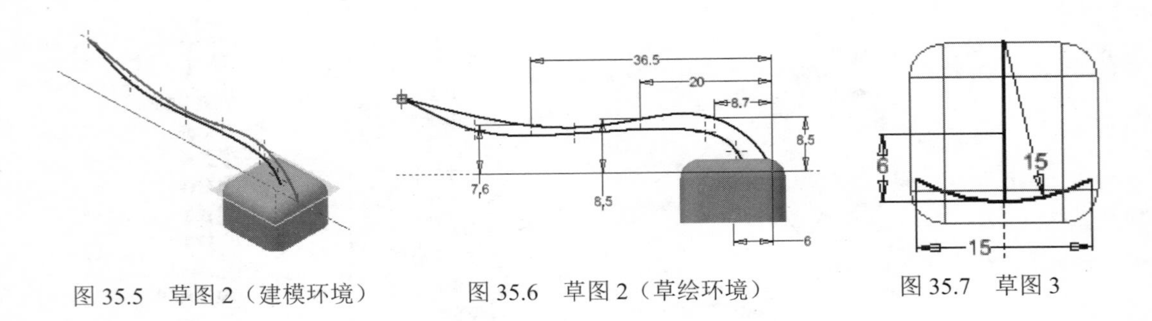

图 35.5 草图 2（建模环境） 图 35.6 草图 2（草绘环境） 图 35.7 草图 3

Step7. 创建图 35.9 所示的扫掠 1。在 创建 区域中单击“扫掠”按钮 扫掠，选取 Step5 中绘制的草图 3 作为截面轮廓，选取 Step4 中绘制的草图 2 作为扫掠轨迹，在“扫掠”对话框 类型 区域的下拉列表中选择 路径，其他参数接受系统默认设置，单击“扫掠”对话框中的 确定 按钮，完成扫掠 1 的创建。

说明：在选取扫掠轨迹时，可将 Step3 绘制的草图 1 隐藏起来。完成扫掠的创建后，再将其显示出来。

Step8. 创建图 35.10 所示的扫掠 2。在 创建 区域中单击“扫掠”按钮 扫掠，选取 Step6 中绘制的草图 4 作为截面轮廓，选取 Step3 中绘制的草图 1 作为扫掠轨迹，在“扫掠”对话框 类型 区域的下拉列表中选择 路径，其他参数接受系统默认设置，单击“扫掠”对话框中的 确定 按钮，完成扫掠 2 的创建。

图 35.8 草图 4 图 35.9 扫掠 1 图 35.10 扫掠 2

Step9. 创建图 35.11 所示的修剪 1。在 曲面 区域中单击“修剪”按钮 ，在系统选择曲面、工作平面或草图作为切割工具的提示下选取扫掠1为切割工具，在系统选择要删除的面的提示下选取图35.12所示的面为要删除的面，单击确定按钮，完成曲面修剪1的创建。

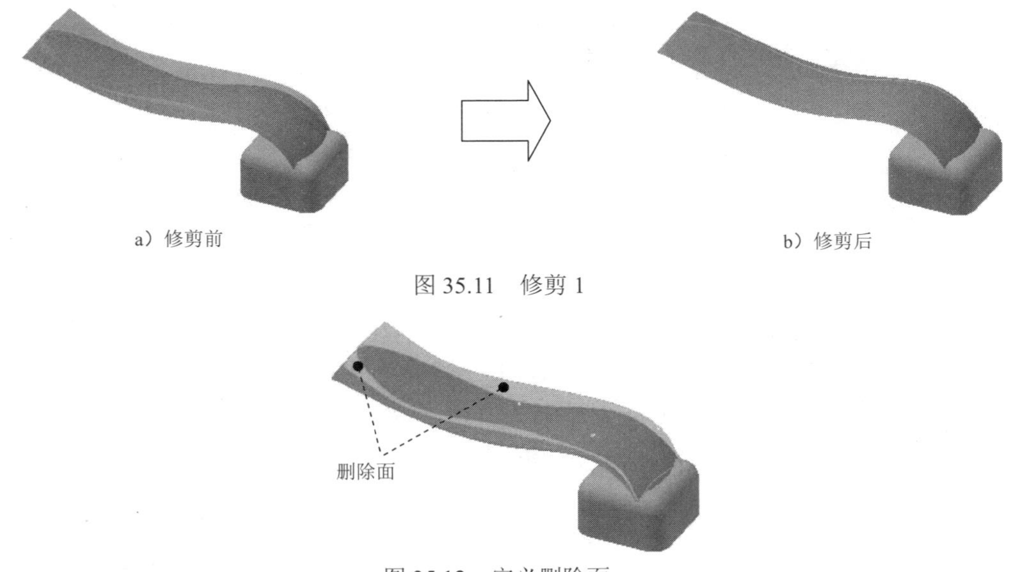

a）修剪前　　b）修剪后

图35.11　修剪1

图35.12　定义删除面

Step10. 创建图35.13所示的修剪2。在曲面区域中单击“修剪”按钮，在系统选择曲面、工作平面或草图作为切割工具的提示下选取修剪1为切割工具，在系统选择要删除的面的提示下选取图35.14所示的面为要删除的面，单击确定按钮，完成曲面修剪2的创建。

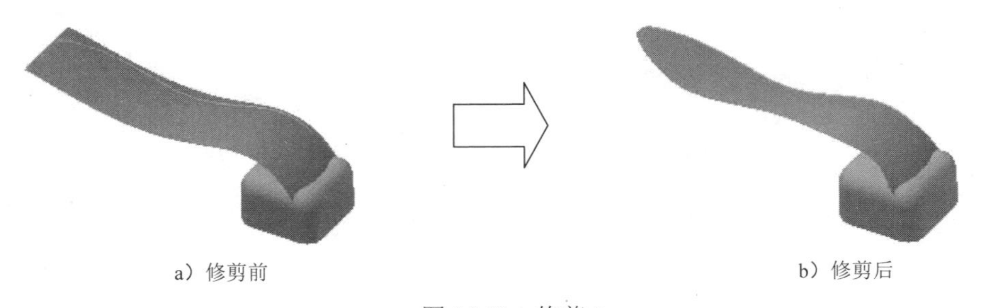

a）修剪前　　b）修剪后

图35.13　修剪2

Step11. 创建图35.15所示的边界嵌片1。在曲面区域中单击“修补”按钮，在系统的提示下选取图35.16所示的曲线串作为曲面的边界；单击确定按钮，完成边界嵌片1的创建。

Step12. 创建缝合曲面1。在曲面区域中单击“缝合”按钮，在系统选择要缝合的实体的提示下选取扫掠曲面1、扫掠曲面2与边界嵌片1作为缝合对象，在该对话框中选中☑保留为曲面单选项，单击应用按钮，单击完毕按钮，完成缝合曲面1的创建。

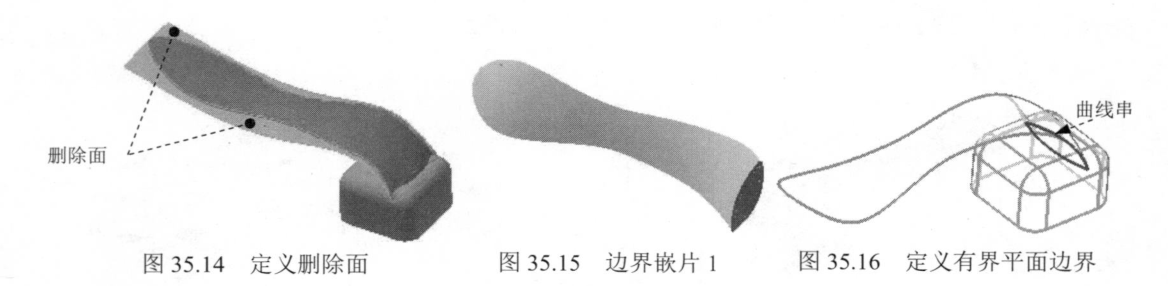

图 35.14　定义删除面　　图 35.15　边界嵌片 1　　图 35.16　定义有界平面边界

Step13. 创建求和特征 1。在 修改 ▼ 区域中单击 合并 按钮，在“合并”对话框中将布尔运算设置为“求和” 类型 ，选取拉伸特征 1 为基础视图，选取缝合曲面 1 为工具体，单击 确定 按钮，完成求和特征 1 的创建。

Step14. 创建图 35.17 所示的拉伸特征 2。在 创建 ▼ 区域中单击 按钮，选取 XZ 平面作为草图平面，绘制图 35.18 所示的截面草图，在“拉伸”对话框将布尔运算设置为“求差”类型 ，然后在 范围 区域中的下拉列表中选择 距离 选项，在“距离”下拉列表中输入数值 10，将拉伸方向设置为“方向 1”类型 ；单击“拉伸”对话框中的 确定 按钮，完成拉伸特征 2 的创建。

图 35.17　拉伸特征 2

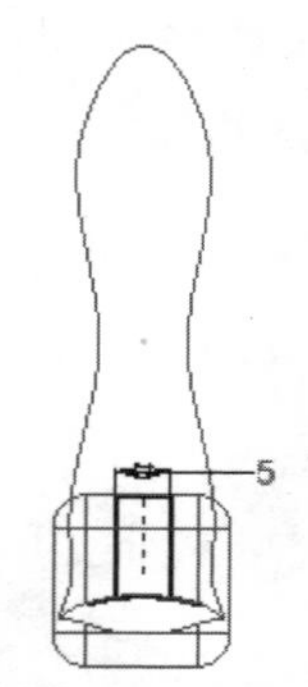

图 35.18　截面草图

Step15. 创建图 35.19 所示的拉伸特征 3。在 创建 ▼ 区域中单击 按钮，选取图 35.20 所示的模型表面作为草图平面，绘制图 35.21 所示的截面草图，在“拉伸”对话框将布尔运算设置为“求差”类型 ，然后在 范围 区域中的下拉列表中选择 贯通 选项，将拉伸方向设置为“方向 2”类型 ；单击“拉伸”对话框中的 确定 按钮，完成拉伸特征 3 的创建。

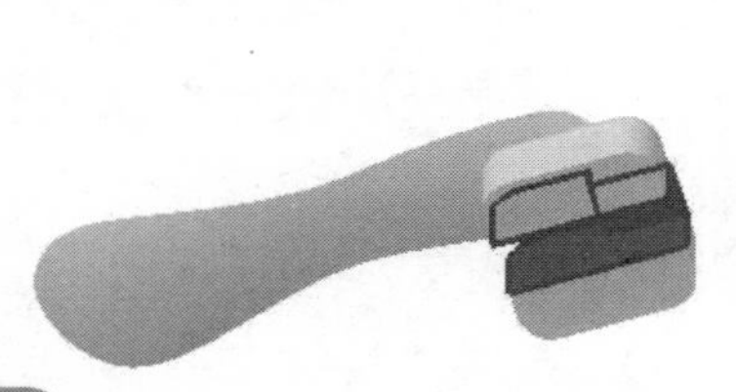

图 35.19　拉伸特征 3

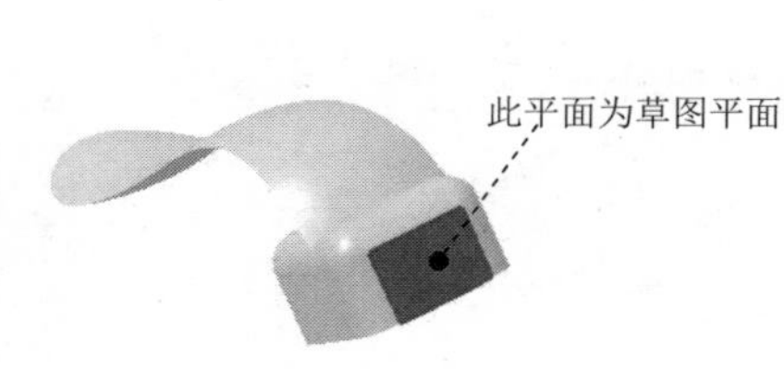

图 35.20　定义草图平面

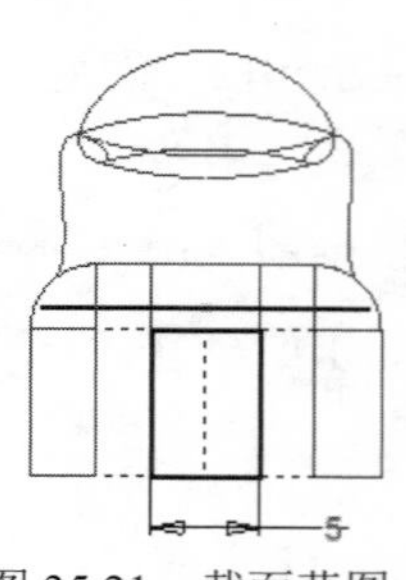

图 35.21　截面草图

Step16. 创建图 35.22 所示的拉伸特征 4。在 创建 ▾ 区域中单击按钮，选取图 35.23 所示的模型表面作为草图平面，绘制图 35.24 所示的截面草图，在“拉伸”对话框将布尔运算设置为“求和”类型，然后在 范围 区域中的下拉列表中选择 距离 选项，在“距离”下拉列表中输入数值 0.5，将拉伸方向设置为“方向 2”类型；单击“拉伸”对话框中的 确定 按钮，完成拉伸特征 4 的创建。

Step17. 创建图 35.25 所示的镜像 1。在 阵列 区域中单击“镜像”按钮，选取“拉伸 4”作为要镜像的特征，然后选取 YZ 平面作为镜像中心平面，单击“镜像”对话框中的 确定 按钮，完成镜像的操作。

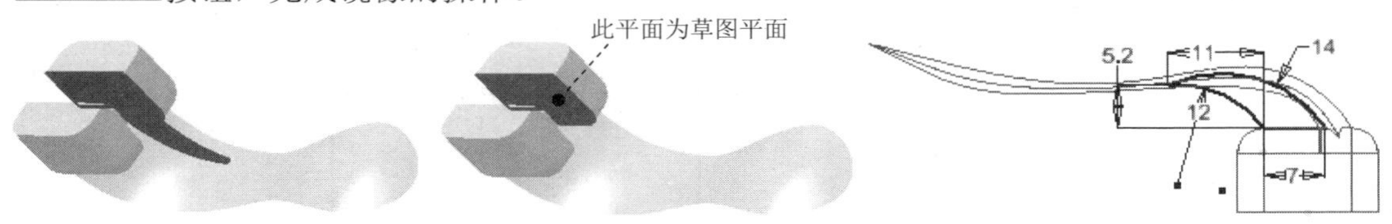

图 35.22 拉伸特征 4　　图 35.23 定义草图平面　　图 35.24 截面草图

Step18. 创建图 35.26 所示的旋转特征 1。在 创建 ▾ 区域中选择命令，选取 YZ 平面为草图平面，绘制图 35.27 所示的截面草图；在“旋转”对话框将布尔运算设置为“求差”类型，在 范围 区域的下拉列表中选中 全部 选项；单击“旋转”对话框中的 确定 按钮，完成旋转特征 1 的创建。

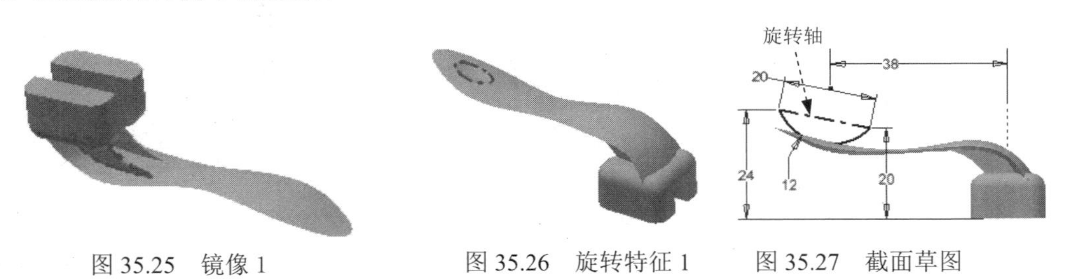

图 35.25 镜像 1　　图 35.26 旋转特征 1　　图 35.27 截面草图

Step19. 后面的详细操作过程请参见随书光盘中 video\ch35\reference\文件下的语音视频讲解文件 handle-r03 exe。

实例 36 控制面板

实例概述

本实例充分运用了曲面实体化、边界混合、投影、扫描、镜像、阵列及抽壳等特征命令，读者在学习设计此零件的过程中应灵活运用这些特征，注意方向的选择以及参考的选择。零件模型及浏览器如图 36.1 所示。

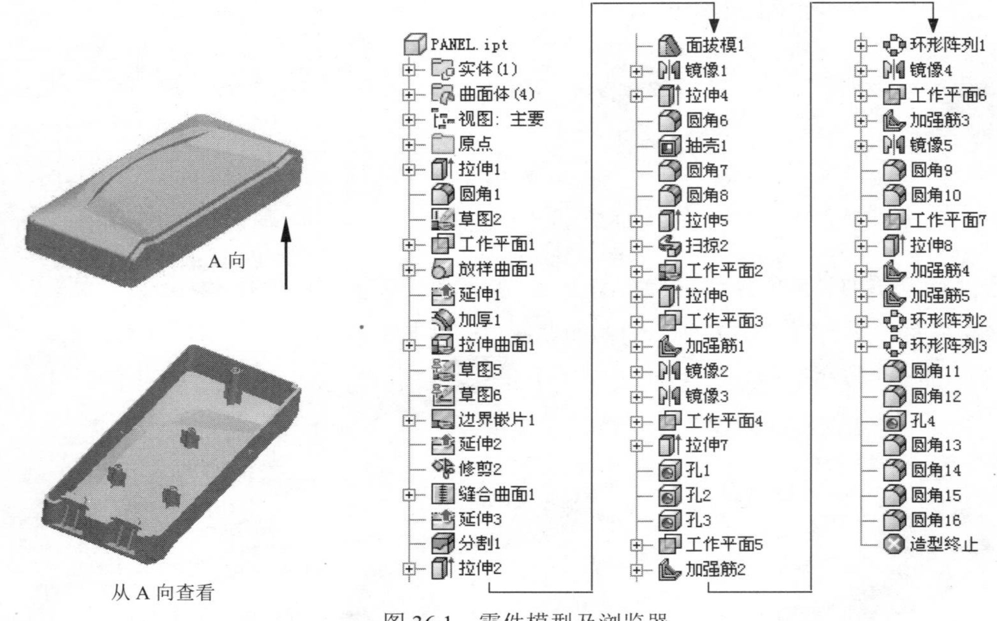

图 36.1 零件模型及浏览器

说明：本例前面的详细操作过程请参见随书光盘中 video\ch36\reference\文件下的语音视频讲解文件 PANEL-r01.exe。

Step1. 打开文件 D:\inv15.3\work\ch36\PANEL_ex.ipt。

Step2. 创建图 36.2 所示的倒圆特征 1。在 修改 ▾ 区域中单击按钮；在系统的提示下，选取图 36.2a 所示的模型边线为倒圆的对象；在“倒圆角”小工具栏“半径 R”文本框中输入数值 8.0；单击“圆角”对话框中的 确定 按钮，完成倒圆特征 1 的创建。

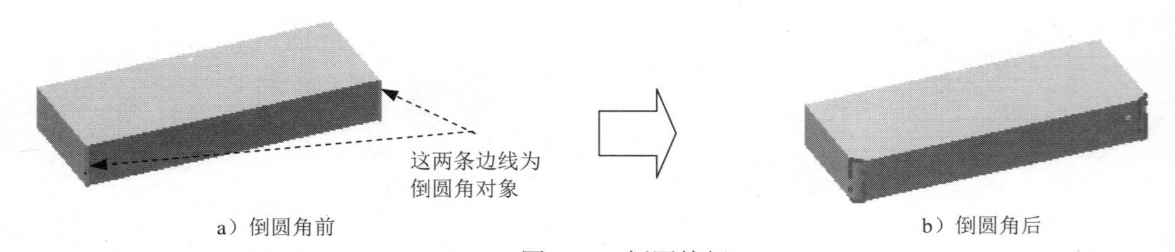

图 36.2 倒圆特征 1

Step3. 创建草图 1。在 三维模型 选项卡 草图 区域单击 按钮，然后选取图 36.3 所示的平面（XZ）为草图平面，系统进入草绘环境；绘制图 36.4 所示的截面草图，单击 按钮，退出草绘环境。

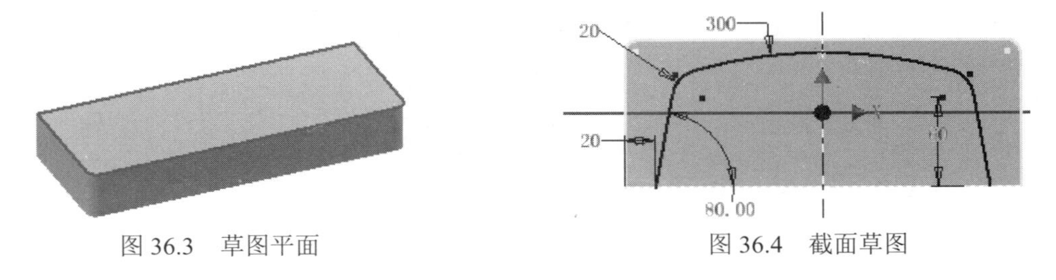

图 36.3 草图平面　　图 36.4 截面草图

Step4. 创建图 36.5 所示的工作平面 2（注：具体参数和操作参见随书光盘）。

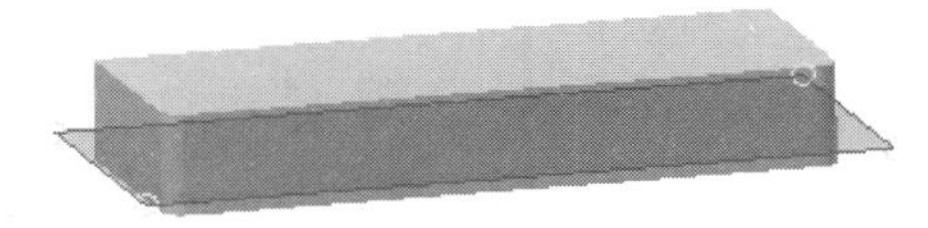

图 36.5 工作平面 2

Step5. 创建草图 2。选取平面 2 作为草图平面，绘制图 36.6 所示的草图 2。

Step6. 创建图 36.7 所示的放样 1。在 创建 ▾ 区域中单击 放样 按钮；在放样对话框中将输出类型设置为“曲面” ，依次选取草图 1 为第一个横截面，选取草图 2 为第二个横截面；本例中不使用轨迹线；单击“放样”对话框中的 确定 按钮，完成放样 1 的创建。

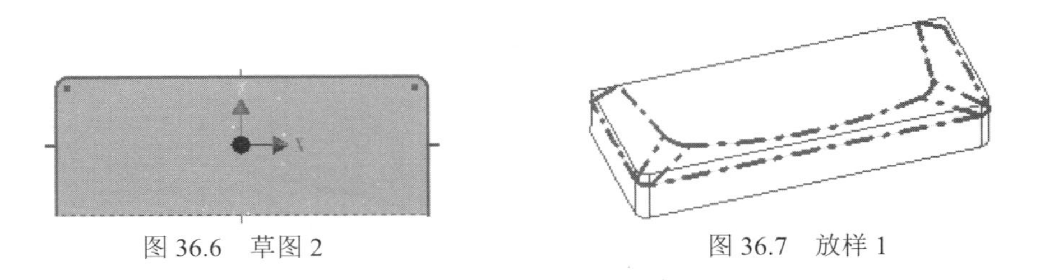

图 36.6 草图 2　　图 36.7 放样 1

Step7. 创建图 36.8 所示曲面的延伸 1。在 曲面 ▾ 区域中单击 延伸 按钮；选取图 36.8 所示放样曲面的两条边线，输入延伸距离 10；单击“延伸曲面”对话框中的 确定 按钮，完成曲面延伸 1 的创建。

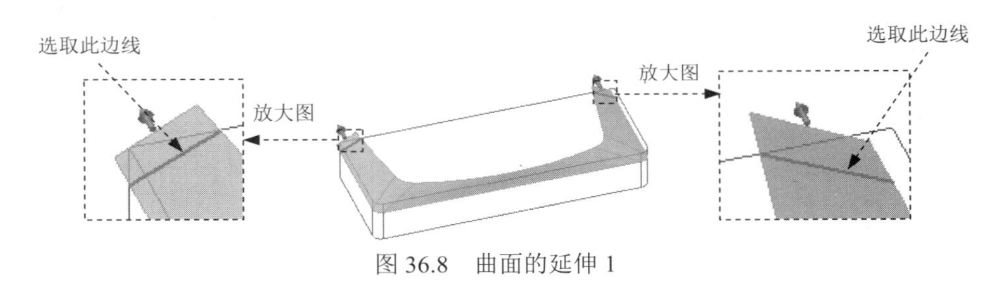

图 36.8 曲面的延伸 1

Step8. 创建图 36.9 所示曲面的加厚 1。在 修改 ▾ 区域中单击按钮；在“加厚/偏移”对话框中选中 ⊙ 缝合曲面 复选框，选取图 36.10 所示的曲面；在 距离 文本框中输入厚度值 20，将布尔运算设置为“求差”类型，并将拉伸方向设置为“方向 2”；单击“加厚/偏移”对话框中的 确定 按钮，完成曲面加厚 1 的创建。

图 36.9　曲面的加厚 1

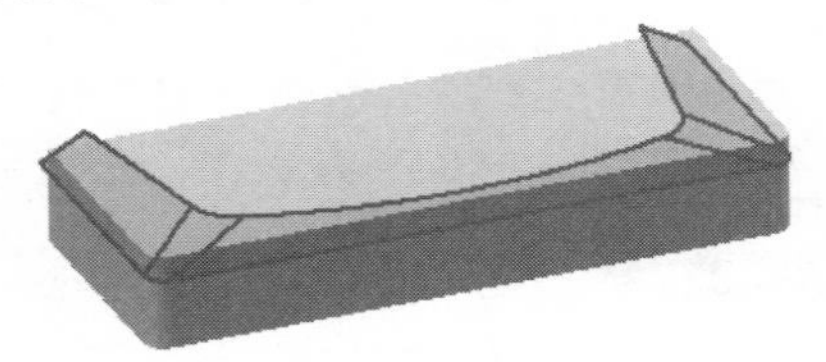
图 36.10　选取曲面

Step9. 创建图 36.11 所示的拉伸曲面 1。在 创建 ▾ 区域中单击按钮，系统弹出“创建拉伸”对话框；单击“创建拉伸”对话框中的 创建二维草图 按钮，选取图 36.12 所示的模型表面作为草图平面，进入草绘环境，绘制图 36.13 所示的截面草图；单击 草图 选项卡 返回到三维 区域中的按钮，在“拉伸”对话框 输出 区域中定义输出类型为“曲面”类型，在 范围 区域中的下拉列表中选择 距离 选项，在“距离”下拉列表中输入数值 100，并将拉伸方向设置为“对称”类型；单击“拉伸”对话框中的 确定 按钮，完成拉伸曲面 1 的创建。

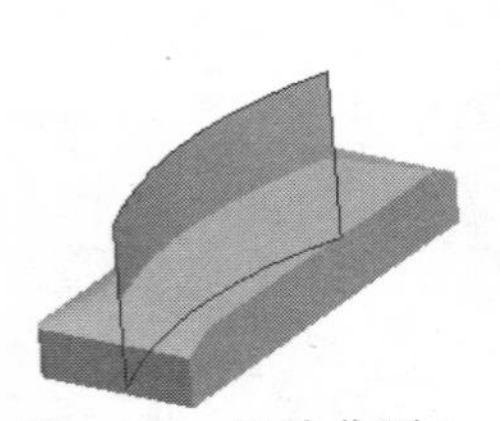
图 36.11　拉伸曲面 1

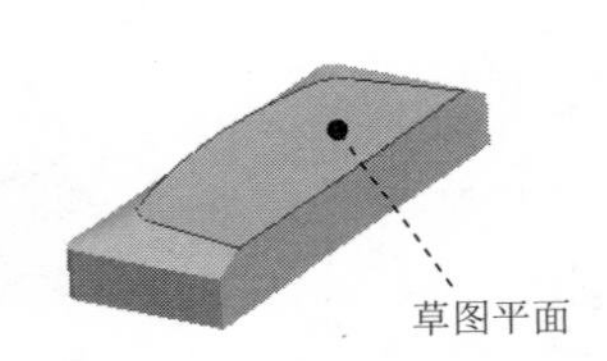

图 36.12　定义草图平面

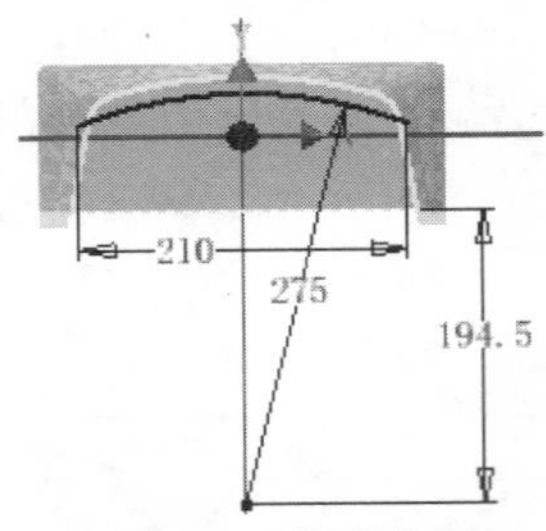

图 36.13　截面草图

Step10. 创建草图 3。选取图 36.14 所示的模型表面作为草图平面，绘制图 36.15 所示的草图 3。

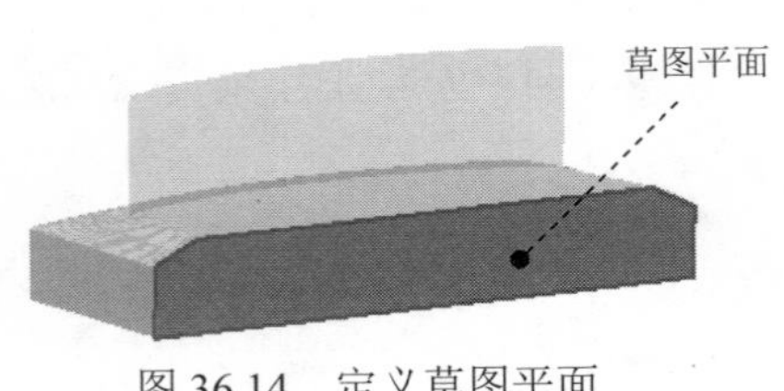

图 36.14　定义草图平面

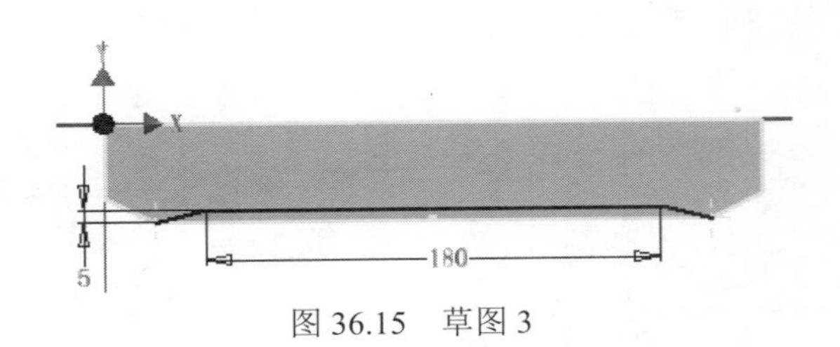

图 36.15　草图 3

Step11. 创建草图 4。选取图 36.16 所示的模型表面作为草图平面，绘制图 36.17 所示的草图 4。

图 36.16 定义草图平面

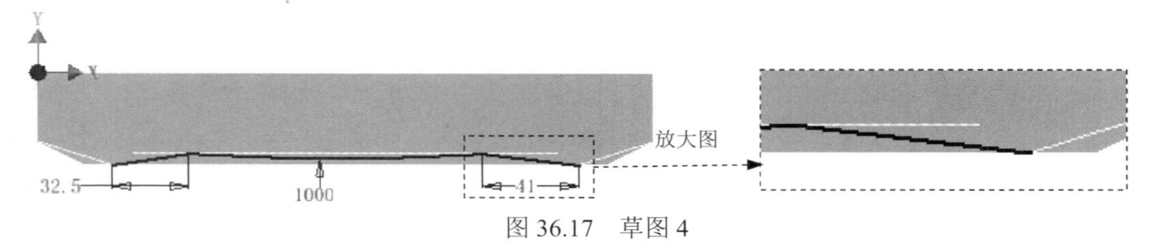

图 36.17 草图 4

Step12. 创建图 36.18 所示的投影曲线。在 三维模型 选项卡 草图 区域单击 开始创建三维草图 按钮；单击“投影到曲面” 按钮，选择图 36.19 所示的面作为投影面；单击 曲线 左侧的 ，选择草图 3 作为投影曲线，在 输出 区域选择类型为 ；单击“将曲线投影到曲面”对话框中的 确定 按钮，完成投影曲线的创建。

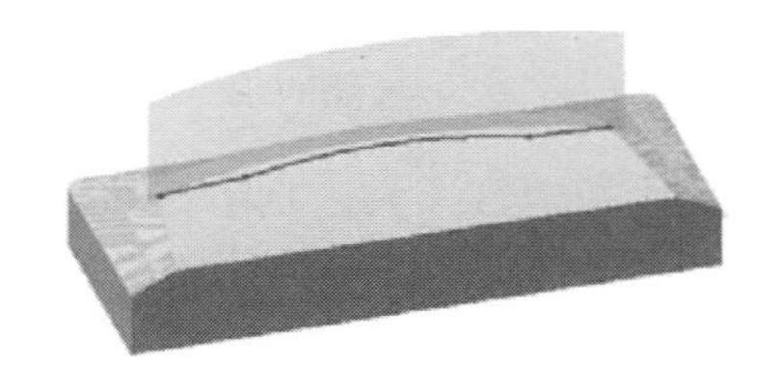

图 36.18 投影曲线

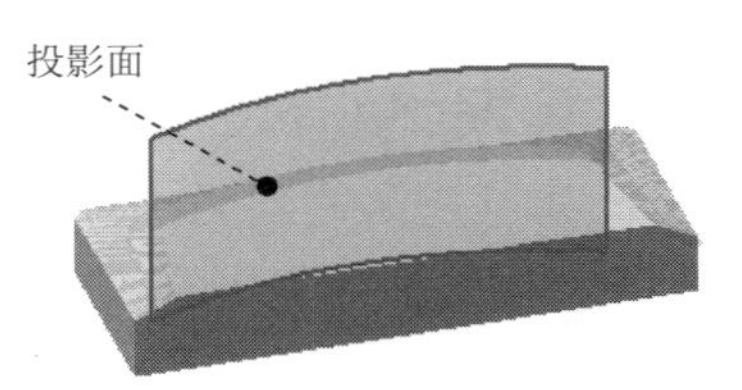

图 36.19 投影曲面

Step13. 创建图 36.20 所示的三维草图 1。在 三维模型 选项卡 草图 区域单击 开始创建三维草图 按钮；单击“直线” 按钮，依次选取图 36.20 所示的点 1 与点 2；按 ESC 键，再次单击“直线” 按钮，依次选取图 36.20 所示的点 3 与点 4；单击“完成草图”按钮 ，完成三维草图 1 的创建。

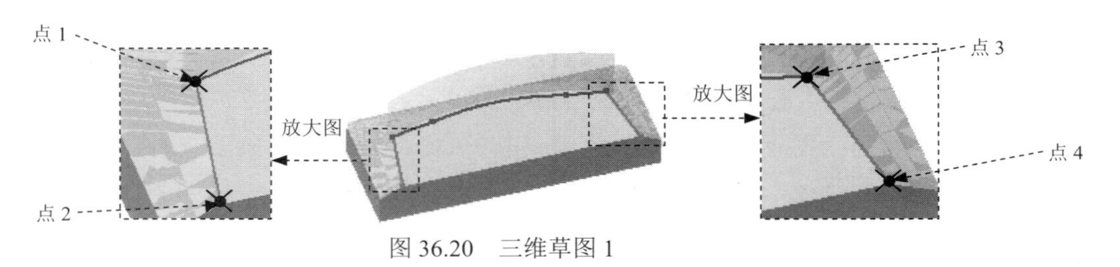

图 36.20 三维草图 1

Step14. 创建图 36.21 所示的边界嵌片。在 曲面 区域中单击 按钮；选取图 36.21 所示的草图 6，投影曲线和三维草图 1 作为边界条件；单击“边界嵌片”对话框中的 确定 按钮，完成边界嵌片的创建。

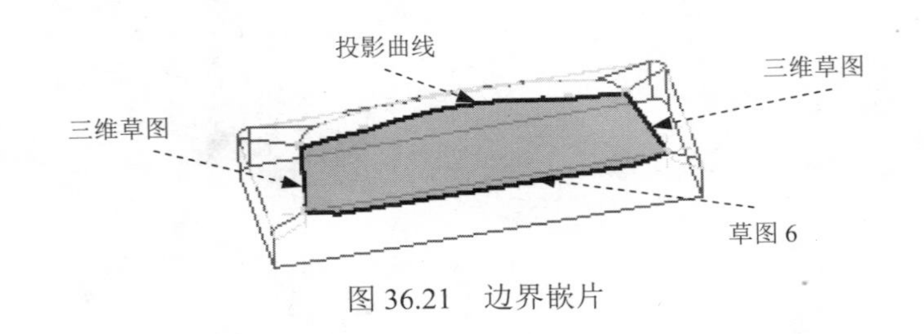

图 36.21　边界嵌片

Step15. 创建图 36.22 所示曲面的延伸 1。在 曲面 ▾ 区域中单击 延伸 按钮；选取图 36.22 所示放样曲面的两条边线，输入延伸距离 20；单击“延伸曲面”对话框中的 确定 按钮，完成曲面延伸 1 的创建。

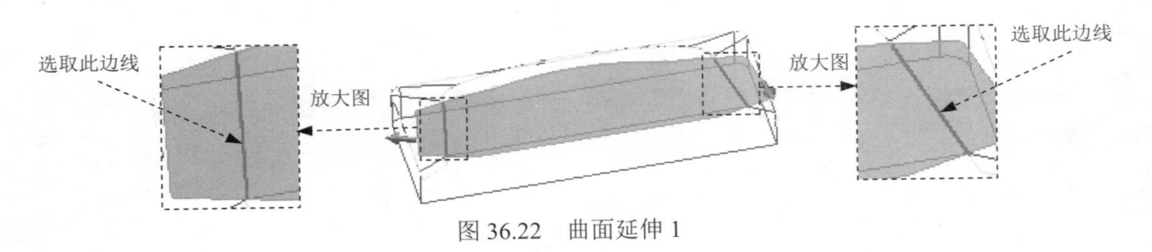

图 36.22　曲面延伸 1

Step16. 创建图 36.23 所示的修剪 1。在 曲面 ▾ 区域中单击“修剪”按钮，系统弹出“修剪曲面”对话框；选取图 36.23a 所示的边界嵌片为切割工具；选取图 36.23a 所示的拉伸曲面的下部分为要删除的面；单击 确定 按钮，完成曲面修剪 1 的创建。

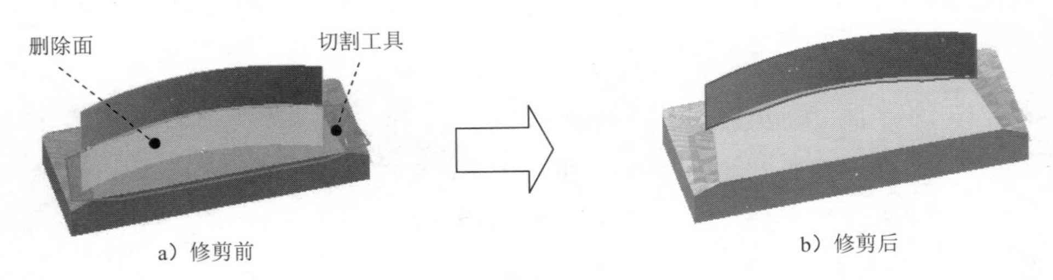

a）修剪前　　b）修剪后

图 36.23　修剪 1

Step17. 创建图 36.24 所示的缝合曲面 1。在 曲面 ▾ 区域中单击“缝合”按钮，系统弹出“缝合”对话框；在系统 选择要缝合的实体 的提示下选取图 36.25 所示的两个曲面作为缝合对象；在该对话框中单击 应用 按钮，单击 完毕 按钮，完成缝合曲面 1 的创建。

图 36.24　缝合曲面

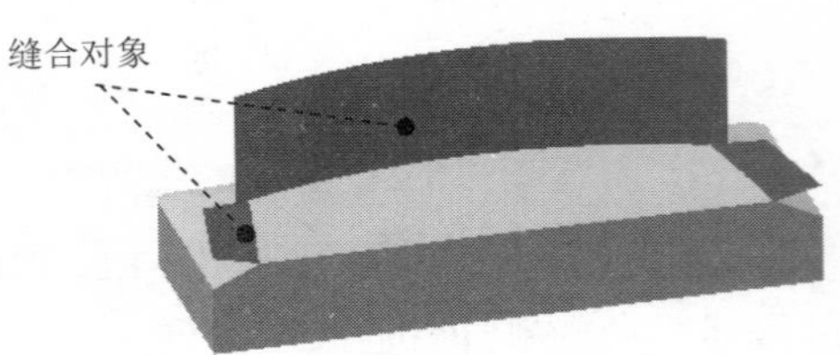

图 36.25　选取缝合对象

Step18. 创建图 36.26 所示曲面的延伸 2。在 曲面 ▾ 区域中单击 延伸 按钮；选取图 36.26 所示缝合曲面的边线，输入延伸距离 13.75；单击“延伸曲面”对话框中的 确定 按钮，完成曲面延伸 2 的创建。

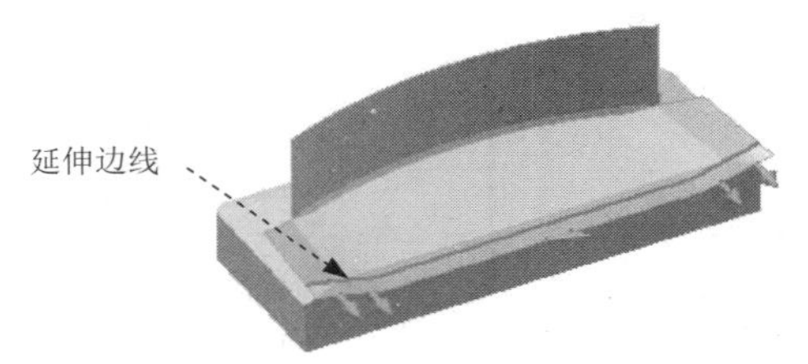

图 36.26　曲面延伸 2

Step19. 创建图 36.27 所示的分割 1。在 修改 ▾ 区域中单击 分割 按钮，系统弹出“分割”对话框；在“分割”对话框中将分割类型设置为“修剪实体” 选项；在绘图区域选取图 36.27a 所示面作为分割工具；在“分割”对话框中将删除方向设置为“方向 2”类型；单击 确定 按钮，完成分割 1 的创建。

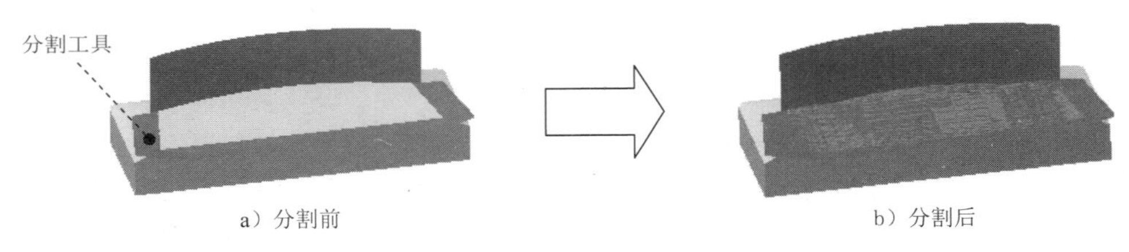

图 36.27　分割 1

Step20. 创建图 36.28 所示的拉伸特征 2。在 创建 ▾ 区域中单击 按钮，系统弹出“创建拉伸”对话框；单击“创建拉伸”对话框中的 创建二维草图 按钮，选取图 36.28 所示的模型表面作为草图平面，进入草绘环境，绘制图 36.29 所示的截面草图，单击 按钮；再次单击 创建 ▾ 区域中 按钮，首先将布尔运算设置为“求差”类型，在 范围 区域中的下拉列表中选择 贯通 选项，将拉伸方向设置为“方向 2”类型；单击“拉伸”对话框中的 确定 按钮，完成拉伸特征 2 的创建。

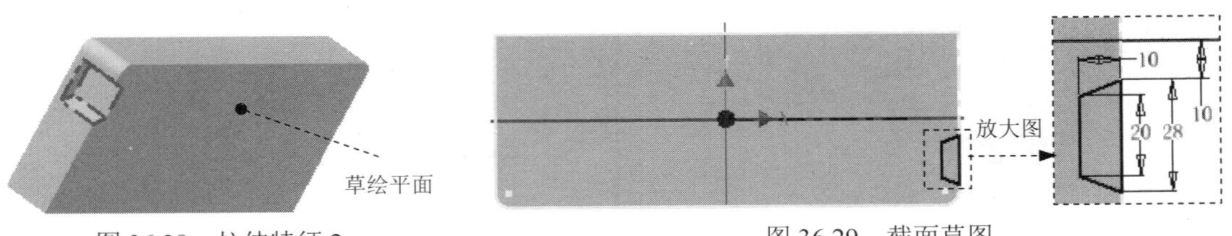

图 36.28　拉伸特征 2

图 36.29　截面草图

Step21. 创建图 36.30 所示的面拔模 1。在 修改 ▾ 区域中单击 拔模 按钮；在“面拔模”对话框中将拔模类型设置为“固定平面”；选取图 36.30a 所示的拔模固定平面；

选取图 36.30a 所示要拔模的面；在“面拔模”对话框 拔模斜度 文本框中输入数值 20；将拔模方向设置为“方向 1”类型；单击“面拔模”命令条中的 确定 按钮，完成面拔模 1 的创建。

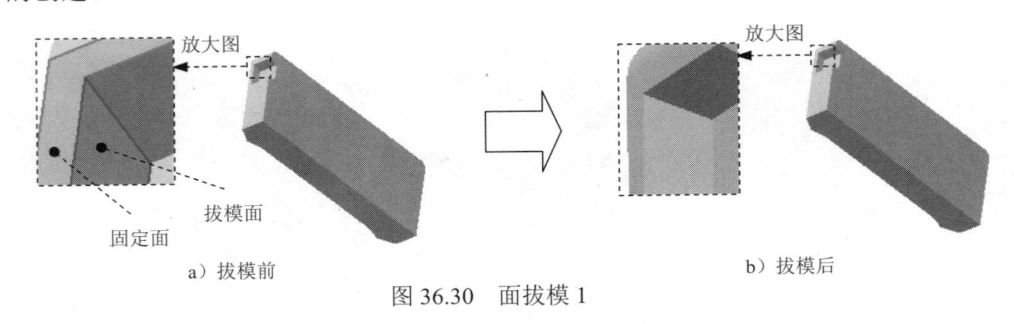

a）拔模前　　b）拔模后

图 36.30　面拔模 1

Step22. 创建图 36.31 所示的镜像 1。在 阵列 区域中单击“镜像”按钮；在图形区中选取要镜像复制的拉伸特征 2 与面拔模 1（或在浏览器中选择“拉伸 2”与“面拔模 1”特征）；单击“镜像”对话框中的 镜像平面 按钮，然后选取 XY 平面作为镜像中心平面；单击“镜像”对话框中的 确定 按钮，完成镜像 1 的操作。

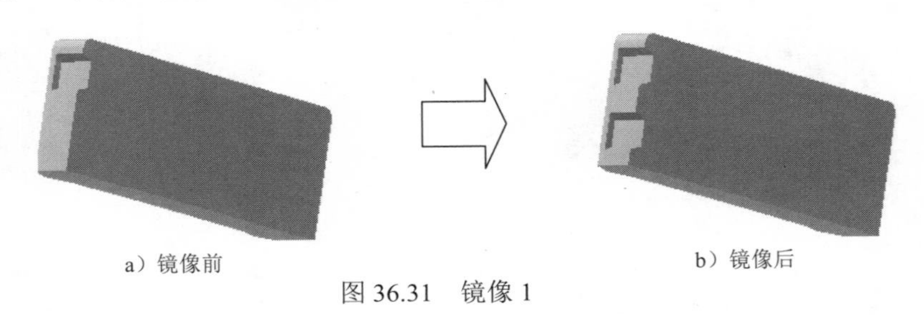

a）镜像前　　b）镜像后

图 36.31　镜像 1

Step23. 创建图 36.32 所示的拉伸特征 3。在 创建 ▾ 区域中单击按钮，系统弹出“创建拉伸”对话框；单击“创建拉伸”对话框中的 创建二维草图 按钮，选取图 36.33 所示的面做为草图平面，进入草绘环境，绘制图 36.34 所示的截面草图；单击 草图 选项卡 返回到三维 区域中的按钮，在“拉伸”对话框 范围 区域中的下拉列表中选择 距离 选项，在“距离”下拉列表中输入数值 5.0,并将拉伸方向设置为“方向 1”类型；单击“拉伸”对话框中的 确定 按钮，完成拉伸特征 3 的创建。

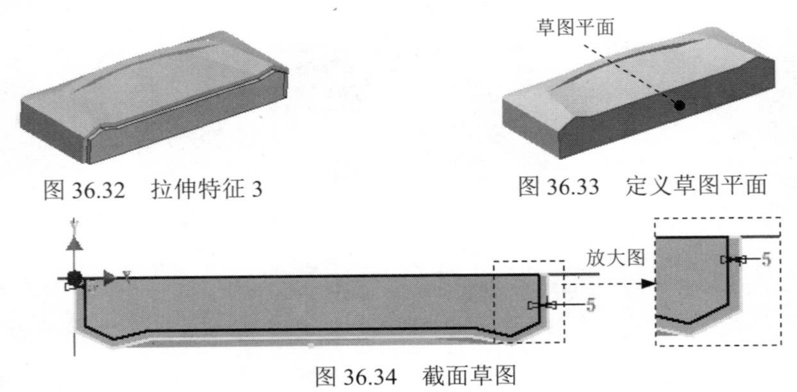

图 36.32　拉伸特征 3

图 36.33　定义草图平面

图 36.34　截面草图

Step24. 创建图 36.35 所示的倒圆特征 2。选取图 36.35a 所示的边线为倒圆的对象；输入倒圆角半径值 5。

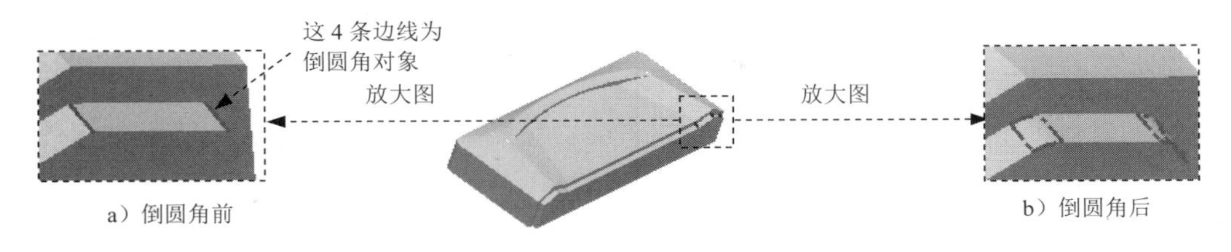

图 36.35 倒圆特征 2

Step25. 创建图 36.36 所示的抽壳特征 1。在 修改 ▼ 区域中单击 抽壳 按钮；在“抽壳”对话框 厚度 文本框中输入薄壁厚度值为 2.5；选择图 36.36a 所示的模型表面为要移除的面；单击“抽壳”对话框中的 确定 按钮，完成抽壳特征 1 的创建。

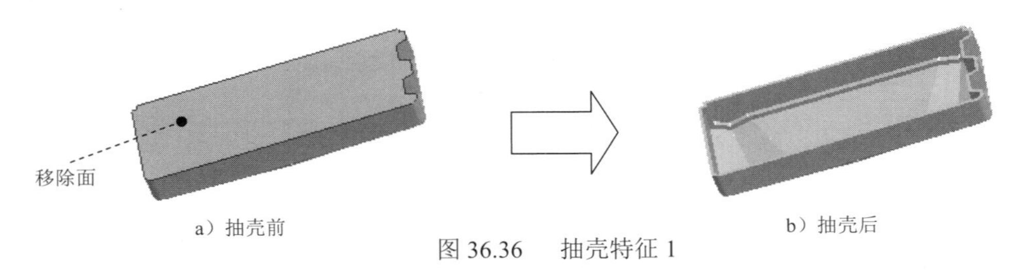

图 36.36 抽壳特征 1

Step26. 创建图 36.37 所示的倒圆特征 3。选取图 36.37a 所示的边线为倒圆的对象，输入倒圆角半径值 3。

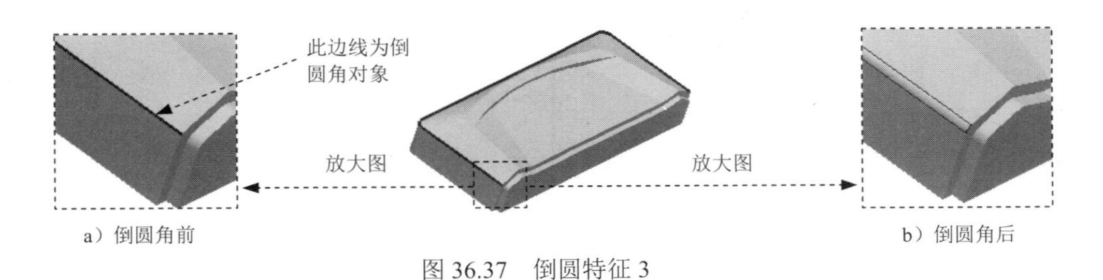

图 36.37 倒圆特征 3

Step27. 创建图 36.38 所示的倒圆特征 4。选取图 36.38a 所示的边线为倒圆的对象，输入倒圆角半径值 5。

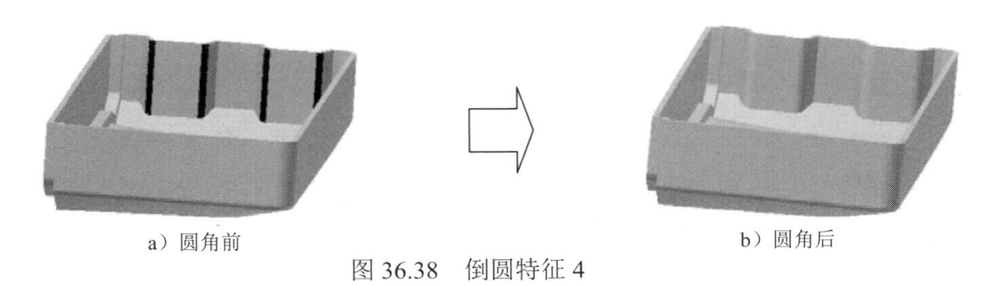

图 36.38 倒圆特征 4

Step28. 创建图 36.39 所示的拉伸特征 4。在 创建 ▾ 区域中单击 按钮，系统弹出“创建拉伸”对话框；单击“创建拉伸”对话框中的 创建二维草图 按钮，选取 XY 平面做为草图平面，进入草绘环境，绘制图 36.40 所示的截面草图；单击 草图 选项卡 返回到三维 区域中的 按钮，首先将布尔运算设置为“求差”类型 ，并将拉伸方向设置为“不对称”类型 ；在“拉伸”对话框 范围 区域中的两个下拉列表中选择 距离 选项，并分别输入拉伸深度值 80 与 45；单击“拉伸”对话框中的 确定 按钮，完成拉伸特征 4 的创建。

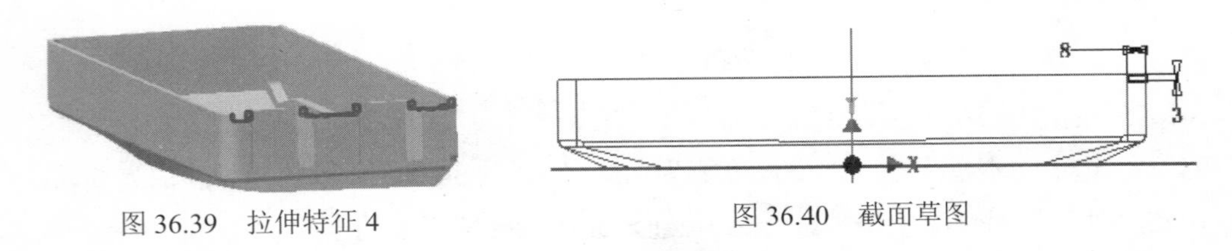

图 36.39　拉伸特征 4　　　图 36.40　截面草图

Step29. 创建草图 5。选取图 36.41 所示的模型表面作为草图平面，绘制图 36.42 所示的草图 5。

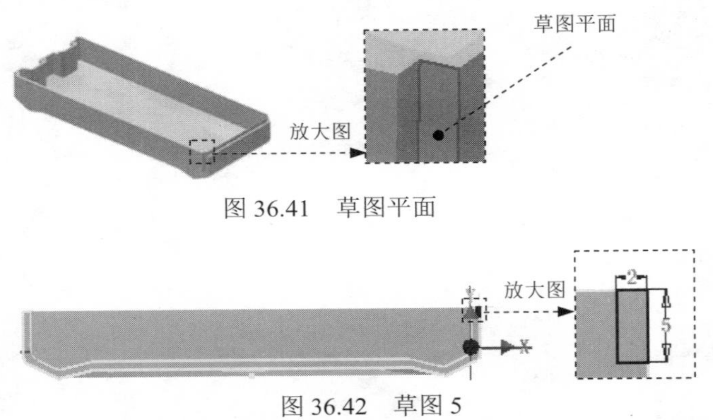

图 36.41　草图平面

图 36.42　草图 5

Step30. 创建三维草图 2。在 三维模型 选项卡 草图 区域单击 开始创建三维草图 按钮；单击“包括几何图元” 按钮，选取图 36.43 所示的边线；单击“完成草图”按钮 ，完成三维草图 2 的创建。

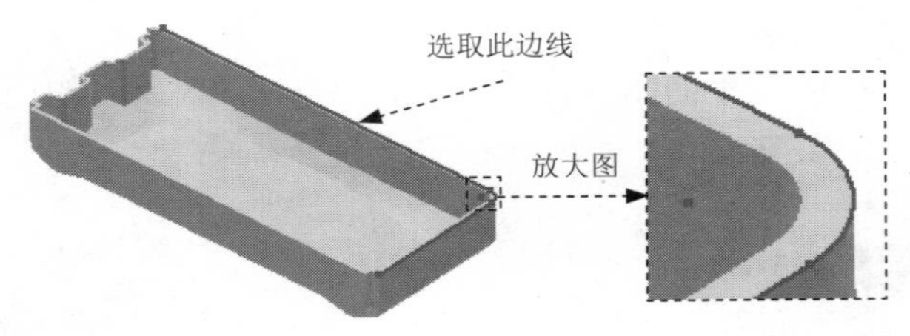

图 36.43　三维草图 2

Step31. 创建图 36.44 所示的扫掠。在 创建 ▾ 区域中单击“扫掠”按钮 扫掠；在“扫掠”对话框中单击 按钮，然后在图形区中选取三维草图 2 作为扫掠轨迹，完成扫掠轨迹的选取；在“扫掠”对话框中将布尔运算设置为“求差” 类型 ，在 类型 区域的下拉列表中选择路径，其他参数接受系统默认设置；单击“扫掠”对话框中的确定按钮，完成扫掠特征的创建。

Step32. 创建图 36.45 所示的工作平面 2。在定位特征区域中单击“平面”按钮下的平面，选择从平面偏移命令；选取 XY 平面作为参考平面，输入要偏距的距离 25；单击按钮完成工作平面 2 的创建。

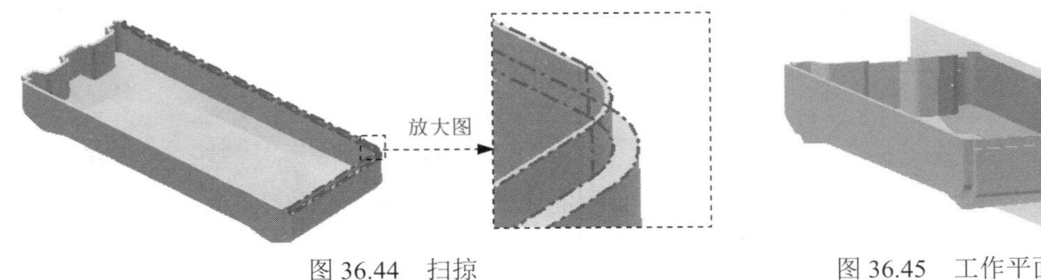

图 36.44 扫掠　　　图 36.45 工作平面 2

Step33. 创建图 36.46 所示的拉伸特征 5。在创建区域中单击按钮，系统弹出“创建拉伸”对话框；单击“创建拉伸”对话框中的创建二维草图按钮，选取工作平面 2 作为草图平面，进入草绘环境，绘制图 36.47 所示的截面草图；单击草图选项卡返回到三维区域中的按钮，在“拉伸”对话框范围区域中的下拉列表中选择距离选项，在“距离”下拉列表中输入数值 18.0，将拉伸类型设置为“方向 2”；单击“拉伸”对话框中的确定按钮，完成拉伸特征 5 的创建。

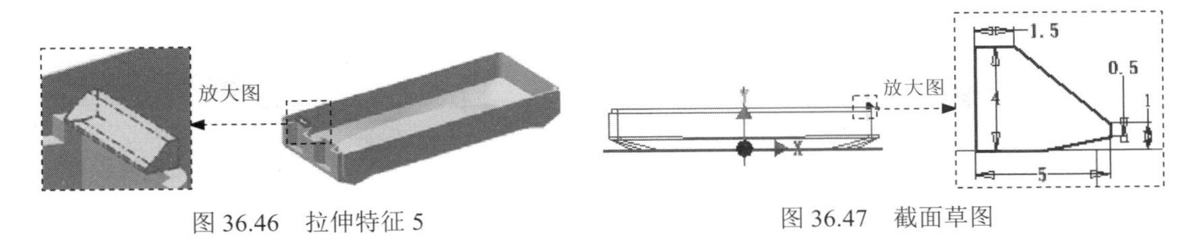

图 36.46 拉伸特征 5　　　图 36.47 截面草图

Step34. 创建图 36.48 所示的工作平面 3（注：具体参数和操作参见随书光盘）。

Step35. 创建草图 6。选取工作平面 3 作为草图平面，绘制图 36.49 所示的草图 6。

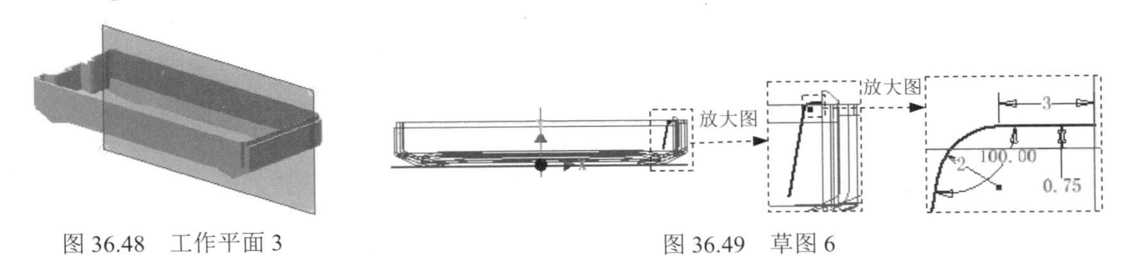

图 36.48 工作平面 3　　　图 36.49 草图 6

Step36. 创建图 36.50 所示的加强筋 1。在创建区域中单击加强筋按钮；在绘图区域选取 Step35 中创建的草图 6；在“加强筋”对话框单击“平行于草图平面”按钮；在“加强筋”对话框中将结合图元的拉伸方向设置为“方向 2”，在厚度文本框中输入数值 2.0，将加强筋的生成方向设置为“双向”，其余参数接受系统默认设置；单击“加强筋”对话框中的 确定 按钮，完成加强筋 1 的创建。

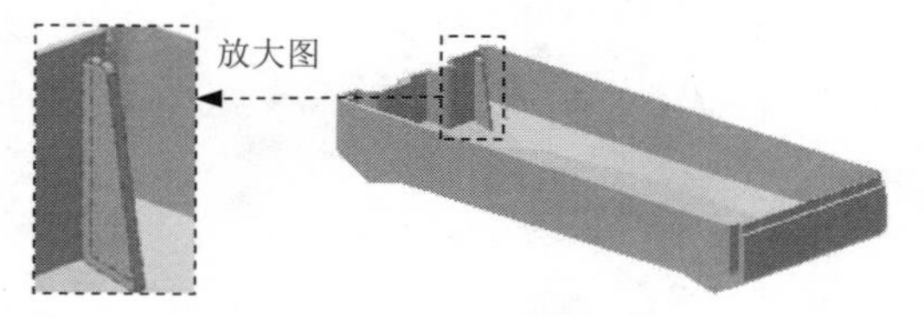

图 36.50　加强筋 1

Step37. 创建图 36.51 所示的镜像 2。在 阵列 区域中单击“镜像”按钮；在图形区中选取要镜像复制的加强筋 1（或在浏览器中选择“加强筋 1”特征）；单击“镜像”对话框中的 镜像平面 按钮，然后选取工作平面 2 作为镜像中心平面；单击“镜像”对话框中的 确定 按钮，完成镜像 2 的操作。

Step38. 创建图 36.52 所示的镜像 3。在 阵列 区域中单击“镜像”按钮；在图形区中选取要镜像复制的拉伸 5、加强筋 1 与镜像 2（或在浏览器中选择“拉伸 5”、“加强筋 1”与“镜像 2”特征）；单击“镜像”对话框中的 镜像平面 按钮，然后选取 XY 平面作为镜像中心平面；单击“镜像”对话框中的 确定 按钮，完成镜像 3 的操作。

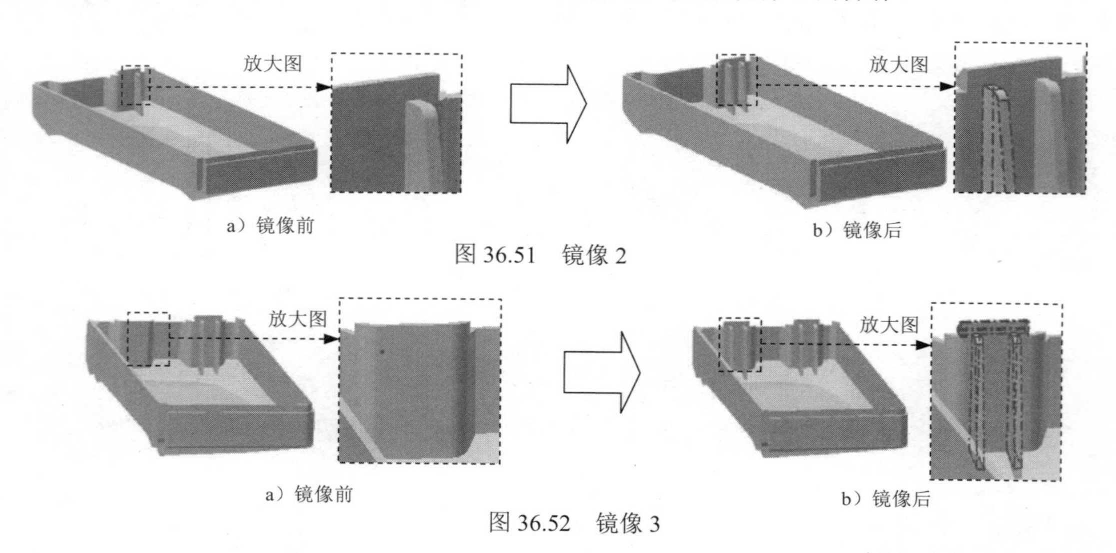

图 36.51　镜像 2

图 36.52　镜像 3

Step39. 创建图 36.53 所示的工作平面 4。在 定位特征 区域中单击“平面”按钮下的 平面，选择 从平面偏移 命令；选取 XZ 平面作为参考平面，输入要偏距的距离 25；单击按钮完成工作平面 4 的创建。

Step40. 创建图 36.54 所示的拉伸特征 6。在 创建 区域中单击按钮，系统弹出“创建拉伸”对话框；单击“创建拉伸”对话框中的 创建二维草图 按钮，选取工作平面 4 做为草图平面，进入草绘环境，绘制图 36.55 所示的截面草图；单击 草图 选项卡 返回到三维 区域中的按钮，在“拉伸”对话框 范围 区域中的下拉列表中选择 到表面或平面 选项，并将拉伸方向设置为“方向 2”类型；单击“拉伸”对话框中的 确定 按钮，完成拉伸特征 6 的创建。

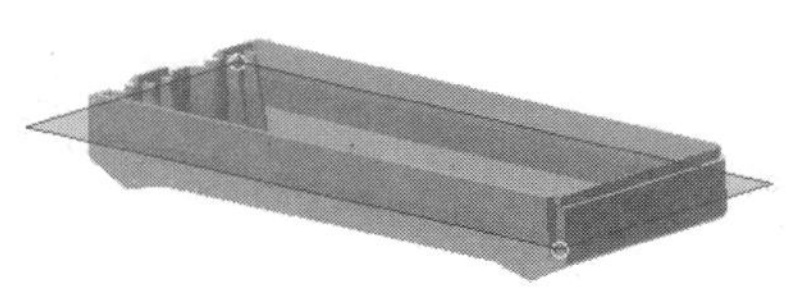

图 36.53 工作平面 4

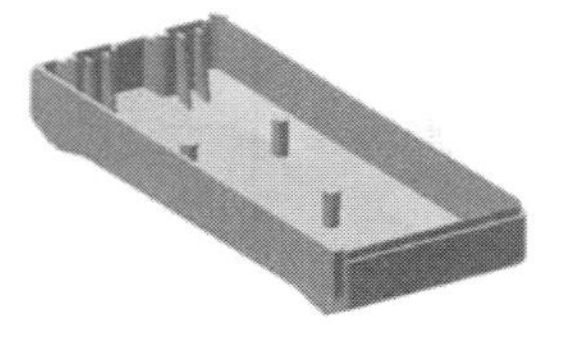

图 36.54 拉伸特征 6

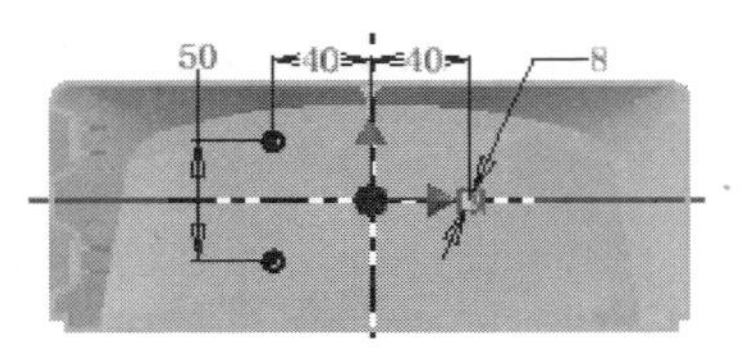

图 36.55 截面草图

Step41. 创建图 36.56 所示的孔 1。在 修改 区域中单击“孔”按钮；在绘图区域选取图 36.57 所示的模型表面作为孔的放置面；在“孔”对话框 放置 区域的下拉列表中选择 同心，然后选取图 36.58 所示的圆弧边线为孔的放置参考；在“孔”对话框中确认“沉头孔”与“螺纹孔”被选中，在 螺纹 区域 螺纹类型 下拉列表中选择 GB Metric profile 选项，在 尺寸 下拉列表中选择 5，在 规格 下拉列表中选择 M5x0.5，其余参数接受系统默认设置；在“孔”对话框 终止方式 区域的下拉列表中选择 距离 选项；在“孔”对话框孔预览图像区域输入图 36.59 所示的参数；单击“孔”对话框中的 确定 按钮，完成孔 1 的创建。

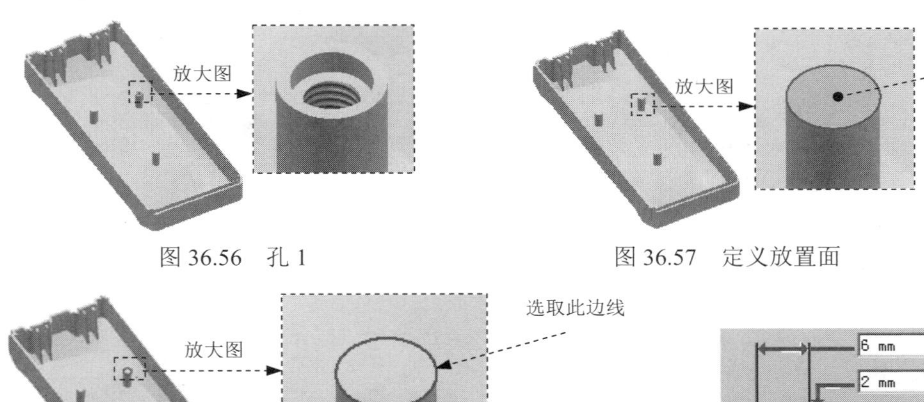

图 36.56 孔 1

图 36.57 定义放置面

图 36.58 定义孔的放置参考

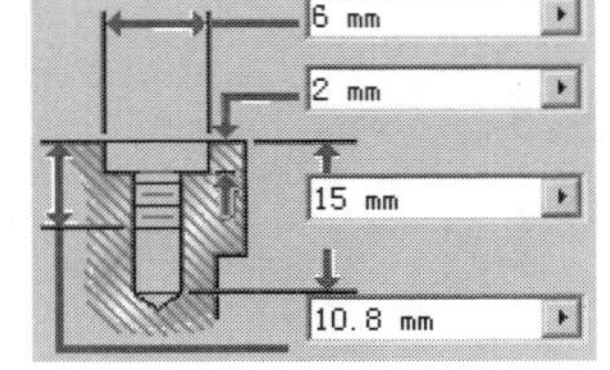

图 36.59 定义孔参数

Step42. 创建图 36.60 所示的孔 2，创建方法参照 Step41。

Step43. 创建图 36.61 所示的孔 3，创建方法参照 Step41。

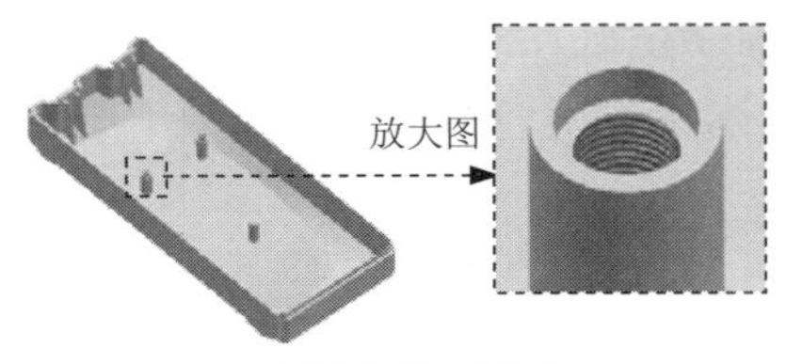

图 36.60 孔 2

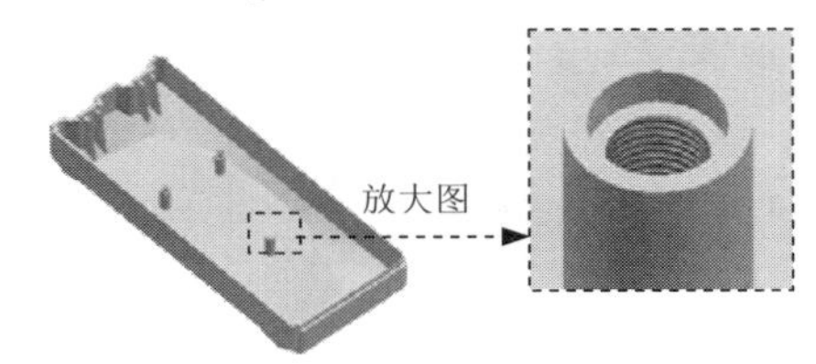

图 36.61 孔 3

Step44. 创建图 36.62 所示的工作平面 5（具体参数和操作参见随书光盘）。

Step45. 创建草图 7。选取图工作平面 5 作为草图平面，绘制图 36.63 所示的草图 7。

Step46. 创建图 36.64 所示的加强筋 2。在 创建 ▾ 区域中单击 加强筋 按钮；在绘图区域选取 Step45 中创建的草图 7；在“加强筋”对话框单击“平行于草图平面” 按钮；在“加强筋”对话框中将结合图元的拉伸方向设置为“方向 1” ，在 厚度 文本框中输入数值 2.0，将加强筋的生成方向设置为“双向” ，其余参数接受系统默认设置；单击“加强筋”对话框中的 确定 按钮，完成加强筋 2 的创建。

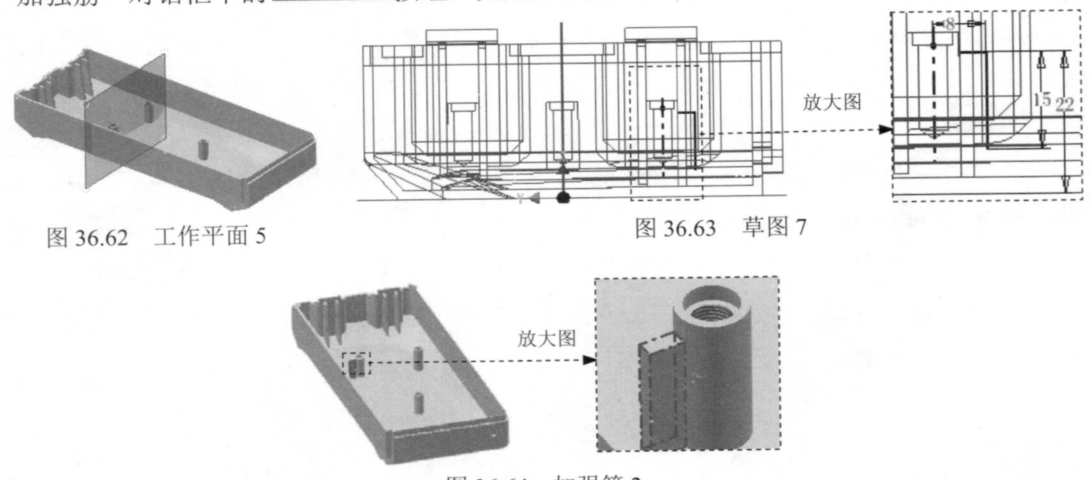

图 36.62　工作平面 5

图 36.63　草图 7

图 36.64　加强筋 2

Step47. 创建图 36.65 所示的环形阵列 1。在 阵列 区域中单击 按钮；在图形区中选取加强筋 2 特征（或在浏览器中选择“加强筋 2”特征）；在“环形阵列”对话框中单击 按钮，然后选取图 36.66 所示的面，在 放置 区域的 按钮后的文本框中输入数值 3，在 放置 区域的 按钮后的文本框中输入数值 180；单击 确定 按钮，完成环形阵列 1 的创建。

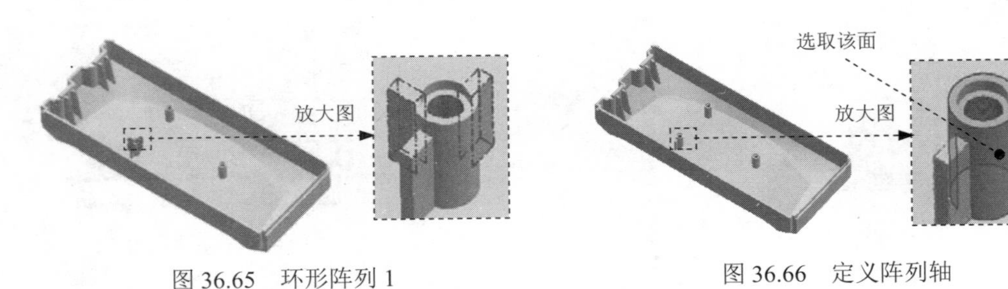

图 36.65　环形阵列 1

图 36.66　定义阵列轴

Step48. 创建图 36.67 所示的镜像 4。在 阵列 区域中单击“镜像”按钮 ；在图形区中选取要镜像复制的加强筋 2 与环形阵列 1（或在浏览器中选择“加强筋 2”与“环形阵列 1”特征）；单击“镜像”对话框中的 镜像平面 按钮，然后选取 XY 平面作为镜像中心平面；单击“镜像”对话框中的 确定 按钮，完成镜像 4 的操作。

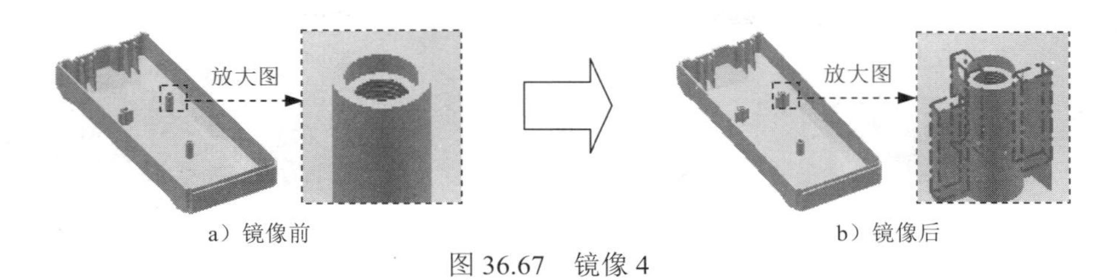

a）镜像前　　b）镜像后

图 36.67　镜像 4

Step49. 创建图 36.68 所示的工作平面 6。在 定位特征 区域中单击“平面”按钮 下的 平面，选择 从平面偏移 命令；选取 YZ 平面作为参考平面，输入要偏距的距离-40；单击 按钮完成工作平面 6 的创建。

Step50. 创建草图 8。选取工作平面 6 作为草图平面，绘制图 36.69 所示的草图 8。

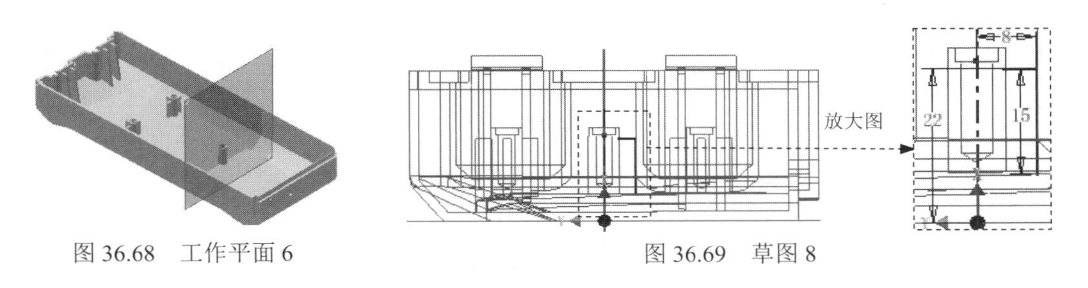

图 36.68　工作平面 6　　图 36.69　草图 8

Step51. 创建图 36.70 所示的加强筋 3。在 创建 区域中单击 加强筋 按钮；在绘图区域选取 Step50 中创建的草图 8；在“加强筋”对话框单击“平行于草图平面” 按钮；在“加强筋”对话框中将结合图元的拉伸方向设置为“方向 1” ，在 厚度 文本框中输入数值 2，将加强筋的生成方向设置为“双向” ，其余参数接受系统默认设置；单击“加强筋”对话框中的 确定 按钮，完成加强筋 3 的创建。

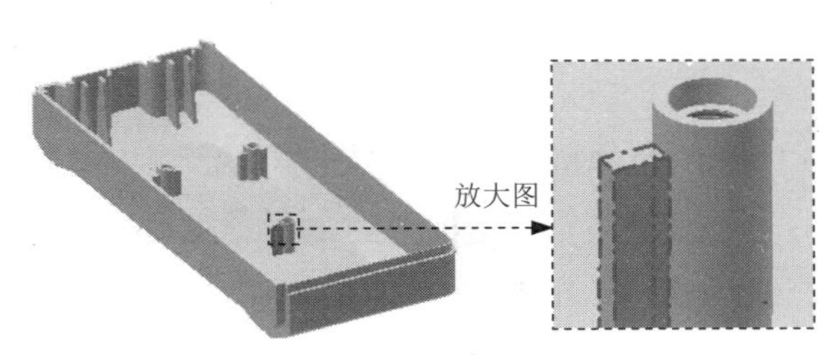

图 36.70　加强筋 3

Step52. 创建图 36.71 所示的镜像 5。在 阵列 区域中单击“镜像”按钮 ；在图形区中选取要镜像复制的加强筋 3（或在浏览器中选择“加强筋 3”特征）；单击“镜像”对话框中的 镜像平面 按钮，然后选取 XY 平面作为镜像中心平面；单击“镜像”对话框中的 确定 按钮，完成镜像 5 的操作。

Step53. 创建图 36.72 所示的倒圆特征 5，圆角半径值 0.5。

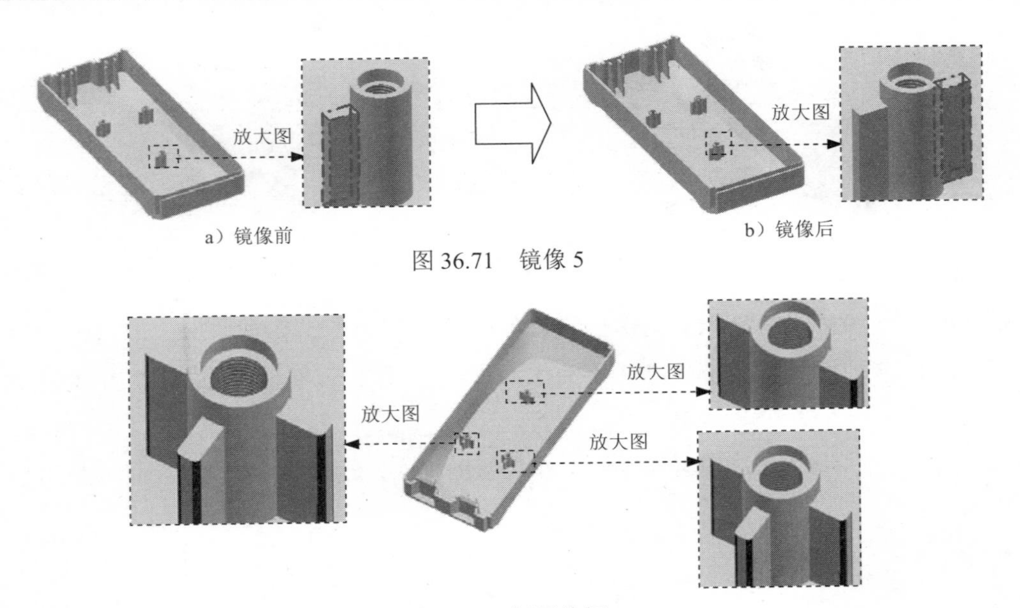

图 36.71　镜像 5

图 36.72　倒圆特征 5

Step54. 创建图 36.73 所示的倒圆特征 6，圆角半径值 0.2。

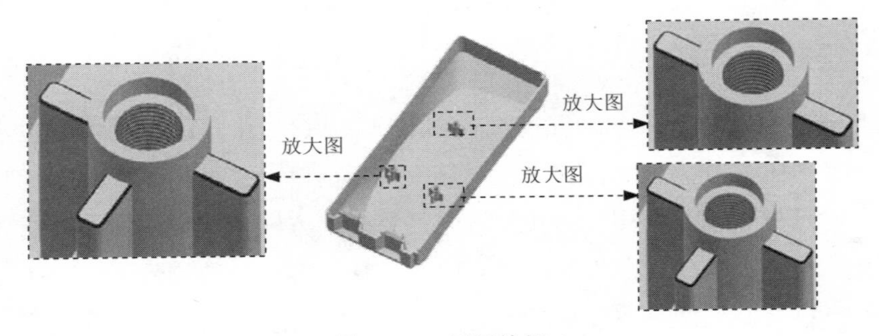

图 36.73　倒圆特征 6

Step55. 创建图 36.74 所示的工作平面 7（注：具体参数和操作参见随书光盘）。

Step56. 创建图 36.75 所示的拉伸特征 7。在 创建 ▾ 区域中单击 按钮，系统弹出“创建拉伸”对话框；单击“创建拉伸”对话框中的 创建二维草图 按钮，选取工作平面 7 做为草图平面，进入草绘环境，绘制图 36.76 所示的截面草图；单击 草图 选项卡 返回到三维 区域中的 按钮，在“拉伸”对话框 范围 区域中的下拉列表中选择 到表面或平面 选项，并将拉伸方向设置为“方向 2”类型 ；单击“拉伸”对话框中的 确定 按钮，完成拉伸特征 7 的创建。

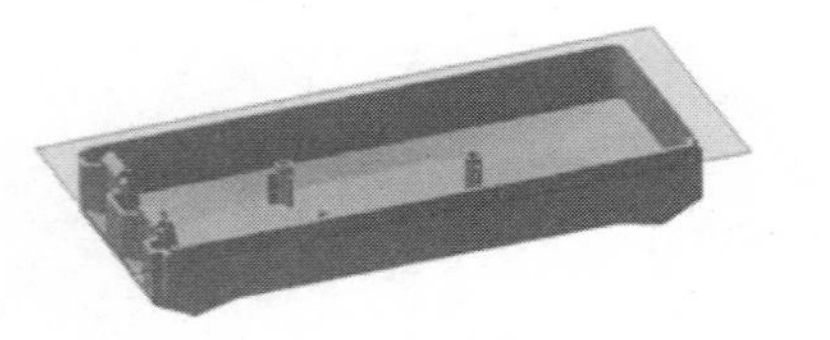

图 36.74　工作平面 7

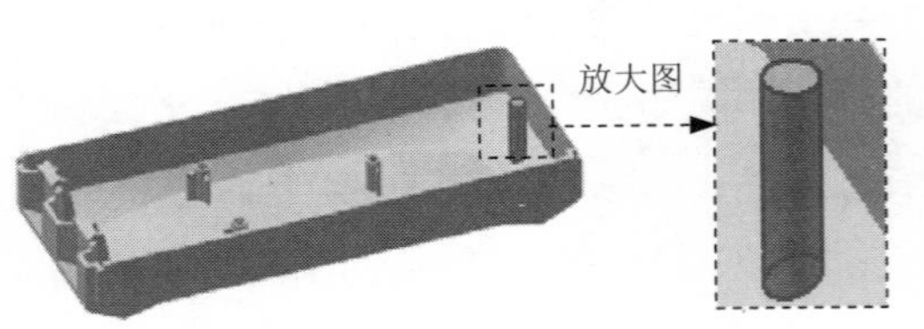

图 36.75　拉伸特征 7

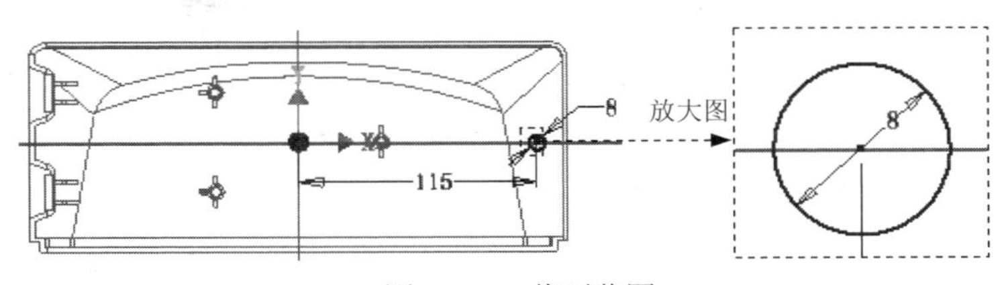

图 36.76 截面草图

Step57. 创建草图 9。选取 XY 平面作为草图平面，绘制图 36.77 所示的草图 9。

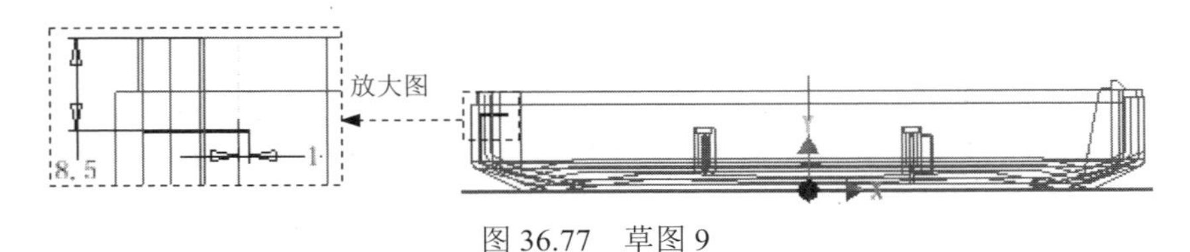

图 36.77 草图 9

Step58. 创建图 36.78 所示的加强筋 4。在 创建 ▾ 区域中单击 加强筋 按钮，在绘图区域选取 Step57 中创建的草图 9；在“加强筋”对话框单击“平行于草图平面” 按钮；在“加强筋”对话框中将结合图元的拉伸方向设置为“方向 1” ；在 厚度 文本框中输入数值 2，将加强筋的生成方向设置为“双向” ，其余参数接受系统默认设置；单击“加强筋”对话框中的 确定 按钮，完成加强筋 4 的创建。

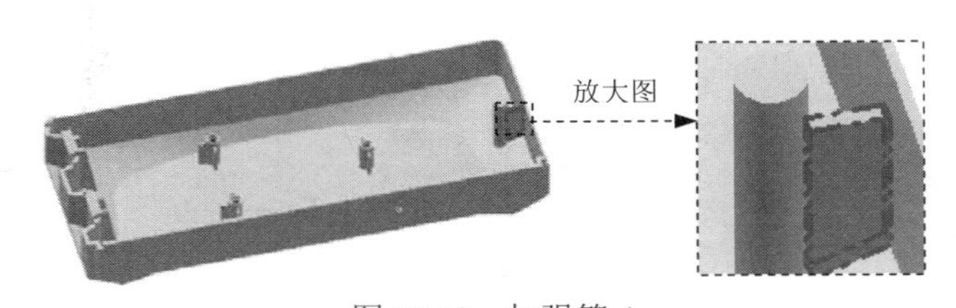

图 36.78 加强筋 4

Step59. 创建草图 10。选取 XY 平面作为草图平面，绘制图 36.79 所示的草图 10。

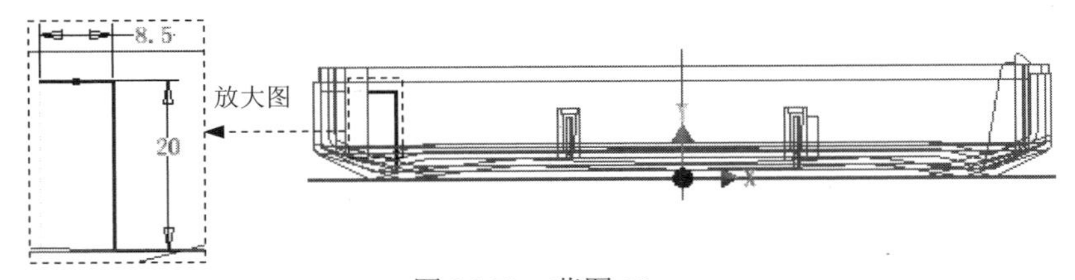

图 36.79 草图 10

Step60. 创建图 36.80 所示的加强筋 5。在 创建 ▾ 区域中单击 加强筋 按钮；在绘图区域选取 Step59 中创建的草图 10；在“加强筋”对话框单击“平行于草图平面” 按钮；在“加强筋”对话框中将结合图元的拉伸方向设置为“方向 1” ，在 厚度 文本框中输入数值 2，将加强筋的生成方向设置为“双向” ，其余参数接受系统默认设置；单击“加强筋”对话框中的 确定 按钮，完成加强筋 5 的创建。

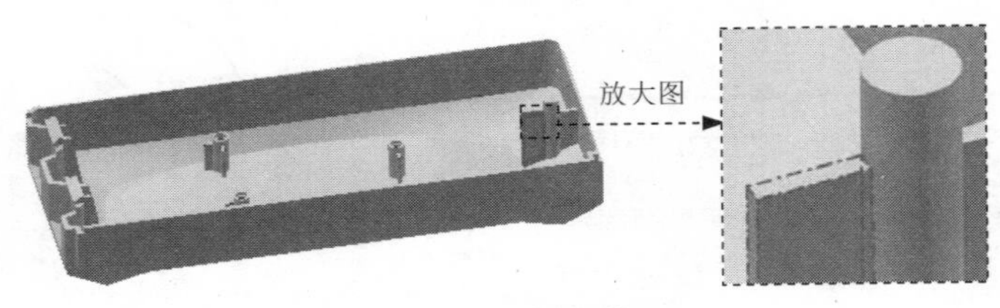

图 36.80　加强筋 5

Step61. 创建图 36.81 所示的环形阵列 2。在 阵列 区域中单击 按钮；在图形区中选取加强筋 2 特征（或在浏览器中选择“加强筋 2”特征）；在“环形阵列”对话框中单击 按钮，然后选取图 36.82 所示的面，在 放置 区域的 按钮后的文本框中输入数值 3，在 放置 区域的 按钮后的文本框中输入数值 180；单击 确定 按钮，完成环形阵列 2 的创建。

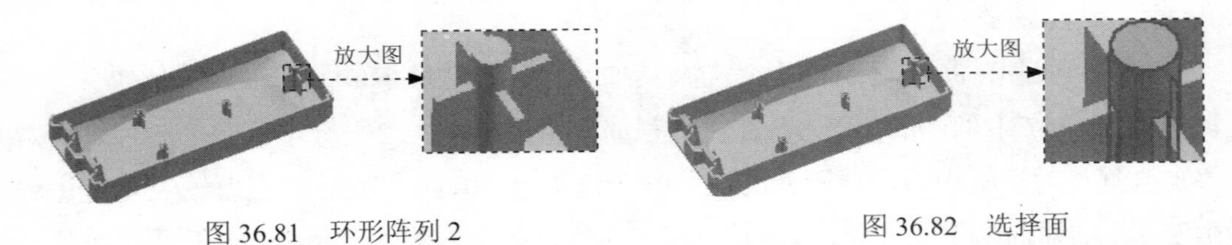

图 36.81　环形阵列 2　　　　图 36.82　选择面

Step62. 后面的详细操作过程请参见随书光盘中 video\ch36\reference\文件下的语音视频讲解文件 PANEL-r02.exe。

实例 37 瓶　　子

实例概述

本实例模型较复杂，在其设计过程中充分运用了旋转曲面、边界嵌片、投影到曲面、阵列和螺旋扫掠等命令。零件模型及浏览器如图 37.1 所示。

说明：本例前面的详细操作过程请参见随书光盘中 video\ch37\reference\文件下的语音视频讲解文件 BOTTLE-r01.exe。

Step1. 打开文件 D:\inv15.3\work\ch37\BOTTLE_ex.ipt。

Step2. 创建图 37.2 所示的工作平面 1。在 定位特征 区域中单击“平面”按钮下的 平面，选择 从平面偏移 命令；选取 XZ 平面作为参考平面，输入要偏距的距离 50；单击 按钮，完成工作平面 1 的创建。

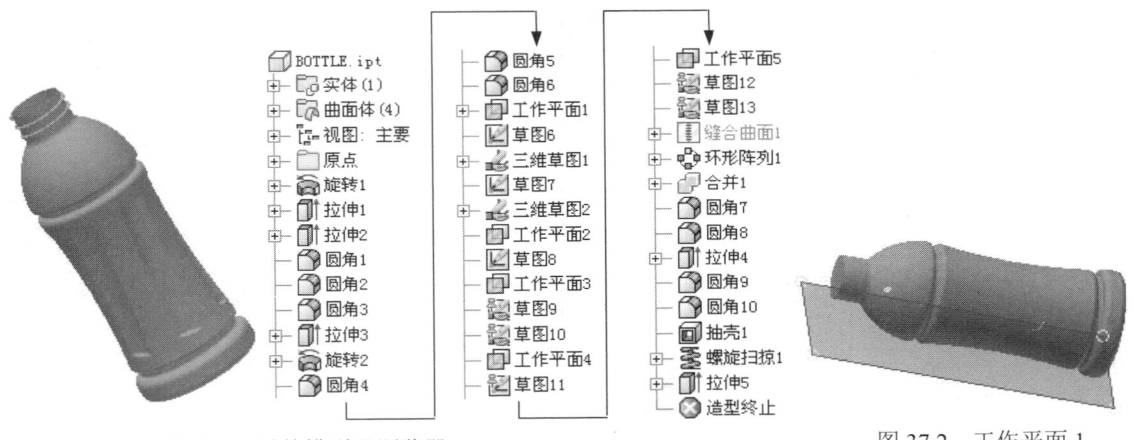

图 37.1　零件模型及浏览器

图 37.2　工作平面 1

Step3. 创建图 37.3 所示的草图 6。在 三维模型 选项卡 草图 区域单击 按钮，选取工作平面 1 作为草图平面，绘制图 37.3 所示的草图 6。

Step4. 创建图 37.4 所示的三维草图 1。单击 三维模型 选项卡 草图 区域中的 开始创建二维草图 按钮，选择 开始创建 三维草图 命令，系统进入三维草图设计环境；单击 三维草图 选项卡 绘制 区域中的“投影到曲面”按钮，系统弹出“将曲线投影到曲面”对话框；在系统 选择面、曲面特征或工作平面 的提示下选取图 37.5 所示的面为投影面；单击“将曲线投影到曲面”对话框中的 曲线 按钮，然后选取草图 6 作为投影曲线；在“将曲线投影到曲面”对话框 输出 区域选中“投影到最近点”按钮；单击 确定 按钮，单击“完成草图”按钮 完成草图，完成三维草图 1 的创建。

Step5. 创建图 37.6 所示的草图 7。在 三维模型 选项卡 草图 区域单击 按钮，选取工作平面 1 作为草图平面，绘制图 37.6 所示的草图 7。

Step6. 创建图 37.7 所示的三维草图 2。单击 三维模型 选项卡 草图 区域中的 开始创建二维草图 按钮，选择 开始创建 三维草图 命令，系统进入三维草图设计环境；单击 三维草图 选项卡 绘制 区域中的“投影到曲面”按钮，系统弹出“将曲线投影到曲面”对话框；在系统 选择面、曲面特征或工作平面 的提示下选取图 37.5 所示的面为投影面；单击“将曲线投影到曲面”对话框中的 曲线 按钮，然后选取草图 7 作为投影曲线；在“将曲线投影到曲面”对话框 输出 区域选中“投影到最近点”按钮；单击 确定 按钮，单击“完成草图”按钮 完成草图，完成三维草图 2 的创建。

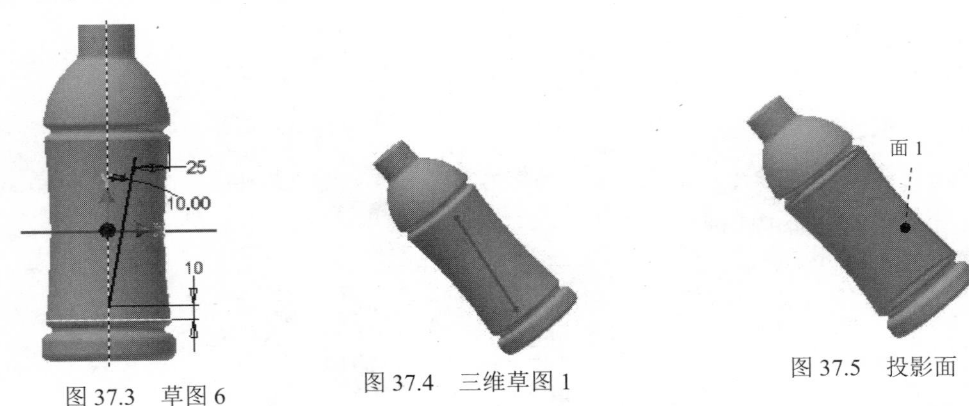

图 37.3　草图 6　　图 37.4　三维草图 1　　图 37.5　投影面

Step7. 创建图 37.8 所示的工作平面 2。在 定位特征 区域中单击“平面”按钮 下的 平面，选择 在指定点处与曲线垂直 命令；在绘图区域选取图 37.9 所示的点 1 为参考点，然后再选取图 37.9 所示的线为参考线，完成工作平面 2 的创建。

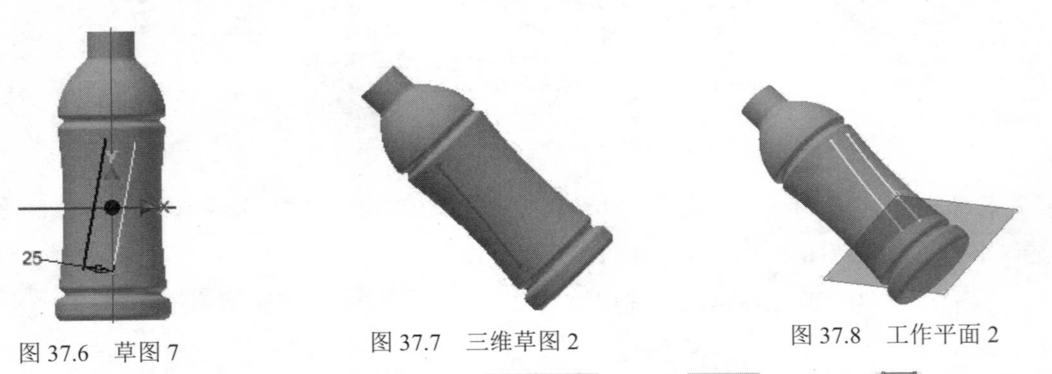

图 37.6　草图 7　　图 37.7　三维草图 2　　图 37.8　工作平面 2

Step8. 创建图 37.10 所示的草图 8。在 三维模型 选项卡 草图 区域单击 按钮，选取工作平面 2 作为草图平面，绘制图 37.10 所示的草图 8。

Step9. 创建图 37.11 所示的工作平面 3。在 定位特征 区域中单击“平面”按钮 下的 平面，选择 三点 命令；选取图 37.12 所示的点 1、点 2 与点 3 作为参考元素，完成工作平面 3 的创建。

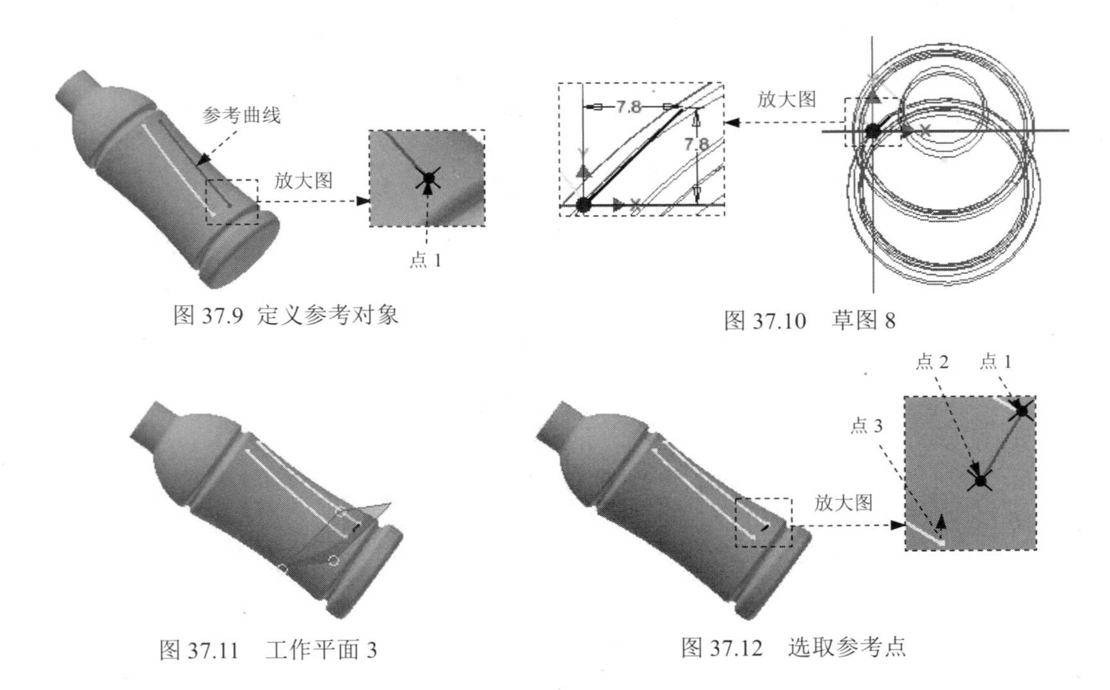

图 37.9 定义参考对象

图 37.10 草图 8

图 37.11 工作平面 3

图 37.12 选取参考点

Step10. 创建图 37.13 所示的草图 9。在 三维模型 选项卡 草图 区域单击 按钮，选取工作平面 3 作为草图平面，绘制图 37.14 所示的草图 9。

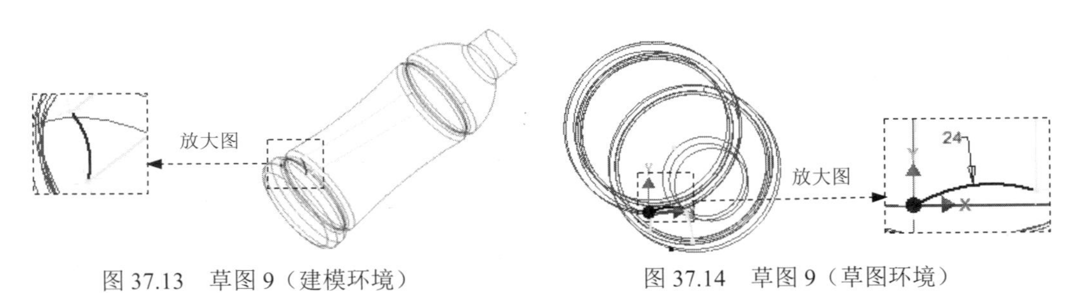

图 37.13 草图 9（建模环境）

图 37.14 草图 9（草图环境）

Step11. 创建图 37.15 所示的草图 10。在 三维模型 选项卡 草图 区域单击 按钮，选取工作平面 3 作为草图平面，绘制图 37.16 所示的草图 10。

Step12. 创建图 37.17 所示的工作平面 4。在 定位特征 区域中单击“平面”按钮 下的 平面，选择 在指定点处与曲线垂直 命令；在绘图区域选取图 37.18 所示的点 1 为参考点，然后再选取图 37.18 所示的线为参考线，完成工作平面 4 的创建。

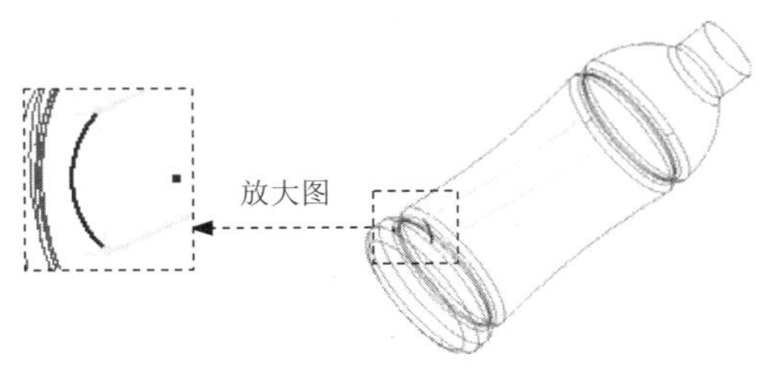

图 37.15 草图 10（建模环境）

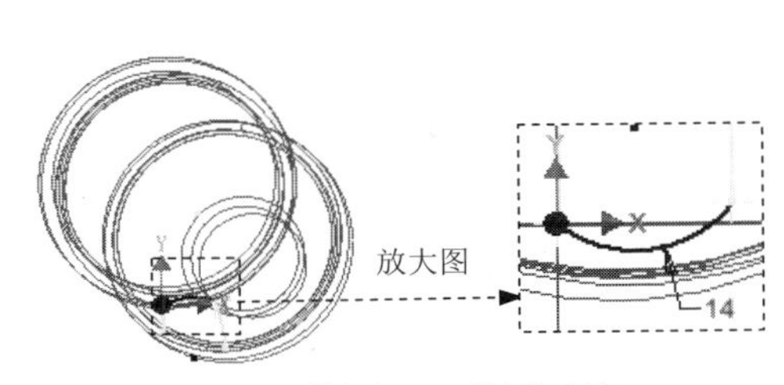

图 37.16 草图 10（草图环境）

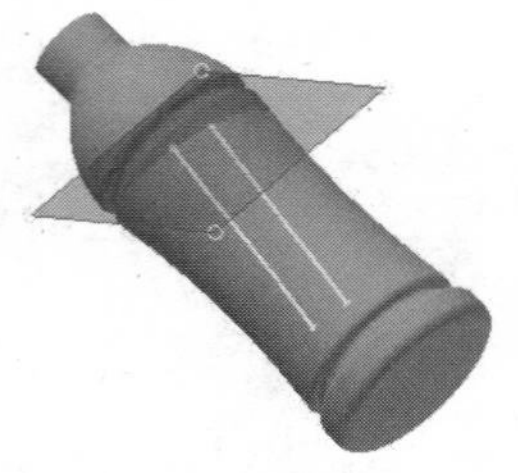

图 37.17　工作平面 4

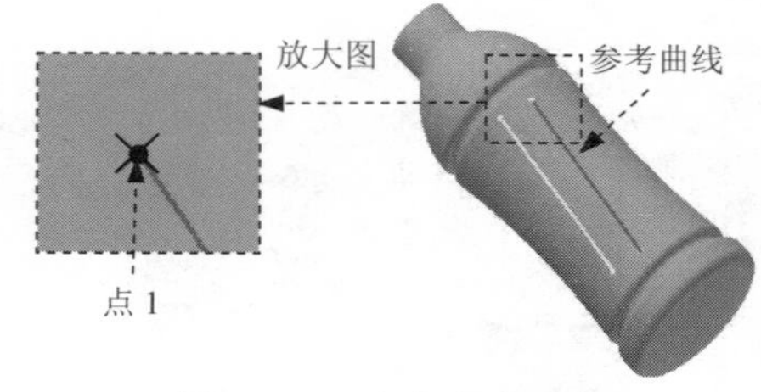

图 37.18　定义参考对象

Step13. 创建图 37.19 所示的草图 11。在 三维模型 选项卡 草图 区域单击 按钮，选取工作平面 4 作为草图平面，绘制图 37.19 所示的草图 11。

Step14. 创建图 37.20 所示的工作平面 5。在 定位特征 区域中单击“平面”按钮 下的 平面，选择 三点 命令；选取图 37.21 所示的点 1、点 2 与点 3 作为参考元素；完成工作平面 5 的创建。

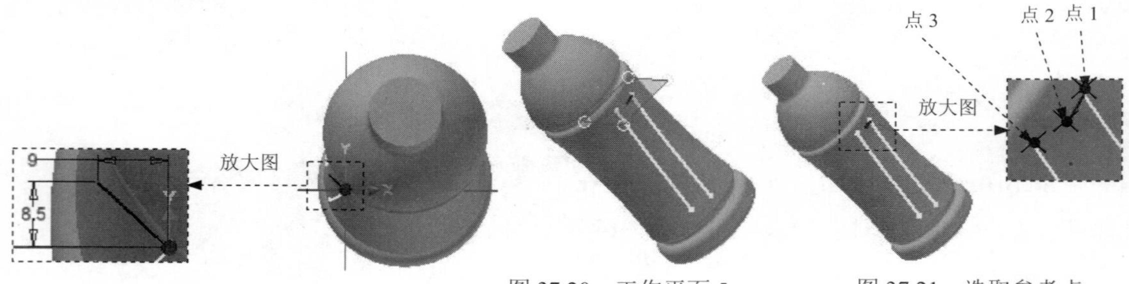

图 37.19　草图 11　　图 37.20　工作平面 5　　图 37.21　选取参考点

Step15. 创建图 37.22 所示的草图 12。在 三维模型 选项卡 草图 区域单击 按钮，选取工作平面 5 作为草图平面，绘制图 37.23 所示的草图 12。

Step16. 创建图 37.24 所示的草图 13。在 三维模型 选项卡 草图 区域单击 按钮，选取工作平面 5 作为草图平面，绘制图 37.25 所示的草图 13。

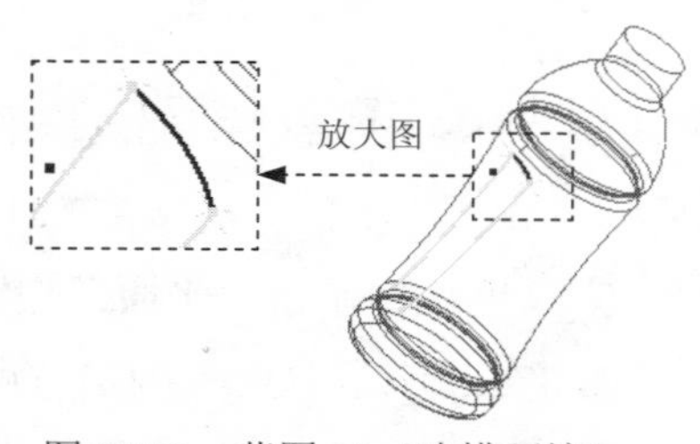

图 37.22　草图 12（建模环境）

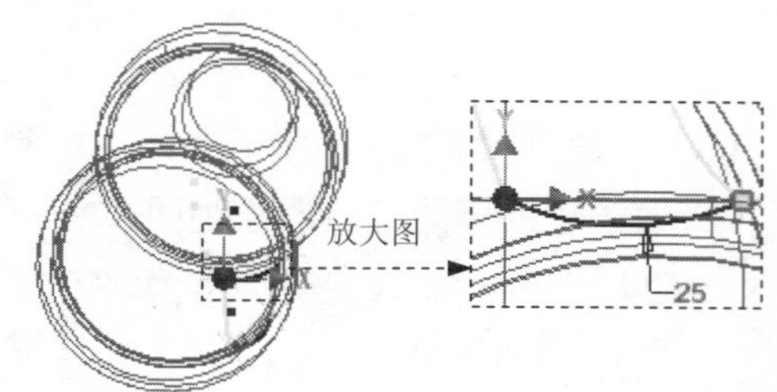

图 37.23　草图 12（草图环境）

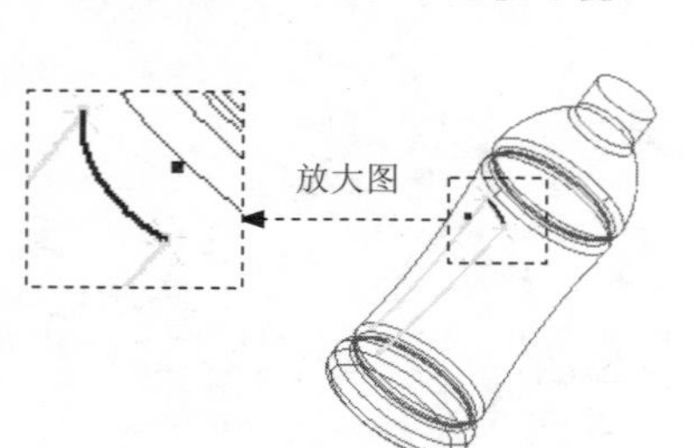

图 37.24　草图 13（建模环境）

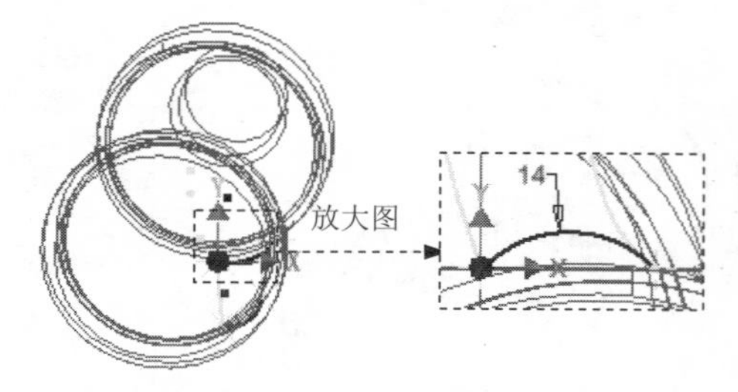

图 37.25　草图 13（草图环境）

Step17. 创建图 37.26 所示的放样曲面 1(实体已隐藏)。在 创建 ▾ 区域中单击 放样 按钮，系统弹出“放样”对话框；在“放样”对话框 输出 区域确认“曲面”按钮 被按下；选取草图 12 和草图 10 作为轮廓；在“放样”对话框 轨道 文本框中单击，然后选取三维草图 1 与三维草图 2 作为轨道线，其他参数接受系统默认设置；单击 确定 按钮，完成放样曲面 1 的创建。

Step18. 创建图 37.27 所示的放样曲面 2(实体已隐藏)。在 创建 ▾ 区域中单击 放样 按钮，在 输出 区域中选择类型为“曲面” ；选取草图 9 与草图 13 作为放样截面；选取三维草图 1 与三维草图 2 作为轨道线，单击 确定 按钮，完成放样曲面 2 的创建。

Step19. 创建边界嵌片 1（实体已隐藏），在 曲面 ▾ 区域中单击 按钮，选取图 37.28 所示的两条边线作为边界条件；单击 确定 按钮，完成边界嵌片 1 的创建。

Step20. 创建边界嵌片 2（实体已隐藏），在 曲面 ▾ 区域中单击 按钮，选取图 37.29 所示的两条边线作为边界条件；单击 确定 按钮，完成边界嵌片 2 的创建。

图 37.26　放样曲面 1　　图 37.27　放样曲面 2　　图 37.28　边界嵌片 1

Step21. 创建图 37.30 所示的缝合曲面 1（实体已显示）。在 曲面 ▾ 区域中单击 按钮，选取放样曲面 1、放样曲面 2、边界嵌片 1 与边界嵌片 2 作为缝合对象；单击 应用 按钮，单击 完毕 按钮，完成缝合曲面 1 的创建。

Step22. 创建图 37.31 所示的环形阵列 1。在 阵列 区域中单击 按钮，选取“缝合曲面 1”作为要阵列的特征，选取“Z 轴”作为环形阵列轴，阵列个数为 6，阵列角度为 360°，单击 确定 按钮，完成环形阵列 1 的创建。

图 37.29　边界嵌片 2

图 37.30　缝合曲面 1

图 37.31　环形阵列 1

Step23. 创建图 37.32 所示的合并 1。在 修改 ▾ 区域中单击 合并 按钮，系统弹出“分割”对话框；在绘图区域选取图 37.33 所示的实体作为要修改的实体；在绘图区域选取图

37.34 所示的实体作为工具体；在“合并”对话框中将布尔运算类型设置为“求差”类型 ；单击 确定 按钮，完成合并 1 的创建。

图 37.32　合并

图 37.33　选取要修改的体

图 37.34　选取工具体

Step24. 创建图 37.35 所示的倒圆特征 7。选取图 37.35a 所示的模型边线为倒圆的对象，输入倒圆角半径值 2.0。

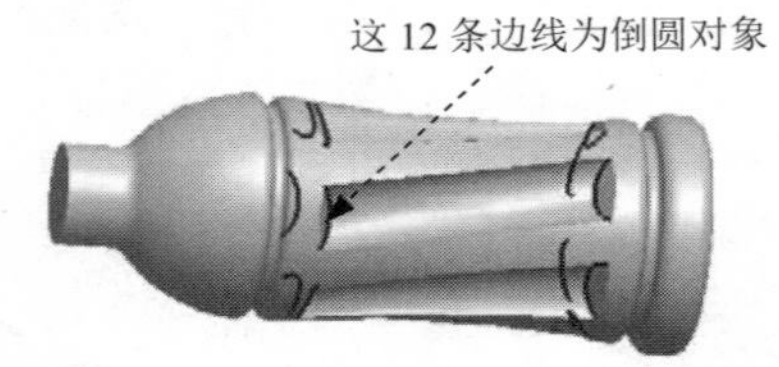

a）倒圆前

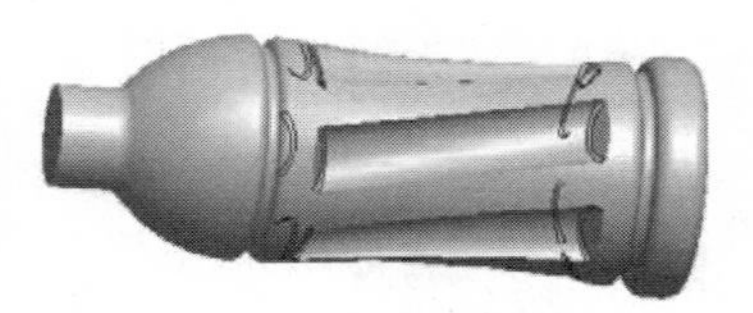
b）倒圆后

图 37.35　倒圆特征 7

Step25. 创建图 37.36 所示的倒圆特征 8。选取图 37.36 所示的模型边线为倒圆的对象，输入倒圆角半径值 2.0。

Step26. 创建图 37.37 所示的拉伸特征 4。在 创建 ▼ 区域中单击 按钮，选取图 37.38 所示的模型表面作为草图平面，绘制图 37.39 所示的截面草图，在“拉伸”对话框将布尔运算设置为“求差”类型 ，然后在 范围 区域中的下拉列表中选择 距离 选项，在“距离”下拉列表中输入数值 4.0，将拉伸方向设置为“方向 2”类型 ；单击“拉伸”对话框中的 确定 按钮，完成拉伸特征 4 的创建。

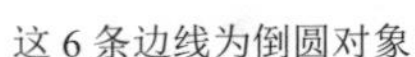

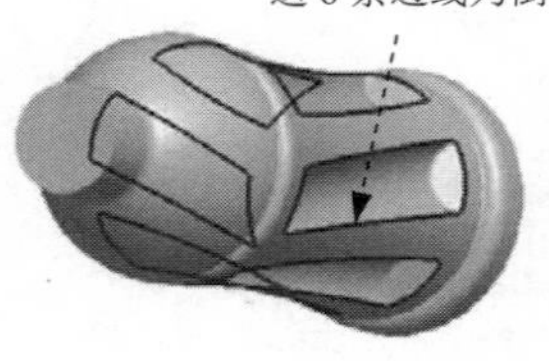
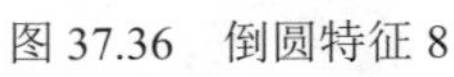
图 37.36　倒圆特征 8

图 37.37　拉伸特征 4

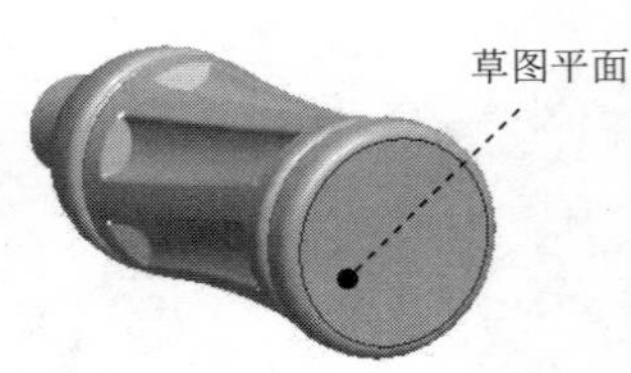

图 37.38　定义草图平面

Step27. 创建倒圆特征 9。选取图 37.40 所示的两条边线为倒圆的对象，输入倒圆角半径值 3.0。

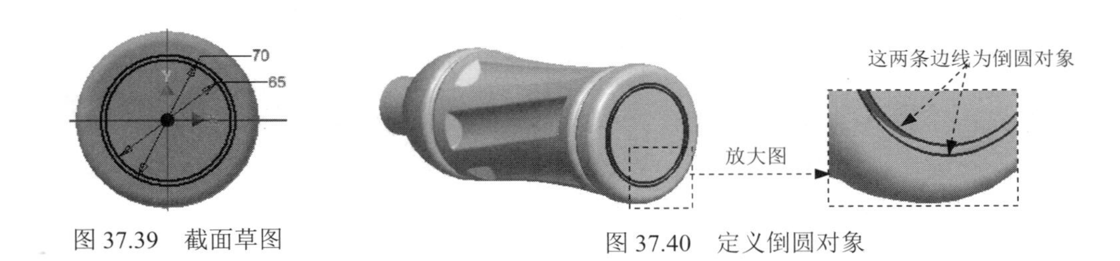

图 37.39 截面草图

图 37.40 定义倒圆对象

Step28. 创建图 37.41 所示的倒圆特征 10。选取图 37.41a 所示的模型边线为倒圆的对象，输入倒圆角半径值 1.0。

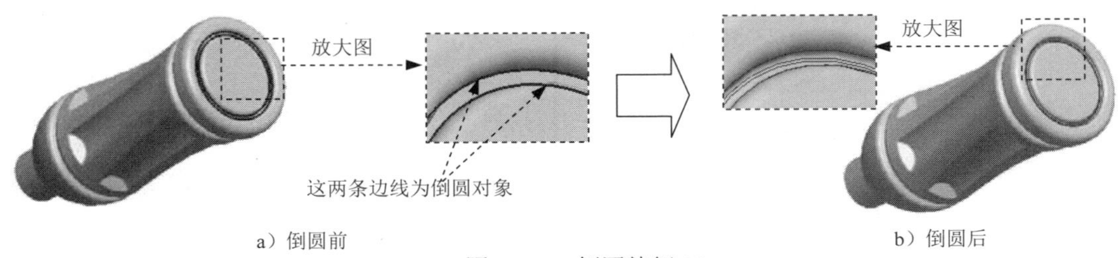

图 37.41 倒圆特征 10

Step29. 创建图 37.42 所示的抽壳特征。在 修改 ▾ 区域中单击 抽壳 按钮；在“抽壳”对话框 厚度 文本框中输入薄壁厚度值 1.0；在系统 选择要去除的表面 的提示下，选择图 37.42a 所示的模型表面为要移除的面；单击“抽壳”对话框中的 确定 按钮，完成抽壳特征的创建。

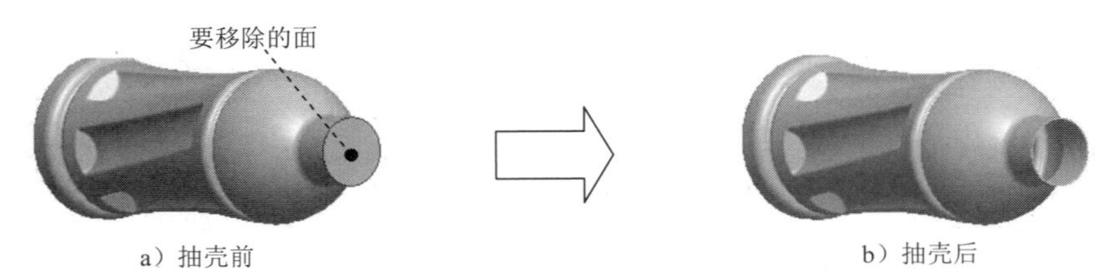

图 37.42 抽壳

Step30. 创建图 37.43 所示的草图 15。在 三维模型 选项卡 草图 区域单击 按钮，然后选择 XZ 平面为草图平面，系统进入草绘环境；绘制图 37.43 所示的草图，单击 按钮，退出草绘环境。

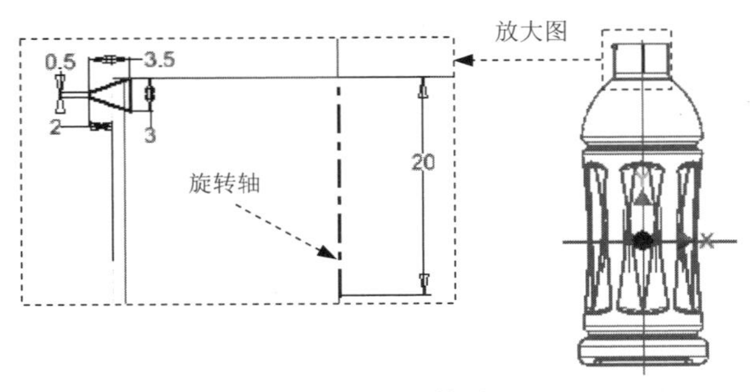

图 37.43 草图 15

Step31. 创建图 37.44 所示的螺旋扫掠 1。在 创建 ▼ 区域中单击 螺旋扫掠 按钮；在绘图区域单击 按钮，然后将图 37.43 所示的线定义作为旋转轴，单击 按钮调整方向；在“螺旋扫掠”对话框中，单击 螺旋规格 选项卡，在 类型 下拉类表中选择 螺距和高度 选项，然后在 螺距 文本框中输入数值 8.0，在 高度 文本框中输入数值 20；单击“螺旋扫掠”对话框中的 确定 按钮，完成螺旋扫掠 1 的创建。

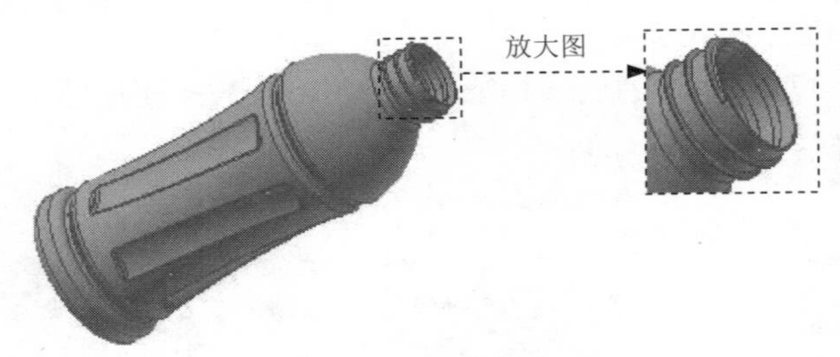

图 37.44　螺旋扫掠 1

Step32. 创建图 37.45 所示的拉伸特征 5。在 创建 ▼ 区域中单击 按钮，选取图 37.45 所示的模型表面作为草图平面，绘制图 37.46 所示的截面草图，在“拉伸”对话框将布尔运算设置为“求差”类型 ，然后在 范围 区域中的下拉列表中选择 距离 选项，在“距离”下拉列表中输入数值 70，将拉伸方向设置为“方向 2”类型 ；单击“拉伸”对话框中的 确定 按钮，完成拉伸特征 5 的创建。

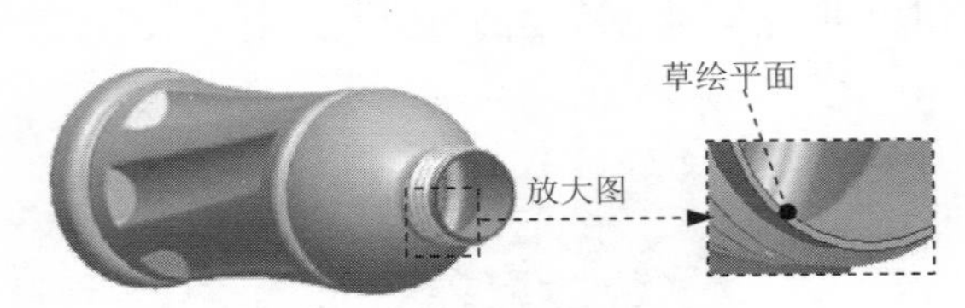

图 37.45　拉伸特征 5

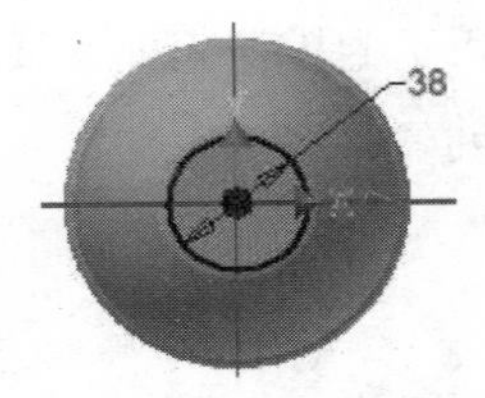

图 37.46　截面草图

Step33. 至此，零件模型创建完毕。选择下拉菜单 → 保存 命令，命名为 BOTTLE，即可保存零件模型。

实例 38　圆柱齿轮的参数化设计

实例概述

本实例将创建一个由用户参数通过关系式所控制的圆柱齿轮模型，使用的是一种典型的系列化产品的设计方法，它使产品的更新换代更加快捷、方便。模型及浏览器如图 38.1 所示。

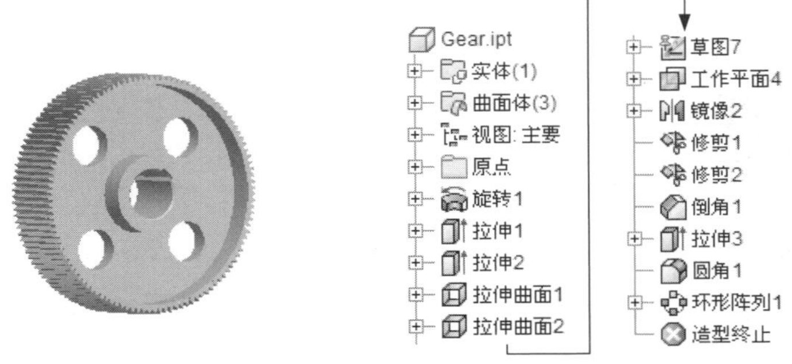

图 38.1　零件模型及浏览器

说明：本例前面的详细操作过程请参见随书光盘中 video\ch38\reference\文件下的语音视频讲解文件 Gear-r01.exei。

Step1. 打开文件 D:\inv15.3\work\ch38\Gear_ex.ipt。

Step2. 创建图 38.2 所示的旋转特征 1。

（1）在 创建 ▾ 区域中选择命令，选取 XY 平面为草图平面，绘制图 38.3 所示的截面草图（包括中心线；初始的外圆直径值可任意给出，此后将由关系式控制）。

（2）双击图 38.3a 所示的 80 尺寸，系统弹出“编辑尺寸”对话框，单击按钮在系统弹出的快捷菜单中选择 列出参数 命令，在系统弹出的“参数” 对话框中选择 齿厚，系统返回到“编辑参数”对话框，单击按钮。

（3）双击图 38.3a 所示的 20 尺寸，在系统弹出“编辑尺寸”文本框中输入“齿厚*0.25”，单击按钮。

图 38.2　旋转特征 1

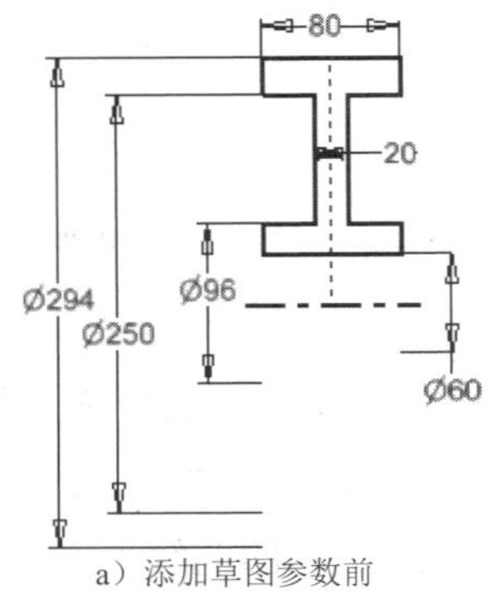

a）添加草图参数前

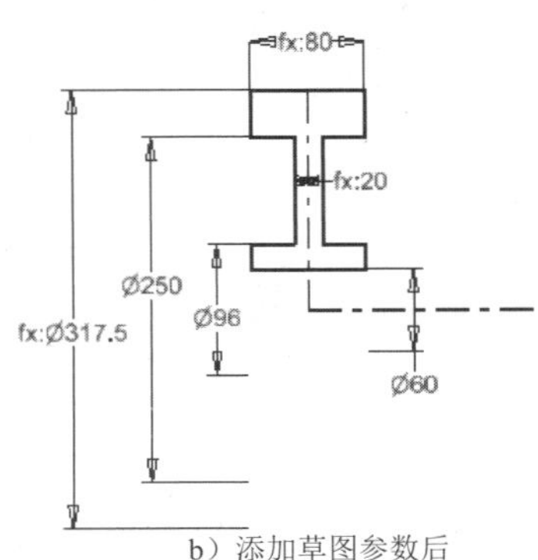

b）添加草图参数后

图 38.3　截面草图

（4）双击 294 的尺寸，在“编辑尺寸”文本框中输入“模数*齿数+模数*2”，单击 按钮，输入完成后草图如图 38.3b 所示。

（5）在“旋转”对话框 范围 区域的下拉列表中选中 全部 选项；单击“旋转”对话框中的 确定 按钮，完成旋转特征 1 的创建。

Step3. 创建图 38.4 所示的拉伸特征 1。在 创建 ▾ 区域中单击 按钮，选取 YZ 平面作为草图平面，绘制图 38.5 所示的截面草图，在“拉伸”对话框将布尔运算设置为“求差”类型 ，在 范围 区域中的下拉列表中选择 贯通 选项，并将拉伸方向设置为“对称”类型 ，单击“拉伸”对话框中的 确定 按钮，完成拉伸特征 1 的创建。

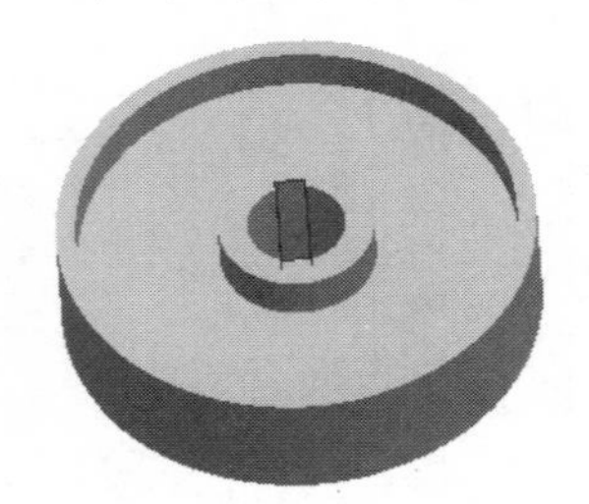

图 38.4 拉伸特征 1

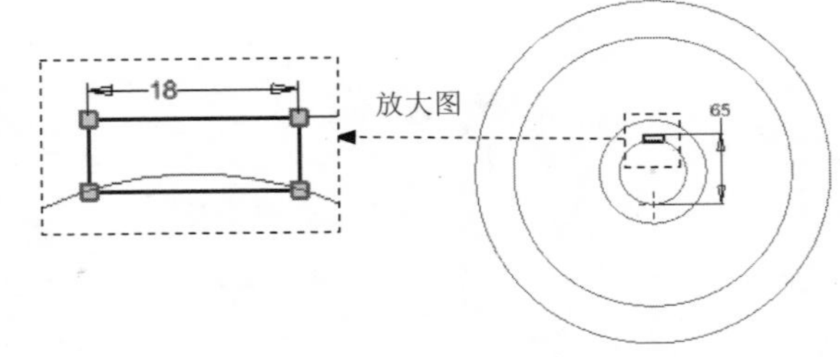

图 38.5 截面草图

Step4. 创建图 38.6 所示的拉伸特征 2。在 创建 ▾ 区域中单击 按钮，选取 YZ 平面作为草图平面，绘制图 38.7 所示的截面草图，在“拉伸”对话框将布尔运算设置为“求差”类型 ，在 范围 区域中的下拉列表中选择 贯通 选项，并将拉伸方向设置为“对称”类型 ，单击“拉伸”对话框中的 确定 按钮，完成拉伸特征 2 的创建。

Step5. 创建图 38.8 所示的草图 1。在 三维模型 选项卡 草图 区域单击 按钮，选取 YZ 平面作为草图平面，绘制图 38.8 所示的草图 1（直径值可任意给出，此后将由关系式控制），依次双击各圆直径尺寸，在系统弹出的“编辑尺寸”文本框中分别输入“模数*齿数”、“模数*齿数-模数*2.5”与“模数*齿数*cos（压力角）”，完成如图 38.9 所示的草图。

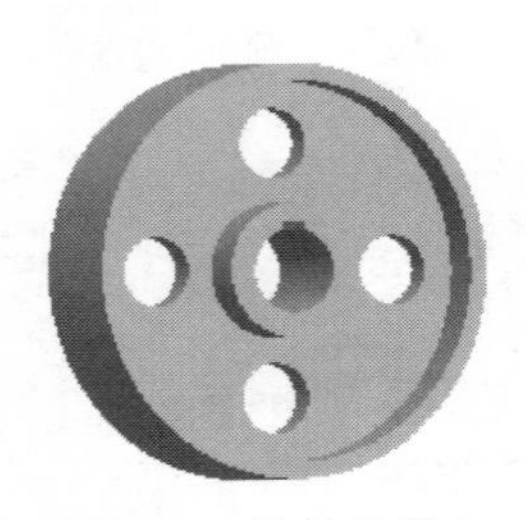

图 38.6 拉伸特征 2

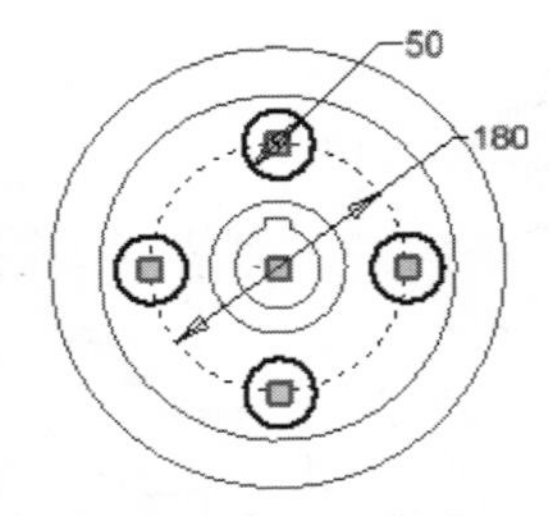

图 38.7 截面草图

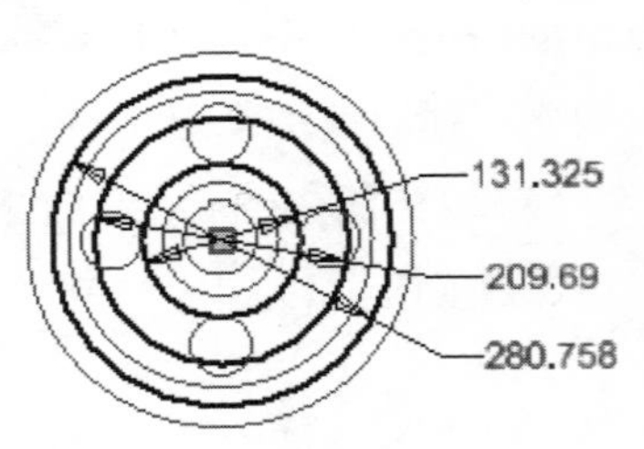

图 38.8 草图 1

Step6. 创建图 38.10 所示的拉伸曲面 1。在“拉伸”对话框 输出 区域中将输出类型设置为“曲面” ，选取图 38.10 所示的圆（直径为 306.25）为截面轮廓，在 范围 区域中的下拉列表中选择 距离 选项，在“距离”下拉列表中输入数值 100，并将拉伸方向设置为“对称”类型 ，单击“拉伸”对话框中的 确定 按钮，完成拉伸曲面 1 的创建。

Step7. 通过渐开线方程创建图 38.11 所示的曲线 1。在 三维模型 选项卡 草图 区域单击按钮，选取 YZ 平面作为草图平面，单击 创建 ▾ 区域中的“表达式函数”按钮 表达式曲线，在 x(t): 文本框中输入“模数*齿数*cos(压力角)/2*cos(t*60)+模数*齿数*cos(压力角)/2*(t*60*PI/180)*sin(t*60)”，在 y(t): 文本框中输入“模数*齿数*cos(压力角)/2*sin(t*60)-模数*齿数*cos(压力角)/2*(t*60*PI/180)*cos(t*60)”，在 tmin: 文本框中输入数值 0.001，单击 ✓ 按钮，单击 ✓ 按钮完成曲线 1 的创建。

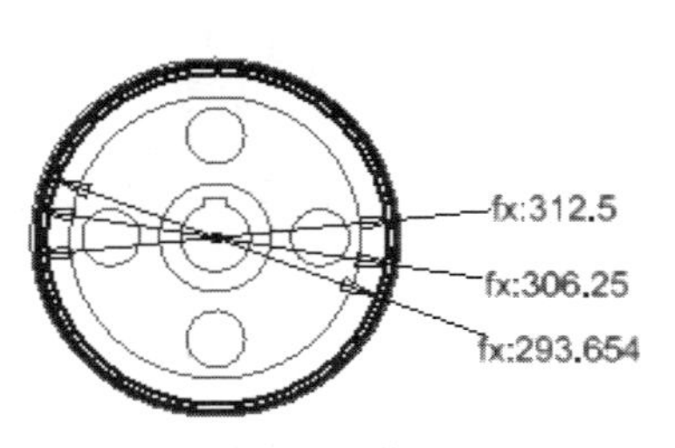

图 38.9　草图 1

图 38.10　拉伸曲面 1

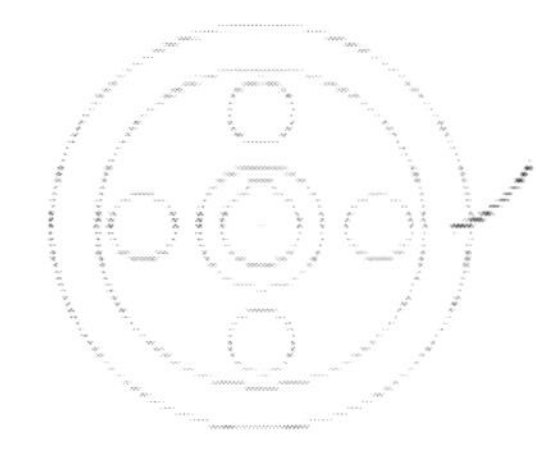
图 38.11　曲线 1

Step8. 创建图 38.12 所示的拉伸曲面 2。在“拉伸”对话框 输出 区域中将输出类型设置为“曲面”，选取 Step7 中创建的曲线 1 作为截面轮廓，在 范围 区域中的下拉列表中选择 距离 选项，在“距离”下拉列表中输入数值 100，并将拉伸方向设置为“对称”类型，单击“拉伸”对话框中的 确定 按钮，完成拉伸曲面 2 的创建。

Step9. 创建图 38.13 所示的草图 2。在 三维模型 选项卡 草图 区域单击 按钮，选取 YZ 平面作为草图平面，绘制图 38.13 所示的草图 2。

说明：此草图创建了一个中心点，该点为直径 312.5 的圆弧与渐开线的交点。

Step10. 创建图 38.14 所示的工作点 1。在 定位特征 区域中单击“工作点”按钮 后的小三角 ▾，选择 边回路的中心点 命令；选取图 38.15 所示的模型表面，完成工作点 1 的创建。

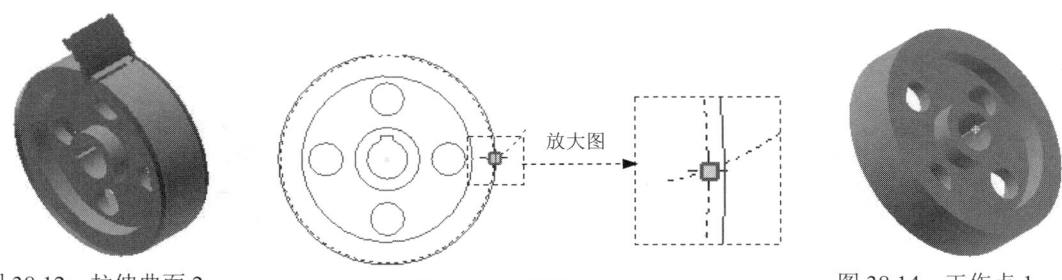

图 38.12　拉伸曲面 2　　图 38.13　草图 2　　图 38.14　工作点 1

Step11. 创建图 38.16 所示的工作点 2。具体操作可参照上一步。

Step12. 创建图 38.17 所示的工作平面 1（本步的详细操作过程请参见随书光盘中 video\ch38\reference\文件下的语音视频讲解文件 Gear-r02.exe）。

Step13. 创建图 38.18 所示的工作平面 2（本步的详细操作过程请参见随书光盘中 video\ch38\reference\文件下的语音视频讲解文件 Gear-r03.exe）。

Step14. 创建图 38.19 所示的镜像 1。在 阵列 区域中单击“镜像”按钮，选取“拉伸曲面 2”为要镜像的特征，然后选取工作平面 2 作为镜像中心平面，单击“镜像”对话框中的 确定 按钮，完成镜像 1 的操作。

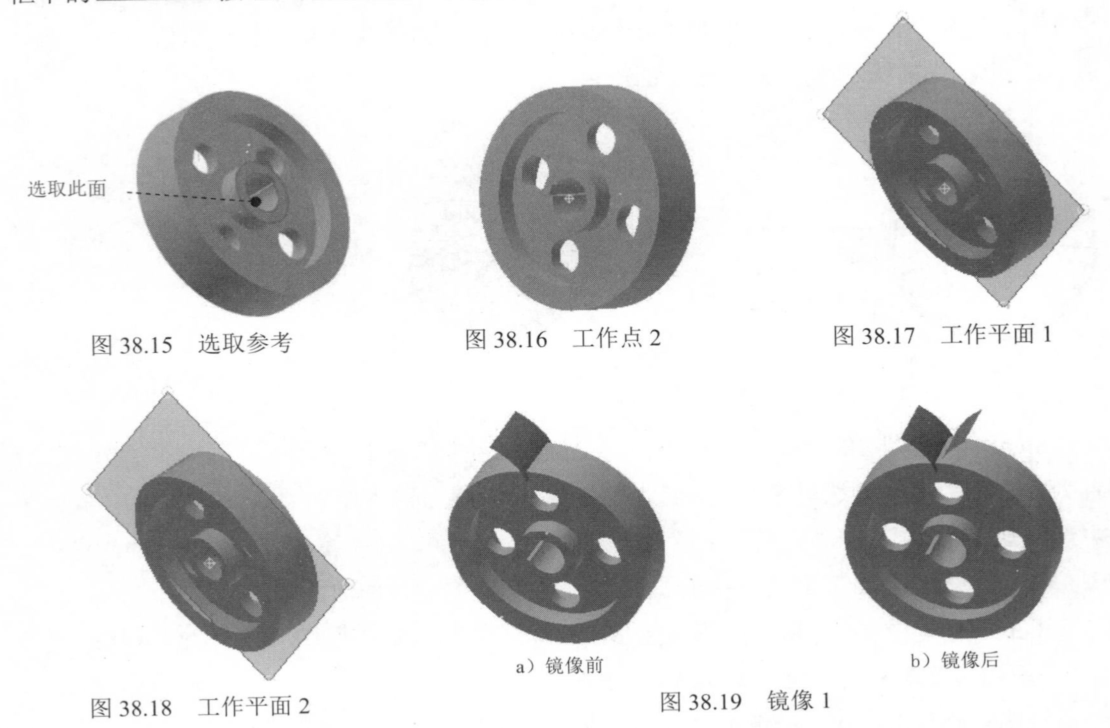

图 38.15　选取参考

图 38.16　工作点 2

图 38.17　工作平面 1

图 38.18　工作平面 2

图 38.19　镜像 1

Step15. 创建图 38.20 所示的修剪 1。在 曲面 ▾ 区域中单击“修剪”按钮，系统弹出“修剪曲面”对话框；在系统 选择曲面、工作平面或草图作为切割工具 的提示下选取图 38.20a 所示的面为切割工具；在系统 选择要删除的面 的提示下选取图 38.21 所示的面为要删除的面；单击 确定 按钮，完成曲面修剪 1 的创建。

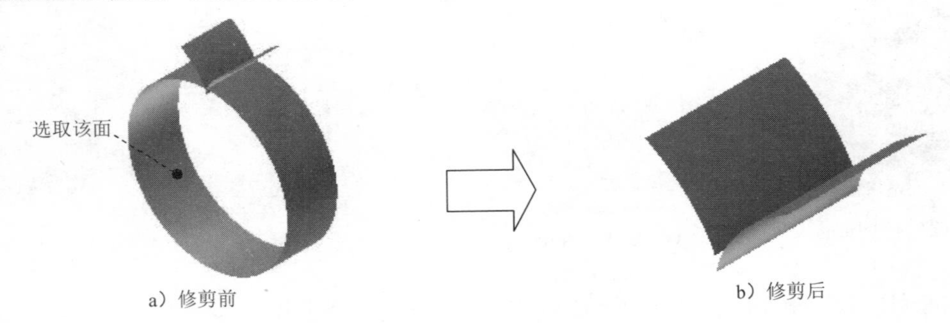

图 38.20　修剪 1

Step16. 创建图 38.22 所示的修剪 2。具体操作可参照上一步。

Step17. 创建图 38.23 所示的倒角特征 1。选取图 38.23 所示的模型边线为倒角的对象，输入倒角值 2.0。

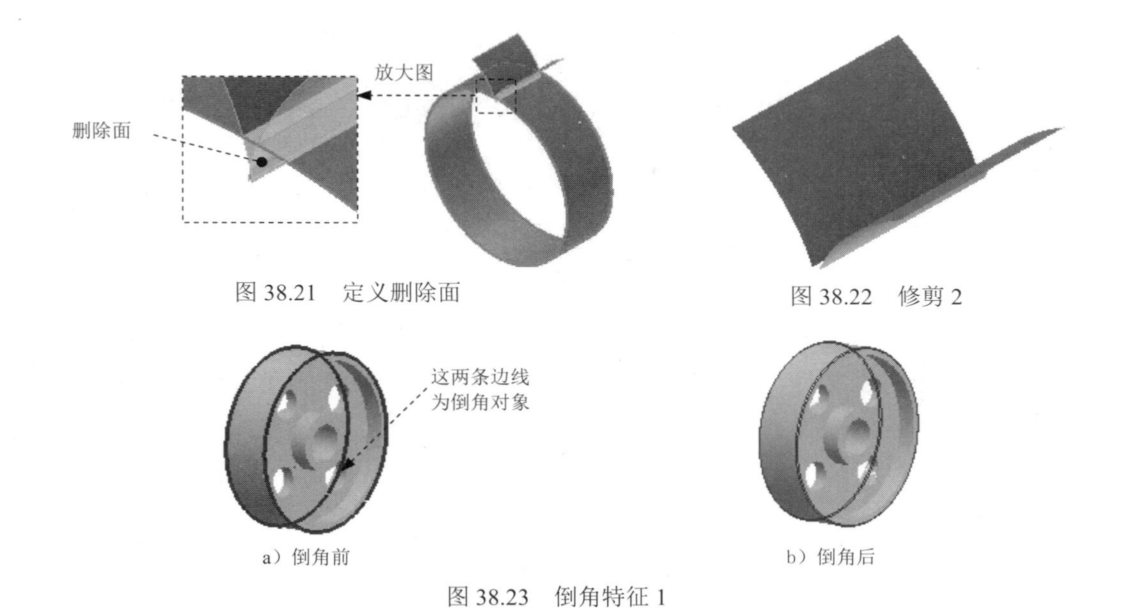

图 38.21　定义删除面

图 38.22　修剪 2

图 38.23　倒角特征 1

Step18. 创建图 38.24 所示的拉伸特征 3。在 创建 ▾ 区域中单击按钮，选取 YZ 平面所示的模型表面作为草图平面，绘制图 38.25 所示的截面草图，在“拉伸”对话框将布尔运算设置为“求差”类型，然后在 范围 区域中的下拉列表中选择 贯通 选项，将拉伸方向设置为“对称”类型；单击“拉伸”对话框中的 确定 按钮，完成拉伸特征 3 的创建。

图 38.24　拉伸特征 3

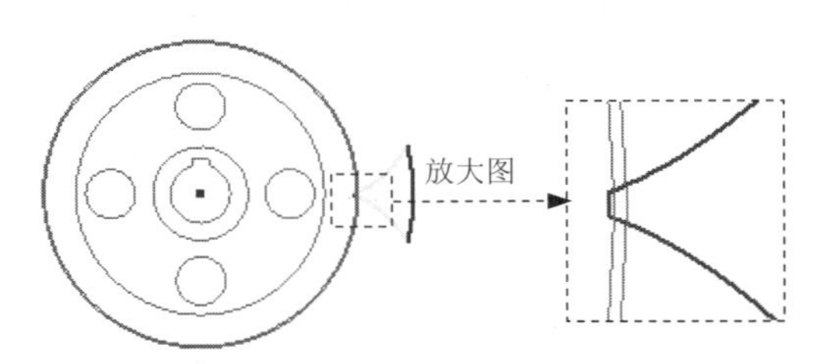

图 38.25　截面草图

Step19. 后面的详细操作过程请参见随书光盘中 video\ch38\reference\文件下的语音视频讲解文件 Gear-r04.exe。

实例39 球 轴 承

39.1 概 述

本实例介绍球轴承的创建和装配过程：首先创建轴承的内环、保持架及滚珠，它们分别生成一个模型文件，然后装配模型，并在装配体中创建轴承外环。其中，创建外环时用到的“在装配体中创建零件模型”的方法。装配组件模型如图 39.1.1 所示。

39.2 轴 承 内 环

轴承内环零件模型及浏览器如图 39.2.1 所示。

图 39.1.1 球轴承装配组件模型

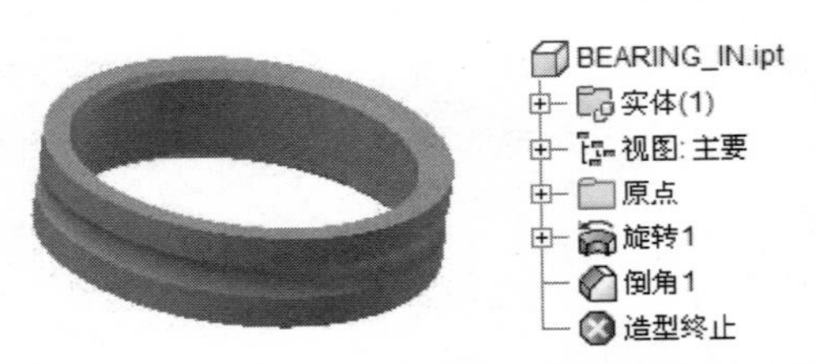

图 39.2.1 轴承内环零件模型及浏览器

Step1. 新建一个零件模型，进入建模环境。

Step2. 创建图 39.2.2 所示的旋转特征 1。在 创建 ▾ 区域中单击按钮，系统弹出“创建旋转”对话框；单击“创建旋转”对话框中的 创建二维草图 按钮，选取 YZ 平面为草图平面，进入草绘环境，绘制图 39.2.3 所示的截面草图；单击 草图 选项卡 返回到三维 区域中的按钮,在“旋转”对话框 范围 区域的下拉列表中选中 全部 选项；单击“旋转”对话框中的 确定 按钮，完成旋转特征 1 的创建。

图 39.2.2 旋转特征 1

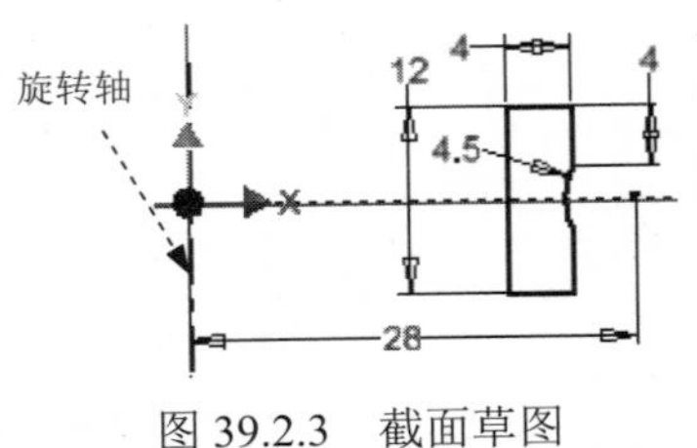

图 39.2.3 截面草图

Step3. 创建图 39.2.4 所示的倒角特征。在 修改 ▾ 区域中单击 倒角 按钮；在“倒角”

对话框中定义倒角类型为“倒角边长”选项；选取模型中要倒角的边线，在系统的提示下，选取图 39.2.4a 所示的模型边线为倒角的对象；在“倒角”对话框倒角边长文本框中输入数值 1.0；单击“倒角”对话框中的确定按钮，完成倒角特征的定义。

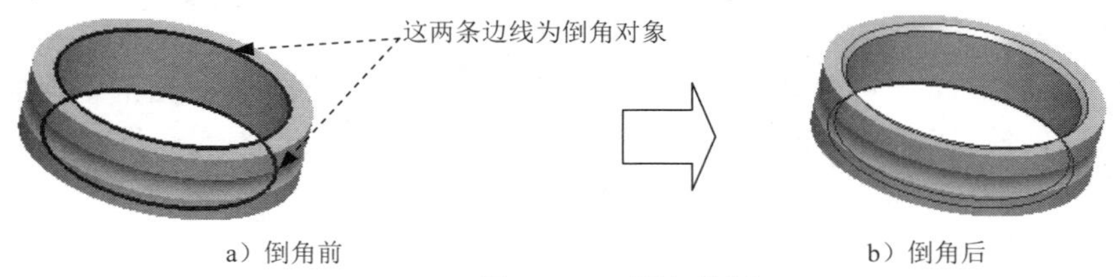

a）倒角前　　b）倒角后

图 39.2.4 倒角特征

Step4. 至此，零件模型创建完毕。选择下拉菜单 → 保存命令，命名为 BEARING_IN，即可保存零件模型。

39.3 轴承保持架

轴承保持架零件模型及浏览器如图 39.3.1 所示。

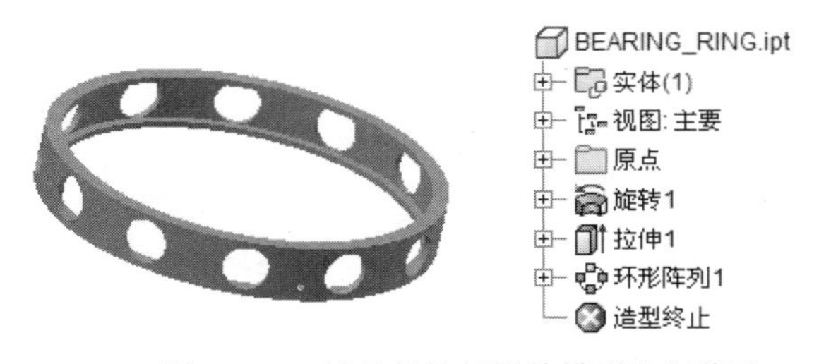

图 39.3.1 轴承保持架零件模型及浏览器

Step1. 新建一个零件模型，进入建模环境。

Step2. 创建图 39.3.2 所示的旋转特征 1。在创建 ▾区域中单击按钮，系统弹出“创建旋转”对话框；单击“创建旋转”对话框中的创建二维草图按钮，选取 YZ 平面为草图平面，进入草绘环境，绘制图 39.3.3 所示的截面草图；单击草图选项卡返回到三维区域中的按钮,在“旋转”对话框范围区域的下拉列表中选中全部选项；单击“旋转”对话框中的确定按钮，完成旋转特征 1 的创建。

图 39.3.2 旋转特征 1

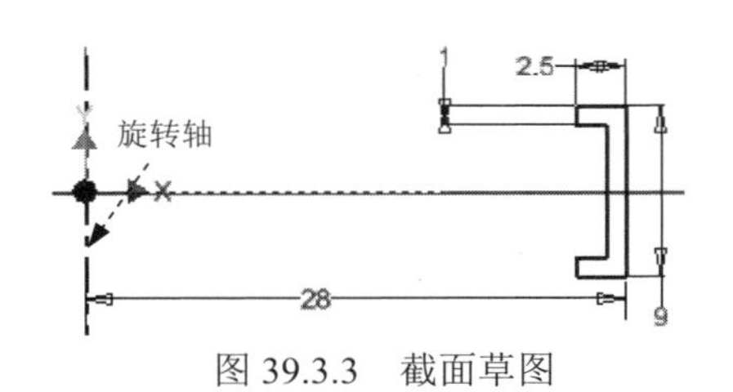

图 39.3.3 截面草图

Step3. 创建图 39.3.4 所示的拉伸特征 1。在 创建 ▾ 区域中单击按钮，系统弹出“创建拉伸”对话框；单击“创建拉伸”对话框中的 创建二维草图 按钮，选取 YZ 平面作为草图平面，进入草绘环境，绘制图 39.3.5 所示的截面草图；单击 草图 选项卡 返回到三维 区域中的按钮，在“拉伸”对话框中将布尔运算设置为“求差”类型，在 范围 区域中的下拉列表中选择 贯通 选项，将拉伸方向设置为“方向 2”类型；单击“拉伸”对话框中的 确定 按钮，完成拉伸特征 1 的创建。

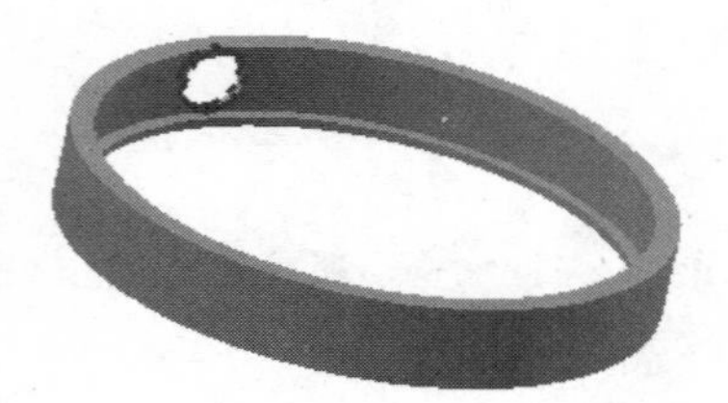

图 39.3.4　拉伸特征 1

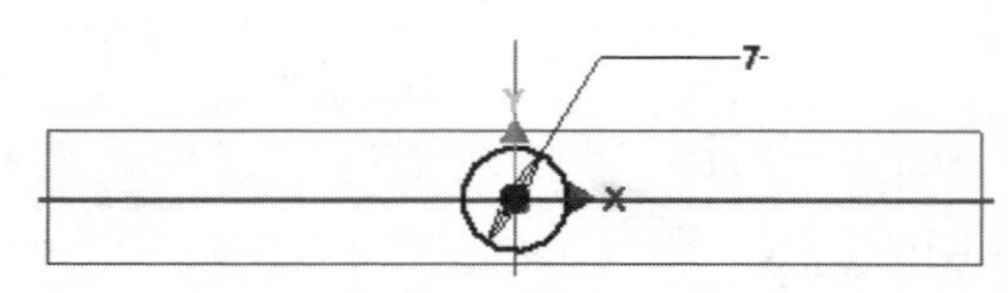

图 39.3.5　截面草图

Step4. 创建图 39.3.6 所示的环形阵列 1。在 阵列 区域中单击按钮；在图形区中选取拉伸特征（或在浏览器中选择“拉伸 1”特征）；在“环形阵列”对话框中单击按钮，然后在浏览器中选取“Z 轴”作为环形阵列轴，在 放置 区域的按钮后的文本框中输入数值 12，在 放置 区域的按钮后的文本框中输入数值 360.0；单击 确定 按钮，完成环形阵列 1 的创建。

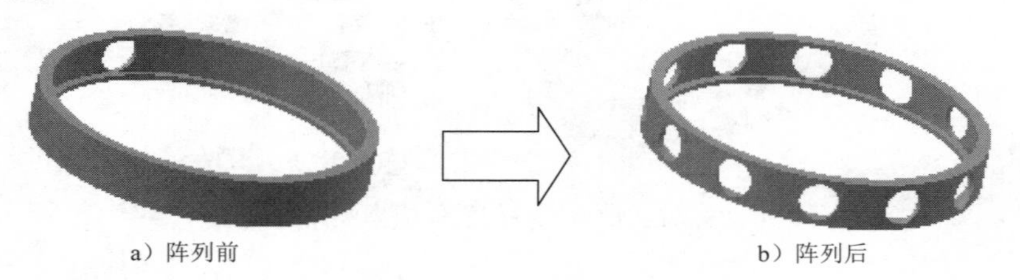

a）阵列前　　b）阵列后

图 39.3.6　环形阵列 1

Step5. 至此，零件模型创建完毕。选择下拉菜单 → 保存 命令，命名为 BEARING_RING，即可保存零件模型。

39.4　轴承滚珠

轴承滚珠零件模型和浏览器如图 39.4.1 所示。

Step1. 新建一个零件模型，进入建模环境。

Step2. 创建图 39.4.2 所示的球体特征。在 基本要素 区域中选择命令，选取 YZ 平面作为草图平面，绘制图 39.4.3 所示的截面草图；单击“旋转”对话框中的 确定 按钮，完成球体特征的创建。

说明：绘制球体的截面草图时，选择原点为圆中心，在动态文本框中输入圆的直径尺寸 7，然后按回车键即可。

Step3 至此，零件模型创建完毕。选择下拉菜单 → 保存命令，命名为 BALL，即可保存零件模型。

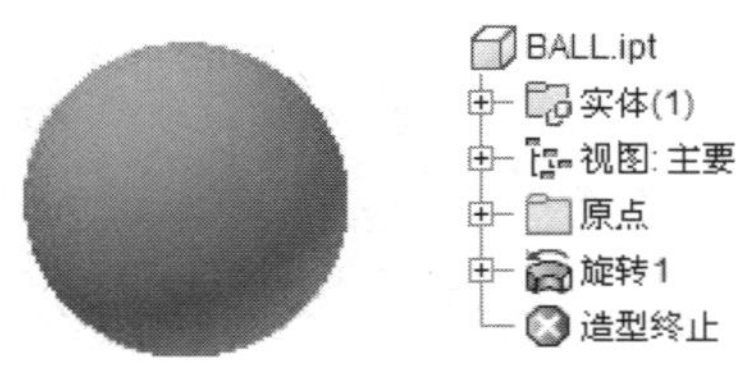

图 39.4.1 轴承滚珠零件模型及浏览器

图 39.4.2 球体特征

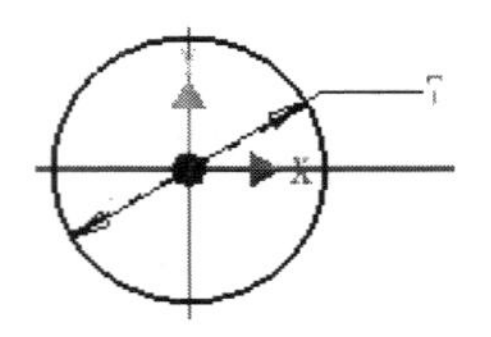

图 39.4.3 截面草图

39.5 轴承的装配

装配组件如图 39.5.1 所示。

Step1. 新建一个装配文件。选择下拉菜单 → 新建 → 部件命令，系统自动进入装配环境。

Step2. 添加轴承内环零件模型。

在 装配 选项卡 零部件 区域单击 按钮，系统弹出“装入零部件”对话框；在 D:\inv15.3\work\ch39 下选取轴承内环模型文件 BEARING_IN.ipt，再单击 打开(O) 按钮；在绘图区域中右击选择 在原点处固定放置(G) 命令，按键盘上的 Esc 键，将模型放置在装配环境中，如图 39.5.1 所示。

Step3. 添加轴承保持架零件模型。

（1）引入零件。在 装配 选项卡 零部件 区域单击 按钮，系统弹出“装入零部件”对话框，在 D:\inv15.3\work\ch39 下选取轴承保持架模型文件 BEARING_RING. ipt，再单击 打开(O) 按钮，在图形区合适的位置处单击，即可把零件放置到当前位置，如图 39.5.2 所示，放置完成后按键盘上的 Esc 键，通过旋转与移动命令调整零件方位以便于装配。

图 39.5.1 添加轴承内环模型

图 39.5.2 添加轴承保持架模型

（2）添加约束，使零件完全定位。单击“装配”选项卡 关系▼ 区域中的“约束”按钮（或在“装配”浏览器栏中右击选择 约束(C) 命令），系统弹出“放置约束”对话框，在“放置约束”对话框 部件 选项卡中的 类型 区域中选中“配合”约束，分别选取 BEARING_IN 零件上的 XY 平面与 BEARING_RING 零件上的 XY 平面作为约束面，在“放置约束”对话框中单击 应用 按钮，完成第一个装配约束，在“放置约束”对话框 部件 选项卡中的 类型 区域中选中“配合”约束，分别选取图 39.5.3 所示的两个轴线作为约束对象，并确认按钮被选中，在“放置约束”对话框中单击 应用 按钮，完成第二个装配约束，单击“放置约束”对话框的 取消 按钮，完成 BEARING_IN 零件的定位。

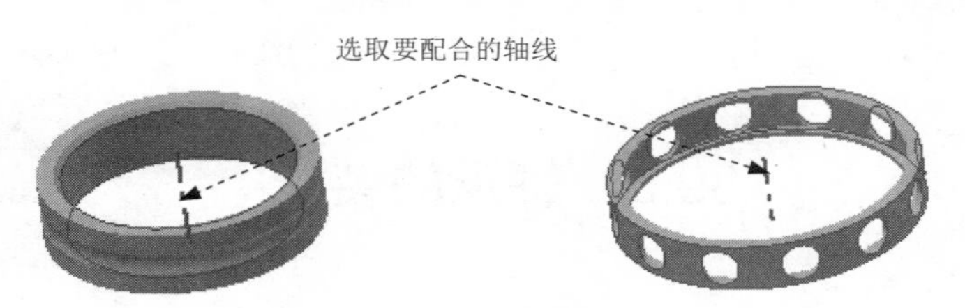

图 39.5.3 定义配合参考

Step4. 添加轴承滚珠零件模型。

（1）引入零件。在 装配 选项卡 零部件 区域单击按钮，系统弹出“装入零部件”对话框，在 D:\inv15.3\work\ch39 下选取轴承滚珠模型文件 BALL. ipt，再单击 打开(O) 按钮，在图形区合适的位置处单击，即可把零件放置到当前位置，如图 39.5.4 所示，放置完成后按键盘上的 Esc 键，通过旋转与移动命令调整零件方位以便于装配。

（2）添加约束，使零件完全定位。单击“装配”选项卡 关系▼ 区域中的“约束”按钮（或在“装配”浏览器栏中右击选择 约束(C) 命令），系统弹出“放置约束”对话框，在“放置约束”对话框 部件 选项卡中的 类型 区域中选中“配合”约束，分别选取 BEARING_IN 零件上的 XY 平面与 BALL 零件上的 XY 平面作为约束面，在“放置约束”对话框中单击 应用 按钮，完成第一个装配约束，在“放置约束”对话框 部件 选项卡中的 类型 区域中选中“配合”约束，分别选取 BEARING_IN 零件上的 XZ 平面与 BALL 零件上的 XZ 平面作为约束面，在“放置约束”对话框中单击 应用 按钮，完成第二个装配约束，在“放置约束”对话框中选中“相切”约束，分别选取图 39.5.5 所示的两个面作为约束面，并确认按钮被选中，单击 应用 按钮，完成第三个装配约束。

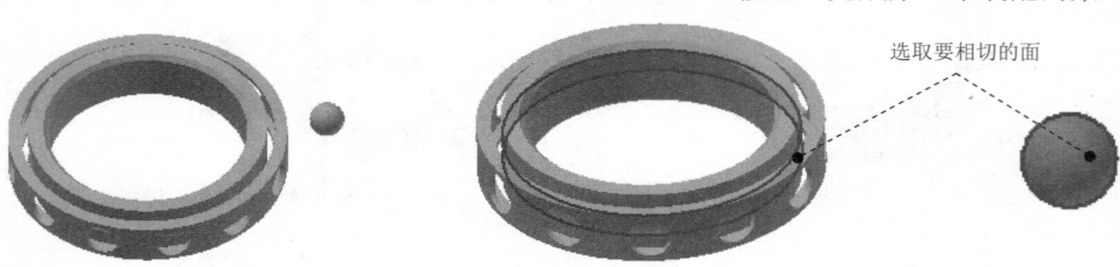

图 39.5.4 放置零件

图 39.5.5 定义配合参考

Step5. 创建图 39.5.6 所示的环形阵列 1。单击 装配 选项卡 阵列 ▾ 区域中的 阵列 按钮，系统弹出“阵列零部件”对话框；在系统 选择零部件进行阵列 的提示下，选取轴承滚珠零件作为要阵列的零部件；在“阵列零部件”对话框中单击“环形”选项卡，以将阵列类型设置为环形阵列；在“阵列零部件”对话框中单击“轴向”按钮，然后在浏览器中选取“Z 轴” 为环形阵列轴；在“阵列零部件”对话框按钮后的文本框中输入数值 12，在按钮后的文本框中输入数值 30.0；单击 确定 按钮，完成环形阵列 1 的创建。

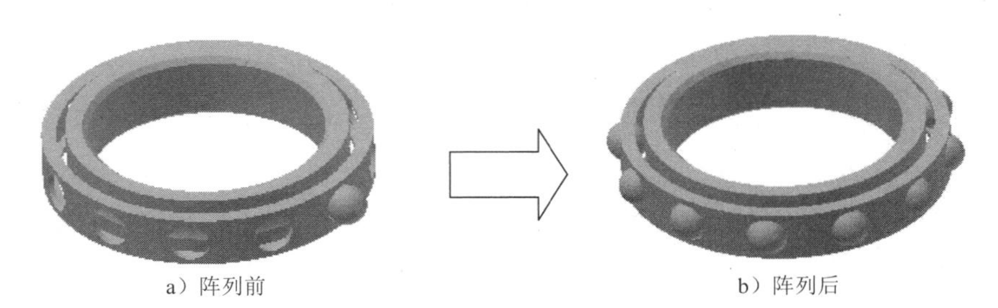

图 39.5.6 环形阵列 1

Step6. 创建图 39.5.8 所示的旋转特征 1。单击 装配 功能选项卡 零部件 区域中的“创建”按钮；此时系统弹出“创建在位零件”对话框，在 新零部件名称(N) 文本框中输入零件名称为 BEARING_OUT；采用系统默认的模板和新文件位置；单击 确定 按钮，在系统 为基础特征选择草图平面 的提示下选取“中心点” 中心点，此时系统进入编辑零部件环境；在 创建 ▾ 区域中选择命令，选取 YZ 平面为草图平面，绘制图 39.5.7 所示的截面草图；在“旋转”对话框 范围 区域的下拉列表中选中 全部 选项；单击“旋转”对话框中的 确定 按钮，完成旋转特征 1 的创建。

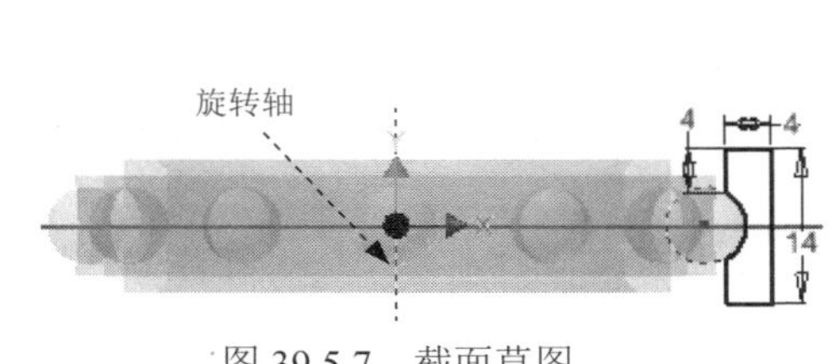

图 39.5.7 截面草图

图 39.5.8 旋转特征 1

Step7. 创建图 39.5.9 所示的倒角特征 1。在 修改 ▾ 区域中单击 倒角 按钮；在“倒角”对话框中定义倒角类型为“倒角边长”选项；选取模型中要倒角的边线，在系统的提示下，选取图 39.5.9a 所示的模型边线为倒角的对象；在“倒角”对话框 倒角边长 文本框中输入数值 1.0；单击“倒角”对话框中的 确定 按钮，完成倒角特征 1 的创建。

Step8. 激活并保存总装配。双击总装配名称将其激活，然后选择下拉菜单 ➡ 保存 命令，命名为 BEARING_ASM，即可保存零件模型。

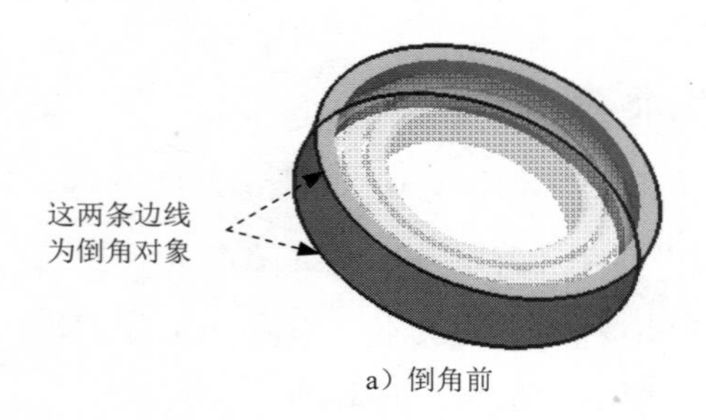

a）倒角前

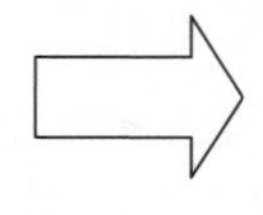

b）倒角后

图 39.5.9　倒角特征 1

实例 40　减　振　器

40.1　概　述

本实例详细讲解了减振器的整个设计过程，先将连接轴、减振弹簧、驱动轴、限位轴、下挡环及上挡环设计完成后，再在装配环境中将它们组装起来，最后在装配环境中创建。零件组装及分解图如图 40.1.1 所示。

图 40.1.1　组装图及分解图

40.2　连　接　轴

连接轴为减振器的一个轴类连接零件，主要运用旋转、拉伸、孔以及镜像等特征命令完成。连接轴零件模型及浏览器如图 40.2.1 所示。

Step1. 新建一个零件模型，进入建模环境。

Step2. 创建图 40.2.2 所示的旋转特征 1。在 创建 区域中单击 按钮，系统弹出“创建旋转”对话框；单击“创建旋转”对话框中的 创建二维草图 按钮，选取 YZ 平面为草图平面，进入草绘环境，绘制图 40.2.3 所示的截面草图；单击 草图 选项卡 返回到三维 区域中的 按钮，在“旋转”对话框 范围 区域的下拉列表中选中 全部 选项；单击“旋转”对话框中的 确定 按钮，完成旋转特征 1 的创建。

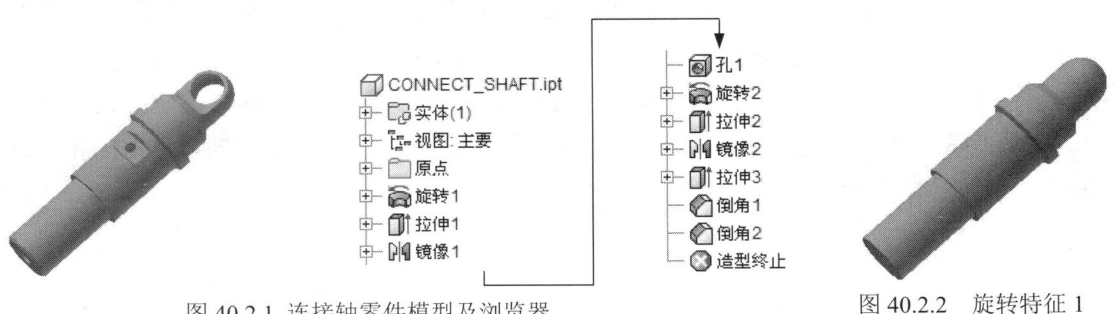

图 40.2.1 连接轴零件模型及浏览器

图 40.2.2　旋转特征 1

Step3. 创建图 40.2.4 所示的拉伸特征 1。在 创建 ▾ 区域中单击 按钮，系统弹出“创建拉伸”对话框；单击“创建拉伸”对话框中的 创建二维草图 按钮，选取 YZ 平面作为草图平面，进入草绘环境，绘制图 40.2.5 所示的截面草图；单击 草图 选项卡 返回到三维 区域中的 按钮，在“拉伸”对话框中将布尔运算设置为“求差”类型 ，在 范围 区域中的下拉列表中选择 贯通 选项，并将拉伸方向设置为“对称”类型 ；单击“拉伸”对话框中的 确定 按钮，完成拉伸特征 1 的创建。

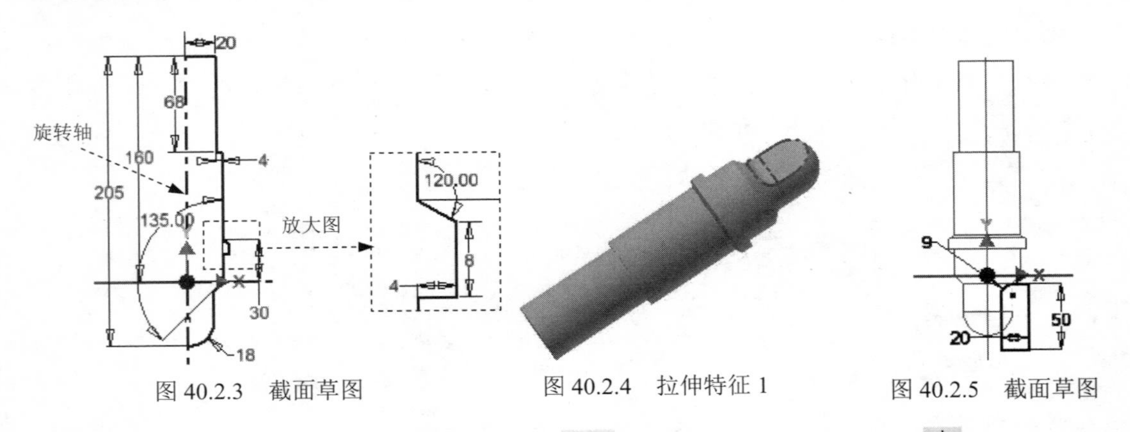

图 40.2.3　截面草图　　图 40.2.4　拉伸特征 1　　图 40.2.5　截面草图

Step4. 创建图 40.2.6 所示的镜像 1。在 阵列 区域中单击“镜像”按钮 ；在图形区中选取要镜像复制的拉伸特征（或在浏览器中选择“拉伸 1”特征）；单击“镜像”对话框中的 镜像平面 按钮，然后选取 XZ 平面作为镜像中心平面；单击“镜像”对话框中的 确定 按钮，完成镜像 1 的操作。

a）镜像前　　b）镜像后

图 40.2.6　镜像 1

Step5. 创建图 40.2.7 所示的孔 1。在 修改 ▾ 区域中单击“孔”按钮 ；在“孔”对话框 放置 区域的下拉列表中选择 同心 选项，在系统的提示下选取图 40.2.8 所示的模型表面作为孔的放置面，选取图 40.2.9 所示的边线作为放置的参考；在“孔”对话框中确认“直孔” 与“简单孔” 被选中；在“孔”对话框 终止方式 区域的下拉列表中选择 距离 选项；在“孔”对话框孔预览图像区域输入图 40.2.10 所示的参数；单击“孔”对话框中的 确定 按钮，完成孔 1 的创建。

图 40.2.7　孔 1

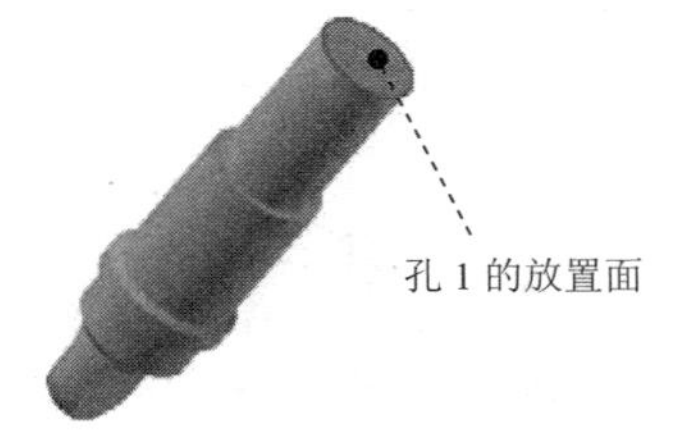

图 40.2.8　定义孔的放置面

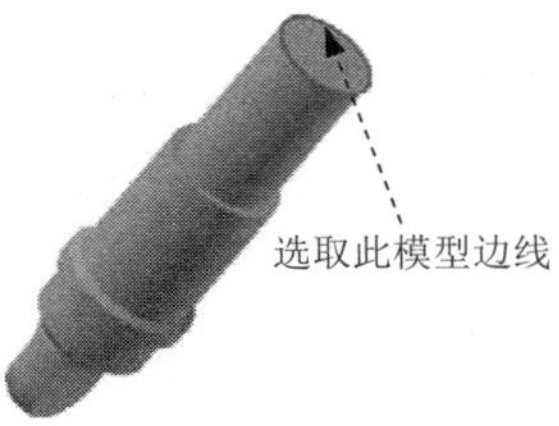

图 40.2.9　放置参考

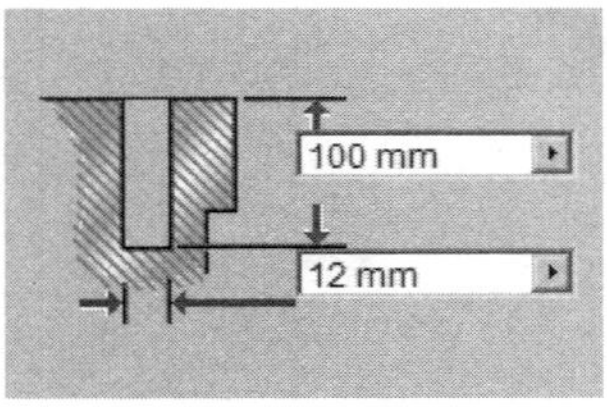

图 40.2.10　定义孔参数

Step6. 创建图 40.2.11 所示的旋转特征 2。在 创建 ▾ 区域中单击按钮，系统弹出“创建旋转”对话框；单击“创建旋转”对话框中的 创建二维草图 按钮，选取 YZ 平面为草图平面，进入草绘环境，绘制图 40.2.12 所示的截面草图；单击 草图 选项卡 返回到三维 区域中的按钮，然后在“旋转”对话框中将布尔运算设置为“求差” 类型，在 范围 区域的下拉列表中选中 全部 选项；单击“旋转”对话框中的 确定 按钮，完成旋转特征 2 的创建。

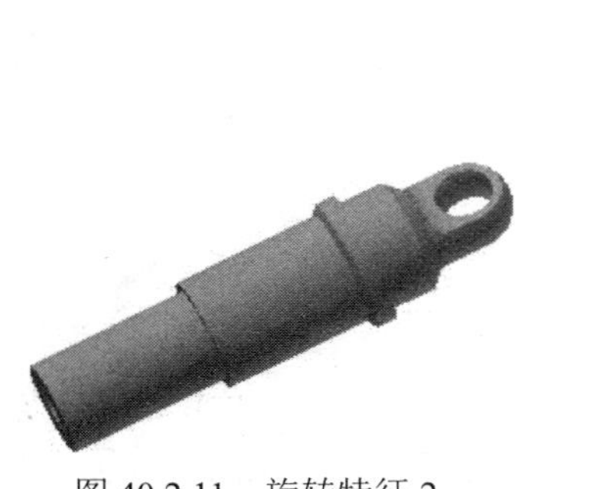
图 40.2.11　旋转特征 2

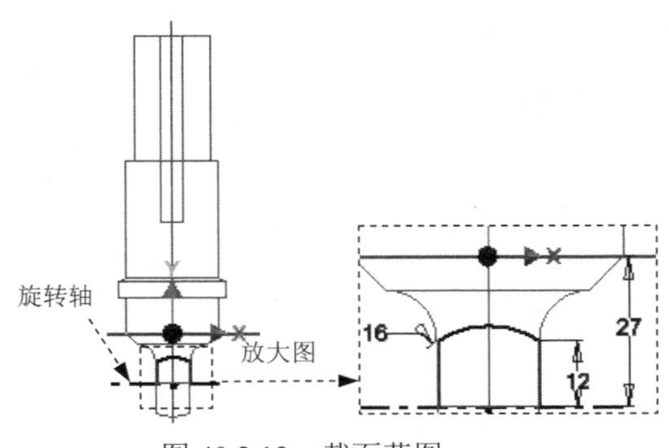

图 40.2.12　截面草图

Step7. 创建图 40.2.13 所示的拉伸特征 2。在 创建 ▾ 区域中单击按钮，系统弹出“创建拉伸”对话框；单击“创建拉伸”对话框中的 创建二维草图 按钮，选取 YZ 平面作为草图平面，进入草绘环境，绘制图 40.2.14 所示的截面草图；单击 草图 选项卡 返回到三维 区域中的按钮，在“拉伸”对话框中将布尔运算设置为“求差” 类型，在 范围 区域中的下拉列表中选择 贯通 选项，并将拉伸方向设置为“对称”类型；单击“拉伸”对话框中的 确定 按钮，完成拉伸特征 2 的创建。

Step8. 创建图 40.2.15 所示的镜像 2。在 阵列 区域中单击“镜像”按钮；在图形区中选取要镜像复制的拉伸特征（或在浏览器中选择“拉伸 2”特征）；单击“镜像”对话框中的"镜像平面"按钮，然后选取 XZ 平面作为镜像中心平面；单击"镜像"对话框中的"确定"按钮，完成镜像操作。

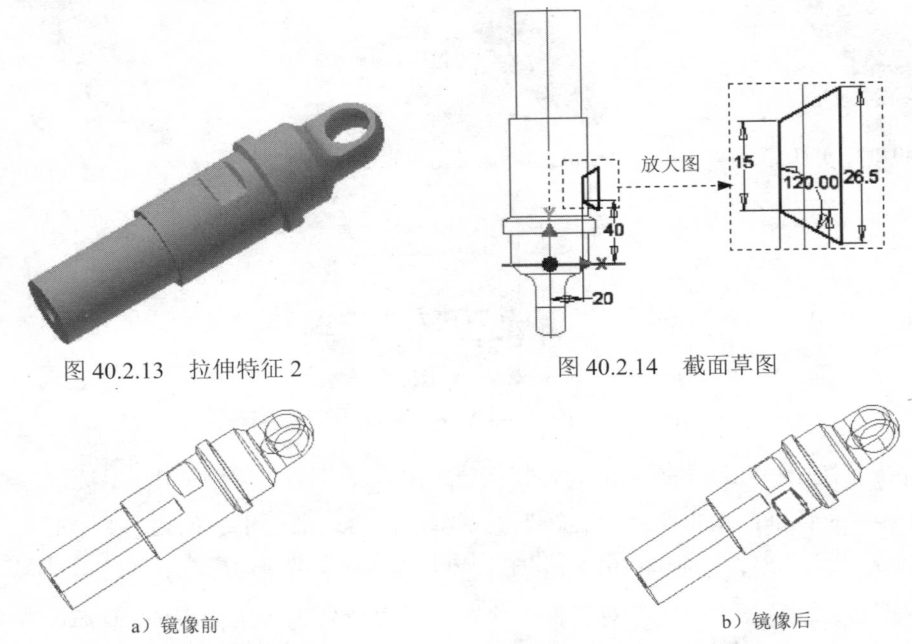

图 40.2.13　拉伸特征 2

图 40.2.14　截面草图

a）镜像前

b）镜像后

图 40.2.15　镜像特征 1

Step9. 创建图 40.2.16 所示的拉伸特征 3。在"创建"区域中单击按钮，选取图 40.2.17 所示的模型表面作为草图平面，绘制图 40.2.18 所示的截面草图，在"拉伸"对话框将布尔运算设置为"求差"类型，然后在"范围"区域中的下拉列表中选择"贯通"选项，将拉伸方向设置为"方向 2"类型；单击"拉伸"对话框中的"确定"按钮，完成拉伸特征 3 的创建。

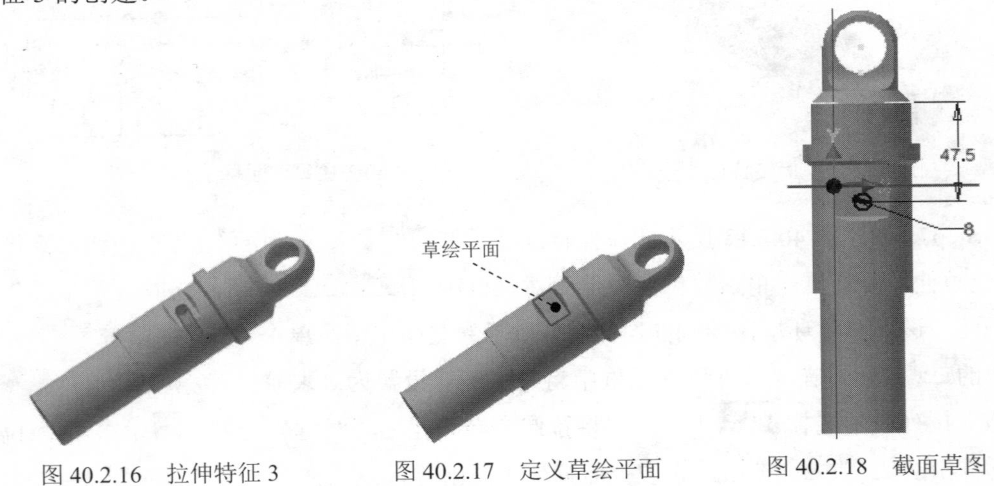

图 40.2.16　拉伸特征 3　　图 40.2.17　定义草绘平面　　图 40.2.18　截面草图

说明：本例后面的详细操作过程请参见随书光盘中 video\ch40\reference\文件下的语音视频讲解文件。

实例41 衣　　架

41.1 概　　述

本实例详细讲解了衣架的整个设计过程，通过介绍图 41.1.1 所示衣架的设计，来学习和掌握产品装配的一般过程，熟悉装配的操作流程。本实例先通过设计每个零部件，然后再到装配，循序渐进，由浅入深；在设计零件的过程中，需要将所有零件保存在同一目录下，并注意零件的尺寸及每个特征的位置，为以后的装配提供方便。衣架的最终装配模型如图 41.1.1 所示。

图 41.1.1　装配模型

41.2 衣 架 零 件（一）

零件模型及浏览器如图 41.2.1 所示。

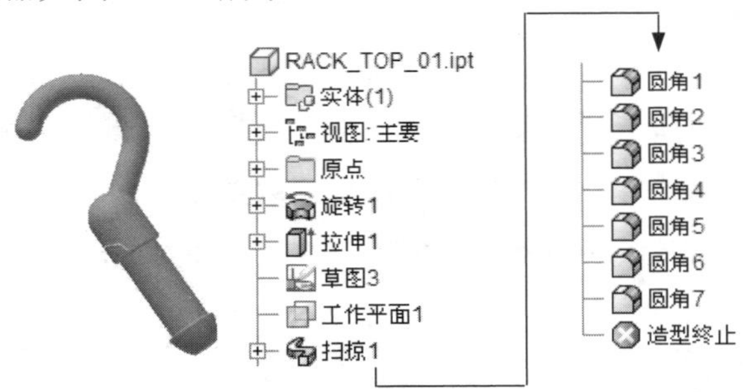

图 41.2.1　零件模型及浏览器

Step1. 新建一个零件模型，进入建模环境。

Step2. 创建图 41.2.2 所示的旋转特征 1。在 创建 ▾ 区域中单击按钮，系统弹出“创建旋转”对话框；单击“创建旋转”对话框中的 创建二维草图 按钮，选取 YZ 平面为草图平面，进入草绘环境，绘制图 41.2.3 所示的截面草图；单击 草图 选项卡 返回到三维 区域中的按钮，然后在“旋转”对话框 范围 区域的下拉列表中选中 全部 选项；单击“旋转”对话框中的 确定 按钮，完成旋转特征 1 的创建。

Step3. 创建图 41.2.4 所示的拉伸特征 1。在 创建 ▾ 区域中单击按钮，系统弹出“创建拉伸”对话框；单击“创建拉伸”对话框中的 创建二维草图 按钮，选取图 41.2.4 所示的模型表面作为草图平面，进入草绘环境，绘制图 41.2.5 所示的截面草图；单击 草图 选项卡 返回到三维 区域中的按钮，在“拉伸”对话框将布尔运算设置为“求差”类型，在 范围 区域中的下拉列表中选择 距离 选项，在“距离”下拉列表中输入数值 15.0，并将拉伸方向设置为“方向 2”类型；单击“拉伸”对话框中的 确定 按钮，完成拉伸特征 1 的创建。

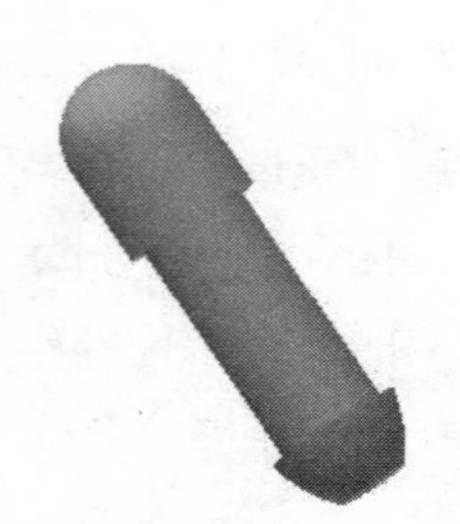
图 41.2.2　旋转特征 1

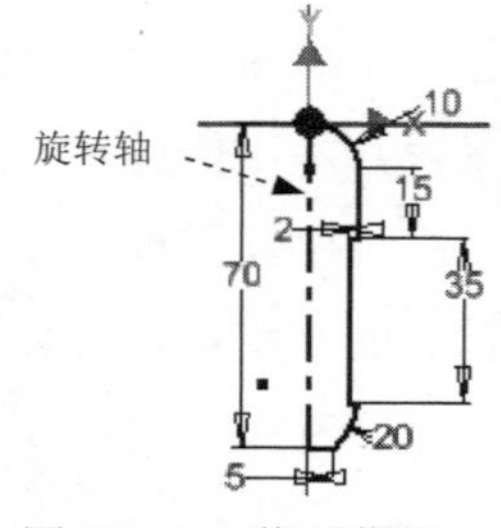

图 41.2.3　截面草图

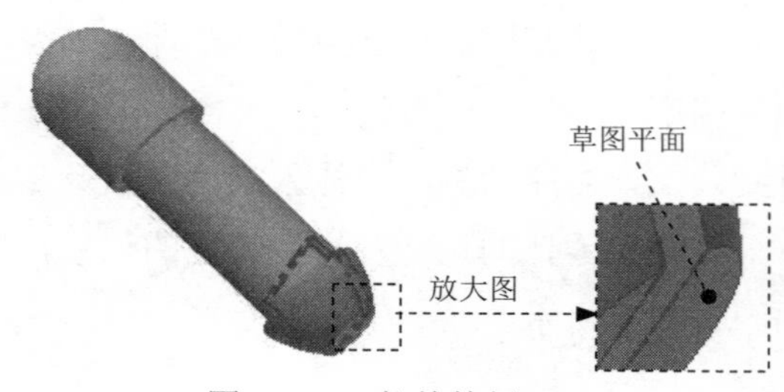

图 41.2.4　拉伸特征 1

Step4. 创建图 41.2.6 所示的草图 3。在 三维模型 选项卡 草图 区域单击按钮，然后选择 XY 平面为草图平面，系统进入草绘环境。

（2）绘制图 41.2.7 所示的草图 3，单击按钮，退出草绘环境。

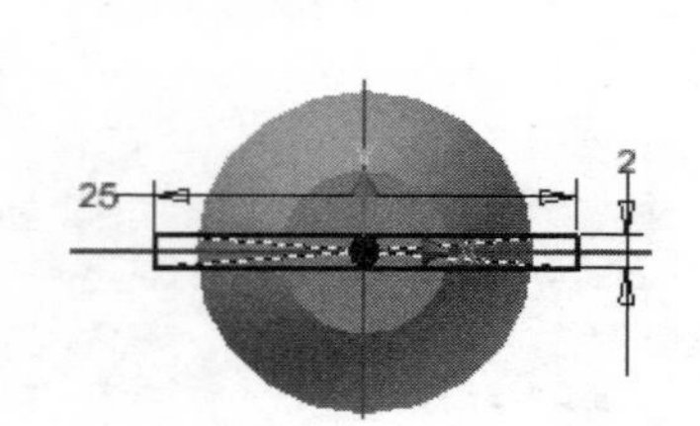

图 41.2.5　截面草图

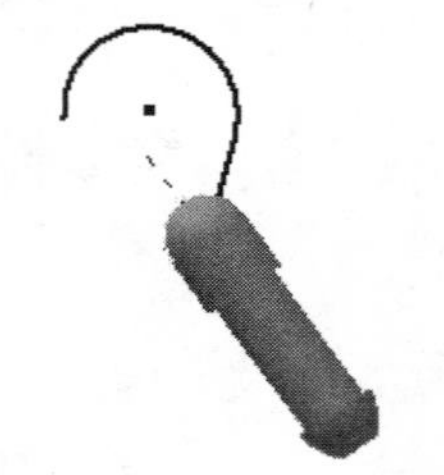
图 41.2.6　草图 3（建模环境）

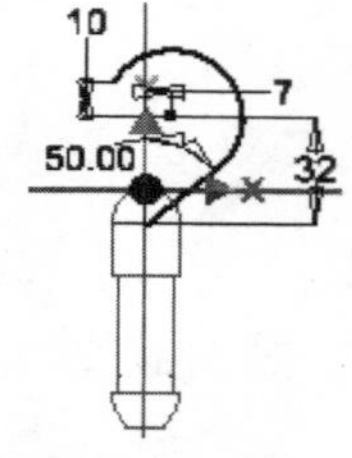

图 41.2.7　草图 3（草图环境）

Step5. 创建图 41.2.8 所示的工作平面 1。在 定位特征 区域中单击“平面”按钮下的 平面，选择 在指定点处与曲线垂直 命令；在绘图区域选取图 41.2.9 所示的点 1 为参考点，然后再选取图 41.2.9 所示的曲线作为参考线，单击按钮即可创建通过点 1 且垂直于参考曲线的平面。

Step6. 创建图 41.2.10 所示的草图 4。在 三维模型 选项卡 草图 区域单击按钮，选取工作平面 1 作为草图平面，绘制图 41.2.11 所示的草图 4。

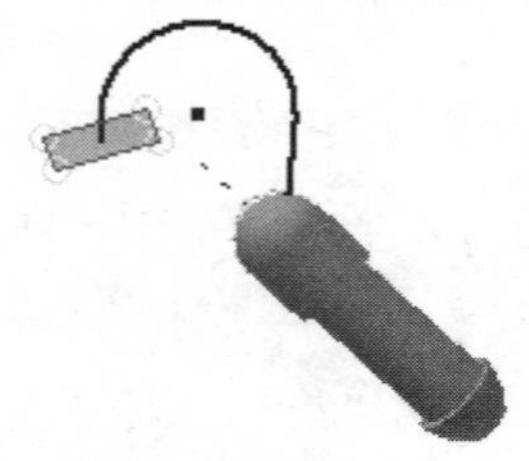
图 41.2.8　工作平面 1

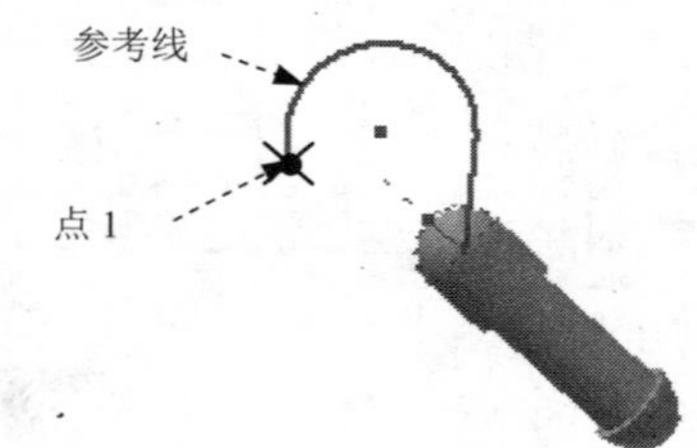

图 41.2.9　选取参考

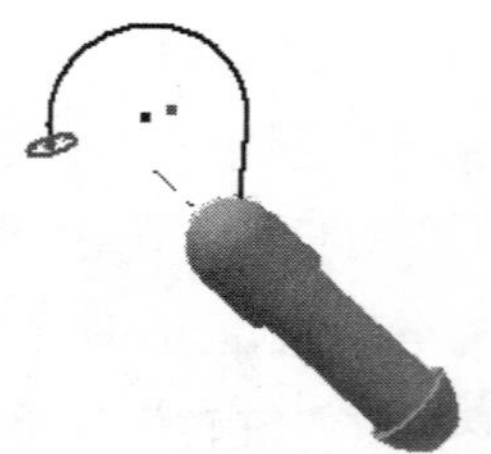
图 41.2.10　草图 4（建模环境）

Step7. 创建图 41.2.12 所示的扫掠 1。在 创建 区域中单击“扫掠”按钮 扫掠；

在“扫掠”对话框中单击按钮，然后在图形区中选取图 41.2.13 所示的草图 3 作为扫掠轨迹，完成扫掠轨迹的选取；在“扫掠”对话框 类型 区域的下拉列表中选择 路径，其他参数接受系统默认设置；单击“扫掠”对话框中的 确定 按钮，完成扫掠 1 的创建。

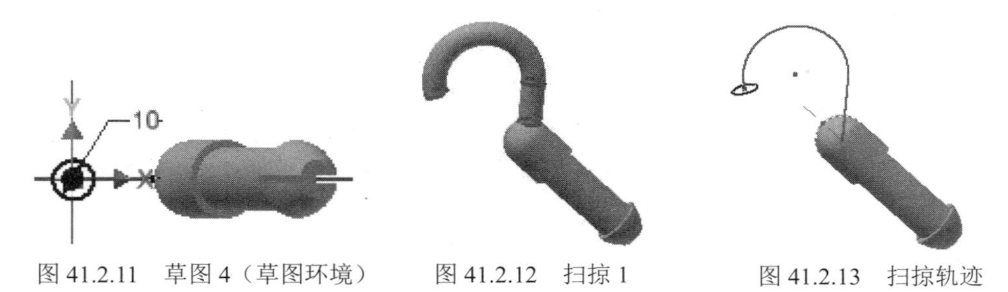

图 41.2.11 草图 4（草图环境） 图 41.2.12 扫掠 1 图 41.2.13 扫掠轨迹

Step8. 创建图 41.2.14 所示的倒圆特征 1。选取图 41.2.14a 所示的模型边线为倒圆的对象，输入倒圆角半径值 5.0。

图 41.2.14 倒圆特征 1

Step9. 创建图 41.2.15 所示的倒圆特征 2。选取图 41.2.15a 所示的模型边线为倒圆的对象，输入倒圆角半径值 2.0。

Step10. 创建图 41.2.16 所示的倒圆特征 3。选取图 41.2.16a 所示的模型边线为倒圆的对象，输入倒圆角半径值 0.5。

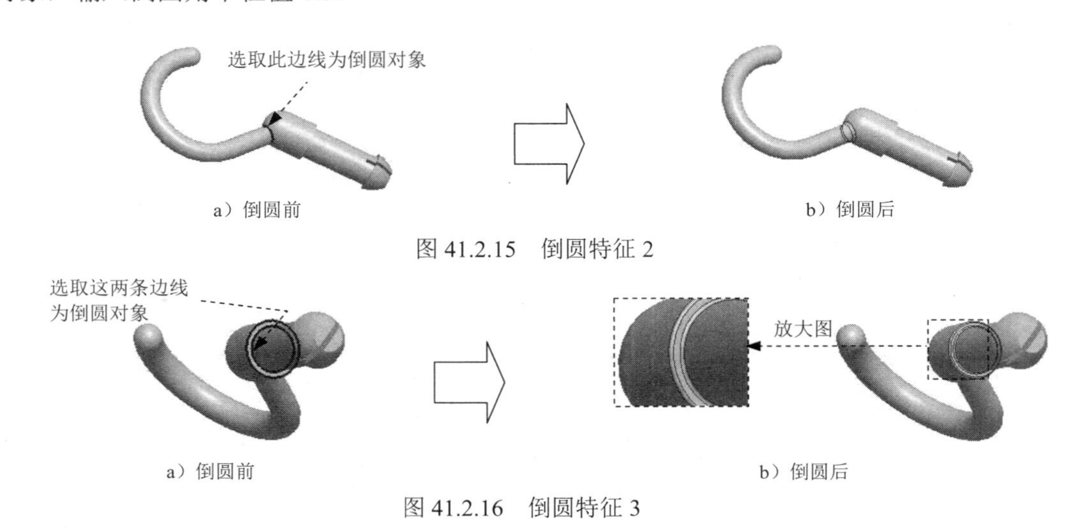

图 41.2.15 倒圆特征 2

图 41.2.16 倒圆特征 3

Step11. 创建图 41.2.17 所示的倒圆特征 4。选取图 41.2.17a 所示的模型边线为倒圆的对象，输入倒圆角半径值 0.5。

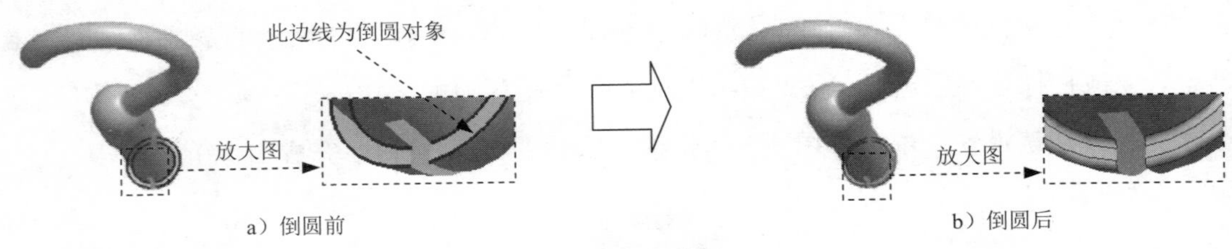

图 41.2.17　倒圆特征 4

Step12. 创建图 41.2.18 所示的倒圆特征 5。选取图 41.2.18a 所示的模型边线为倒圆的对象，输入倒圆角半径值 0.5。

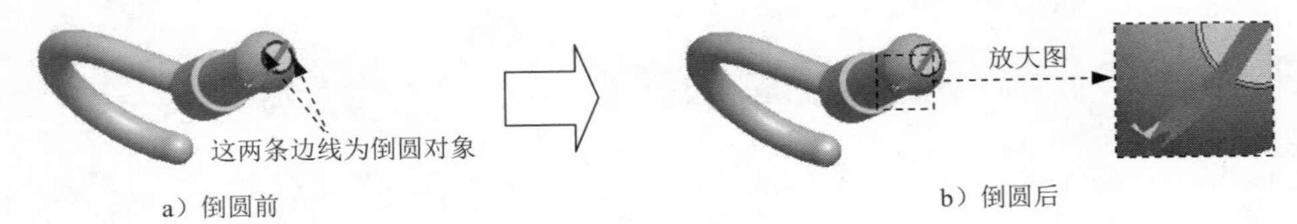

图 41.2.18　倒圆特征 5

Step13. 创建图 41.2.19 所示的倒圆特征 6。选取图 41.2.19a 所示的模型边线为倒圆的对象，输入倒圆角半径值 0.5。

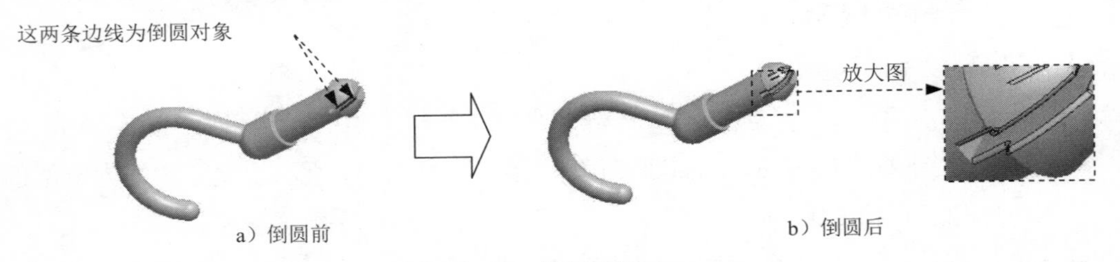

图 41.2.19　倒圆特征 6

Step14. 创建图 41.2.20 所示的倒圆特征 7。选取图 41.2.20a 所示的模型边线为倒圆的对象，输入倒圆角半径值 0.5。

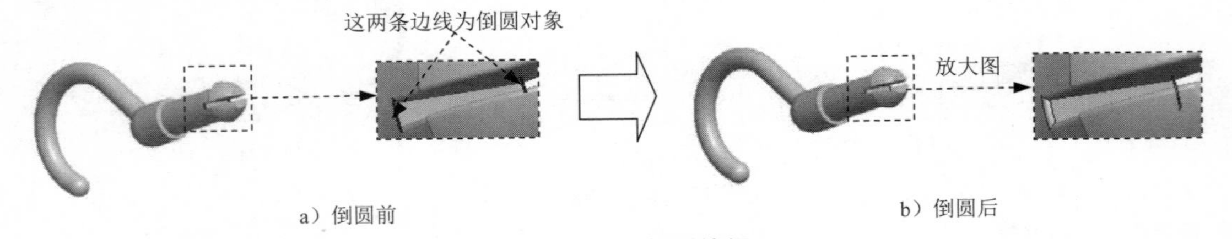

图 41.2.20　倒圆特征 7

Step15. 至此，零件模型创建完毕。选择下拉菜单 → 保存 命令，命名为 RACK_TOP_01，即可保存零件模型。

41.3　衣架零件（二）

零件模型及浏览器如图 41.3.1 所示。

Step1. 新建一个零件模型，进入建模环境。

Step2. 创建图 41.3.2 所示的旋转曲面 1。在 创建 ▾ 区域中单击按钮，系统弹出“创建旋转”对话框；单击“创建旋转”对话框中的 创建二维草图 按钮，选取 YZ 平面为草图平面，进入草绘环境，绘制图 41.3.3 所示的截面草图；单击 草图 选项卡 返回到三维 区域中的按钮，在“旋转”对话框 输出 区域中将输出类型设置为“曲面”；范围 区域的下拉列表中选中 全部 选项；单击“旋转”对话框中的 确定 按钮，完成旋转曲面 1 的创建。

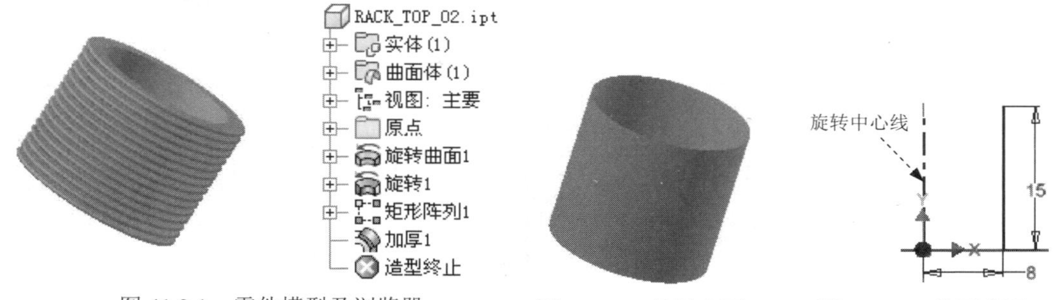

图 41.3.1 零件模型及浏览器　　图 41.3.2 旋转曲面 1　　图 41.3.3 截面草图

Step3. 创建图 41.3.4 所示的旋转特征 1。在 创建 ▾ 区域中单击按钮，系统弹出“创建旋转”对话框；单击“创建旋转”对话框中的 创建二维草图 按钮，选取 YZ 平面为草图平面，进入草绘环境，绘制图 41.3.5 所示的截面草图；单击 草图 选项卡 返回到三维 区域中的按钮，然后在“旋转”对话框 范围 区域的下拉列表中选中 全部 选项；单击“旋转”对话框中的 确定 按钮，完成旋转特征 1 的创建。

图 41.3.4 旋转特征 1

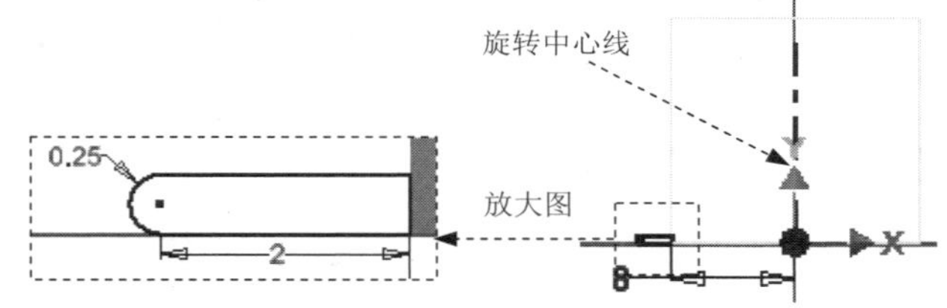

图 41.3.5 截面草图

Step4. 创建图 41.3.6 所示的矩形阵列 1。在 阵列 区域中单击按钮，系统弹出“矩形阵列”对话框；在图形区中选取旋转特征 1（或在浏览器中选择“旋转 1”特征）；在“矩形阵列”对话框中单击 方向 1 区域中的按钮，然后选取 Z 轴作为方向 1 的参考边线，阵列方向可参考图 41.3.6 所示，在 方向 1 区域的文本框中输入数值 16；在文本框中输入数值 1；单击 确定 按钮，完成矩形阵列 1 的创建。

a）阵列前

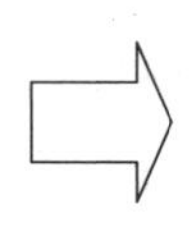

b）阵列后

图 41.3.6 矩形阵列 1

Step5. 创建加厚曲面 1。在 修改 ▾ 区域中单击“加厚/偏移”按钮，系统弹出“加厚/偏移”对话框；选取 Step2 中创建的旋转曲面 1 为要加厚的曲面；在“加厚/偏移”对话框 输出 区域中选择“实体”；在“加厚/偏移”对话框 距离 文本框中输入数值 0.5，并将加厚方向设置为“方向 2”类型；单击 确定 按钮，完成等距曲面的创建。

Step6. 至此，零件模型创建完毕。选择下拉菜单 → 保存 命令，命名为 RACK_TOP_02，即可保存零件模型。

41.4 衣架零件（三）

零件模型和浏览器如图 41.4.1 所示。

Step1. 新建一个零件模型，进入建模环境。

Step2. 创建图 41.4.2 所示的草图 1。在 三维模型 选项卡 草图 区域单击按钮，选取 YZ 平面作为草图平面，绘制图 41.4.2 所示的草图 1。

Step3. 创建图 41.4.3 所示的草图 2。在 三维模型 选项卡 草图 区域单击按钮，选取 XZ 平面作为草图平面，绘制图 41.4.3 所示的草图 2。

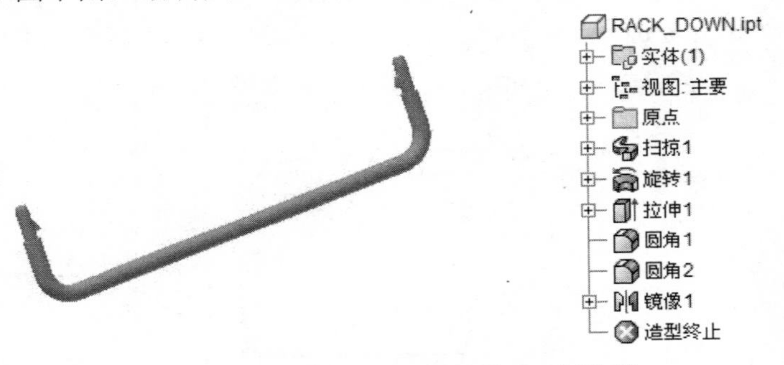

图 41.4.1 零件模型及浏览器

Step4. 创建图 41.4.4 所示的扫掠 1。在 创建 ▾ 区域中单击“扫掠”按钮 扫掠；在“扫掠”对话框中单击按钮，然后在图形区中选取草图 1 作为扫掠轨迹，完成扫掠轨迹的选取；在“扫掠”对话框 类型 区域的下拉列表中选择 路径，其他参数接受系统默认设置；单击“扫掠”对话框中的 确定 按钮，完成扫掠的创建。

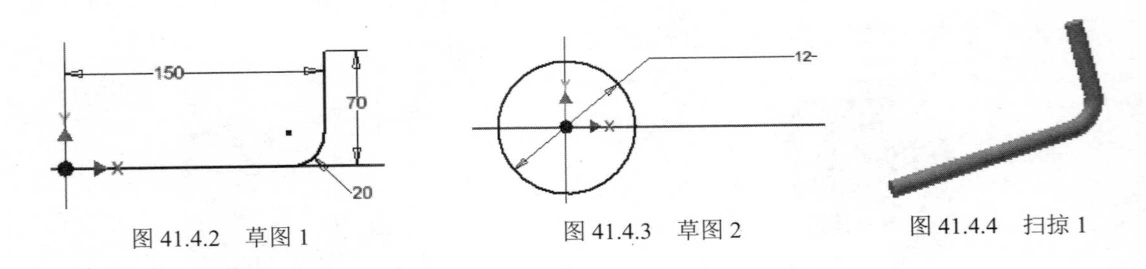

图 41.4.2 草图 1　　图 41.4.3 草图 2　　图 41.4.4 扫掠 1

Step5. 创建图 41.4.5 所示的旋转特征 1。在 创建 ▾ 区域中单击 按钮，系统弹出“创建旋转”对话框；单击“创建旋转”对话框中的 创建二维草图 按钮，选取 YZ 平面作为草图平面，进入草绘环境，绘制图 41.4.6 所示的截面草图；单击 草图 选项卡 返回到三维 区域中的 按钮，然后在“旋转”对话框中将布尔运算设置为“求差” 类型 ，在 范围 区域的下拉列表中选中 全部 选项；单击“旋转”对话框中的 确定 按钮，完成旋转特征 1 的创建。

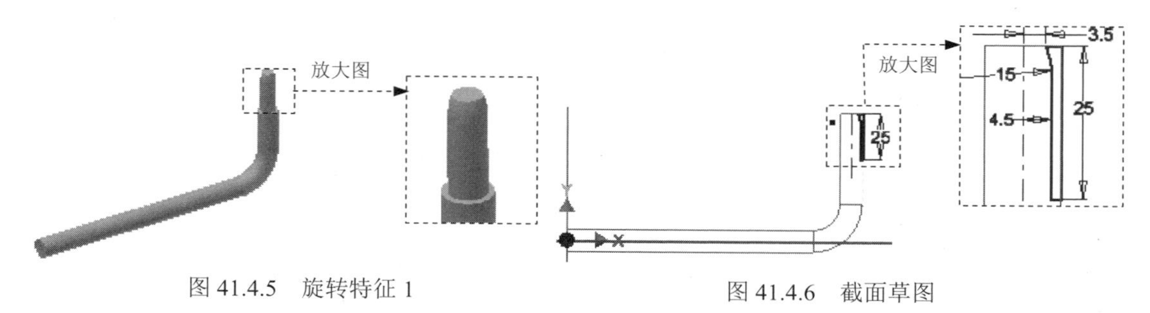

图 41.4.5 旋转特征 1

图 41.4.6 截面草图

Step6. 创建图 41.4.7 所示的拉伸特征 1。在 创建 ▾ 区域中单击 按钮，系统弹出“创建拉伸”对话框；单击“创建拉伸”对话框中的 创建二维草图 按钮，选取 YZ 平面作为草图平面，进入草绘环境，绘制图 41.4.8 所示的截面草图；单击 草图 选项卡 返回到三维 区域中的 按钮，在“拉伸”对话框 范围 区域中的下拉列表中选择 距离 选项，在“距离”下拉列表中输入数值 4.0，并将拉伸方向设置为“对称”类型 ；单击“拉伸”对话框中的 确定 按钮，完成拉伸特征 1 的创建。

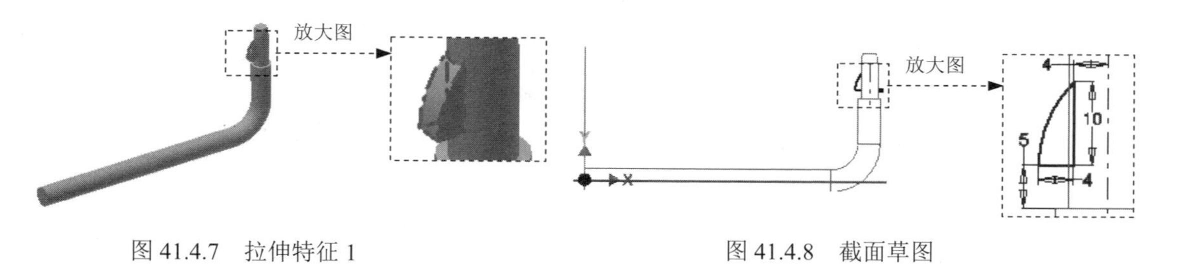

图 41.4.7 拉伸特征 1

图 41.4.8 截面草图

Step7. 创建图 41.4.9 所示的倒圆特征 1。选取图 41.4.9a 所示的模型边线为倒圆的对象，输入倒圆角半径值 0.5。

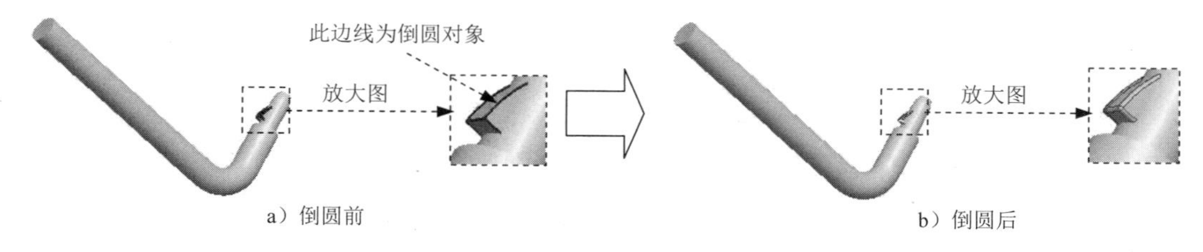

a）倒圆前

b）倒圆后

图 41.4.9 倒圆特征 1

Step8. 创建图 41.4.10 所示的倒圆特征 2。选取图 41.4.10a 所示的模型边线为倒圆的对象，输入倒圆角半径值0.5。

Step9. 创建图41.4.11 所示的镜像1。在阵列区域中单击“镜像”按钮；在图形区中选取要镜像复制的扫掠1、旋转1、拉伸1、圆角1与圆角2特征；单击“镜像”对话框中的镜像平面按钮，然后选取XZ平面作为镜像中心平面；单击“镜像”对话框中的确定按钮，完成镜像1的操作。

Step10. 至此，零件模型创建完毕。选择下拉菜单 → 保存命令，命名为RACK_DOWN，即可保存零件模型。

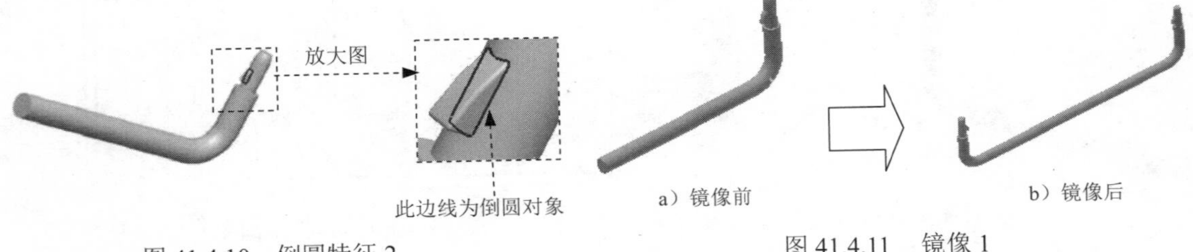

图41.4.10 倒圆特征2

图41.4.11 镜像1

41.5 衣架零件（四）

零件模型及浏览器如图41.5.1 所示。

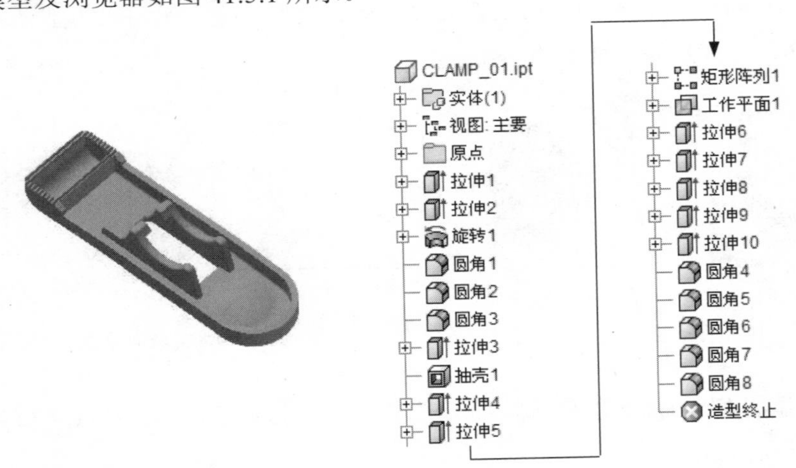

图41.5.1 零件模型及浏览器

Step1. 新建一个零件模型，进入建模环境。

Step2. 创建图41.5.2 所示的拉伸特征1。在创建区域中单击按钮，系统弹出“创建拉伸”对话框；单击“创建拉伸”对话框中的创建二维草图按钮，选取YZ平面作为草图平面，进入草绘环境，绘制图41.5.3 所示的截面草图；单击草图选项卡返回到三维区域中的按钮，在“拉伸”对话框范围区域中的下拉列表中选择距离选项，在“距离”下拉列表中输入数值20.0，并将拉伸方向设置为“对称”类型；单击“拉伸”对话框

中的 确定 按钮，完成拉伸特征 1 的创建。

Step3. 创建图 41.5.4 所示的拉伸特征 2。在 创建▼ 区域中单击按钮，系统弹出“创建拉伸”对话框；单击“创建拉伸”对话框中的 创建二维草图 按钮，选取 XY 平面作为草图平面，进入草绘环境，绘制图 41.5.5 所示的截面草图；单击 草图 选项卡 返回到三维 区域中的按钮，在“拉伸”对话框中将布尔运算设置为“求差” 类型，在 范围 区域中的下拉列表中选择 贯通 选项，将拉伸方向设置为“对称” 类型；单击“拉伸”对话框中的 确定 按钮，完成拉伸特征 2 的创建。

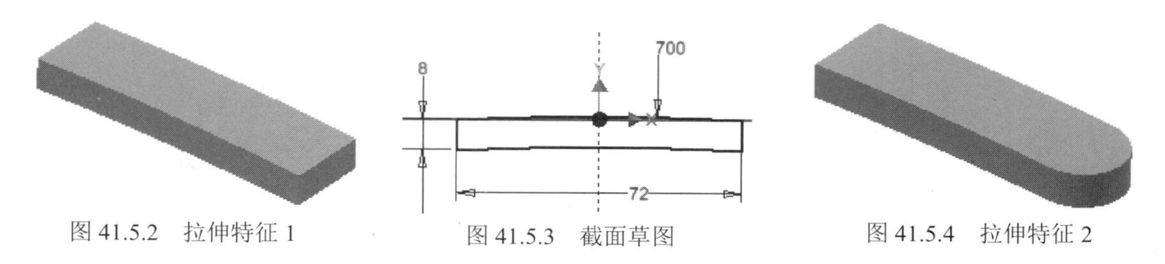

图 41.5.2　拉伸特征 1　　图 41.5.3　截面草图　　图 41.5.4　拉伸特征 2

Step4. 创建图 41.5.6 所示的旋转特征 1。在 创建▼ 区域中单击按钮，系统弹出“创建旋转”对话框；单击“创建旋转”对话框中的 创建二维草图 按钮，选取 YZ 平面作为草图平面，进入草绘环境，绘制图 41.5.7 所示的截面草图；单击 草图 选项卡 返回到三维 区域中的按钮，然后在“旋转”对话框中将布尔运算设置为“求差” 类型，在 范围 区域的下拉列表中选中 全部 选项；单击“旋转”对话框中的 确定 按钮，完成旋转特征 1 的创建。

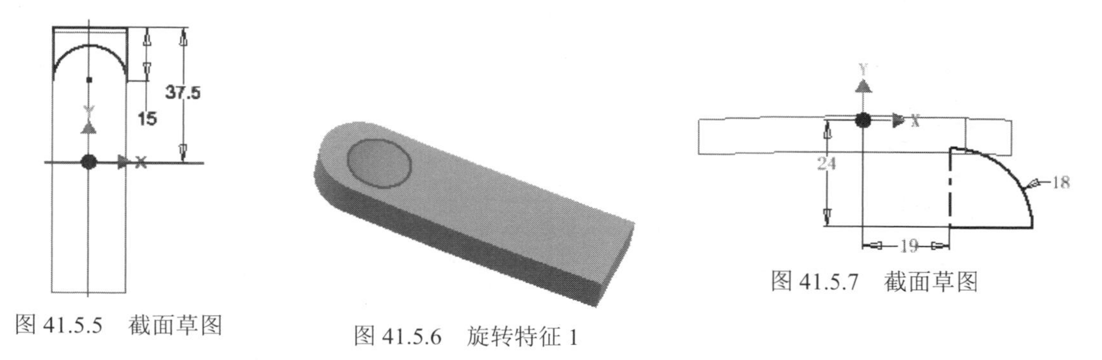

图 41.5.5　截面草图　　图 41.5.6　旋转特征 1　　图 41.5.7　截面草图

Step5. 创建图 41.5.8 所示的倒圆特征 1。选取图 41.5.8a 所示的模型边线为倒圆的对象，输入倒圆角半径值 5.0。

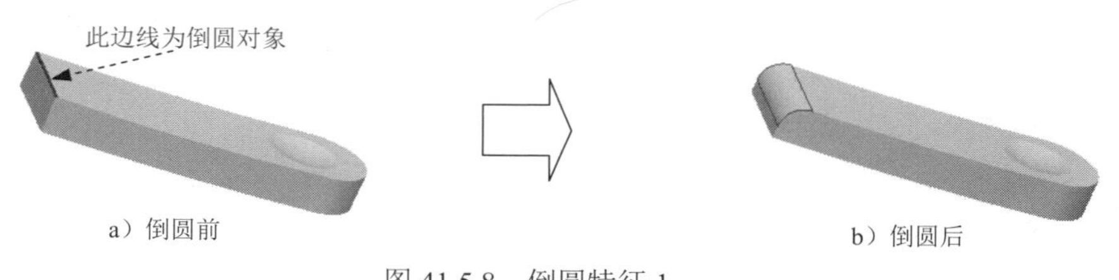

图 41.5.8　倒圆特征 1

Step6. 创建图 41.5.9 所示的倒圆特征 2。选取图 41.5.9a 所示的模型边线为倒圆的对象，输入倒圆角半径值 2.0。

Step7. 创建图 41.5.10 所示的倒圆特征 3。选取图 41.5.10a 所示的模型边线为倒圆的对象，输入倒圆角半径值 5.0。

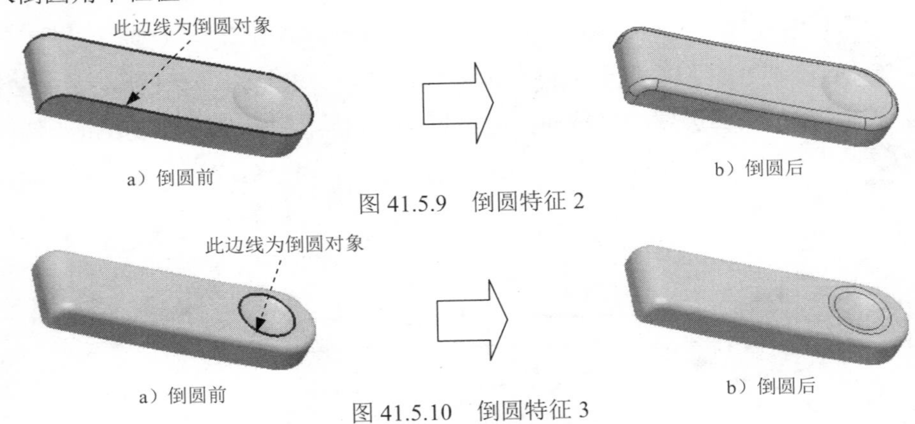

a）倒圆前　b）倒圆后

图 41.5.9　倒圆特征 2

a）倒圆前　b）倒圆后

图 41.5.10　倒圆特征 3

Step8. 创建图 41.5.11 所示的拉伸特征 3。在 创建 ▾ 区域中单击按钮，选取 YZ 平面作为草图平面，绘制图 41.5.12 所示的截面草图，在“拉伸”对话框将布尔运算设置为“求差”类型，然后在 范围 区域中的下拉列表中选择 距离 选项，在“距离”下拉列表中输入数值 20，将拉伸方向设置为“对称”类型；单击“拉伸”对话框中的 确定 按钮，完成拉伸特征 3 的创建。

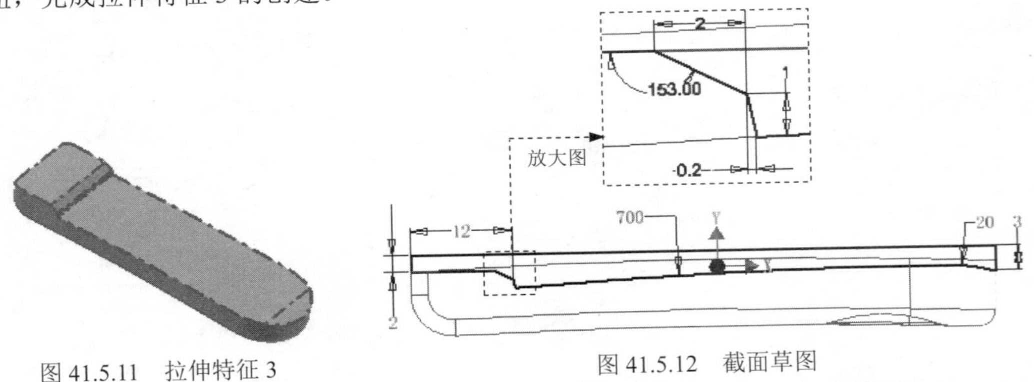

图 41.5.11　拉伸特征 3　　图 41.5.12　截面草图

Step9. 创建图 41.5.13 所示的抽壳特征 1。在 修改 ▾ 区域中单击 抽壳 按钮；在“抽壳”对话框 厚度 文本框中输入薄壁厚度值为 1.5；在系统 选择要去除的表面 的提示下，选择图 41.5.13a 所示的模型表面为要移除的面；单击“抽壳”对话框中的 确定 按钮，完成抽壳特征 1 的创建。

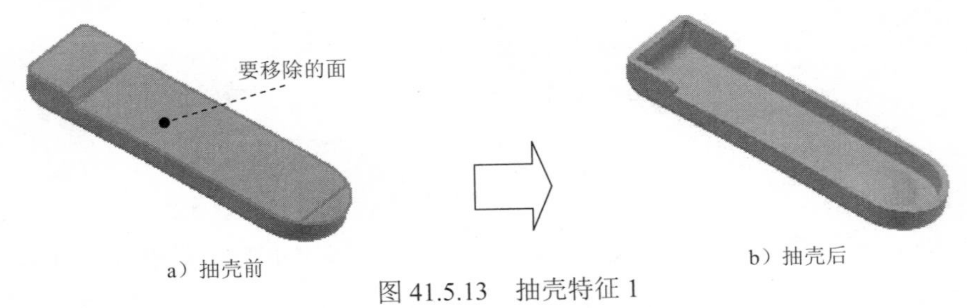

a）抽壳前　b）抽壳后

图 41.5.13　抽壳特征 1

Step10. 创建图 41.5.14 所示的拉伸特征 4。在 创建 ▼ 区域中单击按钮，选取图 41.5.14 所示的模型表面作为草图平面，绘制图 41.5.15 所示的截面草图，在“拉伸”对话框 范围 区域中的下拉列表中选择 到表面或平面 选项，并将拉伸方向设置为“方向 2”类型，单击“拉伸”对话框中的 确定 按钮，完成拉伸特征 4 的创建。

Step11. 创建图 41.5.16 所示的拉伸特征 5。在 创建 ▼ 区域中单击按钮，选取图 41.5.16 所示的模型表面作为草图平面，绘制图 41.5.17 所示的截面草图，在“拉伸”对话框将布尔运算设置为“求差”类型，然后在 范围 区域中的下拉列表中选择 贯通 选项，再将拉伸方向设置为“方向 2”类型；单击“拉伸”对话框中的 确定 按钮，完成拉伸特征 5 的创建。

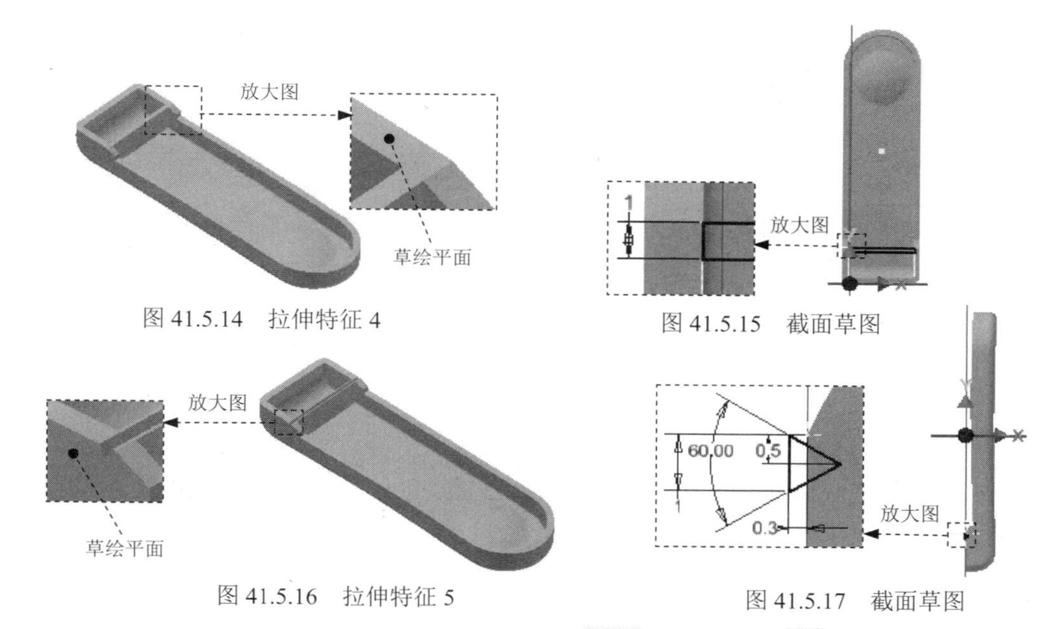

图 41.5.14 拉伸特征 4

图 41.5.15 截面草图

图 41.5.16 拉伸特征 5

图 41.5.17 截面草图

Step12. 创建图 41.5.18 所示的矩形阵列 1。在 阵列 区域中单击按钮，系统弹出“矩形阵列”对话框；在图形区中选取拉伸特征 5（或在浏览器中选择“拉伸 5”特征）；在“矩形阵列”对话框中单击 方向 1 区域中的按钮，然后选取图 41.5.19 所示的边线 1 为方向 1 的参考边线，阵列方向可参考图 41.5.19 所示，在 方向 1 区域的文本框中输入数值 10；在文本框中输入数值 1；单击 确定 按钮，完成矩形阵列 1 的创建。

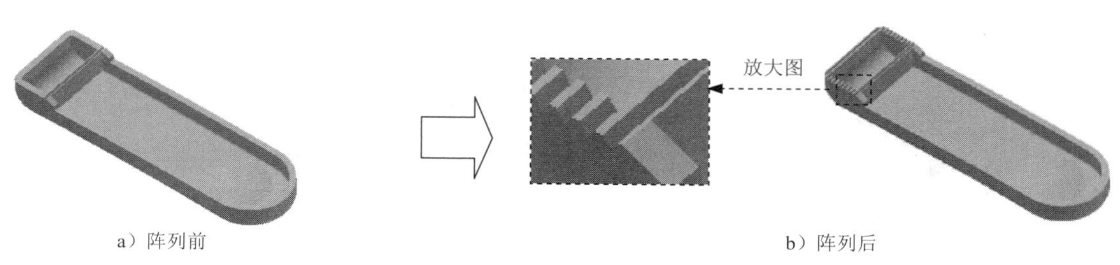

图 41.5.18 矩形阵列 1

Step13. 创建图 41.5.20 所示的工作平面 1（具体参数和操作参见随书光盘）。

Step14. 创建图 41.5.21 所示的拉伸特征 6。在 创建 ▾ 区域中单击 按钮，选取工作平面 1 作为草图平面，绘制图 41.5.22 所示的截面草图，在“拉伸”对话框 范围 区域中的下拉列表中选择 到表面或平面 选项，并将拉伸方向设置为“方向 2”类型 ，单击“拉伸”对话框中的 确定 按钮，完成拉伸特征 6 的创建。

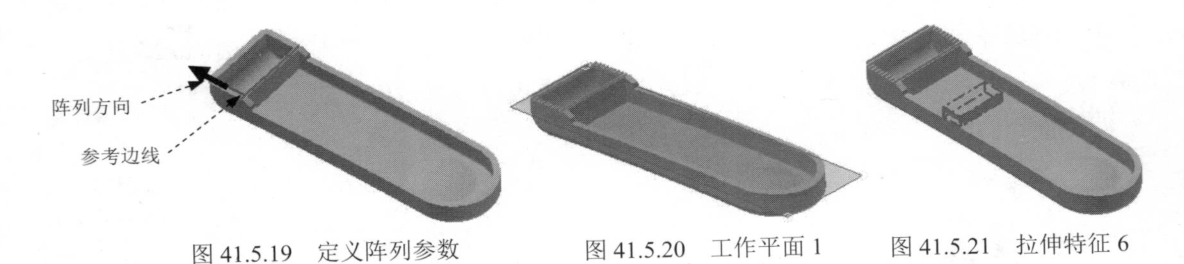

图 41.5.19　定义阵列参数　　图 41.5.20　工作平面 1　　图 41.5.21　拉伸特征 6

Step15. 创建图 41.5.23 所示的拉伸特征 7。在 创建 ▾ 区域中单击 按钮，选取 YZ 平面作为草图平面，绘制图 41.5.24 所示的截面草图，在“拉伸”对话框 范围 区域中的下拉列表中选择 距离 选项，输入距离值为 12.0,并将拉伸方向设置为“对称”类型 ，单击“拉伸”对话框中的 确定 按钮，完成拉伸特征 7 的创建。

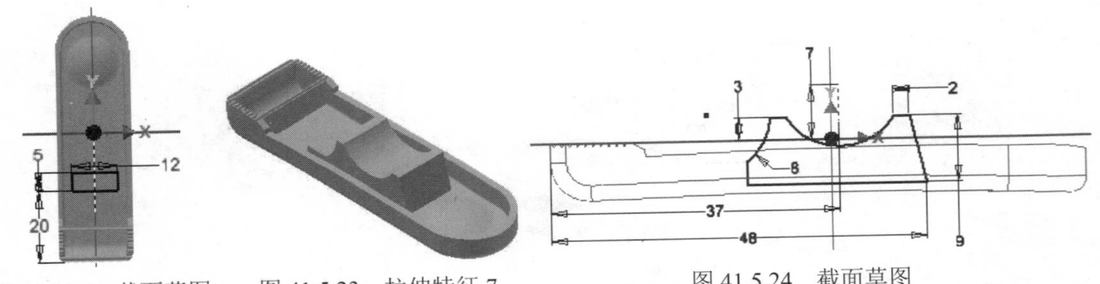

图 41.5.22　截面草图　　图 41.5.23　拉伸特征 7　　图 41.5.24　截面草图

Step16. 创建图 41.5.25 所示的拉伸特征 8。在 创建 ▾ 区域中单击 按钮，选取 YZ 平面作为草图平面，绘制图 41.5.26 所示的截面草图，在“拉伸”对话框将布尔运算设置为“求差”类型 ，在 范围 区域中的下拉列表中选择 距离 选项，输入距离值 8.0,并将拉伸方向设置为“对称”类型 ，单击“拉伸”对话框中的 确定 按钮，完成拉伸特征 8 的创建。

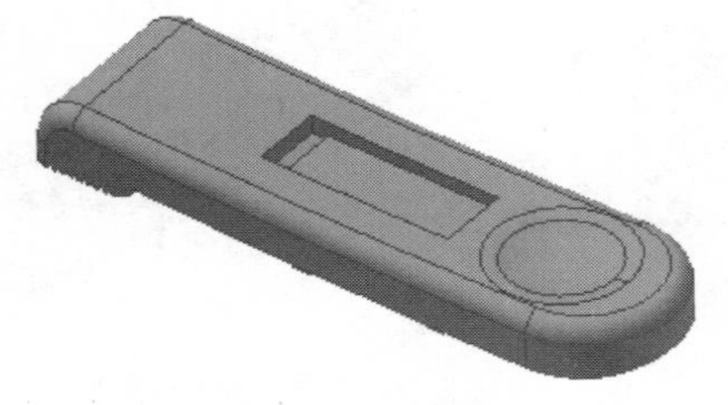

图 41.5.25　拉伸特征 8

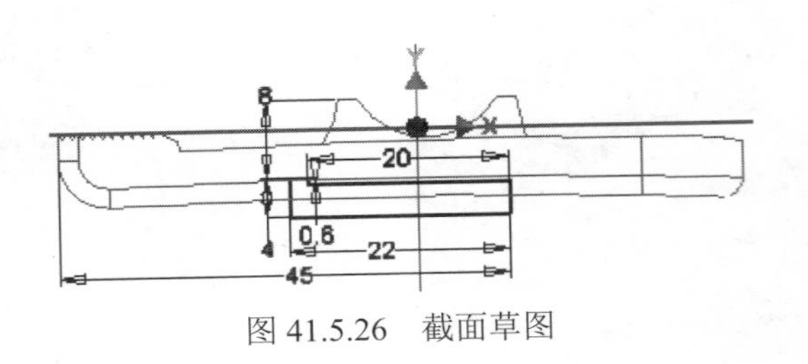

图 41.5.26　截面草图

Step17. 创建图 41.5.27 所示的拉伸特征 9。在 创建 ▾ 区域中单击 按钮，选取 YZ 平面作为草图平面，绘制图 41.5.28 所示的截面草图，在“拉伸”对话框将布尔运算设置为“求差”类型 ，在 范围 区域中的下拉列表中选择 距离 选项，输入距离值 8.0,并将拉伸方向设置为“对称”类型 ，单击“拉伸”对话框中的 确定 按钮，完成拉伸特征 9 的创建。

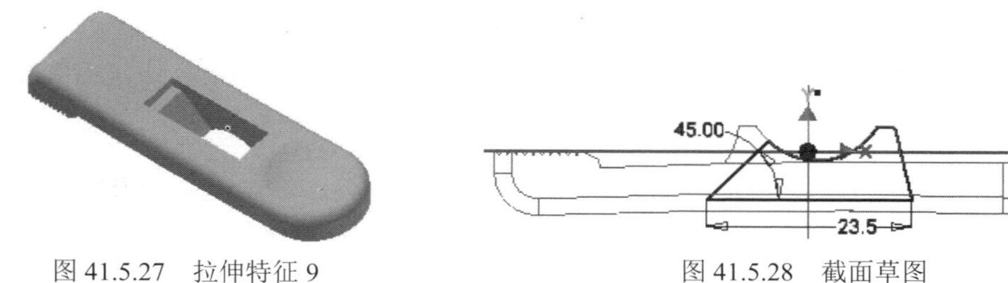

图 41.5.27 拉伸特征 9　　图 41.5.28 截面草图

Step18. 创建图 41.5.29 所示的拉伸特征 10。在 创建 ▾ 区域中单击 按钮，选取 XY 平面作为草图平面，绘制图 41.5.30 所示的截面草图，在“拉伸”对话框将布尔运算设置为“求差”类型 ，在 范围 区域中的下拉列表中选择 贯通 选项，并将拉伸方向设置为“对称”类型 ，单击“拉伸”对话框中的 确定 按钮，完成拉伸特征 10 的创建。

图 41.5.29 拉伸特征 10

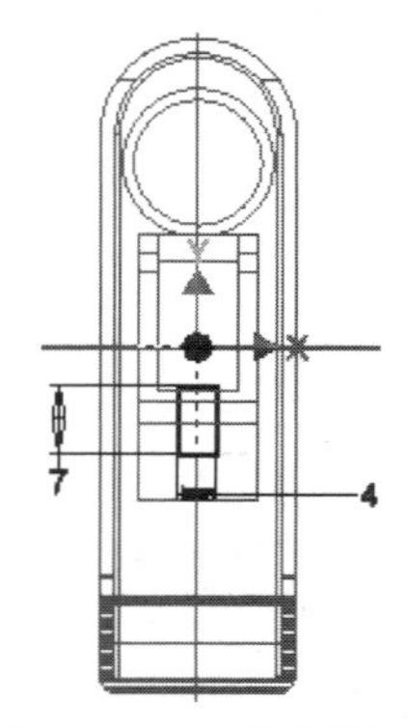

图 41.5.30 截面草图

Step19. 创建图 41.5.31 所示的倒圆特征 4。选取图 41.5.31a 所示的模型边线为倒圆的对象，输入倒圆角半径值 1.0。

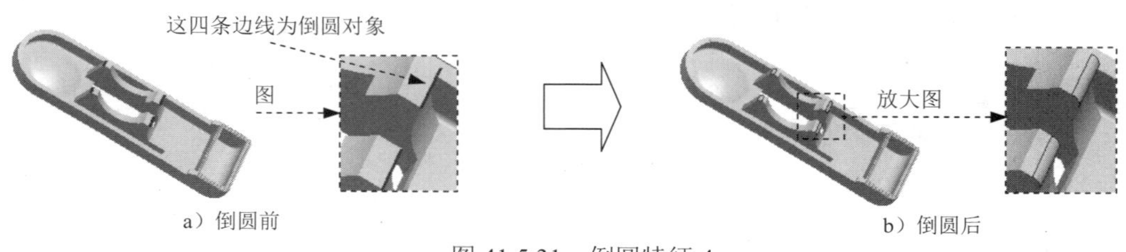

a）倒圆前　　b）倒圆后

图 41.5.31 倒圆特征 4

Step20. 创建图 41.5.32 所示的倒圆特征 5。选取图 41.5.32a 所示的模型边线为倒圆的对象，输入倒圆角半径值 0.5。

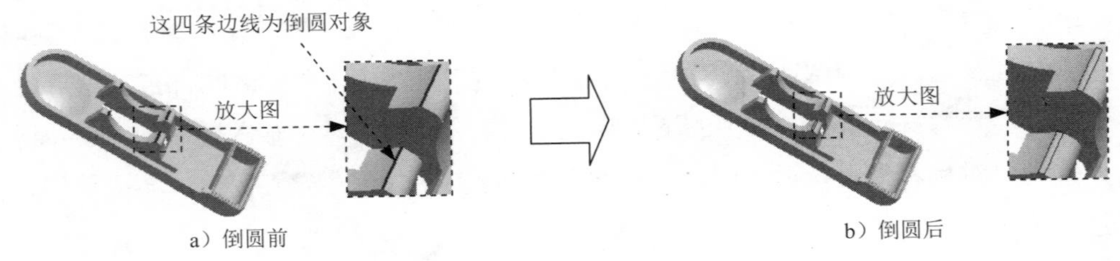

图 41.5.32 倒圆特征 5

Step21. 创建图 41.5.33 所示的倒圆特征 6。选取图 41.5.33a 所示的边线为倒圆参考，输入倒圆角半径值 1.0。

Step22. 创建图 41.5.34 所示的倒圆特征 7。选取图 41.5.34 所示的六条边线为倒圆参考，输入倒圆角半径值 0.5。

图 41.5.33 倒圆特征 6

图 41.5.34 倒圆特征 7

Step23. 创建图 41.5.35 所示的倒圆特征 8。选取图 41.5.35a 所示的边线为倒圆参考，输入圆角半径值 0.5。

Step24. 至此，零件模型创建完毕。选择下拉菜单 → 保存命令，命名为 CLAMP_01，即可保存零件模型。

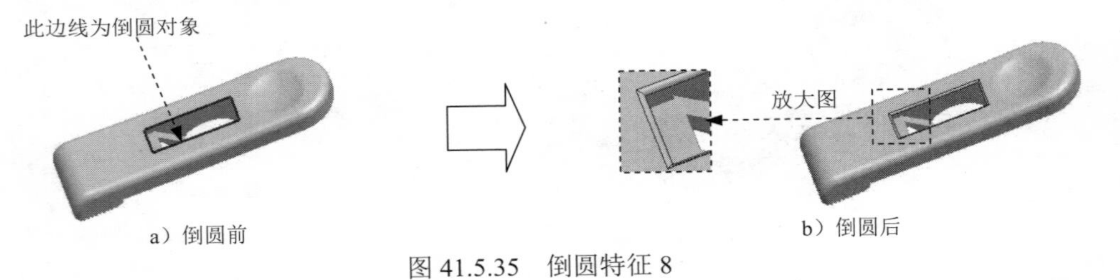

图 41.5.35 倒圆特征 8

41.6 衣架零件（五）

零件模型及浏览器如图 41.6.1 所示。

Step1. 新建一个零件模型，进入建模环境。

Step2. 创建图 41.6.2 所示的拉伸特征 1。在 创建 ▾ 区域中单击 按钮，选取 YZ 平面作为草图平面，绘制图 41.6.3 所示的截面草图，在“拉伸”对话框 范围 区域中的下拉列表中选择 距离 选项，输入距离值为 8.0,并将拉伸方向设置为“对称”类型，单击“拉伸”对话框中的 确定 按钮，完成拉伸特征 1 的创建。

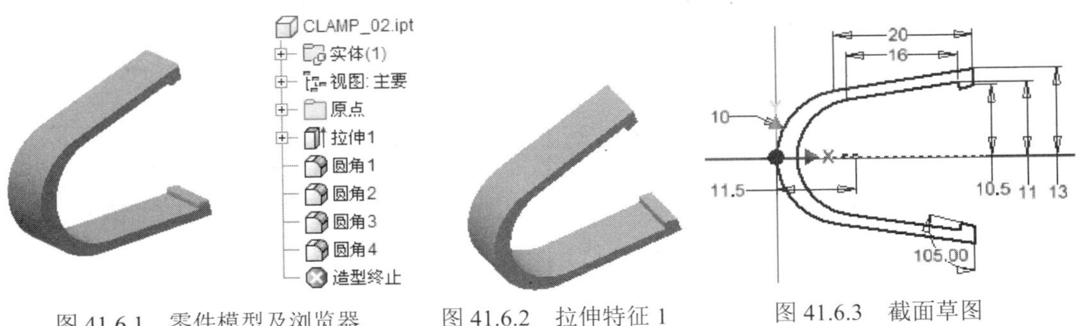

图 41.6.1 零件模型及浏览器　　图 41.6.2 拉伸特征 1　　图 41.6.3 截面草图

Step3. 创建图 41.6.4 所示的倒圆特征 1。选取图 41.6.4a 所示的模型边线为倒圆的对象，输入倒圆角半径值 0.5。

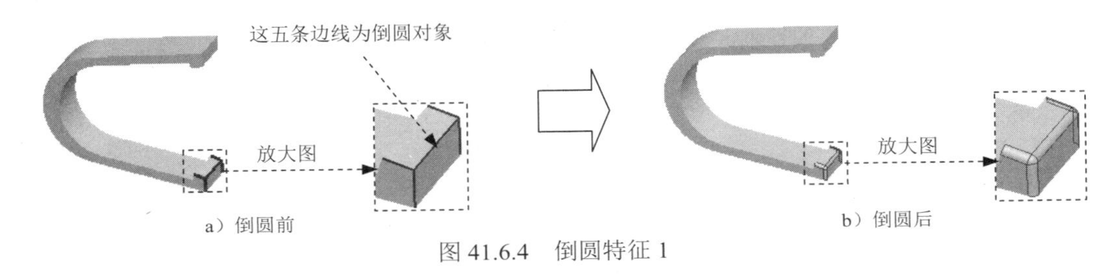

图 41.6.4 倒圆特征 1

Step4. 创建图 41.6.5 所示的倒圆特征 2。选取图 41.6.5a 所示的模型边线为倒圆的对象，输入倒圆角半径值 0.5。

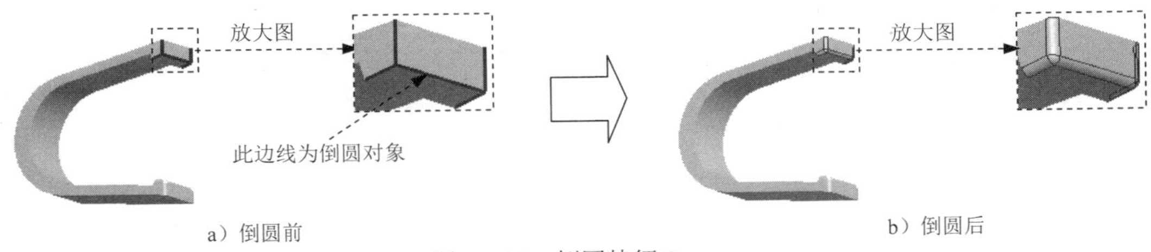

图 41.6.5 倒圆特征 2

Step5. 创建图 41.6.6 所示的倒圆特征 3。选取图 41.6.6 所示的模型边线为倒圆的对象，输入倒圆角半径值 0.5。

Step6. 创建图 41.6.7 所示的倒圆特征 4。选取图 41.6.7 所示的模型边线为倒圆的对象，输入倒圆角半径值 0.5。

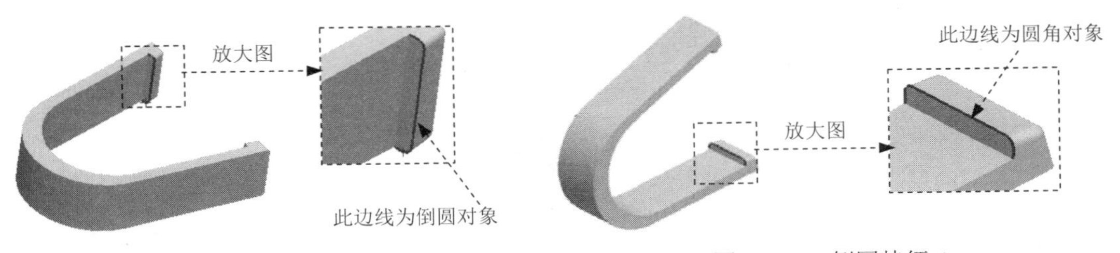

图 41.6.6 倒圆特征 3　　图 41.6.7 倒圆特征 4

Step7. 至此，零件模型创建完毕。选择下拉菜单 → 保存 命令，命名为 CLAMP_02，即可保存零件模型。

41.7 衣架零件（六）

零件模型及浏览器如图 41.7.1 所示。

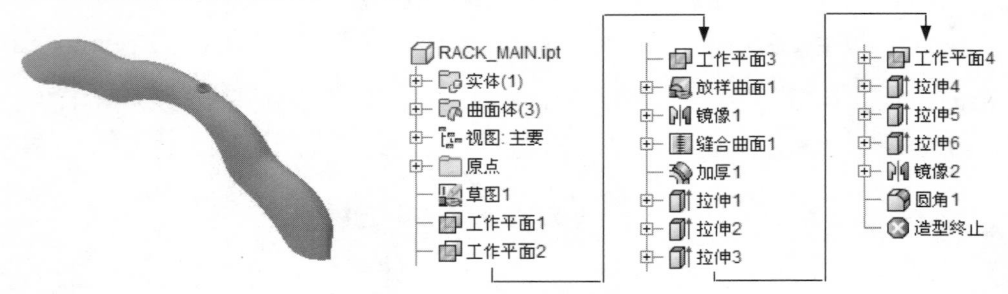

图 41.7.1　零件模型及浏览器

Step1. 新建一个零件模型，进入建模环境。

Step2. 创建图 41.7.2 所示的草图 1。在 三维模型 选项卡 草图 区域单击 按钮，选取 XY 平面作为草图平面，绘制图 41.7.3 所示的草图 1。

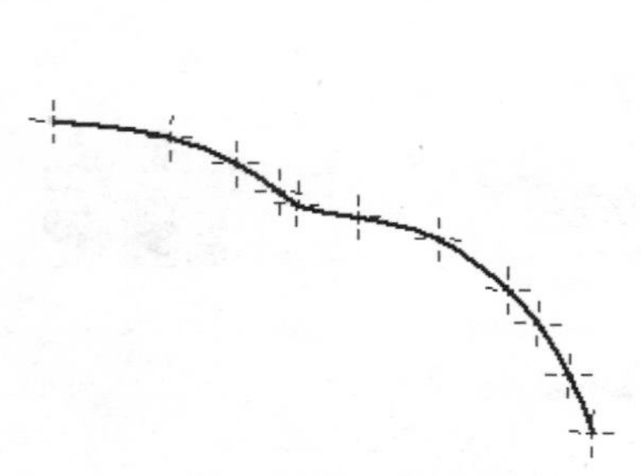

图 41.7.2　草图 1（建模环境）

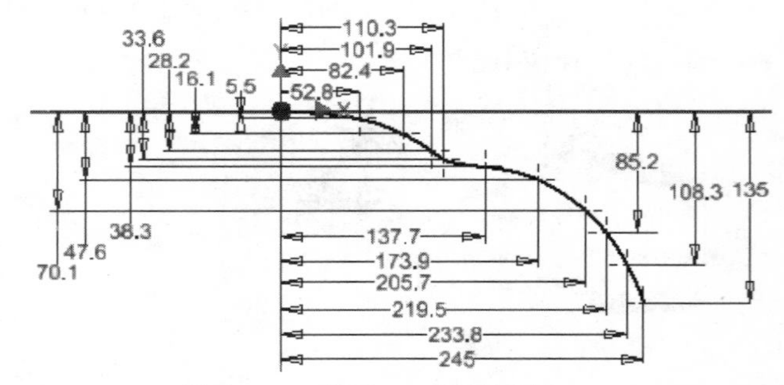

图 41.7.3　草图 1（草图环境）

Step3. 创建图 41.7.4 所示的草图 2。在 三维模型 选项卡 草图 区域单击 按钮，选取 YZ 平面作为草图平面，绘制图 41.7.5 所示的草图 2。

Step4. 创建图 41.7.6 所示的工作平面 1。在 定位特征 区域中单击“平面”按钮 下的 平面，选择 在指定点处与曲线垂直 命令；在绘图区域选取图 41.7.7 所示的点为参考点，然后再选取图 41.7.7 所示曲线作为参考曲线，单击 按钮，完成工作平面 1 的创建。

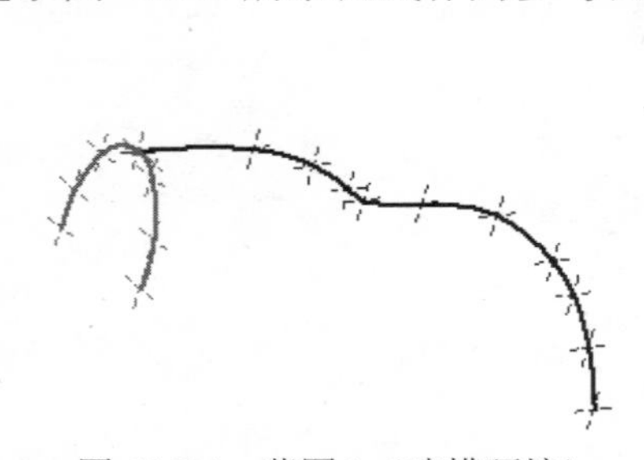

图 41.7.4　草图 2（建模环境）

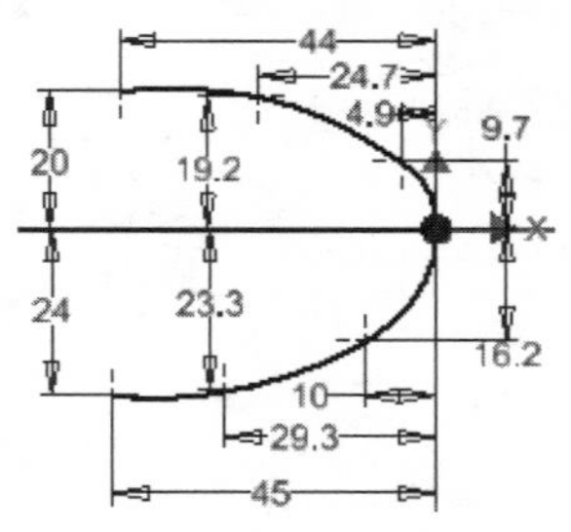

图 41.7.5　草图 2（草图环境）

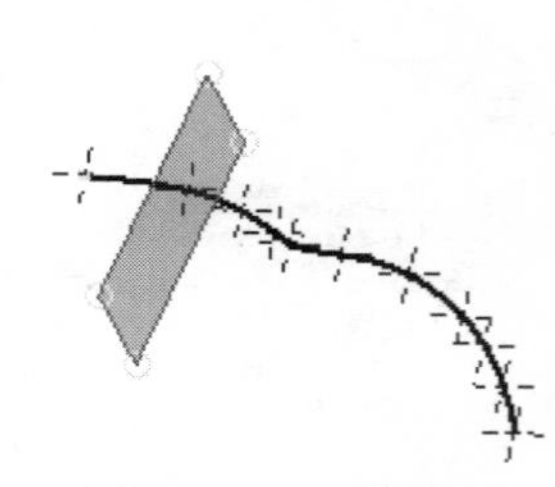

图 41.7.6　工作平面 1

Step5. 创建图 41.7.8 所示的草图 3。在 三维模型 选项卡 草图 区域单击 按钮，选取工作平面 1 作为草图平面，绘制图 41.7.9 所示的草图 3。

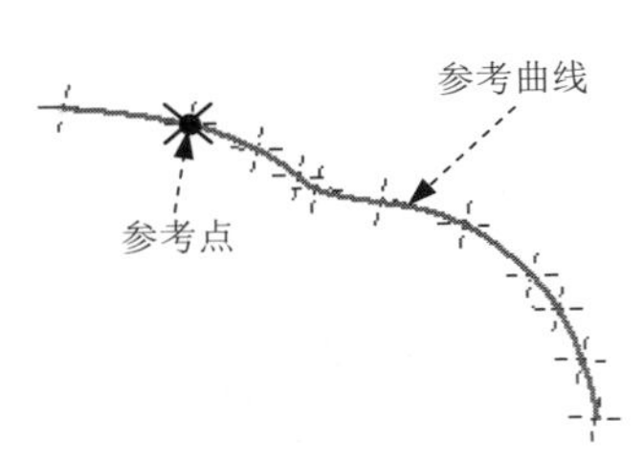

图 41.7.7 选取参考元素

图 41.7.8 草图 3（建模环境）

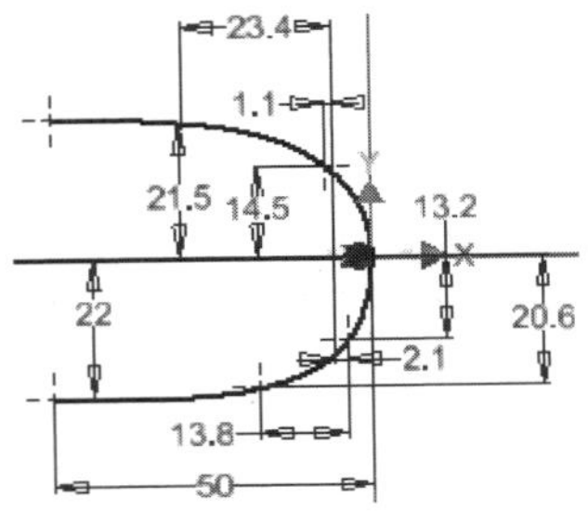

图 41.7.9 草图 3（建模环境）

Step6. 创建图 41.7.10 所示的工作平面 2。在 定位特征 区域中单击“平面”按钮 下的 平面，选择 在指定点处与曲线垂直 命令；在绘图区域选取图 41.7.11 所示的点作为参考点，然后再选取图 41.7.11 所示的曲线作为参考曲线，单击 按钮，完成工作平面 2 的创建。

Step7. 创建图 41.7.12 所示的草图 4。在 三维模型 选项卡 草图 区域单击 按钮，选取工作平面 2 作为草图平面，绘制图 41.7.13 所示的草图 4。

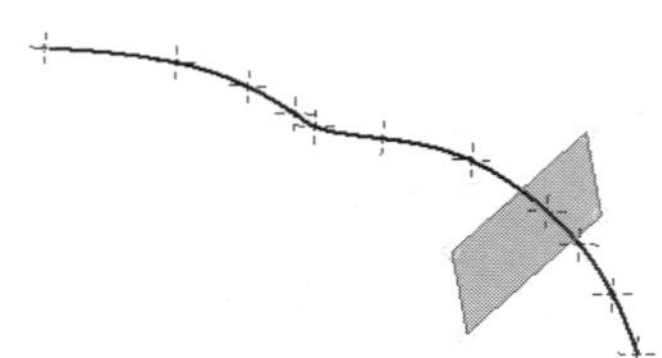

图 41.7.10 工作平面 2

41.7.11 选取参考元素

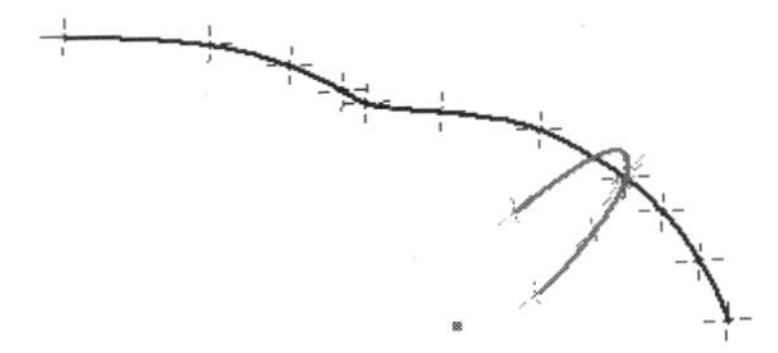

图 41.7.12 草图 4（建模环境）

Step8. 创建图 41.7.14 所示的工作平面 3。在 定位特征 区域中单击“平面”按钮 下的 平面，选择 在指定点处与曲线垂直 命令；在绘图区域选取图 41.7.15 所示的点作为参考点，然后再选取图 41.7.15 所示的曲线作为参考曲线，单击 按钮，完成工作平面 3 的创建。

Step9. 创建图 41.7.16 所示的草图 5。在 三维模型 选项卡 草图 区域单击 按钮，选取工作平面 3 作为草图平面，绘制图 41.7.17 所示的草图 5。

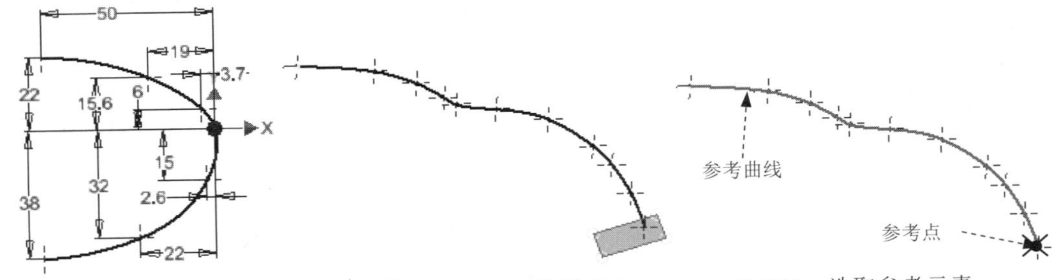

图 41.7.13 草图 4（建模环境）

图 41.7.14 工作平面 3

41.7.15 选取参考元素

Step10. 创建图 41.7.18 所示的放样曲面 1。在 创建 区域中单击 放样 按钮，系统弹出“放样”对话框；依次选取草图 2、草图 3、草图 4 与草图 5 作为轮廓；在“扫掠”对话框 输出 区域确认“曲面”按钮 被按下；在“扫掠”对话框 轨道 文本框中单击，然后选取草图 1 作为轨道线，其他参数接受默认设置；单击条件选项卡，在草图2（剖视图）与草图5（剖视图）的条件下拉列表中选择“方向条件”；单击确定按钮，完成放样曲面 1 的创建。

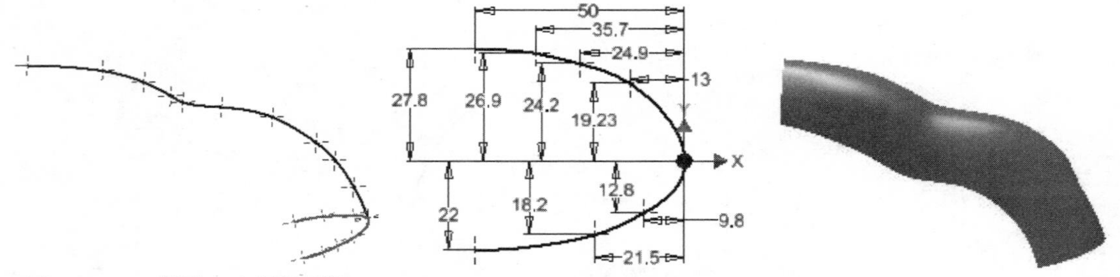

图 41.7.16 草图 5（建模环境） 图 41.7.17 草图 5（建模环境） 图 41.7.18 放样曲面 1

Step11. 创建图 41.7.19 所示的镜像 1。在阵列区域中单击“镜像”按钮；在图形区中选取要镜像复制的放样特征（或在浏览器中选择“放样曲面 1”特征）；单击“镜像”对话框中的镜像平面按钮，然后选取 YZ 平面作为镜像中心平面；单击“镜像”对话框中的确定按钮，完成镜像 1 的操作。

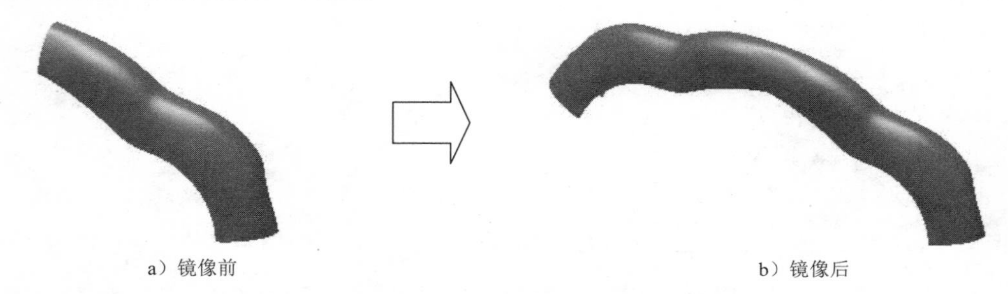

a）镜像前 b）镜像后

图 41.7.19 镜像 1

Step12. 创建缝合曲面 1。在曲面▼区域中单击“缝合”按钮，系统弹出“缝合”对话框；在系统选择要缝合的实体的提示下选取放样曲面 1 与镜像 1 作为缝合对象；在该对话框中单击应用按钮，单击完毕按钮，完成缝合曲面 1 的创建。

Step13.创建图 41.7.20 所示的加厚 1。在修改▼区域中单击“加厚/偏移”按钮，系统弹出“加厚/偏移”对话框；在“加厚/偏移”对话框中选中⊙缝合曲面选项，然后选取缝合曲面 1 作为加厚曲面；在“加厚/偏移”对话框距离区域中单击按钮；在“加厚/偏移”对话框距离区域中的文本框输入数值 2.0；单击确定按钮，完成开放曲面的加厚。

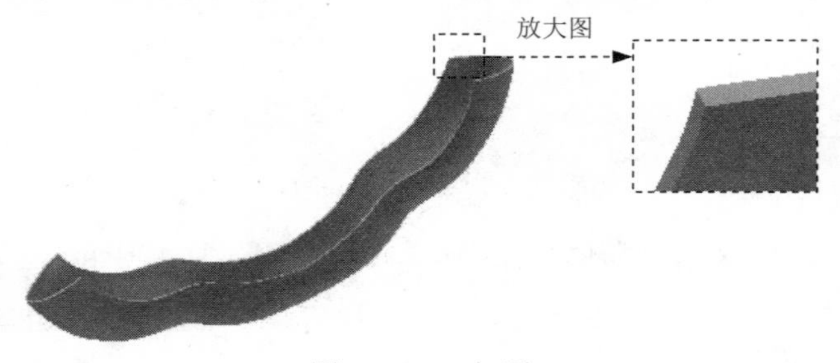

图 41.7.20 加厚 1

Step14. 创建图 41.7.21 所示的拉伸特征 1。在 创建▼ 区域中单击 按钮，选取 XY 平面作为草图平面，绘制图 41.7.22 所示的截面草图，在“拉伸”对话框将布尔运算设置为“求差”类型 ，在 范围 区域中的下拉列表中选择 贯通 选项，将拉伸方向设置为“对称”类型 ；单击“拉伸”对话框中的 确定 按钮，完成拉伸特征 1 的创建。

Step15. 创建图 41.7.23 所示的拉伸特征 2。在 创建▼ 区域中单击 按钮，选取 XZ 平面作为草图平面，绘制图 41.7.24 所示的截面草图，在“拉伸”对话框将拉伸方向设置为“不对称”类型 ，在 范围 区域中的下拉列表中均选择 距离 选项，分别输入距离值 2 与 10；单击“拉伸”对话框中的 确定 按钮，完成拉伸特征 2 的创建。

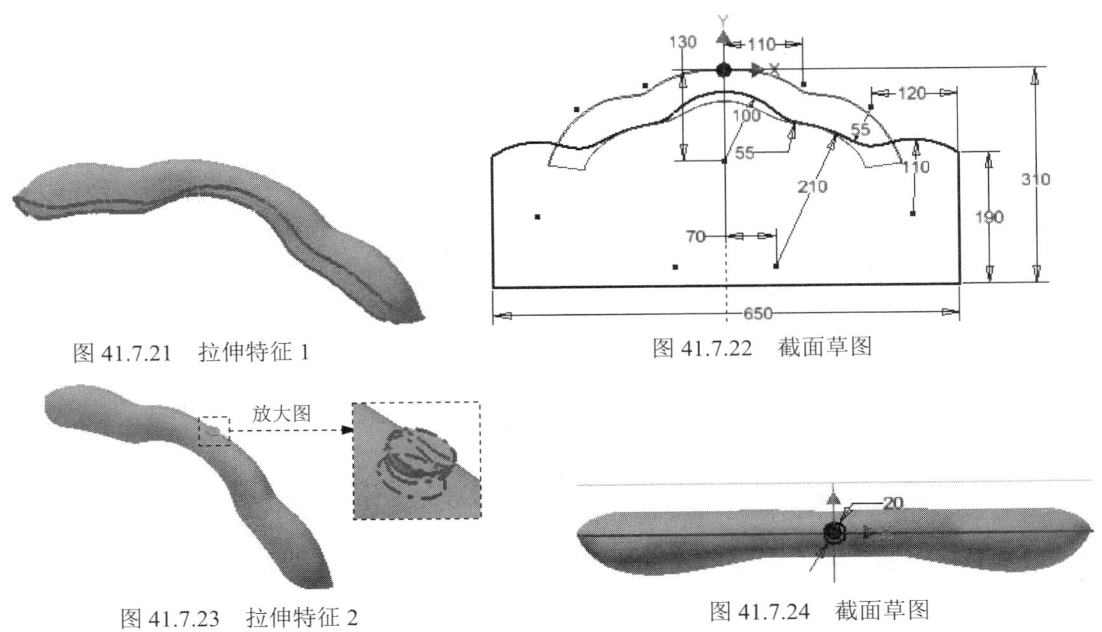

图 41.7.21 拉伸特征 1

图 41.7.22 截面草图

图 41.7.23 拉伸特征 2

图 41.7.24 截面草图

Step16. 创建图 41.7.25 所示的拉伸特征 3。在 创建▼ 区域中单击 按钮，选取 XZ 平面作为草图平面，绘制图 41.7.26 所示的截面草图，在“拉伸”对话框将布尔运算设置为“求差”类型 ，然后在 范围 区域中的下拉列表中选择 贯通 选项，将拉伸方向设置为“对称”类型 ；单击“拉伸”对话框中的 确定 按钮，完成拉伸特征 3 的创建。

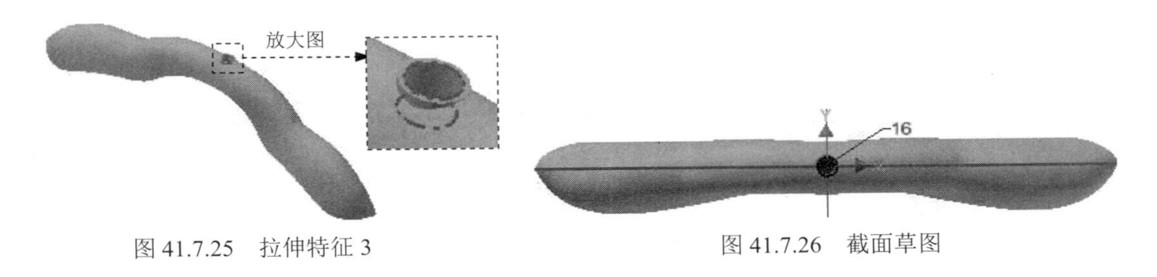

图 41.7.25 拉伸特征 3

图 41.7.26 截面草图

Step17. 创建图 41.7.27 所示的工作平面 4（本步的详细操作过程请参见随书光盘中 video\ch41.07\reference\文件下的语音视频讲解文件 RACK_MAIN-r01.exe）。

Step18. 创建图 41.7.28 所示的拉伸特征 4。在 创建 ▼ 区域中单击 按钮，选取工作平面 4 作为草图平面，绘制图 41.7.29 所示的截面草图，在“拉伸”对话框 范围 区域中的下拉列表中选择 到表面或平面 选项，并将拉伸方向设置为“方向 1”类型 ，单击“拉伸”对话框中的 确定 按钮，完成拉伸特征 4 的创建。

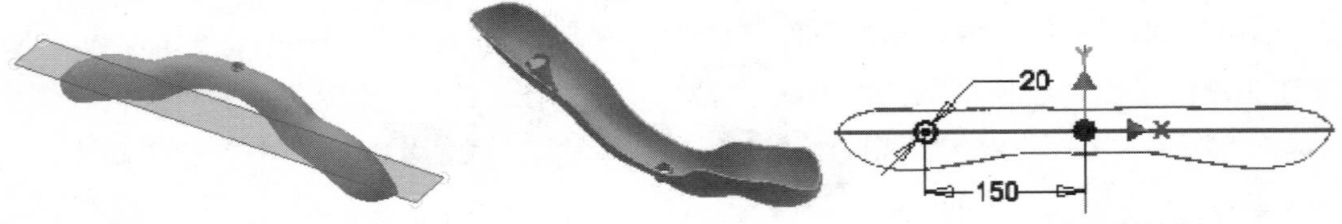

图 41.7.27 工作平面 4　　图 41.7.28 拉伸特征 4　　图 41.7.29 截面草图

Step19. 创建图 41.7.30 所示的拉伸特征 5。在 创建 ▼ 区域中单击 按钮，选取工作平面 4 作为草图平面，绘制图 41.7.31 所示的截面草图，在“拉伸”对话框将布尔运算设置为“求差”类型 ，然后在 范围 区域中的下拉列表中选择 距离 选项，在“距离”下拉列表中输入数值 25，将拉伸方向设置为“方向 1”类型 ；单击“拉伸”对话框中的 确定 按钮，完成拉伸特征 5 的创建。

Step20. 创建图 41.7.32 所示的拉伸特征 6。在 创建 ▼ 区域中单击 按钮，选取 YZ 平面作为草图平面，绘制图 41.7.33 所示的截面草图，在“拉伸”对话框将布尔运算设置为“求差”类型 ，然后在 范围 区域中的下拉列表中选择 到 选项，选取图 41.7.32 所示的面作为拉伸终止面；单击“拉伸”对话框中的 确定 按钮，完成拉伸特征 6 的创建。

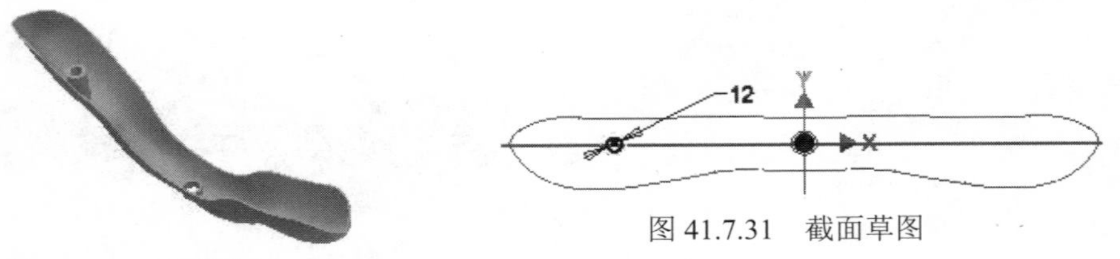

图 41.7.31 截面草图

图 41.7.30 拉伸特征 5

Step21. 创建图 41.7.34 所示的镜像 2。在 阵列 区域中单击“镜像”按钮 ；在图形区中选取要镜像复制的拉伸 4、拉伸 5 与拉伸 6 特征；单击“镜像”对话框中的 镜像平面 按钮，然后选取 YZ 平面作为镜像中心平面；单击“镜像”对话框中的 确定 按钮，完成镜像 2 的操作。

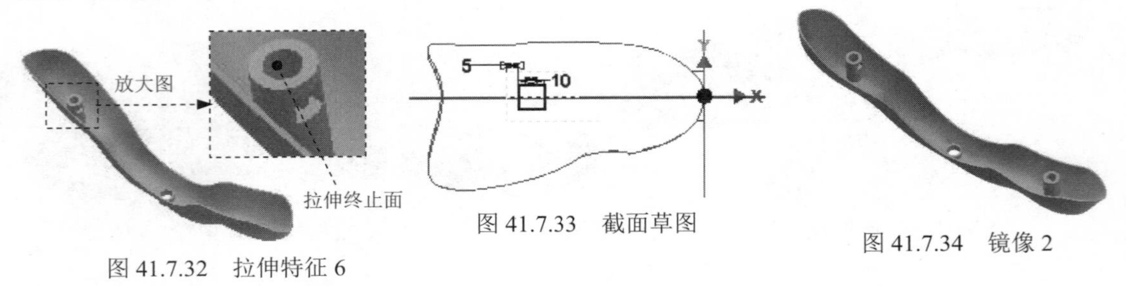

图 41.7.32 拉伸特征 6　　图 41.7.33 截面草图　　图 41.7.34 镜像 2

Step22. 创建图 41.7.35 所示的倒圆特征 1。选取图 41.7.35a 所示的模型边线为倒圆的对象，输入倒圆角半径值 0.5。

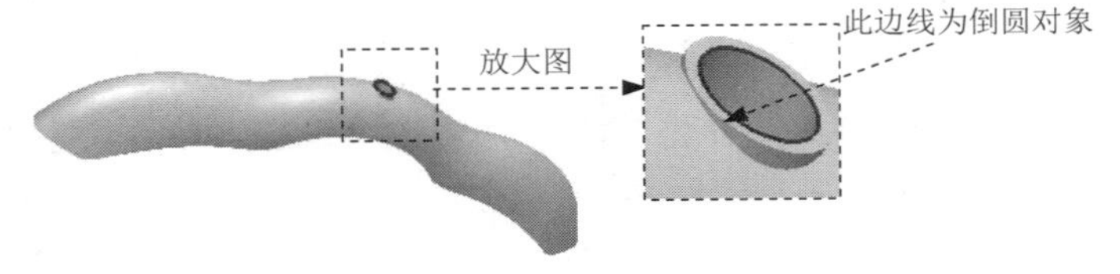

图 41.7.35 倒圆特征 1

Step23. 至此，零件模型创建完毕。选择下拉菜单 → 保存 命令，命名为 RACK_MAIN，即可保存零件模型。

41.8 零 件 装 配

Task1. 创建 clamp_01 和 clamp_02 的子装配模型

Step1. 新建一个装配文件。选择下拉菜单 → 新建 → 部件 命令，系统自动进入装配环境。

Step2. 添加图 41.8.1 所示的 clamp_01。

在 装配 选项卡 零部件 区域单击 按钮，系统弹出“装入零部件”对话框；在 D:\inv15.3\work\ch41 下选取衣架零件模型文件 CLAMP_01.ipt，再单击 打开(O) 按钮；在绘图区域中右击选择 在原点处固定放置(G) 命令，按键盘上的 Esc 键，将模型放置在装配环境中，如图 41.8.1 所示。

Step3. 添加图 41.8.2 所示的 clamp_02。

（1）引入零件。在 装配 选项卡 零部件 区域单击 按钮，系统弹出“装入零部件”对话框，在 D:\inv15.3\work\ch41 下选取衣架零件模型文件 clamp_02. ipt，再单击 打开(O) 按钮，在图形区合适的位置处单击，即可把零件放置到当前位置，如图 41.8.3 所示，放置完成后按键盘上的 Esc 键，调整零件的方位，通过旋转与移动命令，将零件调整至图 41.8.4 所示的位置。

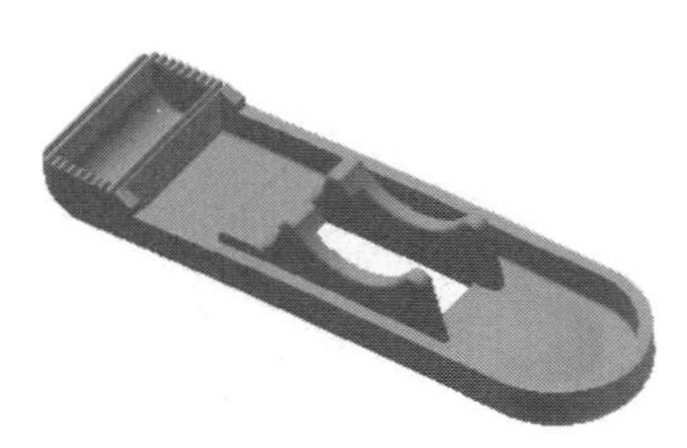

图 41.8.1 添加 clamp_01 零件

图 41.8.2 添加 clamp_02 零件

图 41.8.3 放置零件

（2）添加约束，使零件完全定位。单击“装配”选项卡 关系 ▾ 区域中的“约束”按

钮 （或在“装配”浏览器栏中右击选择 约束(C) 命令），系统弹出“放置约束”对话框，在“放置约束”对话框 部件 选项卡中的 类型 区域中选中“配合”约束 ，分别选取图 41.8.5 所示的两个面作为约束面，并将 按钮选中，在“放置约束”对话框中单击 应用 按钮，完成第一个装配约束；在“放置约束”对话框中选中“配合”约束 ，并将 选中，选取 clamp_01 零件上的 YZ 平面与 clamp_02 零件上的 YZ 平面作为约束面，单击 应用 按钮，完成第二个装配约束；在“放置约束”对话框中选中“相切”约束 ，分别选取图 41.8.6 所示的两个面作为约束面，并确认 按钮被选中，单击 应用 按钮，完成第三个装配约束；单击“放置约束”对话框的 取消 按钮，完成 clamp_02 零件的定位。

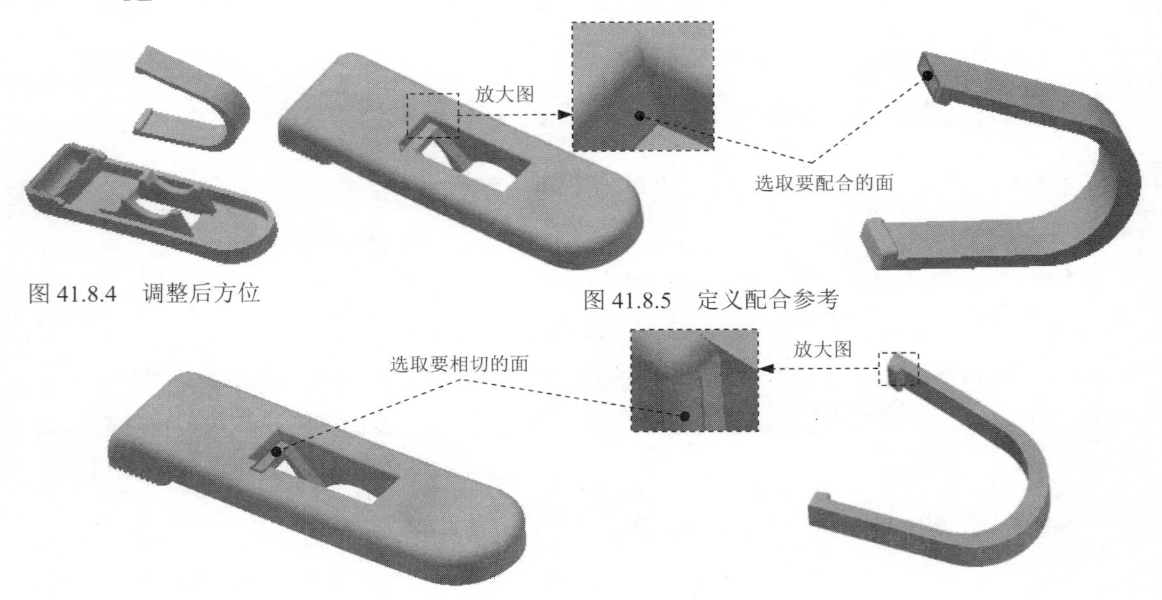

图 41.8.4　调整后方位

图 41.8.5　定义配合参考

图 41.8.6　定义相切参考

Step4. 添加图 41.8.7 所示的 clamp_01（2）。

（1）引入零件。在 装配 选项卡 零部件 区域单击 按钮，系统弹出“装入零部件”对话框，在 D:\inv15.3\work\ch41 下选取衣架零件模型文件 clamp_01. ipt，再单击 打开(O) 按钮，在图形区合适的位置处单击，即可把零件放置到当前位置，如图 41.8.8 所示，放置完成后按键盘上的 Esc 键，调整零件的方位，通过旋转与移动命令，将零件调整至图 41.8.9 所示的位置。

图 41.8.7　添加 clamp_01 零件

图 41.8.8　放置零件

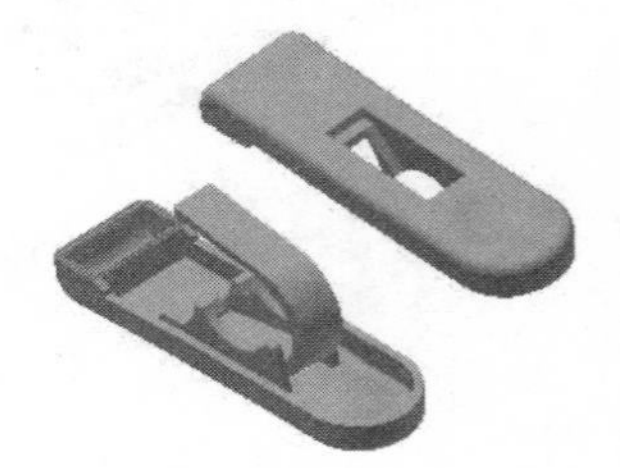

图 41.8.9　调整后方位

（2）添加约束，使零件完全定位。单击“装配”选项卡 关系▼ 区域中的“约束”按钮（或在“装配”浏览器栏中右击选择 约束(C) 命令），系统弹出“放置约束”对话框，在“放置约束”对话框 部件 选项卡中的 类型 区域中选中“配合”约束，分别选取图 41.8.10（为了装配的方便可先将 clamp_01（1）隐藏起来）所示的两个面作为约束面，并将按钮选中，在“放置约束”对话框中单击 应用 按钮，完成第一个装配约束；在“放置约束”对话框中选中“配合”约束，并将选中，选取 clamp_01（2）零件上的 YZ 平面与 clamp_02 零件上的 YZ 平面作为约束面，单击 应用 按钮，完成第二个装配约束；在“放置约束”对话框中选中“相切”约束，分别选取图 41.8.11 所示的两个面作为约束面，并确认按钮被选中，单击 应用 按钮，完成第三个装配约束；单击“放置约束”对话框的 取消 按钮，完成 clamp_01（2）零件的定位。

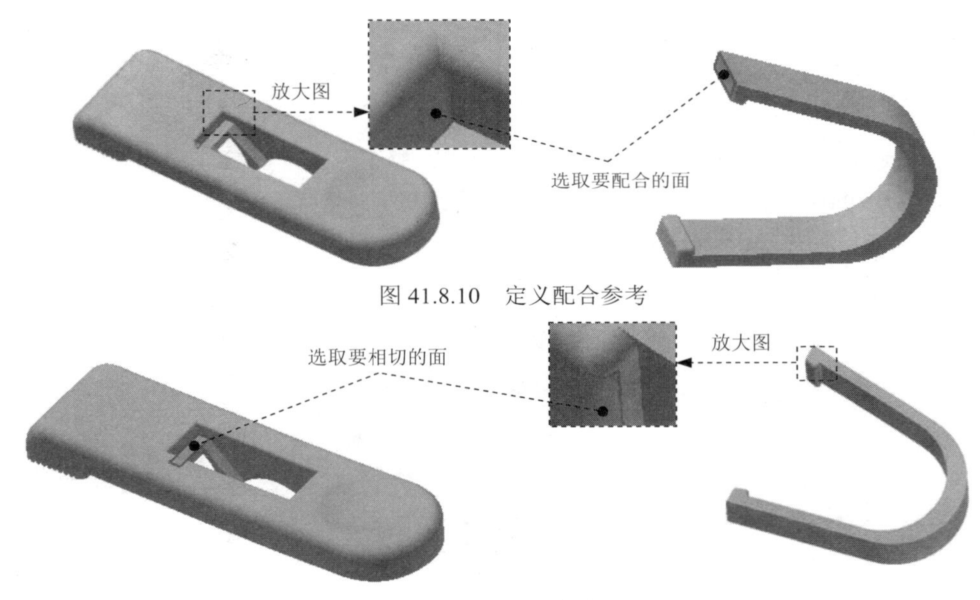

图 41.8.10 定义配合参考

图 41.8.11 定义相切参考

Step5. 至此，模型装配完毕。选择下拉菜单 → 保存 命令，命名为 pin.iam，即可保存零件模型。

Task2. 衣架的总装配

Step1. 新建一个装配文件。选择下拉菜单 → 新建 → 部件 命令，系统自动进入装配环境。

Step2. 添加图 41.8.12 所示的 rack_main。在 装配 选项卡 零部件 区域单击按钮，系统弹出“装入零部件”对话框；在 D:\inv15.3\work\ch41 下选取衣架零件模型文件 RACK_MAIN.ipt，再单击 打开(O) 按钮；在绘图区域中右击选择 在原点处固定放置(G) 命令，按键盘上的 Esc 键，将模型放置在装配环境中，如图 41.8.12 所示。

Step3. 添加图 41.8.13 所示的 rack_top_01。

（1）引入零件。在 装配 选项卡 零部件 区域单击 按钮，系统弹出“装入零部件”对话框，在 D:\inv15.3\work\ch41 下选取轴套零件模型文件 rack_top_01. ipt，再单击 打开(O) 按钮，在图形区合适的位置处单击，即可把零件放置到当前位置，如图 41.8.14 所示，放置完成后按键盘上的 Esc 键。

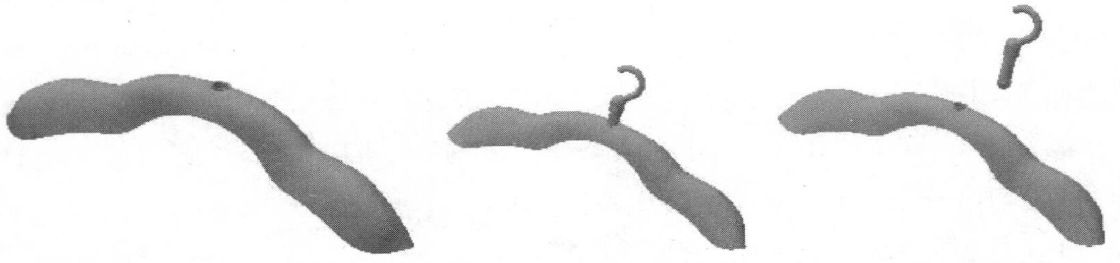

图 41.8.12　添加 rack_main　　图 41.8.13　创建 rack_top_01　　图 41.8.14　放置零件

（2）添加约束，使零件完全定位。单击“装配”选项卡 关系 ▼ 区域中的“约束”按钮（或在“装配”浏览器栏中右击选择 约束(C) 命令），系统弹出“放置约束”对话框；在“放置约束”对话框 部件 选项卡中的 类型 区域中选中“配合”约束，分别选取图 41.8.15 所示的两个轴线作为约束对象，在“放置约束”对话框中单击 应用 按钮，完成第一个装配约束；在“放置约束”对话框中选中“配合”约束，并将 选中，选取图 41.8.16 所示的两个面为约束面，在 偏移量: 文本框中输入数值 15.5，并确认 按钮被选中，单击 应用 按钮，完成第二个装配约束；单击“放置约束”对话框的 取消 按钮，完成 rack_top_01 零件的定位。

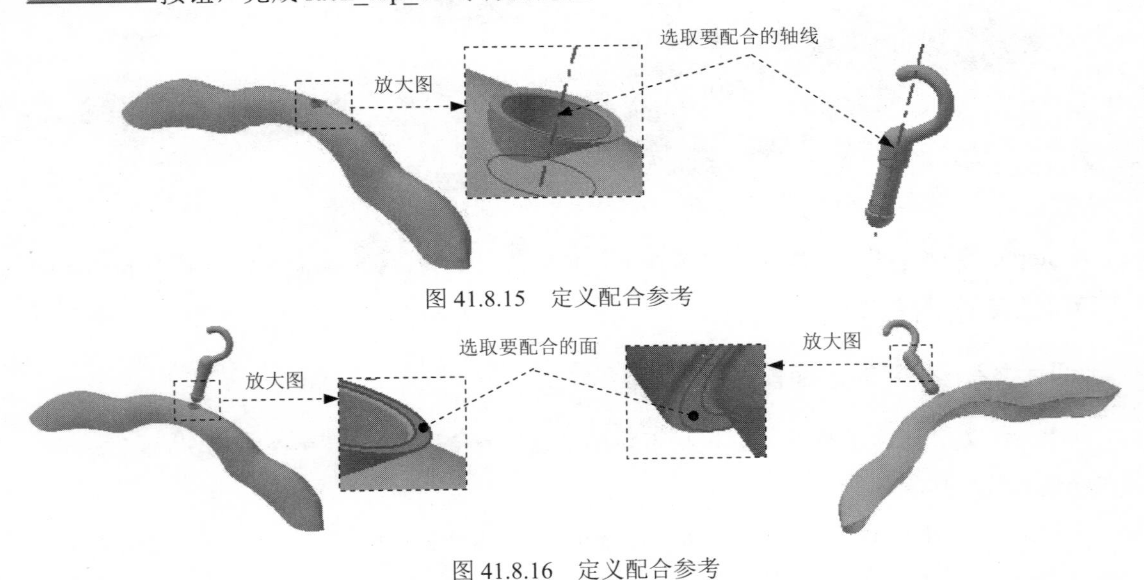

图 41.8.15　定义配合参考

图 41.8.16　定义配合参考

Step4. 添加图 41.8.17 所示的 rack_top_02。

（1）引入零件。

① 在 装配 选项卡 零部件 区域单击 按钮，系统弹出“装入零部件”对话框。

② 在 D:\inv15.3\work\ch41 下选取衣架零件模型文件 rack_top_02. ipt，再单击 打开(O) 按钮。

③ 在图形区合适的位置处单击，即可把零件放置到当前位置，如图 41.8.18 所示，放置完成后按键盘上的 Esc 键。

④调整零件的方位，通过旋转与移动命令，将零件调整至图 41.8.19 所示的位置。

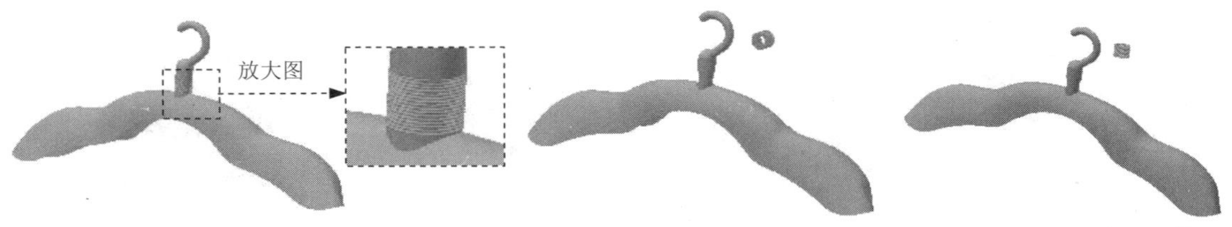

图 41.8.17 添加 rack_top_02　　图 41.8.18 放置零件　　图 41.8.19 调整后方位

（2）添加约束，使零件完全定位。

① 选择命令。单击“装配”选项卡 关系 ▾ 区域中的“约束”按钮 （或在“装配”浏览器栏中右击选择 约束(C) 命令），系统弹出“放置约束”对话框。

② 添加“配合”约束 1。在“放置约束”对话框 部件 选项卡中的 类型 区域中选中“配合”约束 ，分别选取图 41.8.20 所示的两个轴线作为约束对象，在“放置约束”对话框中单击 应用 按钮，完成第一个装配约束。

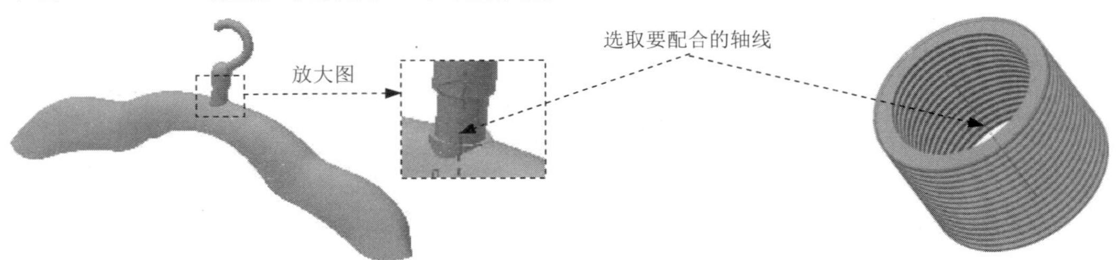

图 41.8.20 定义配合参考

③ 添加“配合”约束 2。在“放置约束”对话框 部件 选项卡中的 类型 区域中选中“配合”约束 ，分别选取图 41.8.21 所示的两个面作为约束面，并将 按钮选中，在“放置约束”对话框中单击 应用 按钮，完成第二个装配约束。

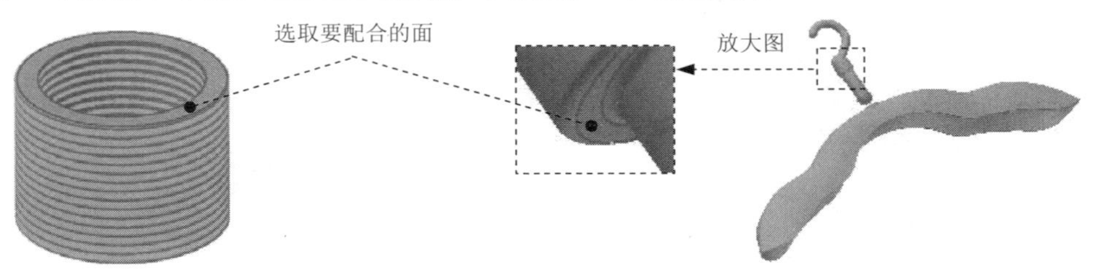

图 41.8.21 定义配合参考

④ 单击“放置约束”对话框的 取消 按钮，完成 rack_top_02 零件的定位。

Step5. 创建图 41.8.22 所示的 spacer01。单击 装配 功能选项卡 零部件 区域中的“创建”按钮；此时系统弹出“创建在位零件”对话框，在 新零部件名称(N) 文本框中输入零件名称为 spacer01；采用系统默认的模板和新文件位置；单击 确定 按钮，在系统 为基础特征选择草图平面 的提示下选取“中心点” 中心点，此时系统进入到编辑零部件环境中；在 创建 区域中选择命令，选取 XY 平面作为草图平面，绘制图 41.8.23 所示的截面草图；在“旋转”对话框 范围 区域的下拉列表中选中 全部 选项；单击“旋转”对话框中的 确定 按钮，完成旋转特征 1 的创建；单击按钮，返回到装配环境。

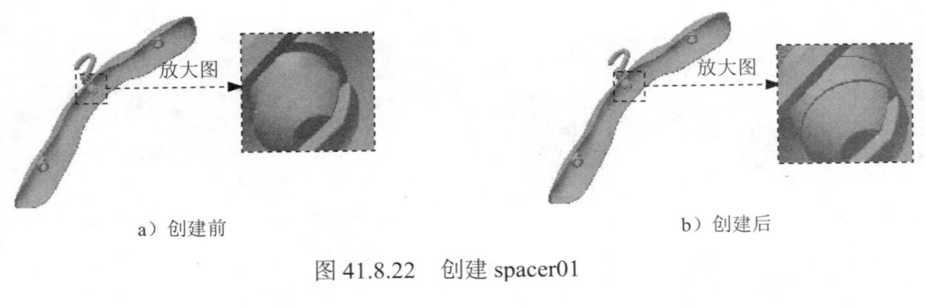

a）创建前　　b）创建后

图 41.8.22　创建 spacer01

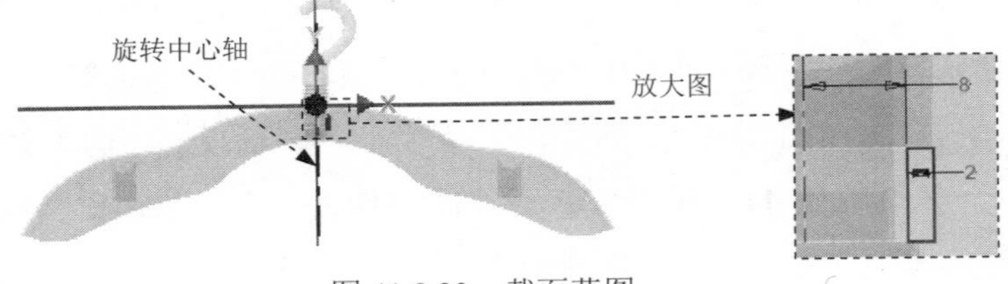

图 41.8.23　截面草图

Step6. 添加图 41.8.24 所示的 rack_down。

（1）引入零件。

① 在 装配 选项卡 零部件 区域中单击按钮，系统弹出“装入零部件”对话框。

② 选取添加模型。在 D:\inv15.3\work\ch41 下选取衣架零件模型文件 rack_down. ipt，再单击 打开(O) 按钮。

③ 在图形区合适的位置处单击，即可把零件放置到当前位置，如图 41.8.25 所示，放置完成后按键盘上的 Esc 键。

④ 通过旋转与移动命令调整零件方位以便于装配。

图 41.8.24　添加 rack_down

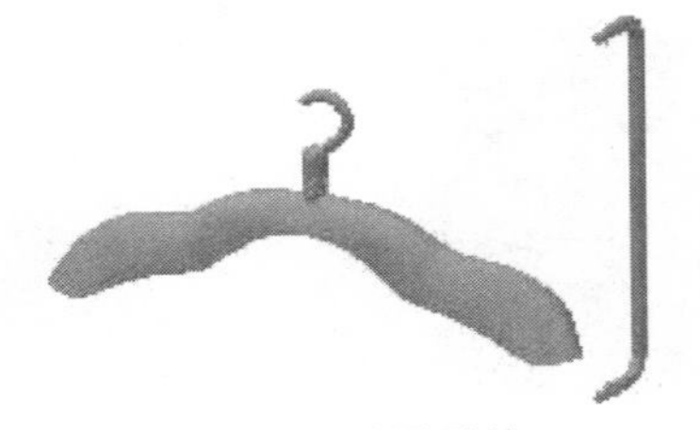

图 41.8.25　放置零件

（3）添加约束，使零件完全定位。

① 选择命令。单击“装配”选项卡 关系▼ 区域中的“约束”按钮（或在“装配”浏览器栏中右击选择 约束(C) 命令），系统弹出“放置约束”对话框。

② 添加“配合”约束 1。在“放置约束”对话框 部件 选项卡中的 类型 区域中选中“配合”约束，分别选取图 41.8.26 所示的两个轴线作为约束对象，在“放置约束”对话框中单击 应用 按钮，完成第一个装配约束。

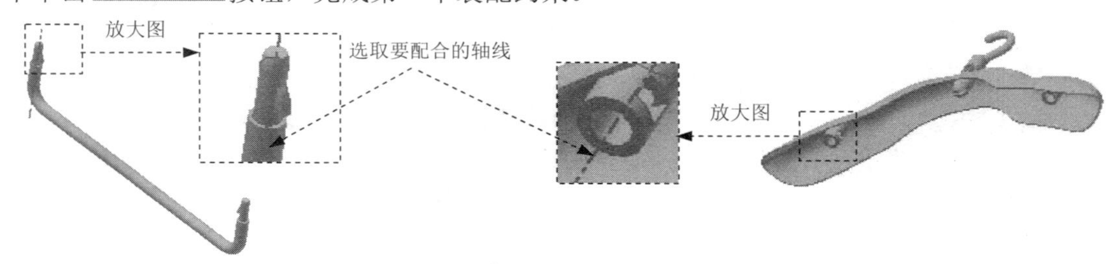

图 41.8.26 定义配合参考

③ 添加“配合”约束 2。在“放置约束”对话框 部件 选项卡中的 类型 区域中选中“配合”约束，分别选取图 41.8.27 所示的两个轴线作为约束对象，在“放置约束”对话框中单击 应用 按钮，完成第二个装配约束。

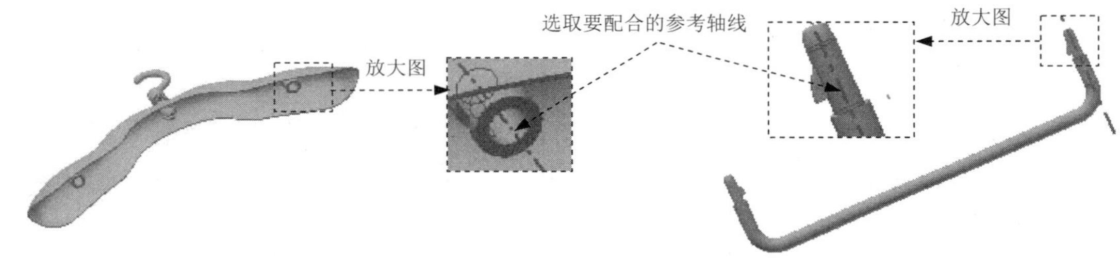

图 41.8.27 定义配合参考

④ 添加“配合”约束 3。在“放置约束”对话框 部件 选项卡中的 类型 区域中选中“配合”约束，分别选取图 41.8.28 所示的两个面作为约束面，并确认按钮被选中，在“放置约束”对话框中单击 应用 按钮，完成第三个装配约束。

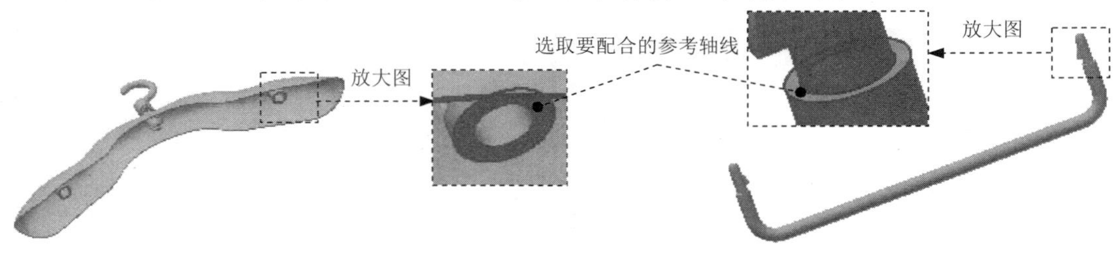

图 41.8.28 定义配合参考

⑤ 单击“放置约束”对话框的 取消 按钮，完成 rack_down 零件的定位。

Step7. 添加图 41.8.29 所示的 pin（一）。

（1）引入零部件。在 装配 选项卡 零部件 区域单击 按钮，系统弹出“装入零部件”对话框，在 D:\inv15.3\work\ch41 下选取衣架装配模型文件 pin. iam，再单击 打开(O) 按钮，在图形区合适的位置处单击，即可把零件放置到当前位置，如图 41.8.30 所示，放置完成后按键盘上的 Esc 键，调整零件的方位，通过旋转与移动命令，将零件调整至图 41.8.31 所示的位置。

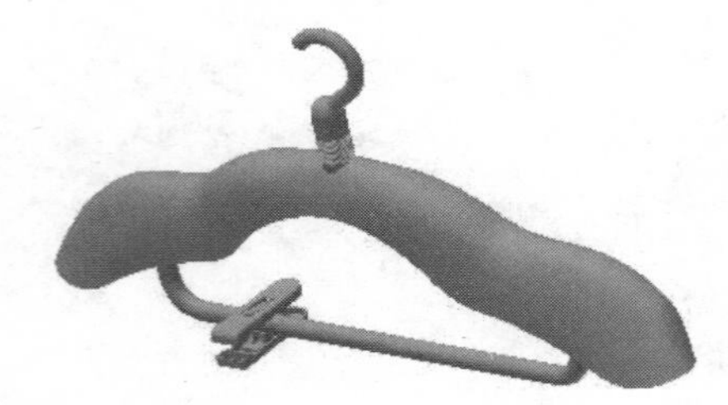

图 41.8.29 添加 pin（一）

图 41.8.30 放置零件

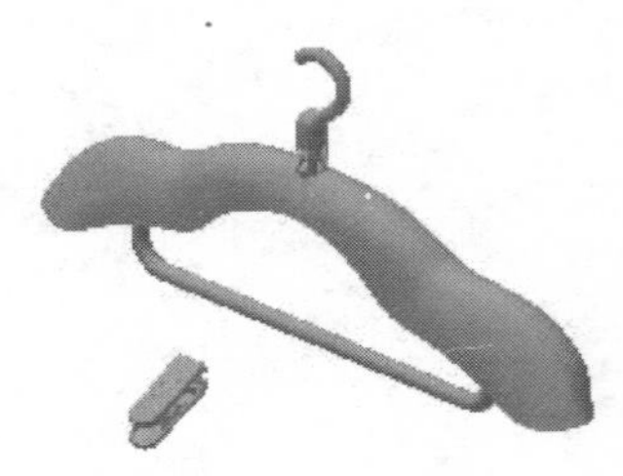

图 41.8.31 调整后方位

（2）添加约束，使零件完全定位。单击“装配”选项卡 关系 ▾ 区域中的“约束”按钮 （或在“装配”浏览器栏中右击选择 约束(C) 命令），系统弹出“放置约束”对话框，在“放置约束”对话框 部件 选项卡中的 类型 区域中选中“配合”约束 ，分别选取 pin（一）子装配中 clamp_02 上的 XY 平面与 rack_down 零件上的 XY 平面作为约束面，在“放置约束”对话框中单击 应用 按钮，完成第一个装配约束；在“放置约束”对话框 部件 选项卡中的 类型 区域中选中“配合”约束 ，分别选取 pin（一）子装配上的 XZ 平面与 rack_down 零件上的 YZ 平面作为约束面，在 偏移量: 文本框中输入数值 1.0，并确认 按钮被选中，在“放置约束”对话框中单击 应用 按钮，完成第二个装配约束；单击“放置约束”对话框的 取消 按钮，完成 pin（一）子装配的定位。

（3）通过移动命令，将子装配移动至合适的位置。

Step8. 添加图 41.8.32 所示的 pin（二）。

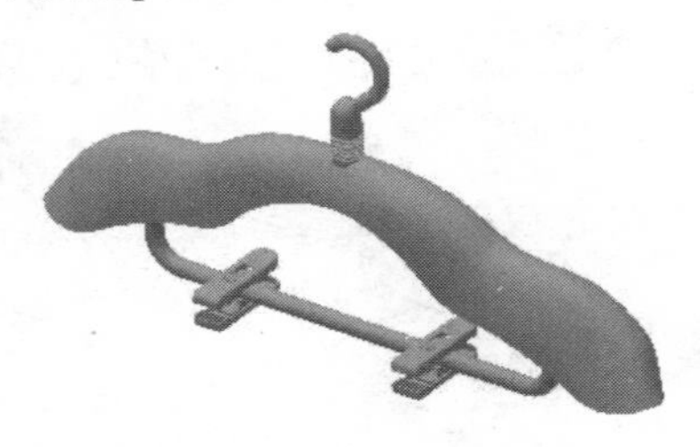

图 41.8.32 添加 pin（二）

具体操作方法可参照 Step7。

Step9. 选择下拉菜单 → 保存 命令，命名为 RACK，即可保存装配模型。

实例42 储 蓄 罐

42.1 实 例 概 述

本实例介绍了一款精致的储蓄罐（见图 42.1.1）的主要设计过程，采用的是自顶向下的设计方法（Top_Down Design）。许多家用电器（如电脑机箱、吹风机和电脑鼠标）也都可以采用这种方法进行设计，以获得较好的整体造型。

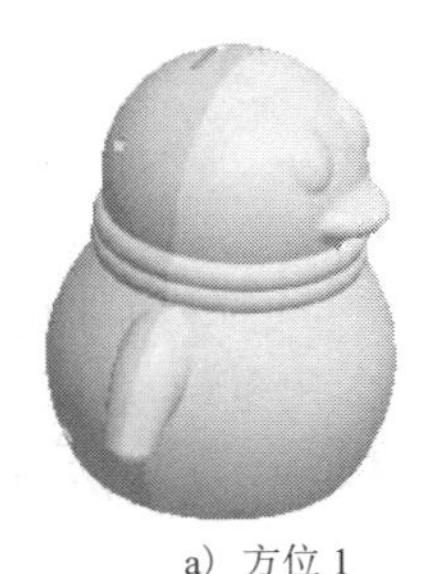
a）方位 1

a）方位 2

a）方位 3

图 42.1.1 储蓄罐

42.2 创建储蓄罐的整体结构

Task1. 新建一个装配体文件。

单击“新建”按钮 ，在系统弹出的“新建文件”对话框 部件 - 装配二维和三维零部件 区域选中“Standard.iam”模板；单击 创建 按钮，进入装配环境。

Task2. 创建图 42.2.1 所示的整体结构

在装配环境下，创建图 42.2.1 所示的整体结构及浏览器。

Step1. 在装配体中建立整体结构 MONEY_SAVER_SKEL。单击 装配 功能选项卡 零部件 区域中的“创建”按钮 ；此时系统弹出“创建在位零件”对话框，在 新零部件名称(N) 文本框中输入零件名称为 MONEY_SAVER_SKEL；采用系统默认的模板和新文件位置；单击 确定 按钮，在系统 为基础特征选择草图平面 的提示下选取“原点” 原点，此时系统进入编辑零部件环境。

Step2. 在装配体中打开主控件 MONEY_SAVER_SKEL。在浏览器中单击 MONEY_SAVER_SKEL:1 后右击，在快捷菜单中选择 打开(O) 命令。

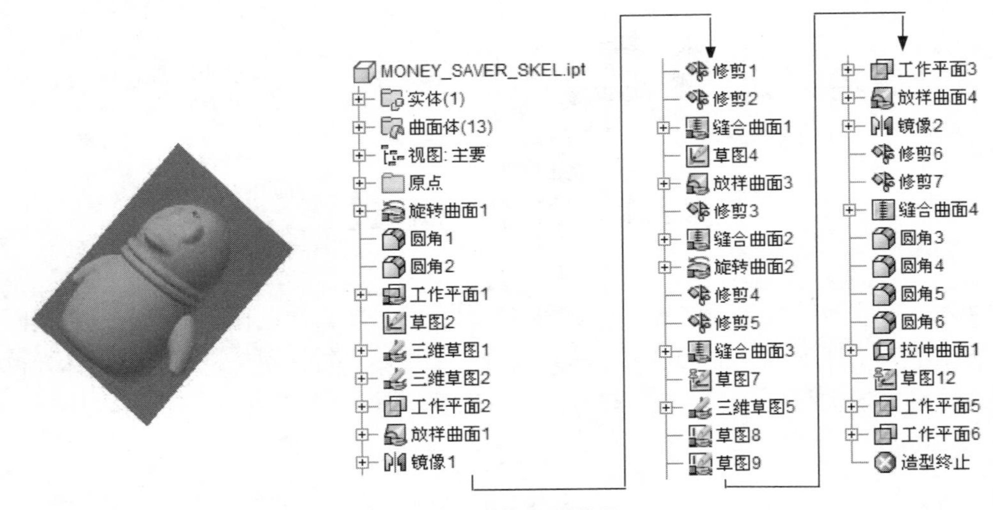

图 42.2.1　整体结构及浏览器

Step3. 创建图 42.2.2 所示的旋转曲面 1。在 创建 ▾ 区域中单击按钮，系统弹出“创建旋转”对话框；单击“创建旋转”对话框中的 创建二维草图 按钮，选取 XY 平面为草图平面，进入草绘环境，绘制图 42.2.3 所示的截面草图；单击 草图 选项卡 返回到三维 区域中的按钮，在“旋转”对话框 输出 区域中将输出类型设置为“曲面”；在 范围 区域的下拉列表中选中 全部 选项；单击“旋转”对话框中的 确定 按钮，完成旋转曲面 1 的创建。

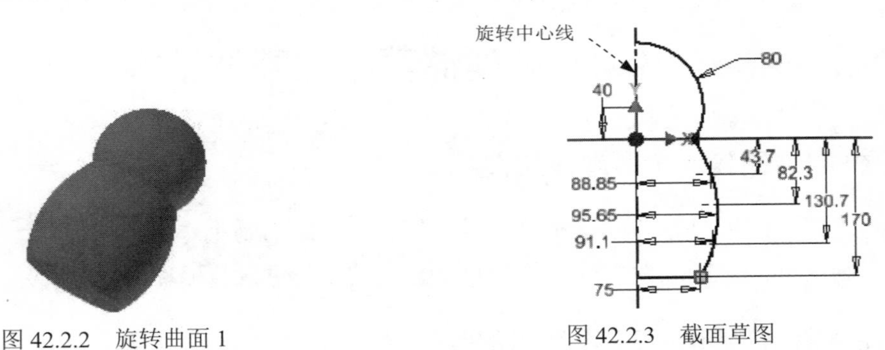

图 42.2.2　旋转曲面 1

图 42.2.3　截面草图

Step4. 创建图 42.2.4 所示的倒圆特征 1。在 修改 ▾ 区域中单击按钮；在系统的提示下，选取图 42.2.4a 所示的模型边线为倒圆的对象；在“倒圆角”小工具栏“半径 R”文本框中输入数值 35；单击“圆角”对话框中的 确定 按钮，完成倒圆特征 1 的创建。

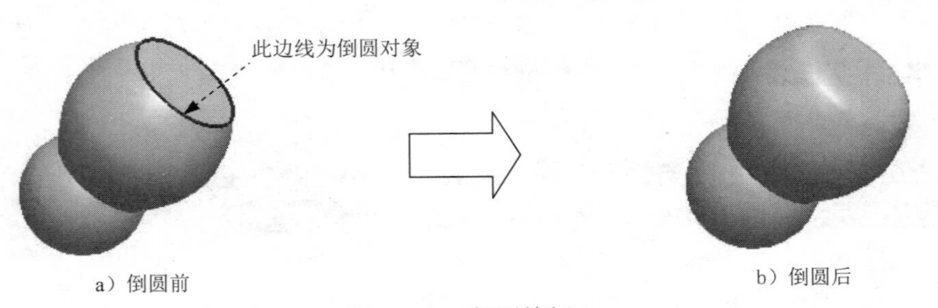

a）倒圆前

b）倒圆后

图 42.2.4　倒圆特征 1

Step5. 创建图42.2.5所示的倒圆特征2。选取图42.2.5a所示的模型边线为倒圆的对象，输入倒圆角半径值20。

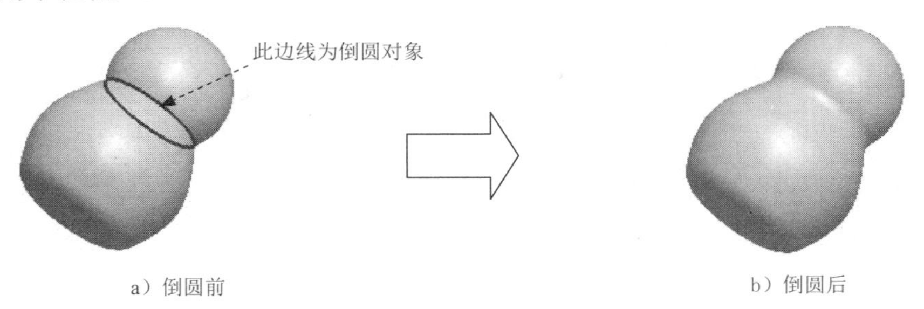

图42.2.5 倒圆角2

Step6. 创建图 42.2.6 所示的工作平面 1（本步的详细操作过程请参见随书光盘中video\ch42.02reference\文件下的语音视频讲解文件MONEY_SAVER_SKEL-r01.exe）。

Step7. 创建图42.2.7所示的草图2。在 三维模型 选项卡 草图 区域单击 按钮，然后选择工作平面1为草图平面，系统进入草绘环境；绘制图42.2.7所示的草图2，单击 按钮，退出草绘环境。

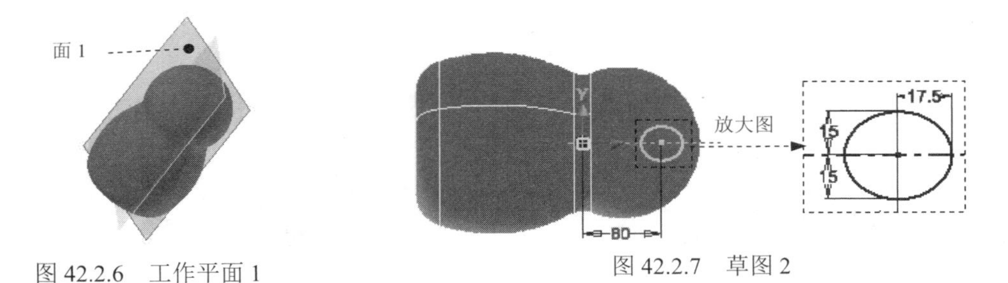

图42.2.6 工作平面1

图42.2.7 草图2

说明：在绘制图42.2.7所示的草图时，需保证此图形是由上下各半个椭圆组成的。

Step8. 创建图42.2.8所示的三维草图1。单击 三维模型 选项卡 草图 区域中的 开始创建二维草图 按钮，选择 开始创建三维草图 命令，系统进入三维草图设计环境；单击 三维草图 选项卡 绘制 区域中的“投影到曲面”按钮 ，系统弹出“将曲线投影到曲面”对话框；在系统 选择面、曲面特征或工作平面 的提示下选取图42.2.9所示的面为投影面；单击“将曲线投影到曲面”对话框中的 曲线 按钮，然后选取图42.2.10所示的曲线作为投影曲线；在“将曲线投影到曲面”对话框 输出 区域选中“沿矢量投影”按钮 ；单击 确定 按钮，单击 完成草图 按钮，完成三维草图1的创建。

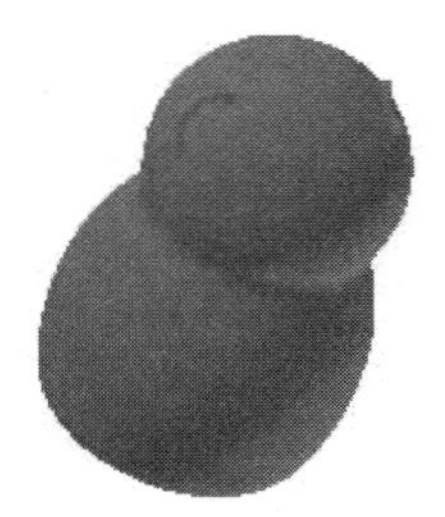

图42.2.8 三维草图1

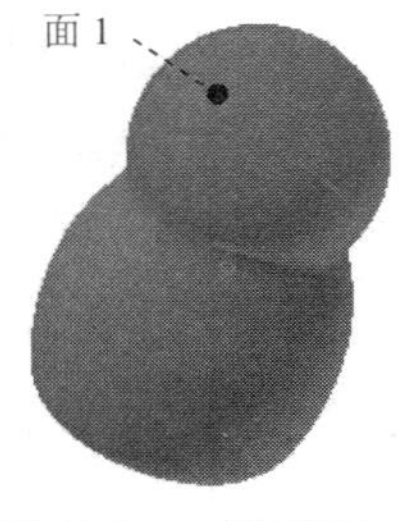

图42.2.9 投影面

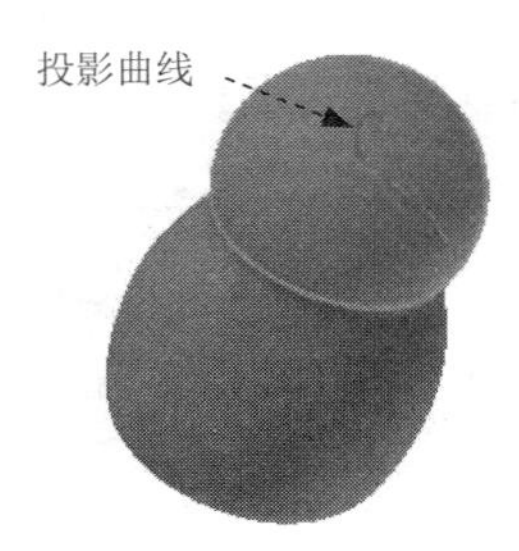

图42.2.10 定义投影曲线

Step9. 创建图 42.2.11 所示的三维草图 2。单击 三维模型 选项卡 草图 区域中的 开始创建二维草图 按钮，选择 开始创建 三维草图 命令，系统进入三维草图设计环境；单击 三维草图 选项卡 绘制 区域中的“投影到曲面”按钮，系统弹出“将曲线投影到曲面”对话框；在系统 选择面、曲面特征或工作平面 的提示下选取图 42.2.9 所示的面为投影面；单击“将曲线投影到曲面”对话框中的 曲线 按钮，然后选取图 42.2.12 所示的曲线作为投影曲线；在“将曲线投影到曲面”对话框 输出 区域选中“沿矢量投影”按钮；单击 确定 按钮，单击 完成草图 按钮，完成三维草图 2 的创建。

Step10. 创建图 42.2.13 所示的工作平面 2（具体参数和操作参见随书光盘）。

图 42.2.11　三维草图 2

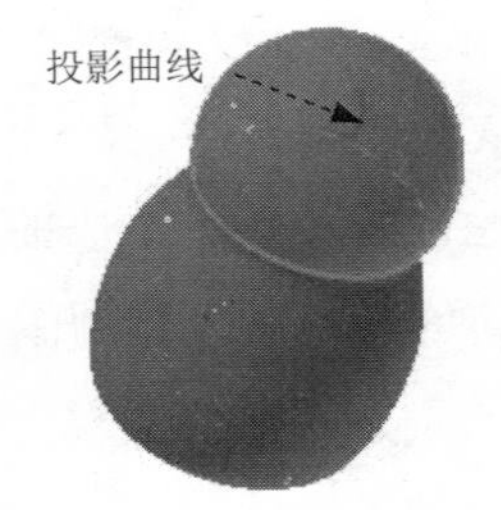

图 42.2.12　定义投影曲线

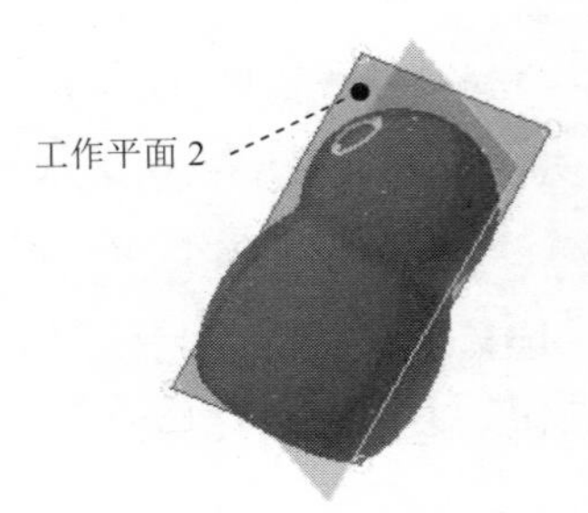

图 42.2.13　工作平面 2

Step11. 创建图 42.2.14 所示的草图 3。在 三维模型 选项卡 草图 区域单击 按钮，选取工作平面 2 作为草图平面，绘制图 42.2.14 所示的草图 3。

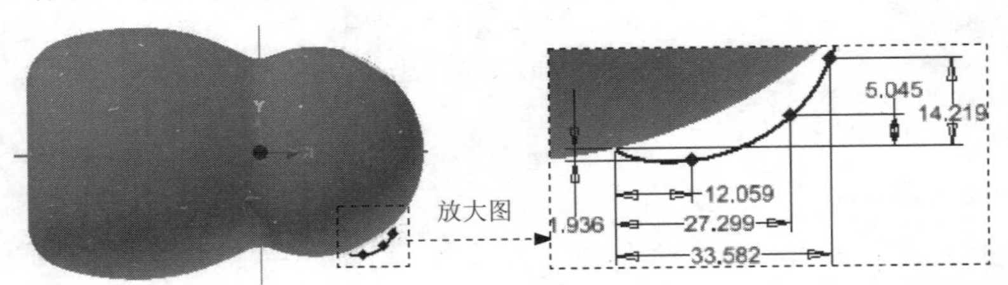

图 42.2.14　草图 3

Step12. 创建图 42.2.15 所示的放样曲面 1。在 创建 区域中单击 放样 按钮，系统弹出“放样”对话框；在“放样”对话框 输出 区域确认“曲面”按钮 被按下；在绘图区域选取三维草图 1、草图 3 与三维草图 2 作为轮廓；单击 确定 按钮，完成放样曲面 1 的创建。

Step13. 创建图 42.2.16 所示的镜像 1。在 阵列 区域中单击“镜像”按钮；在图形区中选取要镜像复制的放样特征（或在浏览器中选择“放样曲面 1”特征）；单击“镜像”对话框中的 镜像平面 按钮，然后选取 XY 平面作为镜像中心平面；单击“镜像”对话框中的 确定 按钮，完成镜像 1 的操作。

Step14. 创建修剪 1。在 曲面 区域中单击“修剪”按钮，系统弹出“修剪曲面”对话框；在系统 选择曲面、工作平面或草图作为切割工具 的提示下选取放样曲面 1 为切割工具；

在系统选择要删除的面的提示下选取图 42.2.17 所示的面为要删除的面；单击确定按钮，完成曲面修剪 1 的创建。

Step15. 创建修剪 2，在曲面区域中单击按钮；选取镜像 1 作为修剪工具，再选取图 42.2.18 所示的面为要删除的面；单击确定按钮，完成修剪 2 的创建。

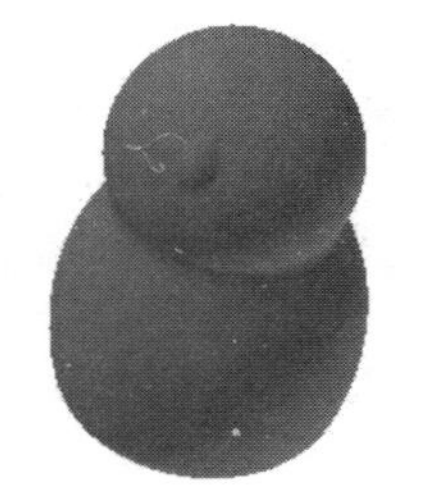

图 42.2.15 放样曲面 1

图 42.2.16 镜像 1

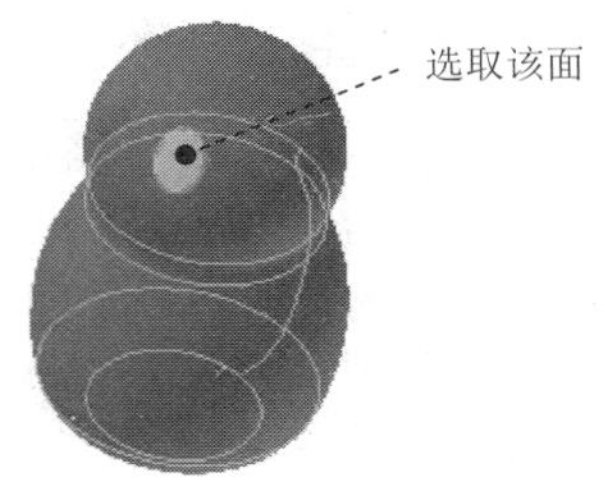

图 42.2.17 定义删除面

Step16. 创建图 42.2.19 所示的缝合曲面 1。在曲面区域中单击“缝合”按钮，系统弹出“缝合”对话框；在系统选择要缝合的实体的提示下选取旋转曲面 1、放样曲面 1 与镜像 1 作为缝合对象；在该对话框中选中☑保留为曲面单选项，单击应用按钮，单击完毕按钮，完成缝合曲面 1 的创建。

Step17. 创建图 42.2.20 所示的草图 4。在三维模型选项卡草图区域单击按钮，选取 YZ 平面作为草图平面，绘制图 42.2.20 所示的草图 4。

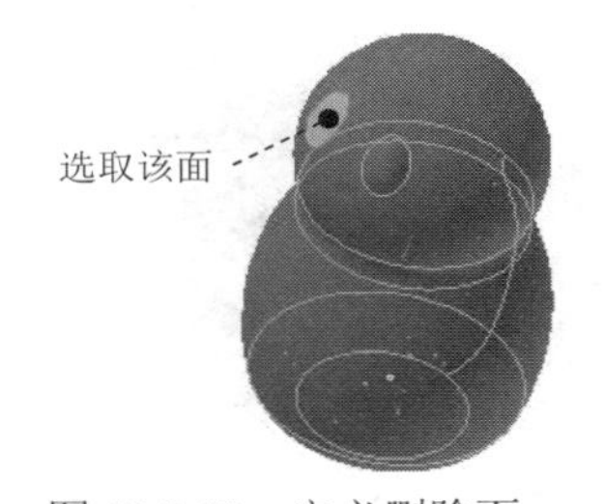

图 42.2.18 定义删除面

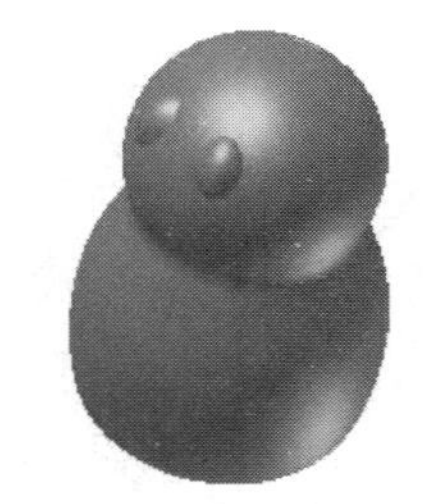

图 42.2.19 缝合曲面 1

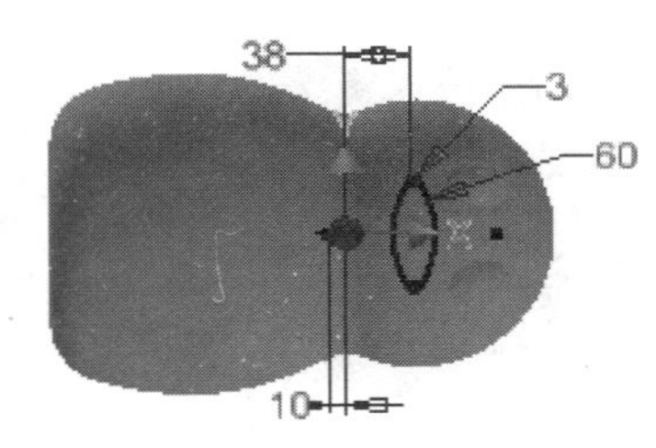

图 42.2.20 草图 4

说明：在绘制图 42.2.20 所示的草图 4 时，需保证此图形是由上下两部分组成的。

Step18. 创建图 42.2.21 所示的三维草图 3。单击三维模型选项卡草图区域中的开始创建二维草图按钮，选择开始创建三维草图命令，系统进入三维草图设计环境；单击三维草图选项卡绘制区域中的“投影到曲面”按钮，系统弹出“将曲线投影到曲面”对话框；在系统选择面、曲面特征或工作平面的提示下选取图 42.2.22 所示的面为投影面；单击“将曲线投影到曲面”对话框中的曲线按钮，然后选取图 42.2.23 所示的曲线作为投影曲线；在“将曲线投影到曲面”对话框输出区域选中“沿矢量投影”按钮；单击确定按钮，单击✔按钮，完成三维草图 3 的创建。

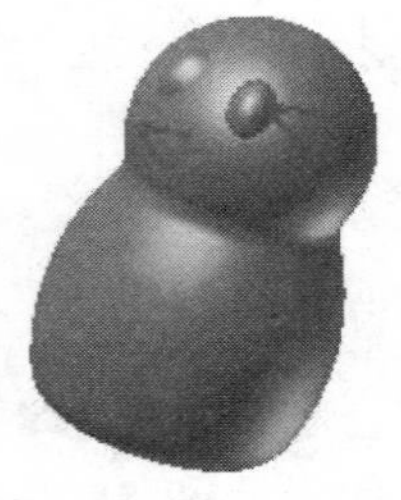
图 42.2.21 三维草图 3

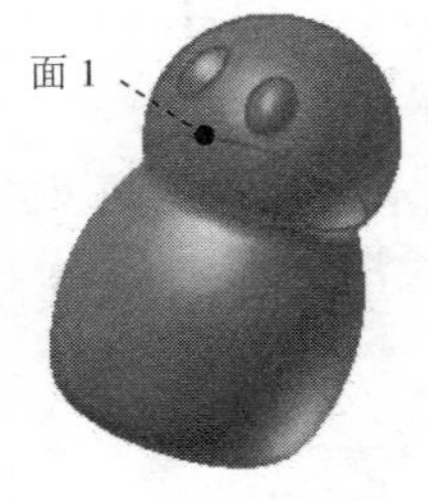

图 42.2.22 投影面

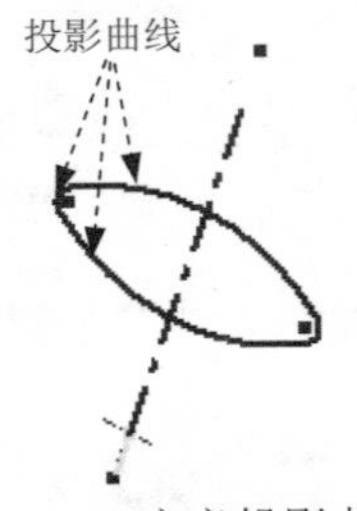

图 42.2.23 定义投影曲线

Step19. 创建图 42.2.24 所示的三维草图 4。单击 三维模型 选项卡 草图 区域中的 开始创建二维草图 按钮，选择 开始创建三维草图 命令，系统进入三维草图设计环境；单击 三维草图 选项卡 绘制 区域中的“投影到曲面”按钮，系统弹出“将曲线投影到曲面”对话框；在系统 选择面、曲面特征或工作平面 的提示下选取图 42.2.22 所示的面为投影面；单击“将曲线投影到曲面”对话框中的 曲线 按钮，然后选取图 42.2.25 所示的曲线作为投影曲线；在“将曲线投影到曲面”对话框 输出 区域选中“沿矢量投影”按钮；单击 确定 按钮，完成三维草图 4 的创建。

Step20. 创建图 42.2.26 所示的草图 5。在 三维模型 选项卡 草图 区域单击 按钮，选取 XY 平面作为草图平面，绘制图 42.2.27 所示的草图 5。

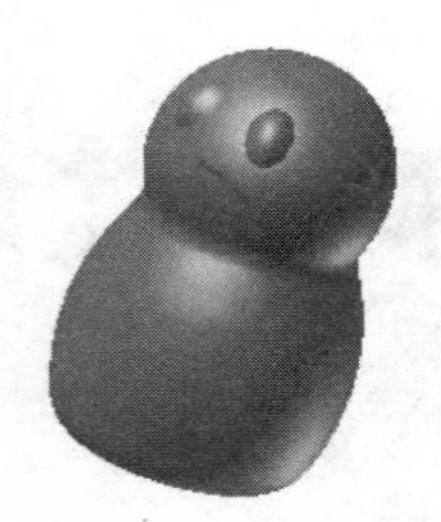
图 42.2.24 三维草图 4

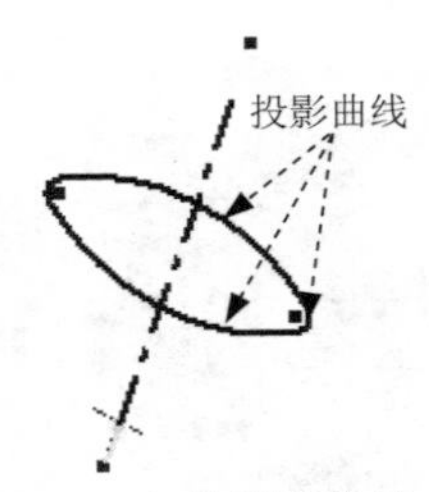

图 42.2.25 定义投影曲线

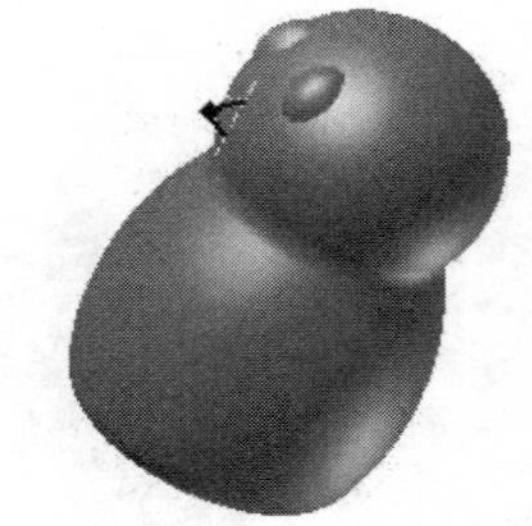
图 42.2.26 草图 5（建模环境）

Step21. 创建图 42.2.28 所示的放样曲面 3。在 创建 区域中单击 放样 按钮，系统弹出“放样”对话框；在“放样”对话框 输出 区域确认“曲面”按钮被按下；在绘图区域选取三维草图 3、草图 5 与三维草图 4 作为轮廓；单击 确定 按钮，完成放样曲面 3 的创建。

Step22. 创建修剪 3。在 曲面 区域中单击 按钮；选取放样曲面 3 作为修剪工具，再选取图 42.2.29 所示的面为要删除的面；单击 确定 按钮，完成修剪 3 的创建。

Step23. 创建缝合曲面 2。在 曲面 区域中单击“缝合”按钮，系统弹出“缝合”对话框；在系统 选择要缝合的实体 的提示下选取缝合曲面 1 与放样曲面 3 作为缝合对象；在该对话框中选中 ☑ 保留为曲面 单选项，单击 应用 按钮，单击 完毕 按钮，完成缝合曲面 2 的创建。

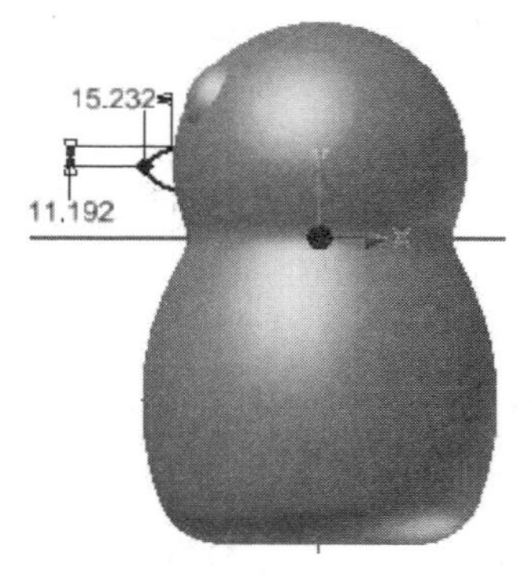

图 42.2.27 草图 5（草图环境）

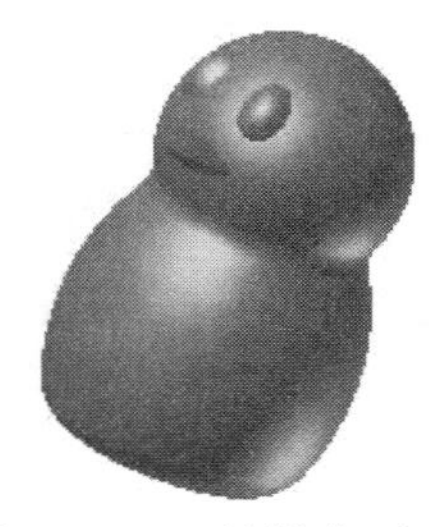
图 42.2.28 放样曲面 3

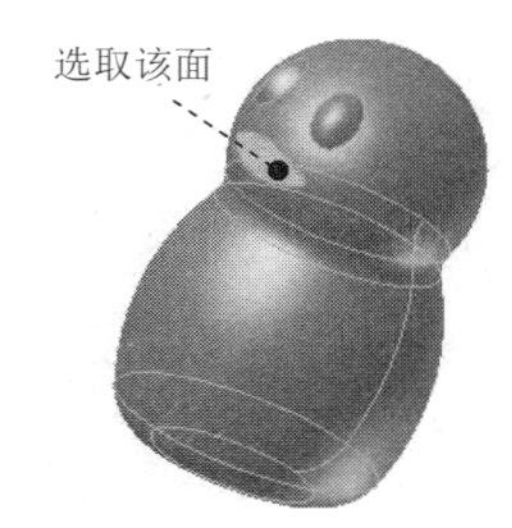

图 42.2.29 定义删除曲面

Step24. 创建图 42.2.30 所示的旋转曲面 2。在 创建 区域中单击 按钮，系统弹出“创建旋转”对话框；单击“创建旋转”对话框中的 创建二维草图 按钮，选取 YZ 平面作为草图平面，进入草绘环境，绘制图 42.2.31 所示的截面草图；单击 草图 选项卡 返回到三维 区域中的 按钮，在“旋转”对话框 输出 区域中将输出类型设置为“曲面” ；在 范围 区域的下拉列表中选中 全部 选项；单击“旋转”对话框中的 确定 按钮，完成旋转曲面 2 的创建。

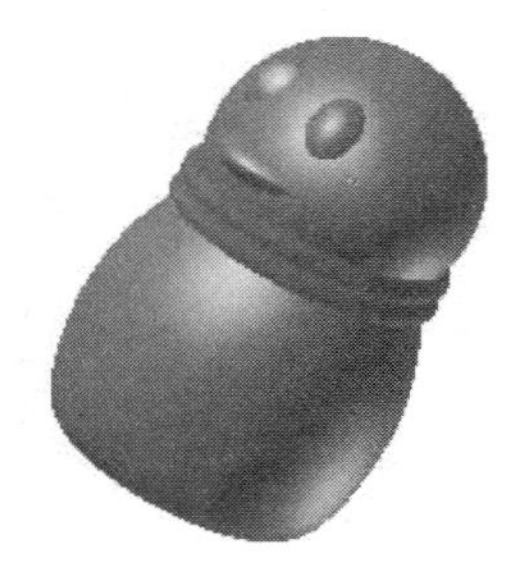
图 42.2.30 旋转曲面 2

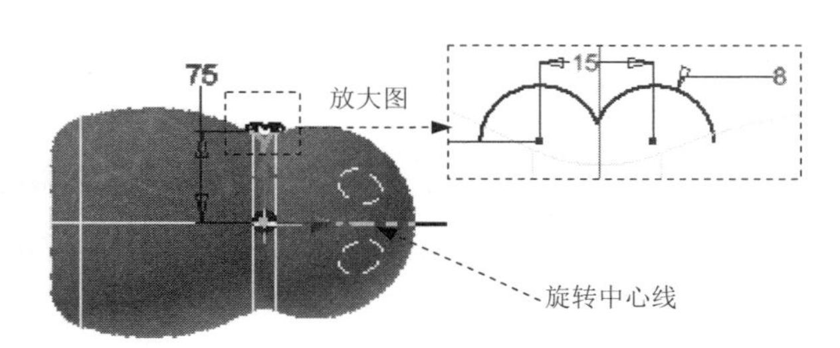

图 42.2.31 截面草图

Step25. 创建修剪 4。在 曲面 区域中单击 按钮；选取缝合曲面 2 作为修剪工具，再选取图 42.2.32 所示的面为要删除的面；单击 确定 按钮，完成修剪 4 的创建。

Step26. 创建修剪 5。在 曲面 区域中单击 按钮；选取旋转曲面 2 作为修剪工具，再选取图 42.2.33 所示的面为要删除的面；单击 确定 按钮，完成修剪 5 的创建。

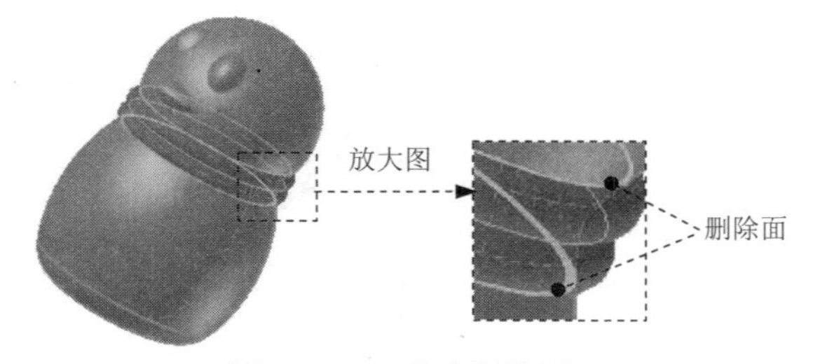

图 42.2.32 定义删除面

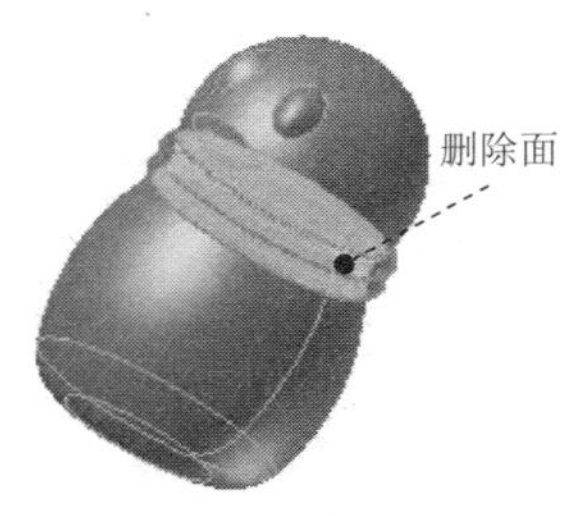

图 42.2.33 定义删除面

Step27. 创建缝合曲面 3。在 曲面 区域中单击“缝合”按钮 ，系统弹出“缝合”对话框；在系统 选择要缝合的实体 的提示下选取缝合曲面 2 与旋转曲面 2 作为缝合对象；在

该对话框中选中 ☑ 保留为曲面 单选项，单击 应用 按钮，单击 完毕 按钮，完成缝合曲面 3 的创建。

Step28. 创建图 42.2.34 所示的草图 6。在 三维模型 选项卡 草图 区域单击 按钮，选取 XY 平面作为草图平面，绘制图 42.2.34 所示的草图 6。

Step29. 创建图 42.2.35 所示的三维草图 5。单击 三维模型 选项卡 草图 区域中的 开始创建二维草图 按钮，选择 开始创建 三维草图 命令，系统进入三维草图设计环境；单击 三维草图 选项卡 绘制 ▾ 区域中的“投影到曲面”按钮 ，系统弹出“将曲线投影到曲面”对话框；在系统 选择面、曲面特征或工作平面 的提示下选取图 42.2.36 所示的面为投影面；单击“将曲线投影到曲面”对话框中的 曲线 按钮，然后选取图 42.2.37 所示的曲线作为投影曲线；在“将曲线投影到曲面”对话框 输出 区域选中“沿矢量投影”按钮 ；单击 确定 按钮，单击 ✔ 按钮，完成三维草图 5 的创建。

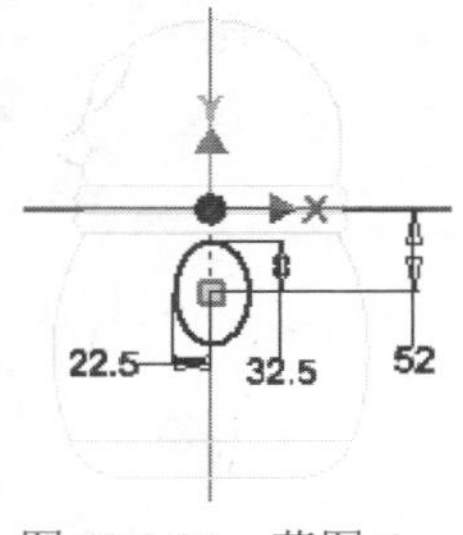

图 42.2.34　草图 6

图 42.2.35　三维草图 5

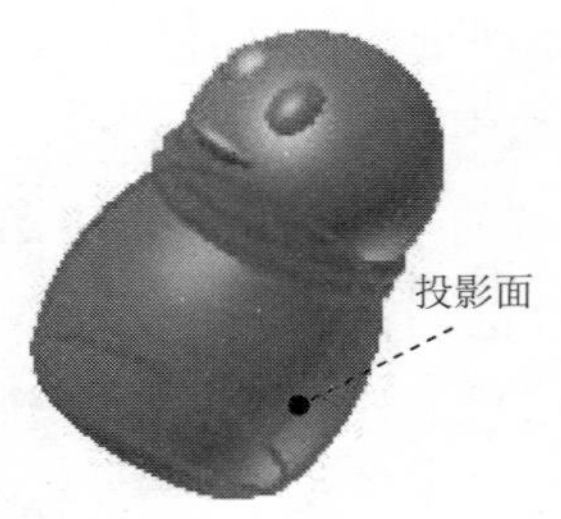

图 42.2.36　投影面

Step30. 创建图 42.2.38 所示的草图 7。在 三维模型 选项卡 草图 区域单击 按钮，选取 YZ 平面作为草图平面，绘制图 42.2.39 所示的草图 7。

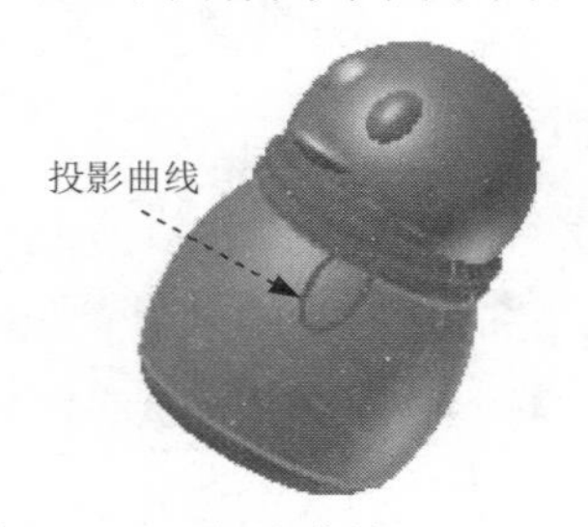

图 42.2.37　投影曲线

图 42.2.38　草图 7（建模环境）

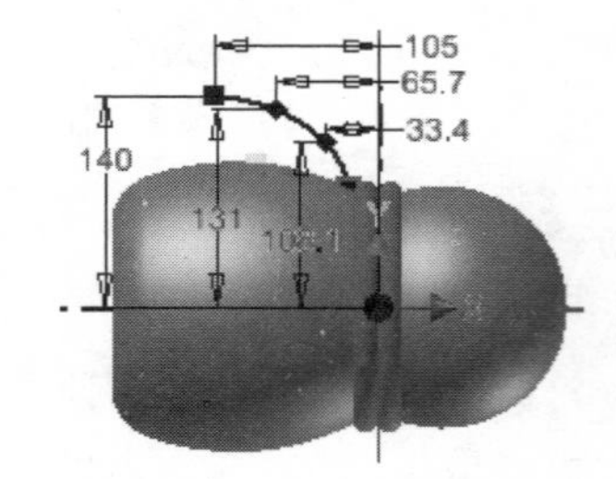

图 42.2.39　草图 7（草图环境）

Step31. 创建图 42.2.40 所示的草图 8。在 三维模型 选项卡 草图 区域单击 按钮，选取 YZ 平面作为草图平面，绘制图 42.2.41 所示的草图 8。

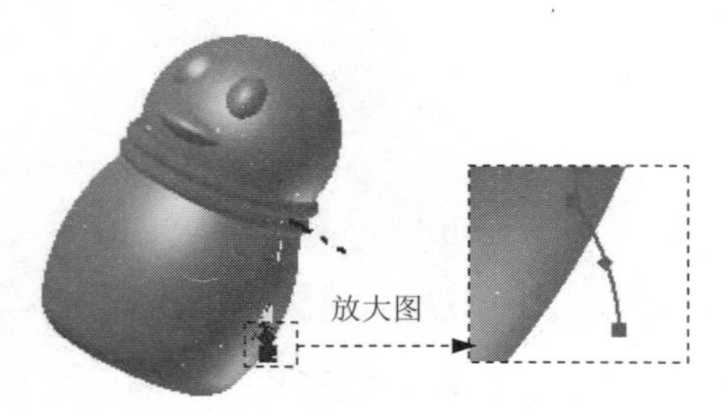

图 42.2.40　草图 8（建模环境）

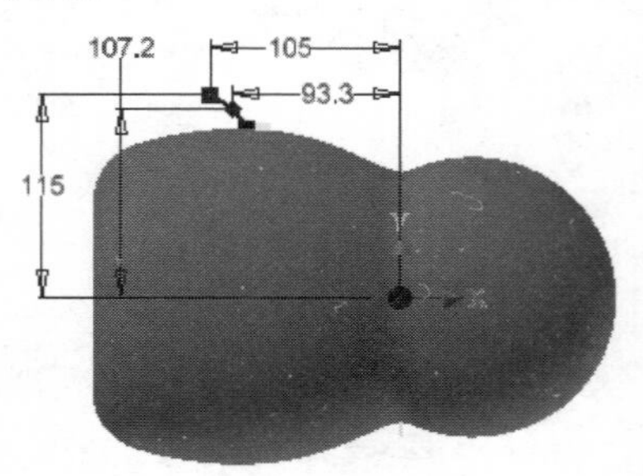

图 42.2.41　草图 8（草图环境）

Step32. 创建工作平面 3（本步的详细操作过程请参见随书光盘中 video\ch42.02\reference\文件下的语音视频讲解文件 MONEY_SAVER_SKEL-r02.exe）。

Step33. 创建图 42.2.42 所示的草图 9。在 三维模型 选项卡 草图 区域单击 按钮，选取工作平面 3 作为草图平面，绘制图 42.2.42 所示的草图 9。

注意： 草绘中的圆是约束在草图曲线 7 和草图曲线 8 上面的，所以没有任何尺寸约束。

Step34. 创建图 42.2.43 所示的放样曲面 4。在 创建 ▾ 区域中单击 放样 按钮，系统弹出“放样”对话框；在“放样”对话框 输出 区域确认“曲面”按钮 被按下；在绘图区域选取三维草图 5 与草图 9 作为轮廓；在“放样”对话框 轨道 文本框中单击，然后选取草图 7 与草图 8 作为轨道线，其他参数接受系统默认设置；单击 确定 按钮，完成放样曲面 4 的创建。

Step35. 创建图 42.2.44 所示的镜像 2。在 阵列 区域中单击“镜像”按钮 ；在图形区中选取要镜像复制的放样特征（或在浏览器中选择“放样曲面 4”特征）；单击“镜像”对话框中的 镜像平面 按钮，然后选取 XY 平面作为镜像中心平面；单击“镜像”对话框中的 确定 按钮，完成镜像 2 的操作。

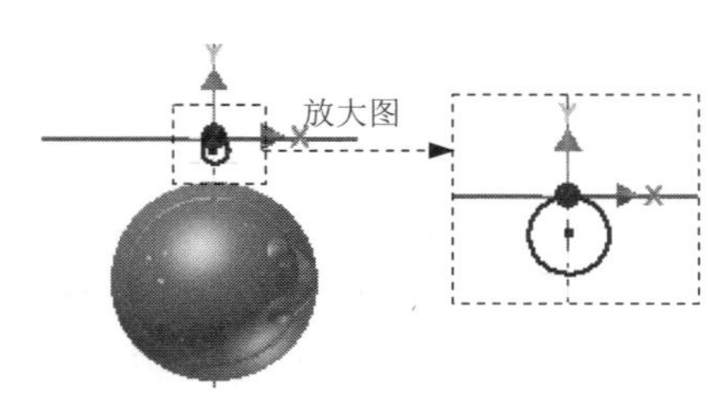

图 42.2.42 草图 9

图 42.2.43 放样曲面 4

Step36. 创建修剪 6。在 曲面 ▾ 区域中单击 按钮；选取放样曲面 4 作为修剪工具，再选取图 42.2.45 所示的面为要删除的面；单击 确定 按钮，完成修剪 6 的创建。

Step37. 创建修剪 7。在 曲面 ▾ 区域中单击 按钮；选取镜像 2 作为修剪工具，再选取图 42.2.46 所示的面为要删除的面；单击 确定 按钮，完成修剪 7 的创建。

图 42.2.44 镜像 2

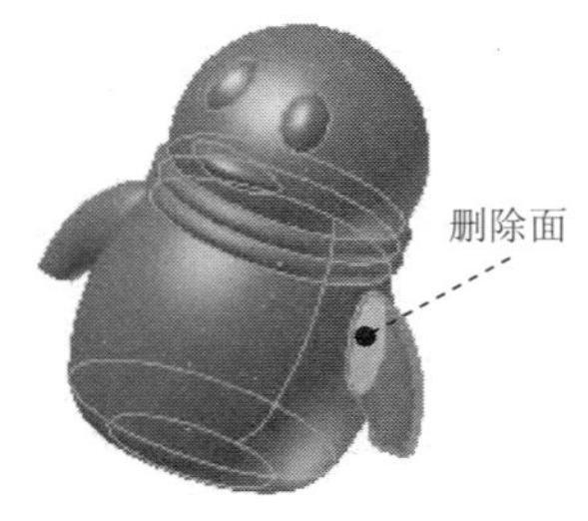

图 42.2.45 定义删除面

图 42.2.46 定义删除面

Step38 创建图 42.2.47 所示的边界嵌片 1。在 曲面 ▾ 区域中单击“修补”按钮 ，系统弹出“边界嵌片”对话框；在系统 选择边或草图曲线 的提示下选取图 42.2.47 所示的边界为曲面的边界；单击 确定 按钮，完成边界嵌片 1 的创建。

Step39 创建图 42.2.48 所示的边界嵌片 2。在 曲面 ▾ 区域中单击“修补”按钮，系统弹出“边界嵌片”对话框；在系统 选择边或草图曲线 的提示下选取图 42.2.48 所示的边界为曲面的边界；单击 确定 按钮，完成边界嵌片 2 的创建。

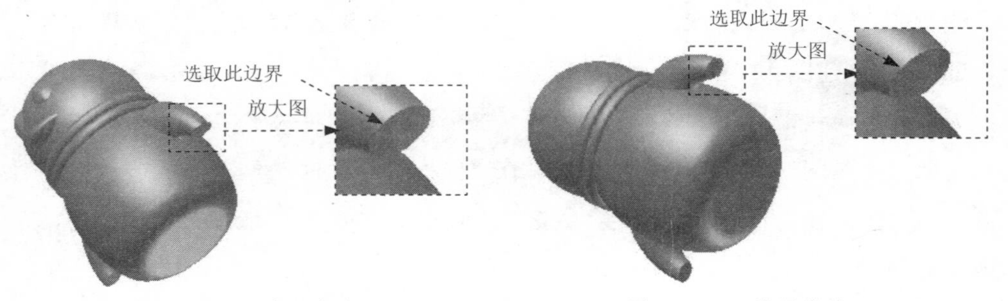

图 42.2.47 边界嵌片 1　　　　图 42.2.48 边界嵌片 2

Step40. 创建缝合曲面 4。在 曲面 ▾ 区域中单击“缝合”按钮，系统弹出“缝合”对话框；在系统 选择要缝合的实体 的提示下选取缝合曲面 3、放样曲面 4、镜像 2、边界嵌片 1 与边界嵌片 2 作为缝合对象；在该对话框中单击 应用 按钮，单击 完毕 按钮，完成缝合曲面 4 的创建。

Step41. 创建图 42.2.49 所示的倒圆特征 3。选取图 42.2.49a 所示的模型边线为倒圆的对象，输入倒圆角半径值 10。

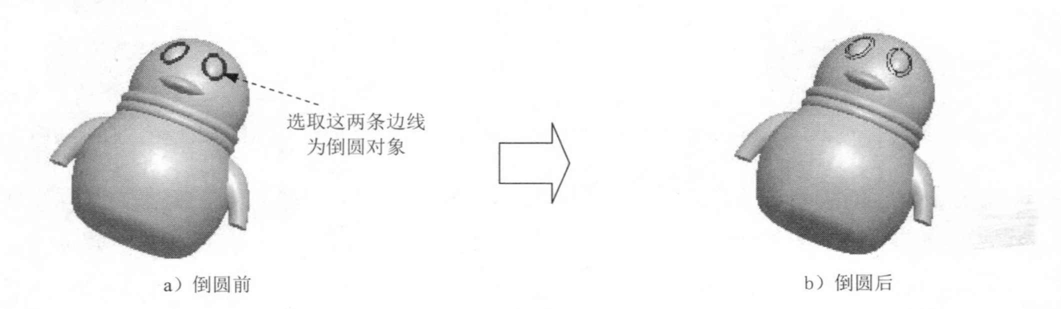

a）倒圆前　　　　b）倒圆后

图 42.2.49 倒圆特征 3

Step42. 创建图 42.2.50 所示的倒圆特征 4。选取图 42.2.50a 所示的模型边线为倒圆的对象，输入倒圆角半径值 15。

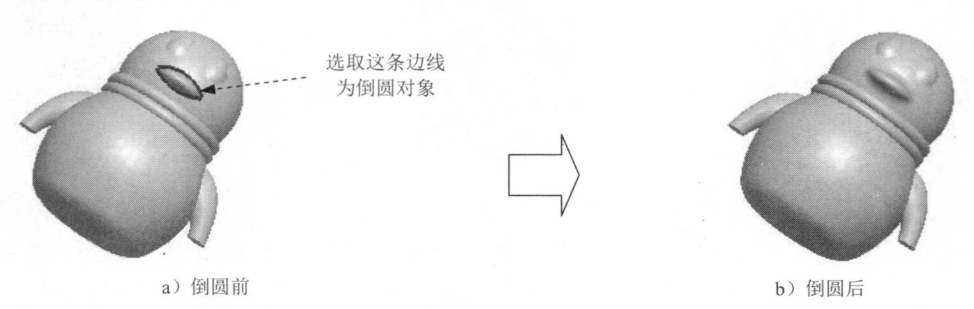

a）倒圆前　　　　b）倒圆后

图 42.2.50 倒圆特征 4

Step43. 创建倒圆特征 5。选取图 42.2.51 所示的边线为倒圆对象，输入圆角半径值为 2.0。

Step44. 创建倒圆特征 6。选取图 42.2.52 所示的边线为倒圆对象，输入圆角半径值为 8.0。

Step45. 创建图 42.2.53 所示的拉伸曲面 1。在 创建 ▾ 区域中单击 按钮，系统弹出“创建拉伸”对话框；单击“创建拉伸”对话框中的 创建二维草图 按钮，选取 XY 平面做为草图平面，进入草绘环境，绘制图 42.2.54 所示的截面草图；单击 草图 选项卡 返回到三维 区域中的 按钮，在“拉伸”对话框 输出 区域中将输出类型设置为“曲面” ；在 范围 区域的下拉列表中选择 距离 选项，输入距离值为 300.0,并将拉伸方向设置为“对称”类型 ；单击“拉伸”对话框中的 确定 按钮，完成拉伸曲面 1 的创建。

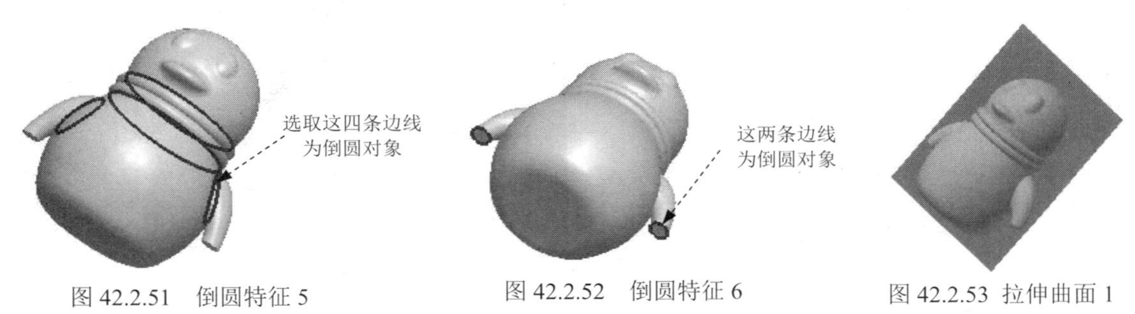

图 42.2.51 倒圆特征 5　　图 42.2.52 倒圆特征 6　　图 42.2.53 拉伸曲面 1

Step46. 创建图 42.2.55 所示的草图 11。在 三维模型 选项卡 草图 区域单击 按钮，选取 YZ 平面作为草图平面，绘制图 42.2.55 所示的草图 11。

Step47. 创建图 42.2.56 所示的工作平面 4（具体参数和操作参见随书光盘）。

Step48. 创建图 42.2.57 所示的工作平面 5。在 定位特征 区域中单击“平面”按钮 下的 平面，选择 从平面偏移 命令；选取 YZ 平面作为参考平面，输入要偏距的距离为-20；单击 按钮，完成工作平面 5 的创建。

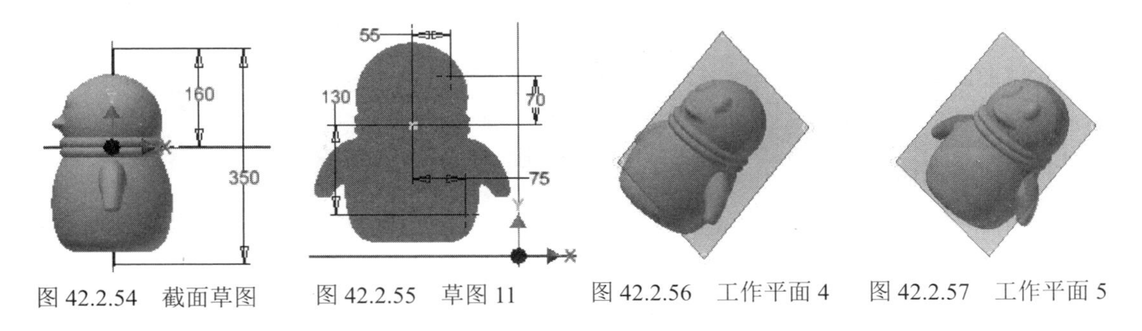

图 42.2.54 截面草图　　图 42.2.55 草图 11　　图 42.2.56 工作平面 4　　图 42.2.57 工作平面 5

Step49. 保存零件模型文件。

42.3　创建储蓄罐后盖

下面讲解储蓄罐后盖零件 MONEY_SAVER_BACK 的创建过程，零件模型及浏览器如图 42.3.1 所示。

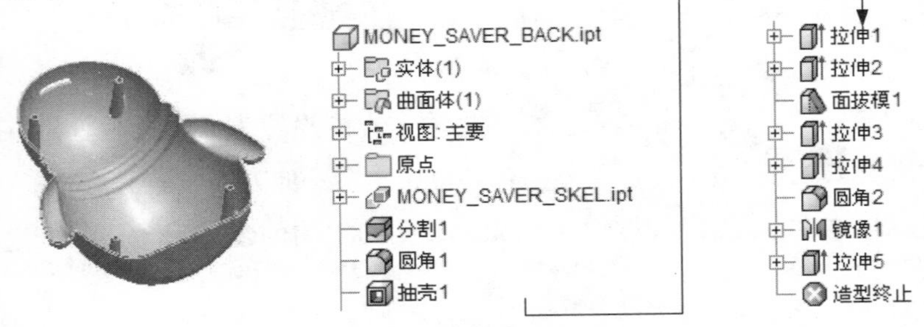

图 42.3.1　零件模型及浏览器

Step1. 在装配体中建立储蓄罐后盖零件 MONEY_SAVER_BACK。单击 装配 功能选项卡 零部件 区域中的“创建”按钮；此时系统弹出“创建在位零件”对话框，在 新零部件名称(N) 文本框中输入零件名称为 MONEY_SAVER_BACK；采用系统默认的模板和新文件位置；单击 确定 按钮，在系统 为基础特征选择草图平面 的提示下选取“原点” 原点，此时系统进入编辑零部件环境。

Step2. 在装配体中打开储蓄罐后盖零件 MONEY_SAVER_BACK。在浏览器中单击 MONEY_SAVER_BACK:1 后右击，在快捷菜单中选择 打开(O) 命令。

Step3. 引入主控件 MONEY_SAVER_SKEL。在 创建 ▾ 区域中单击 衍生 按钮，打开 MONEY_SAVER_SKEL.ipt 文件，单击 打开(O) 按钮，系统弹出“衍生零件”对话框。

Step4.设置衍生参数。在“衍生零件”对话框中将 衍生样式(D): 设置为“将每个实体保留为单个实体”，并将实体、曲面 13、草图 12、工作平面 5 与工作平面 6 衍生到下一级中，单击 确定 按钮。

说明：读者在选取衍生到下一级的曲面体、草图、工作平面时，可能与上步操作有差异，此时可根据实际情况选取合适的曲面、草图、工作几何图元。

Step5. 创建图 42.3.2 所示的分割 1。在 修改 ▾ 区域中单击 分割 按钮，系统弹出“分割”对话框；在“分割”对话框中将分割类型设置为“修剪实体”选项；在绘图区域选取图 42.3.2 所示的面作为分割工具；在“分割”对话框中将删除方向设置为“方向 2”类型；单击 确定 按钮，完成分割 1 的创建。

Step6. 创建倒圆特征 1。选取图 42.3.3 所示的边线为倒圆对象，输入圆角半径值为 2.0。

Step7. 创建图 42.3.4 所示的抽壳特征 1。在 修改 ▾ 区域中单击 抽壳 按钮；在“抽壳”对话框 厚度 文本框中输入薄壁厚度值为 0.5；在系统 选择要去除的表面 的提示下，选择图 42.3.4a 所示的模型表面为要移除的面；单击“抽壳”对话框中的 确定 按钮，完成抽壳特征 1 的创建。

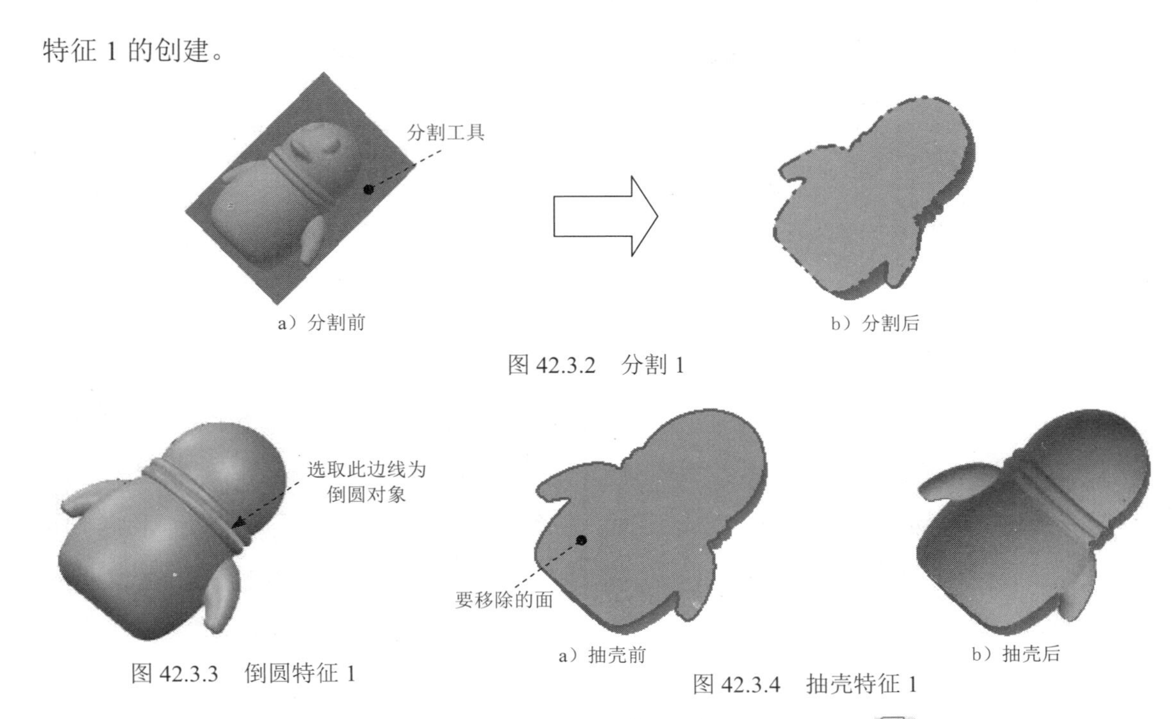

a）分割前　　b）分割后

图 42.3.2　分割 1

图 42.3.3　倒圆特征 1

a）抽壳前　　b）抽壳后

图 42.3.4　抽壳特征 1

Step8. 创建图 42.3.5 所示的拉伸特征 1。在 创建 ▾ 区域中单击 按钮，系统弹出“创建拉伸”对话框；单击“创建拉伸”对话框中的 创建二维草图 按钮，选取 YZ 平面作为草图平面，进入草绘环境，绘制图 42.3.6 所示的截面草图；单击 草图 选项卡 返回到三维 区域中的 按钮，在“拉伸”对话框 范围 区域中的下拉列表中选择 距离 选项，在“距离”下拉列表中输入数值 0.25,并将拉伸方向设置为“方向 1”类型 ；单击“拉伸”对话框中的 确定 按钮，完成拉伸特征 1 的创建。

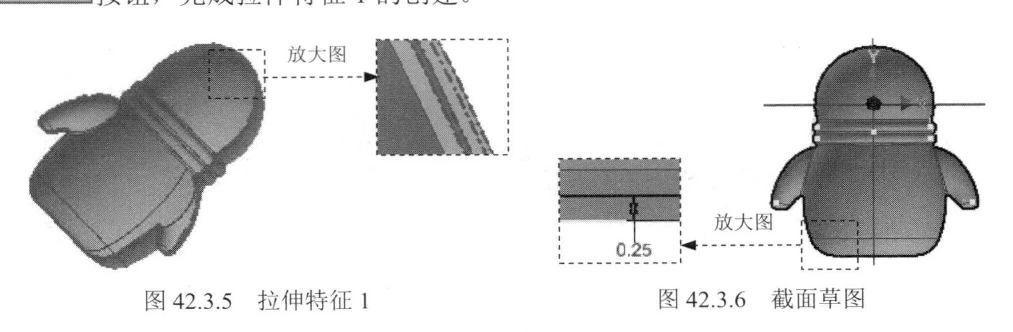

图 42.3.5　拉伸特征 1　　图 42.3.6　截面草图

Step9. 创建图 42.3.7 所示的拉伸特征 2。在 创建 ▾ 区域中单击 按钮，系统弹出“创建拉伸”对话框；单击“创建拉伸”对话框中的 创建二维草图 按钮，选取 YZ 平面作为草图平面，进入草绘环境，绘制图 42.3.8 所示的截面草图；单击 草图 选项卡 返回到三维 区域中的 按钮，在“拉伸”对话框 范围 区域中的下拉列表中选择 到表面或平面 选项，并将拉伸方向设置为“方向 1”类型 ；单击“拉伸”对话框中的 确定 按钮，完成拉伸特征 2 的创建。

图 42.3.7　拉伸特征 2

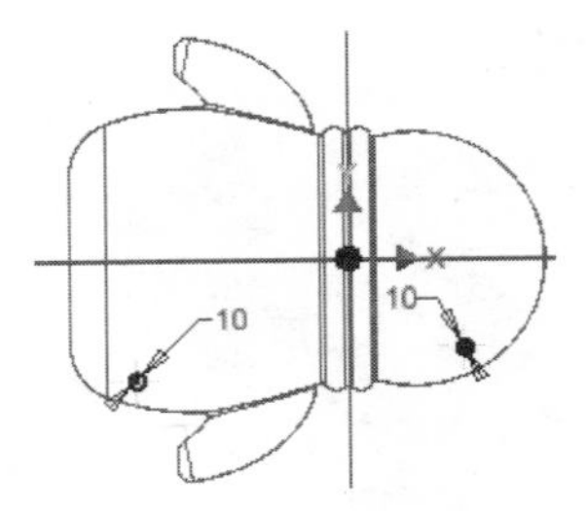

图 42.3.8　截面草图

注意：草绘中两圆的圆心分别捕捉到的是草图 12 中的两个参考点。

Step10. 创建图 42.3.9 所示的面拔模 1。在 修改 ▾ 区域中单击 拔模 按钮；在“面拔模”对话框中将拔模类型设置为“固定平面” ；在系统 选择平面或工作平面 的提示下，选取图 42.3.10 所示的面 1 为拔模固定平面；在系统 选择拔模面 的提示下，选取图 42.3.10 所示的面（共两个面）为需要拔模的面；在“面拔模”对话框 拔模斜度 文本框中输入数值 3；拔模方向如图 42.3.10 所示；单击“面拔模”命令条中的 确定 按钮，完成面拔模 1 的创建。

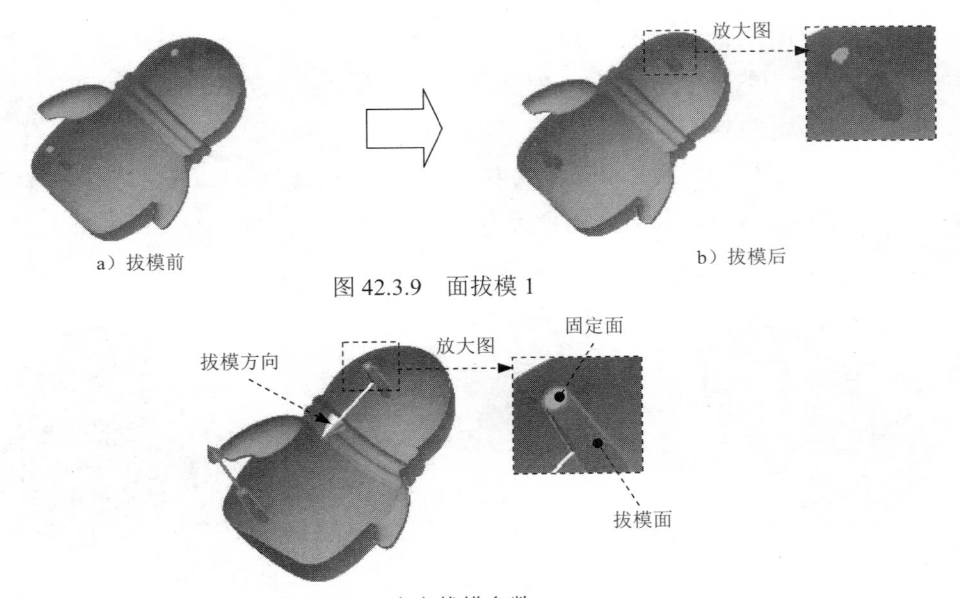

a）拔模前　　b）拔模后

图 42.3.9　面拔模 1

图 42.3.10　定义拔模参数

Step11. 创建图 42.3.11 所示的拉伸特征 3。在 创建 ▾ 区域中单击 按钮，选取 YZ 平面作为草图平面；绘制图 42.3.12 所示的截面草图，在“拉伸”对话框将布尔运算设置为“求差”类型 ，然后在 范围 区域中的下拉列表中选择 贯通 选项，将拉伸方向设置为“方向 1”类型 。单击“拉伸”对话框中的 确定 按钮，完成拉伸特征 3 的创建。

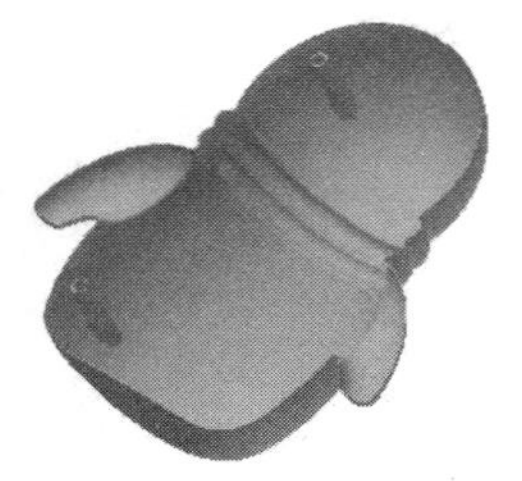

图 42.3.11 拉伸特征 3

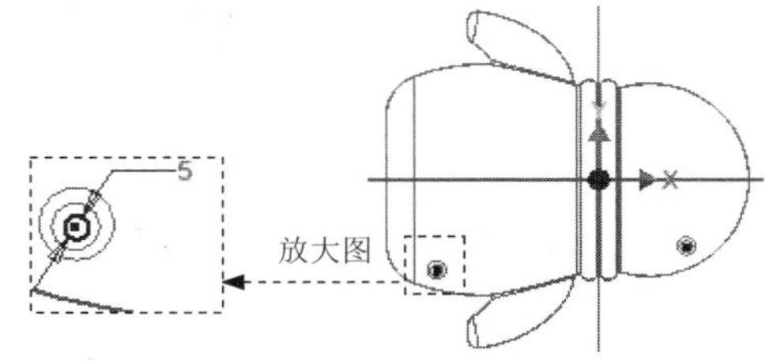

图 42.3.12 截面草图

Step12. 创建图 42.3.13 所示的拉伸特征 4。在 创建 ▾ 区域中单击按钮，选取工作平面 5 作为草图平面，绘制图 42.3.14 所示的截面草图，在“拉伸”对话框将布尔运算设置为“求差”类型，然后在范围区域中的下拉列表中选择贯通选项，将拉伸方向设置为“方向 1”类型；单击“拉伸”对话框中的确定按钮，完成拉伸特征 4 的创建。

Step13. 创建图 42.3.15 所示的倒圆特征 2。选取图 42.3.15a 所示的模型边线为倒圆的对象，输入倒圆角半径值 2。

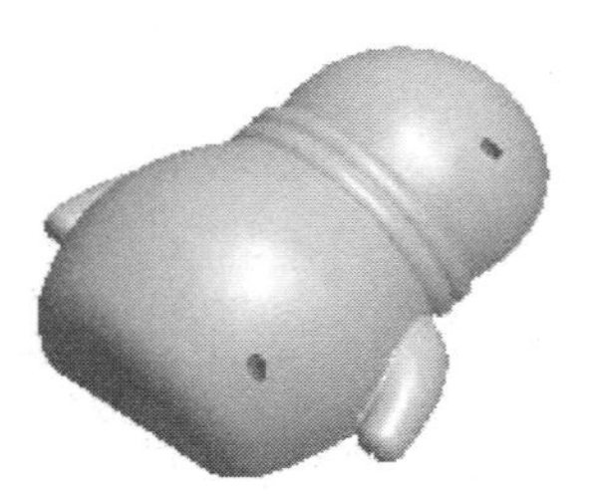

图 42.3.13 拉伸特征 4

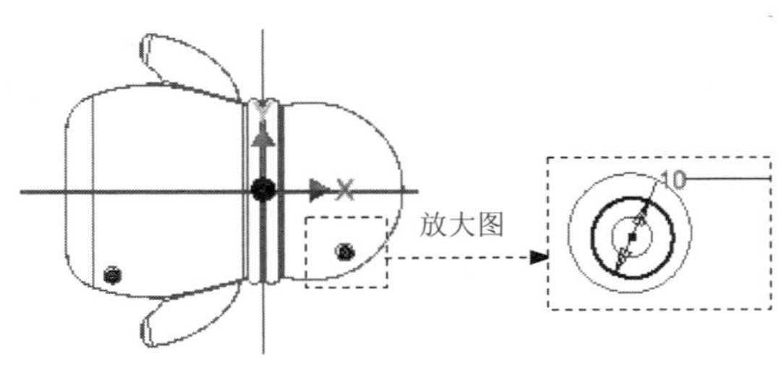

图 42.3.14 截面草图

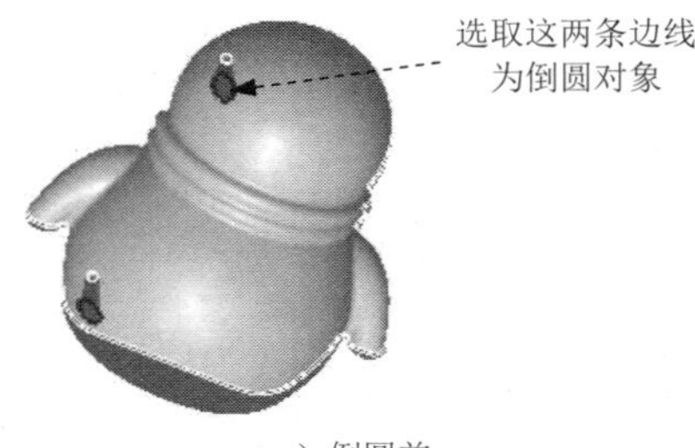

a）倒圆前

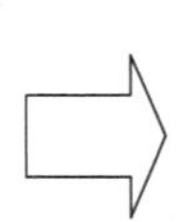

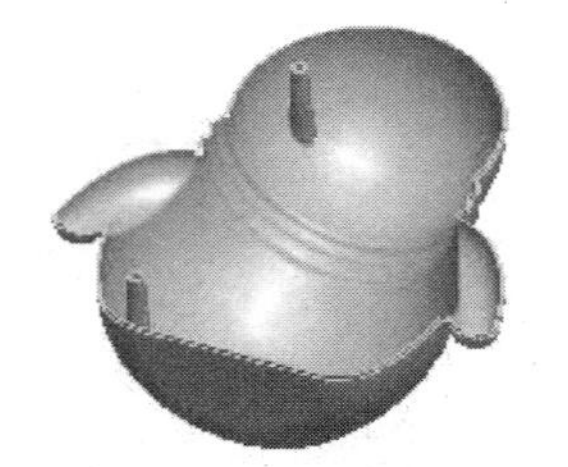

b）倒圆后

图 42.3.15 倒圆特征 2

Step14. 创建图 42.3.16 所示的镜像 1。在阵列区域中单击“镜像”按钮；在图形区中选取要镜像复制的拉伸 2、面拔模 1、拉伸 3、伸 4 与圆角 2 特征；单击“镜像”对话框中的镜像平面按钮，然后选取 XY 平面作为镜像中心平面；单击“镜像”对话框中的确定按钮，完成镜像 1 的操作。

Step15. 创建图 42.3.17 所示的拉伸特征 5。在 创建 ▾ 区域中单击按钮，选取 XZ 平面 4 作为草图平面，绘制图 42.3.18 所示的截面草图，在“拉伸”对话框将布尔运算设置为“求差”类型，然后在范围区域中的下拉列表中选择贯通选项，将拉伸方向设置为“方向 1”类型；单击“拉伸”对话框中的确定按钮，完成拉伸特征 5 的创建。

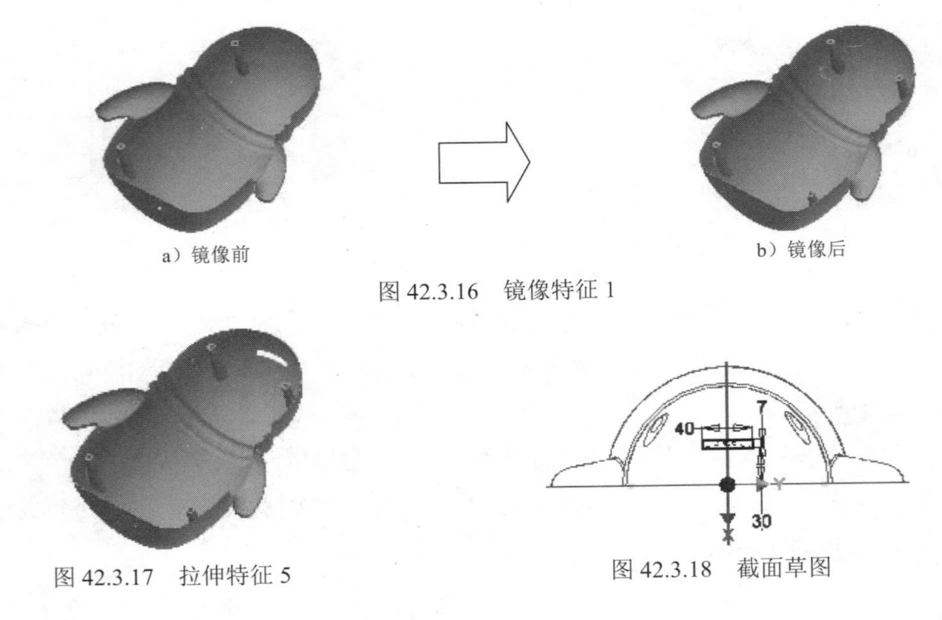

a）镜像前　　b）镜像后

图 42.3.16　镜像特征 1

图 42.3.17　拉伸特征 5

图 42.3.18　截面草图

Step16. 保存零件模型文件。

42.4　创建储蓄罐前盖

下面讲解储蓄罐前盖零件 MONEY_SAVER_ FRONT 的创建过程，零件模型及浏览器如图 42.4.1 所示。

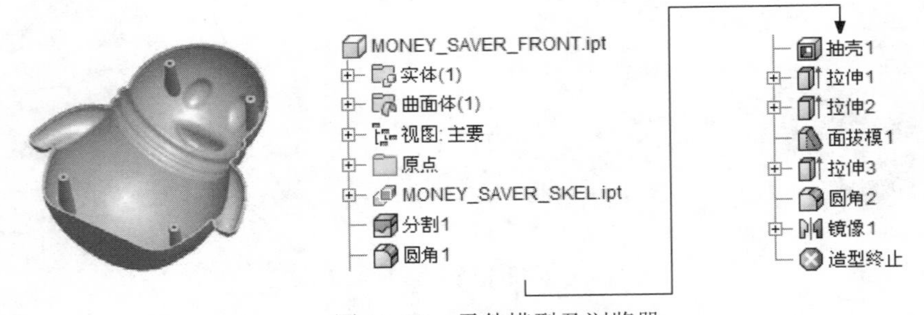

图 42.4.1　零件模型及浏览器

Step1. 在装配体中建立储蓄罐前盖零件 MONEY_SAVER_FRONT。单击 装配 功能选项卡 零部件 区域中的“创建”按钮；此时系统弹出“创建在位零件”对话框，在 新零部件名称(N) 文本框中输入零件名称为 MONEY_SAVER_FRONT；采用系统默认的模板和新文件位置；单击 确定 按钮，在系统 为基础特征选择草图平面 的提示下选取“原点” 原点，此时系统进入编辑零部件环境。

Step2. 在装配体中储蓄罐前盖零件 MONEY_SAVER_FRONT。在浏览器中单击 MONEY_SAVER_FRONT:1 后右击，在快捷菜单中选择 打开(O) 命令。

Step3. 引入主控件 MONEY_SAVER_SKEL。在 创建 区域中单击 衍生 按钮，打开 MONEY_SAVER_SKEL.ipt 文件，单击 打开(O) 按钮，系统弹出“衍生零件”对话框。

Step4.设置衍生参数。在“衍生零件”对话框中将 衍生样式(D): 设置为“将每个实体保留为单个实体”，并将实体、曲面 13、草图 12、工作平面 5 与工作平面 6 衍生到下一级中，单击 确定 按钮。

说明： *读者在选取衍生到下一级的曲面体、草图、工作平面时，可能与上步操作有差异，此时可根据实际情况选取合适的曲面、草图、工作几何图元。*

Step5. 创建图 42.4.2 所示的分割 1。在 修改 区域中单击 分割 按钮，系统弹出“分割”对话框；在“分割”对话框中将分割类型设置为“修剪实体”选项；在绘图区域选取图 42.4.2 所示的面作为分割工具；在“分割”对话框中将删除方向设置为“方向 1”类型；单击 确定 按钮，完成分割 1 的创建。

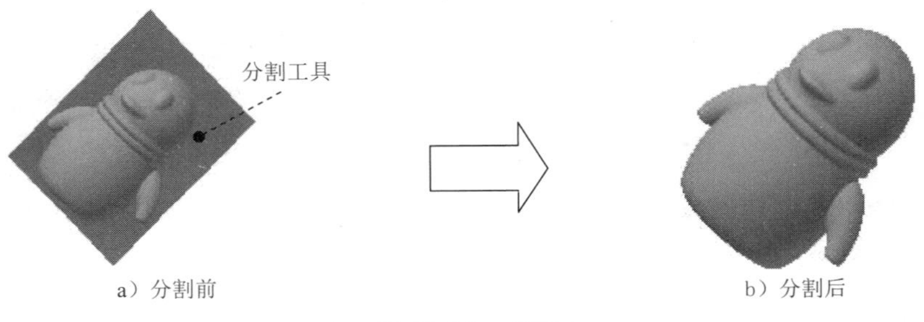

图 42.4.2 分割 1

Step6. 创建倒圆特征 1。选取图 42.4.3 所示的边线为倒圆对象，输入圆角半径值为 2.0。

Step7. 创建图 42.4.4 所示的抽壳特征 1。在 修改 区域中单击 抽壳 按钮；在“抽壳”对话框 厚度 文本框中输入薄壁厚度值为 0.5；在系统 选择要去除的表面 的提示下，选择图 42.4.4a 所示的模型表面为要移除的面；单击“抽壳”对话框中的 确定 按钮，完成抽壳特征 1 的创建。

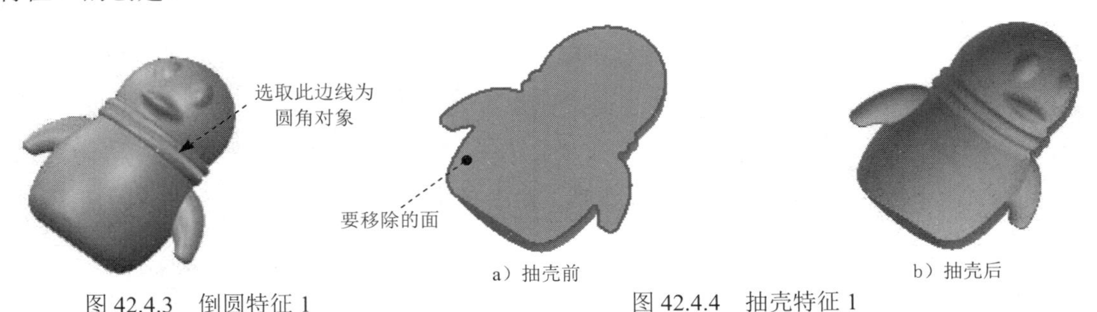

图 42.4.3 倒圆特征 1

图 42.4.4 抽壳特征 1

Step8. 创建图 42.4.5 所示的拉伸特征 1。在 创建 区域中单击按钮，系统弹出“创建拉伸”对话框；单击“创建拉伸”对话框中的 创建二维草图 按钮，选取 YZ 平面作为草图平面，进入草绘环境，绘制图 42.4.6 所示的截面草图；单击 草图 选项卡 返回到三维 区域中的按钮，在“拉伸”对话框中将布尔运算设置为“求差” 类型，在 范围 区域中的下

拉列表中选择 距离 选项，在“距离”下拉列表中输入数值 0.25，并将拉伸方向设置为“方向 2”类型 ；单击“拉伸”对话框中的 确定 按钮，完成拉伸特征 1 的创建。

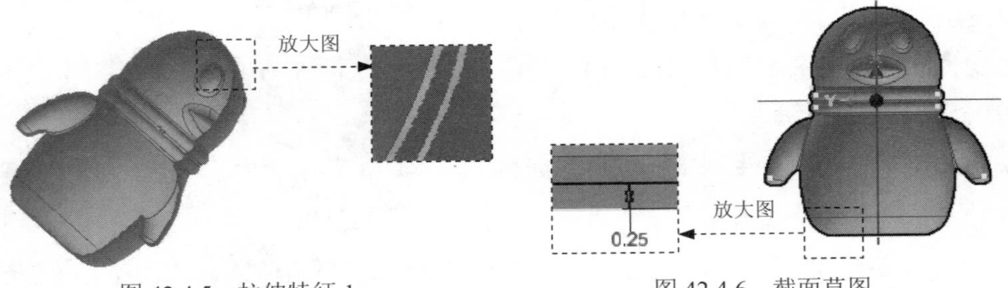

图 42.4.5　拉伸特征 1　　　　图 42.4.6　截面草图

Step9. 创建图 42.4.7 所示的拉伸特征 2。在 创建 ▾ 区域中单击 按钮，系统弹出“创建拉伸”对话框；单击“创建拉伸”对话框中的 创建二维草图 按钮，选取 YZ 平面作为草图平面，进入草绘环境，绘制图 42.4.8 所示的截面草图；单击 草图 选项卡 返回到三维 区域中的 按钮，在“拉伸”对话框 范围 区域中的下拉列表中选择 到表面或平面 选项，并将拉伸方向设置为“方向 2”类型 ；单击“拉伸”对话框中的 确定 按钮，完成拉伸特征 2 的创建。

注意：草绘中两圆的圆心分别捕捉到的是草图 15 中的两个参考点。

图 42.4.7　拉伸特征 2

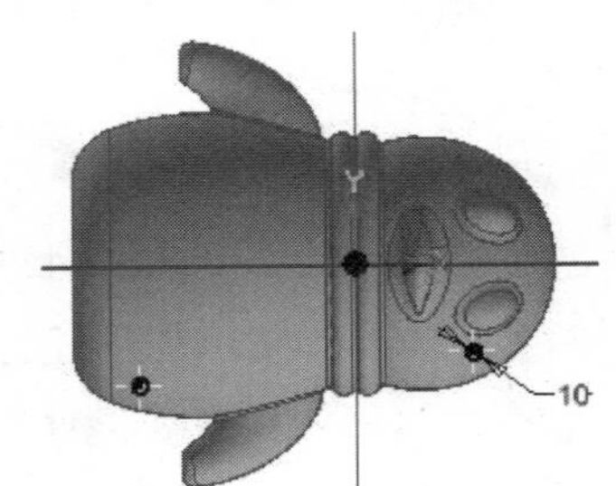

图 42.4.8　截面草图

Step10. 创建图 42.4.9 所示的面拔模 1。在 修改 ▾ 区域中单击 拔模 按钮；在“面拔模”对话框中将拔模类型设置为“固定平面” ；在系统 选择平面或工作平面 的提示下，选取图 42.4.10 所示的面 1 为拔模固定平面；在系统 选择拔模面 的提示下，选取图 42.4.10 所示的面（共两个面）为需要拔模的面；在“面拔模”对话框 拔模斜度 文本框中输入数值 3；拔模方向如图 42.4.10 所示；单击“面拔模”命令条中的 确定 按钮，完成面拔模 1 的创建。

a）拔模前

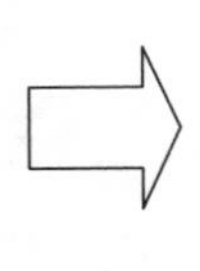

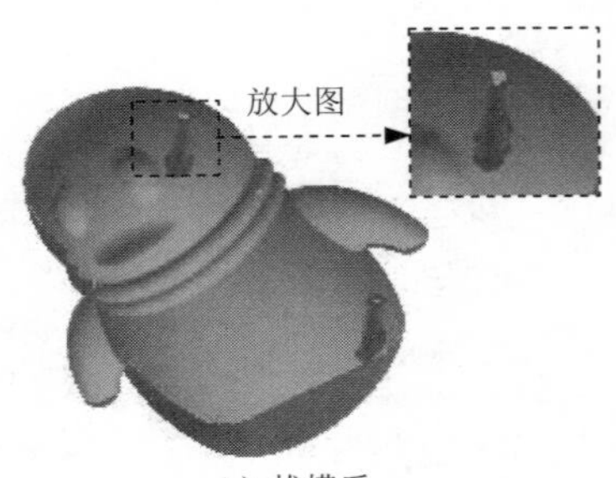

b）拔模后

图 42.4.9　面拔模 1

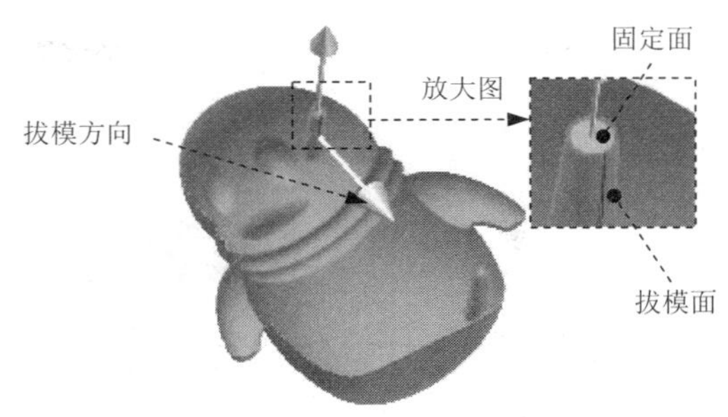

图 42.4.10 定义拔模参数

Step11. 创建图 42.4.11 所示的拉伸特征 3。在 创建 ▾ 区域中单击按钮，选取工作平面 5 作为草图平面，绘制图 42.4.12 所示的截面草图，在“拉伸”对话框将布尔运算设置为“求差”类型，然后在 范围 区域中的下拉列表中选择 距离 选项，输入距离值 50.0；将拉伸方向设置为“方向 2”类型；单击“拉伸”对话框中的 确定 按钮，完成拉伸特征 3 的创建。

图 42.4.11 拉伸特征 3

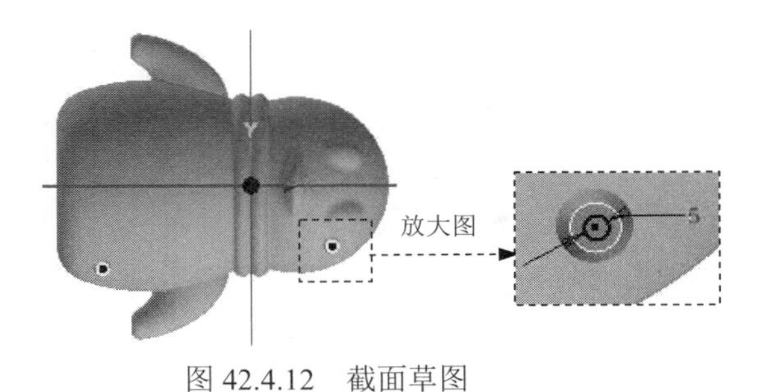

图 42.4.12 截面草图

Step12. 创建图 42.4.13 所示的倒圆特征 2。选取图 42.4.13a 所示的模型边线为倒圆的对象，输入倒圆角半径值 2。

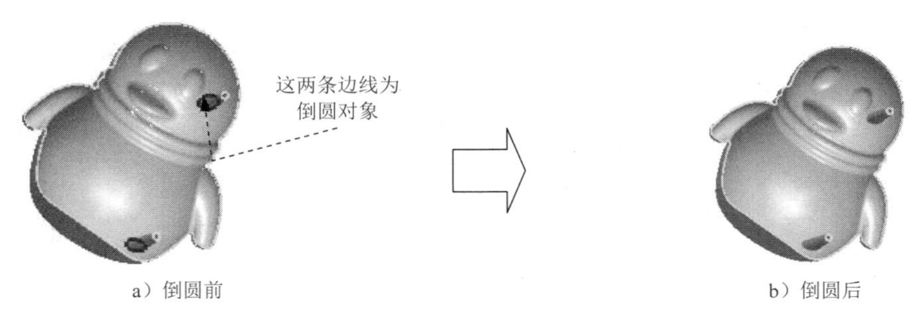

a）倒圆前　　b）倒圆后

图 42.4.13 倒圆特征 2

Step13. 创建图 42.4.14 所示的镜像 1。在 阵列 区域中单击“镜像”按钮；在图形区中选取要镜像复制的拉伸 2、面拔模 1、拉伸 3 与圆角 2 特征；单击“镜像”对话框中的 镜像平面 按钮，然后选取 XY 平面作为镜像中心平面；单击“镜像”对话框中的 确定按钮，完成镜像 1 的操作。

Step14. 保存零件模型文件。

a）镜像前

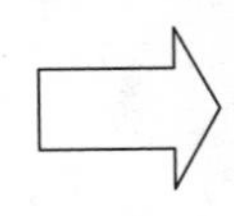

b）镜像后

图 42.4.14　镜像 1

实例 43　遥控器的自顶向下设计

43.1　实 例 概 述

本实例详细讲解了一款遥控器的整体设计过程，采用了较为先进的设计方法——自顶向下（Top-Down Design）。采用这种方法，不仅可以获得较好的整体造型，而且能够大大缩短产品的上市周期，许多家用电器（如电脑机箱、吹风机和电脑鼠标）都可以采用这种方法进行设计。设计流程如图 43.1.1 所示。

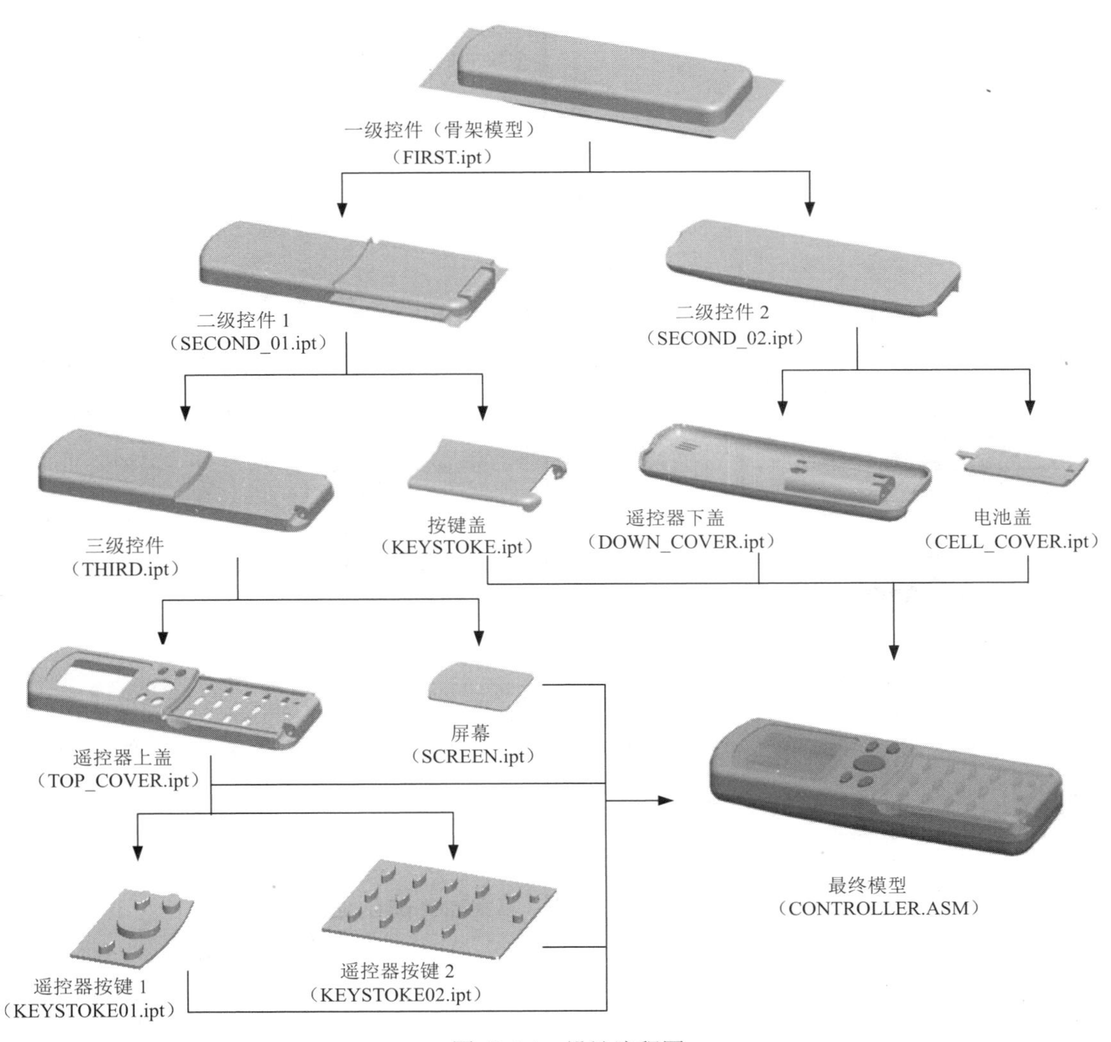

图 43.1.1　设计流程图

43.2 创建遥控器的整体结构

Task1．新建一个装配体文件。

单击“新建”按钮，在系统弹出的“新建文件”对话框 部件 - 装配二维和三维零部件 区域选中“Standard.iam”模板；单击 创建 按钮，进入装配环境。

Task2．创建图 43.2.1 所示的整体结构

在装配环境下，创建图 43.2.1 所示的整体结构及浏览器。

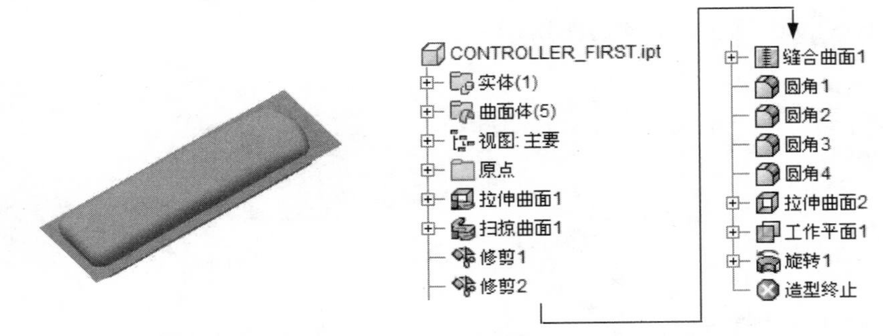

图 43.2.1 整体结构及浏览器

Step1. 在装配体中建立整体结构 CONTROLLER_FIRST。单击 装配 功能选项卡 零部件 区域中的“创建”按钮；此时系统弹出“创建在位零件”对话框，在 新零部件名称(N) 文本框中输入零件名称为 CONTROLLER_FIRST；采用系统默认的模板和新文件位置；单击 确定 按钮，在系统 为基础特征选择草图平面 的提示下选取“原点” 原点，此时系统进入编辑零部件环境。

Step2. 在装配体中打开主控件 CONTROLLER_FIRST。在浏览器中单击 CONTROLLER_FIRST:1 后右击，在快捷菜单中选择 打开(O) 命令。

Step3. 创建图 43.2.2 所示的拉伸曲面 1。在 创建 区域中单击按钮，系统弹出“创建拉伸”对话框；单击“创建拉伸”对话框中的 创建二维草图 按钮，选取 XZ 平面做为草图平面，进入草绘环境，绘制图 43.2.3 所示的截面草图；单击 草图 选项卡 返回到三维 区域中的按钮，在“拉伸”对话框 输出 区域中将输出类型设置为“曲面”；在 范围 区域的下拉列表中选择 距离 选项，输入距离值 20.0,并将拉伸方向设置为“方向 1”类型；单击“拉伸”对话框中的 确定 按钮，完成拉伸曲面 1 的创建。

Step4. 创建图 43.2.4 所示的草图 2。在 三维模型 选项卡 草图 区域单击按钮，然后选择 YZ 平面为草图平面，系统进入草绘环境；绘制图 43.2.5 所示的草图 2，单击按钮，退出草绘环境。

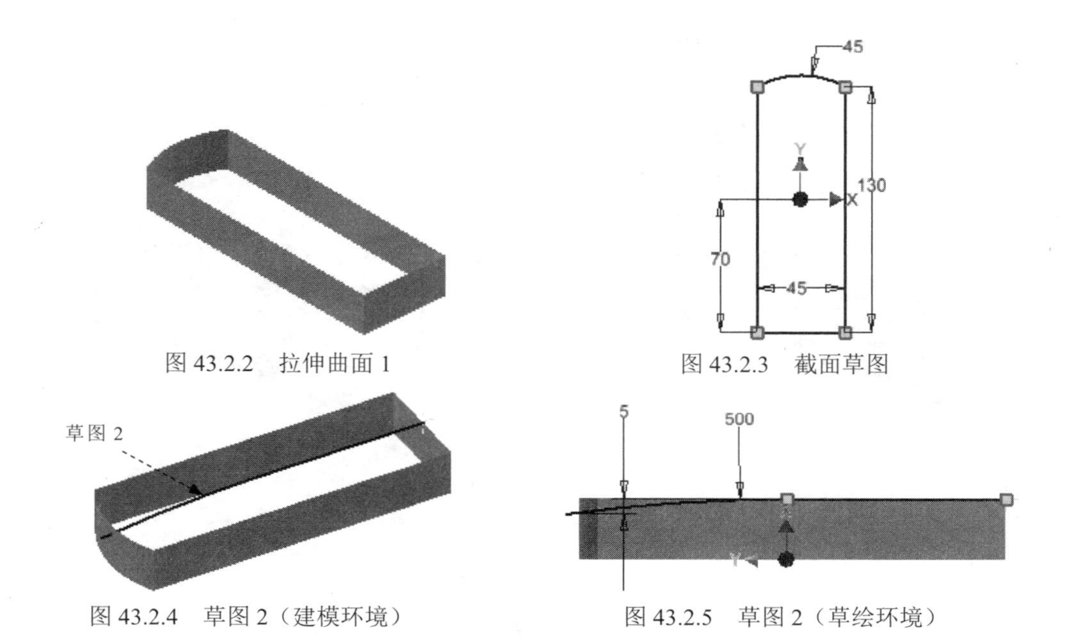

图 43.2.2 拉伸曲面 1

图 43.2.3 截面草图

图 43.2.4 草图 2（建模环境）

图 43.2.5 草图 2（草绘环境）

Step5. 创建图 43.2.6 所示的草图 3。在 三维模型 选项卡 草图 区域单击 按钮，然后选择图 43.2.6 所示的模型表面作为草图平面，系统进入草绘环境；绘制图 43.2.7 所示的草图 3，单击 按钮，退出草绘环境。

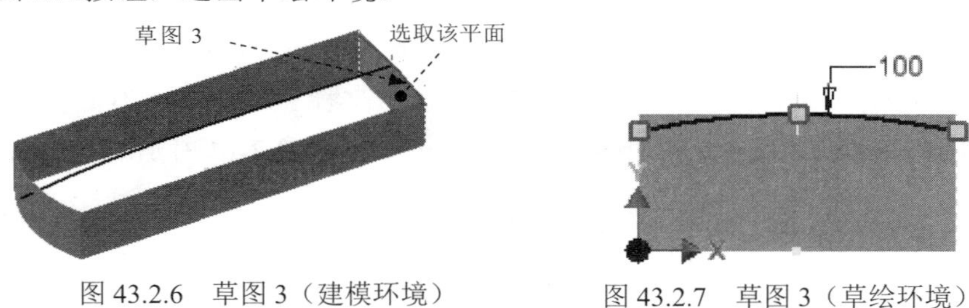

图 43.2.6 草图 3（建模环境）

图 43.2.7 草图 3（草绘环境）

Step6. 创建图 43.2.8 所示的扫掠曲面 1。在 创建 区域中单击“扫掠”按钮 扫掠，系统弹出“扫掠”对话框；首先确认在“扫掠”对话框 输出 区域中输出类型为“曲面” ；然后在图形区中选取图 43.2.6 所示的扫掠截面，完成扫掠截面的选取；在图形区中选取图 43.2.4 所示草图 2 作为扫掠轨迹，完成扫掠轨迹的选取；在“扫掠”对话框 类型 区域的下拉列表中选择 路径，其他参数接受系统默认设置；单击“扫掠”对话框中的 确定 按钮，完成扫掠曲面 1 的创建。

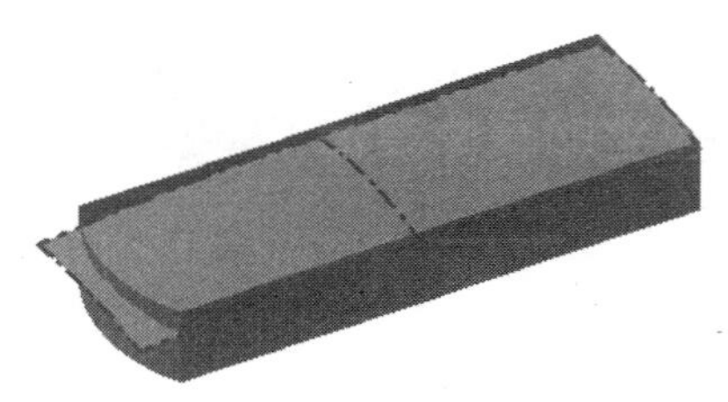

图 43.2.8 扫掠曲面 1

Step7. 创建图 43.2.9 所示的修剪 1。在 曲面 ▾ 区域中单击“修剪”按钮，系统弹出“修剪曲面”对话框；在系统 选择曲面、工作平面或草图作为切割工具 的提示下选取图 43.2.9 所示的面为切割工具；在系统 选择要删除的面 的提示下选取图 43.2.10 所示的面为要删除的面；单击 确定 按钮，完成曲面修剪 1 的创建。

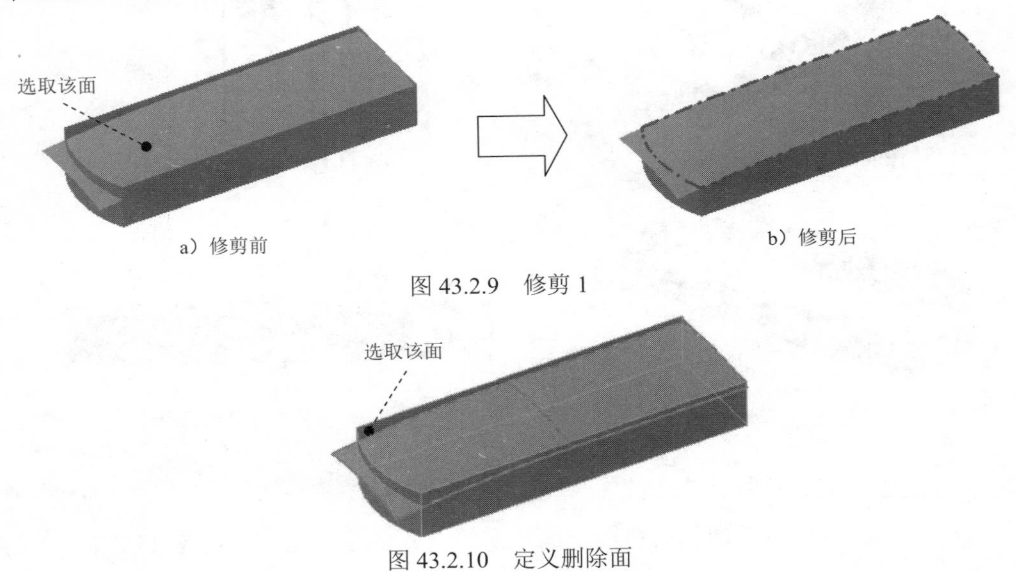

图 43.2.9　修剪 1

图 43.2.10　定义删除面

Step8. 创建图 43.2.11 所示的修剪 2。在 曲面 ▾ 区域中单击“修剪”按钮，系统弹出“修剪曲面”对话框；在系统 选择曲面、工作平面或草图作为切割工具 的提示下选取图 43.2.11 所示的面为切割工具；在系统 选择要删除的面 的提示下选取图 43.2.12 所示的面为要删除的面；单击 确定 按钮，完成曲面修剪 2 的创建。

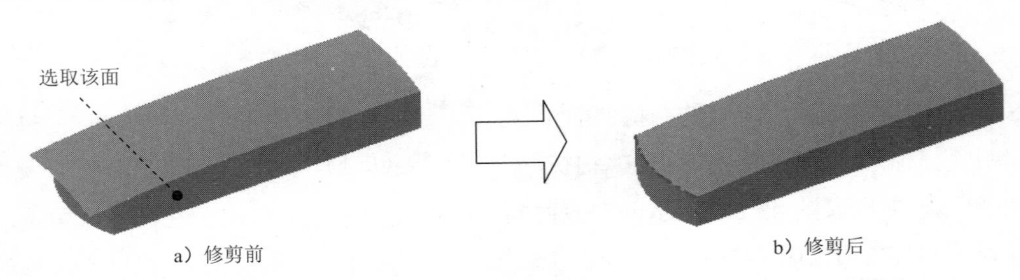

图 43.2.11　修剪 2

图 43.2.12　定义删除面

Step9. 创建图 43.2.13 所示的边界嵌片 1。在 曲面 ▾ 区域中单击“修补”按钮，系统弹出“边界嵌片”对话框；在系统 选择边或草图曲线 的提示下依次选取图 43.2.14 所示的边界作为曲面的边界；单击 确定 按钮，完成边界嵌片 1 的创建。

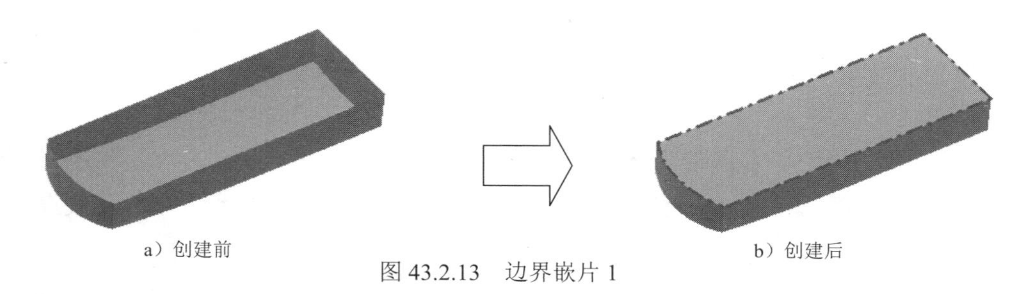

a）创建前　　b）创建后

图 43.2.13　边界嵌片 1

Step10. 创建图 43.2.15 所示的缝合曲面 1。在 曲面 ▾ 区域中单击“缝合”按钮，系统弹出“缝合”对话框；在系统 选择要缝合的实体 的提示下选取所有曲面作为缝合对象；在该对话框中单击 应用 按钮，单击 完毕 按钮，完成缝合曲面 1 的创建。

图 43.2.14　定义边界边

图 43.2.15　缝合曲面 1

Step11. 创建图 43.2.16 所示的倒圆特征 1。在 修改 ▾ 区域中单击按钮；在系统的提示下，选取图 43.2.16a 所示的模型边线为倒圆的对象；在“倒圆角”小工具栏“半径 R”文本框中输入数值 8.0；单击“圆角”对话框中的 确定 按钮，完成倒圆特征 1 的定义。

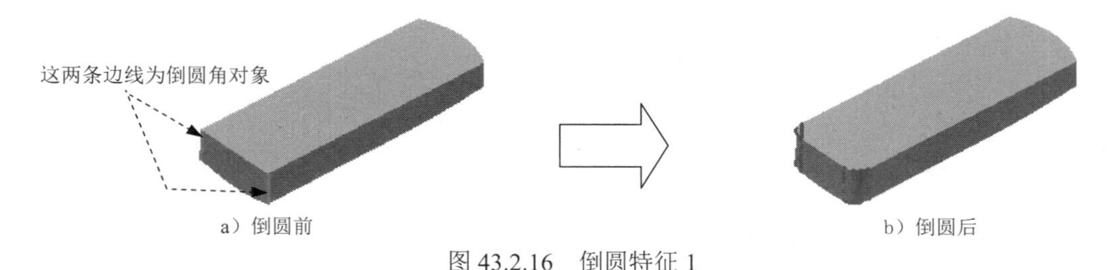

a）倒圆前　　b）倒圆后

图 43.2.16　倒圆特征 1

Step12. 创建图 43.2.17 所示的倒圆特征 2。选取图 43.2.17a 所示的模型边线为倒圆的对象，输入倒圆角半径值 5.0。

Step13. 创建图 43.2.18 所示的倒圆特征 3。选取图 43.2.18a 所示的模型边线为倒圆的对象，输入倒圆角半径值 3.0。

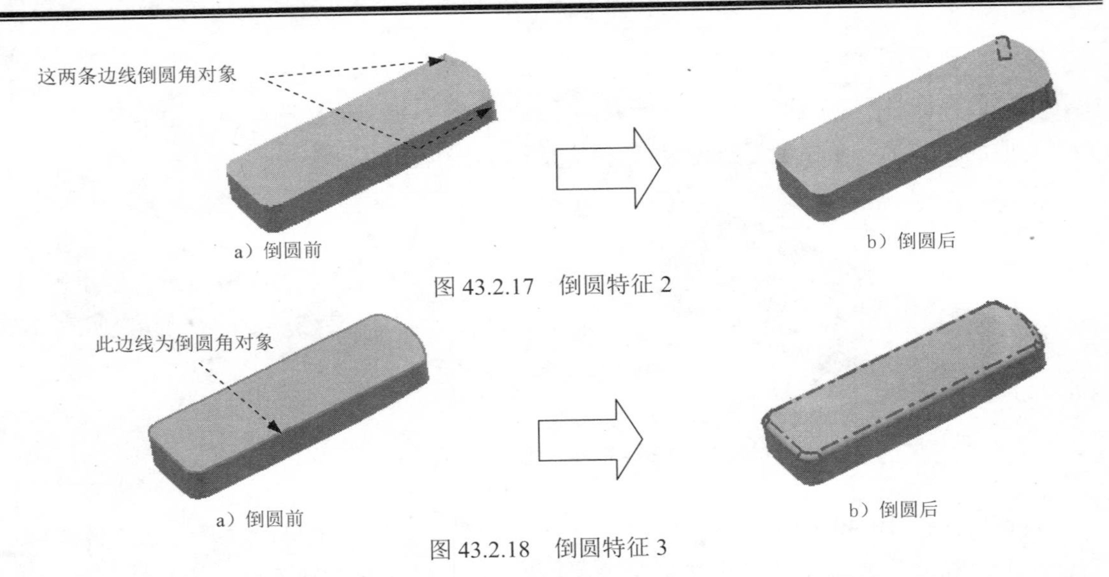

a）倒圆前　　b）倒圆后

图 43.2.17　倒圆特征 2

a）倒圆前　　b）倒圆后

图 43.2.18　倒圆特征 3

Step14. 创建图 43.2.19 所示的倒圆特征 4。选取图 43.2.19a 所示的模型边线为倒圆的对象，输入倒圆角半径值 6.0。

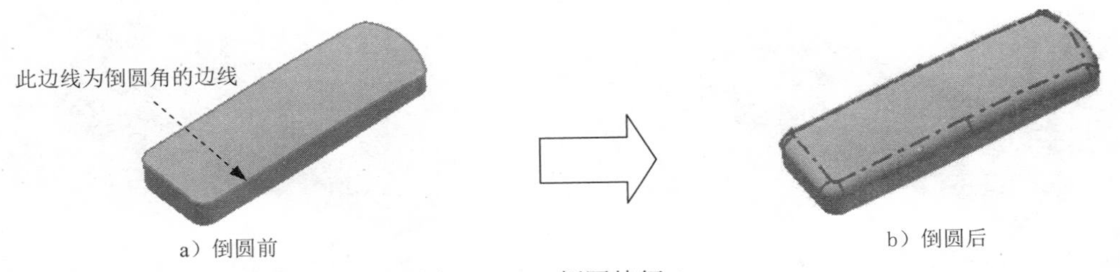

a）倒圆前　　b）倒圆后

图 43.2.19　倒圆特征 4

Step15. 创建图 43.2.20 所示的拉伸曲面 2。在 创建 ▾ 区域中单击 按钮，系统弹出“创建拉伸”对话框；单击“创建拉伸”对话框中的 创建二维草图 按钮，选取 YZ 平面做为草图平面，进入草绘环境，绘制图 43.2.21 所示的截面草图；单击 草图 选项卡 返回到三维 区域中的 按钮，在“拉伸”对话框 输出 区域中将输出类型设置为“曲面” ；在 范围 区域的下拉列表中选择 距离 选项，输入距离值 60.0,并将拉伸方向设置为“对称”类型 ；单击“拉伸”对话框中的 确定 按钮，完成拉伸曲面 2 的创建。

Step16. 创建图 43.2.22 所示的工作平面 1（本步的详细操作过程请参见随书光盘中 video\ch43.02\reference\文件下的语音视频讲解文件 CONTROLLER_FIRST-r01.exe）。

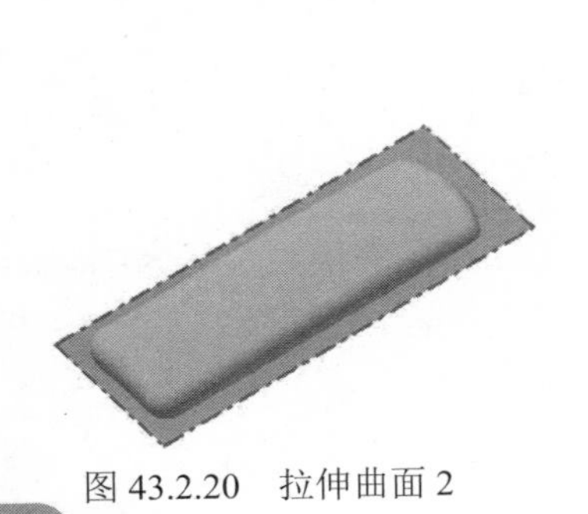

图 43.2.20　拉伸曲面 2

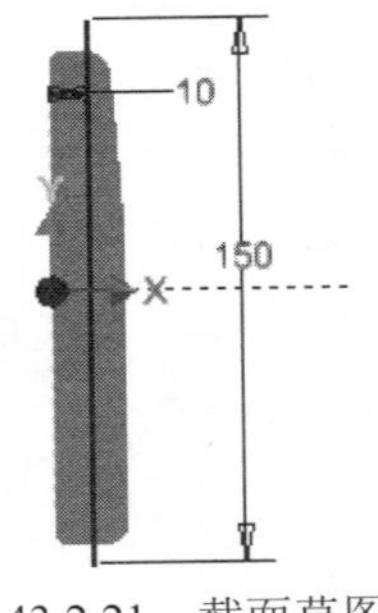

图 43.2.21　截面草图

图 43.2.22　工作平面 1

Step17. 创建图 43.2.23 所示的旋转特征 1。在 创建 ▼ 区域中单击按钮，系统弹出“创建旋转”对话框；单击“创建旋转”对话框中的创建二维草图按钮，选取工作平面 1 为草图平面，进入草绘环境，绘制图 43.2.24 所示的截面草图；单击 草图 选项卡 返回到三维 区域中的按钮，在“旋转”对话框中将布尔运算设置为“求差”类型，在 范围 区域的下拉列表中选中 全部 选项；单击“旋转”对话框中的 确定 按钮，完成旋转特征 1 的创建。

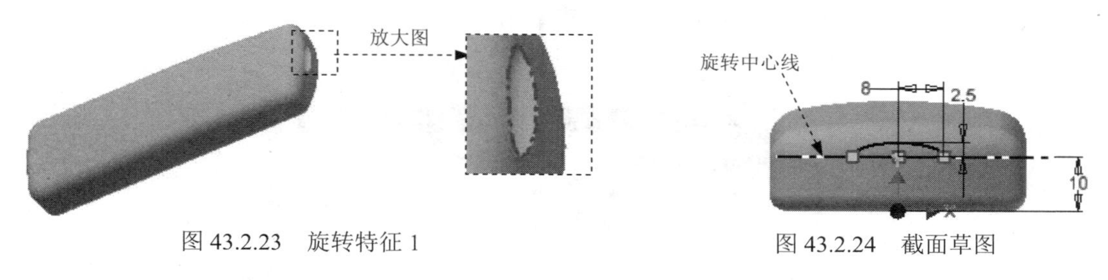

图 43.2.23　旋转特征 1　　　　图 43.2.24　截面草图

Step18. 保存模型文件。

43.3　创建二级主控件 1

下面讲解二级主控件 1（SECOND01.ipt）的创建过程，零件模型及浏览器如图 43.3.1 所示。

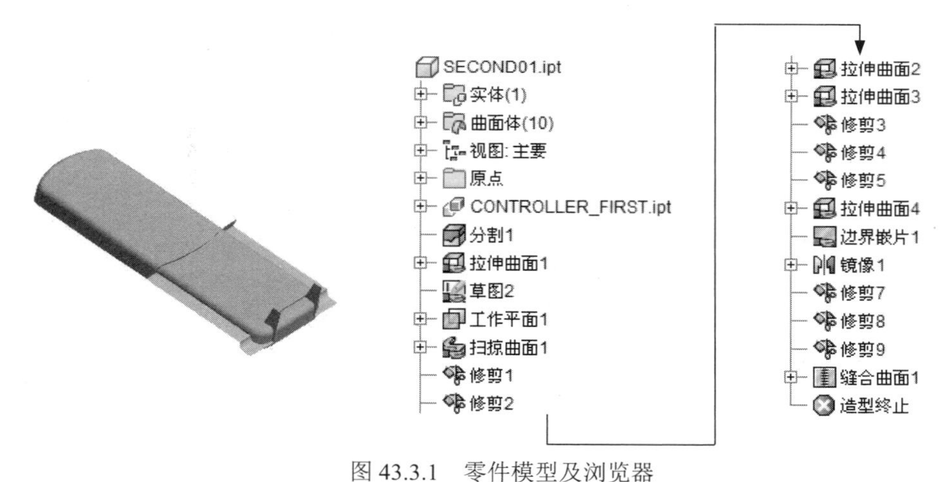

图 43.3.1　零件模型及浏览器

Step1. 在装配体中建立二级主控件 SECOND01。单击 装配 功能选项卡 零部件 区域中的“创建”按钮；此时系统弹出“创建在位零件”对话框，在 新零部件名称(N) 文本框中输入零件名称为 SECOND01；采用系统默认的模板和新文件位置；单击 确定 按钮，在系统 为基础特征选择草图平面 的提示下选取“原点” 原点，此时系统进入编辑零部件环境。

Step2. 在装配体中打开二级控件 SECOND01。在浏览器中单击 SECOND01:1 后右击，在快捷菜单中选择 打开(O) 命令。

Step3. 引入主控件 CONTROLLER_FIRST。在 创建 区域中单击 衍生 按钮，打开 CONTROLLER_FIRST.ipt 文件，单 打开(O) 按钮，系统弹出图 43.3.2 所示的“衍生零件”对话框。

Step4. 设置衍生参数。在“衍生零件”对话框中将 衍生样式(D): 设置为“将每个实体保留为单个实体”，并将实体与曲面 6 衍生到下一级中（见图 43.3.2），单击 确定 按钮。

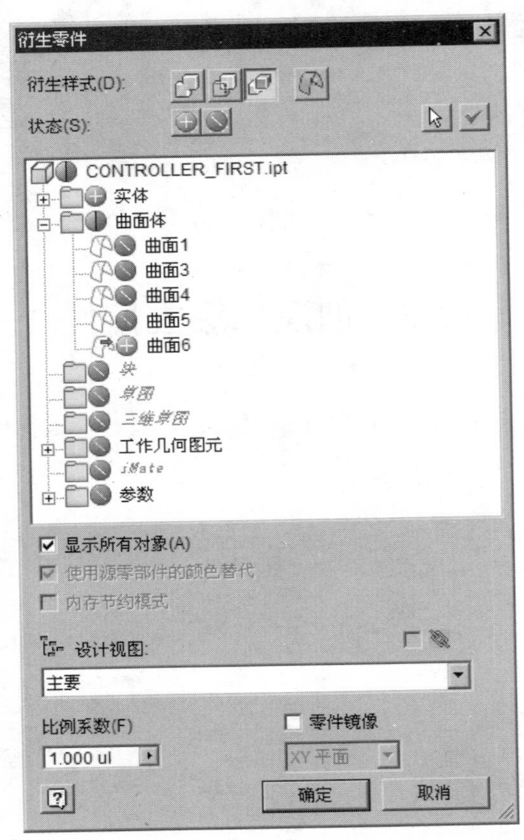

图 43.3.2 “衍生零件”对话框

说明： 读者在选取衍生到下一级的曲面体时，在名称上可能与上步操作有差异，此时可根据实际情况选取合适的曲面，后面再遇到类似的情况均采用此方法处理。

Step5. 创建图 43.3.3 所示的分割 1。在 修改 区域中单击 分割 按钮，系统弹出“分割”对话框；在“分割”对话框中将分割类型设置为“修剪实体”选项；在绘图区域选取图 43.3.3 所示面作为分割工具；在“分割”对话框中将删除方向设置为“方向 1”类型；单击 确定 按钮，完成分割 1 的创建。

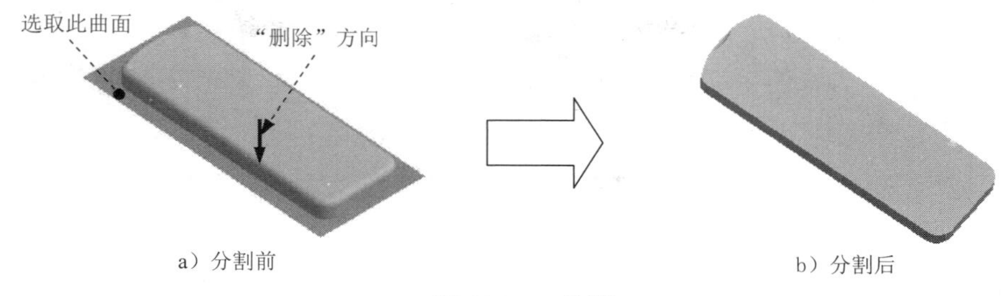

图 43.3.3　分割 1

Step6. 创建图 43.3.4 所示的拉伸曲面 1。在 创建 区域中单击 按钮，系统弹出"创建拉伸"对话框；单击"创建拉伸"对话框中的 创建二维草图 按钮，选取 YZ 平面做为草图平面，进入草绘环境，绘制图 43.3.5 所示的截面草图；单击 草图 选项卡 返回到三维 区域中的 按钮，在"拉伸"对话框 输出 区域中将输出类型设置为"曲面" ；在 范围 区域的的下拉列表中选择 距离 选项，输入距离值 60.0，并将拉伸方向设置为"对称"类型 ；单击"拉伸"对话框中的 确定 按钮，完成拉伸曲面 1 的创建。

Step7. 创建图 43.3.6 所示的草图 2。在 三维模型 选项卡 草图 区域单击 按钮，然后选择图 43.3.6 所示的面作为草图平面，系统进入草绘环境；绘制图 43.3.7 所示的草图 2，单击 按钮，退出草绘环境。

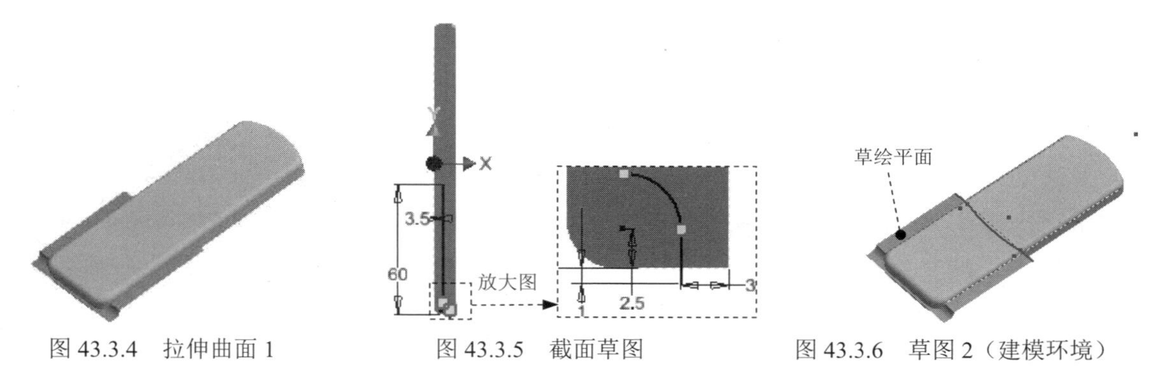

图 43.3.4　拉伸曲面 1　　图 43.3.5　截面草图　　图 43.3.6　草图 2（建模环境）

Step8. 创建图 43.3.8 所示的工作平面 1。在绘图区域选取图 43.3.9 所示的直线为参考线，然后再选取图 43.3.9 所示的点 1 为参考点，单击 按钮，完成工作平面 1 的创建（具体参数和操作参见随书光盘）。

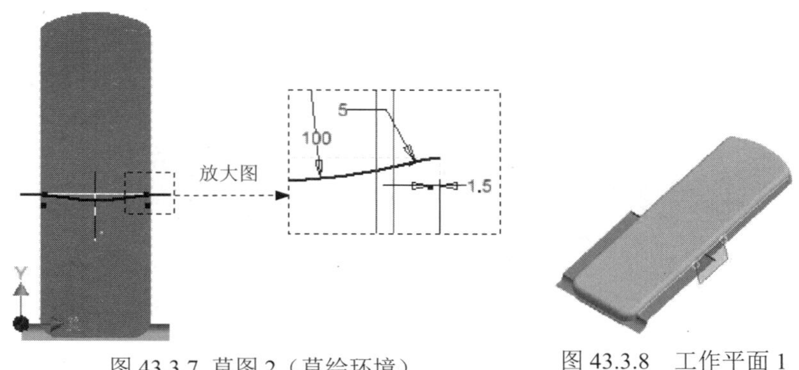

图 43.3.7 草图 2（草绘环境）　　图 43.3.8　工作平面 1

Step9. 创建图 43.3.10 所示的草图 3。在 三维模型 选项卡 草图 区域单击 按钮，然后选择工作平面 1 作为草图平面，系统进入草绘环境；绘制图 43.3.10 所示的草图 3，单击 按钮，退出草绘环境。

Step10. 创建图 43.3.11 所示的扫掠曲面 1。在 创建 ▼ 区域中单击 扫掠 按钮，系统弹出“扫掠”对话框；首先确认在“扫掠”对话框 输出 区域中输出类型为“曲面” ；然后在图形区中选取草图 3 作为扫掠截面，完成扫掠截面的选取；在图形区中选取草图 2 作为扫掠轨迹，完成扫掠轨迹的选取；在“扫掠”对话框 类型 区域的下拉列表中选择 路径，其他参数接受系统默认设置；单击“扫掠”对话框中的 确定 按钮，完成扫掠曲面 1 的创建。

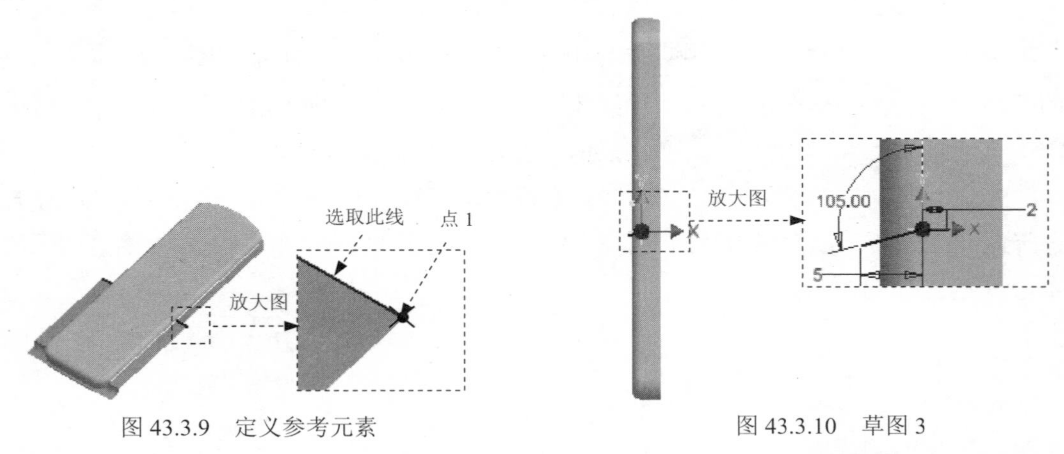

图 43.3.9　定义参考元素　　图 43.3.10　草图 3

Step11. 创建图 43.3.12 所示的修剪 1（实体已隐藏）。在 曲面 ▼ 区域中单击“修剪”按钮 ，系统弹出 “修剪曲面”对话框；在系统 选择曲面、工作平面或草图作为切割工具 的提示下选取图 43.3.12 所示的面为切割工具；在系统 选择要删除的面 的提示下选取图 43.3.13 所示的面为要删除的面；单击 确定 按钮，完成曲面修剪 1 的创建。

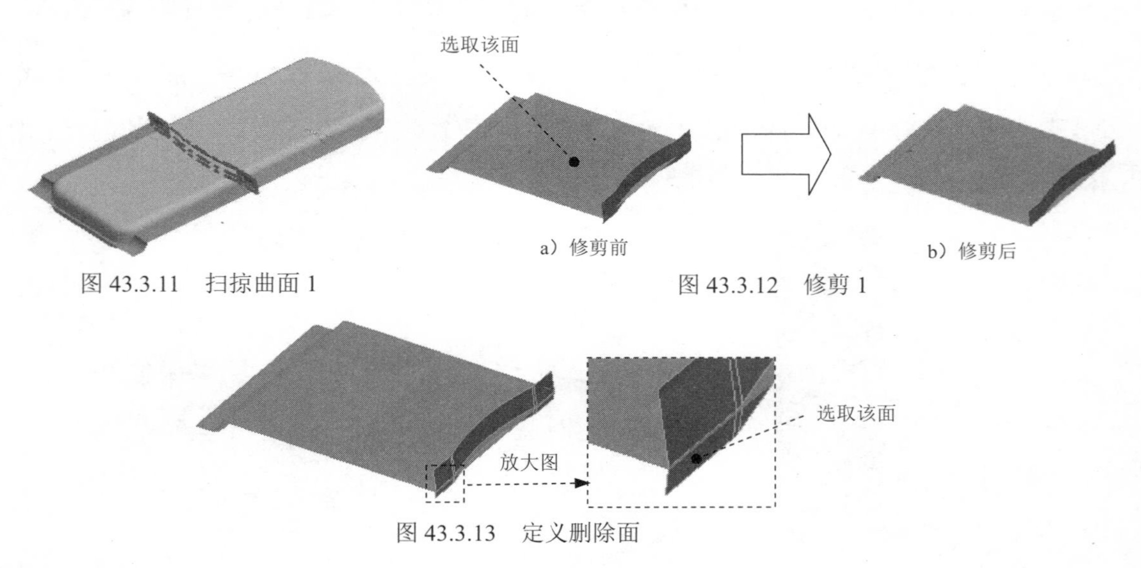

图 43.3.11　扫掠曲面 1　　图 43.3.12　修剪 1

图 43.3.13　定义删除面

Step12. 创建图 43.3.14 所示的修剪 2（实体已隐藏）。在 曲面 区域中单击“修剪”按钮，系统弹出 “修剪曲面” 对话框；在系统 选择曲面、工作平面或草图作为切割工具 的提示下选取图 43.3.14 所示的面为切割工具；在系统 选择要删除的面 的提示下选取图 43.3.15 所示的面为要删除的面；单击 确定 按钮，完成曲面修剪 2 的创建。

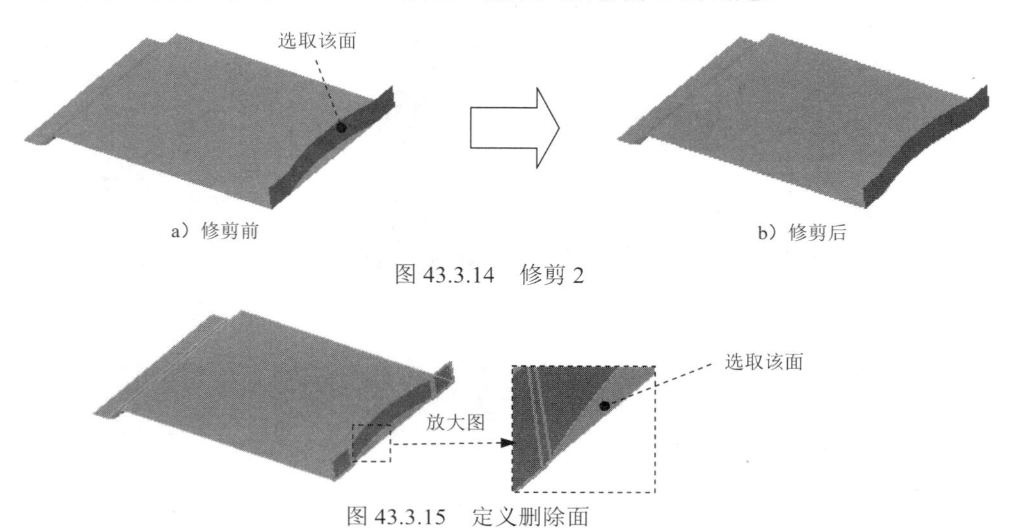

a）修剪前　　b）修剪后

图 43.3.14　修剪 2

图 43.3.15　定义删除面

Step13. 创建图 43.3.16 所示的拉伸曲面 2(实体已隐藏)。在 创建 区域中单击按钮，系统弹出“创建拉伸”对话框；单击“创建拉伸”对话框中的 创建二维草图 按钮，选取 YZ 平面做为草图平面，进入草绘环境；绘制图 43.3.17 所示的截面草图(为了草图的准确定位，此时可将实体显示出来)；单击 草图 选项卡 返回到三维 区域中的按钮，在“拉伸”对话框 输出 区域中将输出类型设置为“曲面”；在 范围 区域的的下拉列表中选择 距离 选项，输入距离值 60.0,并将拉伸类型设置为“对称”类型；单击“拉伸”对话框中的 确定 按钮，完成拉伸曲面 2 的创建。

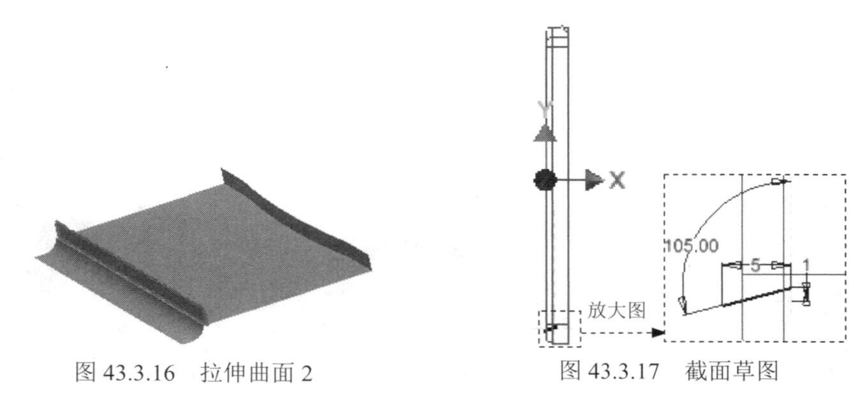

图 43.3.16　拉伸曲面 2　　图 43.3.17　截面草图

Step14. 创建图 43.3.18 所示的拉伸曲面 3(实体已显示)。在 创建 区域中单击按钮，系统弹出“创建拉伸”对话框；单击“创建拉伸”对话框中的 创建二维草图 按钮，选取图 43.3.18 所示的模型表面做为草图平面，进入草绘环境，绘制图 43.3.19 所示的截面草图；

单击 草图 选项卡 返回到三维 区域中的 按钮，在“拉伸”对话框 输出 区域中将输出类型设置为“曲面” ；在 范围 区域的的下拉列表中选择 距离 选项，输入距离值 20.0,并将拉伸类型设置为“对称”类型 ；单击“拉伸”对话框中的 确定 按钮，完成拉伸曲面 3 的创建。

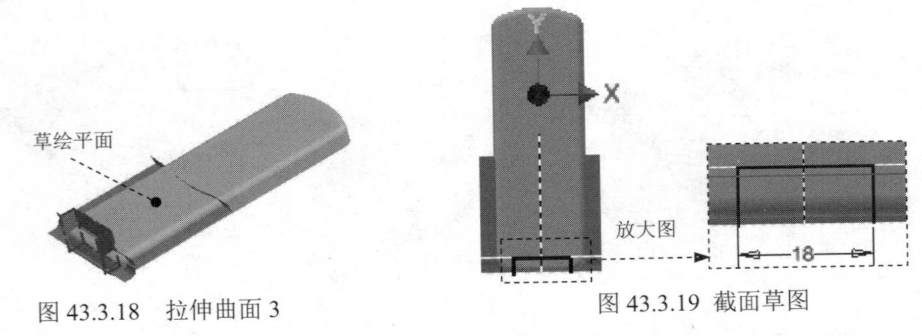

图 43.3.18　拉伸曲面 3

图 43.3.19　截面草图

Step15. 创建图 43.3.20 所示曲面的修剪 3，在 曲面 ▾ 区域中单击 按钮；选取图 43.3.21 所示的拉伸曲面 2 作为修剪工具，再选取图 43.3.21 所示拉伸曲面 3 为要删除的面；单击 确定 按钮，完成修剪 3 的创建。

图 43.3.20　修剪 3

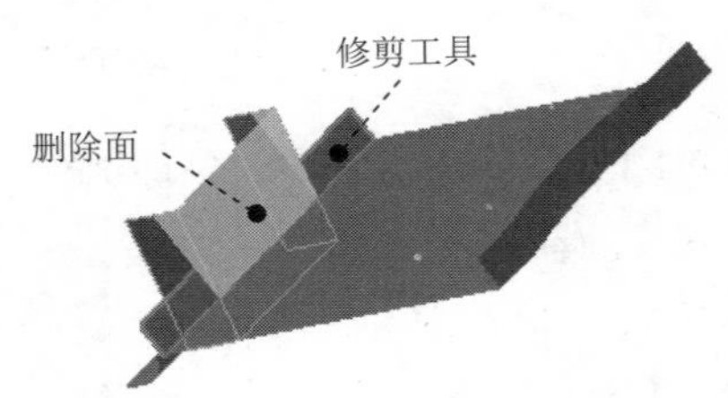

图 43.3.21　定义修剪工具与删除面

Step16. 创建图 43.3.22 所示曲面的修剪 4，在 曲面 ▾ 区域中单击 按钮；选取图 43.3.23 所示的面作为修剪工具，再选取图 43.3.23 所示面为要删除的面；单击 确定 按钮，完成修剪 4 的创建。

Step17. 创建图 43.3.24 所示曲面的修剪 5，在 曲面 ▾ 区域中单击 按钮；选取图 43.3.25 所示的面作为修剪工具，再选取图 43.3.25 所示面为要删除的面；单击 确定 按钮，完成修剪 5 的创建。

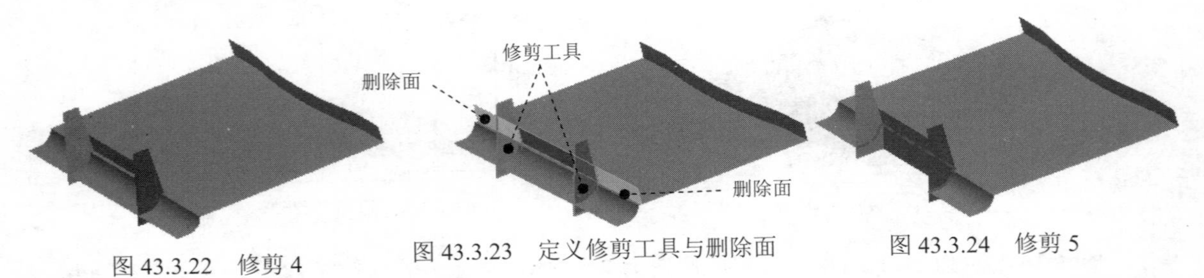

图 43.3.22　修剪 4

图 43.3.23　定义修剪工具与删除面

图 43.3.24　修剪 5

Step18. 创建图 43.3.26 所示的拉伸曲面 4(实体已显示)。在 创建 ▾ 区域中单击 按钮，系统弹出“创建拉伸”对话框；单击“创建拉伸”对话框中的 创建二维草图 按钮，选取图

43.3.26 所示的面做为草图平面，进入草绘环境，绘制图 43.3.27 所示的截面草图（为了更清楚地表达草图的位置，此时将实体显示出来）；单击 草图 选项卡 返回到三维 区域中的 按钮，在“拉伸”对话框 输出 区域中将输出类型设置为“曲面”；在 范围 区域的的下拉列表中选择 距离 选项，输入距离值 3.0,并将拉伸类型设置为“方向 2”类型；单击“拉伸”对话框中的 确定 按钮，完成拉伸曲面 4 的创建。

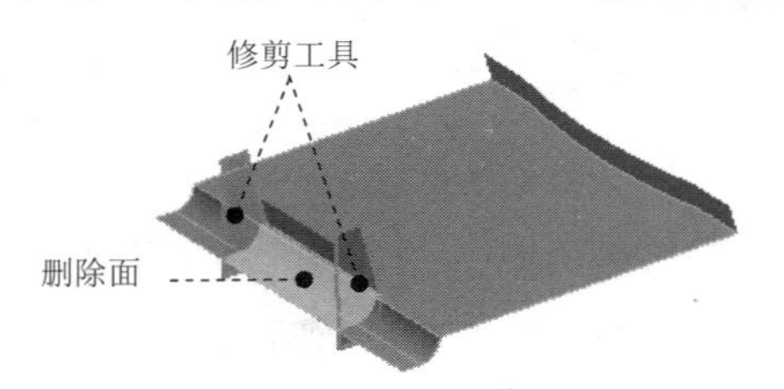

图 43.3.25　定义修剪工具与删除面

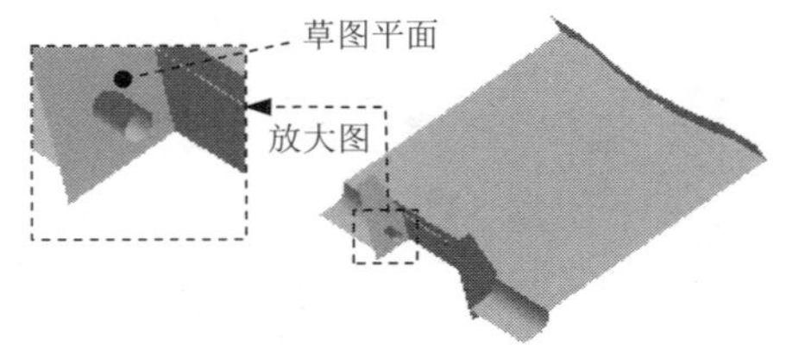

图 43.3.26　拉伸曲面 4

Step19. 创建图 43.3.28 所示的边界嵌片 1。在 曲面 ▾ 区域中单击“修补”按钮，系统弹出“边界嵌片”对话框；在系统 选择边或草图曲线 的提示下依次选取图 43.3.28 所示的边界作为曲面的边界；单击 确定 按钮，完成边界嵌片 1 的创建。

Step20. 创建图 43.3.29 所示的镜像 1（实体已隐藏）。在 阵列 区域中单击“镜像”按钮；在图形区中选取要镜像复制的拉伸曲面 4 与边界嵌片 1 特征（或在浏览器中选择“拉伸曲面 4”与“边界嵌片 1”特征）；单击“镜像”对话框中的 镜像平面 按钮，然后选取 YZ 平面作为镜像中心平面；单击“镜像”对话框中的 确定 按钮，完成镜像 1 的操作。

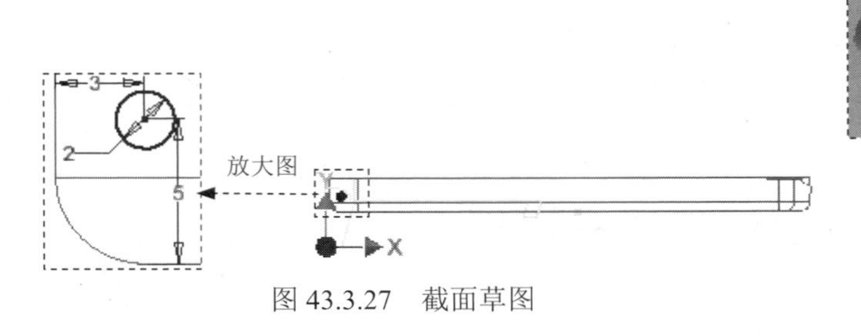

图 43.3.27　截面草图

图 43.3.28　边界嵌片 1

Step21. 创建 43.3.30 所示曲面的修剪 6,在 曲面 ▾ 区域中单击 按钮;选取图 43.3.31 所示的面作为修剪工具，选取 43.3.31 所示面为要删除的面；单击 确定 按钮，完成修剪 6 的创建。

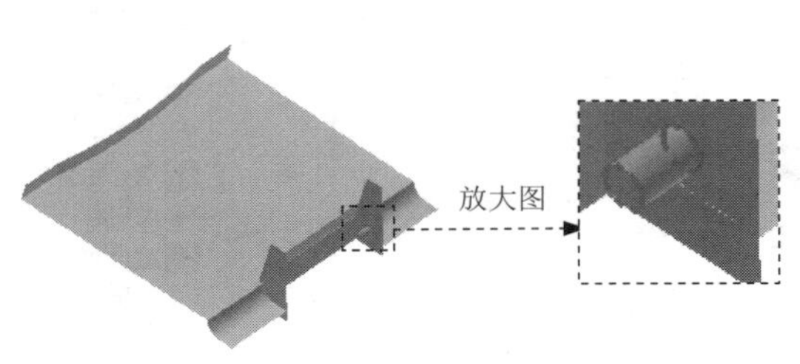

图 43.3.29　镜像 1

图 43.3.30　修剪 6

Step22. 创建曲面的修剪 7，具体操作可参照上一步，选取图 43.3.31 所示的修剪工具，选取图 43.3.32 所示的面为要删除的面。

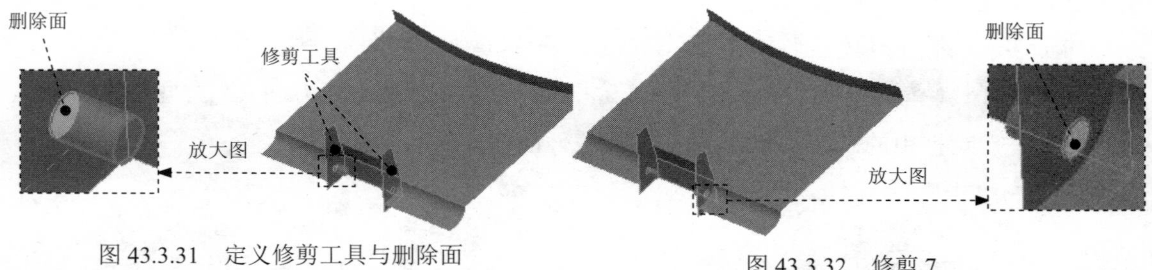

图 43.3.31　定义修剪工具与删除面　　图 43.3.32　修剪 7

Step23. 创建 43.3.33 所示曲面的修剪 8，在 曲面 ▾ 区域中单击 按钮；选取图 43.3.34 所示的面作为修剪工具，再选取 43.3.34 所示面为要删除的面；单击 确定 按钮，完成修剪 8 的创建。

Step24. 创建图 43.3.35 所示的缝合曲面 1（隐藏实体）。在 曲面 ▾ 区域中单击“缝合”按钮 ，系统弹出“缝合”对话框；在系统 选择要缝合的实体 的提示下选取所有曲面作为缝合对象；在该对话框中单击 应用 按钮，单击 完毕 按钮，完成缝合曲面 1 的创建。

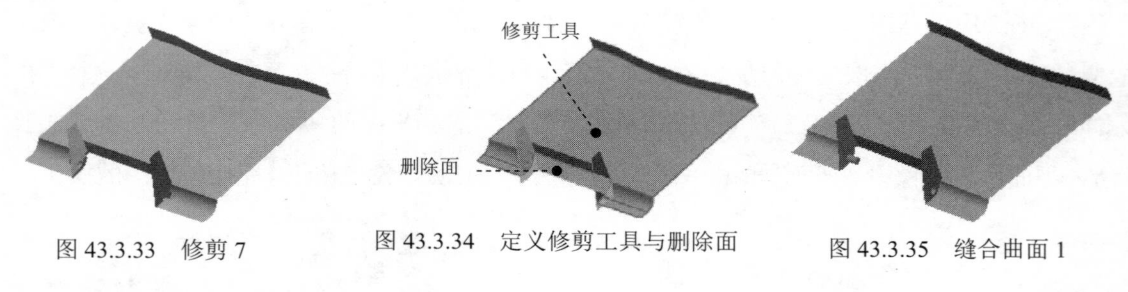

图 43.3.33　修剪 7　　图 43.3.34　定义修剪工具与删除面　　图 43.3.35　缝合曲面 1

Step25. 保存模型文件。

43.4　创建二级主控件 2

下面讲解二级主控件 2（SECOND02.ipt）的创建过程，零件模型及浏览器如图 43.4.1 所示。

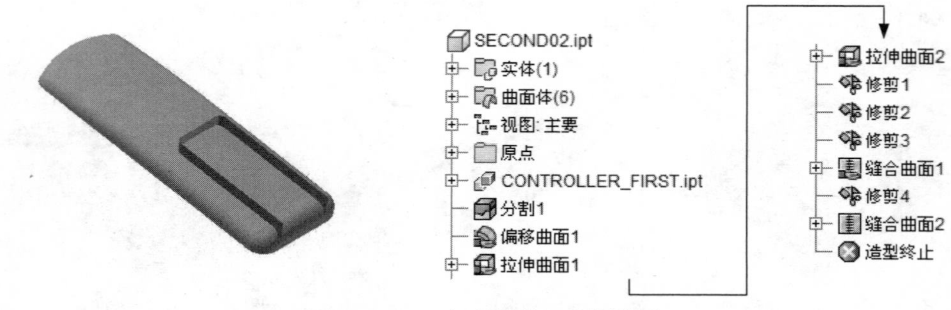

图 43.4.1　二级主控件 2 及浏览器

Step1. 在装配体中建立二级主控件 SECOND02。单击 装配 功能选项卡 零部件 区域中的“创建”按钮；此时系统弹出“创建在位零件”对话框，在 新零部件名称(N) 文本框中输入零件名称为 SECOND02；采用系统默认的模板和新文件位置；单击 确定 按钮，在系统 为基础特征选择草图平面 的提示下选取“原点” 原点，此时系统进入编辑零部件环境。

Step2. 在装配体中打开二级主控件 SECOND02。在浏览器中单击 SECOND02:1 后右击，在快捷菜单中选择 打开(O) 命令。

Step3. 引入主控件 CONTROLLER_FIRST。在 创建 区域中单击 衍生 按钮，打开 CONTROLLER_FIRST.ipt 文件，单击 打开(O) 按钮，系统弹出“衍生零件”对话框。

Step4.设置衍生参数。在“衍生零件”对话框中将 衍生样式(D): 设置为“将每个实体保留为单个实体”，并将实体与曲面 6 衍生到下一级，单击 确定 按钮，

说明：读者在选取衍生到下一级的曲面体时，可能与上步操作有差异，此时可根据实际情况选取合适的曲面。

Step5. 创建图 43.4.2 所示的分割 1。在 修改 区域中单击 分割 按钮，系统弹出“分割”对话框；在“分割”对话框中将分割类型设置为“修剪实体”选项；在绘图区域选取图 43.4.2 所示面作为分割工具；在“分割”对话框中将删除方向设置为“方向 2”类型；单击 确定 按钮，完成分割 1 的创建。

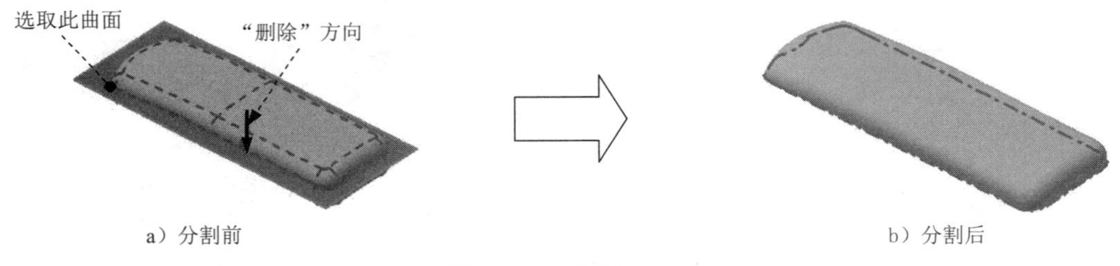

a）分割前　　b）分割后

图 43.4.2　分割 1

Step6. 创建图 43.4.3 所示的偏移曲面 1（已隐藏实体）。在 修改 区域中单击“加厚/偏移”按钮，系统弹出“加厚/偏移”对话框；选取图 43.4.4 所示的曲面为等距曲面；在“加厚/偏移”对话框 输出 区域中选择“曲面”；在“加厚/偏移”对话框 距离 文本框中输入数值 2，将偏移方向设置为“方向 2”类型（向模型内部）；单击 确定 按钮，完成偏移曲面 1 的创建。

图 43.4.3　偏移曲面 1

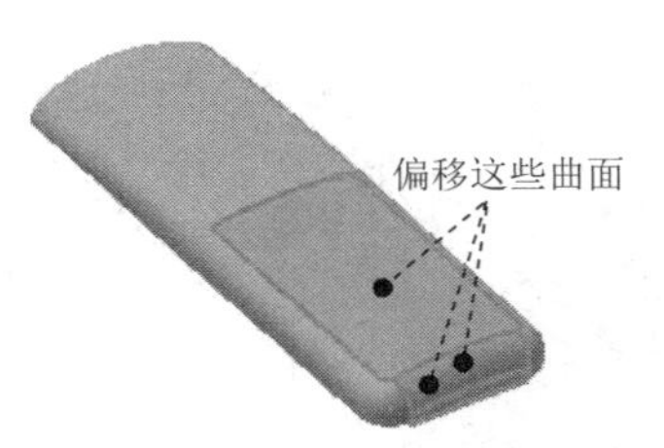

图 43.4.4　定义偏移曲面

Step7. 创建图 43.4.5 所示的拉伸曲面 1（实体已显示）。在 创建 ▾ 区域中单击 按钮，系统弹出“创建拉伸”对话框；单击“创建拉伸”对话框中的 创建二维草图 按钮，选取 XZ 平面做为草图平面，进入草绘环境，绘制图 43.4.6 所示的截面草图；单击 草图 选项卡 返回到三维 区域中的 按钮，在“拉伸”对话框 输出 区域中将输出类型设置为“曲面”；在 范围 区域的的下拉列表中选择 距离 选项，输入距离值 25.0,并将拉伸类型设置为“方向 1”类型 ；单击“拉伸”对话框中的 确定 按钮，完成拉伸曲面 1 的创建。

Step8. 创建图 43.4.7 所示的拉伸曲面 2（实体已隐藏）。在 创建 ▾ 区域中单击 按钮，系统弹出“创建拉伸”对话框；单击“创建拉伸”对话框中的 创建二维草图 按钮，选取图 43.4.8 所示的模型表面作为草图平面，进入草绘环境，绘制图 43.4.9 所示的截面草图；单击 草图 选项卡 返回到三维 区域中的 按钮，在“拉伸”对话框 输出 区域中将输出类型设置为“曲面” ；在 范围 区域的的下拉列表中选择 距离 选项，输入距离值 10.0,并将拉伸类型设置为“方向 2”类型 ；单击“拉伸”对话框中的 确定 按钮，完成拉伸曲面 2 的创建。

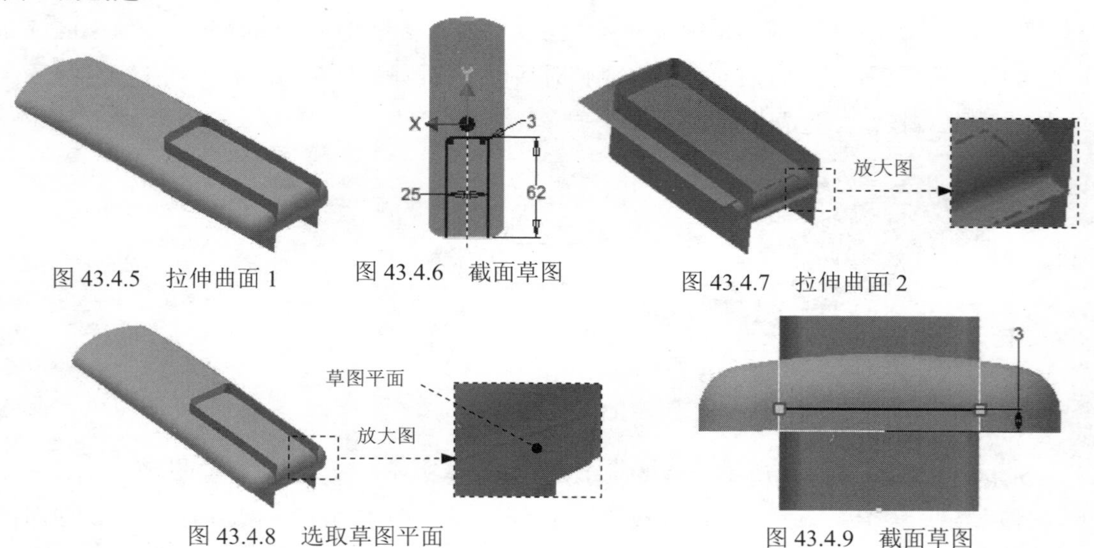

图 43.4.5 拉伸曲面 1　　图 43.4.6 截面草图　　图 43.4.7 拉伸曲面 2

图 43.4.8 选取草图平面　　图 43.4.9 截面草图

Step9. 创建图 43.4.10 所示的修剪 1（实体已隐藏）。在 曲面 ▾ 区域中单击“修剪”按钮 ，系统弹出 “修剪曲面”对话框；在系统 选择曲面、工作平面或草图作为切割工具 的提示下选取图 43.4.10 所示的面为切割工具；在系统 选择要删除的面 的提示下选取图 43.4.11 所示的面为要删除的面；单击 确定 按钮，完成曲面修剪 1 的创建。

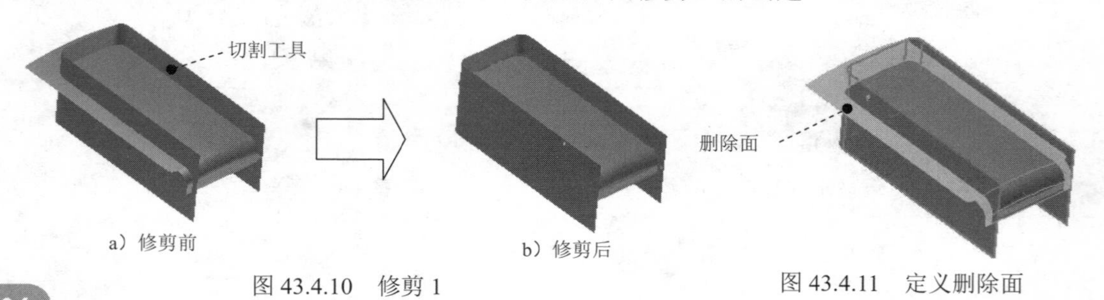

图 43.4.10 修剪 1　　图 43.4.11 定义删除面

Step10. 创建图 43.4.12 所示的修剪 2（实体已隐藏）。在 曲面▼ 区域中单击“修剪”按钮，系统弹出“修剪曲面”对话框；在系统 选择曲面、工作平面或草图作为切割工具 的提示下选取图 43.4.12 所示的面为切割工具；在系统 选择要删除的面 的提示下选取图 43.4.13 所示的面为要删除的面；单击 确定 按钮，完成曲面修剪 2 的创建。

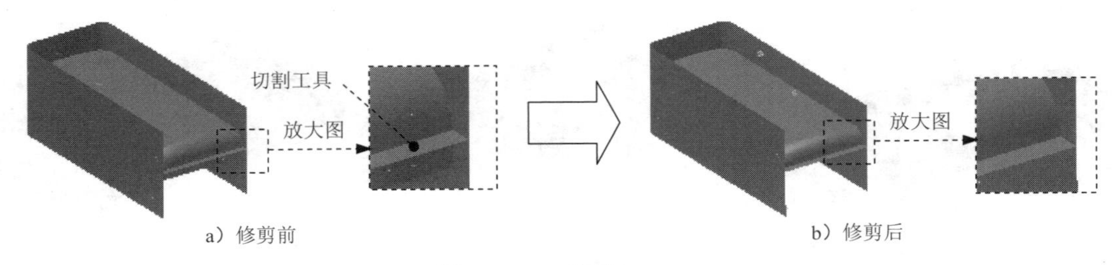

图 43.4.12　修剪 2

Step11. 创建 43.4.14 所示曲面的修剪 3，在 曲面▼ 区域中单击 按钮；选取图 43.4.15 所示的面作为修剪工具，再选取 43.4.15 所示面为要删除的面；单击 确定 按钮，完成修剪 3 的创建。

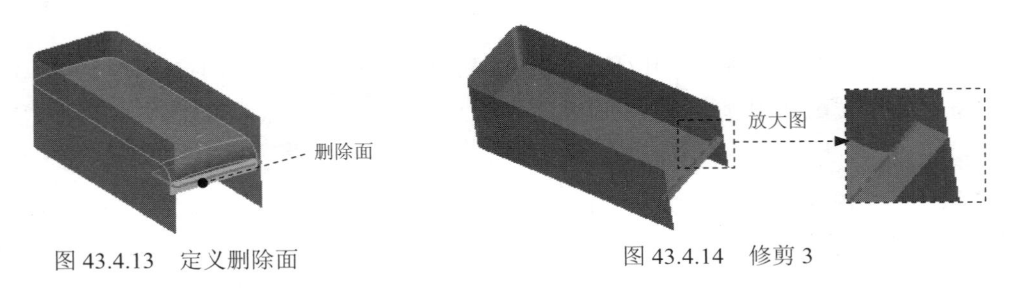

图 43.4.13　定义删除面　　图 43.4.14　修剪 3

Step12. 创建图 43.4.16 所示的缝合曲面 1（隐藏实体）。在 曲面▼ 区域中单击“缝合”按钮，系统弹出“缝合”对话框；在系统 选择要缝合的实体 的提示下选取图 43.4.16 所示的面作为缝合对象；在该对话框中单击 应用 按钮，单击 完毕 按钮，完成缝合曲面的创建。

Step13. 创建 43.4.17 所示曲面的修剪 4，在 曲面▼ 区域中单击 按钮；选取缝合曲面 1 作为修剪工具，再选取 43.4.18 所示面为要删除的面；单击 确定 按钮，完成修剪 4 的创建。

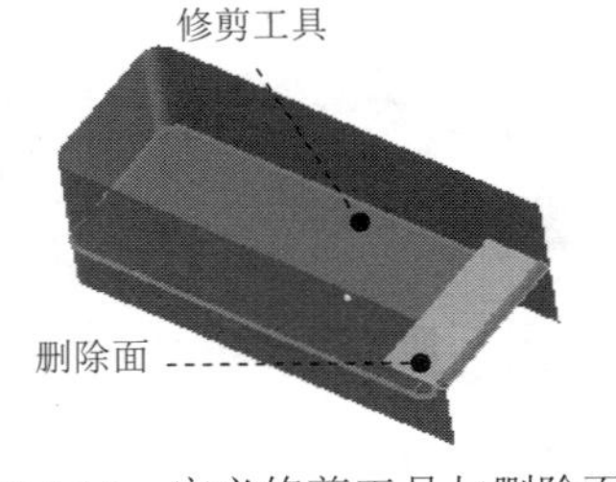

图 43.4.15　定义修剪工具与删除面

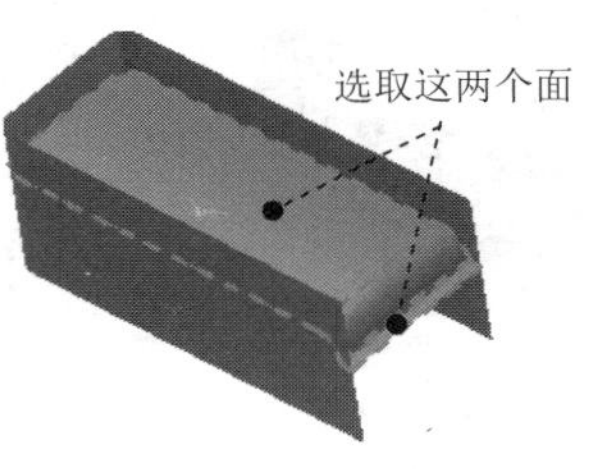

图 43.4.16　缝合曲面 1

Step14. 创建图 43.4.19 所示的缝合曲面 2（隐藏实体）。在 曲面 ▾ 区域中单击“缝合”按钮，系统弹出“缝合”对话框；在系统 选择要缝合的实体 的提示下选取缝合曲面 1 与拉伸曲面 1 作为缝合对象；在该对话框中单击 应用 按钮，单击 完毕 按钮，完成缝合曲面 2 的创建。

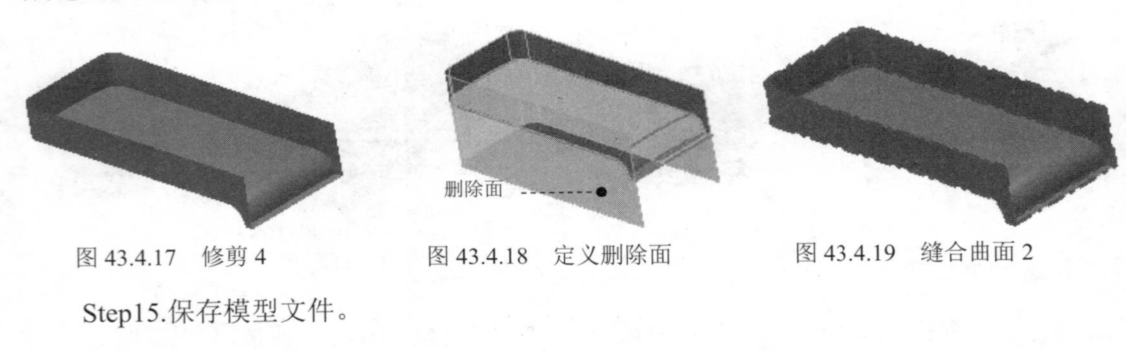

图 43.4.17　修剪 4　　图 43.4.18　定义删除面　　图 43.4.19　缝合曲面 2

Step15.保存模型文件。

43.5　三级主控件

下面讲解三级主控件（THIRD.ipt）的创建过程，零件模型及浏览器如图 43.5.1 所示。

Step1. 在装配体中建立三级主控件 THIRD。单击 装配 功能选项卡 零部件 区域中的“创建”按钮；此时系统弹出“创建在位零件”对话框，在 新零部件名称(N) 文本框中输入零件名称为 THIRD；采用系统默认的模板和新文件位置；单击 确定 按钮，在系统 为基础特征选择草图平面 的提示下选取“原点” 原点，此时系统进入编辑零部件环境。

Step2. 在装配体中打开三级主控件 THIRD。在浏览器中单击 THIRD:1 后右击，在快捷菜单中选择 打开(O) 命令。

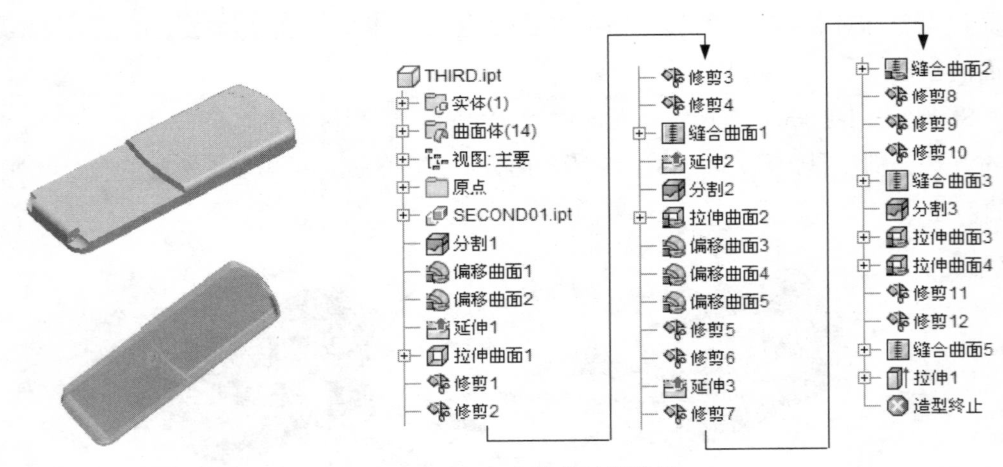

图 43.5.1　三级主控件及浏览器

Step3. 引入二级主控件 SECOND01。在 创建 ▾ 区域中单击 衍生 按钮，打开 SECOND01.ipt 文件，单 打开(O) 按钮，系统弹出图 43.5.2 所示的“衍生零件”对话框。

Step4.设置衍生参数。在“衍生零件”对话框中将 衍生样式(D): 设置为“将每个实体保留为单个实体”，并将实体与曲面 11 衍生到下一级中（见图 43.5.2），单击 确定 按钮。

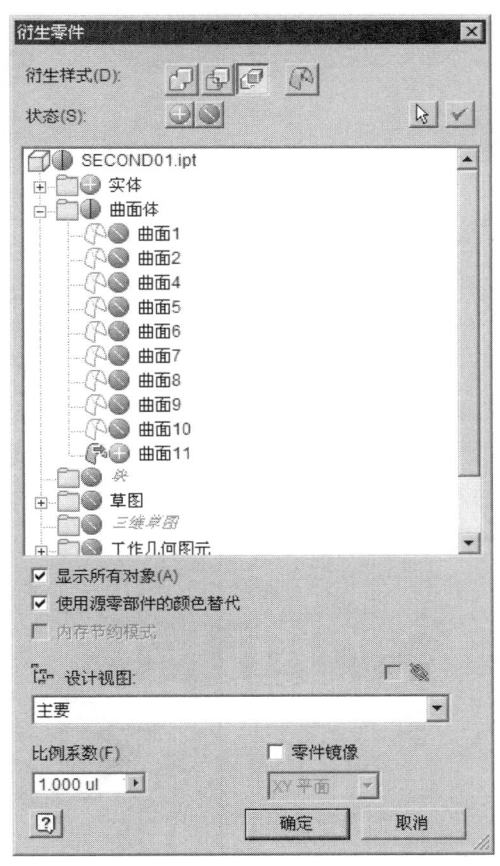

图 43.5.2　“衍生零件”对话框

Step5. 创建图 43.5.3 所示的分割 1。在 修改 ▾ 区域中单击 分割 按钮，系统弹出“分割”对话框；在“分割”对话框中将分割类型设置为“修剪实体”选项；在绘图区域选取图 43.5.3 所示面作为分割工具；在“分割”对话框中将删除方向设置为“方向 2”类型；单击 确定 按钮，完成分割 1 的创建。

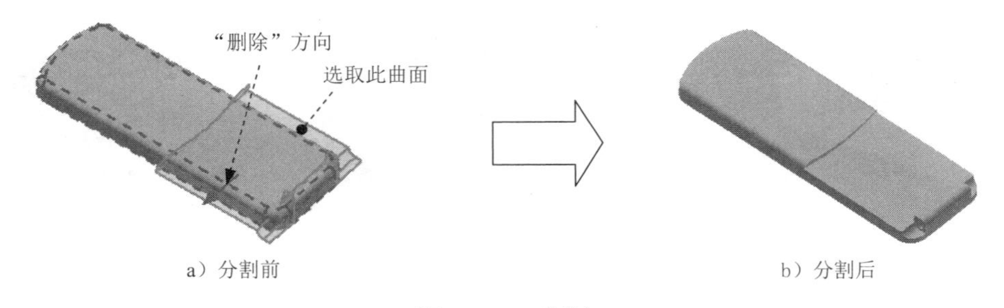

图 43.5.3　分割 1

Step6. 创建图 43.5.4 所示的偏移曲面 1（已隐藏实体）。在 修改 ▾ 区域中单击“加厚/偏移”按钮，系统弹出“加厚/偏移”对话框；选取图 43.5.5 所示的曲面为等距曲面；在“加厚/偏移”对话框 输出 区域中选择“曲面”；在“加厚/偏移”对话框 距离 文本框中输入数值 1.5，将偏移方向设置为“方向 2”类型（向模型内部）；单击 确定 按钮，完成偏移曲面 1 的创建。

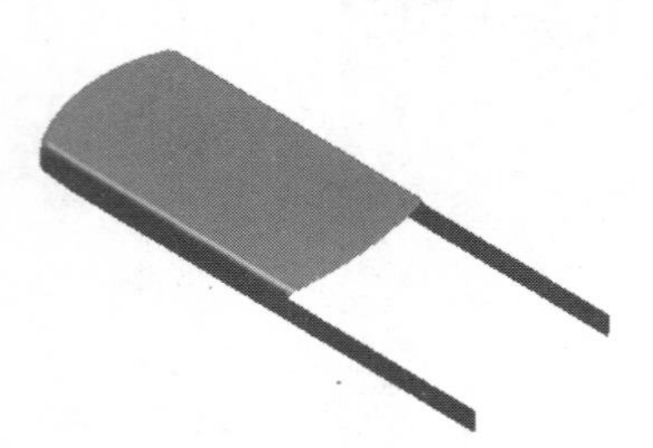
图 43.5.4　偏移曲面 1

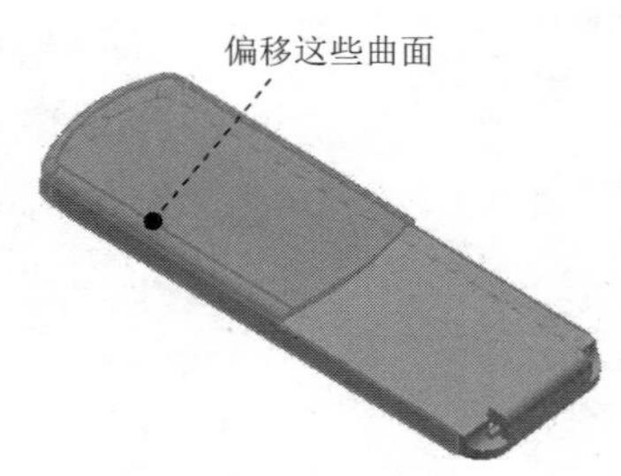

图 43.5.5　定义偏移曲面

Step7. 创建图 43.5.6 所示的偏移曲面 2（已隐藏实体）。在 修改 ▾ 区域中单击“加厚/偏移”按钮，系统弹出“加厚/偏移”对话框；选取图 43.5.7 所示的曲面为等距曲面；在“加厚/偏移”对话框 输出 区域中选择“曲面”；在“加厚/偏移”对话框 距离 文本框中输入数值 1.5，将偏移方向设置为“方向 2”类型（向模型内部）；单击 确定 按钮，完成偏移曲面 2 的创建。

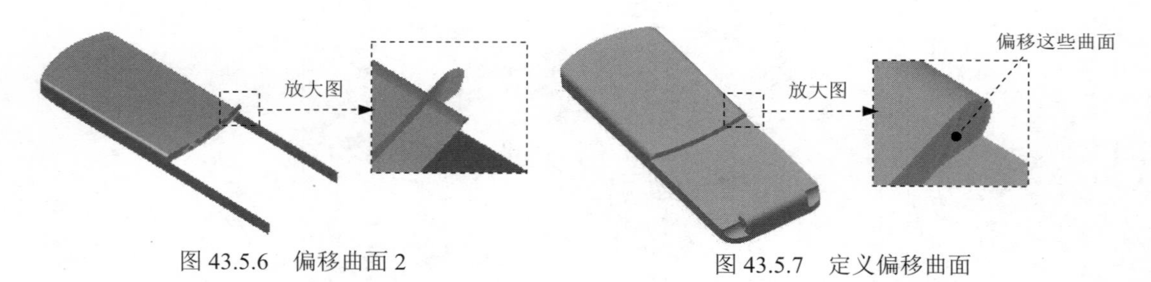

图 43.5.6　偏移曲面 2　　　图 43.5.7　定义偏移曲面

Step8. 创建图 43.5.8 所示的延伸曲面 1（已隐藏实体）。在 三维模型 选项卡中单击 曲面 ▾ 后的 ▾，选择 延伸 命令，系统系统“延伸曲面”对话框；在系统 选择要延伸的边界边 的提示下选取图 43.5.9 所示的延伸边线；在“延伸曲面”对话框的 范围 区域的下拉列表中选择 距离 选项,输入距离值 10.0；在该对话框中单击 确定 按钮，完成延伸曲面 1 的创建。

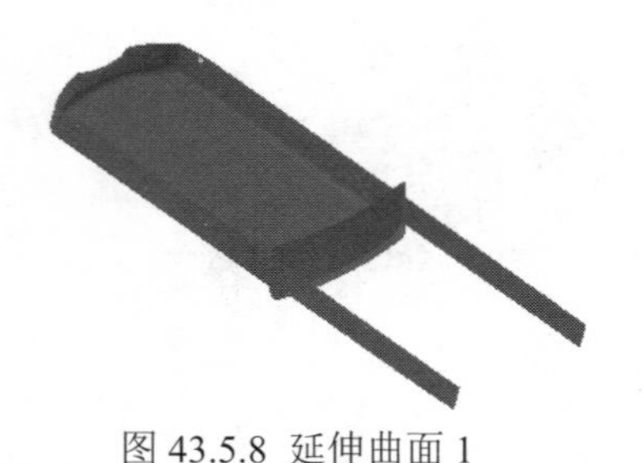
图 43.5.8 延伸曲面 1

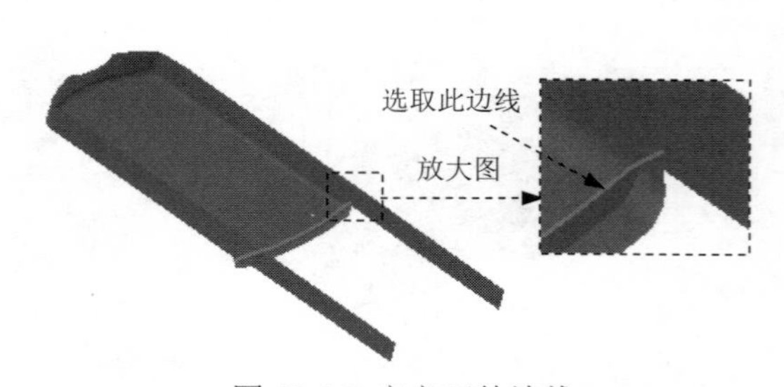

图 43.5.9 定义延伸边线

Step9. 创建图 43.5.10 所示的拉伸曲面 1（已隐藏实体）。在 创建 ▼ 区域中单击 按钮，系统弹出“创建拉伸”对话框；单击“创建拉伸”对话框中的 创建二维草图 按钮，选取 YZ 平面做为草图平面，进入草绘环境，绘制图 43.5.11 所示的截面草图；单击 草图 选项卡 返回到三维 区域中的 按钮，在“拉伸”对话框 输出 区域中将输出类型设置为“曲面” ；在 范围 区域的的下拉列表中选择 距离 选项，输入距离值 50.0,并将拉伸类型设置为“对称”类型 ；单击“拉伸”对话框中的 确定 按钮，完成拉伸曲面 1 的创建。

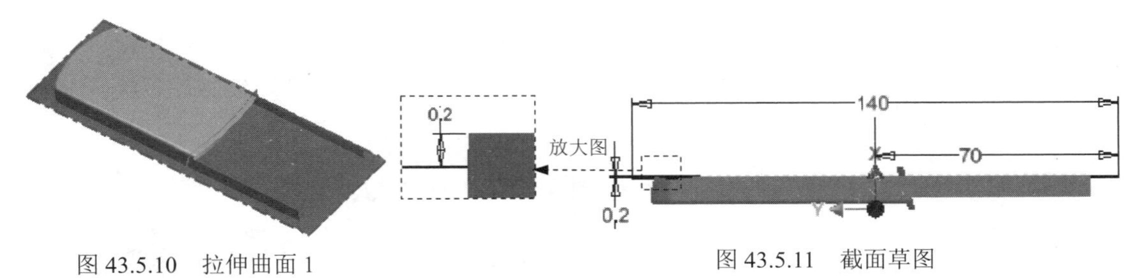

图 43.5.10　拉伸曲面 1　　　图 43.5.11　截面草图

Step10. 创建图 43.5.12 所示的修剪 1（已隐藏实体）。在 曲面 ▼ 区域中单击“修剪”按钮 ，系统弹出“修剪曲面”对话框；在系统 选择曲面、工作平面或草图作为切割工具 的提示下选取图 43.5.12 所示的面(偏移曲面 2)为切割工具；在系统 选择要删除的面 的提示下选取图 43.5.13 所示的面为要删除的面；单击 确定 按钮，完成曲面修剪 1 的创建。

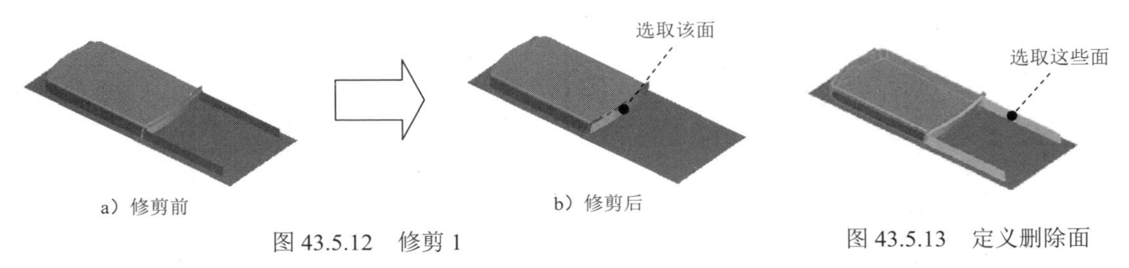

图 43.5.12　修剪 1　　　图 43.5.13　定义删除面

Step11. 创建图 43.5.14 所示的修剪 2（已隐藏实体）。在 曲面 ▼ 区域中单击“修剪”按钮 ，系统弹出“修剪曲面”对话框；在系统 选择曲面、工作平面或草图作为切割工具 的提示下选取图 43.5.14 所示的面(拉伸曲面 1)为切割工具；在系统 选择要删除的面 的提示下选取图 43.5.15 所示的面为要删除的面；单击 确定 按钮，完成曲面修剪 2 的创建。

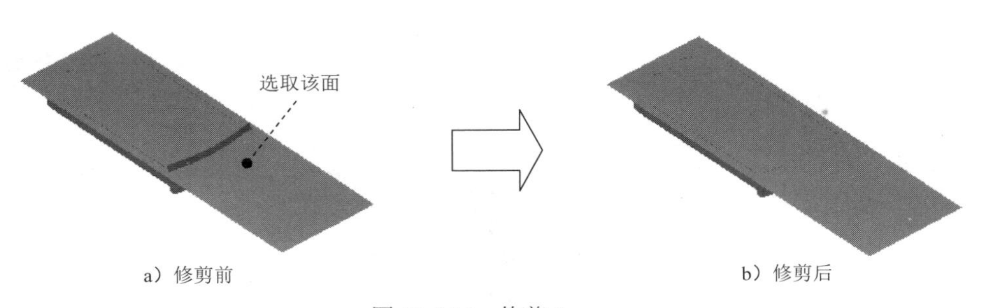

图 43.5.14　修剪 2

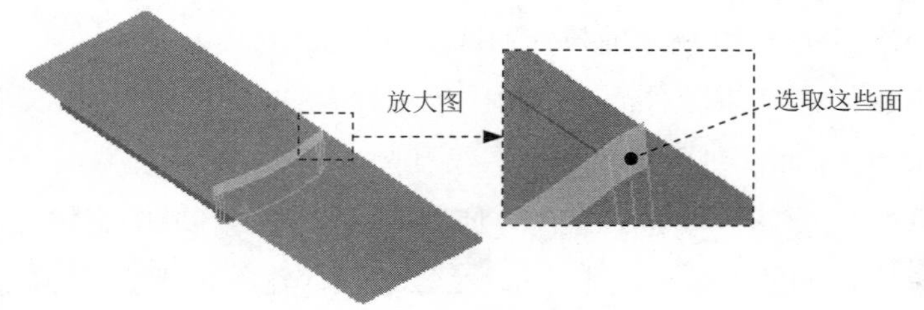

图 43.5.15　定义删除面

Step12. 创建 43.5.16 所示曲面的修剪 3。在 曲面 ▼ 区域中单击 按钮；选取拉伸曲面 1 作为修剪工具，再选取 43.5.17 所示面为要删除的面；单击 确定 按钮，完成修剪 3 的创建。

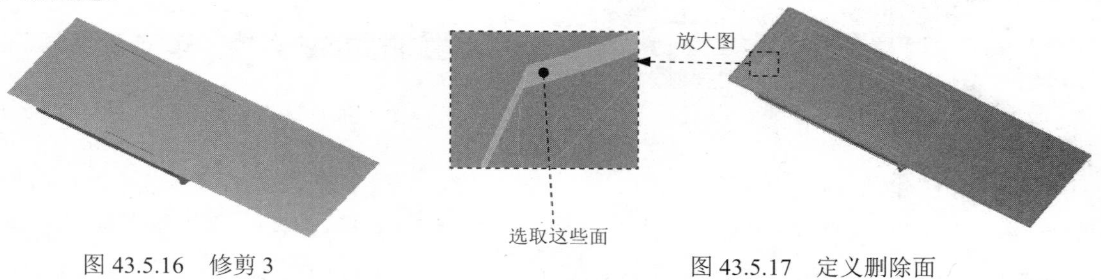

图 43.5.16　修剪 3　　　图 43.5.17　定义删除面

Step13. 创建 43.5.18 所示曲面的修剪 4。在 曲面 ▼ 区域中单击 按钮；选取图 43.5.18 所示的面作为修剪工具，再选取 43.5.19 所示面为要删除的面；单击 确定 按钮，完成修剪 4 的创建。

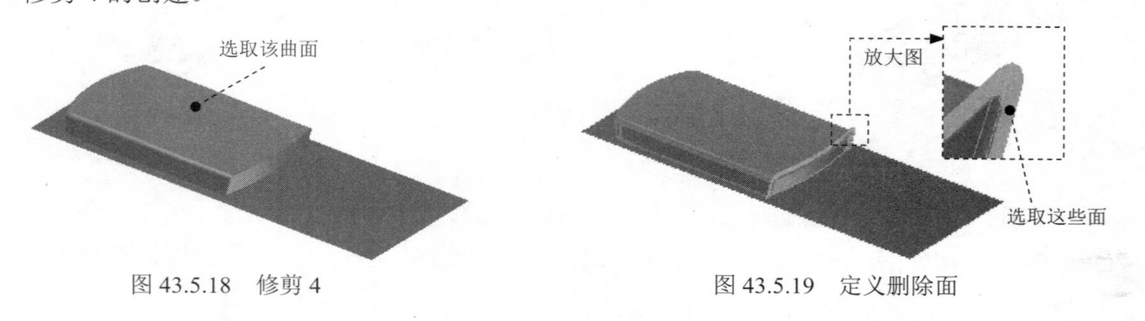

图 43.5.18　修剪 4　　　图 43.5.19　定义删除面

Step14. 创建图 43.5.20 所示的缝合曲面 1（已隐藏实体）。在 曲面 ▼ 区域中单击“缝合”按钮 ，系统弹出“缝合”对话框；在系统 选择要缝合的实体 的提示下选取图 43.5.20 所示的面 1 与面 2 作为缝合对象；在该对话框中单击 应用 按钮，单击 完毕 按钮，完成缝合曲面 1 的创建。

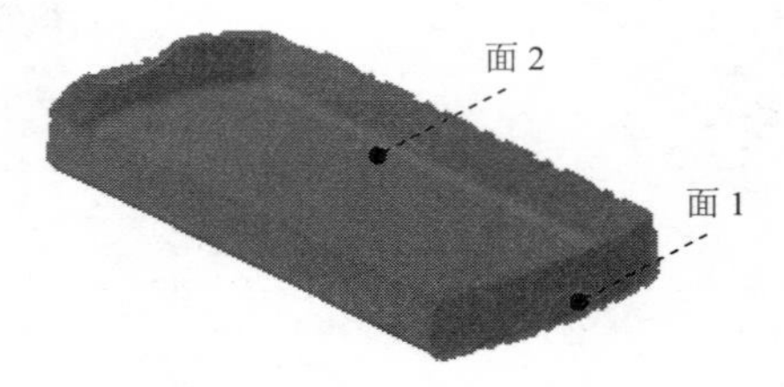

图 43.5.20　缝合曲面 1

Step15. 创建图 43.5.21 所示的延伸曲面 2（已隐藏实体）。在 三维模型 选项卡中单击 曲面 ▾ 后的 ▾，选择 延伸 命令，系统弹出“延伸曲面”对话框；在系统 选择要延伸的边界边 的提示下选取图 43.5.22 所示的延伸边线；在“延伸曲面”对话框的 范围 区域的下拉列表中选择 距离 选项，输入距离值 3.0；在该对话框中单击 确定 按钮，完成延伸曲面 2 的创建。

图 43.5.21 延伸曲面 2

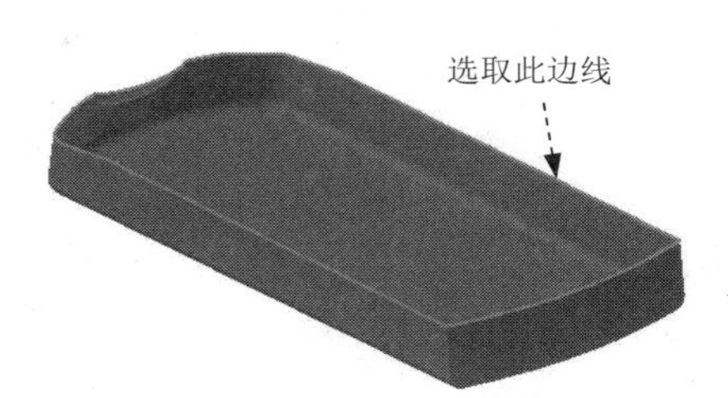

图 43.5.22 定义延伸边线

Step16. 创建图 43.5.23 所示的分割 2。在 修改 ▾ 区域中单击 分割 按钮，系统弹出“分割”对话框；在“分割”对话框中将分割类型设置为“修剪实体”选项；在绘图区域选取缝合曲面 1 作为分割工具；在“分割”对话框中将删除方向设置为“方向 2”类型（见图 43.5.23）；单击 确定 按钮，完成分割 2 的创建。

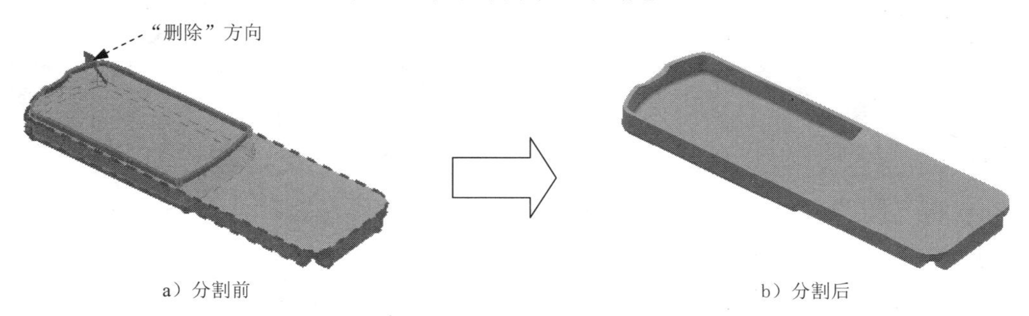

a）分割前　　b）分割后

图 43.5.23 分割 2

Step17. 创建图 43.5.24 所示的拉伸曲面 2。在 创建 ▾ 区域中单击 按钮，系统弹出“创建拉伸”对话框；单击“创建拉伸”对话框中的 创建二维草图 按钮，选取 YZ 平面做为草图平面，进入草绘环境，绘制图 43.5.25 所示的截面草图；单击 草图 选项卡 返回到三维 区域中的 按钮，在“拉伸”对话框 输出 区域中将输出类型设置为“曲面”；在 范围 区域的的下拉列表中选择 距离 选项，输入距离值 60.0，并将拉伸类型设置为“对称”类型；单击“拉伸”对话框中的 确定 按钮，完成拉伸曲面 2 的创建。

Step18. 创建图 43.5.26 所示的偏移曲面 3（已隐藏实体）。在 修改 ▾ 区域中单击“加厚/偏移”按钮，系统弹出“加厚/偏移”对话框；选取图 43.5.27 所示的曲面（共 5 个面）为等距曲面；在“加厚/偏移”对话框 输出 区域中选择“曲面”；在“加厚/偏移”对话框 距离 文本框中输入数值 1.5，将偏移方向设置为“方向 2”类型（向模型内部）；单击 确定 按钮，完成偏移曲面 3 的创建。

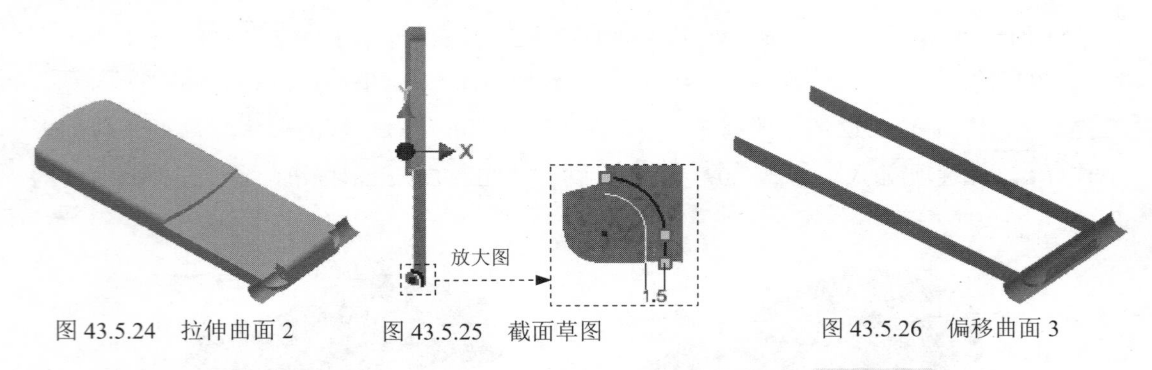

图 43.5.24　拉伸曲面 2　　图 43.5.25　截面草图　　图 43.5.26　偏移曲面 3

Step19. 创建图 43.5.28 所示的偏移曲面 4（已隐藏实体）。在 修改 ▾ 区域中单击"加厚/偏移"按钮，系统弹出"加厚/偏移"对话框；选取图 43.5.29 所示的曲面为等距曲面；在"加厚/偏移"对话框 输出 区域中选择"曲面"；在"加厚/偏移"对话框 距离 文本框中输入数值 1.5，将偏移方向设置为"方向 2"类型（向模型内部）；单击 确定 按钮，完成偏移曲面 4 的创建。

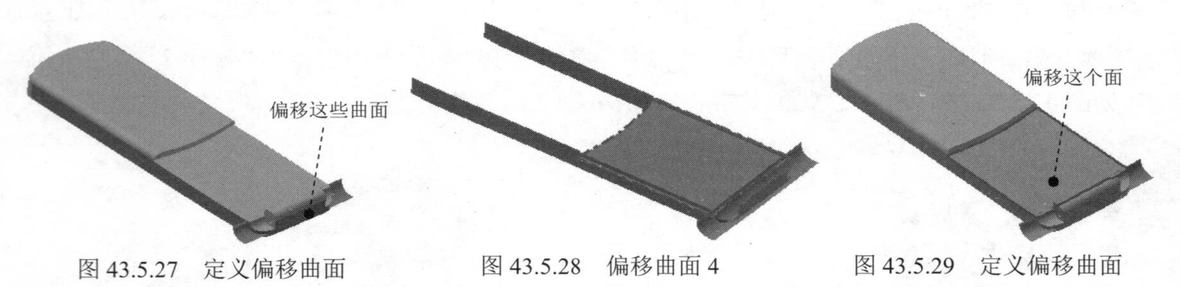

图 43.5.27　定义偏移曲面　　图 43.5.28　偏移曲面 4　　图 43.5.29　定义偏移曲面

Step20. 创建图 43.5.30 所示的偏移曲面 5（已隐藏实体）。在 修改 ▾ 区域中单击"加厚/偏移"按钮，系统弹出"加厚/偏移"对话框；选取图 43.5.31 所示的曲面为等距曲面；在"加厚/偏移"对话框 输出 区域中选择"曲面"；在"加厚/偏移"对话框 距离 文本框中输入数值 0；单击 确定 按钮，完成偏移曲面的创建。

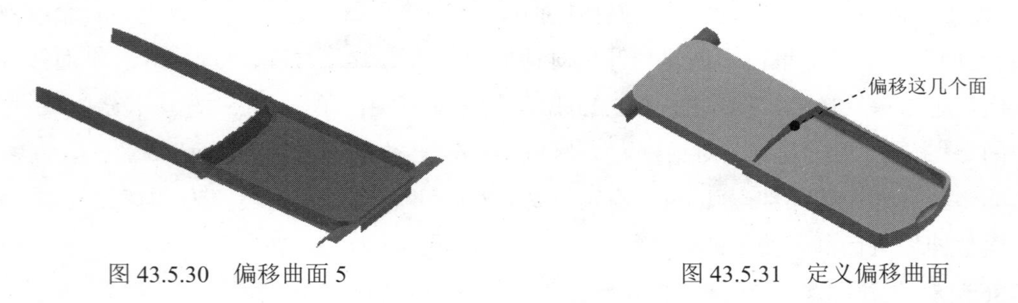

图 43.5.30　偏移曲面 5　　图 43.5.31　定义偏移曲面

Step21. 创建图 43.5.32 所示曲面的修剪 5。在 曲面 ▾ 区域中单击按钮；选取图 43.5.32 所示的面作为修剪工具，再选取 43.5.33 所示面为要删除的面；单击 确定 按钮，完成修剪 5 的创建。

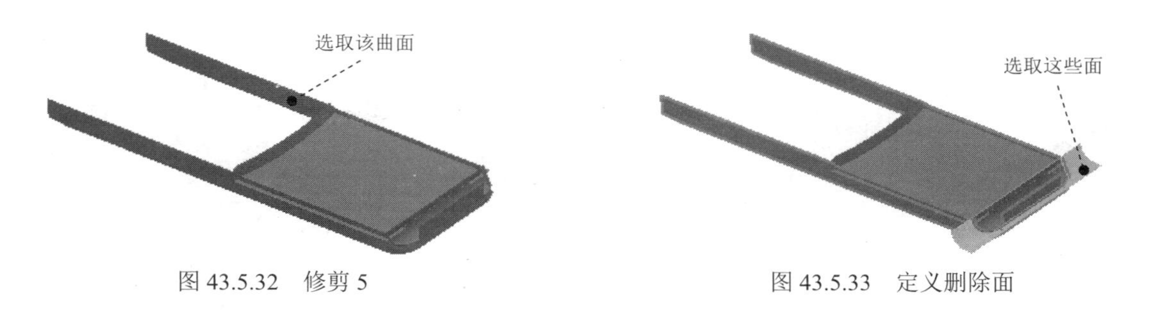

图 43.5.32　修剪 5　　　　图 43.5.33　定义删除面

Step22. 创建 43.5.34 所示曲面的修剪 6。在 曲面 ▾ 区域中单击 按钮；选取图 43.5.34 所示的面作为修剪工具，再选取 43.5.35 所示面为要删除的面；单击 确定 按钮，完成修剪 6 的创建。

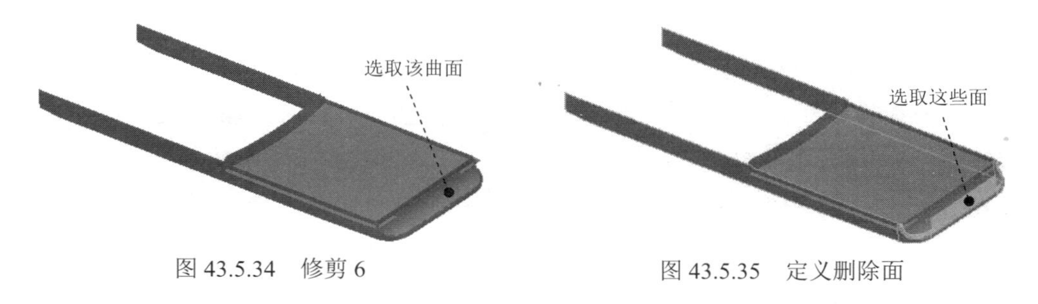

图 43.5.34　修剪 6　　　　图 43.5.35　定义删除面

Step23. 创建图 43.5.36 所示的延伸曲面 3（已隐藏实体）。在 三维模型 选项卡中单击 曲面 ▾ 后的 ▾，选择 延伸 命令，系统弹出“延伸曲面”对话框；在系统 选择要延伸的边界边 的提示下选取图 43.5.37 所示的延伸边线；在“延伸曲面”对话框的 范围 区域的下拉列表中选择 到 选项,选取图 43.5.38 所示的面作为延伸终止面；在该对话框中单击 确定 按钮，完成延伸曲面 3 的创建。

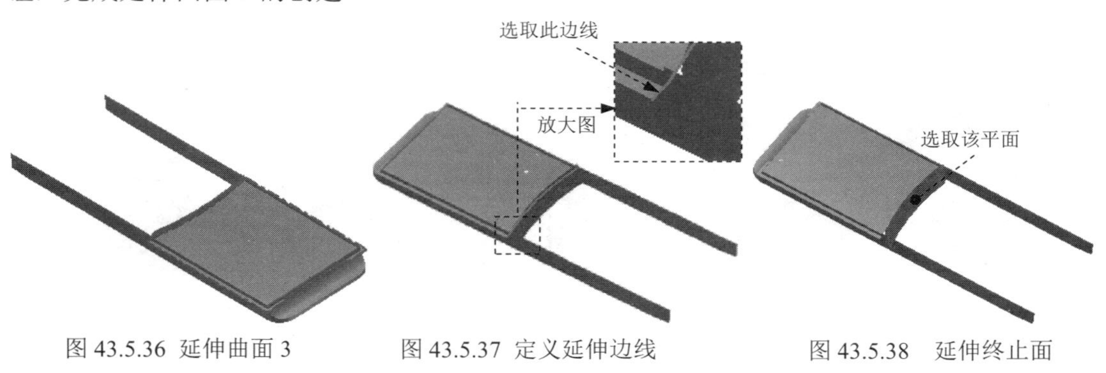

图 43.5.36 延伸曲面 3　　　　图 43.5.37 定义延伸边线　　　　图 43.5.38　延伸终止面

Step24. 创建 43.5.39 所示曲面的修剪 7。在 曲面 ▾ 区域中单击 按钮；选取图 43.5.39 所示的面作为修剪工具，再选取 43.5.40 所示面为要删除的面；单击 确定 按钮，完成修剪 7 的创建。

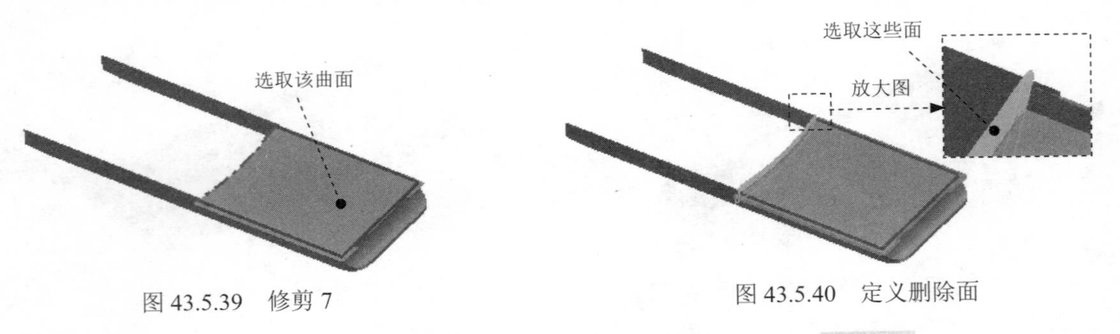

图 43.5.39　修剪 7

图 43.5.40　定义删除面

Step25. 创建图 43.5.41 所示的缝合曲面 2（已隐藏实体）。在 曲面 ▾ 区域中单击“缝合”按钮，系统弹出“缝合”对话框；在系统 选择要缝合的实体 的提示下选取图 43.5.41 所示的面 1 与面 2 作为缝合对象；在该对话框中单击 应用 按钮，单击 完毕 按钮，完成缝合曲面 2 的创建。

Step26. 创建 43.5.42 所示曲面的修剪 8。在 曲面 ▾ 区域中单击按钮；选取缝合曲面 2 作为修剪工具，再选取 43.5.43 所示面作为要删除的面；单击 确定 按钮，完成修剪 8 的创建。

Step27. 创建 43.5.44 所示曲面的修剪 9。在 曲面 ▾ 区域中单击按钮；选取图 43.5.44 所示的面作为修剪工具，再选取图 43.5.45 所示面作为要删除的面；单击 确定 按钮，完成修剪 9 的创建。

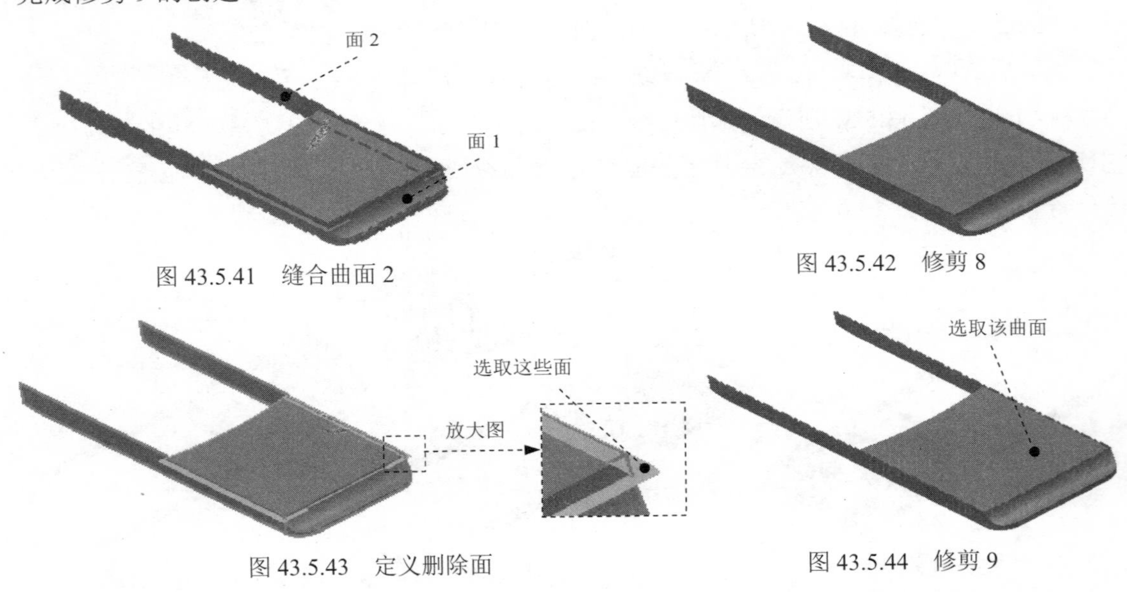

图 43.5.41　缝合曲面 2

图 43.5.42　修剪 8

图 43.5.43　定义删除面

图 43.5.44　修剪 9

Step28. 创建 43.5.46 所示曲面的修剪 10。在 曲面 ▾ 区域中单击按钮；选取图 43.5.46 所示的面作为修剪工具，再选取 43.5.47 所示面为要删除的面；单击 确定 按钮，完成修剪 10 的创建。

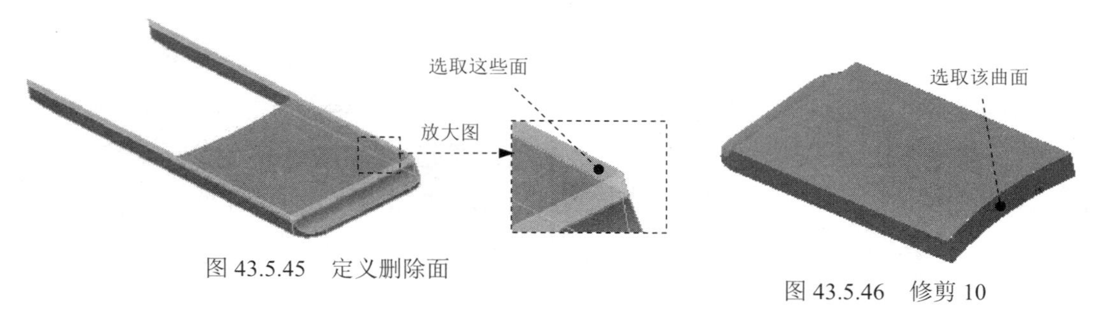

图 43.5.45　定义删除面

图 43.5.46　修剪 10

Step29. 创建图 43.5.48 所示的缝合曲面 3（已隐藏实体）。在 曲面 ▾ 区域中单击“缝合”按钮，系统弹出“缝合”对话框；在系统 选择要缝合的实体 的提示下选取图 43.5.48 所示的面 1、面 2 与面 3 作为缝合对象；在该对话框中单击 应用 按钮，单击 完毕 按钮，完成缝合曲面 3 的创建。

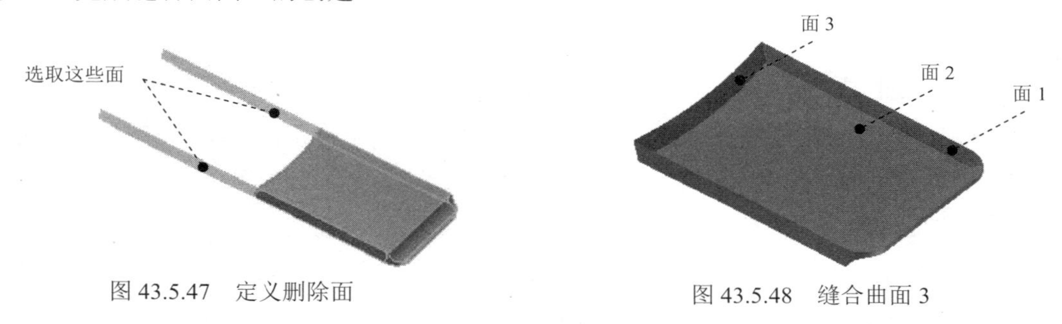

图 43.5.47　定义删除面

图 43.5.48　缝合曲面 3

Step30. 创建图 43.5.49 所示的分割 3。在 修改 ▾ 区域中单击 分割 按钮，系统弹出“分割”对话框；在“分割”对话框中将分割类型设置为“修剪实体” 选项；在绘图区域选取缝合曲面 3 作为分割工具；在“分割”对话框中将删除方向设置为“方向 2”类型 （见图 43.5.50）；单击 确定 按钮，完成分割 3 的创建。

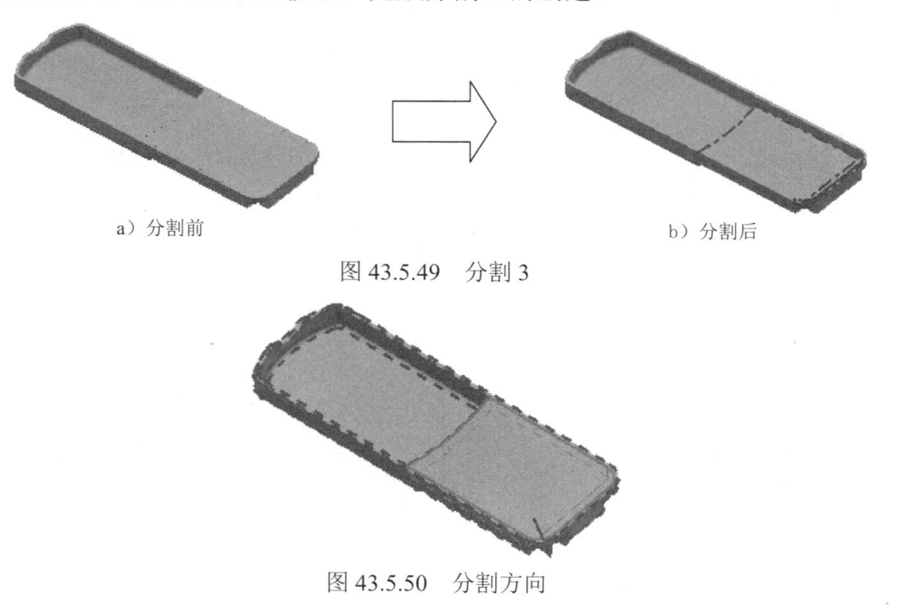

图 43.5.49　分割 3

图 43.5.50　分割方向

Step31. 创建图 43.5.51 所示的拉伸曲面 3（实体已隐藏）。在 创建 ▾ 区域中单击 按钮，系统弹出“创建拉伸”对话框；单击“创建拉伸”对话框中的 创建二维草图 按钮，选取 XZ 平面做为草图平面，进入草绘环境，绘制图 43.5.52 所示的截面草图；单击 草图 选项卡 返回到三维 区域中的 按钮，在“拉伸”对话框 输出 区域中将输出类型设置为“曲面” ；在 范围 区域的的下拉列表中选择 距离 选项，输入距离值 2.0，并将拉伸类型设置为“方向 1”类型 ；单击“拉伸”对话框中的 确定 按钮，完成拉伸曲面 3 的创建。

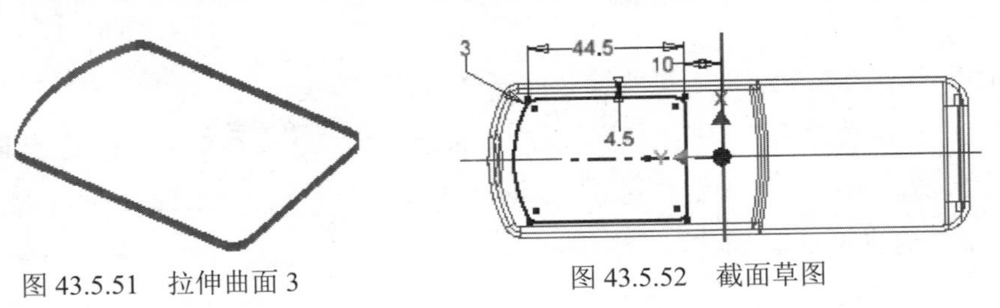

图 43.5.51 拉伸曲面 3　　图 43.5.52 截面草图

Step32. 创建图 43.5.53 所示的拉伸曲面 4（实体已隐藏）。在 创建 ▾ 区域中单击 按钮，系统弹出“创建拉伸”对话框；单击“创建拉伸”对话框中的 创建二维草图 按钮，选取 YZ 平面做为草图平面，进入草绘环境，绘制图 43.5.54 所示的截面草图；单击 草图 选项卡 返回到三维 区域中的 按钮，在“拉伸”对话框 输出 区域中将输出类型设置为“曲面” ；在 范围 区域的的下拉列表中选择 距离 选项，输入距离值 60.0，并将拉伸类型设置为“对称”类型 ；单击“拉伸”对话框中的 确定 按钮，完成拉伸曲面 4 的创建。

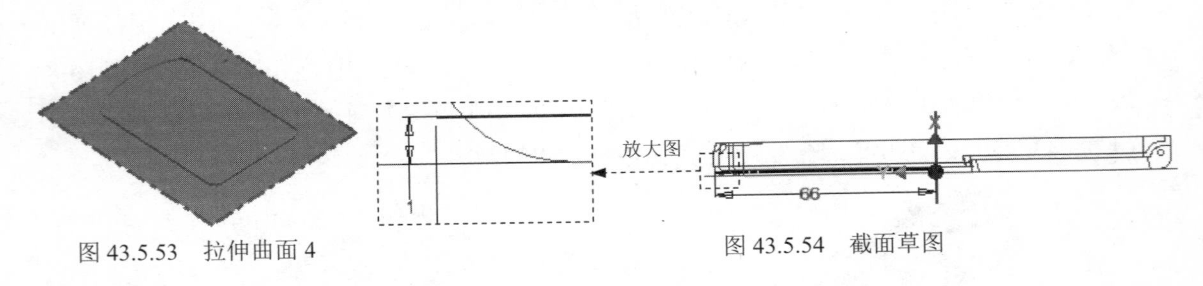

图 43.5.53 拉伸曲面 4　　图 43.5.54 截面草图

Step33. 创建图 43.5.55 所示曲面的修剪 11，在 曲面 ▾ 区域中单击 按钮；选取图 43.5.55 所示的面作为修剪工具，再选取 43.5.56 所示面作为要删除的面；单击 确定 按钮，完成修剪 11 的创建。

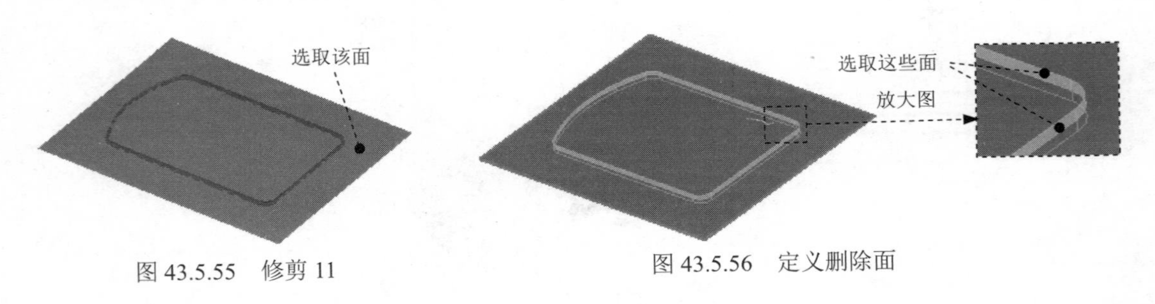

图 43.5.55 修剪 11　　图 43.5.56 定义删除面

Step34. 创建 43.5.57 所示曲面的修剪 12，在 曲面 ▾ 区域中单击 按钮；选取图 43.5.57 所示的面作为修剪工具，再选取 43.5.58 所示面作为要删除的面；单击 确定 按钮，完成修剪 12 的创建。

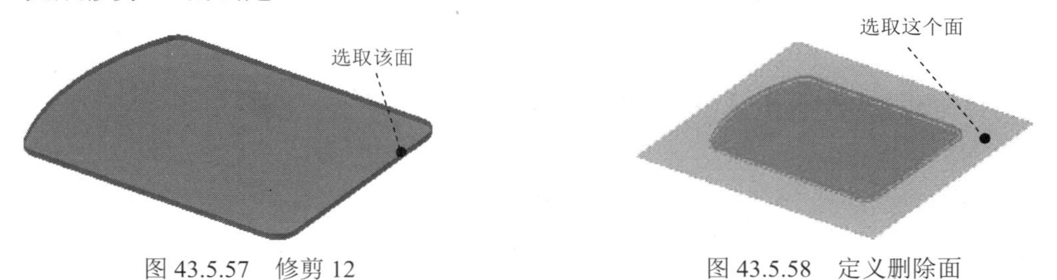

图 43.5.57 修剪 12　　　　图 43.5.58 定义删除面

Step35. 创建图 43.5.59 所示的缝合曲面 4（已隐藏实体）。在 曲面 ▾ 区域中单击“缝合”按钮 ，系统弹出“缝合”对话框；在系统 选择要缝合的实体 的提示下选取图 43.5.59 所示的面 1 与面 2 作为缝合对象；在该对话框中单击 应用 按钮，单击 完毕 按钮，完成缝合曲面 4 的创建。

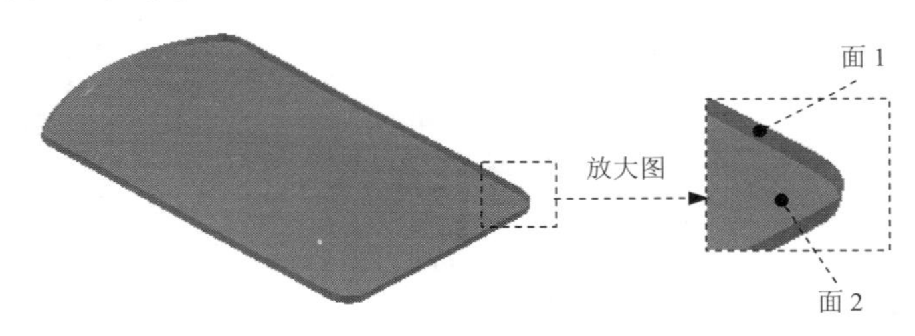

图 43.5.59 缝合曲面 4

Step36. 创建图 43.5.60 所示的拉伸特征 5。在 创建 ▾ 区域中单击 按钮，系统弹出“创建拉伸”对话框；单击“创建拉伸”对话框中的 创建二维草图 按钮，选取图 43.5.61 所示的模型表面作为草图平面，进入草绘环境，绘制图 43.5.62 所示的截面草图；单击 草图 选项卡 返回到三维 区域中的 按钮，在“拉伸”对话框 范围 区域中的下拉列表中选择 距离 选项，在“距离”下拉列表中输入数值 0.2,并将拉伸类型设置为“方向 1”类型 ；单击“拉伸”对话框中的 确定 按钮，完成拉伸特征 5 的创建。

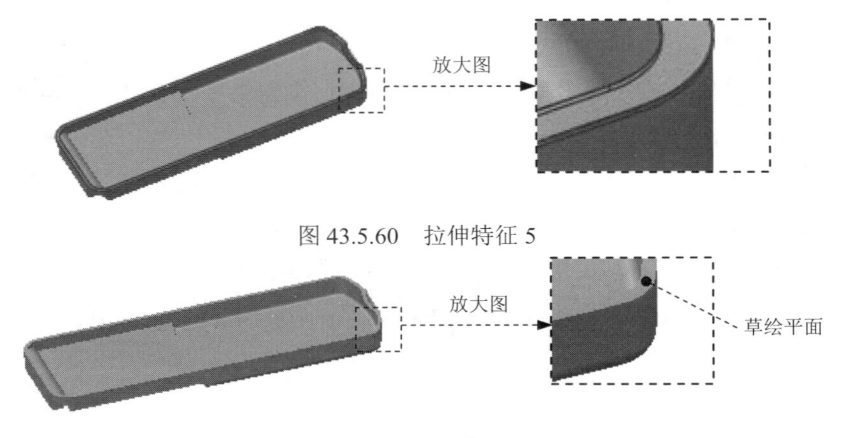

图 43.5.60 拉伸特征 5

图 43.5.61 草图平面

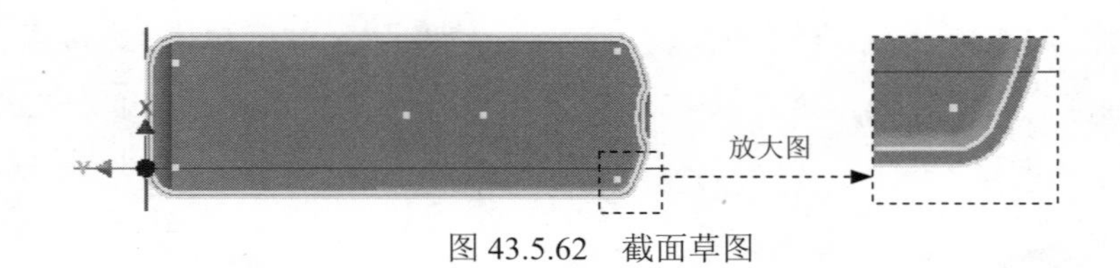

图 43.5.62 截面草图

Step37. 保存模型文件。

43.6 创建遥控器上盖

下面讲解遥控器上盖（TOP_COVER.ipt）的创建过程，零件模型及浏览器如图 43.6.1 所示。

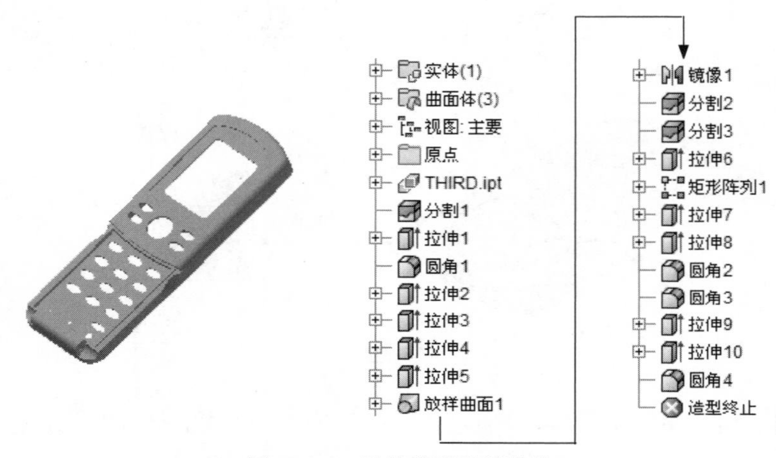

图 43.6.1 零件模型及浏览器

Step1. 在装配体中建立遥控器上盖 TOP_COVER。单击 装配 功能选项卡 零部件 区域中的“创建”按钮；此时系统弹出“创建在位零件”对话框，在 新零部件名称(N) 文本框中输入零件名称为 TOP_COVER；采用系统默认的模板和新文件位置；单击 确定 按钮，在系统 为基础特征选择草图平面 的提示下选取“原点” 原点，此时系统进入编辑零部件环境。

Step2. 在装配体中打开遥控器上盖 TOP_COVER。在浏览器中单击 TOP_COVER:1 后右击，在快捷菜单中选择 打开(O) 命令。

Step3. 引入三级主控件 THIRD。在 创建 ▾ 区域中单击 衍生 按钮，打开 THIRD.ipt 文件，单击 打开(O) 按钮，系统弹出“衍生零件”对话框。

Step4.设置衍生参数。在“衍生零件”对话框中将 衍生样式(D): 设置为“将每个实体保留为单个实体”，并将实体与曲面 15 衍生到下一级中（见图 43.6.2），单击 确定 按钮。

Step5. 创建图 43.6.3 所示的分割 1。在 修改 ▾ 区域中单击 分割 按钮，系统弹出“分割”对话框;在“分割”对话框中将分割类型设置为“修剪实体” 选项;在绘图区域选取曲面 15 作为分割工具;在“分割”对话框中将删除方向设置为“方向 2”类型 （见图 43.6.4）;单击 确定 按钮，完成分割 1 的创建。

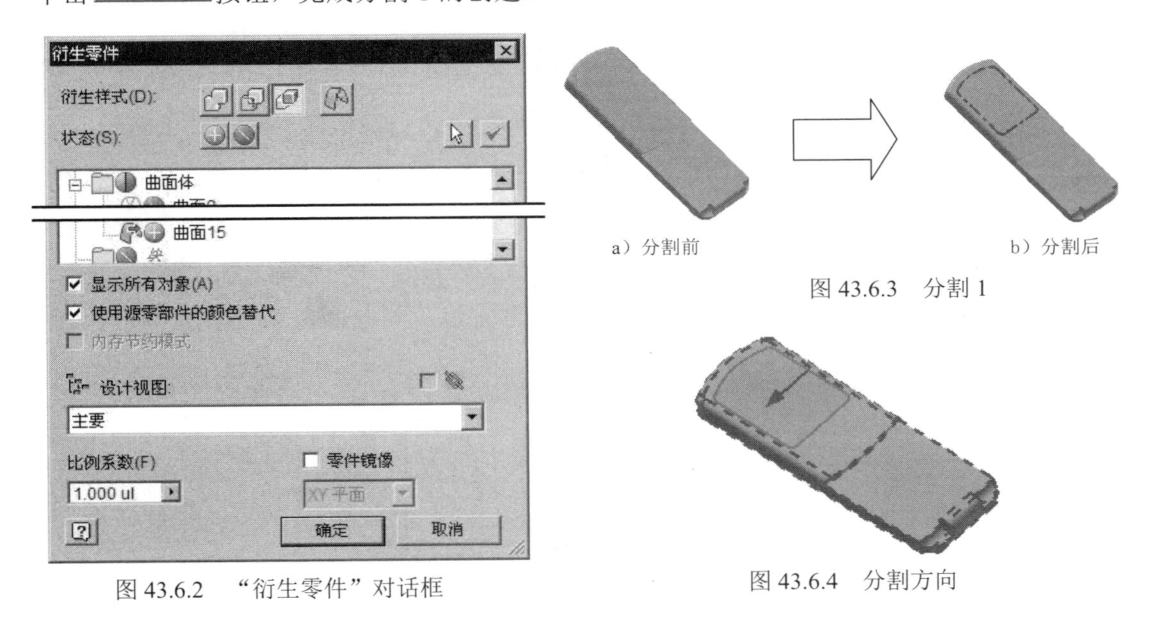

图 43.6.2 “衍生零件”对话框

图 43.6.3 分割 1

图 43.6.4 分割方向

Step6. 创建图 43.6.5 所示的拉伸特征 1。在 创建 ▾ 区域中单击 按钮，系统弹出“创建拉伸”对话框；单击“创建拉伸”对话框中的 创建二维草图 按钮，选取图 43.6.6 所示的模型表面作为草图平面，进入草绘环境，绘制图 43.6.7 所示的截面草图；单击 草图 选项卡 返回到三维 区域中的 按钮，然后将布尔运算设置为“求差”类型 ，在 范围 区域中的下拉列表中选择 贯通 选项，将拉伸方向设置为“方向 2”类型 ；单击“拉伸”对话框中的 确定 按钮，完成拉伸特征 1 的创建。

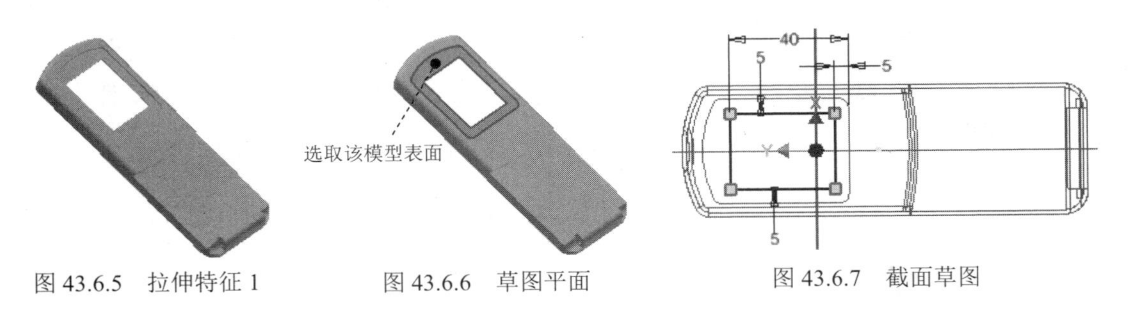

图 43.6.5 拉伸特征 1

图 43.6.6 草图平面

图 43.6.7 截面草图

Step7. 创建图 43.6.8 所示的倒圆特征 1。在 修改 ▾ 区域中单击 按钮；在系统的提示下，选取图 43.6.8a 所示的模型边线为倒圆的对象；在“倒圆角”小工具栏“半径 R”文本框中输入数值 2.0；单击“圆角”对话框中的 确定 按钮，完成倒圆特征 1 的创建。

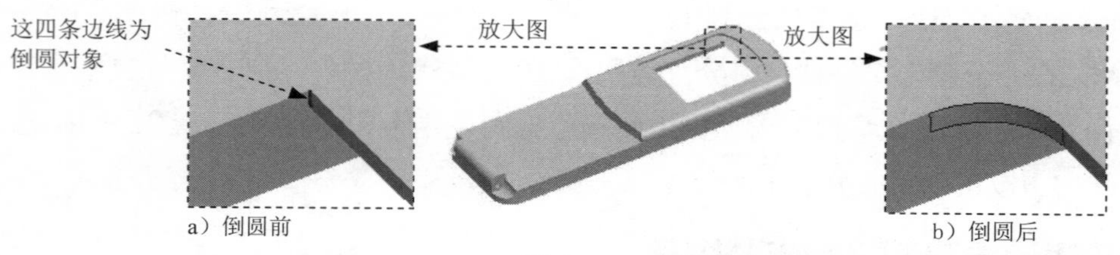

图 43.6.8 倒圆特征 1

Step8. 创建图 43.6.9 所示的拉伸特征 2。在 创建 ▾ 区域中单击 按钮，系统弹出“创建拉伸”对话框；单击“创建拉伸”对话框中的 创建二维草图 按钮，选取图 43.6.10 所示的模型表面作为草图平面，进入草绘环境，绘制图 43.6.11 所示的截面草图；单击 草图 选项卡 返回到三维 区域中的 按钮，然后将布尔运算设置为“求差”类型 ，在 范围 区域中的下拉列表中选择 贯通 选项，将拉伸方向设置为“方向 2” 类型 ；单击“拉伸”对话框中的 确定 按钮，完成拉伸特征 2 的创建。

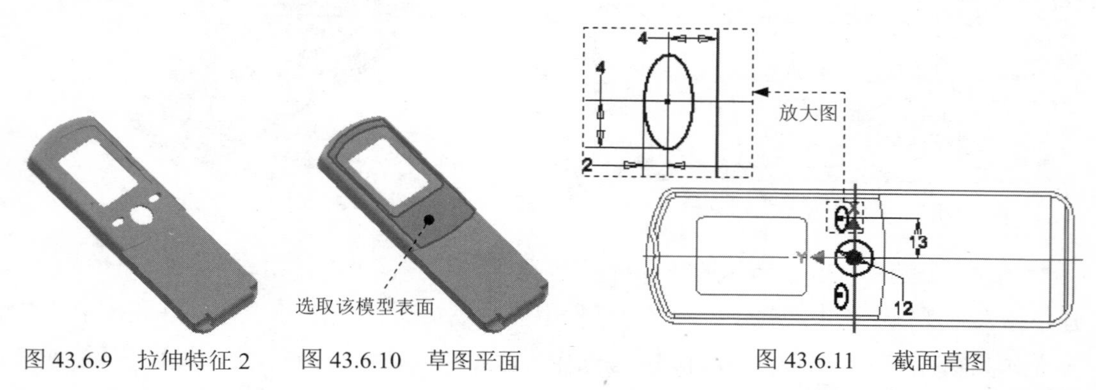

图 43.6.9 拉伸特征 2　　图 43.6.10 草图平面　　图 43.6.11 截面草图

Step9. 创建图 43.6.12 所示的拉伸特征 3。在 创建 ▾ 区域中单击 按钮，系统弹出“创建拉伸”对话框；单击“创建拉伸”对话框中的 创建二维草图 按钮，选取图 43.6.12 所示的模型表面作为草图平面，进入草绘环境，绘制图 43.6.13 所示的截面草图；单击 草图 选项卡 返回到三维 区域中的 按钮，然后将布尔运算设置为“求差”类型 ，在 范围 区域中的下拉列表中选择 贯通 选项，将拉伸方向设置为“方向 2”类型 ；单击“拉伸”对话框中的 确定 按钮，完成拉伸特征 3 的创建。

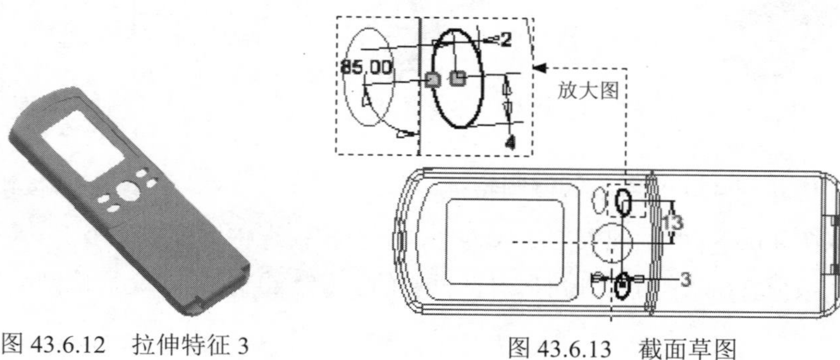

图 43.6.12 拉伸特征 3　　图 43.6.13 截面草图

Step10. 创建图 43.6.14 所示的拉伸特征 4。在 创建 ▾ 区域中单击 按钮，选取图 43.6.14 所示的模型表面作为草图平面，绘制图 43.6.15 所示的截面草图，在“拉伸”对话框将布尔运算设置为“求差”类型 ，然后在 范围 区域中的下拉列表中选择 距离 选项，在“距离”下拉列表中输入数值 1.0，将拉伸方向设置为“方向 2”类型 ；单击“拉伸”对话框中的 确定 按钮，完成拉伸特征 4 的创建。

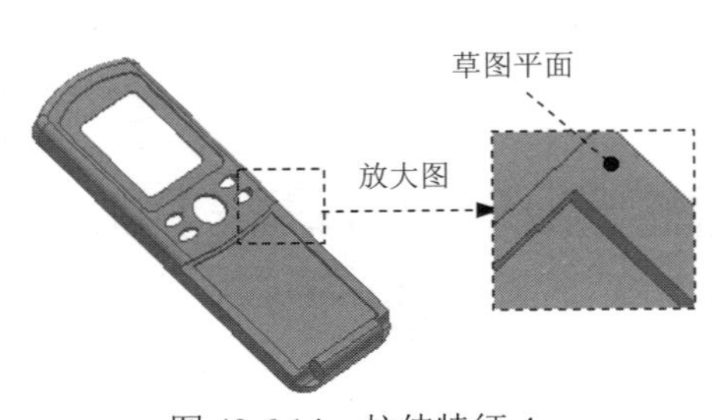

图 43.6.14 拉伸特征 4

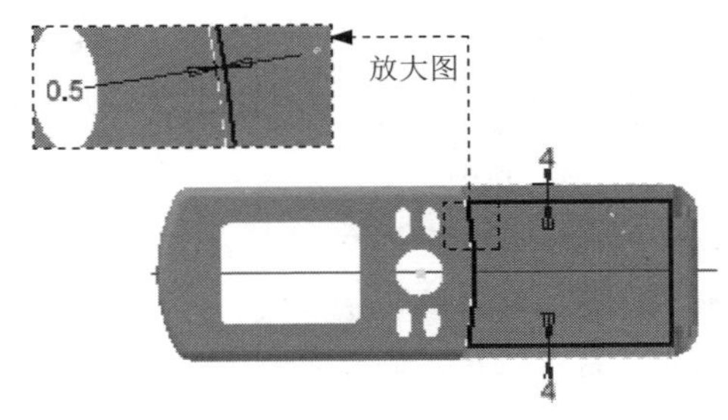

图 43.6.15 截面草图

Step11. 创建图 43.6.16 所示的拉伸特征 5。在 创建 ▾ 区域中单击 按钮，选取图 43.6.16 所示的模型表面作为草图平面，绘制图 43.6.17 所示的截面草图，在“拉伸”对话框将布尔运算设置为“求和”类型 ，然后在 范围 区域中的下拉列表中选择 距离 选项，在“距离”下拉列表中输入数值 1.0，将拉伸方向设置为“方向 1”类型 ；单击“拉伸”对话框中的 确定 按钮，完成拉伸特征 5 的创建。

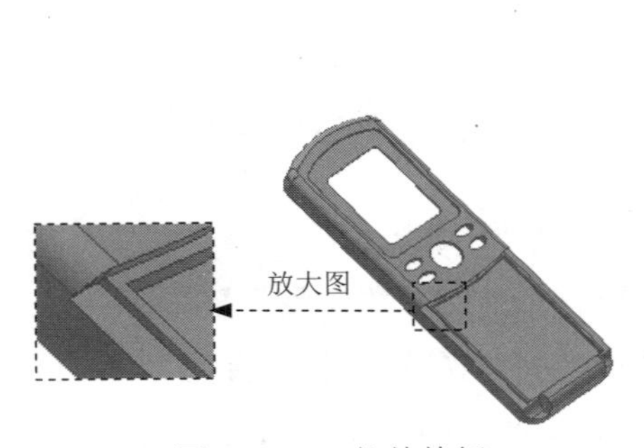

图 43.6.16 拉伸特征 5

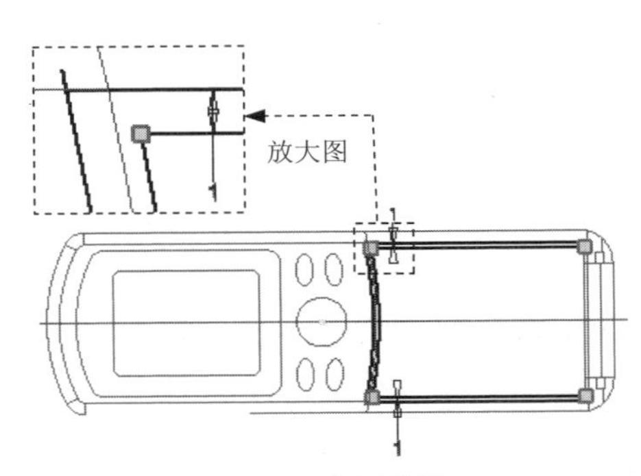

图 43.6.17 截面草图

Step12. 创建图 43.6.18 所示的草图 6。在 三维模型 选项卡 草图 区域单击 按钮，然后选择图 43.6.18 所示的模型表面作为草图平面，系统进入草绘环境；绘制图 43.6.19 所示的草图 6，单击 按钮，退出草绘环境。

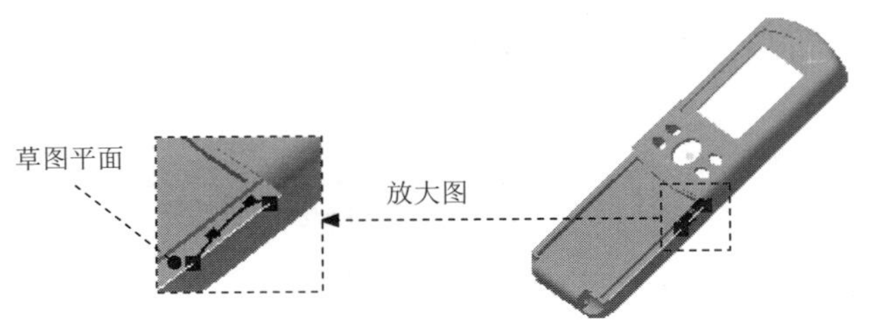

图 43.6.18 草图 6（建模环境）

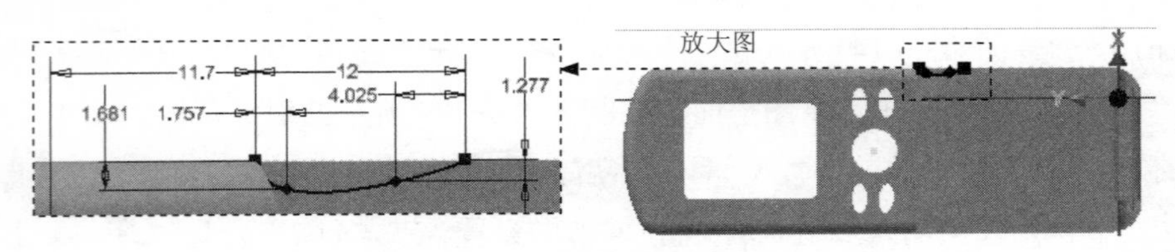

图 43.6.19　草图 6（草绘环境）

Step13. 创建图 43.6.20 所示的草图 7。在 三维模型 选项卡 草图 区域单击 按钮，然后选择图 43.6.20 所示的模型表面作为草图平面，系统进入草绘环境；绘制图 43.6.21 所示的草图 7，单击 按钮，退出草绘环境。

Step14. 创建图 43.6.22 所示的放样曲面 1。在 创建 ▼ 区域中单击 放样 按钮，系统弹出“放样”对话框；在“扫掠”对话框 输出 区域确认“曲面”按钮 被按下；在绘图区域选取图 43.6.23 所示的草图 6 与草图 7 为轮廓；单击 确定 按钮，完成放样曲面 1 的创建。

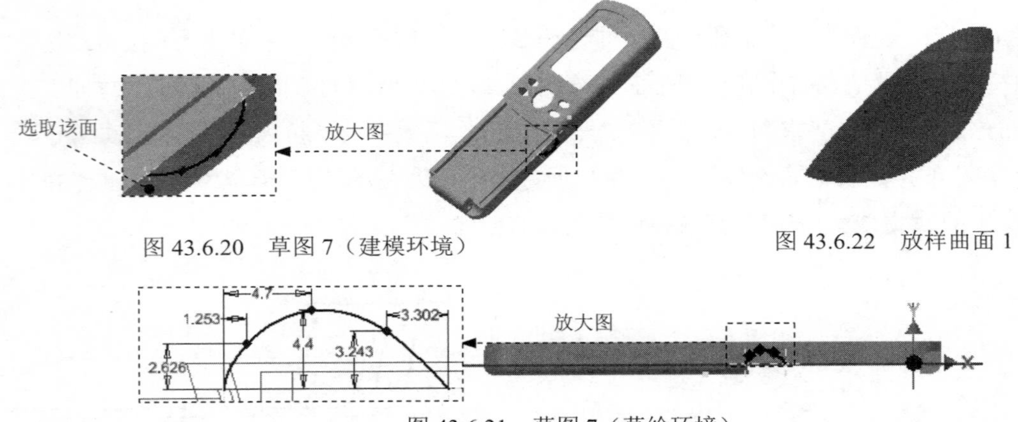

图 43.6.20　草图 7（建模环境）

图 43.6.22　放样曲面 1

图 43.6.21　草图 7（草绘环境）

Step15. 创建图 43.6.24 所示的镜像 1。在 阵列 区域中单击“镜像”按钮 ；在图形区中选取要镜像复制的放样曲面特征（或在浏览器中选择“放样曲面 1”特征）；单击“镜像”对话框中的 镜像平面 按钮，然后选取 YZ 平面作为镜像中心平面；单击“镜像”对话框中的 确定 按钮，完成镜像的操作。

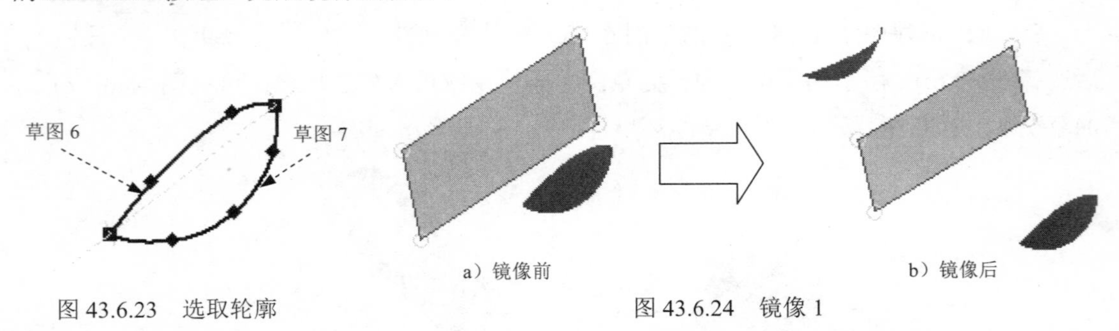

a）镜像前　　b）镜像后

图 43.6.23　选取轮廓

图 43.6.24　镜像 1

Step16. 创建图 43.6.25 所示的分割 2。在 修改 ▼ 区域中单击 分割 按钮，系统弹出

“分割”对话框；在“分割”对话框中将分割类型设置为“修剪实体”选项；在绘图区域选取放样曲面 1 作为分割工具；在“分割”对话框中将删除方向设置为“方向 1”类型（见图 43.6.26）；单击确定按钮，完成分割 2 的创建。

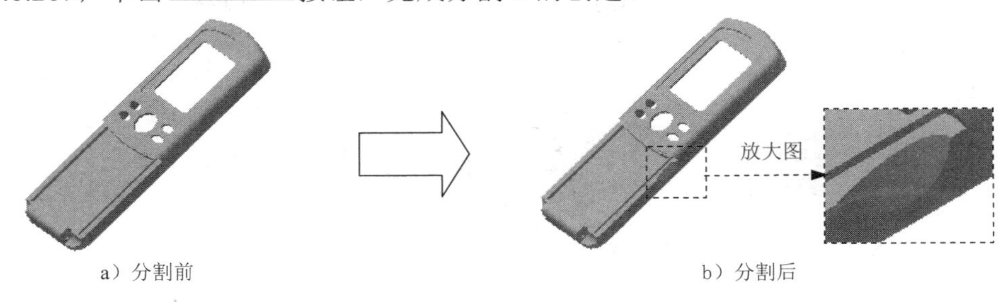

图 43.6.25　分割 2

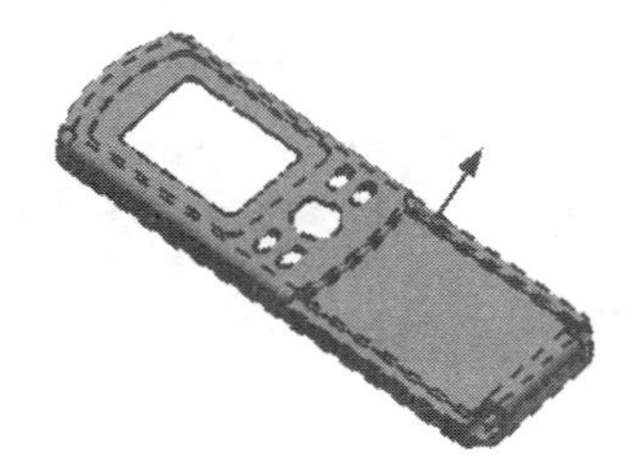

图 43.6.26　定义分割方向

Step17. 创建图 43.6.27 所示的分割 3。在修改▼区域中单击分割按钮，系统弹出“分割”对话框；在“分割”对话框中将分割类型设置为“修剪实体”选项；在绘图区域选取镜像 1 作为分割工具；在“分割”对话框中将删除方向设置为“方向 1”类型（见图 43.6.28）；单击确定按钮，完成分割 3 的创建。

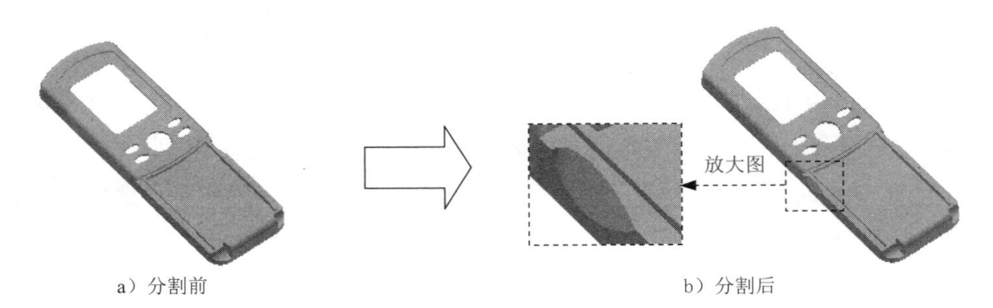

图 43.6.27　分割 3

Step18. 创建图 43.6.29 所示的拉伸特征 6。在创建▼区域中单击按钮，选取图 43.6.29 所示的模型表面作为草图平面，绘制图 43.6.30 所示的截面草图，在“拉伸”对话框将布尔运算设置为“求差”类型，然后在范围区域中的下拉列表中选择贯通选项，将拉伸方向设置为“方向 2”类型；单击“拉伸”对话框中的确定按钮，完成拉伸特征 6 的创建。

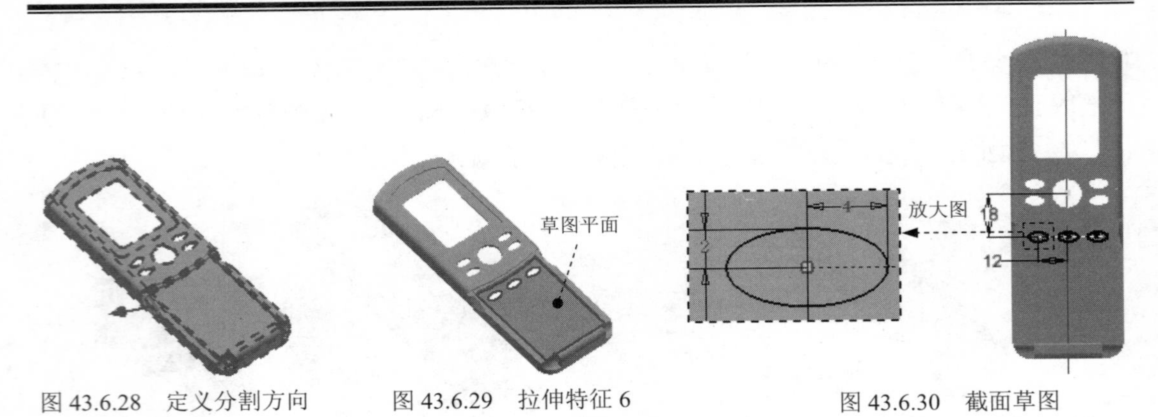

图 43.6.28　定义分割方向　　图 43.6.29　拉伸特征 6　　图 43.6.30　截面草图

Step19. 创建图 43.6.31 所示的矩形阵列 1。在 阵列 区域中单击 按钮，系统弹出“矩形阵列”对话框；在图形区中选取拉伸特征 6（或在浏览器中选择“拉伸 6”特征）；在“矩形阵列”对话框中单击 方向 1 区域中的 按钮，然后选取图 43.6.32 所示的边线 1 为方向 1 的参考边线，阵列方向可参考图 43.6.32，在 方向 1 区域的 文本框中输入数值 4；在 文本框中输入数值 9；单击 确定 按钮，完成矩形阵列 1 的创建。

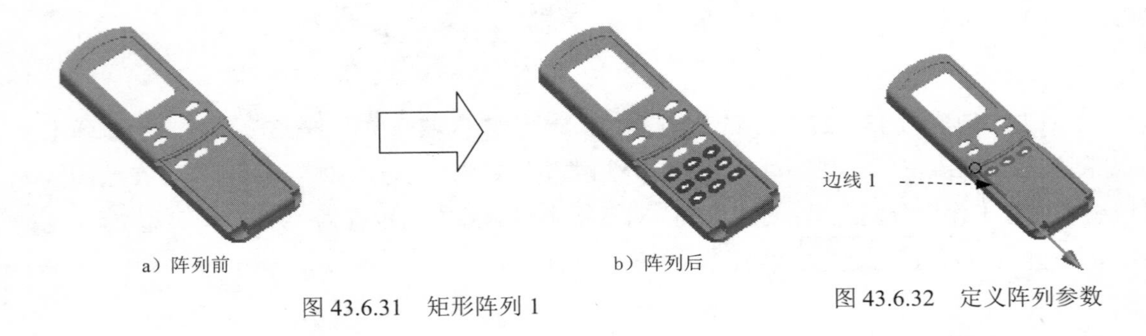

a）阵列前　　b）阵列后

图 43.6.31　矩形阵列 1　　图 43.6.32　定义阵列参数

Step20 创建图 43.6.33 所示的拉伸特征 7。在 创建 ▾ 区域中单击 按钮，选取图 43.6.33 所示的模型表面作为草图平面，绘制图 43.6.34 所示的截面草图，在“拉伸”对话框将布尔运算设置为“求差”类型 ，然后在 范围 区域中的下拉列表中选择 贯通 选项，再将拉伸方向设置为“方向 2”类型 ；单击“拉伸”对话框中的 确定 按钮，完成拉伸特征 7 的创建。

图 43.6.33　拉伸特征 7

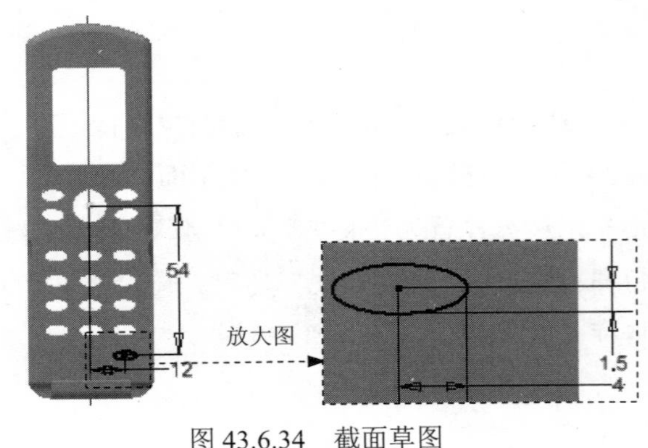

图 43.6.34　截面草图

Step21. 创建图 43.6.35 所示的拉伸特征 8。在 创建 ▼ 区域中单击 按钮，选取图 43.6.35 所示的模型表面作为草图平面，绘制图 43.6.36 所示的截面草图，在“拉伸”对话框将布尔运算设置为“求差”类型，然后在 范围 区域中的下拉列表中选择 贯通 选项，再将拉伸方向设置为“方向 2”类型；单击“拉伸”对话框中的 确定 按钮，完成拉伸特征 8 的创建。

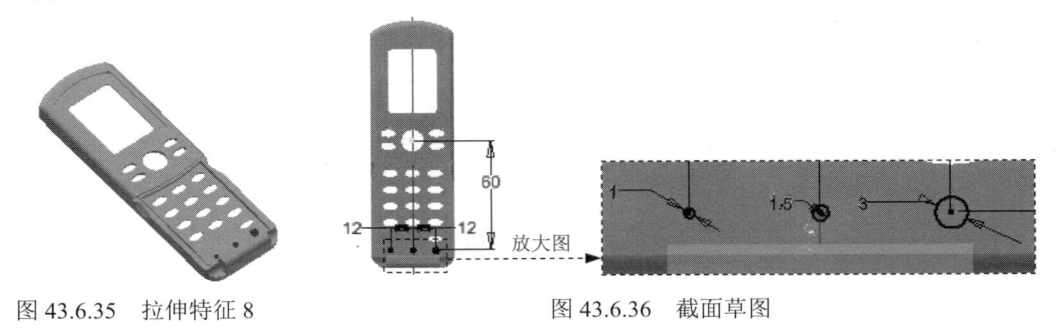

图 43.6.35 拉伸特征 8　　图 43.6.36 截面草图

Step22. 创建图 43.6.37 所示的倒圆特征 2。在 修改 ▼ 区域中单击 按钮；在系统的提示下，选取图 43.6.37a 所示的模型边线为倒圆的对象；在“倒圆角”小工具栏“半径 R”文本框中输入数值 0.5；单击“圆角”对话框中的 确定 按钮，完成倒圆特征 2 的创建。

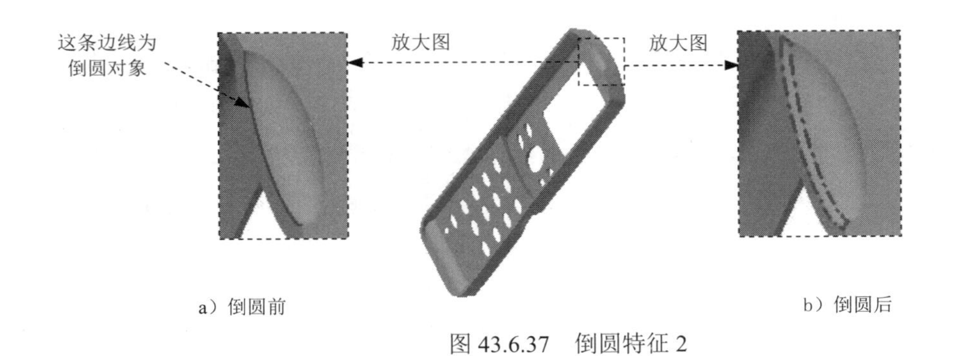

图 43.6.37 倒圆特征 2

Step23. 创建图 43.6.38 所示的倒圆特征 3。在 修改 ▼ 区域中单击 按钮；在系统的提示下，选取图 43.6.38a 所示的模型边线为倒圆的对象；在“倒圆角”小工具栏“半径 R”文本框中输入数值 0.5；单击“圆角”对话框中的 确定 按钮，完成倒圆特征 3 的创建。

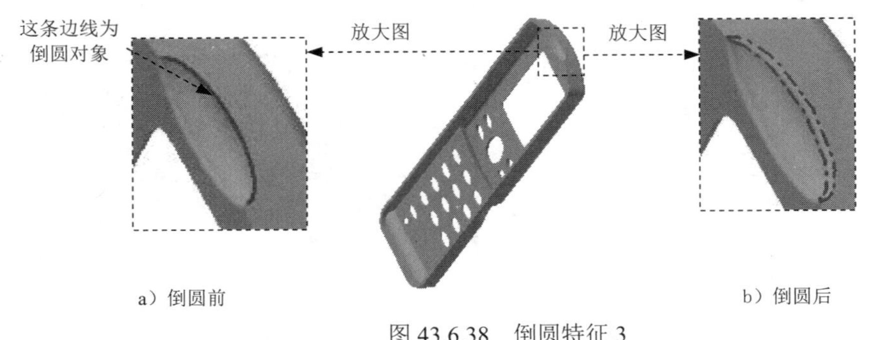

图 43.6.38 倒圆特征 3

Step24. 创建图 43.6.39 所示的拉伸特征 9。在 创建 ▾ 区域中单击按钮，选取图 43.6.39 所示的模型表面作为草图平面，绘制图 43.6.40 所示的截面草图，在“拉伸”对话框将布尔运算设置为“求和”类型，然后在 范围 区域中的下拉列表中选择 距离 选项，在“距离”下拉列表中输入数值 0.75，将拉伸方向设置为“方向 1”类型；单击“拉伸”对话框中的 确定 按钮，完成拉伸特征 9 的创建。

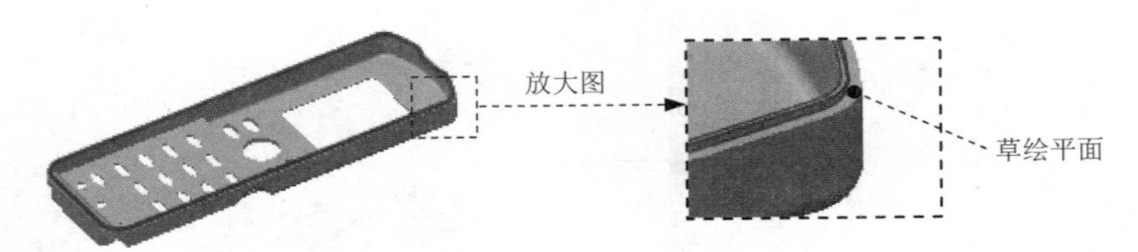

图 43.6.39　拉伸特征 9

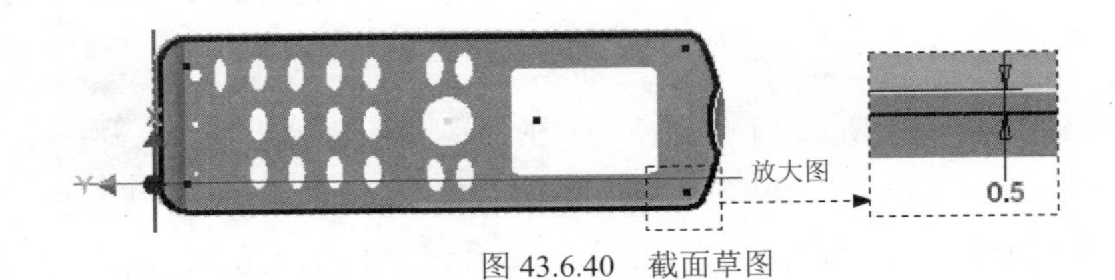

图 43.6.40　截面草图

Step25. 创建图 43.6.41 所示的拉伸特征 10。在 创建 ▾ 区域中单击按钮，选取 XY 平面作为草图平面，绘制图 43.6.42 所示的截面草图，在“拉伸”对话框将布尔运算设置为“求差”类型，然后在 范围 区域中的下拉列表中选择 贯通 选项，再将拉伸方向设置为“方向 1”类型；单击“拉伸”对话框中的 确定 按钮，完成拉伸特征 10 的创建。

Step26. 创建图 43.6.43 所示的倒圆特征 4。选取图 43.6.43a 所示的模型边线为倒圆的对象，输入倒圆角半径值 0.2。

Step27. 保存模型文件。

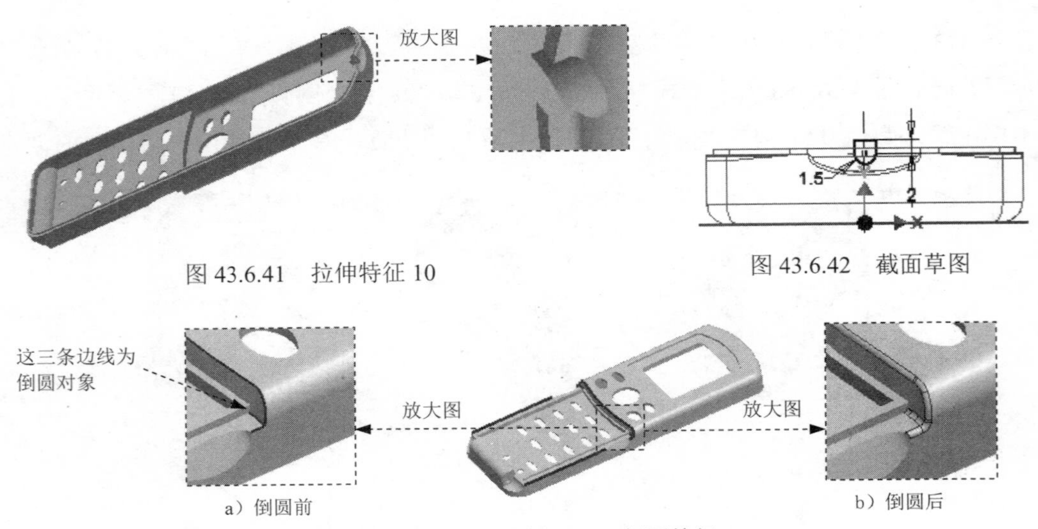

图 43.6.41　拉伸特征 10

图 43.6.42　截面草图

图 43.6.43 倒圆特征 4

43.7 创建遥控器屏幕

下面讲解遥控器屏幕（SCREEN.ipt）的创建过程，零件模型及浏览器如图 43.7.1 所示。

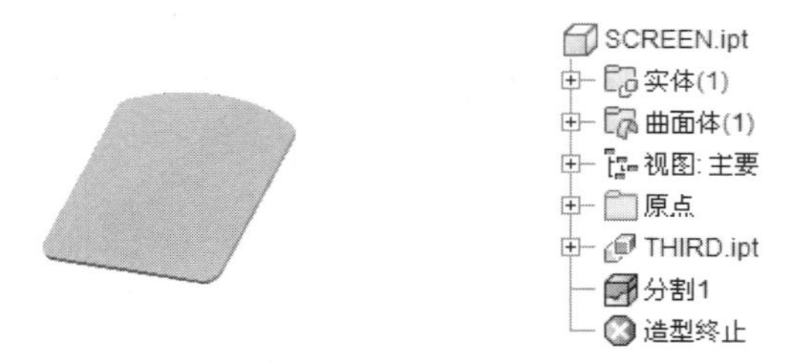

图 43.7.1 零件模型及浏览器

Step1. 在装配体中建立遥控器屏幕 SCREEN。单击 装配 功能选项卡 零部件 区域中的“创建”按钮；此时系统弹出“创建在位零件”对话框，在 新零部件名称(N) 文本框中输入零件名称为 SCREEN；采用系统默认的模板和新文件位置；单击 确定 按钮，在系统 为基础特征选择草图平面 的提示下选取“原点” 原点，此时系统进入编辑零部件环境。

Step2. 在装配体中打开遥控器屏幕 SCREEN。在浏览器中单击 SCREEN:1 后右击，在快捷菜单中选择 打开(O) 命令。

Step3. 引入三级主控件 THIRD。在 创建 区域中单击 衍生 按钮，打开 THIRD.ipt 文件，单击 打开(O) 按钮，系统弹出图 43.7.2 所示的“衍生零件”对话框。

Step4. 设置衍生参数。在“衍生零件”对话框中将 衍生样式(D): 设置为“将每个实体保留为单个实体”，并将实体与曲面 15 衍生到下一级中（见图 43.7.2），单击 确定 按钮。

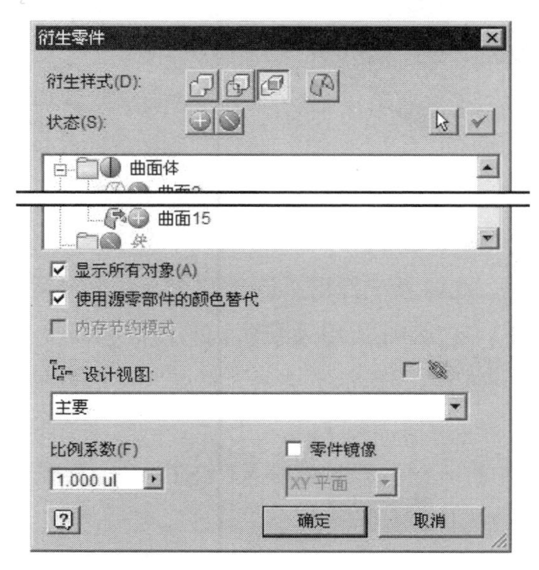

图 43.7.2 “衍生零件”对话框

Step5. 创建图 43.7.3 所示的分割 1。在 修改 ▼ 区域中单击 分割 按钮，系统弹出“分割”对话框；在“分割”对话框中将分割类型设置为“修剪实体”选项；在绘图区域选取曲面 18 作为分割工具；在“分割”对话框中将删除方向设置为“方向 1”类型（见图 43.7.4）；单击 确定 按钮，完成分割 1 的创建。

Step6.保存模型文件。

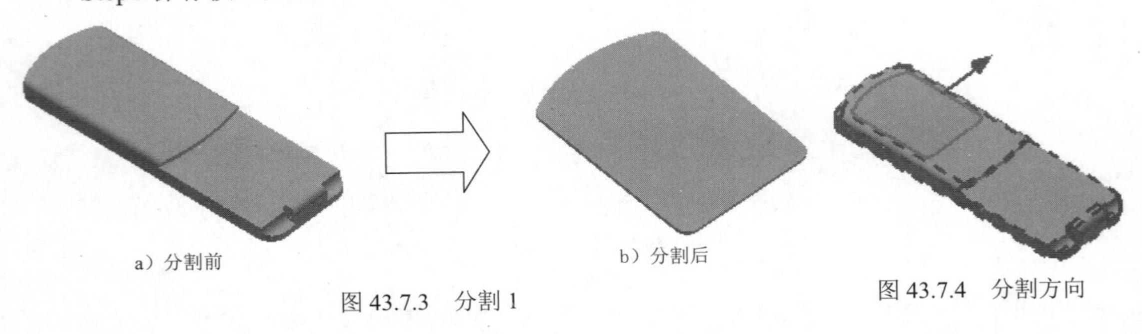

a）分割前　　b）分割后

图 43.7.3　分割 1　　图 43.7.4　分割方向

43.8　创建遥控器按键盖

下面讲解遥控器按键盖（KEYSTOKE.ipt）的创建过程，零件模型及浏览器如图 43.8.1 所示。

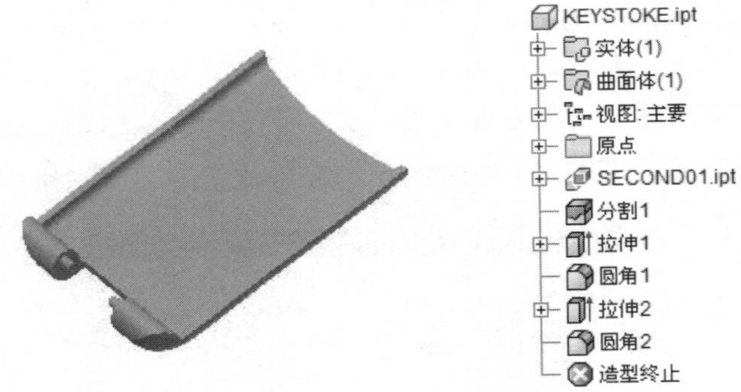

图 43.8.1　零件模型及浏览器

Step1. 在装配体中建立遥控器按键盖 KEYSTOKE。单击 装配 功能选项卡 零部件 区域中的“创建”按钮；此时系统弹出“创建在位零件”对话框，在 新零部件名称(N) 文本框中输入零件名称为 KEYSTOKE；采用系统默认的模板和新文件位置；单击 确定 按钮，在系统 为基础特征选择草图平面 的提示下选取“原点” 原点，此时系统进入编辑零部件环境。

Step2. 在装配体中打开遥控器按键盖 KEYSTOKE。在浏览器中单击 KEYSTOKE:1 后右击，在快捷菜单中选择 打开(O) 命令。

Step3. 引入二级主控件 SECOND_01。在 创建 ▼ 区域中单击 衍生 按钮，打开 SECOND_01.ipt 文件，单击 打开(O) 按钮，系统弹出图 43.8.2 所示的“衍生零件”对话框。

Step4.设置衍生参数。在“衍生零件”对话框中将 衍生样式(D): 设置为“将每个实体保留为单个实体”，并将实体与曲面 11 衍生到下一级中（见图 43.8.2），单击 确定 按钮。

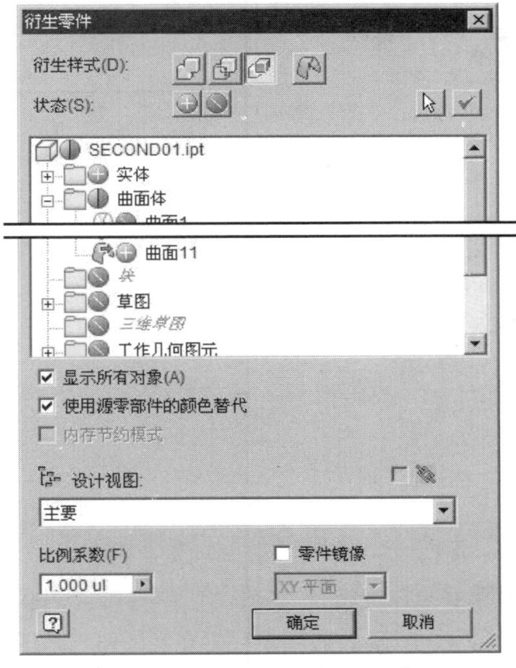

图 43.8.2 “衍生零件”对话框

Step5. 创建图 43.8.3 所示的分割 1。在 修改 ▾ 区域中单击 分割 按钮，系统弹出“分割”对话框；在“分割”对话框中将分割类型设置为“修剪实体” 选项；在绘图区域选取图 43.8.3a 所示的面作为分割工具；在“分割”对话框中将删除方向设置为“方向 1”类型 （见图 43.8.4）；单击 确定 按钮，完成分割 1 的创建。

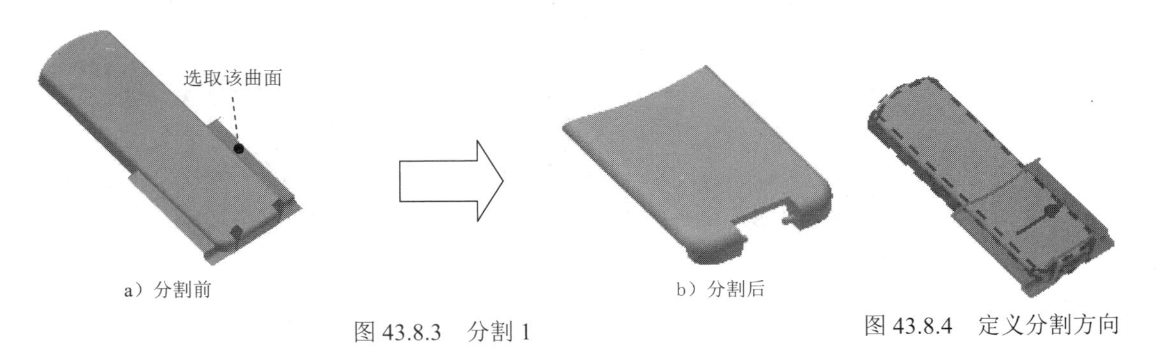

图 43.8.3 分割 1

图 43.8.4 定义分割方向

Step6. 创建图 43.8.5 所示的拉伸特征 1。在 创建 ▾ 区域中单击 按钮，选取 YZ 平面作为草图平面，绘制图 43.8.6 所示的截面草图，在“拉伸”对话框将布尔运算设置为“求差”类型 ，然后在 范围 区域中的下拉列表中选择 贯通 选项，再将拉伸方向设置为“对称”类型 ；单击“拉伸”对话框中的 确定 按钮，完成拉伸特征 1 的创建。

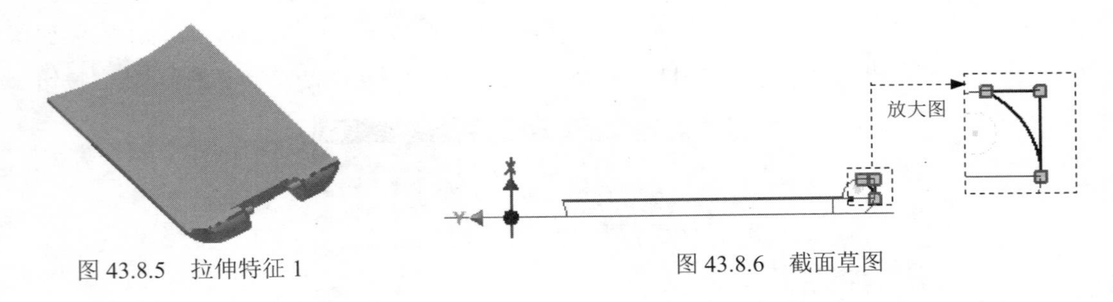

图 43.8.5　拉伸特征 1

图 43.8.6　截面草图

Step7. 创建图 43.8.7 所示的倒圆特征 1。选取图 43.8.7a 所示的模型边线为倒圆的对象，输入倒圆角半径值 2.0。

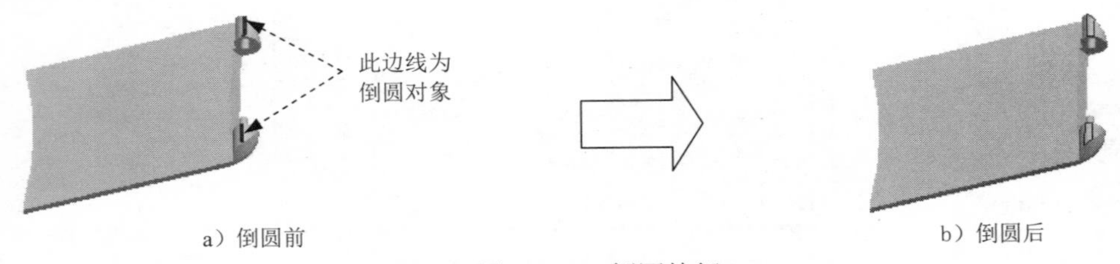

a）倒圆前

b）倒圆后

图 43.8.7　倒圆特征 1

Step8. 创建图 43.8.8 所示的拉伸特征 2。在 创建 ▼ 区域中单击按钮，选取 XY 平面作为草图平面，绘制图 43.8.9 所示的截面草图，在“拉伸”对话框将布尔运算设置为“求差”类型，然后在 范围 区域中的下拉列表中选择 距离 选项，在“距离”下拉列表中输入数值 64.0,并将拉伸类型设置为“方向 2”类型；单击“拉伸”对话框中的 确定 按钮，完成拉伸特征 2 的创建。

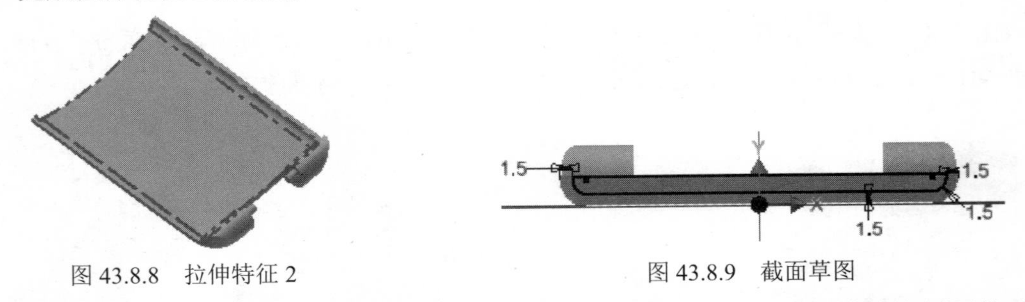

图 43.8.8　拉伸特征 2

图 43.8.9　截面草图

Step9. 创建图 43.8.10 所示的倒圆特征 2。选取图 43.8.10a 所示的模型边线为倒圆的对象，输入倒圆角半径值 0.3。

Step10. 保存模型文件。

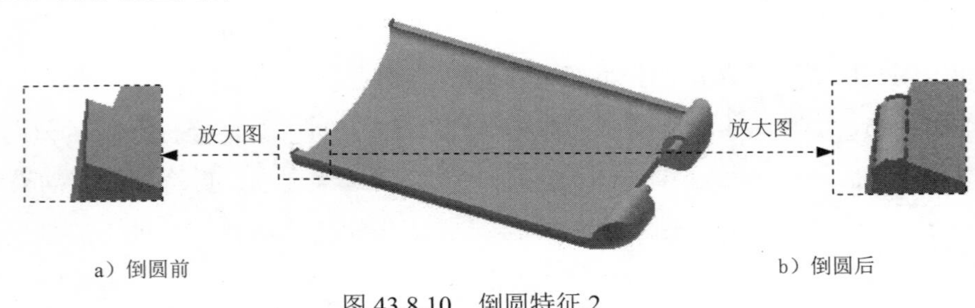

a）倒圆前

b）倒圆后

图 43.8.10　倒圆特征 2

43.9 创建遥控器下盖

下面讲解遥控器下盖（DOWN_COVER.ipt）的创建过程，零件模型及浏览器如图 43.9.1 所示。

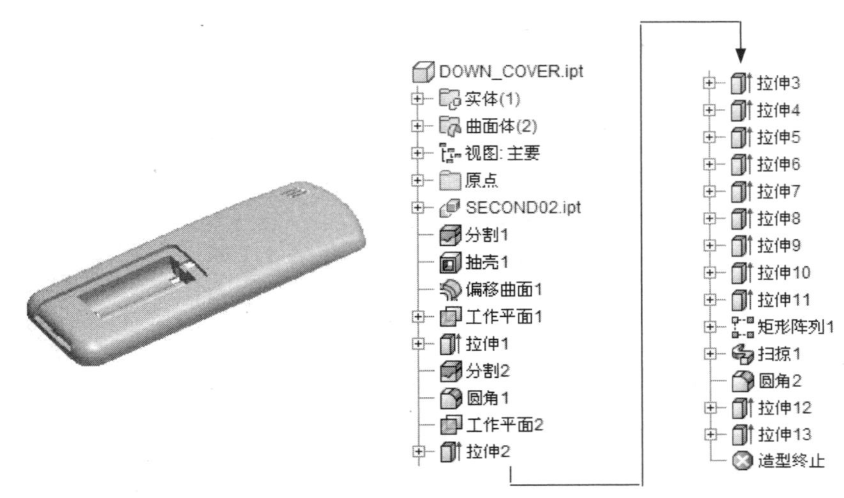

图 43.9.1 零件模型及浏览器

Step1. 在装配体中建立遥控器下盖 DOWN_COVER。单击 装配 功能选项卡 零部件 区域中的“创建”按钮；此时系统弹出“创建在位零件”对话框，在 新零部件名称(N) 文本框中输入零件名称为 DOWN_COVER；采用系统默认的模板和新文件位置；单击 确定 按钮，在系统 为基础特征选择草图平面 的提示下选取“原点” 原点，此时系统进入编辑零部件环境。

Step2. 在装配体中打开遥控器下盖 DOWN_COVER。在浏览器中单击 DOWN_COVER:1 后右击，在快捷菜单中选择 打开(O) 命令。

Step3. 引入二级主控件 SECOND_02。在 创建 ▾ 区域中单击 衍生 按钮，打开 SECOND_02.ipt 文件，单击 打开(O) 按钮，系统弹出图 43.9.2 所示的“衍生零件”对话框。

Step4.设置衍生参数。在“衍生零件”对话框中将 衍生样式(D): 设置为“将每个实体保留为单个实体”，并将实体与曲面 6 衍生到下一级中（见图 43.9.2），单击 确定 按钮。

Step5. 创建图 43.9.3 所示的分割 1。在 修改 ▾ 区域中单击 分割 按钮，系统弹出“分割”对话框；在“分割”对话框中将分割类型设置为“修剪实体” 选项；在绘图区域选取图 43.9.3 所示的曲面（曲面 6）作为分割工具；在“分割”对话框中将删除方向设置为“方向 1”类型（见图 43.9.4）；单击 确定 按钮，完成分割 1 的创建。

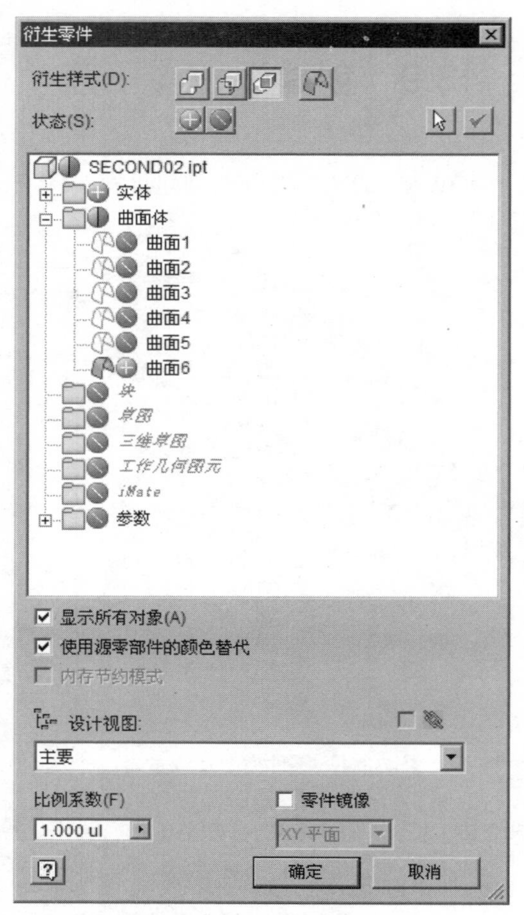

图 43.9.2　“衍生零件”对话框

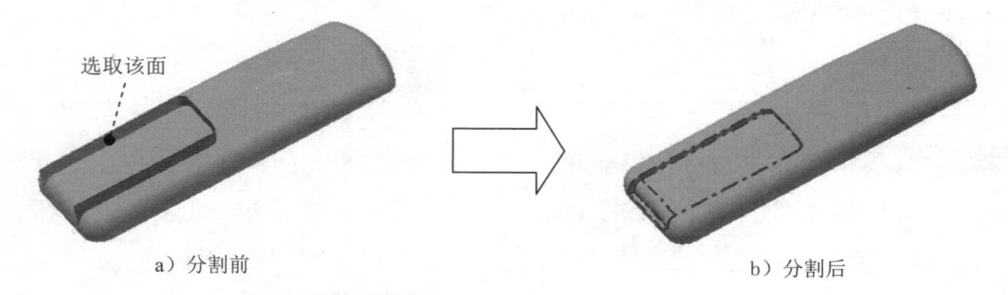

a）分割前　　　　b）分割后

图 43.9.3　分割 1

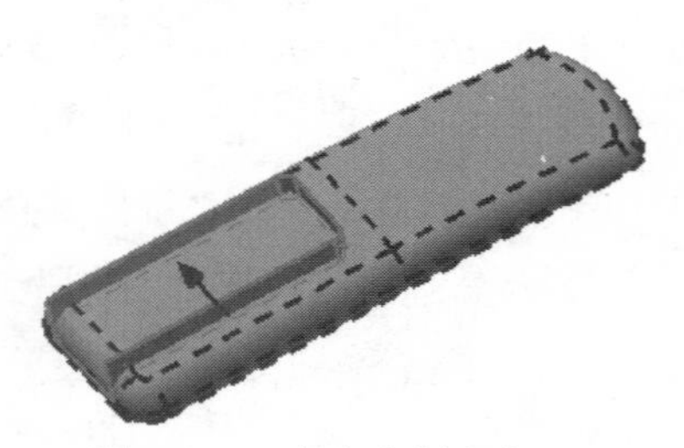

图 43.9.4　定义分割方向

Step6. 创建图 43.9.5 所示的抽壳特征 1。在 修改 ▾ 区域中单击 抽壳 按钮；在“抽壳”对话框 厚度 文本框中输入薄壁厚度值 1.5；在系统 选择要去除的表面 的提示下，选择图 43.9.5a 所示的模型表面为要移除的面；单击“抽壳”对话框中的 确定 按钮，完成抽壳特征 1 的创建。

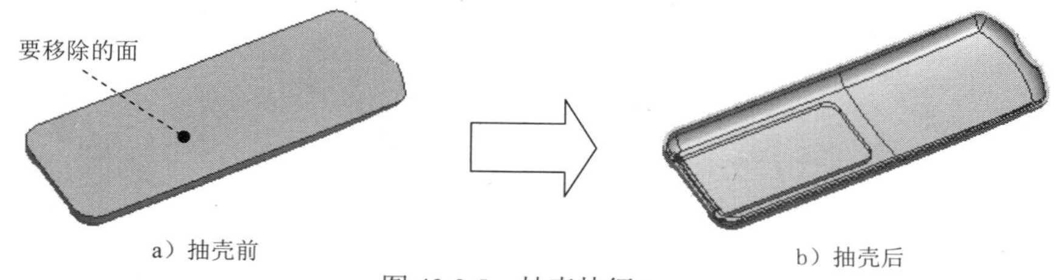

a）抽壳前　　b）抽壳后

图 43.9.5　抽壳特征 1

Step7. 创建图 43.9.6 所示的偏移曲面 1（已隐藏实体）。在 修改 ▾ 区域中单击“加厚/偏移”按钮，系统弹出“加厚/偏移”对话框；选取图 43.9.7 所示的曲面为等距曲面；在“加厚/偏移”对话框 输出 区域中选择“曲面”；在“加厚/偏移”对话框 距离 文本框中输入数值 0；单击 确定 按钮，完成偏移曲面 1 的创建。

Step8. 创建图 43.9.8 所示的工作平面 1（具体参数和操作参见随书光盘）。

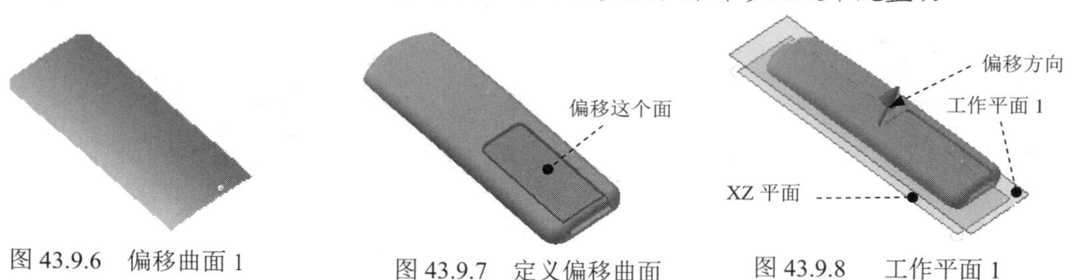

图 43.9.6　偏移曲面 1　　图 43.9.7　定义偏移曲面　　图 43.9.8　工作平面 1

Step9. 创建图 43.9.9 所示的拉伸特征 1。在 创建 ▾ 区域中单击 按钮，系统弹出“创建拉伸”对话框；单击“创建拉伸”对话框中的 创建二维草图 按钮，选取工作平面 1 作为草图平面，进入草绘环境，绘制图 43.9.10 所示的截面草图；单击 草图 选项卡 返回到三维 区域中的 按钮，在“拉伸”对话框 范围 区域中的下拉列表中选择 距离 选项，在“距离”下拉列表中输入数值 12.0,并将拉伸类型设置为“方向 1”类型；单击“拉伸”对话框中的 确定 按钮，完成拉伸特征 1 的创建。

图 43.9.9　拉伸特征 1

20
45
15

图 43.9.10　截面草图

Step10. 创建图 43.9.11 所示的分割 2。在 修改 ▾ 区域中单击 分割 按钮，系统弹出“分割”对话框；在“分割”对话框中将分割类型设置为“修剪实体” 选项；在绘图区域选取偏移曲面 1 作为分割工具；在“分割”对话框中将删除方向设置为“方向 1”类型 （见图 43.9.12）；单击 确定 按钮，完成分割 2 的创建。

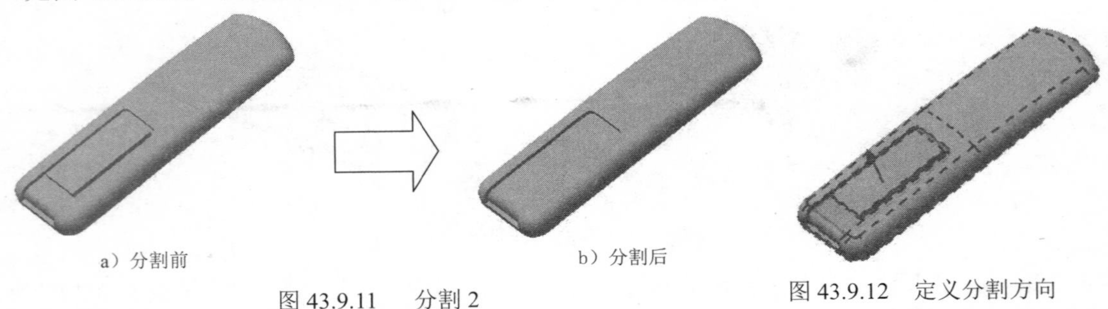

图 43.9.11　分割 2　　图 43.9.12　定义分割方向

Step11. 创建图 43.9.13 所示的倒圆特征 1。选取图 43.9.13a 所示的模型边线为倒圆的对象，输入倒圆角半径值 6.0。

图 43.9.13　倒圆特征 1

Step12. 创建图 43.9.14 所示的工作平面 2。在 定位特征 区域中单击“平面”按钮 下的 平面，选择 从平面偏移 命令；在绘图区域选取图 43.9.14 所示的模型表面作为参考平面；在“基准面”小工具栏的下拉列表中输入要偏距的距离为-2；偏移方向参考图 43.9.15；单击 按钮，完成工作平面 2 的创建。

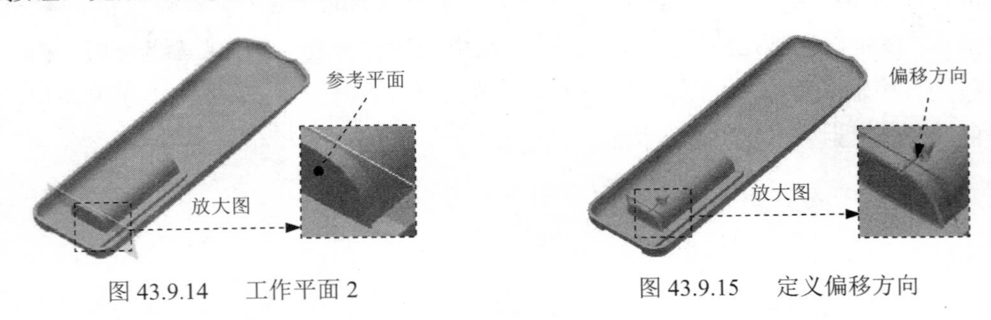

图 43.9.14　工作平面 2　　图 43.9.15　定义偏移方向

Step13. 创建图 43.9.16 所示的拉伸特征 2。在 创建 ▾ 区域中单击 按钮，系统弹出“创建拉伸”对话框；单击“创建拉伸”对话框中的 创建二维草图 按钮，选取工作平面 2 作为草图平面，进入草绘环境，绘制图 43.9.17 所示的截面草图；单击 草图 选项卡 返回到三维 区域中的 按钮，首先将布尔运算设置为“求差”类型 ，在 范围 区域中的下拉列表中选择距离选项，输入距离值 41.0,将拉伸方向设置为“方向 2”类型；单击“拉伸”对话框中的确定按钮，完成拉伸特征 2 的创建。

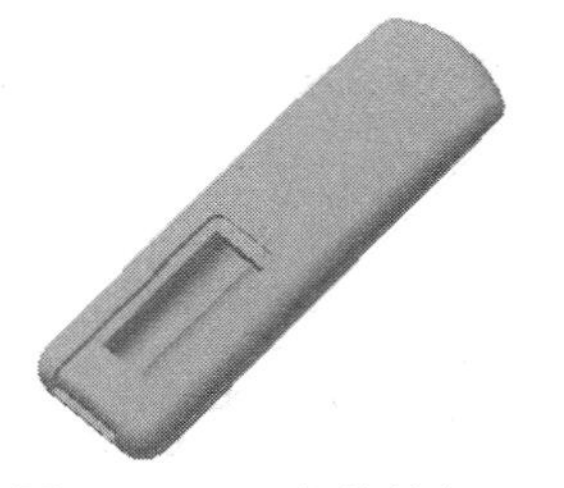
图 43.9.16 拉伸特征 2

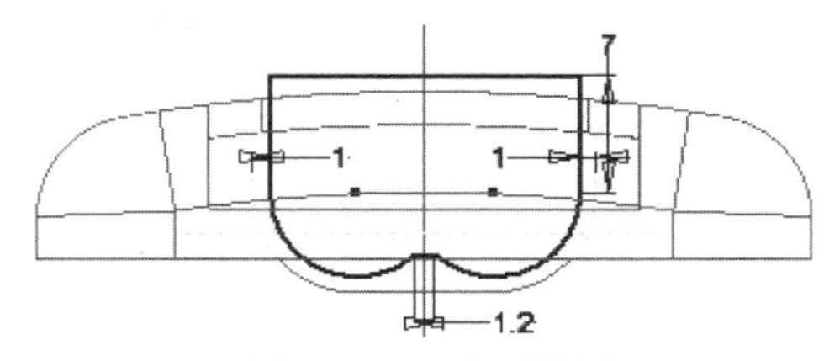

图 43.9.17 截面草图

Step14. 创建图 43.9.18 所示的拉伸特征 3。在创建区域中单击按钮，系统弹出“创建拉伸”对话框；单击“创建拉伸”对话框中的创建二维草图按钮，选取图 43.9.18 所示的模型表面作为草图平面，进入草绘环境，绘制图 43.9.19 所示的截面草图；单击草图选项卡返回到三维区域中的按钮，首先将布尔运算设置为“求差”类型，在范围区域中的下拉列表中选择到选项，选取图 43.9.18 所示的面作为拉伸终止面；单击“拉伸”对话框中的确定按钮，完成拉伸特征 3 的创建。

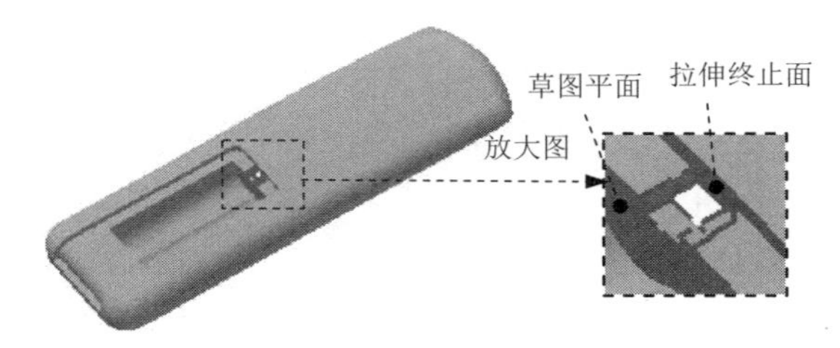

图 43.9.18 拉伸特征 3

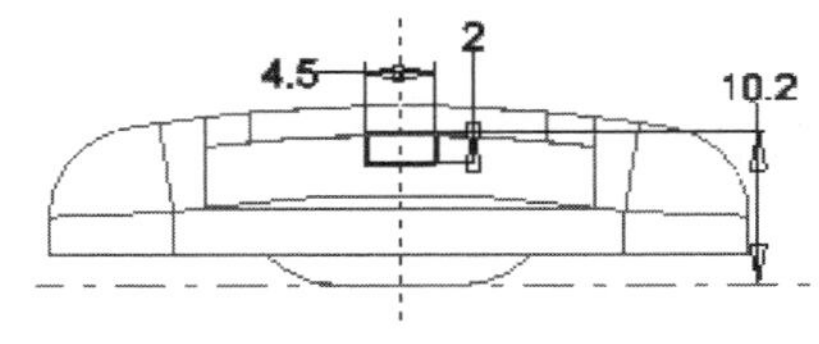

图 43.9.19 截面草图

Step15. 创建图 43.9.20 所示的拉伸特征 4。在创建区域中单击按钮，系统弹出“创建拉伸”对话框；单击“创建拉伸”对话框中的创建二维草图按钮，选取图 43.9.20 所示的模型表面作为草图平面，进入草绘环境，绘制图 43.9.21 所示的截面草图；单击草图选项卡返回到三维区域中的按钮，首先将布尔运算设置为“求差”类型，在范围区域中的下拉列表中选择距离选项，输入距离值 10.0,将拉伸方向设置为“方向 2” 类型；单击“拉伸”对话框中的确定按钮，完成拉伸特征 4 的创建。

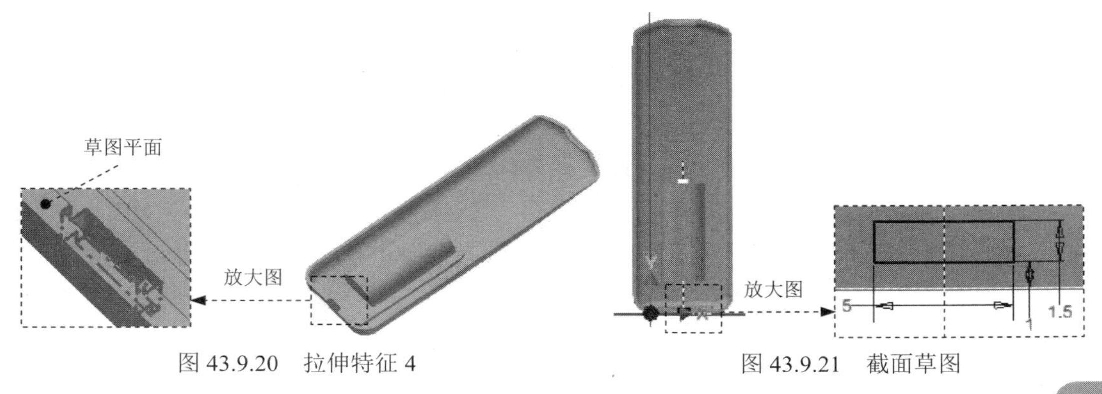

图 43.9.20 拉伸特征 4

图 43.9.21 截面草图

Step16. 创建图 43.9.22 所示的拉伸特征 5。在 创建 ▾ 区域中单击 按钮，选取图 43.9.22 所示的模型表面作为草图平面，绘制图 43.9.23 所示的截面草图，在“拉伸”对话框将布尔运算设置为“求差”类型 ，然后在 范围 区域中的下拉列表中选择 距离 选项，在“距离”下拉列表中输入数值 5.0,并将拉伸类型设置为“方向 2”类型 ；单击“拉伸”对话框中的 确定 按钮，完成拉伸特征 5 的创建。

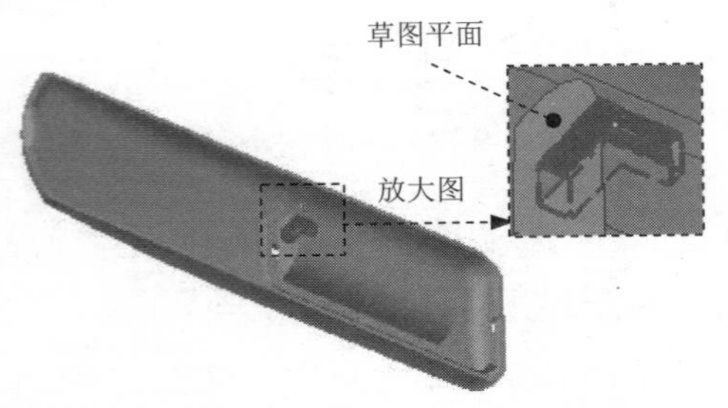

图 43.9.22 拉伸特征 5

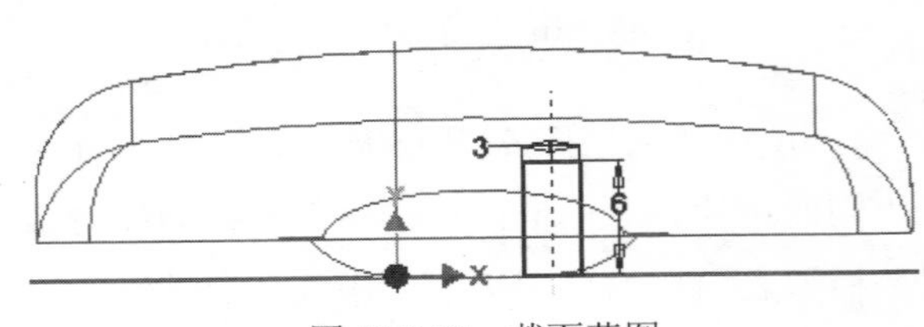

图 43.9.23 截面草图

Step17. 创建图 43.9.24 所示的拉伸特征 6。在 创建 ▾ 区域中单击 按钮，选取图 43.9.24 所示的模型表面作为草图平面，绘制图 43.9.25 所示的截面草图，在“拉伸”对话框将布尔运算设置为“求差”类型 ，然后在 范围 区域中的下拉列表中选择 距离 选项，在“距离”下拉列表中输入数值 5.0,并将拉伸类型设置为“方向 2”类型 ；单击“拉伸”对话框中的 确定 按钮，完成拉伸特征 6 的创建。

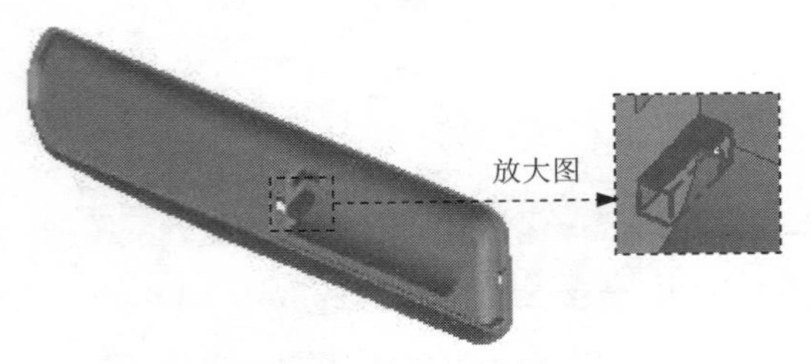

图 43.9.24 拉伸特征 6

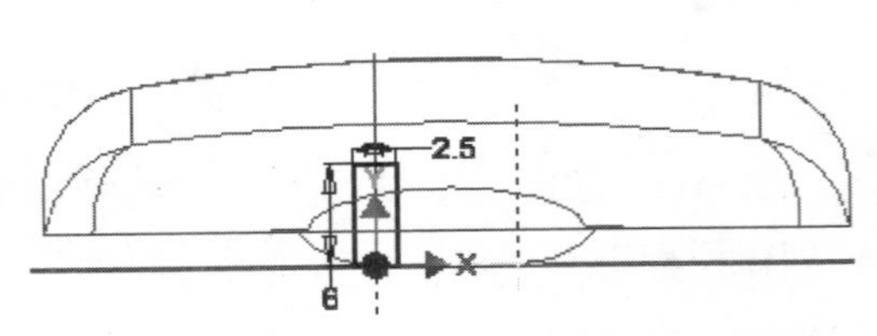

图 43.9.25 截面草图

Step18. 创建图 43.9.26 所示的拉伸特征 7。在 创建 ▾ 区域中单击 按钮，选取图 43.9.26 所示的模型表面作为草图平面，绘制图 43.9.27 所示的截面草图，在“拉伸”对话框将布尔运算设置为“求差”类型 ，然后在 范围 区域中的下拉列表中选择 贯通 选项，将拉伸类型设置为“方向 2”类型 ；单击“拉伸”对话框中的 确定 按钮，完成拉伸特征 7 的创建。

Step19. 创建图 43.9.28 所示的拉伸特征 8。在 创建 ▾ 区域中单击 按钮，选取图 43.9.28 所示的模型表面作为草图平面，绘制图 43.9.29 所示的截面草图，在“拉伸”对话框将布尔运算设置为“求差”类型 ，然后在 范围 区域中的下拉列表中选择 距离 选项，输入距离值为 5.0,将拉伸类型设置为“方向 2”类型 ；单击“拉伸”对话框中的 确定按钮，完成拉伸特征 8 的创建。

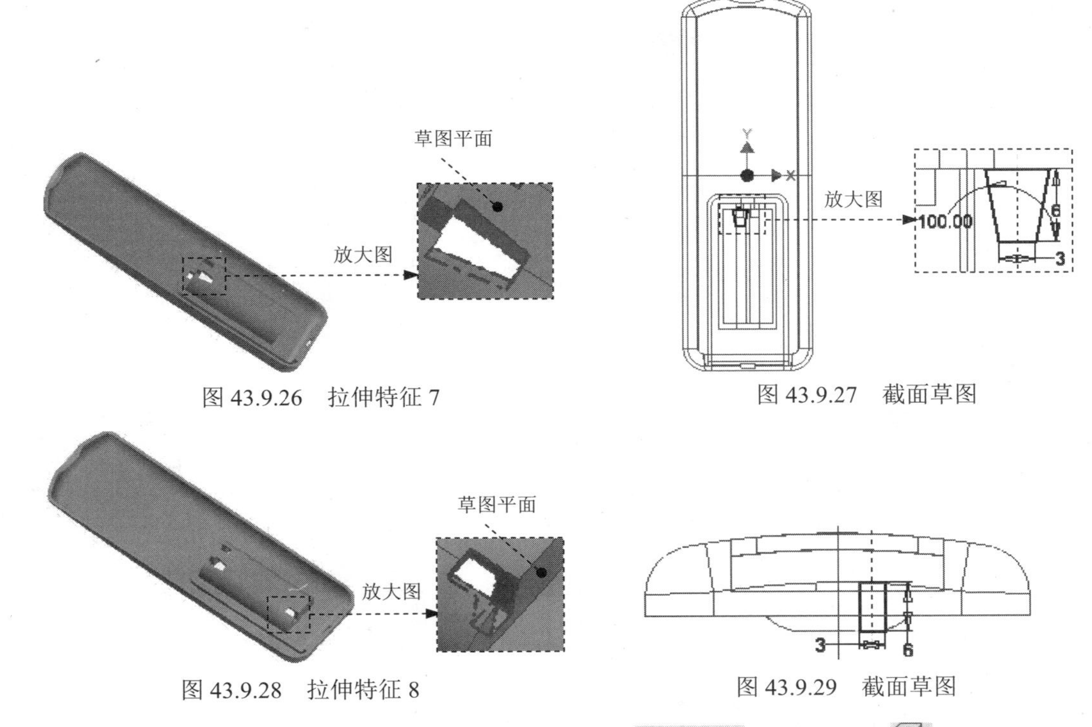

图 43.9.26 拉伸特征 7

图 43.9.27 截面草图

图 43.9.28 拉伸特征 8

图 43.9.29 截面草图

Step20. 创建图 43.9.30 所示的拉伸特征 9。在 创建 区域中单击 按钮，选取图 43.9.30 所示的模型表面作为草图平面，绘制图 43.9.31 所示的截面草图，在“拉伸”对话框将布尔运算设置为“求差”类型 ，然后在 范围 区域中的下拉列表中选择 距离 选项，在“距离”下拉列表中输入数值 5.0,并将拉伸类型设置为“方向 2”类型 ；单击“拉伸”对话框中的 确定 按钮，完成拉伸特征 9 的创建。

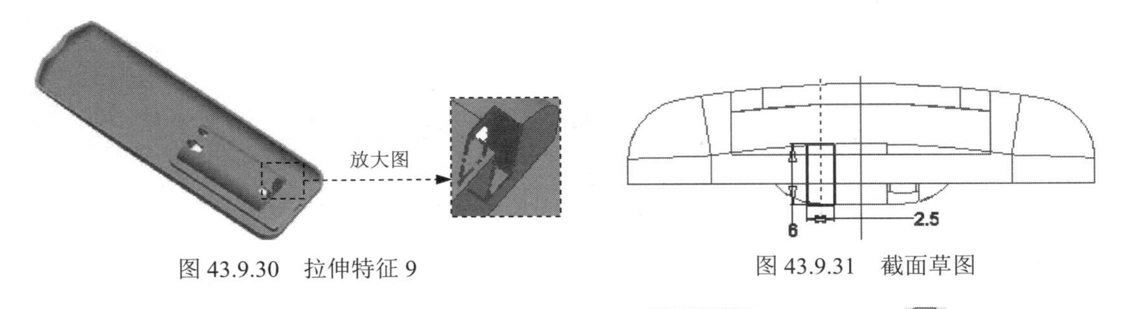

图 43.9.30 拉伸特征 9

图 43.9.31 截面草图

Step21. 创建图 43.9.32 所示的拉伸特征 10。在 创建 区域中单击 按钮，选取图 43.9.32 所示的模型表面作为草图平面，绘制图 43.9.33 所示的截面草图，在“拉伸”对话框将布尔运算设置为“求差”类型 ，然后在 范围 区域中的下拉列表中选择 贯通 选项，将拉伸类型设置为“方向 2”类型 ；单击“拉伸”对话框中的 确定 按钮，完成拉伸特征 10 的创建。

Step22. 创建图 43.9.34 所示的拉伸特征 11。在 创建 ▾ 区域中单击 按钮，选取工作平面 1 作为草图平面，绘制图 43.9.35 所示的截面草图，在“拉伸”对话框将布尔运算设置为“求差”类型 ，然后在 范围 区域中的下拉列表中选择 贯通 选项，将拉伸类型设置为“方向 1”类型 ；单击“拉伸”对话框中的 确定 按钮，完成拉伸特征 11 的创建。

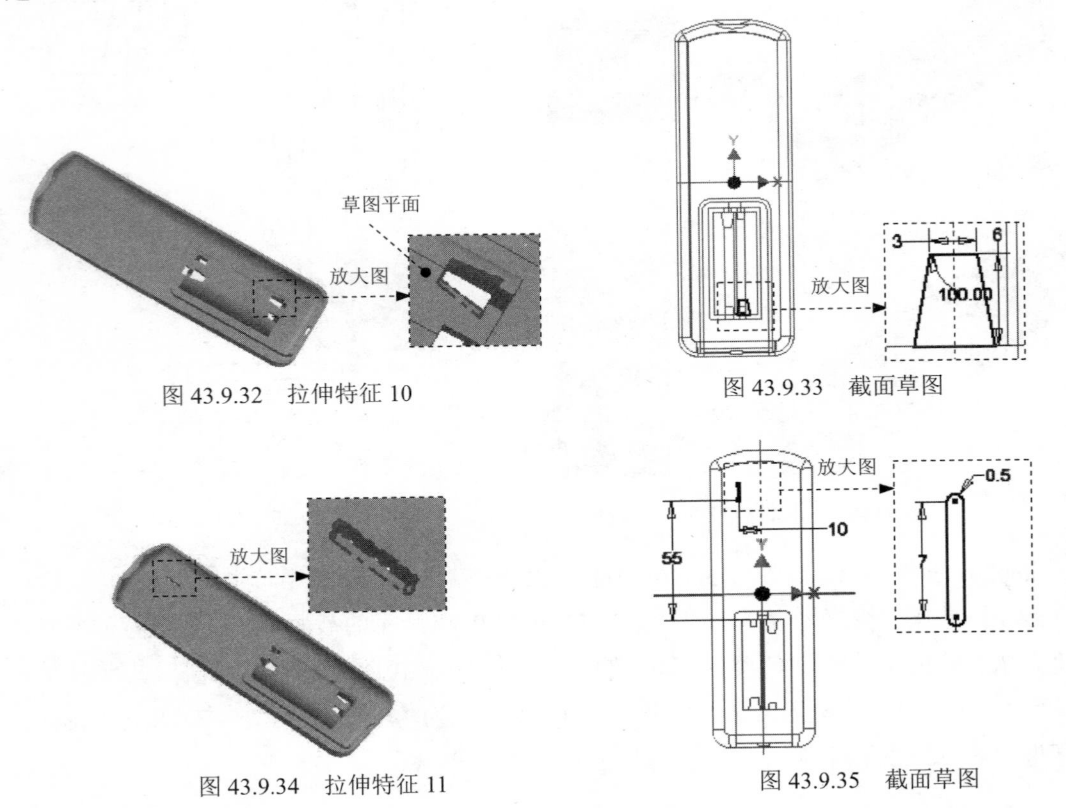

图 43.9.32　拉伸特征 10

图 43.9.33　截面草图

图 43.9.34　拉伸特征 11

图 43.9.35　截面草图

Step23. 创建图 43.9.36 所示的草图 12。在 三维模型 选项卡 草图 区域单击 按钮，然后选择工作平面 1 作为草图平面，系统进入草绘环境；绘制图 43.9.36 所示的草图 12，单击 按钮，退出草绘环境。

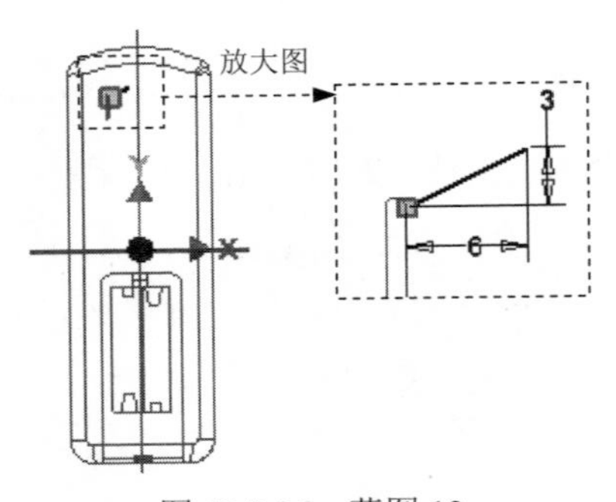

图 43.9.36　草图 12

Step24. 创建图 43.9.37 所示的矩形阵列 1。

（1）选择命令。在 阵列 区域中单击 按钮，系统弹出“矩形阵列”对话框。

（2）选择要阵列的特征。在图形区中选取拉伸特征 11（或在浏览器中选择“拉伸 11”特征）。

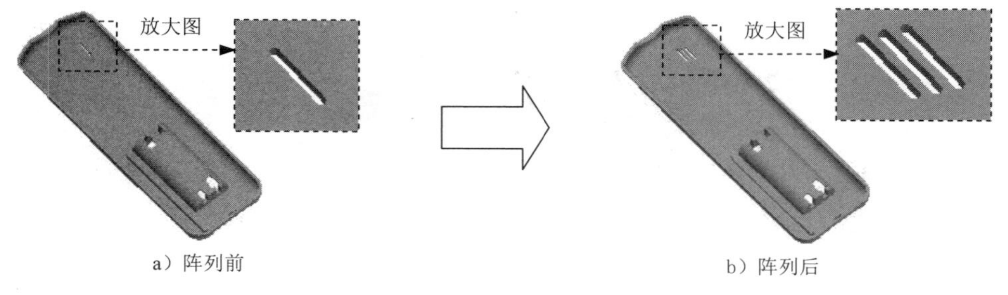

a）阵列前　　b）阵列后

图 43.9.37　矩形阵列 1

（3）定义阵列参数。在“矩形阵列”对话框中单击 方向 1 区域中的 按钮，然后选取草图 12 作为方向 1 的参考边线，阵列方向可参考图 43.9.38，在 方向 1 区域的 文本框中输入数值 3；在 文本框中输入数值 2。

（4）单击 确定 按钮，完成矩形阵列 1 的创建。

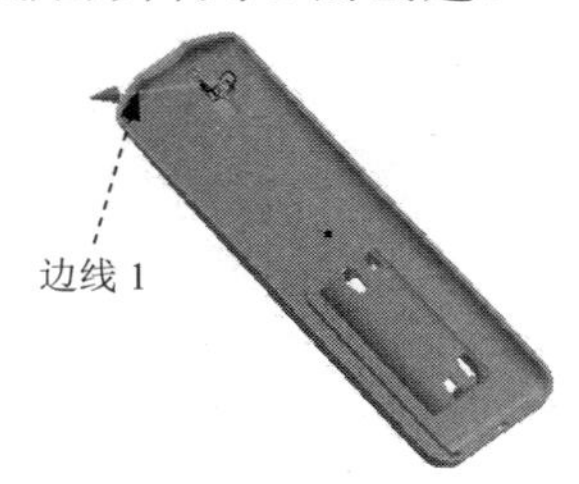

图 43.9.38　定义阵列方向

Step25. 创建图 43.9.39 所示的草图 13。在 三维模型 选项卡 草图 区域单击 按钮，然后选择图 43.9.39 所示的模型表面作为草图平面，系统进入草绘环境；绘制图 43.9.40 所示的草图 13，单击 按钮，退出草绘环境。

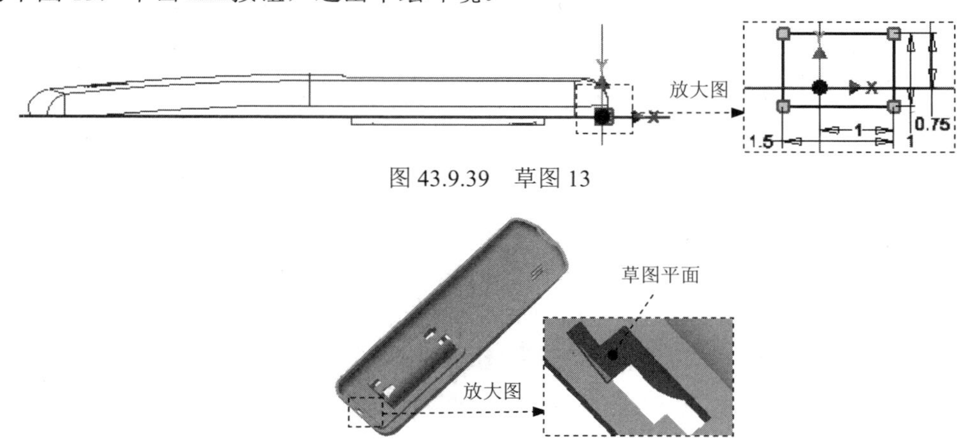

图 43.9.39　草图 13

图 43.9.40　选取草图平面

Step26. 创建图 43.9.41 所示的扫掠 1。在 创建 ▾ 区域中单击“扫掠”按钮 扫掠；在“扫掠”对话框中单击 按钮，然后在图形区中选取图 43.9.42 所示的扫掠轨迹；在“扫掠”对话框中将布尔元算类型设置为“求差”，在 类型 区域的下拉列表中选择 路径，其他参数接受系统默认设置；单击“扫掠”对话框中的 确定 按钮，完成扫掠 1 的创建。

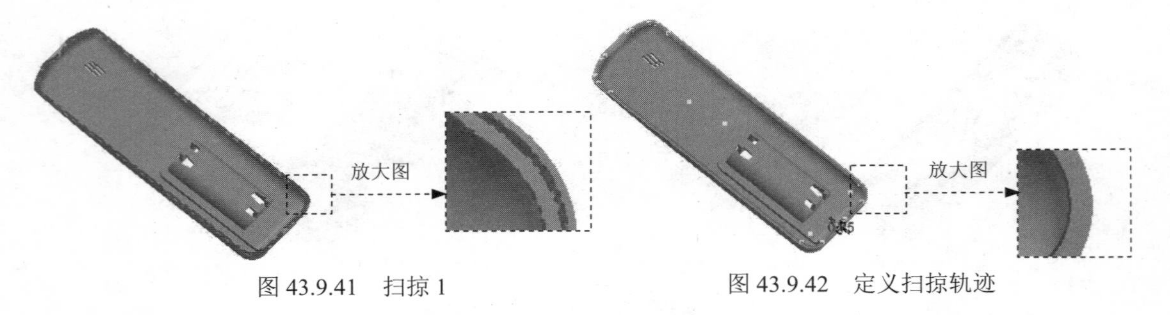

图 43.9.41 扫掠 1　　图 43.9.42 定义扫掠轨迹

Step27. 创建图 43.9.43 所示的倒圆特征 2。选取图 43.9.43a 所示的模型边线为倒圆的对象，输入倒圆角半径值 0.5。

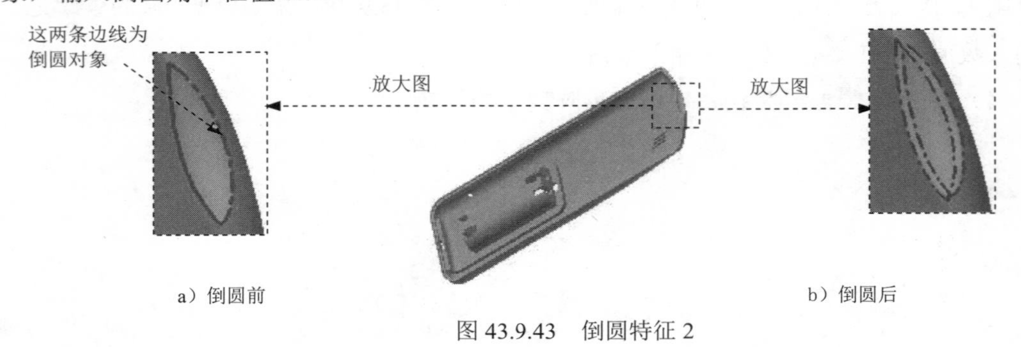

a）倒圆前　　b）倒圆后

图 43.9.43 倒圆特征 2

Step28. 创建图 43.9.44 所示的拉伸特征 13。在 创建 ▾ 区域中单击 按钮，选取 XY 平面作为草图平面，绘制图 43.9.45 所示的截面草图，在“拉伸”对话框将布尔运算设置为“求差”类型，然后在 范围 区域中的下拉列表中选择 贯通 选项，将拉伸类型设置为“方向 1”类型；单击“拉伸”对话框中的 确定 按钮，完成拉伸特征 13 的创建。

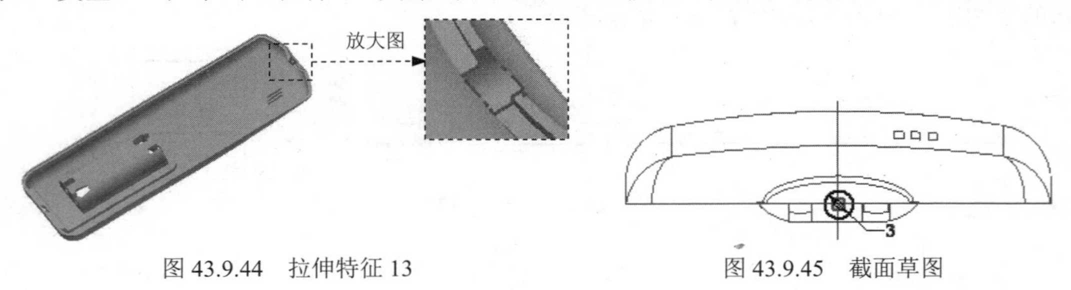

图 43.9.44 拉伸特征 13　　图 43.9.45 截面草图

Step29. 创建图 43.9.46 所示的拉伸特征 14。在 创建 ▾ 区域中单击 按钮，选取图 43.9.46 所示的模型表面作为草图平面，绘制图 43.9.47 所示的截面草图，在“拉伸”对话框将布尔运算设置为“求差”类型，然后在 范围 区域中的下拉列表中选择 到表面或平面选项，将拉伸方向设置为“方向 2”类型；单击“拉伸”对话框中的 确定 按钮，完成拉伸特征 14 的创建。

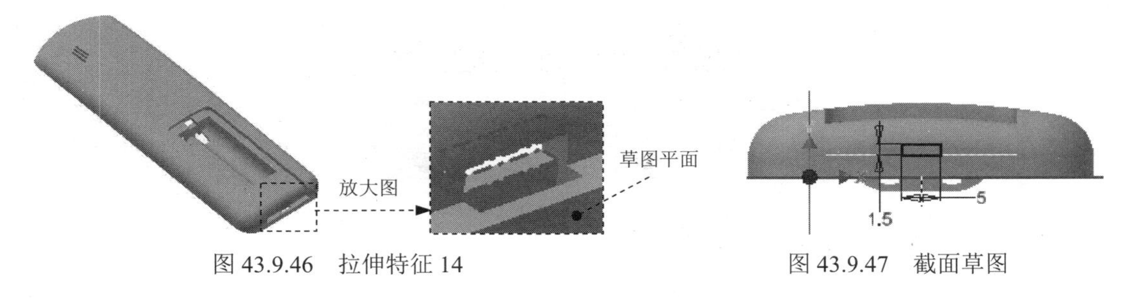

图 43.9.46 拉伸特征 14　　　图 43.9.47 截面草图

Step30. 保存模型文件。

43.10 创建遥控器电池盖

下面讲解遥控器电池盖（CELL_COVER.ipt）的创建过程，零件模型及浏览器如图 43.10.1 所示。

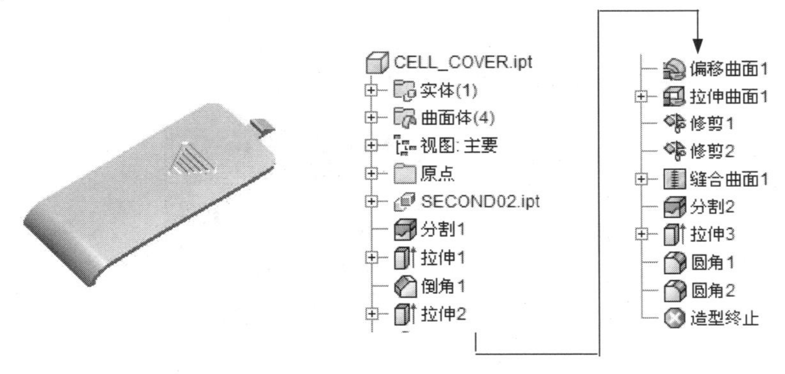

图 43.10.1 零件模型及浏览器

Step1. 在装配体中建立遥控器电池盖 CELL_COVER。单击 装配 功能选项卡 零部件 区域中的“创建”按钮；此时系统弹出“创建在位零件”对话框，在 新零部件名称(N) 文本框中输入零件名称为 CELL_COVER；采用系统默认的模板和新文件位置；单击 确定 按钮，在系统 为基础特征选择草图平面 的提示下选取“原点” 原点，此时系统进入编辑零部件环境。

Step2. 在装配体中打开遥控器电池盖 CELL_COVER。在浏览器中单击 CELL_COVER:1 后右击，在快捷菜单中选择 打开(O) 命令。

Step3. 引入二级主控件 SECOND_02。在 创建 区域中单击 衍生 按钮，打开 SECOND_02.ipt 文件，单击 打开(O) 按钮，系统弹出图 43.10.2 所示的“衍生零件”对话框。

Step4.设置衍生参数。在“衍生零件”对话框中将 衍生样式(D): 设置为“将每个实体保留为单个实体”，并将实体与曲面 6 衍生到下一级中（见图 43.10.2），单击 确定 按钮。

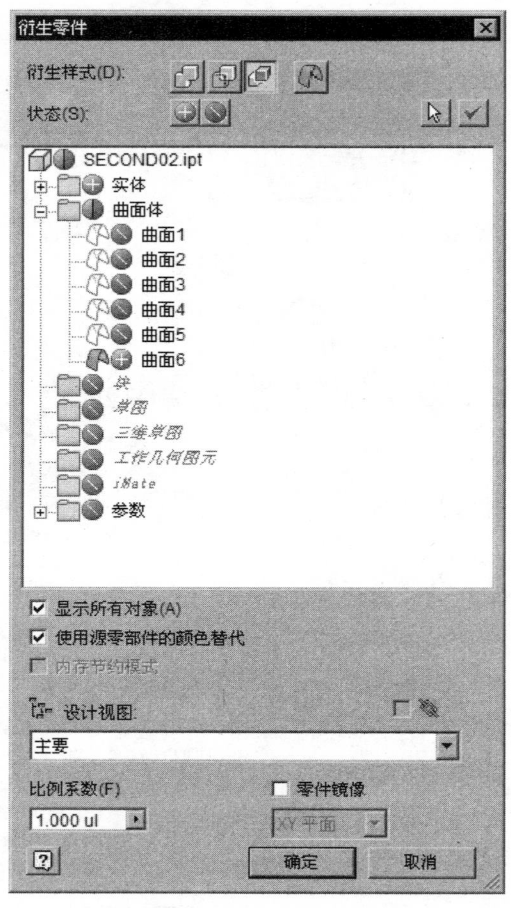

图 43.10.2 “衍生零件”对话框

Step5. 创建图 43.10.3 所示的分割 1。在 修改 ▾ 区域中单击 分割 按钮，系统弹出“分割”对话框；在“分割”对话框中将分割类型设置为“修剪实体” 选项；在绘图区域选取图 43.10.3 所示的曲面（曲面 6）作为分割工具；在“分割”对话框中将删除方向设置为“方向 2”类型 （见图 43.10.4）；单击 确定 按钮，完成分割 1 的创建。

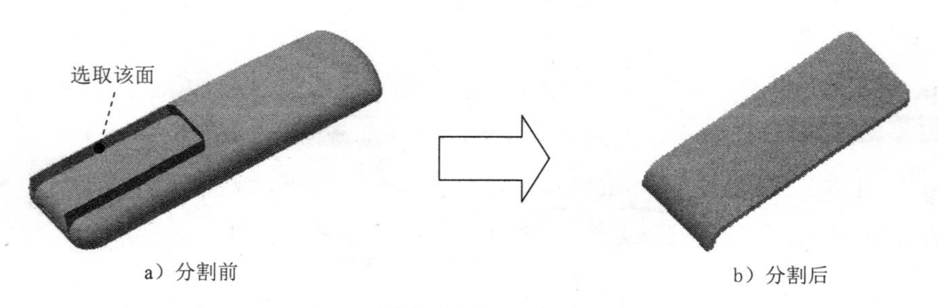

图 43.10.3 分割 1

Step6. 创建图 43.10.5 所示的拉伸特征 1。在 创建 ▾ 区域中单击 按钮，系统弹出“创建拉伸”对话框；单击“创建拉伸”对话框中的 创建二维草图 按钮，选取 YZ 平面作为草图平面，进入草绘环境，绘制图 43.10.6 所示的截面草图；单击 草图 选项卡 返回到三维 区域中的 按钮，在“拉伸”对话框 范围 区域中的下拉列表中选择 距离 选项，在“距离”下拉列表中输入数值 4.5,并将拉伸类型设置为“对称”类型 ；单击“拉伸”对话框中的 确定 按钮，完成拉伸特征 1 的创建。

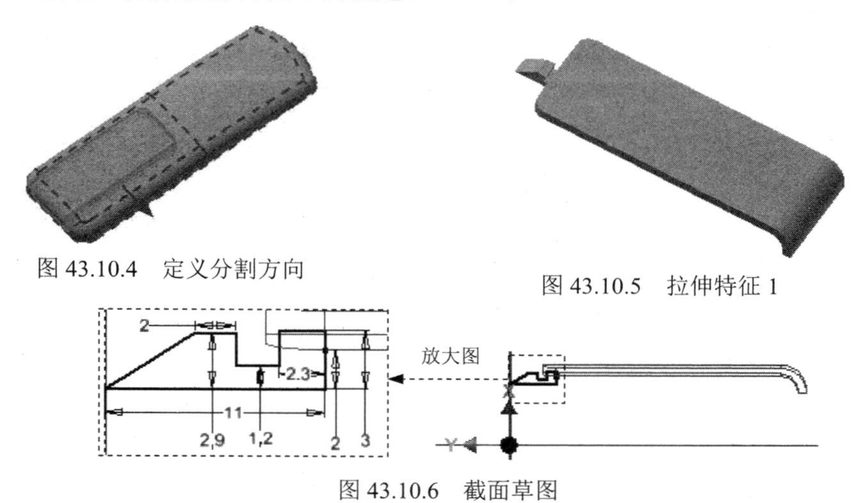

图 43.10.4　定义分割方向

图 43.10.5　拉伸特征 1

图 43.10.6　截面草图

Step7. 创建图 43.10.7 所示的倒角特征 1。在 修改 ▾ 区域中单击 倒角 按钮；在“倒角”对话框中定义倒角类型为“倒角边长” 选项；在系统的提示下，选取图 43.10.7a 所示的模型边线为倒角的对象；在“倒角”对话框 倒角边长 文本框中输入数值 1.5；单击“倒角”对话框中的 确定 按钮，完成倒角特征 1 的创建。

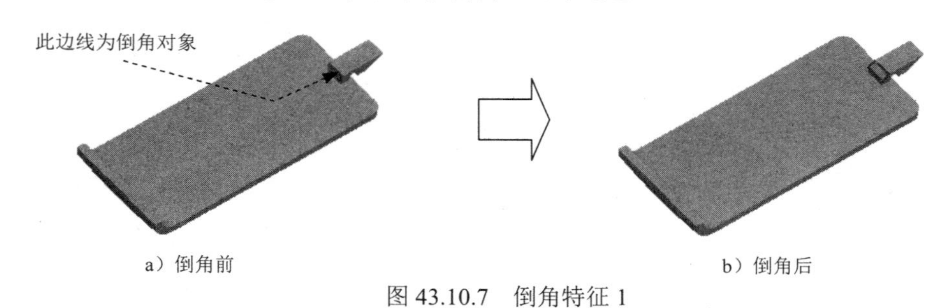

a）倒角前　　b）倒角后

图 43.10.7　倒角特征 1

Step8. 创建图 43.10.8 所示的拉伸特征 2。在 创建 ▾ 区域中单击 按钮，系统弹出“创建拉伸”对话框；单击“创建拉伸”对话框中的 创建二维草图 按钮，选取 YZ 平面作为草图平面，进入草绘环境，绘制图 43.10.9 所示的截面草图；单击 草图 选项卡 返回到三维 区域中的 按钮，在“拉伸”对话框 范围 区域中的下拉列表中选择 距离 选项，在“距离”下拉列表中输入数值 5，并将拉伸类型设置为“对称”类型 ；单击“拉伸”对话框中的 确定 按钮，完成拉伸特征 2 的创建。

图 43.10.8　拉伸特征 2

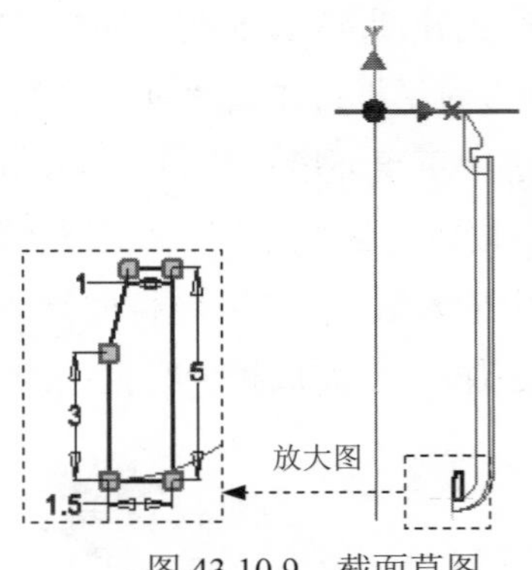

图 43.10.9　截面草图

Step9. 创建图 43.10.10 所示的偏移曲面 1（已隐藏实体）。在 修改 ▾ 区域中单击“加厚/偏移”按钮，系统弹出“加厚/偏移”对话框；选取图 43.10.11 所示的曲面为等距曲面；在“加厚/偏移”对话框 输出 区域中选择“曲面”；在“加厚/偏移”对话框 距离 文本框中输入数值 0.5，将偏移方向设置为“方向 2”类型（向模型内部）；单击 确定 按钮，完成偏移曲面 1 的创建。

图 43.10.10　偏移曲面 1

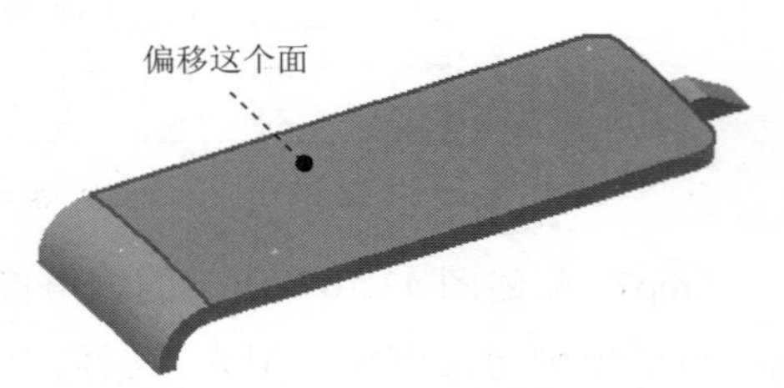

图 43.10.11　定义偏移曲面

Step10. 创建图 43.10.12 所示的拉伸曲面 1。在 创建 ▾ 区域中单击按钮，系统弹出“创建拉伸”对话框；单击“创建拉伸”对话框中的 创建二维草图 按钮，选取 XZ 平面做为草图平面，进入草绘环境，绘制图 43.10.13 所示的截面草图；单击 草图 选项卡 返回到三维 区域中的按钮，在“拉伸”对话框 输出 区域中将输出类型设置为“曲面”；在 范围 区域的的下拉列表中选择 距离 选项，输入距离值为 20.0,并将拉伸方向设置为“方向 1”类型；单击“拉伸”对话框中的 确定 按钮，完成拉伸曲面 1 的创建。

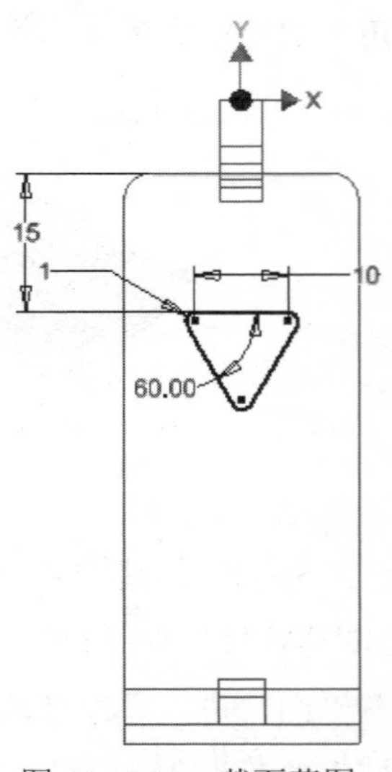

图 43.10.13　截面草图

图 43.10.12　拉伸曲面 1

Step11. 创建图 43.10.14 所示的修剪 1（实体已隐藏）。在 曲面 ▾ 区域中单击“修剪”按钮，系统弹出 “修剪曲面”对话框；在系统 选择曲面、工作平面或草图作为切割工具 的提示下选取图 43.10.14 所示的面为切割工具；在系统 选择要删除的面 的提示下选取图 43.10.15 所示的面为要删除的面；单击 确定 按钮，完成曲面修剪 1 的创建。

a）修剪前　　b）修剪后

图 43.10.14　修剪 1

图 43.10.15　定义删除面

Step12. 创建图 43.10.16 所示的修剪 2（实体已隐藏）。在 曲面 ▾ 区域中单击“修剪”按钮，系统弹出“修剪曲面”对话框；在系统 选择曲面、工作平面或草图作为切割工具 的提示下选取图 43.10.16 所示的面为切割工具；在系统 选择要删除的面 的提示下选取图 43.10.17 所示的面为要删除的面；单击 确定 按钮，完成曲面修剪 2 的创建。

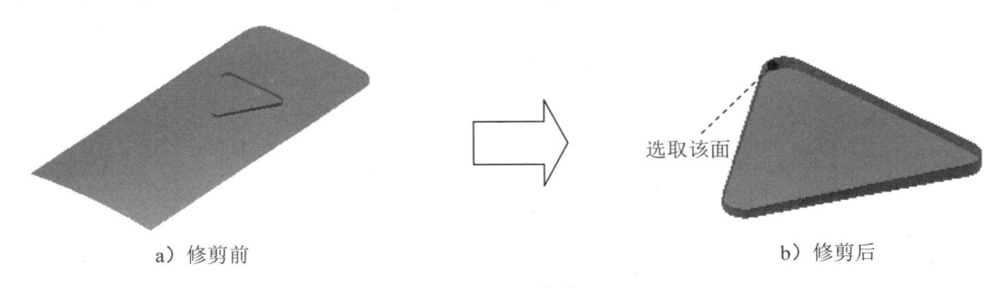

a）修剪前　　b）修剪后

图 43.10.16　修剪 2

Step13. 创建图 43.10.18 所示的缝合曲面 1。在 曲面 ▾ 区域中单击“缝合”按钮，系统弹出“缝合”对话框；在系统 选择要缝合的实体 的提示下选取图 43.10.18 所示的面 1 与面 2 作为缝合对象；在该对话框中单击 应用 按钮，单击 完毕 按钮，完成缝合曲面 1 的创建。

Step14. 创建图 43.10.19 所示的分割 2。在 修改 ▾ 区域中单击 分割 按钮，系统弹出“分割”对话框；在“分割”对话框中将分割类型设置为“修剪实体” 选项；在绘图区域选取缝合曲面 1 作为分割工具；在“分割”对话框中将删除方向设置为“方向 2”类型

（见图 43.10.20）；单击 确定 按钮，完成分割 2 的创建。

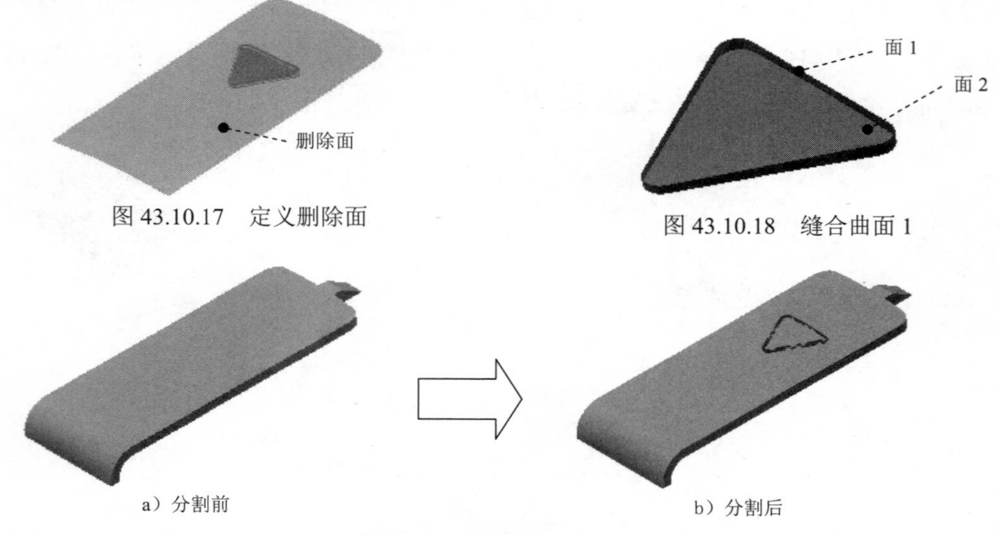

图 43.10.17 定义删除面

图 43.10.18 缝合曲面 1

图 43.10.19 分割 2

Step15. 创建图 43.10.21 所示的拉伸特征 3。在 创建 ▾ 区域中单击 按钮，选取 XZ 平面作为草图平面，绘制图 43.10.22 所示的截面草图，在“拉伸”对话框 范围 区域中的下拉列表中选择 介于两面之间 选项，选取图 43.10.21 所示的面 1 作为起始面，选取面 2 作为终止面，单击“拉伸”对话框中的 确定 按钮，完成拉伸特征 3 的创建。

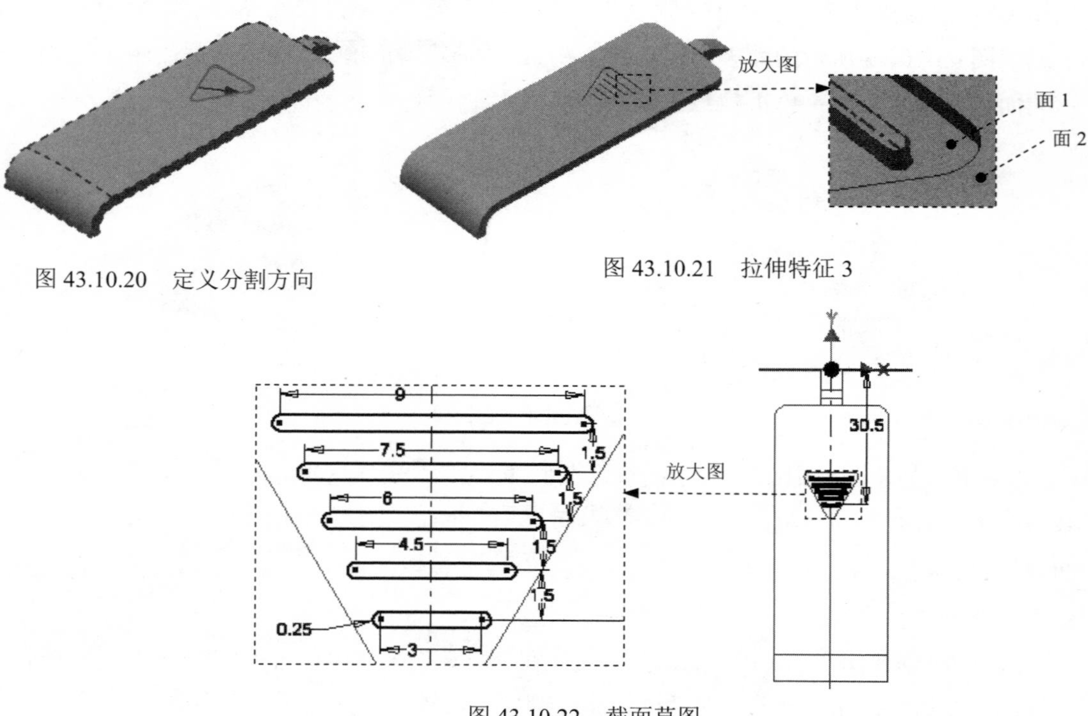

图 43.10.20 定义分割方向

图 43.10.21 拉伸特征 3

图 43.10.22 截面草图

Step16. 创建图 43.10.23 所示的倒圆特征 1。选取图 43.10.23a 所示的模型边线为倒圆的对象，输入倒圆角半径值 0.2。

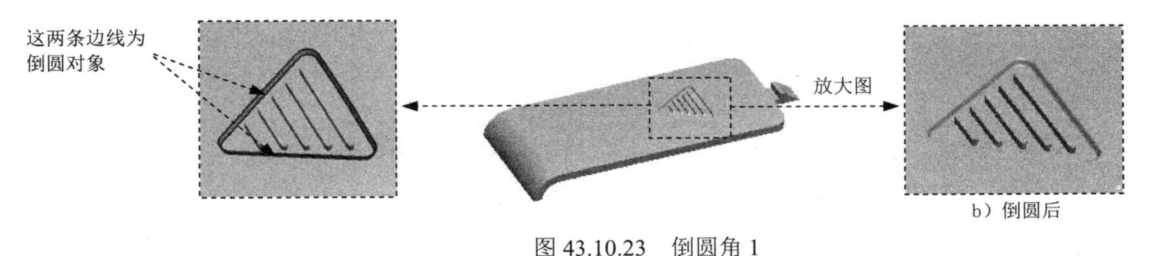

图 43.10.23　倒圆角 1

Step17. 创建图 43.10.24 所示的倒圆特征 2。选取图 43.10.24a 所示的模型边线为倒圆的对象，输入倒圆角半径值 0.1。

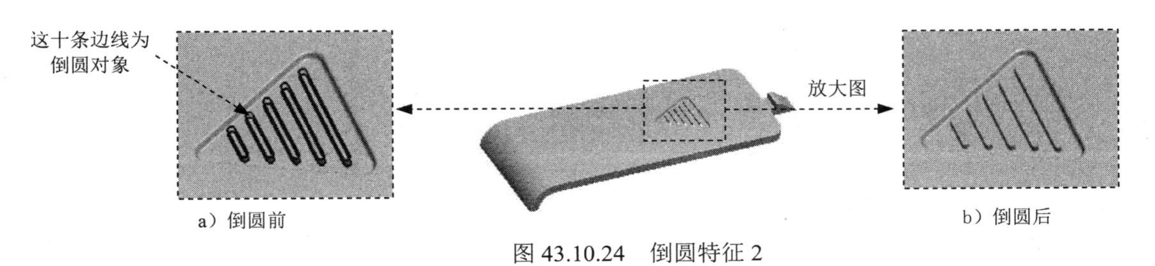

图 43.10.24　倒圆特征 2

Step18. 保存模型文件。

43.11　创建遥控器按键 1

下面讲解遥控器按键 1（KEYSTOKE01.ipt）的创建过程，零件模型及浏览器如图 43.11.1 所示。

图 43.11.1　零件模型及浏览器

Step1. 在装配体中建立遥控器按键 1（KEYSTOKE01）。单击 装配 功能选项卡 零部件 区域中的“创建”按钮；此时系统弹出“创建在位零件”对话框，在 新零部件名称(N) 文本框中输入零件名称为 KEYSTOKE01；采用系统默认的模板和新文件位置；单击 确定 按钮，在系统 为基础特征选择草图平面 的提示下选取“原点” 原点，此时系统进入编辑零部件环境。

Step2. 在装配体中打开遥控器按键 1（KEYSTOKE01）。在浏览器中单击 KEYSTOKE01:1 后右击，在快捷菜单中选择 打开(O) 命令。

Step3. 引入遥控器上盖 TOP_COVER。在 创建 区域中单击 衍生 按钮，打开 TOP_COVER.ipt 文件，单击 打开(O) 按钮，系统弹出图 43.11.2 所示的“衍生零件”对话框。

Step4.设置衍生参数。在“衍生零件”对话框中将 衍生样式(D): 设置为“实体作为工作曲面”，并将实体衍生到下一级中（见图 43.11.2），单击 确定 按钮。

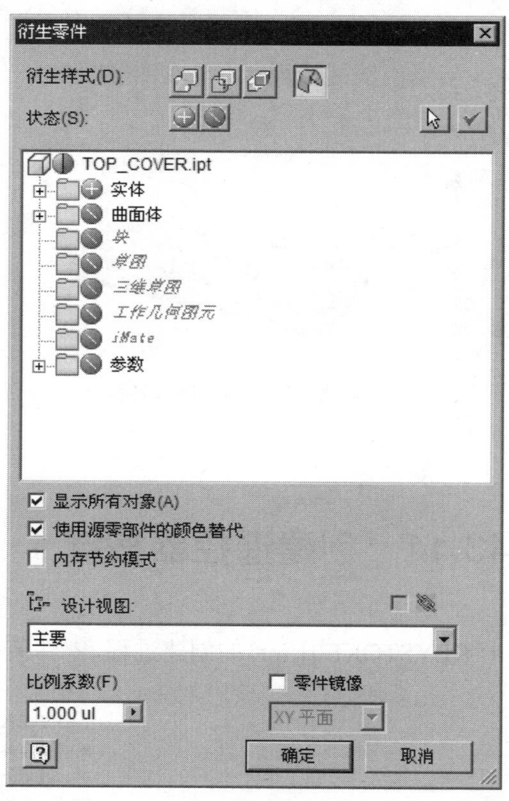

图 43.11.2 “衍生零件”对话框

Step5. 创建图 43.11.3 所示的拉伸特征 1。在 创建 区域中单击 按钮，系统弹出“创建拉伸”对话框；单击“创建拉伸”对话框中的 创建二维草图 按钮，选取图 43.11.4 所示的面作为草图平面，进入草绘环境，绘制图 43.11.5 所示的截面草图；单击 草图 选项卡 返回到三维 区域中的 按钮，在“拉伸”对话框 范围 区域中的下拉列表中选择 距离 选项，在“距离”下拉列表中输入数值 2.5,并将拉伸方向设置为“方向 2”类型 ；单击“拉伸”对话框中的 确定 按钮，完成拉伸特征 1 的创建。

说明：草图的偏置距离均为 0.2，此处为了清晰、明了，只标注一处。

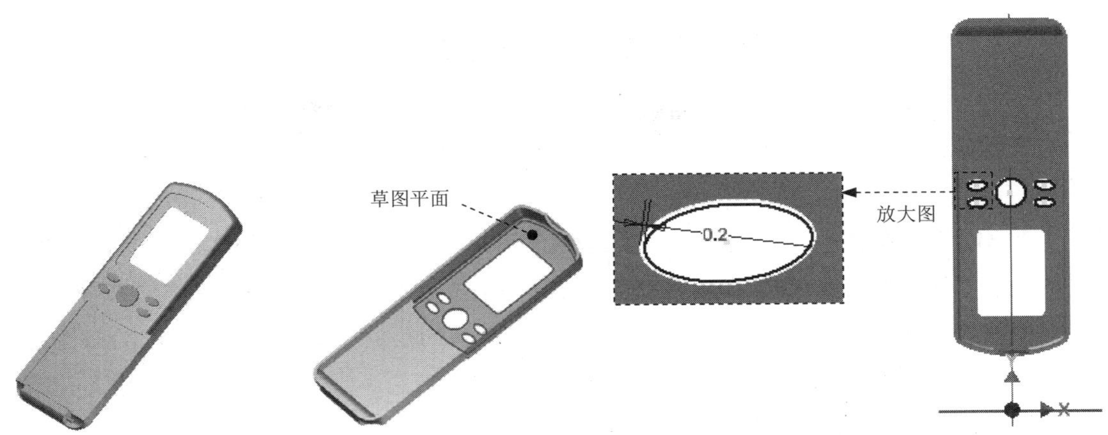

图 43.11.3　拉伸特征 1　　图 43.11.4　选取草图平面　　图 43.11.5　截面草图

Step6. 创建图 43.11.6 所示的拉伸特征 2。在 创建 ▾ 区域中单击 按钮，系统弹出“创建拉伸”对话框；单击“创建拉伸”对话框中的 创建二维草图 按钮，选取图 43.11.6 所示的面作为草图平面，进入草绘环境，绘制图 43.11.7 所示的截面草图；单击 草图 选项卡 返回到三维 区域中的 按钮，在“拉伸”对话框 范围 区域中的下拉列表中选择 距离 选项，在“距离”下拉列表中输入数值 1,并将拉伸方向设置为“方向 1”类型 ；单击“拉伸”对话框中的 确定 按钮，完成拉伸特征 2 的创建。

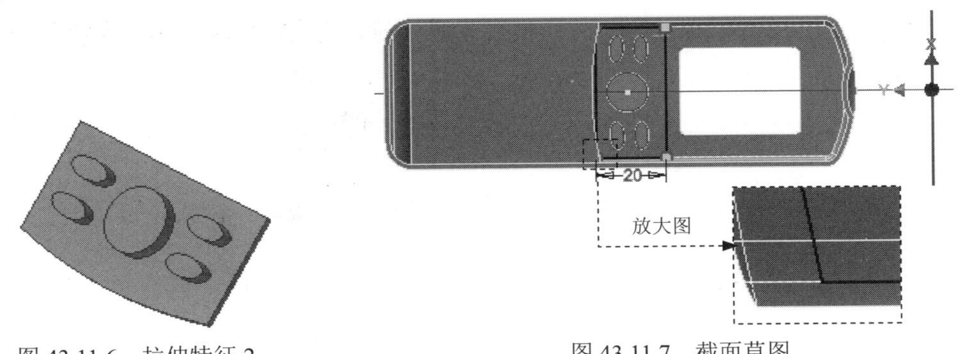

图 43.11.6　拉伸特征 2　　图 43.11.7　截面草图

Step7. 创建图 43.11.8 所示的倒圆特征 1。选取图 43.11.8a 所示的模型边线为倒圆的对象，输入倒圆角半径值 0.2。

Step8. 保存模型文件。

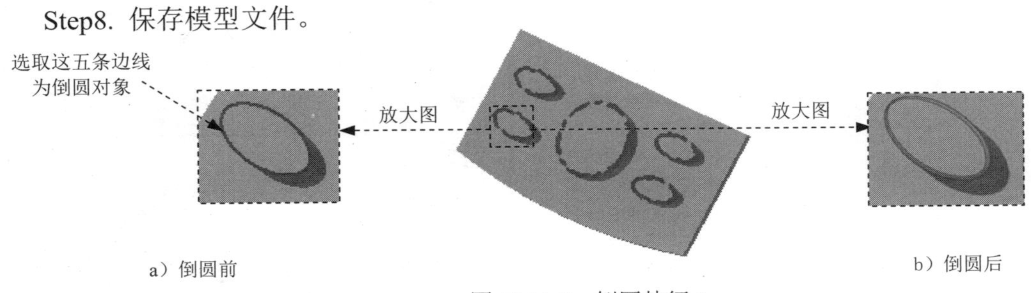

a）倒圆前　　b）倒圆后

图 43.11.8　倒圆特征 1

43.12 创建遥控器按键 2

下面讲解遥控器按键 2(KEYSTOKE02.ipt)的创建过程,零件模型及浏览器如图 43.12.1 所示。

Step1. 在装配体中建立遥控器按键 2（KEYSTOKE02)。单击 装配 功能选项卡 零部件 区域中的“创建”按钮；此时系统弹出“创建在位零件”对话框，在 新零部件名称(N) 文本框中输入零件名称为 KEYSTOKE02；采用系统默认的模板和新文件位置；单击 确定 按钮，在系统 为基础特征选择草图平面 的提示下选取“原点” 原点，此时系统进入编辑零部件环境。

Step2. 在装配体中打开遥控器按键 2（KEYSTOKE02）。在浏览器中单击 KEYSTOKE02:1 后右击，在快捷菜单中选择 打开(O) 命令。

Step3. 引入遥控器上盖 TOP_COVER。在 创建 ▾ 区域中单击 衍生 按钮，打开 TOP_COVER.ipt 文件，单击 打开(O) 按钮，系统弹出图 43.12.2 所示的“衍生零件”对话框。

Step4.设置衍生参数。在“衍生零件”对话框中将 衍生样式(D): 设置为“实体作为工作曲面”，并将实体衍生到下一级中（见图 43.12.2），单击 确定 按钮。

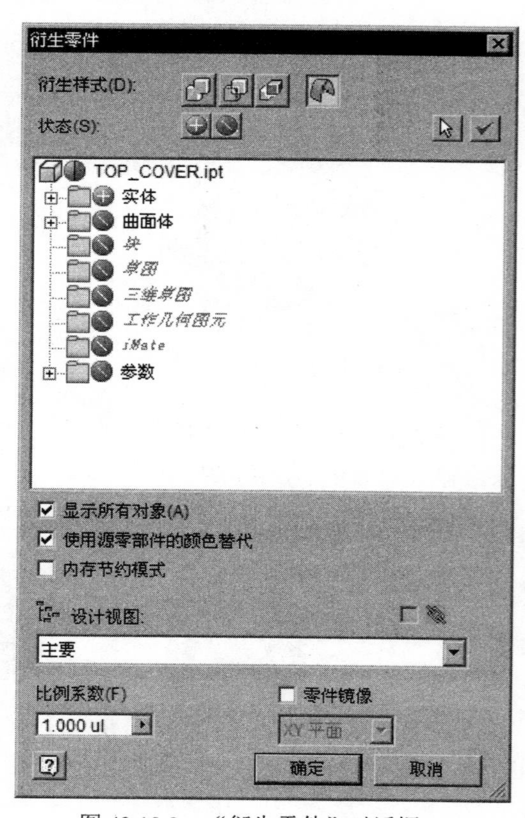

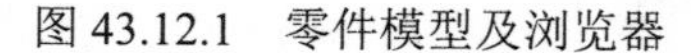

图 43.12.1 零件模型及浏览器

图 43.12.2 “衍生零件”对话框

Step5. 创建图 43.12.3 所示的拉伸特征 1。在 创建 ▾ 区域中单击按钮，系统弹出“创建拉伸”对话框；单击“创建拉伸”对话框中的 创建二维草图 按钮，选取图 43.12.4 所示的面作为草图平面，进入草绘环境，绘制图 43.12.5 所示的截面草图；单击 草图 选项卡 返回到三维 区域中的按钮，在“拉伸”对话框 范围 区域中的下拉列表中选择 距离 选项，在“距离”下拉列表中输入数值 2.5,并将拉伸方向设置为“方向 2”类型；单击“拉伸”对话框中的 确定 按钮，完成拉伸特征 1 的创建。

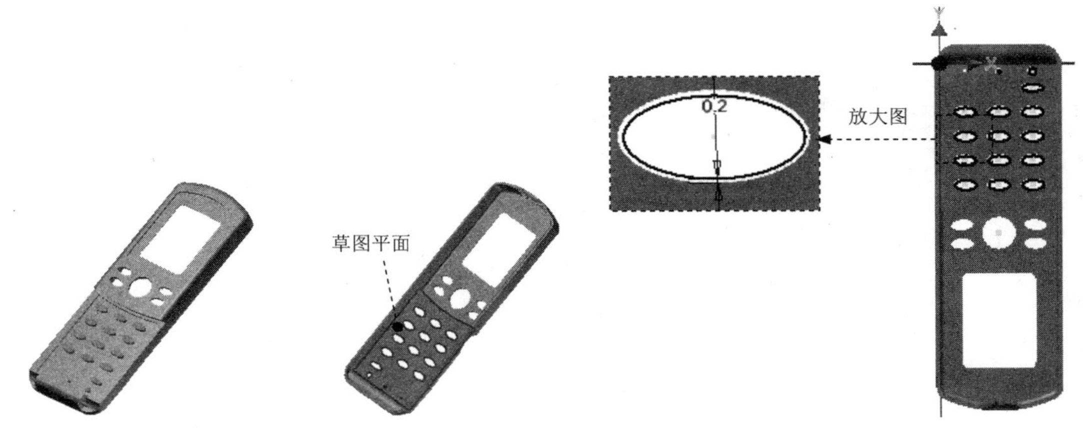

图 43.12.3　拉伸特征 1　　图 43.12.4　选取草图平面　　图 43.12.5　截面草图

说明：草图的偏置距离均为 0.2，此处为了清晰、明了，只标注一处。

Step6. 创建图 43.12.6 所示的拉伸特征 2。在 创建 ▾ 区域中单击按钮，系统弹出“创建拉伸”对话框；单击“创建拉伸”对话框中的 创建二维草图 按钮，选取图 43.12.4 所示的面作为草图平面，进入草绘环境，绘制图 43.12.7 所示的截面草图；单击 草图 选项卡 返回到三维 区域中的按钮，在“拉伸”对话框 范围 区域中的下拉列表中选择 距离 选项，在“距离”下拉列表中输入数值 1，并将拉伸方向设置为“方向 1”类型；单击“拉伸”对话框中的 确定 按钮，完成拉伸特征 2 的创建。

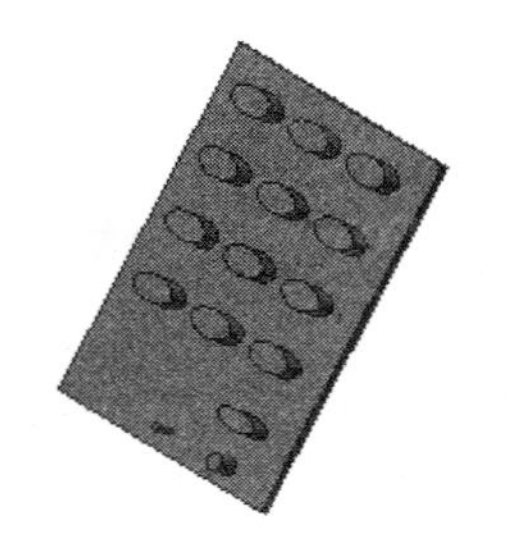

图 43.12.6　拉伸特征 2

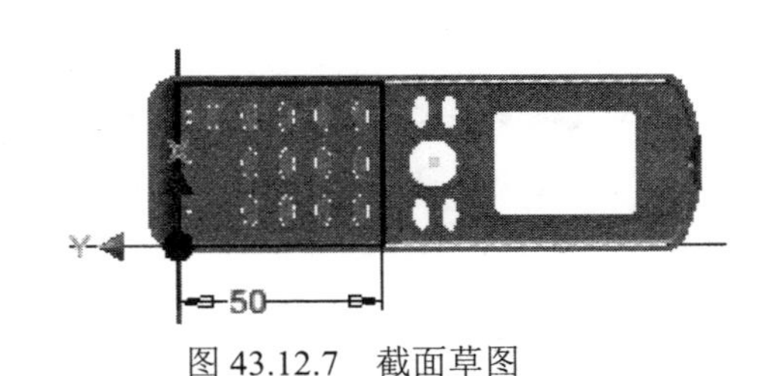

图 43.12.7　截面草图

Step7. 创建图 43.12.8 所示的倒圆特征 1。选取图 43.12.8a 所示的模型边线为倒圆的对象，输入倒圆角半径值 0.2。

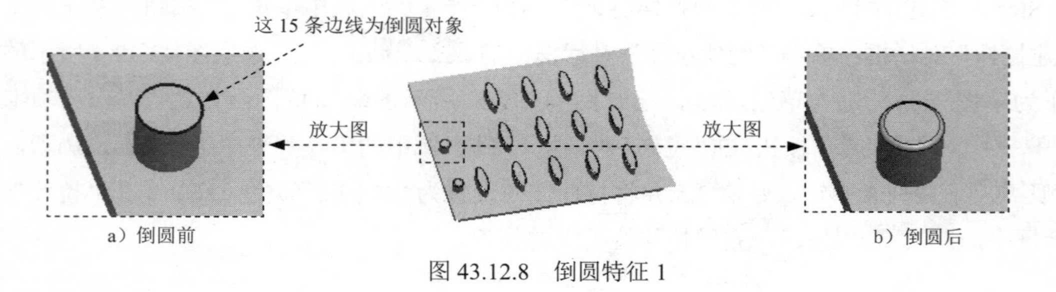

图 43.12.8　倒圆特征 1

Step8．保存模型文件。

Step9．返回到总装配环境，保存装配模型，命名为 CONTROLLER.iam。

读者意见反馈卡

尊敬的读者：

感谢您购买电子工业出版社出版的图书！

我们一直致力于CAD、CAPP、PDM、CAM和CAE等相关技术的跟踪，希望能将更多优秀作者的宝贵经验与技巧介绍给您。当然，我们的工作离不开您的支持。如果您在看完本书之后，有好的意见和建议，或是有一些感兴趣的技术话题，都可以直接与我联系。

策划编辑：管晓伟

注：本书的随书光盘中含有该"读者意见反馈卡"的电子文档，您可将填写后的文件采用电子邮件的方式发给本书的责任编辑或主编。

E-mail: 楚宏涛 bookwellok @163.com ； 管晓伟 guanphei@163.com。

请认真填写本卡，并通过邮寄或E-mail传给我们，我们将奉送精美礼品或购书优惠卡。

书名：《Autodesk Inventor 2015产品设计实战演练与精讲》

1. 读者个人资料：

姓名：_________性别：___年龄：____职业：_________职务：_________ 学历：_________

专业：_______单位名称：__________________电话：___________手机：________________

邮寄地址：_________________________ 邮编：_____________E-mail：________________

2. 影响您购买本书的因素（可以选择多项）：

□内容　□作者　□价格

□朋友推荐　□出版社品牌　□书评广告

□工作单位（就读学校）指定　□内容提要、前言或目录　□封面封底

□购买了本书所属丛书中的其他图书　□其他

3. 您对本书的总体感觉：

□很好　□一般　□不好

4. 您认为本书的语言文字水平：

□很好　□一般　□不好

5. 您认为本书的版式编排：

□很好　□一般　□不好

6. 您认为Inventor其他哪些方面的内容是您所迫切需要的？

____

7. 其他哪些CAD/CAM/CAE方面的图书是您所需要的？

____

8. 认为我们的图书在叙述方式、内容选择等方面还有哪些需要改进的？

如若邮寄，请填好本卡后寄至：

北京市万寿路173信箱1017室，电子工业出版社工业技术分社　管晓伟（收）

邮编：100036　联系电话：（010）88254460　传真：（010）88254397

读者可以加入专业QQ群273433049来进行互动学习和技术交流。